Masterclass

Die Buchreihe „Masterclass" richtet sich primär an fortgeschrittene Studierende der Mathematik und ihrer Anwendungen ab dem Bachelor. Anspruchsvollere Themen, wie man sie im Masterstudium entdecken oder vertiefen würde, werden hierbei verständlich und mit Blick auf mathematisch vorgebildete Studierende aufbereitet. Die Bände dieser Reihe eignen sich hervorragend als Einführung in neue mathematische Fragestellungen und als Begleittext zu Vorlesungen oder Seminaren, aber auch zum Selbststudium.

Weitere Bände in der Reihe http://www.springer.com/series/8645

Martin Prechtl

Mathematische Dynamik

Modelle und analytische Methoden der
Kinematik und Kinetik

3. Auflage

 Springer Spektrum

Martin Prechtl
Fakultät Maschinenbau und Automobiltechnik
Hochschule für angewandte
Wissenschaften Coburg
Coburg, Deutschland

Masterclass
ISBN 978-3-662-62106-6   ISBN 978-3-662-62107-3   (eBook)
https://doi.org/10.1007/978-3-662-62107-3

Die Deutsche Nationalbibliothek verzeichnet diese Publikation in der Deutschen Nationalbibliografie;
detaillierte bibliografische Daten sind im Internet über http://dnb.d-nb.de abrufbar.

Planung/Lektorat: Annika Denkert
Springer Spektrum ist ein Imprint der eingetragenen Gesellschaft Springer-Verlag GmbH, DE und ist ein Teil
von Springer Nature.
Die Anschrift der Gesellschaft ist: Heidelberger Platz 3, 14197 Berlin, Germany

Vorwort zur 3. Auflage

„Es ist fertig, wenn es fertig ist und keinen Augenblick eher.“
–aus Fringe[1] – Grenzfälle des FBI (Staffel 1)–

Irgendwie liegt es in der Natur der Dinge, dass Alles seine Zeit braucht, um fertig zu werden; dabei ist der „Zustand fertig“ natürlich als sehr subjektiv einzustufen. In der Technik treten häufig sog. Einschwingvorgang auf, nach denen sich ein System schließlich stabilisiert. Und der Schreibprozess eines Fach-/Lehrbuches verhalt sich wohl ähnlich.

Mit der dritten Auflage wurden gezielt Verbesserungen sowie Ergänzungen – insbes. bei „Schwingungen von Kontinua“ – umgesetzt. Zudem findet man jetzt im Übungskapitel noch ein paar Aufgaben mehr. Und es gibt als Neuerung für ausgewählte Beispiele eine Verlinkung zu lehrreichen Animationen, die eine besondere Aufwertung des Buches bedeuten; mit ihnen kann der Leser „spielerisch“ die Ergebnisse deuten und Effekte erkennen.

Einen wesentlichen Beitrag zur Evolution des Buches hat der Student und Mathe-Fan Sam Hockings geleistet – ihm sei für das penible „Lektorieren“ sowie für die Erzeugung der Animationen mittels *SimulationX* ganz herzlich gedankt. Ich bin mir sicher, dass auch mit dieser Version der Reifungsprozess nicht abgeschlossen ist. Es wird einige weitere Augenblicke dauern, bis die Mathematische Dynamik dann endgültig „fertig“ ist.

Coburg
im Jahr 2020

Martin Prechtl

---

[1]FRINGE ist eine US-amerikanische Fernsehserie aus den Jahren 2008–2013.

Vorwort zur 2. Auflage

„Jenes Verhältnis zwischen Lehrer und Schüler, [...], jene so unendlich fruchtbare, dabei so subtile Beziehung zwischen einem geistigen Führer und einem begabten Kinde, [...], kam [...] zur vollen Blüte."
– *aus H. Hesse: „Jedem Anfang wohnt ein Zauber inne" (Lebensstufen) –*

Mit dem Zeitpunkt der Veröffentlichung der ersten Auflage dieses Lehrbuchs begann ich bereits mit dessen Überarbeitung. Es wurden mittlerweile eine ganze Reihe an Tippfehlern und auch ein paar „gröbere Schnitzer" erkannt und korrigiert; leider hatte ich bei der ersten Fassung übersehen, im LATEX–Editor Kile das „Automatic Spell Checking" zu aktivieren - nobody's perfect. Die zweite Auflage habe ich schließlich zudem als Gelegenheit genutzt, um punktuelle Ergänzungen vorzunehmen und den Abschnitt „Übungsaufgaben" einzufügen. Doch die „vollkommene Perfektion" wird wohl nie erreicht werden - und folglich die Phase des Weiterentwickelns auch niemals abgeschlossen sein. Also: „Magna pars est profectus velle proficere."

Coburg   Martin Prechtl
im Jahr 2016

Vorwort

„Magna pars est profectus velle proficere."
– L.A. Seneca, 4 v.Chr. – 65 n.Chr. –

Nach Seneca hat der Wunsch nach Fortschritt den größten Anteil an dem, was man erreicht hat. Folglich ist das permanente Bestreben, Neuland zu betreten und dieses zu durchdringen, Quell einer erfolgreichen und damit auch befriedigenden Weiterentwicklung. Dieses Buch soll die spannende Welt der Dynamik eröffnen, kombiniert mit einem intensiven Hauch von Mathematik. Hat jemand das Ziel, in diese „Disziplin" einzutreten und schließlich bis zu einem qualifizierenden Wissensstand fortzuschreiten, so sollen hier quasi nahezu alle notwendigen Hilfestellungen gefunden werden.

Grundlage für den Inhalt sind meine Lehrveranstaltungen über „Dynamik und Höhere Dynamik" sowie „Mathematische Methoden und Modelle" an der Hochschule Coburg. Eine Reihe von Inspirationen dafür haben aber ihren Ursprung in den früheren Vorlesungen „Technische Mechanik 3 – Kinematik und Kinetik" sowie „Technische Mechanik 5 – Maschinendynamik" von Professor Kuhn, dem ehem. Ordinarius des Lehrstuhls für Technische Mechanik der Friedrich-Alexander-Universität Erlangen-Nürnberg. Ich hatte die Ehre, bei ihm – zusammen mit Professor Geiger – meine sog. Promotionseignungsprüfung abzulegen. An dieser Stelle sei auch ganz besonders der mittlerweile leider schon verstorbene Professor Rast (Hochschule München) erwähnt; er hat mich stets für Mathematik begeistert und mir viele prägende Impulse für einen erfolgreichen Abschluss des Studiums gegeben. Und manche Beispiele aus seinem unbeschreiblich grandiosen Mathematikunterricht leben jetzt in meinen Vorlesungen weiter.

Das Buch „Mathematische Dynamik" stellt den Anspruch, abgesehen von einigen Details, die gesamte Bandbreite der Theorie der Bewegungsvorgänge darzustellen, unter Berücksichtigung aller für ein vertieftes Verständnis der Theorie erforderlichen Herleitungen. Jedoch liegt der Fokus in der Darstellung der systematischen Denkweise im Rahmen der Modellbildung bzw. der Lätze Lösung von spezifischen Fragestellungen. Zudem werden die Sätze der Dynamik sowie ausgewählte mathematische Methoden an relativ einfachen, aber aussagekräftigen Beispielen angewandt und diese komplett und ausführlich durchgerechnet. Eine vergleichende Erläuterung von alternativen Lösungsansätzen – sofern möglich sowie sinnvoll – liefert dem Leser schließlich einen übergeordneten Blick auf die Thematik und fördert dabei das Erkennen spezifischer Zusammenhänge sowie das laterale Denkvermögen. Das Lehrbuch ist hervorragend als Primär- oder Ergänzungsliteratur für ein Studium des Maschinenbaus an Hochschulen für angewandte Wissenschaften bzw. Technischen Hochschulen und Universitäten geeignet sowie für Studierende und Lehrende in einem fachlich verwandten Studiengang. Hierbei sei betont, dass die „Mathematische Dynamik" eine passende und vertiefende Ergänzung zu Band 3 der etablierten Reihe „Technische Mechanik" (ebf. Springer-Verlag) der Professoren D. Gross, W. Hauger, J. Schröder und W.A. Wall ist.

Ich danke an dieser Stelle dem Springer-Verlag, der sich spontan und unkompliziert bereit erklärt hat, meine Gedanken zur Dynamik zu veröffentlichen. Allen voran sei hierbei Hr. Clemens Heine, Publishing Editor und Programmleiter Mathematik + Statistik, genannt. Danken darf ich natürlich auch der Leitung der Hochschule Coburg mit Präsident Prof. Pötzl, die mir für dieses Projekt zwei „halbe Forschungssemester" gewährt hat.

Mein größter Dank gilt jedoch meiner lieben Ehefrau Bettina, die einmal mehr Verständnis dafür aufbrachte, dass ich mich über ein rel. langes Zeitintervall ganz intensiv einem fachlichen Thema zuwandte; darunter hatte der eine oder andere Abend zu leiden. Gewidmet sei dieses Buch hingegen „meinen beiden Mädels" – unseren bezaubernden Töchtern Mathilda Marie und Lisbeth Luisa. Es ist mit ihnen selbstverständlich nicht immer einfach, doch sie sind einfach wundervoll! Mögen die beiden hin und wieder mal in ihrem Leben das spannende Bedürfnis verspüren, auf abenteuerlichen sowie herausfordernden Wegen fortschreiten zu wollen.

Coburg
im Jahr 2014

Martin Prechtl

Ode an die Dynamik

Das im Folgenden niedergeschriebene „Werk" wurde im Jahr 2012 von drei Maschinen-bau-Studenten an der Hochschule für Angewandte Wissenschaften Coburg verfasst. Es könnte zur „Aufheiterung" dienen und damit das Erlernen der Dynamik erleichtern

Frei nach dem wohl berühmtesten SCHILLER-Gedicht „Ode an die Freude", insbes. bekannt in der Vertonung von Ludwig v. BEETHOVEN (1770–1827): Schlusschor Sinfonie Nr. 9 in d-Moll, Opus 125, 4. Satz [1]:

– 1 –

Freude schöner Kinematik, Tochter aus Elysium, Wir betreten voller Panik, Himmlische dein Heiligtum. Deine Kurse quälen wieder, Spreu vom Weizen wird geteilt, Die Erlesenen werden klüger, Wo Deine strenge Knute weilt.

– 2 –

Wem der schiefe Wurf gelungen, Impuls und Energien kennt. Wer diesen großen Sieg errungen, Mit Freude aus der Prüfung rennt. Wer keine gute Formelsammlung, Sein Eigen nennt auf dem Erdenrund! Und wer's nie gelernt der stehle, Weinend sich aus diesem Bund.

– 3 –

Dynamik brauchen alle Wesen, auf dem Wege zum Diplom. Alle Guten, alle Bösen, Besteigen so den Masch'bauthron. Graues Haar und tiefe Falten, Gewichen ward des Lebens Freud. Dieses Antlitz bleibt erhalten, Zehn Jahr dahin der Lebenszeit.

– 4 –

Kinetik heißt die starke Feder, In der ewigen Natur. Kinematik treibt die Räder, In der großen Weltenuhr. Körper dreht sie um die Achsen, Der Hebelarm erzwingt Moment. Kugeln pendeln sanft an Federn, Was der Prüfer Schwingung nennt.

– 5 –

Aus der Wahrheit Notenspiegel, Lächelt sie den Prüfling an, Die Fünf im Zeugnis sei das Siegel, Für des Müßiggängers Bahn.

Auf dem Tische Bücherberge, Hört man sie um Gnade fleh'n, Der Kampf mit ... ... Newtons schwerem Erbe, Lässt uns im Chor der Meister steh'n.

– 6 –

Dozenten kann man's nicht vergelten, Schön ist ihnen gleich zu sein. Wer ohne Plan ist soll sich melden, Am Zweitversuche sich erfreun. Groll und Rache sei vergessen, Auch Herrn Prechtl sei verziehn, Keine Träne soll ihn pressen, Keine Reue nage ihn.

–7 –

Fester Mut in schweren Leiden, Hilflos wenn der Blackout scheint, Ewigkeit geschwornen Eiden, Wahrheit gegen Freund und Feind. Masch'baustolz vor Königsthronen, Brüder gält es Gut und Blut, Gute Noten soll'n uns kleiden, Untergang der Fristennot.

– 8 –

Feuer sprudelt in den Adern, Statt des roten Menschenblut, Brüder heut sollt ihr nicht hadern, Der Verzweiflung Heldenmut! Freunde fliegt von euren Sitzen, Wenn die Prüfung ist vorbei, Lasst das Bier zum Himmel spritzen, Morgen ist uns einerlei.

Die Verfasser: K. Bauder, K. Hofmann, M. Mayer

Und nun wünscht der Autor viel Spaß & Erfolg beim „Studieren" der Mathematischen Dynamik, also …

„Befreien wir uns von allem was wir zu wissen glauben und schaffen wir Platz für die Erkenntnis."
– *Professor Dr. Karl-Friedrich Boerne alias Jan Josef Liefers, Tatort „Fakten, Fakten …" (Ep. 517, ARD 2002) –*

Begriffe, Symbole

Unter der Mechanik, einem fundamentalen Teilgebiet der Physik, versteht man allgemein die Lehre von den Kräften und deren Wechselwirkungen. Hierbei ist zwischen klassischer, also „normaler", und relativistischer Mechanik zu unterscheiden; bei atomaren Abmessungen kommt schließlich die Quantenmechanik zur Anwendung. Die Grundlage der klassischen Mechanik bilden die berühmten NEWTONschen Axiome, benannt nach Sir Issac NEWTON, 1643–1727 [2].

Für Ingenieure sind, speziell im Bereich Maschinenbau, z. B. Bewegungsvorgänge und Gleichgewichte von Maschinenkomponenten sowie deren Verformung und Widerstandsfähigkeit bei Belastung von besonderer Relevanz, man spricht in diesem Zusammenhang von Technischer Mechanik. Die Aufgabe des Ingenieurs ist die Untersuchung der Zusammenhänge und Verhaltensweisen realer Systeme durch geeignete Abstraktion physikalischer Körper und Anwendung mathematischer Methoden.

Die Festkörpermechanik gliedert sich – systematisch betrachtet – in zwei Teilbereiche: Kinematik und Dynamik. Bei ersterem werden Bewegungsvorgänge zeitlich-geometrisch beschrieben, ohne deren Ursache zu berücksichtigen. Dagegen versteht man unter der Dynamik allgemein die Lehre von den Kräften; dabei wird zwischen Statik (ruhende Systeme) sowie Kinetik (Bewegungen) differenziert. Die Stereostatik/

Starrkörperstatik behandelt speziell das Kräftegleichgewicht an ruhenden starren Körpern. Schließlich verallgemeinert die Elastostatik (bzw. Festigkeitslehre) jene Betrachtungen und berücksichtigt reversible Verformungen.

Es hat sich jedoch i.Allg. eine eher „umgangssprachliche Strukturierung" der Festkörpermechanik eingebürgert. Dann spricht man bei ruhenden Systemen von Statik und im Falle von bewegten Körpern ganz allgemein von Dynamik. Die Statik beinhaltet hierbei sowohl die Stereo- als auch die Elastostatik (Berechnungsgrundlagen). Meistens wird letztere von der Statik abgespalten und bildet zusammen mit der Beurteilung von Belastungen die sog. Festigkeitslehre. Weiterführende Themenbereiche der Technischen Mechanik sind schließlich Betriebsfestigkeit, Plastizität bzw. Plastomechanik und Bruchmechanik sowie die Maschinen- oder Fahr(zeug)dynamik.

Das Lehrbuch „Mathematische Dynamik" enthält nahezu das gesamte Spektrum der Bewegungsvorgänge, d. h. angefangen von der Kinematik über die Kinetik bis hin zu Fragestellungen bei schwingungsfähigen Systemen. Vektoren sind mit einem „Pfeil" gekennzeichnet, z. B. $\vec{r}$, und deren Betrag durch den entsprechenden Buchstaben: $r = |\vec{r}|$. Bezieht sich eine vektorielle Größe explizit auf einen Bezugspunkt B, so wird der Punkt in runden Klammern hochgestellt: $\vec{r}^{(B)}$. Handelt es sich um einen bewegten Bezugspunkt, drückt dieses häufig ein „Strich" aus $(B', \vec{r}' = \vec{r}^{(B)})$. In Skizzen bzw. Bildern werden Vektoren ebenfalls durch einen Pfeil, den Vektorpfeil ($\rightarrow$) symbolisiert. Dieser beinhaltet als Informationen bereits Richtung (entspr. der „Wirkungslinie") und Orientierung jener Größe. Daher wird der Einfachheit halber in den sog. Freikörperbildern bei u. a. Kräften und Lagerreaktionen (Komponenten der Lagerkräfte) sowie auch den Drehmomenten meistens nur der entsprechende Betrag angegeben (F statt $\vec{F}$). Man spart sich damit die Vorzeichen; diese sind in den Gleichungen natürlich schon zu berücksichtigen, wobei Kräfte und Momente wegen „actio = reactio" stets paarweise entgegengesetzt auftreten. Es sei noch erwähnt, dass Größen mit einem Drehsinn, wie z. B. das Drehmoment, zusätzlich durch eine „Doppelspitze" ($\twoheadrightarrow$) verdeutlicht werden. Für Darstellungen in einer Ebene gilt zudem: Neben den beschriebenen Pfeilen symbolisieren $\odot$ bzw. $\otimes$ Kräfte senkrecht zu dieser Ebene, mit Orientierung in bzw. aus der Ebene, sowie $\circlearrowleft$ bzw. $\circlearrowright$ Momente bzgl. einer Achse senkrecht zur Ebene, abhängig vom entsprechenden Drehsinn. Vektoren erfordern für deren Auswertung ein Koordinatensystem. In der Dynamik wird kein „Standard-Koordinatensystem" angewandt, sondern ein für den jeweiligen Vorgang zweckmäßiges.

An dieser Stelle ist noch die im Rahmen dieses Buches verwendete Klassifizierung von Kräften zu erläutern; diese kann schließlich ganz analog auf Momente angewandt werden. Grundsätzlich ist zwischen äußeren und inneren Kräften zu unterscheiden. Unter äußeren Kräften versteht man alle Kräfte nach dem Freischneiden eines Gesamtsystems (Gewichtskräfte, Lagerkräfte), innere Kräfte dagegen sind Kräfte zwischen zwei Körpern eines mechanischen Systems. Bei den äußeren Kräften wird zudem zwischen eingeprägten Kräften (diese basieren auf einem physikalischen Gesetz) sowie Reaktionskräften differenziert. Letztere entstehen infolge einer Wechselwirkung mit der ruhenden Umgebung. Reaktionskräfte, die stets senkrecht zu einer Bahn gerichtet sind, sind überhaupt für diese Bahn verantwortlich und heißen (äußere) Zwangskräfte. Die inneren Kräfte gliedern sich in physikalische Bindungskräfte, dieses sind eingeprägte Kräfte, und kinematische Bindungskräfte bzw. „innere Zwangskräfte" bei einem definierten geometrischen/räumlichen Bezug der Lage der entsprechenden Körper zueinander.

Inhaltsverzeichnis

Über den Autor

Martin Prechtl studierte Technische Physik in München und promovierte in Erlangen im Bereich der Angewandte Lasertechnik. Nach diversen Tätigkeiten in der industriellen Entwicklung und physikalisch-technischen Forschung erhielt er 2009 einen Ruf auf eine Professur an der Hochschule Coburg. Martin Prechtl lehrt dort Technische Dynamik und Ingenieurmathematik sowie zudem Grundlagenphysik und Angewandte Vakuumtechnik.

Kinematik

1

Unter der Kinematik versteht man allgemein die Lehre von der geometrisch-zeitlichen Beschreibung von Bewegungen. Es wird also nur der Ort eines Körpers im Raum in Abhängigkeit der Zeit betrachtet. Auf wirkende Kräfte bzw. Momente als Ursache einer Bewegung wird dabei nicht eingegangen.

1.1 Kinematik des Punktes

Sind die (räumlichen) Grob-Abmessungen eines „physikalischen Körpers", d. h. eines 3D-Objekts/-Gegenstandes mit der Masse m und dem Volumen V, signifikant kleiner als die der Bahn, auf jener sich der Körper bewegt, so kann man diesen idealisiert als (Massen-)Punkt bzw. Punktmasse betrachten. Bei diesem einfachen Modell konzentriert sich rein gedanklich die gesamte Masse m des Körpers in dessen Schwerpunkt.

Während in der Stereo- und Elastostatik zur Beschreibung mechanischer Systeme die physikalischen Größen Länge l, Kraft F und Temperatur T ausreichend sind, ist in der Kinematik – und damit auch in der Dynamik – eine weitere Grundgröße erforderlich: Die Zeit t mit der Basiseinheit 1 Sek.

Der Ortsvektor $\vec{r}$ kennzeichnet die Lage eines bewegten Massenpunktes im Raum zum Zeitpunkt t. Er ist vom raumfesten Bezugspunkt O zur momentanen Lage P (Raumpunkt) orientiert, vgl. Abb. 1.1. Entlang der Bahn lässt sich jedem beliebigen Zeitpunkt t ein Ortsvektor $\vec{r}$ zuordnen:

$$t \mapsto \vec{r} = \vec{r}(t). \tag{1.1}$$

Elektronisches Zusatzmaterial Die elektronische Version dieses Kapitels enthält Zusatzmaterial, das berechtigten Benutzern zur Verfügung steht 10.1007/978-3-662-62107-3_1.

M. Prechtl, *Mathematische Dynamik*, Masterclass,
https://doi.org/10.1007/978-3-662-62107-3_1

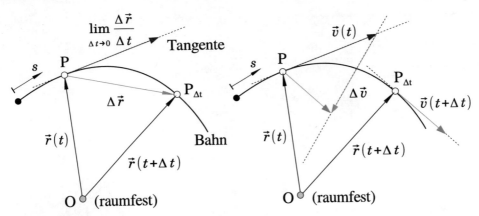

Abb. 1.1 Zur Definition von Geschwindigkeitsvektor (links) und Beschleunigungsvektor (rechts)

Hierbei handelt es sich um eine vektorwertige Zeitfunktion; der Ortsvektor beschreibt damit die Bahn des Punktes als Funktion der Zeit.

1.1.1 Geschwindigkeit und Beschleunigung

Betrachtet man einen bewegten Massenpunkt zum Zeitpunkt t sowie etwas später, zum Zeitpunkt $t + \Delta t$ (Abb. 1.1), so hat sich dieser vom Ort P nach $P_{\Delta t}$ bewegt; die erfolgende Änderung des Ortsvektors ist $\Delta \vec{r}$. Die Momentangeschwindigkeit $\vec{v} = \vec{v}(t)$ des Punktes am Ort P ist definiert als die auf die Zeit bezogene Ortsvektoränderung $\Delta \vec{r}$ zum entsprechenden Zeitpunkt t und ergibt sich folglich durch den Grenzübergang $\Delta t \to 0$. Dieser führt schließlich zur – ersten – Zeitableitung des Ortsvektors $\vec{r}$:

$$\vec{v} = \lim_{\Delta t \to 0} \frac{\Delta \vec{r}}{\Delta t} = \frac{d\vec{r}}{dt};$$

der Differenzenquotient wird zum Differenzialquotienten bzw. zur sog. Ableitung(sfunktion) $\dot{\vec{r}}$. Somit berechnet sich der Geschwindigkeitsvektor zu

$$\vec{v} = \dot{\vec{r}}(t). \tag{1.2}$$

Bezüglich der Richtung der Momentangeschwindigkeit lässt sich, wie in Abb. 1.1 links ersichtlich, folgender Satz festhalten:

ⓘ _____

Der Geschwindigkeitsvektor $\vec{v}$ eines Massenpunktes ist stets tangential zur Bahn gerichtet. _____

Um den Betrag v der Geschwindigkeit $\vec{v}$ angeben zu können, führen wir die Bogenlänge s ein. Ein bewegter Raumpunkt hat bis zur Lage P den Weg s und bis $P_{\Delta t}$ den Weg $s + \Delta s$ zurückgelegt. Es gilt also

$$v = \left| \lim_{\Delta t \to 0} \frac{\Delta \vec{r}}{\Delta t} \right| = \left| \frac{d\vec{r}}{dt} \right| = \frac{|d\vec{r}|}{dt} = \frac{ds}{dt} = \lim_{\Delta t \to 0} \frac{\Delta s}{\Delta t}$$

bzw.

$$v = \dot{s}(t). \tag{1.3}$$

Wird nicht explizit der Geschwindigkeitsvektor $\vec{v}$ erwähnt, so ist im Folgenden immer der Geschwindigkeitsbetrag v gemeint; diesen bezeichnet man auch als *Bahngeschwindigkeit*. Sie hat die Dimension

$$\dim(v) = \frac{L}{T},$$

d. h. „Länge/Zeit" und wird in den Einheiten m/s oder km/h angegeben.

ⓘ _____

Der Umrechnungsfaktor zwischen den beiden Geschwindigkeitseinheiten ist: 1 m/s = 3,6 km/h. _____ ◢

Die Bahngeschwindigkeit ist also ein Maß für die aktuelle Orts(vektor)änderung. Wird jedoch während des Zeitintervalls Δt der zurück gelegte Weg Δs betrachtet, spricht man von mittlerer Geschwindigkeit:

$$\bar{v} = \frac{\Delta s}{\Delta t}. \tag{1.4}$$

Analog zur Definition der Geschwindigkeit ergibt sich die momentane Beschleunigung (Vektor) als zeitliche Ableitung des Geschwindigkeitsvektors. Diese wird im Geschwindigkeitsplan (sog. Hodograph, Abb. 1.1) sichtbar.

$$\vec{a} = \lim_{\Delta t \to 0} \frac{\Delta \vec{v}}{\Delta t} = \frac{d\vec{v}}{dt}$$

Damit lässt sich allgemein formulieren:

$$\vec{a} = \dot{\vec{v}}(t) \quad \text{bzw.} \quad \vec{a} = \ddot{\vec{r}}(t); \tag{1.5}$$

die Momentanbeschleunigung ist also die aktuelle zeitliche Änderung der Geschwindigkeit. Aus der Geometrie der Bahn (Raumkurve) kann jedoch nicht wie beim Geschwindigkeitsvektor ohne weiteres auf die Richtung des Beschleunigungsvektors geschlossen werden. Eigenschaften des Beschleunigungsvektors im Detail, eröffnet später dessen Auswertung in speziellen Koordinaten. Die Beschleunigung (Betrag) hat die Dimension

$$\dim(a) = \frac{L}{T^2}$$

und wird stets in der Einheit m/s^2 angegeben. Beispielsweise beträgt die durch die Erdgravitation verursachte Erd(schwere)beschleunigung [3]

$$g = 9{,}81 \text{m/s}^2;$$

hierbei handelt es sich um einen gerundeten „geographischen Mittelwert", der tatsächliche Wert variiert von Ort zu Ort geringfügig. Man müsste daher eigentlich die Angabe als Näherung formulieren: $g \approx 9{,}81$ m/s^2.

1.1.2 Kartesische Koordinaten

In einem raumfesten kartesischen System mit den Koordinaten x, y und z stellt sich der Ortsvektor $\vec{r}$ als Linearkombination der sog. Basisvektoren $\vec{e}_x$, $\vec{e}_y$ und $\vec{e}_z$ (lin. unabhängige Vektoren der Länge 1, Einheitsvektoren) dar, vgl. Abb. 1.2.

$$\vec{r} = x(t)\vec{e}_x + y(t)\vec{e}_y + z(t)\vec{e}_z \tag{1.6}$$

Dieses ist die Parameterdarstellung der Bahnkurve – mit der Zeit t als Parameter. Der Geschwindigkeitsvektor ergibt sich durch zeitliche Ableitung, die Basisvektoren sind hierbei jedoch konstant.

$$\vec{v} = \dot{\vec{r}} = \dot{x}(t)\vec{e}_x + \dot{y}(t)\vec{e}_y + \dot{z}(t)\vec{e}_z$$
$$= v_x\vec{e}_x + v_y\vec{e}_y + v_z\vec{e}_z$$

Die Koordinaten des Geschwindigkeitsvektors sind also die zeitlichen Ableitungen der Ortskoordinaten. Schließlich ergibt sich die Beschleunigung durch nochmalige Differenziation nach der Zeit, $\vec{a} = \dot{\vec{v}}(t)$:

$$\vec{a} = \ddot{x}(t)\vec{e}_x + \ddot{y}(t)\vec{e}_y + \ddot{z}(t)\vec{e}_z = a_x\vec{e}_x + a_y\vec{e}_y + a_z\vec{e}_z.$$

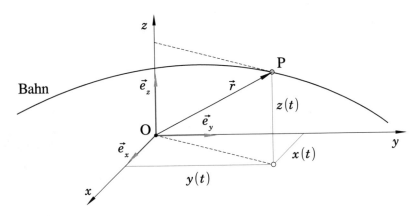

Abb. 1.2 Ortsvektor $\vec{r}$ im kartesischen Koordinatensystem

Für die Beträge von Geschwindigkeit und Beschleunigung ermittelt man die Längen der Vektoren mittels des (räumlichen) Satzes des PYTHAGORAS.

$$v = \sqrt{\dot{x}^2(t) + \dot{y}^2(t) + \dot{z}^2(t)}$$

$$a = \sqrt{\ddot{x}^2(t) + \ddot{y}^2(t) + \ddot{z}^2(t)}$$

Die v_i und a_i mit $i = x, y, z$ nennt man Koordinaten der Vektoren; multipliziert mit den entsprechenden Basisvektoren ergeben sich die kartesischen Geschwindigkeits- bzw. Beschleunigungskomponenten.

Beispiel 1.1: Dreidimensionale Kreisspirale (Radius R)

Bewegt sich ein Massenpunkt (z. B. ein Elektron in einem homogenen Magnetfeld) in der xy-Projektion auf einer Kreisbahn mit dem Radius R mit gleichbleibender Anzahl an Umdrehungen pro Zeit und in der dritten Dimension mit konstanter Geschwindigkeit, so lässt sich der Ortsvektor $\vec{r}$ wie folgt formulieren:

$$\vec{r} = R \cos(\omega t)\vec{e}_x + R \sin(\omega t)\vec{e}_y + v_0 t \vec{e}_z.$$

Hierbei sind ω die sog. Winkelgeschwindigkeit, diese wird später genauer erläutert, und v_0 die konstante Geschwindigkeit in z-Richtung. Aufgrund einer nicht-veränderlichen „Drehzahl" ist auch ω konstant; damit ergibt sich für den Geschwindigkeitsvektor durch ableiten

$$\vec{v} = -\omega R \sin(\omega t)\vec{e}_x + \omega R \cos(\omega t)\vec{e}_y + v_0 \vec{e}_z.$$

Es ist hier auf das Nachdifferenzieren zu achten. Mit der „fundamentalen trigonometrischen Beziehung" $\cos^2 x + \sin^2 x = 1$ erhält man zudem die konstante Bahngeschwindigkeit des Punktes: $v = \sqrt{\omega^2 R^2 + v_0^2}$. ◄

Geradlinige Bewegungen Die Bewegung entlang einer Geraden stellt eine häufig vorkommende Bewegungsform dar, für deren Beschreibung kartesische Koordinaten besonders gut geeignet sind. Legt man z. B. die x-Achse auf die geradlinige Bahn, so weisen Orts-, Geschwindigkeits- und Beschleunigungsvektor jeweils nur eine Koordinate/Komponente ungleich Null auf; eine Vektordarstellung kann dann entfallen. Es gilt allgemein:

$$v = \dot{x}(t) \tag{1.7}$$

und

$$a = \dot{v}(t) \quad \text{bzw.} \quad a = \ddot{x}(t). \tag{1.8}$$

Es lassen sich generell zwei „grundlegende Fragestellungstypen" unterscheiden: Entweder ist, wie oben angenommen, die Bahn durch den Ort(svektor) beschrieben und es sind Geschwindigkeit und/oder Beschleunigung gesucht. Oder aber es ist eine Funktion der

Beschleunigung „bekannt", wie es häufig als Ergebnis von Kräfte- und Momentengleichungen in der Kinetik der Fall ist, und die Bahn bzw. der Weg sind als Zeitfunktionen zu bestimmen. Dann müssen Differenzialgleichungen (1.7) und (1.8), die sog. Bewegungsgleichungen, unter Berücksichtigung der Anfangsbedingungen integriert werden. Die Anfangsbedingungen (ABs) lauten allgemein: Ort bzw. Weg x_0, Geschwindigkeit v_0 und Beschleunigung a_0 zum Bezugszeitpunkt t_0. Dieser ist häufig gleich Null: $t_0 = 0$ (Beginn der Zeitmessung); man spricht dann auch von Startpunkt sowie Startgeschwindigkeit und -beschleunigung.

Sonderfall: Konstante Beschleunigung Die Bewegung eines Massenpunktes entlang der x-Achse soll dadurch gekennzeichnet sein, dass dessen Beschleunigung $a = a_0 = konst$ ist. Hierbei kann $a_0 > 0$ sein (Beschleunigung, im Sinne von „Körper wird schneller"), oder es ist $a_0 < 0$, wenn sich die Geschwindigkeit verringert (Bremsvorgang); man spricht dann bei a_0 auch von Bremsverzögerung. Mit $\dot{v}(t) = \frac{dv}{dt}$ und eben $\dot{v}(t) = a(t)$ folgt

$$dv = a(t)\, dt \quad \text{und somit} \quad \int_{v_0}^{v} d\bar{v} = \int_{t_0}^{t} a(\bar{t})\, d\bar{t}.$$

Die Integrationsgrenzen müssen auf beiden Seiten korrespondieren. Da hier jeweils die obere Integrationsgrenze die „eigentliche unabhängige Variable" darstellt, wird zur Vermeidung einer Doppelbezeichnung die Variable im Integranden und im Differenzial mit einem „Überstrich" markiert (Integralfunktion). Das Geschwindigkeits-Zeit-Gesetz (linear) lautet damit

$$v = v_0 + a_0 (t - t_0). \tag{1.9}$$

Schließlich lässt sich die Integration auf Basis von $\dot{x}(t) = \frac{dx}{dt}$ und $\dot{x}(t) = v(t)$ erneut anwenden:

$$dx = v(t)\, dt \quad \text{und somit} \quad \int_{x_0}^{x} d\bar{x} = \int_{t_0}^{t} v(\bar{t})\, d\bar{t}.$$

Der Integrand lautet nun konkret $v(\bar{t}) = v_0 + a_0 (\bar{t} - t_0)$; da a_0 ein konstanter Faktor ist, erhält man

$$x - x_0 = \left[v_0\bar{t} + \frac{1}{2}a_0 (\bar{t} - t_0)^2 \right]_{t_0}^{t}$$

und damit das – quadratische – Beschleunigungs-Zeit-Gesetz zu

$$x = x_0 + v_0 (t - t_0) + \frac{1}{2}a_0 (t - t_0)^2. \tag{1.10}$$

Es sei noch darauf hingewiesen, dass der spezielle Fall $a_0 = 0$ (keine Beschleunigung) mit den Gl. (1.9) und (1.10) auch abgedeckt ist. In diesem Fall ist die Geschwindigkeit $v = v_0 = konst$; man spricht von einer *gleichförmigen Bewegung*, die Funktion $x = x(t)$ ist dann linear.

In den obigen Zeitfunktionen lässt sich durch Auflösen von (1.9) nach $(t - t_0)$ und Einsetzen in (1.10) die Zeit eliminieren:

$$x = x_0 + v_0 \frac{v - v_0}{a_0} + \frac{1}{2} a_0 \frac{(v - v_0)^2}{a_0^2}$$

bzw.

$$a_0 (x - x_0) = v_0 v - v_0^2 + \frac{1}{2} \left(v^2 - 2v_0 v + v_0^2 \right).$$

Nach einer kleinen Umformung ergibt sich

$$v^2 - v_0^2 = 2a_0 (x - x_0). \tag{1.11}$$

Diese „zeitunabhängige Bewegungsgleichung" gibt somit den funktionalen Zusammenhang zwischen Geschwindigkeit und Ort an: $v = v(x)$.

Beispiel 1.2: Unfallhergang auf gerader Fahrbahn

Ein Fahrzeug bewegt sich mit der Geschwindigkeit v_0 auf einer geraden Straße. Plötzlich erkennt die Fahrerin/der Fahrer in der Entfernung d ein Hindernis (bspw. ein quer liegender Baum). Ohne nennenswerte Reaktionszeit wird der Bremsvorgang gestartet; die Bremsverzögerung sei konstant $a_B < 0$. Gesucht sind nun die Zeit t_K, nach der die Kollision erfolgt, und die Aufprall- bzw. Kollisionsgeschwindigkeit v_K.

Lösungsvariante 1: Man beginnt die gedankliche Zeitmessung mit dem Start des Bremsvorgangs. Der „Ortsnullpunkt" (Koordinatenursprung O, vgl. Abb. 1.2) sei entsprechend d vom Hindernis entfernt; damit lässt sich $x_0 = 0$ für $t_0 = 0$ angeben. Es gilt dann mit Gl. (1.10)

$$x(t_K) = d: \quad v_0 t_K + \frac{1}{2} a_B t_K^2 = d.$$

Es handelt sich hierbei um eine quadratische Gleichung,

$$\frac{1}{2} a_B t_K^2 + v_0 t_K - d = 0,$$

mit den beiden (mathematischen) Lösungen

$$(t_K)_{1/2} = \frac{-v_0 \pm \sqrt{v_0^2 + 2a_B d}}{a_B}. \quad \Rightarrow \quad t_K = \frac{-v_0 \,{}^+_{(-)} \sqrt{v_0^2 + 2a_B d}}{a_B}$$

Mit $a_B < 0$ ist die Diskriminante kleiner als v_0^2; ein positiver Wert sei natürlich vorausgesetzt, d. h. $|a_B|$ ist hinreichend klein. Man erhält folglich zwei positive Zeiten, wobei das Vorzeichen $(+)$ die kleinere Zeit, also die gesuchte liefert. Bei nun bekannter „Kollisionszeit" t_K erhält man die Aufprallgeschwindigkeit $v_K = v(t_K)$ mittels Gl. (1.9):

$$v_K = v_0 + a_B t_K.$$

Diese szs. „Straightforward-Variante", d. h. in direkten Bezug auf obige Fragestellung wird erst die Zeit, dann die Geschwindigkeit ermittelt, ist zwar nicht kompliziert, aber es geht auch noch etwas einfacher.

Lösungsvariante 2: Man erinnere sich an Gl. (1.11). Es seien die ABs wieder $t_0 = 0$ und $x_0 = 0$, dann lässt sich damit die Aufprallgeschwindigkeit mit $x = d$ direkt angeben, da $v_K = v(d)$ ist:

$$v_K = \genfrac{}{}{0pt}{}{+}{(-)}\sqrt{v_0^2 + 2a_B d}.$$

Die nun bekannte Geschwindigkeit liefert mit Gl. (1.9) die Kollisionszeit: $v_K = v(t_K)$:

$$t_K = \frac{v_K - v_0}{a_B}.$$

In diesem Fall entfällt die Entscheidung, welche von zwei berechneten Zeiten wohl die richtige ist; das positive Vorzeichen der Geschwindigkeit ist offensichtlich, da kein Richtungswechsel erfolgt.

Lösungsvariante 3: Nun sei noch eine weitere Variante aufgezeigt, die nicht kürzer, aber trotzdem durchaus interessant ist. Dafür stellt man sich zunächst den Bremsvorgang ohne Hindernis vor; die „zeitunabhängige Bewegungsgleichung" liefert dann den Bremsweg x_B zu

$$x_B = -\frac{v_0^2}{2a_B},$$

da schließlich die Geschwindigkeit beim Stillstand Null ist ($v(x_B) = 0$). Folglich erhält man mit $v(t_B) = 0$ die Bremszeit t_B:

$$t_B = -\frac{v_0}{a_B}.$$

Und nun lässt man den „Film" rückwärts laufen, d. h. das Fahrzeug beschleunigt aus der Ruhelage mit $|a_B|$ bis zum Ort des Hindernisses. Dabei beginnt man nun mit Zeit- und Wegmessung an diesem fiktiven Ort. Die Startgeschwindigkeit ist bei dieser Betrachtung Null: $v_0 = 0$. Gl. (1.11) liefert zunächst die Aufprallgeschwindigkeit zu

$$v_K = \genfrac{}{}{0pt}{}{+}{(-)}\sqrt{2|a_B|(x_B - d)},$$

hierbei ist $x_0 = 0$ und $x = x_B - d$, und das Geschwindigkeits-Zeit-Gesetz ermöglicht dann die Berechnung der Kollisionszeit t_K mit $t = t_B - t_K$:

$$v_K = |a_B|(t_B - t_K).$$

Um die Zusammenhänge und das „Rechnen in die Vergangenheit" zu verdeutlichen, sind im Folgenden noch – rein qualitativ – die Zeitdiagramme für diesen Bewegungsvorgang dargestellt.

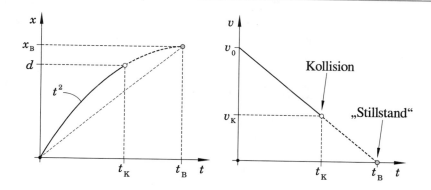

Bei dem $x(t)$-Diagramm handelt es sich um den Teil einer Parabel. Deren Steigung zu einem gewissen Zeitpunkt entspricht der Geschwindigkeit. Da diese nach einem „idealen Bremsvorgang" Null ist, liegt bei t_B der Scheitel der Parabel; die Steigung zum Zeitpunkt t_K beträgt v_K. ◄

Der allgemeine Fall Es kann auch vorkommen, dass die Beschleunigung nicht als Funktion der Zeit, sondern als Ortsfunktion, oder Funktion der Geschwindigkeit bekannt ist. In der folgenden Tabelle sind die wichtigsten dieser Fälle zusammengefasst (Herl. vgl. Anhang A).

$x(t)$	$v(t) = \frac{dx}{dt}$	$a(t) = \frac{d^2x}{dt^2}$
$v(t)$	$x(t) = x_0 + \int_{t_0}^{t} v(\bar{t})\,d\bar{t}$	$a(t) = \frac{dv}{dt}$
$a(t)$	$x(t) = x_0 + v_0\,(t - t_0) \; + \iint_{t_0}^{t} a(\bar{t})(d\bar{t})^2$	$v(t) = v_0 + \int_{t_0}^{t} a(\bar{t})\,d\bar{t}$
$v(x)$	$a(x) = v(x)\frac{dv}{dx}$	$t(x) = t_0 + \int_{x_0}^{x} \frac{d\bar{x}}{v(\bar{x})}$
$a(x)$	$v(x) = \pm\sqrt{v_0^2 + 2\int_{x_0}^{x} a(\bar{x})\,d\bar{x}}$	$t(x) = t_0 \pm \int_{x_0}^{x} \frac{d\bar{x}}{\sqrt{v_0^2 + 2\int_{x_0}^{\bar{x}} a(\bar{x}^*)\,d\bar{x}^*}}$
$t(x)$	$v(x) = \frac{1}{\frac{dt}{dx}}$	$a(x) = \frac{1}{\frac{dt}{dx}}\frac{d}{dx}\left(\frac{1}{\frac{dt}{dx}}\right)$
$x(v)$	$a(v) = \frac{v}{\frac{dx}{dv}}$	$t(v) = t_0 + \int_{v_0}^{v} \frac{1}{\bar{v}}\left(\frac{dx}{d\bar{v}}\right)d\bar{v}$
$a(v)$	$x(v) = x_0 + \int_{v_0}^{v} \frac{\bar{v}\,d\bar{v}}{a(\bar{v})}$	$t(v) = t_0 + \int_{v_0}^{v} \frac{d\bar{v}}{a(\bar{v})}$
$t(v)$	$x(v) = x_0 + \int_{v_0}^{v} \bar{v}\left(\frac{dt}{d\bar{v}}\right)d\bar{v}$	$a(v) = \frac{1}{\frac{dt}{dv}}$

Ist eine der vier Variablen x, v, a und t als eine Funktion einer anderen bekannt, so können die beiden anderen daraus berechnet werden. Die Integrale sind „bestimmte Integrale", die sich von einem Anfangspunkt x_0 bei t_0 mit v_0 und a_0 (ABs) zu einem beliebigen Punkt erstrecken;

exakt formuliert, handelt es sich hierbei um sog. Integralfunktionen. Zur Vermeidung einer Doppelbezeichnung ist die Variable im Integranden mit einem „Überstrich", z. B. $\bar{t}$ statt t, gekennzeichnet.

Beispiel 1.3: Bewegung mit $a = -\omega_0^2 x$ (Schwingung)

Für eine geradlinige Bewegung in x-Richtung (ABs: $x_0 > 0$, $v_0 = 0$ bei $t_0 = 0$) gelte mit $\omega_0 = konst > 0$ für die Beschleunigung $a = \underbrace{-\omega_0^2 x}_{a(x)}$. Gesucht sind das Orts/Weg- und Geschwindigkeits-Zeit-Gesetz, d. h. die beiden Zeitfunktionen $x = x(t)$ und $v = v(t)$.

Lösungsgedanke: Es ist nur $a(x)$ bekannt ($\rightarrow$ Tabelle im Abschn. 1.1.2). Man ermittelt zunächst $v(x)$ und damit schließlich $t(x)$. Die Umkehrfunktion liefert $x(t)$ und deren Ableitung $v(t)$.

<u>Schritt 1:</u> $a = -\omega_0^2 x$ und damit $a(\bar{x}) = -\omega_0^2 \bar{x}$ (lediglich Umbenennung)

$$v(x) = \pm\sqrt{-2\omega_0^2 \int_{x_0}^{x} \bar{x}\,d\bar{x}} = \pm\omega_0\sqrt{x_0^2 - x^2}$$

Da $x_0^2 - x^2 \geq 0$ sein muss, ist nur $|x| \leq x_0$ zulässig. D. h. der Massenpunkt bewegt sich nur im Intervall $[-x_0; x_0]$. Als Bewegungsrichtung ist wegen $(\pm)$ „nach rechts" bzw. „nach links" möglich.

<u>Schritt 2:</u> Mit $v(x)$ lässt sich formulieren: $v(\bar{x}) = \pm\omega_0\sqrt{x_0^2 - \bar{x}^2}$.

$$t(x) = \overset{=0}{\cancel{t_0}} + \pm\frac{1}{\omega_0} \int_{x_0}^{x} \frac{d\bar{x}}{\sqrt{x_0^2 - \bar{x}^2}}$$

Die Integration liefert mittels Integraltafel in [4], Integral Nr. (148):

$$t(x) = \pm\frac{1}{\omega_0} \left[\arcsin\frac{\bar{x}}{x_0}\right]_{x_0}^{x} = \pm\frac{1}{\omega_0}\left(\arcsin\frac{x}{x_0} - \underbrace{\arcsin 1}_{=\pi/2}\right).$$

Und noch eine kleine Umformung:

$$t(x) = \mp\frac{1}{\omega_0}\left(\frac{\pi}{2} - \arcsin\frac{x}{x_0}\right) = \mp\frac{1}{\omega_0}\arccos\frac{x}{x_0}\ [4].$$

<u>Schritt 3:</u> Die Umkehrung der Ortsfunktion $t = t(x)$ führt schließlich zu

$$x = x_0\cos(\mp\omega_0 t).$$

Da die cos-Funktion eine gerade Funktion ist, ist keine Vorzeichenunterscheidung im Argument erforderlich und es ergibt sich schließlich

$$x = x_0\cos\omega_0 t.$$

Beim Ableiten nach der Zeit ist hier nur noch auf das Nachdifferenzieren zu achten:

$$v = -x_0 \omega_0 \sin \omega_0 t.$$

Bei dieser Bewegung handelt es sich um eine sog. freie ungedämpfte harmonische Schwingung; wegen $a = \ddot{x}$ lässt sich die Bewegungsvorschrift auch als Differenzialgleichung (2. Ordnung) formulieren:

$$\ddot{x} + \omega_0^2 x = 0.$$

Deren mathematische Lösung liefert direkt die Zeitfunktion $x = x(t)$. In Kap. 5 wird das Thema Schwingungen weiter vertieft. ◀

1.1.3 Polarkoordinaten der Ebene

Eine ebene Bewegung eines Massenpunktes kann natürlich in kartesischen Koordinaten z. B. in der xy-Ebene dargestellt werden. Die z-Komponente ist senkrecht zu dieser Ebene orientiert und tritt dann in der entsprechenden Beschreibung nicht auf. Häufig ist es jedoch zweckmäßiger, eine Bewegung in $r\varphi$-Polarkoordinaten zu formulieren (Abb. 1.3), speziell dann, wenn die Bahnkurve relativ angenehm als Funktion $r = r(\varphi)$ beschrieben werden kann. Dazu wird die orthogonale Basis $(\vec{e}_r; \vec{e}_\varphi)$ eingeführt.

Der Ortsvektor des Punktes P lautet folglich mit $r = |\vec{r}|$:

$$\vec{r} = r(t)\vec{e}_r(t). \tag{1.12}$$

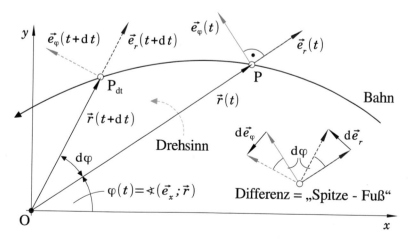

Abb. 1.3 Polarkoordinaten: Radiale Koord. r, zirkulare Koord. φ (Zirkularwinkel). Orientierung: $\vec{e}_r$ vom Bezugspunkt O weg, $\vec{e}_\varphi \perp \vec{e}_r$ entspr. Drehsinn ($\varphi > 0$, für „φ-Richtung" adäquat Drehsinn)

Bei der Berechnung von Geschwindigkeits- und Beschleunigungsvektor $\vec{v}$ und $\vec{a}$ ist zu beachten, dass sich hier – im Gegensatz zu kartesischen Koordinaten – die Basisvektoren des Polarkoordinatensystems zeitlich ändern. D. h. man muss zunächst die infinitesimalen Differenzvektoren $\mathrm{d}\vec{e}_r$ bzw. $\mathrm{d}\vec{e}_\varphi$ berechnen, die bezogen auf $\mathrm{d}t$ die entsprechenden Zeitableitungen ergeben. Wie in Abb. 1.3 (Differenz) skizziert, stellt sich die Basisvektoränderung als Grundseite eines gleichschenkligen Dreiecks dar. Da $\mathrm{d}\varphi \to 0$, ist dieses – infinitesimal kleine – Dreieck praktisch identisch mit einem entsprechenden Kreissektor (Radius 1). Die Länge der Differenzvektoren ergibt sich damit als dessen Bogenlänge, also zu $|\mathrm{d}\vec{e}_r| = 1 \cdot \mathrm{d}\varphi$ und $|\mathrm{d}\vec{e}_\varphi| = 1 \cdot \mathrm{d}\varphi$. Unter Berücksichtigung der jeweiligen Richtung und Orientierung lässt sich folglich für die Vektoren

$$\mathrm{d}\vec{e}_r = \mathrm{d}\varphi\,\vec{e}_\varphi(t) \quad \text{und} \quad \mathrm{d}\vec{e}_\varphi = -\mathrm{d}\varphi\,\vec{e}_r(t)$$

angeben. Dividiert man diese Gleichungen mit dem Zeitdifferenzial $\mathrm{d}t$, erhält man schließlich die Differenzialquotienten bzw. zeitlichen Ableitungen.

$$\dot{\vec{e}}_r = \dot{\varphi}\,\vec{e}_\varphi(t) \quad \text{bzw.} \quad \dot{\vec{e}}_\varphi = -\dot{\varphi}\,\vec{e}_r(t) \quad \text{mit} \quad \dot{\varphi} = \dot{\varphi}(t)$$

Unter Anwendung der Produktregel ergibt sich mit (1.12) für den Geschwindigkeitsvektor

$$\vec{v} = \dot{r}(t)\vec{e}_r(t) + r(t)\dot{\vec{e}}_r(t)$$

und mit obiger Beziehung für $\dot{\vec{e}}_r$ letztlich

$$\vec{v} = \underbrace{\dot{r}(t)\,\vec{e}_r(t)}_{=\,v_r} + \underbrace{r(t)\dot{\varphi}(t)\,\vec{e}_\varphi(t)}_{=\,v_\varphi}. \tag{1.13}$$

Die Koeffizienten dieser Linearkombination (Koordinaten) heißen *Radialgeschwindigkeit* v_r und *Zirkulargeschwindigkeit* v_φ. Aufgrund der Orthogonalität der Basis lässt sich die Bahngeschwindigkeit (z. Wdh.: Betrag des Geschwindigkeitsvektors) mit dem Satz des PYTHAGORAS berechnen:

$$v = \sqrt{v_r^2(t) + v_\varphi^2(t)}. \tag{1.14}$$

Durch Ableiten von $\vec{v}$ nach der Zeit erhält man den Beschleunigungsvektor; es muss bei beiden Komponenten die Produktregel berücksichtigt werden.

$$\vec{a} = \ddot{r}(t)\vec{e}_r(t) + \dot{r}(t)\dot{\vec{e}}_r(t) + \dot{r}(t)\dot{\varphi}(t)\vec{e}_\varphi + r(t)\left[\ddot{\varphi}(t)\vec{e}_\varphi(t) + \dot{\varphi}(t)\dot{\vec{e}}_\varphi(t)\right]$$

Setzt man nun die Ableitungen der Basisvektoren ein, so erhält man nach Ordnung der Terme

$$\vec{a} = \underbrace{\left[\ddot{r}(t) - r(t)\dot{\varphi}^2(t)\right]\,\vec{e}_r(t)}_{=\,a_r} + \underbrace{\left[r(t)\ddot{\varphi}(t) + 2\dot{r}(t)\dot{\varphi}(t)\right]\,\vec{e}_\varphi(t)}_{=\,a_\varphi}. \tag{1.15}$$

Die Bezeichnung der beiden Koeffizienten erfolgt analog zu denen der Geschwindigkeit: *Radialbeschleunigung a_r, Zirkularbeschleunigung a_φ.*

Es ergibt sich also, dass sich Geschwindigkeit und Beschleunigung jeweils aus einer radialen und einer zirkularen Komponente zusammen setzen. Die zeitliche Winkeländerung $\dot\varphi$ bezeichnet man als *Winkelgeschwindigkeit ω* ([ω] $=1/s$); eine nochmalige Ableitung nach der Zeit liefert die sog. *Winkelbeschleunigung $\dot\omega$* ([$\dot\omega$] $=1/s^2$).

$$\omega = \frac{d\varphi}{dt} \quad \text{bzw.} \quad \omega = \dot\varphi(t) \tag{1.16}$$

$$\dot\omega = \frac{d\omega}{dt} \quad \text{bzw.} \quad \dot\omega = \dot\omega(t) = \ddot\varphi(t) \tag{1.17}$$

An dieser Stelle sei auf eine wichtige Folgerung hingewiesen:

ⓘ

Bedingt durch die analoge Definition von (1.16) bzw. (1.17) und (1.7) bzw. (1.8) lässt sich „Abschn. 1.1.2-Tabelle", die auf (1.7) und (1.8) basiert, unverändert anwenden, wenn man x durch φ, v durch ω und a durch $\dot\omega$ ersetzt. ⬧

Beispiel 1.4: Archimedische/arithmetische Spirale: $r = k\varphi$

Eine entsprechende Bahn mit $k = konst > 0$, diese Geometrie kommt übrigens bei den Datenspuren von bspw. CDs zur Anwendung, soll bei $r = 0$ startend mit konstanter Bahngeschwindigkeit v_0 abgefahren werden. Zu berechnen ist die hierfür erforderliche Winkelgeschwindigkeit ω, und zwar als Funktion von $\varphi \geq 0$ sowie als Funktion der Zeit t.

Lösungsansatz: Man formuliert die Bedingung der konstanten Bahngeschwindigkeit mittels Formel (1.14) und findet, dass dann bereits ω auftaucht. Es ist also „nur noch" danach aufzulösen.

Die Bedingung $v = v_0 = konst$ lässt sich also wie folgt formulieren:

$$\sqrt{\dot r^2 + (r\dot\varphi)^2} = v_0, \quad \text{mit} \quad \dot\varphi = \omega.$$

Es ist jedoch $\dot r$ (Zeitableitung!) nicht bekannt und r – leider – als Funktion von φ gegeben. Da φ natürlich von der Zeit abhängt, lässt sich r als verkettete Funktion interpretieren, $r = r[\varphi(t)]$, und damit die Kettenregel anwenden: $\dot r = \frac{dr}{d\varphi}\frac{d\varphi}{dt} = \frac{dr}{d\varphi}\omega$. Mit der Ableitung $\frac{dr}{d\varphi} = k$ gilt

$$\sqrt{(k\omega)^2 + (k\varphi\omega)^2} = v_0$$

und damit

$$\omega = \underbrace{\frac{v_0}{k\sqrt{1 + \varphi^2}}}_{= \omega(\varphi)}.$$

Nun ist die Winkelgeschwindigkeit ω als Funktion des Zirkularwinkels φ bekannt; diese entspricht $v = v(x)$ einer geradlinigen Bewegung. Daher kann die entsprechende Zeile der Tabelle im Abschn. 1.1.2 angewandt werden:

$$t(\varphi) = \overset{=\,0}{\cancel{t_0}} + \int_{\varphi_0}^{\varphi} \frac{d\bar{\varphi}}{\omega(\bar{\varphi})} \quad \text{mit} \quad \varphi_0 = 0.$$

Integration mit [4], Integral Nr. (116):

$$t(\varphi) = \frac{k}{v_0} \int_0^{\varphi} \sqrt{1 + \bar{\varphi}^2}\, d\bar{\varphi} = \frac{k}{2v_0} \left[\bar{\varphi}\sqrt{1 + \bar{\varphi}^2} + \text{arsinh}\bar{\varphi} \right]_0^{\varphi}$$

$$t(\varphi) = \frac{k}{2v_0} \left(\varphi\sqrt{1 + \varphi^2} + \text{arsinh}\varphi \right).$$

Zur Ermittlung von $\omega(t)$ müsste man nun diese Funktion umkehren und ableiten, was analytisch ziemlich aussichtslos ist. Jedoch kann für „relativ große" Zirkularwinkel eine Näherung berechnet werden. Es ist zunächst

$$\omega = \frac{v_0}{k\varphi\sqrt{1 + \frac{1}{\varphi^2}}}.$$

Nach Substitution ($\xi = \frac{1}{\varphi^2}$) und Potenzreihenentwicklung der Wurzel,

$$\sqrt{1 + \xi} = 1 + \frac{1}{2}\xi - \frac{1 \cdot 1}{2 \cdot 4}\xi^2 + \frac{1 \cdot 1 \cdot 3}{2 \cdot 4 \cdot 6}\xi^3 - \frac{1 \cdot 1 \cdot 3 \cdot 5}{2 \cdot 4 \cdot 6 \cdot 8}\xi^4 + - \ldots \ [4],$$

lässt sich diese für $\xi \ll 1$, also $\varphi^2 \gg 1$, mit $\sqrt{1 + \xi^2} \approx 1$ annähern. Die Näherungsfunktion $\tilde{\omega} = \frac{v_0}{k\varphi} \approx \omega$ führt zu einem einfach lösbaren Integral:

$$t(\varphi) = \frac{k}{v_0} \int_0^{\varphi} \bar{\varphi}\, d\bar{\varphi} = \frac{k}{2v_0}\varphi^2.$$

Die Umkehrfunktion von $t = t(\varphi)$ ist dann schließlich die Wurzelfunktion

$$\varphi = \overset{+}{_{(-)}}\sqrt{\frac{2v_0}{k}}\sqrt{t},$$

und nach Zeitableitung ergibt sich die Winkelgeschwindigkeit $\omega = \dot{\varphi}$ zu:

$$\omega = \frac{1}{2}\sqrt{\frac{2v_0}{k}}\frac{1}{\sqrt{t}} \quad \text{bzw.} \quad \underbrace{\omega = \sqrt{\frac{v_0}{2kt}}}_{=\,\omega(t)}, \quad \text{wenn} \quad \varphi \gg 1.$$

Es sei noch ergänzt, dass sich $t(\varphi)$ aus $\omega(\varphi)$ auch ohne Tabelle berechnen lässt, wenn die Ableitung als Diffenzialquotienten formuliert wird: $\omega = \dot{\varphi} = \frac{d\varphi}{dt}$. Man kann sodann nach Variablenseparation, $dt = \omega(\varphi)\,d\varphi$, integrieren und erhält das gleiche Integral wie oben. ◄

Sonderfall 1: Zentralbewegung Diese liegt vor, wenn der Beschleunigungsvektor $\vec{a}$ stets auf einen Punkt (Zentrum Z) gerichtet ist. Zentralbewegungen treten z. B. bei Planeten auf; die Sonne mit ihrer großen Gravitationskraft ist hierbei das Zentrum. Betrachtet man die vom sog. Fahrstrahl ($\vec{r}$) während eines Zeitintervalls dt überstrichene Fläche (Abb. 1.3, Sektor OPP_{dt}) mit dem Inhalt dA, entspricht diese wegen $d\varphi \to 0$ einem winzigen Kreissektor.

$$dA = \frac{1}{2}r^2 d\varphi \quad [4]$$

Bei einer Zentralbewegung hat der Beschleunigungsvektor $\vec{a}$ also keine zirkulare Komponente: $a_\varphi = 0$. Konsequenz:

$$\frac{1}{r}\frac{d}{dt}(r^2\omega) = 0 \quad \text{da} \quad \underbrace{r\dot{\omega} + 2\dot{r}\omega}_{= a_\varphi} = 0$$

Demnach ist $r^2\omega = konst$. Dividiert man obigen Flächeninhalt mit dt, ergibt sich die sog. Flächengeschwindigkeit zu

$$\frac{dA}{dt} = \frac{1}{2}r^2\omega;$$

diese ist bei einer Zentralbewegung konstant. Vgl. KEPLERsches Gesetz [5]: Ein Fahrstrahl überstreicht in gleichen Zeitintervallen gleiche Flächen.

Sonderfall 2: Kreisbewegung Der Basisvektor $\vec{e}_\varphi$ hat stets die Richtung der Bahntangente, $\vec{e}_r$ ist radial vom Kreismittelpunkt weg orientiert. Zudem ist $r = R$ konstant (Kreisradius). Damit ist $v_r = 0$ und die Zirkulargeschwindigkeit entspricht der Bahngeschwindigkeit.

$$v = |v_\varphi| \quad \text{mit} \quad v_\varphi = R\omega(t) \tag{1.18}$$

Der Beschleunigungsvektor $\vec{a}$ lässt sich in eine Komponente in tangentialer Richtung ($\vec{e}_\varphi$) sowie in radialer Richtung (stets senkrecht zur Bahn) zerlegen. Für die Koeffizienten gilt wegen $r = R$ mit $R = konst$:

$$a_\varphi = R\dot{\omega}(t) \quad \text{und} \quad a_r = -R\omega^2(t). \tag{1.19}$$

Der Betrag der Radialkomponente wird auch *Zentripetalbeschleunigung* genannt, da diese Komponente zum Mittelpunkt der Kreisbahn orientiert ist. Für den Fall $\omega = konst$ (gleichförmige Kreisbewegung) entfällt die zirkulare Beschleunigung. Die Radialbeschleunigung bleibt unverändert, sie bewirkt die ständige Richtungsänderung des Geschwindigkeitsvektors.

ⓘ

Bei einer gleichförmigen Kreisbewegung, $\omega = konst$, ist trotz konstanter <u>Bahn</u>geschwindigkeit
($v = konst$, $\vec{v} \neq konst$) die Beschleunigung ungleich Null. Es gibt keine Kreisbewegung mit
$\vec{a} = \vec{0}$, für $\omega \neq 0$ ist immer auch $a_r \neq 0$. _____ **⚐**

Ergänzung Erweitert man die Basis ($\vec{e}_r$; $\vec{e}_\varphi$) des – ebenen – Polarkoordinatensystems um
eine zur Ebene orthogonale, dritte Richtung, z. B. die z-Richtung, so ergibt sich ein räumli-
ches Koordinatensystem: Zylinderkoordinaten; es bilden $\vec{e}_r$, $\vec{e}_\varphi$ und $\vec{e}_z$ in dieser Reihenfolge
ein Rechtssystem. Damit können dann auch 3D-Bewegungen beschrieben werden.

1.1.4   Natürliche Koordinaten im Raum

Eine dritte Möglichkeit – neben kartesischen Koordinaten und eben Zylinderkoordinaten –
zur Beschreibung räumlicher Bewegungen bietet ein den Massenpunkt begleitendes Drei-
bein, das sog. natürliche Koordinatensystem. Dieses wird durch die orthogonalen, in dieser
Reihenfolge ein Rechtssystem bildenden Einheitsvektoren $\vec{e}_t$ (tangential zur Bahn, stets in
Bewegungsrichtung), $\vec{e}_n$ (normal, d. h. orthogonal zu $\vec{e}_t$) und $\vec{e}_b$ (binormal = senkrecht zur
$\vec{e}_t$-$\vec{e}_n$-Ebene) definiert, vgl. hierzu Abb. 1.4. Der Krümmungskreis, dieser liegt in der sog.
Schmiegeebene, mit dem Radius ρ und dem Mittelpunkt M nähert im Punkt P die Bahn an.
    Wird der Ortsvektor $\vec{r} = \vec{r}(t)$ durch die Bogenlänge $s(t)$ gemäß

$$\vec{r} = \vec{r}\,[s(t)] \tag{1.20}$$

dargestellt, so erhält man den Geschwindigkeitsvektor durch Zeitableitung unter Berücksichtigung der Kettenregel:

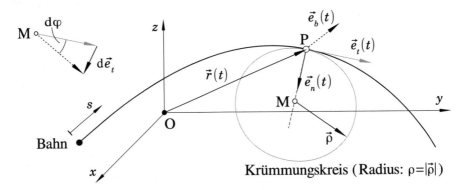

Abb. 1.4 Natürliche Koordinaten: Der Basisvektor $\vec{e}_n$ ist stets zum Mittelpunkt des Krümmungs-
kreises orientiert. Nach [4] gilt für die Krümmung κ einer Raumkurve $\kappa = |\frac{d\vec{e}_t}{ds}|$, zudem ist $\rho = \frac{1}{\kappa}$

$$\vec{v} = \frac{\mathrm{d}\vec{r}}{\mathrm{d}s} \frac{\mathrm{d}s}{\mathrm{d}t}.$$

Für die infinitesimale Ortsvektoränderung $\mathrm{d}\vec{r}$ gilt nach Abb. 1.4 schließlich $\mathrm{d}\vec{r} = \mathrm{d}s\,\vec{e}_t(t)$. Nach einsetzen und mit (1.3) lässt sich formulieren:

$$\vec{v} = \underbrace{\dot{s}(t)\,\vec{e}_t(t)}_{=\,v_t}, \quad \text{wobei} \quad \dot{s}(t) = v(t). \tag{1.21}$$

Bei natürlichen Koordinaten gibt es also nur eine Geschwindigkeitskomponente; v_t heißt *Tangentialgeschwindigkeit* und ist mit der Bahngeschwindigkeit identisch. Die erneute Zeitableitung (Produktregel) liefert zunächst

$$\vec{a} = \dot{v}(t)\vec{e}_t(t) + v(t)\dot{\vec{e}}_t(t)$$

Mit einer zu den Polarkoordinaten analogen Überlegung, vgl. Abb. 1.4 links oben, erhält man für die infinitesimale Basisvektoränderung

$$\mathrm{d}\vec{e}_t = \mathrm{d}\varphi\,\vec{e}_n(t),$$

wenn sich P während $\mathrm{d}t$ um den Winkel $\mathrm{d}\varphi$ bzgl. M dreht. Für den vom Punkt P dabei zurück gelegten Weg gilt dann $\mathrm{d}s = \rho\,\mathrm{d}\varphi$ (Bogenlänge).

$$\vec{a} = \dot{v}(t)\vec{e}_t(t) + v(t)\frac{\mathrm{d}\varphi}{\mathrm{d}t}\vec{e}_n(t) \quad \text{und} \quad \mathrm{d}\varphi = \frac{\mathrm{d}s}{\rho}$$

Mit (1.3) ergibt sich letztlich

$$\vec{a} = \underbrace{\dot{v}(t)\,\vec{e}_t(t)}_{=\,a_t} + \underbrace{\frac{v^2(t)}{\rho(t)}\,\vec{e}_n(t)}_{=\,a_n}. \tag{1.22}$$

Der Beschleunigungsvektor in natürlichen Koordinaten beinhaltet die *Tangentialbeschleunigung* a_t und die *Normalbeschleunigung* a_n. Auch hier sei auf folgende Eigenschaft der Tabelle hingewiesen:

ⓘ
Bedingt durch die analoge Definition von v nach (1.3) bzw. a_t in (1.22) und (1.7) bzw. (1.8) lässt sich „Abschn. 1.1.2-Tabelle", die auf (1.7) und (1.8) basiert, unverändert anwenden, wenn man x durch s ersetzt und a durch a_t (Geschw. v in x-Richtung wird – gedanklich – durch Bahngeschwindigkeit v ersetzt).

Sonderfall: Kreisbewegung mit Radius R Es ist nun für jeden Punkt der Krümmungskreis identisch mit der Bahn, also $\rho = R = konst$, und die Bogenlänge s berechnet sich zu ($\mathrm{d}s = R\,\mathrm{d}\varphi$, φ: Öffnungswinkel Kreisbogen):

$$s = R\varphi \quad \text{mit} \quad [\varphi] = 1(\text{rad}). \tag{1.23}$$

Damit lässt sich für die Tangential- bzw. Bahngeschwindigkeit

$$v = v_t = R\omega(t) \tag{1.24}$$

angeben, da $\dot{\varphi} = \omega$; abhängig von der Festlegung des positiven Drehsinns ist $\omega < 0$ und – in diesem Kontext – folglich auch $v < 0$ (obwohl $v = |\vec{v}| \geq 0$) möglich/zulässig. Die Beschleunigungskoeffizienten sind schließlich

$$a_t = R\dot{\omega}(t) \tag{1.25}$$

und

$$a_n = \frac{v^2(t)}{R}. \tag{1.26}$$

Mit (1.24) lässt sich (1.26) auch in der Form $a_n = R\omega^2(t)$ schreiben, entsprechend Gleichung für a_r in (1.19). Vergleicht man bei einer Kreisbewegung die Darstellung in natürlichen Koordinaten mit jener in Polarkoordinaten, so folgt Übereinstimmung, wenn man berücksichtigt, dass der Zusammenhang $\vec{e}_n = -\vec{e}_r$ zwischen den Basisvektoren allgemein Gültigkeit hat.

Beispiel 1.5: Bremsvorgang in einer horizontalen Kurve

Natürliche Koordinaten eignen sich u. a. hervorragend zur Beschreibung der Geschwindigkeitsänderung bei krummlinigen Bahnen, nämlich durch Angabe der Tangentialbeschleunigung $a_t = \dot{v}$. In einer bel. gekrümmten, horizontalen Bahn, wird ein Fahrzeug, das sich zum Zeitpunkt $t_0 = 0$ mit der Geschwindigkeit $v_0 > 0$ bewegt, entsprechend der Gesetzmäßigkeit

$$a_t = \underbrace{-kv}_{= \, a_t(v)} \quad \text{mit} \quad k = konst > 0$$

abgebremst. Zu berechnen ist die Bremszeit t_B und der Bremsweg s_B.

Überlegung: Die Bremszeit ergibt sich – eigentlich – aus der Bedingung $v(t_B) = 0$. Und für den Bremsweg berechnet man durch Integration $s(t)$ und setzt schließlich t_B ein. Doch wird das hier so funktionieren?

Die gegebene Tangentialbeschleunigung $a_t(v)$ entspricht dem Funktionsterm $a(v)$ einer geradlinigen Bewegung. Mittels „Abschn. 1.1.2-Tabelle" lässt sich folglich $t(v)$ berechnen; die Umkehrfunktion $v = v(t)$ – diese erhält man übrigens alternativ direkt als Lösung der Differenzialgleichung (DGL) $\dot{v} = -kv$ – ermöglicht den Ansatz für die Bremszeit für $v(0) = v_0 > 0$.

$$t(v) = \underbrace{t_0}_{= \, 0} + \int_{v_0}^{v} \frac{\mathrm{d}\bar{v}}{a_t(\bar{v})} = -\frac{1}{k} \int_{v_0}^{v} \frac{\mathrm{d}\bar{v}}{\bar{v}} = -\frac{1}{k} \Big[\ln|\bar{v}| \Big]_{v_0}^{v}, \quad \text{wobei} \quad v > 0$$

$$t(v) = -\frac{1}{k}\left(\ln v - \ln v_0\right) = -\frac{1}{k}\ln \underbrace{\overbrace{\frac{v}{v_0}}^{<1}}_{<0} = \frac{1}{k}\ln\left(\frac{v}{v_0}\right)^{-1} = \frac{1}{k}\ln\frac{v_0}{v}$$

Umkehrfunktion (auflösen nach v):

$$v = v_0 e^{-kt}$$

Damit zeigt sich, dass stets $v(t) \neq 0$ ist, d. h. die obige Bedingung $v(t_B) = 0$ versagt; jedoch ist der Grenzwert

$$\lim_{t\to\infty} v(t) = 0.$$

Bei diesem Modell, die Bremsverzögerung ist proportional zur Geschwindigkeit (annähernd z. B. infolge von Luftwiderstand bei laminarer Umströmung), kommt das Auto also nie zum Stehen, was sicherlich nicht der Realität entspricht. Man kann daher die Bremszeit t_B nur abschätzen, indem man diese bspw. wie folgt definiert:

$$t_B = t_{10} \quad \text{mit} \quad v(t_{10}) = \frac{1}{10}v_0,$$

d. h. nach dieser Zeit hat die Bahngeschwindigkeit auf 10 % der Startgeschwindigkeit v_0 abgenommen. Es ergibt sich damit

$$t_B = \frac{1}{k}\ln 10.$$

Das Weg-Zeit-Gesetz ermittelt man durch Integration von $v(t)$, wobei in diesem Fall der Weg die Bogenlänge s entlang der Kurve ist:

$$s(t) = \underbrace{s_0}_{=0} + \int_{\underbrace{0}_{=0}}^{t} v(\bar{t})\,\mathrm{d}\bar{t} = v_0 \int_0^t e^{-k\bar{t}}\,\mathrm{d}\bar{t} = -\frac{v_0}{k}\left[e^{-k\bar{t}}\right]_0^t$$

$$s(t) = -\frac{v_0}{k}\left(e^{-kt} - 1\right) = \frac{v_0}{k}\left(1 - e^{-kt}\right).$$

Den Bremsweg s_B erhielte man damit grundsätzlich aus der „Definition" $s_B = s_{10}$ mit $s_{10} = s(t_B)$. Ein „besserer" Wert wird anhand des $s(t)$-Diagramms ersichtlich; der Vollständigkeit halber ist auch $v(t)$ skizziert.

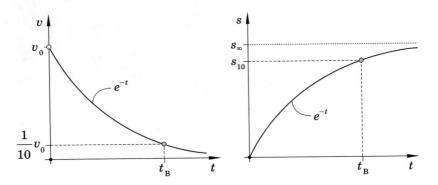

Es ist zu erkennen, dass sich der Weg s entlang der Kurve beliebig genau dem Wert s_∞ annähert. Dieser soll daher per Definition der Bremsweg für diesen Vorgang sein: $s_B = s_\infty$. Mit $s_\infty = \lim\limits_{t \to \infty} s(t)$ ergibt sich damit

$$s_B = \frac{v_0}{k}.$$

Der aus der lediglich abgeschätzten Bremszeit t_B berechnete Bremsweg ergibt sich zu $s_{10} = \frac{9}{10} \frac{v_0}{k}$ (Näherung) und weicht damit um $\Delta s = s_B - s_{10} = \frac{1}{10} \frac{v_0}{k}$ ab, also bzgl. dem „tatsächlichen" Wert um $10\,\%$.

Alternative zur Berechnung des Bremsweges s_B: Mittels Tabelle im Abschn. 1.1.2 erhält man den zurückgelegten Weg/die Bogenlänge s als Funktion der Bahngeschwindigkeit v $(x \rightsquigarrow s, a \rightsquigarrow a_t)$:

$$s(v) = \underbrace{s_0}_{= 0} + \int_{v_0}^{v} \frac{\bar{v}\,d\bar{v}}{a_t(\bar{v})} = \int_{v_0}^{v} \frac{\bar{v}\,d\bar{v}}{-k\bar{v}} = -\frac{1}{k} \int_{v_0}^{v} d\bar{v} = -\frac{1}{k}(v - v_0),$$

also einen linearen Zusammenhang. Der Bremsweg s_B ergibt sich hiermit direkt aus der Bedingung $v = 0$ – wieder – zu $s_B = s(0) = \frac{v_0}{k}$, ohne der Notwendigkeit einer Grenzwertbetrachtung. ◄

1.2 Relativ-Punktkinematik

Es gibt Fälle, bei denen es vorteilhaft sein kann, die Bewegung eines Punktes in Bezug auf ein bewegtes System zu beschreiben, bspw. wenn sich „elementare Bewegungsabläufe" (geradlinige Bewegung, Kreisbewegung) überlagern. Hierbei ist der Zusammenhang zwischen den kinematischen Größen im bewegten und ruhenden System von besonderer Bedeutung.

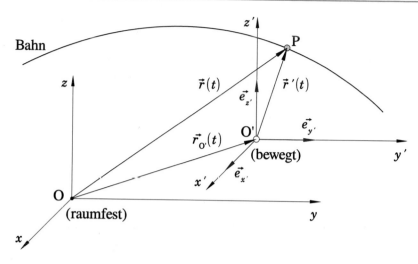

Abb. 1.5 Reine Translation des Bezugssystems

1.2.1 Translation des Bezugssystems

Das kartesische $x'y'z'$-Koordinatensystem sei stets parallel zum raumfesten xyz-System, Abb. 1.5. Es bewegt sich in Bezug auf das raumfeste System also rein translatorisch, d. h. es tritt keine Drehung auf. Der Ortsvektor $\vec{r}$ des Punktes P ergibt sich aus folgender Vektoraddition:

$$\vec{r} = \vec{r}_{O'}(t) + \vec{r}\,'(t) = \vec{r}_{O'}(t) + x'(t)\vec{e}_{x'} + y'(t)\vec{e}_{y'} + z'(t)\vec{e}_{z'}.$$

Hierbei ist $\vec{r}\,'$ der relative Ortsvektor von P bzgl. dem bewegen Bezugspunkt O'. Die Zeitableitung von $\vec{r}$ (in Bezug auf das raumfeste System, d. h. $\dot{\vec{r}}$) liefert schließlich den Geschwindigkeitsvektor.

$$\vec{v} = \dot{\vec{r}}_{O'}(t) + \dot{\vec{r}}\,'(t) = \underbrace{\dot{\vec{r}}_{O'}(t)}_{=\,\vec{v}_{O'}} + \underbrace{\dot{x}'(t)\vec{e}_{x'} + \dot{y}'(t)\vec{e}_{y'} + \dot{z}'(t)\vec{e}_{z'}}_{=\,\dot{\vec{r}}\,'|_{x'y'z'}}$$

Dieses gestaltet sich als einfach, da sich die Basisvektoren des bewegten Bezugssystems zeitlich nicht ändern. $\vec{r}\,'$ ist ein Vektor, beschrieben in einem bewegten Bezugssystem. Es ist hierbei zwischen zwei Ableitungen zu unterscheiden: $\dot{\vec{r}}\,'(t)$ ist jene in Bezug auf das raumfeste System, während mit $\dot{\vec{r}}\,'|_{x'y'z'}$ die Zeitableitung von $\vec{r}\,'$ in Bezug auf das (bewegte) $x'y'z'$-System dargestellt wird. Diese sind bei reiner Translation des Bezugssystems gleich. Es setzt sich somit der Absolutgeschwindigkeitsvektor $\vec{v}$ aus der *Führungsgeschwindigkeit* $\vec{v}_F$ und der *Relativgeschwindigkeit* $\vec{v}_{rel}$ zusammen.

$$\vec{v} = \vec{v}_F + \vec{v}_{rel} \quad \text{mit} \quad \vec{v}_F = \vec{v}_{O'} \quad \text{und} \quad \vec{v}_{rel} = \dot{\vec{r}}\,'|_{x'y'z'} \tag{1.27}$$

Leitet man nun $\vec{v}$ nach der Zeit – wiederum in Bezug auf das in O raumfeste Bezugssystem – ab, so ergibt sich analog

$$\vec{a} = \underbrace{\ddot{\vec{r}}_{O'}(t)}_{= \vec{a}_{O'}} + \ddot{\vec{r}}\,'(t) = \underbrace{\ddot{\vec{r}}_{O'}(t)}_{} + \underbrace{\ddot{x}'(t)\vec{e}_{x'} + \ddot{y}'(t)\vec{e}_{y'} + \ddot{z}'(t)\vec{e}_{z'}}_{= \ddot{\vec{r}}\,'|_{x'y'z'}}$$

Hierbei bedeutet der Zusatz $|_{x'y'z'}$ die zeitliche Änderung bzw. Ableitung des relativen Ortsvektors in Bezug auf das bewegte O'-System. Der Absolutbeschleunigungsvektor kann folglich auch in eine *Führungsbeschleunigung* $\vec{a}_{\mathrm{F}}$ und eine *Relativbeschleunigung* $\vec{a}_{\mathrm{rel}}$ erlegt werden.

$$\vec{a} = \vec{a}_{\mathrm{F}} + \vec{a}_{\mathrm{rel}} \quad \text{mit} \quad \vec{a}_{\mathrm{F}} = \vec{a}_{O'} \quad \text{und} \quad \vec{a}_{\mathrm{rel}} = \ddot{\vec{r}}\,'|_{x'y'z'} \tag{1.28}$$

Die sog. „Führungskomponenten" ergeben sich übrigens, wenn man sich eine starre Kopplung mit dem bewegten System vorstellt, dann wäre $\vec{v}_{\mathrm{rel}} = \vec{a}_{\mathrm{rel}} = \vec{0}$. Dagegen würde jemand, der sich mit dem bewegten System mitbewegt, lediglich die „Relativkomponenten" von $\vec{v}$ und $\vec{a}$ messen.

1.2.2 Bezugssystemrotation

Im Folgenden soll beim bewegten Bezugssystem neben der Translation auch eine Drehung mit einer sog. *Führungswinkelgeschwindigkeit* $\vec{\omega}_{\mathrm{F}}$ zugelassen werden, vgl. Abb. 1.6. Bei $\vec{\omega}_{\mathrm{F}}$ handelt es sich um einen Vektor, dessen Richtung mit der momentanen Drehachse übereinstimmt; die Orientierung ist festgelegt über die „Rechte-Faust-Regel" (RFR)[1].

Unter Berücksichtigung der Rotation des $x'y'z'$-Systems ergibt sich für die zeitliche Änderung des Vektors $\vec{r}\,'$ (Vektor in einem bewegten Bezugssystem) in Bezug auf das ruhende System

$$\dot{\vec{r}}\,' = \dot{\vec{r}}\,'|_{x'y'z'} + \vec{\omega}_{\mathrm{F}}(t) \times \vec{r}\,'(t), \tag{1.29}$$

diese Gleichung nennt sich Ableitungsregel nach EULER (Herl. vgl. Anhang A), wobei der Term

$$\dot{\vec{r}}\,'|_{x'y'z'} = \dot{x}'(t)\vec{e}_{x'}(t) + \dot{y}'(t)\vec{e}_{y'}(t) + \dot{z}'(t)\vec{e}_{z'}(t)$$

die zeitliche Änderung des relativen Ortsvektors in Bezug auf das bewegte System (Relativgeschwindigkeit) darstellt. Die Ableitungen von $\vec{r}\,'$ sind bei Bezugssystemrotation in Bezug auf das ruhende respektive bewegte System nicht mehr identisch, wie es bei reiner Bezugssystemtranslation der Fall war.

---

[1]Man balle die rechte Faust und strecke den „Daumen hoch"; dieser symbolisiert dann in gedachter Verlängerung die Drehachse. Nun wird die Hand so platziert, dass die restlichen Finger der Drehrichtung/dem Drehsinn entsprechen. Die Daumenspitze gibt stets die Orientierung des $\vec{\omega}_{\mathrm{F}}$-Vektors (Seite der Pfeilspitze) an.

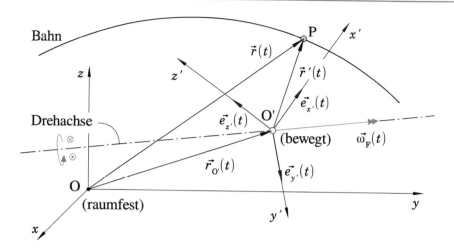

Abb. 1.6 Translation und Rotation des Bezugssystems

Für den – absoluten – Ortsvektor $\vec{r}$ gilt wieder

$$\vec{r} = \vec{r}_{O'}(t) + \vec{r}\,'(t),$$

und somit ergibt sich für die vektorielle Absolutgeschwindigkeit $\vec{v} = \dot{\vec{r}}(t)$:

$$\vec{v} = \dot{\vec{r}}_{O'}(t) + \dot{\vec{r}}\,'(t) = \dot{\vec{r}}_{O'}(t) + \dot{\vec{r}}\,'|_{x'y'z'} + \vec{\omega}_F(t) \times \vec{r}\,'(t) \quad \text{wobei} \quad \dot{\vec{r}}_{O'}(t) = \vec{v}_{O'}$$

bzw. zerlegt in zwei charakteristische Komponenten

$$\vec{v} = \vec{v}_F + \vec{v}_{\text{rel}} \quad \text{mit} \quad \vec{v}_F = \vec{v}_{O'} + \vec{\omega}_F(t) \times \vec{r}\,'(t) \quad \text{und} \quad \vec{v}_{\text{rel}} = \dot{\vec{r}}\,'|_{x'y'z'}. \tag{1.30}$$

Hierbei stellt die *Führungsgeschwindigkeit* $\vec{v}_F$ die Geschwindigkeit dar, mit der sich der Massenpunkt bewegen würde, wenn dieser starr mit dem bewegten O'-System verbunden wäre. Die *Relativgeschwindigkeit* $\vec{v}_{\text{rel}}$ beschreibt dagegen jene Geschwindigkeit des Punktes relativ zum bewegten System; ein synchron mit dem O'-System mitbewegter Beobachter würde demnach ausschließlich diese Geschwindigkeit messen.

Den Vektor $\vec{a}$ der Absolutbeschleunigung des Massenpunktes erhält man schließlich durch zeitliche Ableitung der Absolutgeschwindigkeit: $\vec{a} = \dot{\vec{v}}(t)$. Unter Berücksichtigung der obigen EULERschen Ableitungsregel (1.29), die allgemein für Vektoren eines bewegten Bezugssystems Gültigkeit hat, nicht nur für Ortsvektoren, folgt:

$$\vec{a} = \underbrace{\ddot{\vec{r}}_{O'}(t)}_{= \vec{a}_{O'}} + \frac{\mathrm{d}}{\mathrm{d}t}(\dot{\vec{r}}\,'|_{x'y'z'}) + \dot{\vec{\omega}}_F(t) \times \vec{r}\,'(t) + \vec{\omega}_F(t) \times \dot{\vec{r}}\,'(t)$$

$$= \vec{a}_{O'} + \dot{\vec{v}}_{\text{rel}} + \dot{\vec{\omega}}_F(t) \times \vec{r}\,'(t) + \vec{\omega}_F(t) \times \left[\dot{\vec{r}}\,'|_{x'y'z'} + \vec{\omega}_F(t) \times \vec{r}\,'(t) \right]$$

$$\dot{\vec{v}}_{\text{rel}} = \dot{\vec{v}}_{\text{rel}}|_{xyz} =$$

$$= \vec{a}_{O'} + \overbrace{\left[\dot{\vec{v}}_{\text{rel}}|_{x'y'z'} + \vec{\omega}_F(t) \times \vec{v}_{\text{rel}} \right]} + \dot{\vec{\omega}}_F(t) \times \vec{r}\,'(t)$$

$$+ \vec{\omega}_F(t) \times \underbrace{\dot{\vec{r}}\,'|_{x'y'z'}}_{= \vec{v}_{\text{rel}}} + \vec{\omega}_F(t) \times \left(\vec{\omega}_F(t) \times \vec{r}\,'(t) \right)$$

$$= \vec{a}_{O'} + \dot{\vec{v}}_{\text{rel}}|_{x'y'z'} + 2 \left(\vec{\omega}_F(t) \times \vec{v}_{\text{rel}} \right) + \dot{\vec{\omega}}_F(t) \times \vec{r}\,'(t) + \vec{\omega}_F(t) \times \left(\vec{\omega}_F(t) \times \vec{r}\,'(t) \right)$$

Es wurde Ableitung (1.29) auch für $\vec{v}_{\text{rel}}$ angewandt, da es sich ebenfalls um einen Vektor im bewegten O'-System handelt. Zusammenfassend ergeben sich damit folgende Komponenten der Absolutbeschleunigung:

$$\vec{a} = \vec{a}_F + \vec{a}_{\text{rel}} + \vec{a}_C. \tag{1.31}$$

Diese berechnen sich zu

$$\vec{a}_F = \vec{a}_{O'} + \dot{\vec{\omega}}_F(t) \times \vec{r}\,'(t) + \vec{\omega}_F(t) \times \left(\vec{\omega}_F(t) \times \vec{r}\,'(t) \right), \tag{1.32}$$

und

$$\vec{a}_{\text{rel}} = \dot{\vec{v}}_{\text{rel}}|_{x'y'z'} = \ddot{\vec{r}}\,'|_{x'y'z'} \tag{1.33}$$

sowie schließlich

$$\vec{a}_C = 2\,\vec{\omega}_F(t) \times \vec{v}_{\text{rel}}. \tag{1.34}$$

Die *Führungsbeschleunigung* $\vec{a}_F$ würde man wieder messen, wenn der Massenpunkt fest mit dem bewegten O'-Bezugssystem verbunden wäre. Analog zur Relativgeschwindigkeit ist die *Relativbeschleunigung* $\vec{a}_{\text{rel}}$ jene Beschleunigung des Punktes relativ zum bewegten System, die schließlich ein synchron mitbewegter Beobachter ermitteln würde; für diesen sind $\vec{a}_{O'}$ und $\vec{\omega}_F$ gleich Null. Der zusätzliche Term $\vec{a}_C$ wird nach CORIOLIS als *Coriolisbeschleunigung* bezeichnet. Dieser Beschleunigungsanteil steht senkrecht auf der von $\vec{\omega}_F$ und $\vec{v}_{\text{rel}}$ aufgespannten Ebene und verschwindet nur dann, wenn einer dieser Vektoren Null ist oder diese beiden Vektoren parallel sind.

Im speziellen Fall einer ebenen Bewegung (z. B. xy-Ebene) vor ist es i. Allg. zweckmäßiger, anstelle des bewegten kartesischen Koordinatensystems ein Polarkoordinatensystem zu verwenden (Abb. 1.7). Das raumfeste System wird durch die xy-Koordinaten, das bewegte System durch den Abstand $r' = |\vec{r}\,'|$ bzgl. O' und dem Winkel φ' gegen x' beschrieben.

Der Führungswinkelgeschwindigkeitsvektor $\vec{\omega}_F$ ist orthogonal zur Bewegungsebene und zeigt damit in Richtung der z'-Achse.

$$\vec{\omega}_F = \omega_F(t)\vec{e}_\omega \quad \text{mit} \quad \vec{e}_\omega = \vec{e}_{z'} = \overrightarrow{konst}$$

Hierbei ist $\vec{e}_\omega$ der Einheitsvektor von $\vec{\omega}_F$, d. h. jener Vektor mit gleicher Richtung und Orientierung wie $\vec{\omega}_F$, jedoch mit dem Betrag 1. Für den relativen Ortsvektor $\vec{r}\,'$ gilt in Polarkoordinaten:

$$\vec{r}\,' = r'(t)\vec{e}_r(t).$$

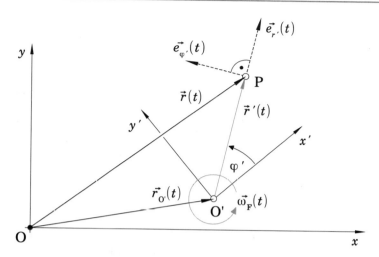

Abb. 1.7 Polarkoordinaten bei einem translatorisch und rotatorisch bewegten Bezugspunkt (O'); z- und z'-Achse sind dann senkrecht zur Zeichenebene aus dieser heraus orientiert ($\odot$)

Damit ergibt sich die Führungsgeschwindigkeit zu

$$\vec{v}_{\mathrm{F}} = \vec{v}_{\mathrm{O}'} + \omega_{\mathrm{F}}(t)\vec{e}_{z'} \times r'(t)\vec{e}_{r'}(t) = \vec{v}_{\mathrm{O}'} + \omega_{\mathrm{F}}(t)r'(t)\underbrace{\left(\vec{e}_{z'} \times \vec{e}_{r'}(t)\right)}_{=\ \vec{e}_{\varphi'}(t)}$$

Für die Berechnung des Vektorprodukts $\vec{e}_{z'} \times \vec{e}_{r'}(t)$ wendet man die Rechte-Hand-Regel (RHR)[2] an. Die Führungsbeschleunigung ermittelt man analog:

$$\vec{a}_{\mathrm{F}} = \vec{a}_{\mathrm{O}'} + \dot{\omega}_{\mathrm{F}}(t)\vec{e}_{z'} \times r'(t)\vec{e}_{r'}(t) + \omega_{\mathrm{F}}(t)\vec{e}_{z'} \times \underbrace{\left(\omega_{\mathrm{F}}(t)\vec{e}_{z'} \times r'(t)\vec{e}_{r'}(t)\right)}_{=\ \omega_{\mathrm{F}}(t)r'(t)\vec{e}_{\varphi'}(t)}$$

$$= \vec{a}_{\mathrm{O}'} + \dot{\omega}_{\mathrm{F}}(t)r'(t)\underbrace{\left(\vec{e}_{z'} \times \vec{e}_{r'}(t)\right)}_{=\ \vec{e}_{\varphi'}(t)} + \omega_{\mathrm{F}}^{2}(t)r'(t)\underbrace{\left(\vec{e}_{z'} \times \vec{e}_{\varphi'}(t)\right)}_{=\ -\vec{e}_{r'}(t)} .$$

Die Koeffizienten zeigen (vgl. Kreisbewegung im Abschn. 1.1.3): Die „Führungsbewegung" lässt sich als Überlagerung aus Translation von O' ($\vec{v}_{\mathrm{O}'}$ und $\vec{a}_{\mathrm{O}'}$) und momentaner Drehung (Kreisbewegung) von P um O' interpretieren.

---

[2]$\vec{e}_{z'}$ Daumen (1. Vektor), $\vec{e}_{r'}(t)$ Zeigefinger (2. Vektor), $\vec{e}_{z'} \times \vec{e}_{r'}(t)$ Mittelfinger (Ergebnisvektor); gilt allgemein, wobei zudem stets $\vec{e}_{z'} \times \vec{e}_{r'}(t) \perp \vec{e}_{z'}$ und $\vec{e}_{z'} \times \vec{e}_{r'}(t) \perp \vec{e}_{r'}(t)$.

1.3   Kinematik starrer Körper

Das Modell des (ideal) starren Körpers berücksichtigt die Ausdehnung eines Objekts, d. h. dessen – räumliche – Abmessungen, vernachlässigt/ignoriert aber jegliche Art einer Verformung. Ein starrer Körper ist demnach ein Konglomerat von unendlich vielen Massenpunkten, deren Abstände zueinander sich nicht ändern. Im Raum (3D) besitzt dieser insgesamt sechs sog. Freiheitsgrade[3], drei Freiheitsgrade der Translation und drei der Rotation.

1.3.1   Translationsbewegungen

Die (reine) Translation eines – starren – Körpers ist eine sog. Parallelverschiebung dessen, d. h. alle Punkte des Körpers erfahren dieselbe Verschiebung. Zwei Körperpunkte A und B definieren eine Strecke [AB]; diese ändert folglich ihre Richtung nicht. Bei einer reinen Translationsbewegung eines starren Körpers haben zudem alle Körperpunkte gleiche Geschwindigkeit bzw. Beschleunigung.

Es genügt daher, die Bewegung von nur einem Körperpunkt zu beschreiben. In einem kartesischen Koordinatensystem gilt für einen – beliebigen, sinnvollerweise aber charakteristischen – Punkt P des Körpers:

$$\vec{r}_P = x_P(t)\vec{e}_x + y_P(t)\vec{e}_y + z_P(t)\vec{e}_z. \tag{1.35}$$

Geschwindigkeits- und Beschleunigungsvektor, d. h. $\vec{v}_P$ und $\vec{a}_P$, ergeben sich daraus durch zeitliche Ableitung der Koordinaten.

1.3.2   Körperrotation

Im ersten Schritt soll der starre Körper lediglich um eine raumfeste Achse rotieren. In diesem Fall bewegen sich alle Körperpunkte auf Kreisbahnen, deren Ebenen jeweils senkrecht zur Drehachse sind (Abb. 1.8). Der Punkt P (willkürlich gewählt) im senkrechten Abstand r zur Drehachse führt eine ebene Kreisbewegung aus. Es gilt daher nach Abschn. 1.1.3:

$$\vec{v}_P = r\omega(t)\vec{e}_\varphi(t) \tag{1.36}$$

und

$$\vec{a}_P = r\dot{\omega}(t)\vec{e}_\varphi(t) - r\omega^2(t)\vec{e}_r(t) \tag{1.37}$$

wobei eben $r = konst$ (starrer Körper).

---

[3]Systemeigenschaft, Mindestanzahl an voneinander unabhängigen (sog. verallgemeinerten/generalisierten) Koordinaten, die zur eindeutigen Beschreibung der Lage/Position des Körpers – im Raum bzw. der Ebene – erforderlich sind.

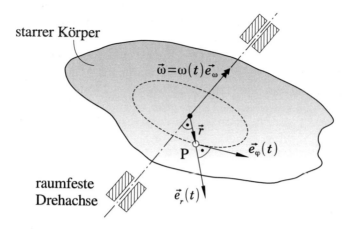

Abb. 1.8 Rotation des starren Körpers um eine raumfeste Achse

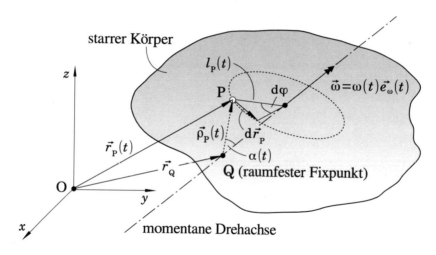

Abb. 1.9 Körperrotation um einen raumfesten Punkt (Fixpunkt Q)

Im Folgenden soll nur ein Punkt Q der Drehachse, genannt *Fixpunkt,* raumfest sein. Die Richtung der momentanen Drehachse wird dabei durch den Einheitsvektor $\vec{e}_\omega$ (vgl. RFR: Fußnote 2) beschrieben, Abb. 1.9.

Innerhalb eines – infinitesimalen – Zeitintervalls $\mathrm{d}t$ bewegen sich alle Körperpunkte auf Kreisbahnabschnitten um die momentane, nicht-raumfeste Drehachse; diese verläuft aber stets durch den Fixpunkt Q[4]. Die Lage des Körperpunktes P lässt sich hierbei mittels $\vec{r}_\mathrm{P}$

---

[4]Es sei an dieser Stelle ergänzt, dass der – infinitesimale – Drehwinkel $\mathrm{d}\varphi$ Vektorcharakter hat, $\mathrm{d}\vec{\varphi} = \mathrm{d}\varphi\,\vec{e}_\omega$, d. h. Betrag, Richtung (Drehachse) und Orientierung (Drehsinn) als Eigenschaften aufweist; dies gilt nicht für endliche Winkel $\Delta\varphi$, da hier das Kommutativgesetz der Addition versagt.

(Ortsvektor in Bezug auf einem raumfesten Bezugspunkt O), oder durch den Ortsvektor $\vec{\rho}_\text{P}$ bzgl. dem Fixpunkt Q beschreiben.

Die Geschwindigkeit $\vec{v}_\text{P}$ eines beliebigen Körperpunktes P ergibt sich bekannterweise durch Zeitableitung von $\vec{r}_\text{P}$. Bei infinitesimaler Betrachtung, Abb. 1.9, lässt sich die Länge $|\text{d}\vec{r}_\text{P}|$ der Verschiebung von P während $\text{d}t$ als Bogenlänge über dem Öffnungswinkel $\text{d}\varphi$ berechnen ($\text{d}\varphi \to 0$, d. h. Dreieck und Kreissektor sind praktisch „identisch"):

$$|\text{d}\vec{r}_\text{P}| = \underbrace{\rho_\text{P} \sin\alpha(t)}_{=\, l_\text{P}(t)}\ \text{d}\varphi.$$

Hierbei ist $|\vec{\rho}_\text{P}(t)| = \rho_\text{P} = \overline{\text{QP}} = konst.$ Zudem gilt stets für die Richtung der P-Verschiebung:

$$\text{d}\vec{r}_\text{P} \perp \vec{\rho}_\text{P}(t) \quad \text{und} \quad \text{d}\vec{r}_\text{P} \perp \vec{e}_\omega(t).$$

Somit berechnet sich die vektorielle Verschiebung des Punktes P zu

$$\text{d}\vec{r}_\text{P} = \left(\vec{e}_\omega(t) \times \vec{\rho}_\text{P}(t)\right)\text{d}\varphi,$$

da dieses Vektorprodukt neben den Richtungen auch die Orientierung entsprechend der RHR (vgl. Fußnote 3) abbildet und für den Betrag

$$|\text{d}\vec{r}_\text{P}| = |\vec{e}_\omega(t) \times \vec{\rho}_\text{P}(t) \cdot |\text{d}\varphi|$$
$$= |\vec{e}_\omega(t)| \cdot |\vec{\rho}_\text{P}(t)| \sin\left[\angle\,(\vec{e}_\omega(t);\,\vec{\rho}_\text{P}(t))\right]\,\text{d}\varphi = 1 \cdot \rho_\text{P} \sin\alpha(t)\,\text{d}\varphi$$

gilt. Nach Division von $\text{d}\vec{r}_\text{P}$ mit $\text{d}t$ erhält man den gesuchten Geschwindigkeitsvektor wegen $\vec{v}_\text{P} = \frac{\text{d}\vec{r}_\text{P}}{\text{d}t}$ zu

$$\vec{v}_\text{P} = \left(\vec{e}_\omega(t) \times \vec{\rho}_\text{P}(t)\right)\frac{\text{d}\varphi}{\text{d}t} = \left(\vec{e}_\omega(t) \times \vec{\rho}_\text{P}(t)\right)\omega(t),$$

also

$$\vec{v}_\text{P} = \vec{\omega}(t) \times \vec{\rho}_\text{P}(t). \tag{1.38}$$

Schließlich folgt der Vektor der Absolutbeschleunigung aus der Zeitableitung des Geschwindigkeitsvektors: $\vec{a}_\text{P} = \frac{\text{d}\vec{v}_\text{P}}{\text{d}t}$.

$$\vec{a}_\text{P} = \dot{\vec{\omega}}(t) \times \vec{\rho}_\text{P}(t) + \vec{\omega}(t) \times \dot{\vec{\rho}}_\text{P}(t)$$

Berücksichtigt man nun, dass $\vec{r}_\text{P} = \vec{r}_\text{Q} + \vec{\rho}_\text{P}$ ist, dann folgt damit $\vec{\rho}_\text{P} = \vec{r}_\text{P} - \vec{r}_\text{Q}$ und schließlich

$$\dot{\vec{\rho}}_\text{P} = \dot{\vec{r}}_\text{P}(t) - \underbrace{\dot{\vec{r}}_\text{Q}(t)}_{=\,\vec{0}},$$

Nach Division dieser Gleichung mit $\text{d}t$ kann man somit für den Winkelgeschwindigkeitsvektor $\vec{\omega}$ den Differenzialquotienten $\vec{\omega} = \frac{\text{d}\vec{\varphi}}{\text{d}t}$ angeben.

da $\vec{r}_Q = k\overset{\rightharpoonup}{ons}t$ (Q Fixpunkt). Setzt man $\dot{\vec{r}}_P(t) = \vec{v}_P$ in die Bestimmungsgleichung von $\vec{a}_a$ ein, folgt für den Beschleunigungsvektor:

$$\vec{a}_P = \dot{\vec{\omega}}(t) \times \vec{\rho}_P(t) + \vec{\omega}(t) \times \left(\vec{\omega}(t) \times \vec{\rho}_P(t) \right). \tag{1.39}$$

Zur Wiederholung: $\vec{\rho}_P$ ist der Ortsvektor des – beliebigen – Körperpunktes P bzgl. des Fixpunktes Q. Ergänzung: Die Größe $\dot{\vec{\omega}}$ in Gl.(1.39),

$$\dot{\vec{\omega}} = \dot{\omega}(t)\vec{e}_\omega(t) + \omega(t)\dot{\vec{e}}_\omega(t),$$

da $\vec{\omega} = \omega(t)\vec{e}_\omega(t)$, heißt Winkelbeschleunigungsvektor; dessen Richtung ist nicht i. Allg. mit der Drehachse identisch.

1.3.3 Allgemeine Bewegung starrer Körper

Der Fixpunkt Q des vorherigen Abschnitts soll nun nicht mehr raumfest, sondern bewegt, aber auch körperfest sein; der körperfeste Bezugspunkt wird als B bezeichnet (Geschwindigkeit $\vec{v}_B$ und Beschleunigung $\vec{a}_B$). Körperfest bedeutet hierbei, dass B einen definierten geometrischen Bezug zum Körper hat; B muss jedoch kein Körperpunkt sein.

Man stelle sich vor, man würde sich auf jenem Punkt B mitbewegen; in diesem Bezugssystem wäre B dann „raumfest", um den sich der Körper dreht. Der körperfeste Ortsvektor $\vec{\rho}_P = \overrightarrow{BP}$ beschreibt die Lage eines beliebigen Punktes P des Körpers relativ zu B. Für die Berechnung der absoluten Geschwindigkeit $\vec{v}_P$ bzw. der absoluten Beschleunigung $\vec{a}_P$ muss man zur relativen Geschwindigkeit/Beschleunigung bzgl. B entsprechend (1.38) und (1.39) die Translationsgeschwindigkeit/-beschleunigung von B addieren.

$$\vec{v}_P = \vec{v}_B + \vec{\omega}(t) \times \vec{\rho}_P(t) \quad \text{mit} \quad \vec{v}_B = \vec{v}_B(t) \tag{1.40}$$

$$\vec{a}_P = \vec{a}_B + \dot{\vec{\omega}}(t) \times \vec{\rho}_P(t) + \vec{\omega}(t) \times \left(\vec{\omega}(t) \times \vec{\rho}_P(t) \right) \quad \text{mit} \quad \vec{a}_B = \vec{a}_B(t) \tag{1.41}$$

Hierbei ist folgender Satz zu berücksichtigen:

> **ⓘ**
> Der Winkelgeschwindigkeitsvektor $\vec{\omega}$ ist von der Wahl des Bezugspunktes unabhängig. Die Geschwindigkeit $\vec{v}_P$ eines willkürlichen Körperpunktes P kann demnach mit jedem – beliebigen – körperfesten Bezugspunkt B beschrieben werden kann, sofern dessen Geschwindigkeit $\vec{v}_B$ bekannt ist.

Der Beweis dieses Satzes kann im Anhang ab Anhang A nachgelesen werden.

Somit setzt sich der allgemeine Bewegungsvorgang des starren Körpers aus der Translation eines körperfesten Punktes (B) und der Rotation um diesen Punkt, bzw. um eine momentane Drehachse durch diesen Punkt, zusammen. Der Geschwindigkeitsvektor $\vec{v}_P$

bzw. der Beschleunigungsvektor $\vec{a}_P$ sind identisch zur Führungsgeschwindigkeit $\vec{v}_F$ bzw. Führungsbeschleunigung $\vec{a}_F$, wenn man sich in B ein körperfestes Koordinatensystem vorstellt und $\vec{\omega}$ durch $\vec{\omega}_F$ ersetzt. Die Gesamtheit der Geschwindigkeitsvektoren aller Körperpunkte (Atome/Ionen bzw. Moleküle) nennt man Geschwindigkeitsfeld, die Menge der Beschleunigungsvektoren von allen Punkten des Körpers bezeichnet sich analog dazu als Beschleunigungsfeld.

1.3.4 Bewegungen in der Ebene

Der ebene Bewegungsvorgang starrer Körper ist ein häufig auftretender Sonderfall der allgemeinen Bewegung, nämlich dann, wenn sich alle Körperpunkte stets in zueinander parallelen Ebenen bewegen. Es wird hierfür exemplarisch eine in einer Ebene frei bewegliche Scheibe[5] betrachtet. Diese besitzt insgesamt drei Freiheitsgrade, zwei der Translation und zusätzlich einen der Rotation bzgl. einer senkrecht zur Ebene gerichteten Achse.

Die obigen Gl. (1.40) und (1.41) der allgemeinen Starrkörperkinematik gelten weiterhin; allerdings liegen im ebenen Fall der raumfeste Bezugspunkt O, der körperfeste Bezugspunkt B als auch ein beliebiger Punkt P des Körpers sowie die entsprechenden Ortsvektoren $\vec{r}_B$, $\vec{r}_P$ und $\vec{\rho}_P$ in einer Ebene. Auch die Geschwindigkeits- und Beschleunigungsvektoren liegen in dieser Ebene. Lediglich der Winkelgeschwindigkeits- und Winkelbeschleunigungsvektor sind senkrecht dazu gerichtet. Es sei die xy-Ebene eines kartesischen Koordinatensystems gleichgesetzt mit der Bewegungsebene, dann gilt schließlich $\vec{\omega} = \omega\vec{e}_\omega$ und $\dot{\vec{\omega}} = \dot{\omega}\vec{e}_\omega$ mit $\vec{e}_\omega = \vec{e}_z$.

Eine ebene Bewegung lässt sich auch in Polarkoordinaten darstellen (u. U. übersichtlicher), vgl. Abb. 1.10; das entsprechende Koordinatensystem ist in B verankert und für jeden Punkt P körperfest. Zur Abgrenzung gegenüber dem absoluten System (vgl. Abb. 1.3) werden hier die Variablen ρ und ϑ verwendet. Der radiale Basisvektor $\vec{e}_\rho$ ist stets vom – körperfesten – Bezugspunkt B weg orientiert (Richtung: BP), und der zirkulare Basisvektor $\vec{e}_\vartheta$ ist orthogonal zu $\vec{e}_\rho$ entsprechend des Drehsinns. Somit bilden die Vektoren $\vec{e}_\rho$, $\vec{e}_\vartheta$ und $\vec{e}_\omega = \vec{e}_z$ in dieser Reihenfolge ein Rechtssystem.

Es sei schließlich $\rho_P = |\vec{\rho}_P| = |\vec{BP}|$ der Abstand des Punktes P von B. Somit lässt sich für den Ortsvektor $\vec{r}_P$ angeben:

$$\vec{r}_P = \vec{r}_B(t) + \rho_P\vec{e}_\rho(t) \quad \text{wobei} \quad \rho_P = konst.$$

Dessen Zeitableitung ergibt den (absoluten) Geschwindigkeitsvektor:

$$\vec{v}_P = \dot{\vec{r}}_B(t) + \rho_P\dot{\vec{e}}_\rho(t).$$

---

[5]Hierunter versteht man einen Körper, dessen Höhe („Dicke") klein ist gegenüber den lateralen Abmessungen (Breite/Radius), vgl. bspw. Bremsscheibe, Distanzscheibe, usw.

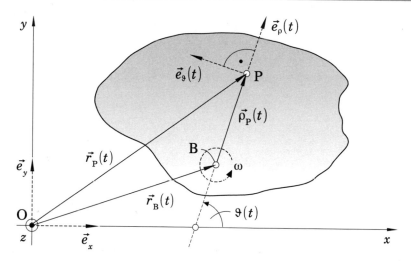

Abb. 1.10 Zur Beschreibung der ebenen Kinematik eines starren Körpers in Polarkoordinaten (B: körperfester Bezugspunkt)

Ersetzt man nun die Zeitableitung des Basisvektors $\dot{\vec{e}}_\rho(t)$ entsprechend der Beziehung für $\vec{e}_r$ aus Abschn. 1.1.3, so ergibt sich mit $\omega = \dot{\varphi}$ und $\vec{v}_\mathrm{B} = \dot{\vec{r}}_\mathrm{B}(t)$:

$$\vec{v}_\mathrm{P} = \vec{v}_\mathrm{B} + \rho_\mathrm{P}\omega(t)\vec{e}_\vartheta(t). \tag{1.42}$$

Das differenzieren von $\vec{v}_\mathrm{P}$ nach der Zeit liefert den Vektor $\dot{\vec{v}}_\mathrm{P}$ der Beschleunigung des Punktes P.

$$\vec{a}_\mathrm{P} = \dot{\vec{v}}_\mathrm{B} + \rho_\mathrm{P}\dot{\omega}(t)\vec{e}_\vartheta(t) + \rho_\mathrm{P}\omega(t)\dot{\vec{e}}_\vartheta(t)$$

Mit $\dot{\vec{v}}_\mathrm{B} = \vec{a}_\mathrm{B}$ und der Zeitableitung von $\vec{e}_\vartheta$, vgl. hierzu $\dot{\vec{e}}_\varphi$ gem. Abschn. 1.1.3 ($\dot{\varphi} = \omega$), berechnet sich der Beschleunigungsvektor demnach zu

$$\vec{a}_\mathrm{P} = \vec{a}_\mathrm{B} - \rho_\mathrm{P}\omega^2(t)\vec{e}_\rho(t) + \rho_\mathrm{P}\dot{\omega}(t)\vec{e}_\vartheta(t). \tag{1.43}$$

In (1.42) und (1.43) beschreiben die Vektoren $\vec{v}_\mathrm{B}$ und $\vec{a}_\mathrm{B}$ die – ebene – Translation der Scheibe. Zudem entsprechen die restlichen Terme, vgl. Kreisbewegung im Abschn. 1.1.3, der Geschwindigkeit sowie den Beschleunigungskomponenten bei Rotation um den körperfesten Bezugspunkt B.

ⓘ

Bei der ebenen Bewegung eines starren Körpers setzt sich die Geschwindigkeit bzw. Beschleunigung eines – beliebigen – Körperpunktes P zusammen aus der Geschwindigkeit/Beschleunigung eines körperfesten Bezugspunktes B und der Geschwindigkeit/ Beschleunigung jenes Punktes P infolge dessen Drehung um den in der Ebene bewegten Bezugspunkt B.

Beispiel 1.6: Mechanismus Schubkurbelantrieb (Methode 1)

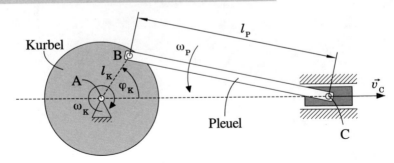

Die Skizze zeigt schematisch eine Momentanaufnahme eines Schubkurbelantriebs. Neben den Abmessungen, es sei der wirksame Kurbelradius $l_K = \overline{AB}$, ist bekannt, dass sich die Kurbel zu diesem Zeitpunkt gerade mit der Winkelgeschwindigkeit ω_K im Uhrzeigersinn ($\circlearrowright$) dreht; dieser ist damit der pos. „Kurbel-Drehsinn". Die aktuelle Kurbelposition wird durch den Winkel φ_K angegeben, der folglich negativ ist (gemessen im Gegenuhrzeigersinn). Es sei an dieser Stelle erklärt, dass die Pfeilspitze beim Winkel symbolisiert, gegen welche Gerade dieser gemessen wird (φ_A gegen Horizontale). Für diesen ebenen Mechanismus sollen nun die Winkelgeschwindigkeit ω_P der Pleuelrotation sowie die Geschwindigkeit v_C des Punktes C berechnet werden.

Dafür wird für das Pleuel in der skizzierten Position – entsprechend Abb. 1.10 – ein Polarkoordinatensystem eingeführt. Nachfolgend ist die Geometrie (Dreieck ACB) inkl. aller Winkel skizziert.

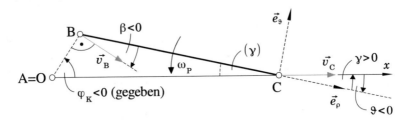

Erläuterungen: B bewegt sich auf einer Kreisbahn im Uhrzeigersinn um A. Damit sind Richtung (senkrecht zum „Radius" [AB]) und Orientierung des Geschwindigkeitsvektors $\vec{v}_B$ bestimmt. Für dessen Betrag gilt schließlich nach (1.18):

$$v_B = l_K \omega_K.$$

Das Pleuel rotiert folglich in diesem Moment mit ω_P im Gegenuhrzeigersinn ($\circlearrowleft$), der auch der pos. „Pleuel-Drehsinn" sei. Somit sind zudem die Vorzeichen der Winkel β und γ (Richtung von $\vec{v}_B$ und $\vec{v}_C$) festgelegt.

Berechnung: Zunächst werden aus der Geometrie (hier Dreieck ACB) die Winkel β und γ ermittelt. Der Sinussatz liefert $\gamma > 0$:

$$\frac{\sin\gamma}{l_K} = \frac{\sin|\varphi_K|}{l_P}.$$

Die Innenwinkelsumme im Dreieck ist $180°$. Damit folgt $\beta < 0$ aus

$$|\varphi_K| + \gamma + (90° + |\beta|) = 180°.$$

Mittels dieser Winkel kann man nun die Geschwindigkeitsvektoren $\vec{v}_B$ und $\vec{v}_C$ in Polarkoordinaten formulieren.

$$\vec{v}_B = \underbrace{v_B \cos\beta\,\vec{e}_\rho}_{>0} + \underbrace{v_B \sin\beta\,\vec{e}_\vartheta}_{<0}$$

$$\vec{v}_C = \underbrace{v_C \cos\gamma\,\vec{e}_\rho}_{>0} + \underbrace{v_C \sin\gamma\,\vec{e}_\vartheta}_{>0}$$

Es werden hierbei die Vektoren in die radiale und zirkulare Komponente zerlegt. $\vec{v}_C$ lässt sich zudem aus $\vec{v}_B$ berechnen, vgl. (1.42).

$$\vec{v}_C = \vec{v}_B + l_P\omega_P\vec{e}_\vartheta$$

Setzt man die beiden Ausdrücke für $\vec{v}_C$ gleich und für $\vec{v}_B$ obige Gleichung ein, so ergibt sich:

$$v_C \cos\gamma\,\vec{e}_\rho + v_C \sin\gamma\,\vec{e}_\vartheta = v_B \cos\beta\,\vec{e}_\rho + (v_B \sin\beta + l_P\omega_P)\,\vec{e}_\vartheta$$

Diese Gleichung gilt nur, wenn die Koeffizienten der entsprechenden Basisvektoren gleich sind; man spricht von Koeffizientenvergleich.

$$v_C \cos\gamma = v_B \cos\beta$$

$$v_C \sin\gamma = v_B \sin\beta + l_P\omega_P$$

Damit ergibt sich

$$v_C = \frac{\cos\beta}{\cos\gamma}v_B \quad\text{und}\quad \omega_P = \frac{v_C \sin\gamma - v_B \sin\beta}{l_P}.$$

Gleichung $v_C \cos \gamma = v_B \cos \beta$ wird als „Projektionssatz" bezeichnet, da die Geschwindigkeitskomponenten in Richtung BC (starrer Körper) schließlich gleich sein müssen. In
analoger Weise, also durch Koeffizientenvergleich, ließe sich mittels der Gl. (1.43) die
Beschleunigung a_C des Punktes C und die Pleuel-Winkelbeschleunigung $\dot{\omega}_P$ berechnen.
Hierbei ist zu beachten, dass sich der Beschleunigungsvektor $\vec{a}_B$ aufgrund der Kreisbewegung stets aus einer radialen, zu A orientierten und i. Allg. auch einer zirkularen
Komponente (Richtung senkrecht zu AB) zusammen setzt; letztere wäre gleich Null für
$\omega_K = konst.$ ◄

Momentanpol Eine ebene Bewegung eines starren Körpers lässt sich zu jedem Zeitpunkt
auch als eine reine Drehbewegung um einen momentanen Drehpunkt, dem sog. *Momentanpol* Π auffassen; der Momentanpol hat die besondere Eigenschaft, dass dessen Momentangeschwindigkeit gleich Null ist, d. h. es gilt per Definition

$$\vec{v}_\Pi = \vec{0}. \tag{1.44}$$

Nach Abb. 1.11 lässt sich für die Geschwindigkeit $\vec{v}_P$ des Körperpunktes P angeben: $\vec{v}_P =
\vec{v}_\Pi + \rho_P \omega \vec{e}_\vartheta = \rho_P \omega \vec{e}_\vartheta.$

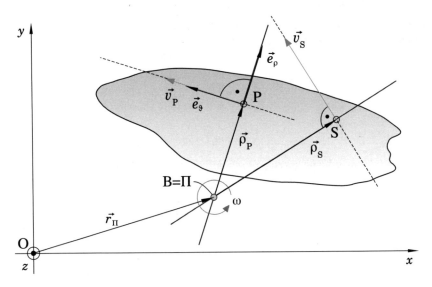

Abb. 1.11 Konstruktion des Momentanpols Π

Es ergibt sich damit schließlich für die Bahngeschwindigkeit $v_P = \rho_P \omega$ jenes Punktes P bzw. für dessen Abstand ρ_P vom Momentanpol:

$$\rho_P = \frac{v_P}{\omega}. \tag{1.45}$$

Diese Überlegung kann man natürlich für jeden beliebigen Körperpunkt anstellen, also auch für z. B. den Punkt S. Es gilt also, da ω gleich ist,

$$v_S = \rho_S \omega \quad \text{bzw.} \quad \rho_S = \frac{v_S}{\omega}.$$

Beide Punkte haben gemeinsam, dass die Geschwindigkeitsvektoren orthogonal zu den auf den Momentanpol Π bezogenen Ortsvektoren sind: $\vec{v}_P \perp \vec{\rho}_P$ und $\vec{v}_S \perp \vec{\rho}_S$. Die Position des Momentanpols Π lässt sich daher graphisch „relativ einfach" bestimmen:

i

Sind von zwei Körperpunkten die Richtungen derer Geschwindigkeitsvektoren bekannt – und diese nicht parallel –, so ist der Momentanpol Π des Körpers der Schnittpunkt der Senkrechten bzgl. jener Bewegungsrichtungen durch den jeweiligen Punkt.

Beispiel 1.7: Mechanismus Schubkurbelantrieb (Methode 2)

Die Fragestellung hier sei jener des im Abschn. 1.3.3 beschriebenen Beispiels 1.6 identisch, d. h. für diesen Schubkurbelantrieb sind erneut die Pleuel-Winkelgeschwindigkeit ω_P sowie die Geschwindigkeit v_C des Punktes C zu berechnen – jetzt aber mittels Momentanpol.

Dafür wird zunächst der Momentanpol Π des Pleuels in der von Beispiel 1.6 skizziert Position konstruiert. Man bringt die Senkrechten zu den Geschwindigkeitsrichtungen der Punkte B und C zum Schnitt.

Bei dieser Methode sind die Vorzeichen der Winkel nicht relevant – es gibt daher keine Pfeilspitzen mehr bei β und γ –, schließlich basiert die Berechnung auf trigonometrischen Beziehungen. Zudem sei nochmals betont, dass bei „grapho-analytischer Ermittlung" der Lage des Momentanpols lediglich die Richtungen der Geschwindigkeitsvektoren von zwei Körperpunkten bekannt sein müssen, nicht notwendigerweise auch deren Orientierung. Diese Richtungen dürfen jedoch nicht parallel sein; andernfalls schneiden sich die Geschwindigkeitsrichtungen nicht und die Methode versagt. Es lässt sich dann allerdings u. U. dennoch die Linearität zwischen dem Abstand eines Punktes zum Momentanpol und dessen Bahngeschwindigkeit entsprechend (1.45) nutzen.

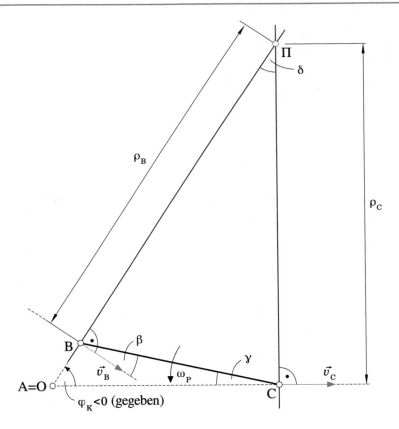

Exemplarische Lösung: Wie unter Beispiel 1.6 bereits beschrieben, berechnet sich die
Geschwindigkeit des Punktes B aufgrund dessen Kreisbewegung um A zu

$$v_B = l_K \omega_K.$$

Es ist nun der Abstand ρ_B des Punktes B vom Momentanpol Π zu ermitteln. Dafür gibt es
durchaus mehrere Möglichkeiten, z. B: Unter Berücksichtigung der Innenwinkelsumme
von 180° eines Dreiecks (hier $\triangle AC\Pi$) ergibt sich ρ_B aus dem Sinussatz für $\triangle BC\Pi$:

$$\frac{\rho_B}{\sin(90° - \gamma)} = \frac{l_P}{\sin(\underbrace{180° - 90° - |\varphi_K|}_{= \delta})};$$

die Berechnung des Winkels γ erfolgt wie in Beispiel 1.6. Mit ρ_B liefert Gl. (1.45), nun
ist B der betrachtete Körperpunkt, die Winkelgeschwindigkeit ω_P des Pleuels:

$$\omega_P = \frac{v_B}{\rho_B}.$$

Dass in obiger Skizze ω_P nicht beim Momentanpol Π (wie in Bild 1.11) sondern quasi um den Punkt C eingetragen ist, hat keine Bedeutung, da sich jeder Körper unabhängig vom „Betrachtungspunkt" mit ein und derselben Winkelgeschwindigkeit dreht.

(1.45) gilt für jeden beliebigen Körperpunkt und kann daher auch für den „gesuchten" Punkt C angewandt werden. Es ist somit noch der Abstand ρ_C von C zum Momentanpol Π erforderlich. Bspw. gilt im rechtwinkligen Dreieck ACΠ:

$$\sin |\varphi_K| = \frac{\rho_C}{\overline{A\Pi}}, \quad \text{mit} \quad \overline{A\Pi} = l_K + \rho_B.$$

Die Geschwindigkeit des Punktes C berechnet sich mit (1.45) und dem ermittelten ρ_C folglich zu

$$v_C = \rho_C \omega_P.$$

Hinweis: Viele „trigonometrische Pfade" führen hier zum Ziel, d. h. die dargestellte Lösung ist nur eine mögliche Variante. ◄

Momentanpolkurven Der Momentanpol eines Körpers ist i. Allg. kein raum- oder körperfester Punkt. Verfolgt man die Lage des Momentanpols in einem raumfesten Bezugssystem, d. h. als ruhender Beobachter, so definiert die Menge aller Momentanpole die sog. – raumfeste – *Rastpolbahn*. Deren Berechnung wird im Folgenden im xy-Koordinatensystem von Abb. 1.10 vorgenommen: Man sucht, ausgehend von der Bewegung eines Bezugspunktes B, für jeden Zeitpunkt t jenen körperfesten Punkt P mit $\vec{v}_P = \vec{0}$. Es gilt die Geschwindigkeitsbeziehung (1.40), und der Lagevektor $\vec{\rho}_P$ lässt sich als Linearkombination

$$\vec{\rho}_P = (x_P - x_B)\vec{e}_x + (y_P - y_B)\vec{e}_y$$

darstellen. Da nach wie vor eine ebene Bewegung vorliegt, gelte für den Winkelgeschwindigkeitsvektor $\vec{\omega} = \omega \vec{e}_z$. Das Vektorprodukt in (1.40) berechnet sich z. B. mit der Determinante

$$\vec{\omega} \times \vec{\rho}_P = \begin{vmatrix} \vec{e}_x & \vec{e}_y & \vec{e}_z \\ 0 & 0 & \omega \\ x_P - x_B & y_P - y_B & 0 \end{vmatrix},$$

entwickelt nach der 2. Zeile mit dem LAPLACEschen Entwicklungssatz [4]:

$$\vec{\omega} \times \vec{\rho}_P = 0 + 0 + \omega(-1)^{2+3} \begin{vmatrix} \vec{e}_x & \vec{e}_y \\ x_P - x_B & y_P - y_B \end{vmatrix}$$

$$= -(y_P - y_B)\omega \vec{e}_x + (x_P - x_B)\omega \vec{e}_y.$$

Schließlich seien die Koordinaten der Geschwindigkeitsvektoren mit v_{Bx} und v_{By} bzw. v_{Px} und v_{Py} bezeichnet. Damit ergeben sich die beiden Koordinatengleichungen

$$v_{Px} = v_{Bx} - (y_P - y_B)\omega \quad \text{und} \quad v_{Py} = v_{By} + (x_P - x_B)\omega.$$

Setzt man nun den Punkt P gleich mit dem Momentanpol Π, dann werden die Indizes umbenannt, $x_P = x_5$ und $y_P = y_5$, und es ist $v_{Px} = v_{5x} = 0$ sowie $v_{Py} = v_{5y} = 0$. Nach Einsetzen und Umformen erhält man:

$$\begin{aligned} x_\Pi &= x_B - \frac{v_{By}}{\omega} \\ y_\Pi &= y_B + \frac{v_{Bx}}{\omega} \end{aligned} \tag{1.46}$$

Dieses sind die Koordinaten der Punkte der Rastpolbahn, berechnet aus der Bewegung des Bezugspunktes B, bzw. deren Formulierung in Parameterdarstellung; hierbei ist die Zeit t der Parameter.

Stellt man sich gedanklich vor, der Beobachter bewege sich mit dem Bezugspunkt B mit, so sieht dieser – beim Betrachten von Π – eine andere Bahn. Eine Kurve, die in einem körperfesten Bezugssystem durch die Gesamtheit aller Momentanpole beschrieben wird, heißt *Gangpolbahn*. Diese wird in einem kartesischen, körperfesten Bezugssystem (vgl. Abb. 1.12) beschrieben. Das $\xi\eta$-System ist zum Zeitpunkt t um den Winkel φ gegenüber dem raumfesten xy-System gedreht. Gesucht ist nun der Ortsvektor $\vec{\rho}_\Pi$ des Momentanpols Π bzgl. B bzw. dessen Koordinaten. Es gilt nach Abb. 1.12:

$$\xi_\Pi = \rho_\Pi \cos(\vartheta_H - \varphi) \quad \text{und} \quad \eta_\Pi = \rho_\Pi \sin(\vartheta_H - \varphi),$$

$$x_\Pi - x_B = \rho_\Pi \cos \vartheta_H \quad \text{und} \quad y_\Pi - y_B = \rho_\Pi \sin \vartheta_H \quad \text{mit} \quad \rho_\Pi = \overline{B\Pi}.$$

Die Anwendung der Additionstheoreme, vgl. z. B. [4], für obige Winkeldifferenzen liefert:

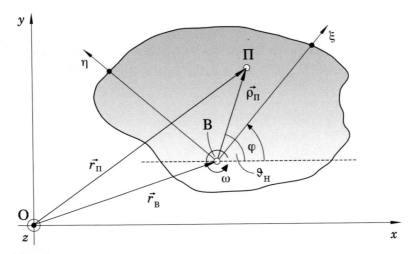

Abb. 1.12 Körperfestes $\xi\eta$-System zur Beschreibung der Gangpolbahn; ϑ_H sei hierbei lediglich ein Hilfswinkel

$$\xi_\Pi = \rho_\Pi \left(\cos\vartheta_H \cos\varphi + \sin\vartheta_H \sin\varphi\right)$$
$$\eta_\Pi = \rho_\Pi \left(\sin\vartheta_H \cos\varphi - \cos\vartheta_H \sin\varphi\right)^{\cdot}$$

Ersetzt man nun den Hilfswinkel ϑ_H, dann folgt

$$\xi_\Pi = (x_\Pi - x_B)\cos\varphi + (y_\Pi - y_B)\sin\varphi$$
$$\eta_\Pi = (y_\Pi - y_B)\cos\varphi - (x_\Pi - x_B)\sin\varphi^{\cdot}$$

Und jetzt können noch die nach Gl. (1.46) bekannten Koordinaten x_Π und y_Π des Momentanpols im raumfesten System eliminiert werden.

$$\xi_\Pi = \frac{1}{\omega}\left(v_{Bx}\sin\varphi - v_{By}\cos\varphi\right)$$
$$\eta_\Pi = \frac{1}{\omega}\left(v_{By}\sin\varphi + v_{Bx}\cos\varphi\right)^{\cdot} \tag{1.47}$$

Diese Gleichungen beschreiben wieder in Parameterdarstellung die Momentanpolkurve, jedoch in einem körperfesten Bezugssystem (mitbewegter Beobachter), also die Gangpolbahn.

Beispiel 1.8: Abrollen eines Rades auf ebener Unterlage

Ein Rad (Radius R) rollt mit konstanter Schwerpunktsgeschwindigkeit v_S gem. nachfolgender Skizze nach rechts ab. Die Drehung erfolgt demnach im Uhrzeigersinn; diesen könnte man „eigentlich" als pos. Drehsinn wählen. In der Herleitung von (1.46) der Rastpolbahn wurde jedoch der Winkelgeschwindigkeitsvektor mit $\vec{\omega} = \omega\vec{e}_z$ festgelegt, vgl. Abschn. 1.3.4. Folglich definiert der kartesische Basisvektor $\vec{e}_z \odot$ den pos. Drehsinn: Gegenuhrzeigersinn. Da in diesem Fall aber $\vec{\omega}$ in die Zeichenebene hinein orientiert ist (RFR: $\otimes$), muss $\omega < 0$ und auch $\varphi < 0$ sein.

Es sei „reines Rollen" (idealisiert) zugrunde gelegt, d.h. es tritt kein Schlupf am Kontaktpunkt auf. Demnach hat der Kontaktpunkt des Rades ebenso wie die – raumfeste – Unterlage die Momentangeschwindigkeit Null. Durch diese Überlegung ist bereits klar, dass der Kontaktpunkt des abrollenden Rades mit der Unterlage stets der Momentanpol ist.

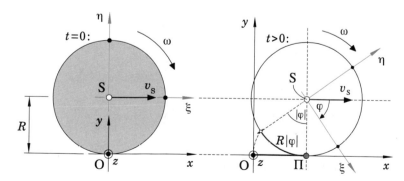

Zielsetzung dieses Beispiels ist es aber, nach (1.46) und (1.47) die Parameterdarstellung von Rast-/Gangpolbahn zu ermitteln; die Ergebnisse sollten sich dann mit obiger Erkenntnis decken.

Es wird für den – beliebigen – Bezugspunkt B der Radschwerpunkt S gewählt. Für dessen Koordinaten gilt

$$\underset{\geq 0}{\underline{x_S}} = R(-\varphi) \quad \text{und} \quad y_S = R = konst;$$

die x-Koordinate von S ist bei reinem Rollen identisch mit der entsprechenden abgerollten Bogenlänge (Bild oben nur schematisch). Damit ergibt sich für die Geschwindigkeitskoordinaten

$$v_{Sx} = \dot{x}_S = -R\dot{\varphi} = -R\omega \quad \text{und} \quad v_{Sy} = \dot{y}_S = 0,$$

und letztlich mit (1.46) die Parameterdarstellung der Rastpolbahn zu

$$\begin{aligned} x_\Pi &= x_S = -R\varphi \\ y_\Pi &= 0 \end{aligned}.$$

Diese Koordinatengleichungen beschreiben die (pos.) x-Achse, also die raumfeste, ebene Unterlage, was genau obiger Überlegung entspricht. Ergänzung: Es ist $v_{Sx} = v_S = konst$ (Bahngeschwindigkeit). Damit folgt für die Winkelgeschwindigkeit $\omega = -\frac{v_S}{R} = konst$ und – nach Integration von $\omega = \dot{\varphi}$ – für die Zeitfunktion des Drehwinkels: $\varphi = -\frac{v_S}{R}t + \underset{=0}{\underline{\varphi_0}}$. Schließlich erhält man die Gleichungen der Gangpolbahn durch Einsetzen der Geschwindigkeitskoordinaten in (1.47).

$$\xi_\Pi = \tfrac{1}{\omega}(-R\omega \sin\varphi - 0) = -R\sin\varphi$$

$$\eta_\Pi = \tfrac{1}{\omega}(0 - R\omega \cos\varphi) = -R\cos\varphi$$

Hierbei handelt es sich mit $\varphi = \varphi(t)$ wieder um eine Parameterdarstellung. Nach Quadrieren und Addieren der Gleichungen erhält man aber

$$\xi_\Pi^2 + \eta_\Pi^2 = R^2,$$

die Gleichung eines Kreises mit dem Radius R. Dieser Kreis entspricht genau der Kontur des Rades und bestätigt daher die Vorüberlegung zum Momentanpol. Betrachtet man Π im $\xi\eta$-System, so bewegt sich dieser auf einer Kreisbahn (Radius R) um S im Gegenuhrzeigersinn.

Man erkennt zudem: Die (körperfeste) Gangpolbahn rollt auf der (raumfesten) Rastpolbahn ab. Diese Veranschaulichung lässt sich für beliebige Scheibenbewegungen in der Ebene verallgemeinern. ◄

Ergänzung: Abrollbedingung Bei einer „idealen Rollbewegung" (kein Schlupf) eines Rades (Kreis mit Radius R) ist stets dessen Kontaktpunkt mit der raumfesten Unterlage

(z. B. Fahrbahn) der Momentanpol Π. Folglich ergibt sich nach (1.45) mit P=S (Mittel- bzw. Schwerpunkt) und $\rho_S = R$ für das Abrollen eine wichtige Gleichung, die sog. *Abrollbedingung*:

$$v_S = R\omega; \tag{1.48}$$

v_S ist hier der Betrag der Geschwindigkeit $\vec{v}_S$ des Radmittelpunktes (Bahngeschwindigkeit des – geometrischen – Schwerpunktes S) und ω schließlich die Winkelgeschwindigkeit der (Eigen-)Drehung. Diese Gleichung wird als kinematische Beziehung zwischen der Translations- und Rotationbewegung des Rades bezeichnet. Sie gilt natürlich auch beim „idealen Abrollen" von Kugeln, kreiszylindrischen Walzen usw.

1.4 Relativ-Körperkinematik

Im Folgenden wird schließlich noch die allgemeine räumliche Bewegung eines starren Körpers in einem bewegten Bezugssystem, dem sog. *Führungssystem* beschrieben. Dieses eignet sich bspw. recht angenehm für die mathematische Darstellung von Kreiselbewegungen. Es werden dafür entsprechend Abb. 1.13 (wdh. ggf. Abschn. 1.2.1) drei kartesische Koordinatensysteme eingeführt.

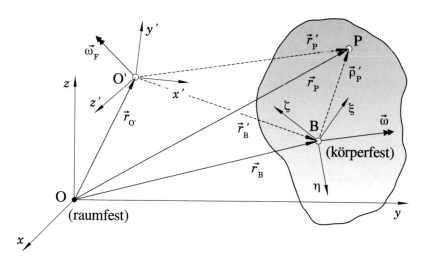

Abb. 1.13 Zur Beschreibung der räumlichen Bewegung starrer Körper in einem bewegten Bezugssystem (O'); $\vec{\rho}_P'$: Ortsvektor des Punktes P bzgl. B – beschrieben im $x'y'z'$-Koordinatensystem (Nr. 2)

Zur Definition dieser Koordinatensysteme:

1. Raumfestes xyz-Koordinatensystem mit dem Bezugspunkt O; dieses wird auch als Absolutsystem bezeichnet. Hier gilt für den Körperpunkt P bekannterweise:

$$\vec{v}_P = \dot{\vec{r}}_P \quad \text{sowie} \quad \vec{a}_P = \dot{\vec{v}}_P = \ddot{\vec{r}}_P.$$

2. Führungssystem $(x'y'z')$: Dessen Bezugspunkt O' bewegt sich i. Allg. mit der Absolutgeschwindigkeit $\vec{v}_{O'}$; die Absolutbeschleunigung von O' sei $\vec{a}_{O'}$. Zudem rotiert das Führungssystem mit der *Führungswinkelgeschwindigkeit* $\vec{\omega}_F$ (absolut, d. h. in Bezug auf das raumfeste System).

3. Körperfestes $\xi\eta\zeta$-Koordinatensystem (Bezugspunkt B): Das Bezugssystem dreht sich – entsprechend der Körperrotation – mit der absoluten Winkelgeschwindigkeit $\vec{\omega}$ (d. h. mit $\vec{\omega}$ gegenüber dem raumfesten O-System) und schließlich mit der *relativen Winkelgeschwindigkeit*

$$\vec{\omega}_{\text{rel}} = \vec{\omega} - \vec{\omega}_F \tag{1.49}$$

gegenüber dem Führungssystem. Hierbei seien für den körperfesten Bezugspunkt B folgende Größen bekannt: Absolutgeschwindigkeit/-beschleunigung $\vec{v}_B$ bzw. $\vec{a}_B$ gegenüber dem raumfesten System und Relativgeschwindigkeit $\vec{v}_{B,\text{rel}}$ sowie -beschleunigung $\vec{a}_{B,\text{rel}}$ gegenüber dem – bewegten – Führungssystem $x'y'z'$.

Die Absolutgeschwindigkeit $\vec{v}_P$ eines beliebigen (Körper-)Punktes P kann entsprechend der Relativ-Punktkinematik bei Translation und Rotation des Bezugssystems angegeben werden. Nach Gl. (1.30) von Abschn. 1.2.2 gilt:

$$\vec{v}_P = \vec{v}_{P,F} + \vec{v}_{P,\text{rel}} = \vec{v}_{O'} + \vec{\omega}_F \times \vec{r}\,'_P + \vec{v}_{P,\text{rel}}.$$

$\vec{v}_{P,\text{rel}}$ ist die sog. Relativgeschwindigkeit des Punktes P, die ein im Führungssystem mitbewegter Beobachter als Geschwindigkeit von P messen würde. Der Beobachter sieht zudem die Körperbewegung als Translation des körperfesten (Bezugs-)Punktes B mit $\vec{v}_{B,\text{rel}}$ und Rotation des Körpers um B mit der ebenfalls relativen Winkelgeschwindigkeit $\vec{\omega}_{\text{rel}}$. Wird $\vec{v}_{P,\text{rel}}$ aus Sicht des Führungssystems als „Quasi-Absolutgeschwindigkeit" betrachtet, so lässt sich diese mit Hilfe von Gl. (1.40) der allgemeinen Körperkinematik berechnen. Es gilt dann also

$$\vec{v}_{P,\text{rel}} = \vec{v}_{B,\text{rel}} + \vec{\omega}_{\text{rel}} \times \vec{\rho}\,'_P,$$

und mit $\vec{r}\,'_P = \vec{r}\,'_B + \vec{\rho}\,'_P$ nach Abb. 1.13 ergibt sich zusammenfassend

$$\vec{v}_P = \underbrace{\vec{v}_{O'} + \vec{\omega}_F \times \left(\vec{r}\,'_B + \vec{\rho}\,'_P\right)}_{=\ \vec{v}_{P,F}} + \underbrace{\vec{v}_{B,\text{rel}} + \vec{\omega}_{\text{rel}} \times \vec{\rho}\,'_P}_{=\ \vec{v}_{P,\text{rel}}}. \tag{1.50}$$

Ein analoger Gedankengang, d.h. eine „Verkettung" der Ergebnisse der Relativ-Punktkinematik, vgl. Abschn. 1.2.2, führt schließlich zur Absolutbeschleunigung $\vec{a}_\mathrm{P}$ des Punktes P. Entsprechend Gl. (1.31) gilt:

$$\vec{a}_\mathrm{P} = \vec{a}_\mathrm{P,F} + \vec{a}_\mathrm{P,rel} + \vec{a}_\mathrm{P,C}, \tag{1.51}$$

wobei sich die Führungsbeschleunigung von P nach Gl. (1.32) zu

$$\vec{a}_\mathrm{P,F} = \vec{a}_\mathrm{O'} + \dot{\vec{\omega}}_\mathrm{F} \times \left(\vec{r}\,'_\mathrm{B} + \vec{\rho}\,'_\mathrm{P}\right) + \vec{\omega}_\mathrm{F} \times \left[\vec{\omega}_\mathrm{F} \times \left(\vec{r}\,'_\mathrm{B} + \vec{\rho}\,'_\mathrm{P}\right)\right] \tag{1.52}$$

und dessen CORIOLISbeschleunigung nach (1.34) zu

$$\vec{a}_\mathrm{P,C} = 2\vec{\omega}_\mathrm{F} \times \vec{v}_\mathrm{P,rel} \tag{1.53}$$

berechnet. Weiterhin ergibt sich die Relativbeschleunigung – gedanklich aus Sicht des Führungssystems – nach Gl. (1.41):

$$\vec{a}_\mathrm{P,rel} = \vec{a}_\mathrm{B,rel} + \dot{\vec{\omega}}_\mathrm{rel} \times \vec{\rho}\,'_\mathrm{P} + \vec{\omega}_\mathrm{rel} \times \left(\vec{\omega}_\mathrm{rel} \times \vec{\rho}\,'_\mathrm{P}\right). \tag{1.54}$$

Bei (1.52) wurde wieder der Zusammenhang $\vec{r}\,'_\mathrm{P} = \vec{r}\,'_\mathrm{B} + \vec{\rho}\,'_\mathrm{P}$ angewandt.

Die Führungsgeschwindigkeit $\vec{v}_\mathrm{P,F}$ und die Führungsbeschleunigung $\vec{a}_\mathrm{P,F}$ ergäben sich für den Punkt P bei theoretisch fester Verankerung des Körpers mit dem $x'y'z'$-Führungssystem. Ein mit dem Führungssystem mitbewegter Beobachter würde dagegen für P tatsächlich die Relativgeschwindigkeit $\vec{v}_\mathrm{P,rel}$ und die Relativbeschleunigung $\vec{a}_\mathrm{P,rel}$ messen.

Massenpunktkinetik

2

In der Kinetik steht nun die Wechselwirkung von Kräften und Bewegungen, also die Untersuchung von Bewegungen auf Basis deren Ursache im Vordergrund. Zunächst kommt das einfachste Modell eines Körpers, das Modell des Massenpunktes zur Anwendung. Hierbei handelt es sich um eine Idealisierung/Abstrahierung, bei der die Ausdehnung eines Körpers ignoriert wird, d. h. man denkt sich die gesamte Masse in einem Punkt (z. B. Schwerpunkt) konzentriert. Die Anwendbarkeit dieses Modells beschränkt sich jedoch darauf, dass die realen, endlichen Abmessungen des Körpers praktisch keinen Einfluss auf die Bewegung haben. Dieses ist i. Allg. immer dann der Fall, wenn die Körperabmessungen klein gegenüber jenen der Bahnkurve sind. Ein Paradebeispiel ist die Bewegung der Planeten um die Sonne. Aber auch im technischen Bereich ist dieses Modell von Relevanz, wie die Beispiele in diesem Kapitel zeigen werden.

2.1 Newtonsche Axiome

Die klassische Mechanik basiert auf den von Sir Isaac NEWTON in der „Philosophiae Naturalis Principa Mathematica" formulierten vier Axiomen[1]. Im einzelnen lauten diese Säulen wie folgt:

Elektronisches Zusatzmaterial Die elektronische Version dieses Kapitels enthält Zusatzmaterial, das berechtigten Benutzern zur Verfügung steht 10.1007/978-3-662-62107-3_2.

[1]Ein Axiom ist ein Gesetz, das lediglich auf experimentellen Erkenntnissen und/oder allgemeinen Erfahrungen beruht; es lässt sich nicht systematisch herleiten bzw. durch eine Beweisführung bestätigen. Es handelt sich aber um einen Fundamentalsatz in den Naturwissenschaften, der zu keinem Widerspruch führt, also als „korrekt" anerkannt ist.

© Der/die Autor(en), exklusiv lizenziert durch Springer-Verlag GmbH, DE, ein Teil von 45
Springer Nature 2021
M. Prechtl, *Mathematische Dynamik,* Masterclass,
https://doi.org/10.1007/978-3-662-62107-3_2

- **Newton 1 (lex prima): Trägheitsprinzip**
  Ein Körper befindet sich stets im Zustand der Ruhe oder der geradlinig gleichförmigen Bewegung, wenn keine Kraft auf ihn einwirkt.
- **Newton 2 (lex secunda): Aktionssprinzip**
  Die „Änderung der Bewegung" eines Körpers ist proportional einer einwirkenden Kraft und erfolgt in Wirkrichtung der Kraft.
- **Newton 3 (lex tertia): Reaktionssprinzip**
  Die Wechselwirkung zweier Körper erfolgt stets quantitativ und richtungsmäßig gleich, aber mit entgegengesetzter Orientierung.
- **Newton 4 (lex quarta): Superpositionsprinzip**
  Zwei an einem Punkt angreifenden Kräfte setzen sich zu einer resultierenden Kraft zusammen; diese ergibt sich mathematisch als Diagonale des von den Kraftvektoren aufgespannten Parallelogramms.

Die Statik stellt einen Sonderfall von NEWTON 2 dar: Es erfolgt gerade keine Änderung der Bewegung, die Beschleunigung ist gleich Null. Mit dieser Bedingung erhält man die Gleichgewichtsgleichungen für ruhende bzw. gleichförmig bewegte Systeme, vgl. (2.4) mit $\vec{a} = \vec{0}$.

Führt man als die den Bewegungszustand beschreibende Größe (Bewegungsgröße) den Impuls

$$\vec{p} = m\vec{v} \tag{2.1}$$

ein, hierbei ist m die Masse des Körpers, so lautet NEWTON 1

$$\vec{p} = k\vec{onst}. \tag{2.2}$$

Es ist hierbei zu ergänzen, dass für (2.2) schon Kräfte auf den Körper einwirken dürfen, diese sich jedoch in ihrer Wirkung kompensieren müssen, d. h. die resultierende Kraft muss verschwinden. Diesen Zusammenhang hat übrigens bereits Galileo GALILEI formuliert.

Das zweite 2. NEWTONsche Axiom, die Proportionalität zwischen Bewegungsgröße (Impuls) und resultierender Kraft, liefert letztlich die Definition der physikalischen Größe Kraft, die i. Allg. mit F symbolisiert wird.

$$\dot{\vec{p}} = \vec{F}_{\text{res}} \tag{2.3}$$

Die Änderung der definierten Bewegungsgröße wird auf die Zeit t bezogen und führt zur Zeitableitung des Impulses; als Proportionalitätsfaktor wählte Newton schließlich Eins. Gl. (2.3) berücksichtigt die Tatsache, dass die Masse eines Körpers nicht zwingend konstant sein muss.

Für den Sonderfall einer konstanten Masse geht NEWTON 2 in Gleichung

$$m\vec{a} = \vec{F}_{\text{res}} \tag{2.4}$$

über, die im Folgenden als „*Dynamische Grundgleichung*" bezeichnet wird.

In Worten lautet diese: „Kraft ist gleich Masse mal Beschleunigung" bzw. salopp „$F = m \cdot a$".

Die Dynamische Grundgleichung ist aber nicht uneingeschränkt gültig: Man stelle sich eine sitzende Person in einem aus dem Ruhezustand beschleunigenden Zug vor. Diese erfährt über den Sitz eine beschleunigende Kraft, schließlich setzt sich die Person auch in Bewegung. Von außen betrachtet, d. h. in einem ruhendem Bezugssystem, ergibt sich nichts ungewöhnliches; entsprechend (2.4) gilt bei geradliniger Bewegung des Zuges:

$$m_{\text{Person}} a_{\text{Person}} = F_{\text{Beschleunigung}}.$$

Betrachtet man nun die Person als ein in dem Zug mitreisender Beobachter (relativ zum Zug aber ruhend), dann hat die Person weiterhin eine Masse und erfährt nach wie vor die beschleunigende Kraft. Jedoch bewegt sich die Person aus dieser Sicht nicht, die Beschleunigung ist Null. In dem beschleunigten Bezugssystem versagt also die Dynamische Grundgleichung.

Die sog. „Dynamische Grundgleichung" (2.4) hat ausschließlich Gültigkeit in einem sog. *Inertialsystem*. Darunter versteht man ein geradlinig-gleichförmig bewegtes, oder – als Sonderfall ($v = konst$ mit $konst = 0$) – ein ruhendes Bezugssystem.

Streng genommen sind mit der Erde verbundene Bezugssystem keine Inertialsysteme: Aufgrund der Erdrotation erfährt ein entsprechendes Bezugssystem die Zentripetalbeschleunigung. Wie in der Technischen Mechanik aber üblich, wird die Erde als ruhend angesehen; alle verwendeten „Umgebungsbezugssysteme" sind damit „Quasi-Inertialsysteme".

Ergänzungen Der Impuls $\vec{p}$ hat nach Definitionsgleichung (2.1) die Einheit $[p] = [m][v] = 1\,\text{kg}\frac{\text{m}}{\text{s}}$. Damit ergibt sich mit (2.3) auch die abgeleitete Einheit der Kraft, die schließlich mit N, dem „Newton" abgekürzt wird.

$$[F] = 1\,\text{N} \quad \text{mit} \quad 1\,\text{N} = 1\,\text{kg}\frac{\text{m}}{\text{s}^2}$$

Die Masse m in der Dynamischen Grundgleichung (2.4) wird – ganz präzise ausgedrückt – auch als träge Masse $m_{\text{träge}}$ bezeichnet. Das besondere ist nämlich, dass diese Masse abhängig von der resultierenden Kraft $\vec{F}_{\text{res}}$ eine entsprechende Beschleunigung $\vec{a}$ erfährt. Etwas anders stellt sich die Situation im Fall der Gravitation dar. Auf einen Körper der

Masse m wirkt im homogenen Schwerefeld der Erde (Erdnähe) stets die Gewichtskraft

$$\vec{G} = m\vec{g};\qquad\qquad\qquad(2.5)$$

diesen Sonderfall der Dynamischen Grundgleichung nennt man „Gesetz der Schwere". Der sog. Erdbeschleunigungsvektor $\vec{g}$ ist stets zur Erdoberfläche hin orientiert und orthogonal zu dieser; sein Betrag von $g = 9,81\frac{m}{s^2}$ wurde bereits auf im Abschn. 1.1.2 erläutert. Es erfährt also jede Masse m die gleiche Beschleunigung $\vec{g}$; man spricht dann auch von der schweren Masse $m_{schwere}$. Trotz der zwei unterschiedlichen Eigenschaften der Masse gilt:

$$m_{träge} = m_{schwere}.$$

Und die Masse m eines Körpers hat noch eine interessante Eigenschaft: Sie ist abhängig von der Geschwindigkeit v, mit der sich der Körper bewegt. Nach Albert EINSTEIN gilt:

$$m = \frac{m_0}{\sqrt{1 - \left(\frac{v}{c_0}\right)^2}}\quad[5].\qquad\qquad\qquad(2.6)$$

Hierbei sind m_0 die sog. Ruhemasse (Masse bei $v = 0$) und c_0 die Vakuum-Lichtgeschwindigkeit. Da im technischen Bereich sicherlich $v \ll c_0$ gilt, wird im Folgenden – ohne weitere Bemerkungen – mit der Ruhemasse gerechnet, diese aber der Einfachheit halber mit m symbolisiert.

2.2   Die Dynamische Grundgleichung

Darunter soll Gl. (2.4) verstanden werden, also „lex secunda" für den häufigen Sonderfall konstanter Masse. Sie liefert auf Basis eines Freikörperbildes[2] den Ansatz zur Herleitung einer Bewegungsgleichung (DGL für die Lagekoordinaten). Es sei an dieser Stelle ergänzt, dass ein Massenpunkt im Raum drei Freiheitsgrade[3] besitzt, anschaulich gesprochen, drei Bewegungsmöglichkeiten – nämlich die (translatorische) Bewegung in x-,y- und z-Richtung; bei realen Körpern sind auch Drehbewegungen möglich.

Es sind nun grundsätzlich zwei Bewegungsarten zu unterscheiden: Bei einer sog. freien Bewegung wird der Massenpunkt in keinerlei Art und Weise in seiner Bewegungsfreiheit eingeschränkt. Dagegen ist bei einer geführten Bewegung eine bestimmte Bewegungsfläche bzw. -kurve vorgegeben; es lassen sich dann (geometrische) *Zwangsbedingungen* formulieren.

---

[2]Beim Freischeiden (Erstellen des Freikörperbildes) löst man den Körper von allen geometrischen Bindungen und ersetzt diese durch entsprechende Kräfte.

[3]Die Anzahl an Freiheitsgraden entspricht der Zahl an Koordinaten, die mindestens notwendig sind, um die Lage eines Punktes/Körpers eindeutig zu beschreiben.

Bspw. ist die Anzahl an Freiheitsgraden bei Bewegung auf einer definierten Fläche (z. B. Massenpunkt in einer Schale) nur noch Zwei. Die Bewegung senkrecht zu dieser Fläche ist verhindert; verantwortlich dafür ist die Wirkung einer sog. *Zwangskraft*. Ist die Bewegung sogar auf eine Raumkurve, wie z. B. einer Spirale (vgl. Bsp. 1.1), eingeschränkt, verbleibt nur noch ein Freiheitsgrad. Die Lage eines Punktes auf dieser Kurve lässt sich eindeutig durch die Bogenlänge entlang der Kurve („Länge der Kurve") angeben.

Die Anzahl an Freiheitsgraden bestimmt die zur Lagebeschreibung erforderliche Koordinatenanzahl. Damit ist auch festgelegt wie viele Bewegungsgleichungen – mindestens – formuliert werden müssen, um ein mechanisches System vollständig zu beschreiben. Als Ansatz sind hierfür die Koordinatengleichungen der Dynamischen Grundgleichung aufzustellen.

Für einen Bewegungsvorgang seien die kinematischen Größen vorgegeben, die Dynamische Grundgleichung liefert dann direkt die dafür erforderlichen Kräfte. In der Regel – und insbesondere bei technischen Fragestellungen – ist die Situation jedoch genau invers: Die wirkenden Kräfte sind bekannt und z. B. die Zeitfunktionen für Ort, Geschwindigkeit und Beschleunigung gesucht. In diesem Fall muss man die Koordinatengleichungen von (2.4) integrieren; hierbei kommt die Umrechnungstabelle aus Abschn. 1.1.2 zur Anwendung.

2.2.1   Freie Bewegung

Idealisiert betrachtet, wirkt auf einen Körper der Masse m in Erdnähe lediglich die Gewichtskraft $\vec{G} = m\vec{g}$; Luftwiderstand o. ä. wird vernachlässigt. Zur Ermittlung der Bewegungsgleichungen werden die Koordinatengleichungen von (2.4) aufgestellt. In einem kartesischen System lauten diese:

$$ma_x = G_x, \quad ma_y = G_y \quad \text{und} \quad ma_z = G_z. \tag{2.7}$$

Hierbei sind a_x, a_y und a_z die Beschleunigungskoordinaten und G_x, G_y und G_z die Koordinaten des Vektors $\vec{G}$ im entsprechenden Bezugssystem.

Beispiel 2.1: Schiefer Wurf ohne Luftwiderstand

Ein als punktförmig zu betrachtender Körper (Masse m) wird mit der Startgeschwindigkeit v_0 unter einem Winkel α, mit $0° < \alpha \leq 90°$, gegen die Horizontale abgeworfen. Die nachfolgende Skizze zeigt die Situation zum Zeitpunkt $t = 0$ sowie das Freikörperbild (immer mit Koordinatensystem!) des Körpers zu einem beliebigen Zeitpunkt $t \geq 0$.

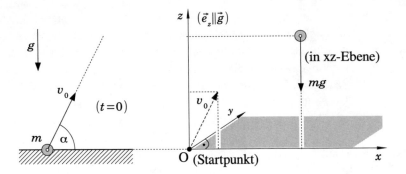

Der Einfachheit halber werden bei den Vektoren nur die Beträge angegeben. Durch den jeweiligen Pfeil ist ohnehin verdeutlicht, dass es sich um einen Vektor handelt. Da in y-Richtung keine Kräfte wirken und die y-Komponente von $\vec{v}$ beim Start Null ist, muss diese Koordinate nicht betrachtet werden; es gilt für den Bewegungsvorgang $y \equiv 0$.

Nach (2.7) lauten die beiden relevanten Koordinatengleichungen der Dynamischen Grundgleichung:

$$\rightarrow x : \quad ma_x = 0 \quad \text{mit} \quad a_x = \ddot{x}$$

und

$$\uparrow z : \quad ma_z = -mg \quad \text{mit} \quad a_z = \ddot{z}.$$

Die Beschleunigungskoordinaten a_x und a_z werden schließlich als Zeitableitungen der kartesischen Koordinaten ausgedrückt (vgl. Abschn. 1.1.2). Und noch ein Hinweis: $G_z = -mg < 0$, da die Gewichtskraft $\vec{G}$ „nach unten" orientiert ist, also entgegengesetzt zur positiven z-Richtung.

Man erhält damit die folgenden Wurf-Bewegungsgleichungen:

$$\ddot{x} = 0 \quad \text{und} \quad \ddot{z} = -g \quad \rightsquigarrow \text{Kinematik!}$$

Die Integration der beiden Konstanten liefert die Geschwindigkeitskoordinaten v_x und v_z:

$$\dot{x} = \underbrace{C_1}_{= v_x(t)} \quad \text{und} \quad \dot{z} = \underbrace{-gt + C_2}_{= v_z(t)} .$$

Und nochmals integriert:

$$x = \underbrace{C_1 t + C_3}_{= x(t)} \quad \text{und} \quad z = \underbrace{-\frac{1}{2}gt^2 + C_2 t + C_4}_{= z(t)} .$$

Es gelten die folgenden Anfangsbedingungen (Zeitpunkt $t = 0$), vgl. hierzu obige Skizze:

$$x(0) = z(0) = 0, \quad v_x(0) = v_0 \cos\alpha, \quad v_z(0) = v_0 \sin\alpha.$$

Nach Einsetzen erhält man für die vier Integrationskonstanten

$$C_1 = v_0 \cos\alpha\,,\ C_2 = v_0 \sin\alpha\,,\ C_3 = 0\,,\ C_4 = 0,$$

und damit als Parameterdarstellung (Parameter: Zeit t) der Bahnkurve

$$x = (v_0 \cos\alpha)\,t$$
$$z = (v_0 \sin\alpha)\,t - \tfrac{1}{2}gt^2 \cdot$$

Schließlich lässt sich nun noch der Parameter eliminieren. Die erste Gleichung liefert für die Zeit:

$$t = \frac{x}{v_0 \cos\alpha};$$

eingesetzt in die zweite Gleichung der Parameterdarstellung lässt sich die Funktionsgleichung der Bahnkurve zu

$$z = (\tan\alpha)\,x - \frac{g}{2v_0^2 \cos^2\alpha}x^2$$

formulieren – man nennt diese auch analytische Darstellung der Kurve. Das Ergebnis ist zweifelsohne als die sog. Wurfparabel bekannt.

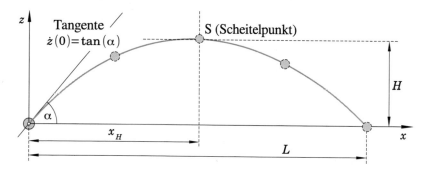

Zusammenfassung der Eigenschaften:

- Die sog. Wurfweite L ergibt sich als Nullstelle der quadratischen Funktion $z = z(x)$.

$$(\tan\alpha)\,x - \frac{g}{2v_0^2 \cos^2\alpha}x^2 = x\left(\tan\alpha - \frac{g}{2v_0^2 \cos^2\alpha}x\right) = 0$$

$$[\,x = 0\,] \quad \text{oder} \quad \tan\alpha - \frac{g}{2v_0^2 \cos^2\alpha}x = 0$$

Folglich ist

$$L = \frac{\tan\alpha \cdot 2v_0^2 \cos^2\alpha}{g} = \frac{\sin\alpha \cdot 2v_0^2 \cos^2\alpha}{\cos\alpha \cdot g} = \frac{2v_0^2 \sin\alpha \cos\alpha}{g}.$$

Mit der trigonometrischen sin-Formel für doppelte Winkel, aus z. B. [4], lässt sich noch eine kleine Vereinfachung vornehmen:

$$L = \frac{v_0^2}{g} \sin 2\alpha.$$

- Da bekannterweise

$$\sin 2\alpha = \sin(\pi - 2\alpha) = \sin 2(\frac{\pi}{2} - \alpha)$$

gilt, liefern die Abwurfwinkel α und $90° - \alpha$ die gleiche Wurfweite; es lässt sich daher zwischen Flach- und Steilwurf unterscheiden.
- Damit kann man auch die Wurfzeit t_L berechnen. Die Bedingung $x(t_L) = L$ liefert $t_L = \frac{2v_0}{g} \sin \alpha$.
- Offensichtlich hängt die Wurfweite L – für eine bestimmte Startgeschwindigkeit v_0 – nur vom Abwurfwinkel α ab. Die Nullstelle der ersten Ableitungsfunktion $\frac{dL}{d\alpha} = 2\frac{v_0^2}{g} \cos 2\alpha$ ist $\alpha = 45°$. Damit ergibt sich die maximale Wurfweite zu $L_{\max} = L(45°) = \frac{v_0^2}{g}$; ein Minimum von $\sin 2\alpha$ existiert für $0° < \alpha \leq 90°$ nicht.
- Die horizontale Entfernung x_H – bei der die Wurfhöhe H (Scheitelpunkt) erreicht wird – zum Startpunkt, ist gleich der Nullstelle der Ableitungsfunktion $\frac{dz}{dx}$:

$$\tan \alpha - \frac{g}{v_0^2 \cos^2 \alpha} x = 0 \quad \text{bzw.} \quad x = \frac{\sin \alpha}{\cos \alpha} \frac{v_0^2 \cos^2 \alpha}{g}$$

$$x_H = \frac{v_0^2 \sin \alpha \cos \alpha}{g} = \frac{v_0^2 2 \sin \alpha \cos \alpha}{2g} = \frac{v_0^2}{2g} \sin 2\alpha.$$

Hier wurde wieder die trigonometrische Formel für doppelte Winkel angewandt (vgl. Berechnung von L).
- Setzt man nun x_H in die Funktion $z = z(x)$ ein, so ergibt sich die z-Koordinate des Scheitelpunktes (Wurfhöhe):

$$H = z(x_H) = \tan \alpha \left(\frac{v_0^2}{2g} \sin 2\alpha \right) - \frac{g}{2v_0^2 \cos^2 \alpha} \left(\frac{v_0^2}{2g} \sin 2\alpha \right)^2$$

$$= \frac{\sin \alpha}{\cos \alpha} \frac{v_0^2}{2g} 2 \sin \alpha \cos \alpha - \frac{g}{2v_0^2 \cos^2 \alpha} \left(\frac{v_0^2}{2g} 2 \sin \alpha \cos \alpha \right)^2$$

$$= \frac{v_0^2}{g} \sin^2 \alpha - \frac{g}{2v_0^2 \cos^2 \alpha} \frac{v_0^4}{g^2} \sin^2 \alpha \cos^2 \alpha = \frac{v_0^2}{g} \sin^2 \alpha - \frac{1}{2} \frac{v_0^2}{g} \sin^2 \alpha$$

$$= \frac{v_0^2}{2g} \sin^2 \alpha.$$

Übrigens: Da die Bahnkurve des schiefen Wurfes eine quadratische Parabel (Achsensymmetrie!) ist und gem. Bild im Abschn. 2.2.1 Abschuss- und Auftreffpunkt auf gleichem Höhenniveau liegen, wird die sog. Wurfhöhe, d. h. die max. Flughöhe, gerade bei der halben Wurfweite erreicht.

Streng genommen gibt es aber gar keine „Wurfparabel". Grund hierfür ist die Inhomogenität des Gravitationsfeldes des Erde. Dieses ist ein sog. Zentralkraftfeld: Die auf eine Masse wirkende Gravitationskraft ist nicht konstant, sondern stets zum Mittelpunkt der Erde orientiert (radialsymmetrisches Feld). Für den besonders interessierten Leser ist die präzisere Berechnung der freien Bewegung im Anhang ab Abschn A.4 skizziert. ◄

2.2.2 Geführte Bewegung und Zwangskräfte

Ein nicht frei beweglicher Körper wird durch äußere Einwirkung auf eine bestimmte Bahn gezwungen. Dabei treten neben den eingeprägten Kräften $\vec{F}_{ein}$, die durch ein phys. Gesetz beschrieben werden (z. B. Gewichtskraft), zusätzlich sog. Zwangs- bzw. Führungskräfte $\vec{Z}$ auf. Bei letzteren handelt es sich um Reaktionskräfte, die stets senkrecht zu Bahn gerichtet sind. Die Dynamische Grundgleichung lautet in diesem Fall mit $\vec{F}_{res} = \vec{F}_{ein} + \vec{Z}$ schließlich

$$m\vec{a} = \vec{F}_{ein} + \vec{Z}. \tag{2.8}$$

In dieser Gleichung sind natürlich $\vec{F}_{ein}$ die Resultierende aller wirkenden eingeprägten Kräfte und $\vec{Z}$ die Resultierende aus allen Zwangskräften. Die Koordinatengleichungen von (2.8) werden auf Basis eines Freikörperbildes aufgestellt, wobei abhängig von der Bahngeometrie ein „geeignetes" Koordinatensystem zu definieren ist.

Beispiel 2.2: Mathematisches Pendel (Bewegungsgleichung)

Die nachfolgende Skizze zeigt einen als punktförmig zu betrachtenden Körper (Masse m), der über ein masseloses, undehnbares Seil (Länge l) am raumfesten Punkt A aufgehängt ist. Zum Zeitpunkt $t_0 = 0$ wird das Pendel aus dem Ruhezustand losgelassen (Startgeschwindigkeit $v_0 = 0$); es war zunächst um φ_0 gegen die Vertikale „nach rechts" ausgelenkt.

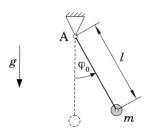

Hinweis: Es ist hier bel. ein pos. Drehsinn zu definieren. Dieser legt dann die Orientierung von $\vec{e}_\omega$ fest: $\circlearrowleft \vec{e}_\omega \odot$ bzw. $\circlearrowright \vec{e}_\omega \otimes$. Zudem ist das Vorzeichen eines Winkels bestimmt: $\operatorname{sgn}(\varphi) > 0$, wenn φ entsprechend des pos. Drehsinns gemessen wird.

Da der Massenpunkt m auf einer kreisförmigen Bahn (Radius l) um A pendelt, bietet sich eine Beschreibung in Polarkoordinaten an. Gesucht ist die sog. Bewegungsgleichung, d. h. die DGL für die Zirkularwinkel-Zeitfunktion $\varphi = \varphi(t)$, wobei $\varphi = \angle(\vec{g}; \vec{r}\,_m^{(A)})$ ist.

Lösungsvariante 1 Man stelle sich den Bewegungsabschnitt unmittelbar nach dem Start vor: Bewegung im Uhrzeigersinn (UZS); dieser sei zudem per Definition der pos. Drehsinn. Es lassen sich dann die folgenden Freikörperbilder erarbeiten (Position rechts bzw. links von A):

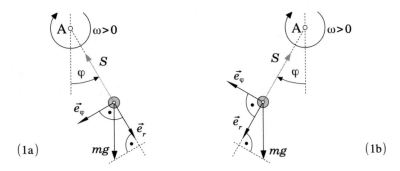

(1a)   (1b)

Neben der Gewichtskraft mg wirkt hier als Zwangskraft Z die Seilkraft S. Diese zieht den Körper auf die Kreisbahn. Mit dem UZS ($\circlearrowright$) als pos. Drehsinn ist die Orientierung des zirkularen Basisvektors $\vec{e}_\varphi$ festgelegt: $\vec{e}_r, \vec{e}_\varphi$ und $\vec{e}_\omega$ bilden in dieser Reihenfolge ein Rechtssystem; $\vec{e}_\omega$ ist in diesem Fall in die Zeichenebene hinein orientiert ($\otimes$).

Position (1a): Es ist bei der Kräftezerlegung zu beachten, dass hier $\varphi < 0$ ist. Die Koordinatengleichungen von (2.8) lauten dann mit den Beschleunigungen a_r und a_φ gem. (1.19) bei einer kreisförmigen Bewegung

$$\searrow r \;:\; ma_r = mg \cos|\varphi| - S \text{ mit } a_r = -l\dot{\varphi}^2$$
$$\swarrow \varphi \;:\; ma_\varphi = mg \sin|\varphi| \qquad \text{mit } a_\varphi = l\ddot{\varphi} \; .$$

Mit eben $\varphi < 0$ ist $\sin|\varphi| = \sin(-\varphi) = -\sin\varphi > 0$ (ungerade Funktion), so dass sich aus der φ-Gleichung die Bewegungsgleichung zu

$$\ddot{\varphi} + \frac{g}{l} \sin\varphi = 0$$

ergibt. Da die cos-Funktion gerade ist ($\cos(-\varphi) = \cos\varphi$), ergibt sich für die radiale Koordinatengleichung

$$-ml\dot{\varphi}^2 = mg \cos\varphi - S;$$

Damit lässt sich, sofern man die Winkelgeschwindigkeit $\omega = \dot{\varphi}$ ermittelt hat (vgl. Beispiel 2.3), die während der Bewegung wirkende Seilkraft S angeben – zumindest als Funktion von φ.

Position (1b): In diesem Fall ist nun $\varphi > 0$. Da die Bewegungsgleichung aus der zirkularen Gleichung folgt, wird nur diese formuliert:

$$\nwarrow \varphi \; : \; ma_\varphi = -mg \sin \varphi \text{ mit } a_\varphi = l\ddot{\varphi} \, .$$

Es ergibt sich wieder die obige DGL für φ. Erklärung: Eine Bewegungsgleichung beschreibt ein sog. zeitinvariantes System lageunabhängig; sie ist aber i. Allg. abhängig vom gewählten Koordinatensystem.

Lösungsvariante 2 Man kann daher die gesuchte DGL auch herleiten, in dem die Rückwärtsbewegung des Pendels betrachtet wird. Schließlich definiert man dann den Gegenuhrzeigersinn als den pos. Drehsinn ($\odot \vec{e}_\omega$).

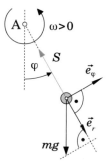

Diese Betrachtung liegt durchaus nahe, denn damit ist der Startwinkel $\varphi_0 > 0$. Trotzdem wird meistens die pos. Richtung/der pos. Drehsinn mit der zu erwartenden Bewegungsrichtung gleich gesetzt.

In diesem Fall ($\odot \vec{e}_\omega$) lautet die zirkulare Koordinatengleichung

$$\nearrow \varphi \; : \; ma_\varphi = -mg \sin \varphi \text{ mit } a_\varphi = l\ddot{\varphi} \, ,$$

und man erhält wieder die φ-Bewegungsgleichung von Variante 1. Dazu sei ergänzt, dass die Bewegung im Uhrzeigersinn beginnt und damit φ zunächst abnimmt, ω also kleiner Null ist.

Lösungsvariante 3 Bei einer kreisförmigen Bewegung gibt es bis auf $\vec{e}_n = -\vec{e}_r$ keinen Unterschied zwischen Polarkoordinaten und natürlichen Koordinaten. Letztere werden daher lediglich der Vollständigkeit halber noch betrachtet. Dabei soll entsprechend Variante 1 der Uhrzeigersinn der pos. Drehsinn sein ($\otimes \vec{e}_\omega$), analog zu der auf den ersten Blick offensichtlichen Bewegungsrichtung. Man skizziert das Freikörperbild ...

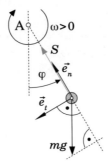

mit dem „Positions-/Hilfswinkel" $\varphi = \angle(\vec{g} ; -\vec{e}_n)$; dieser entspricht dem Zirkularwinkel bei Polarkoordinaten.

Die Varianten „Position links von A" und pos. Drehsinn $\circlearrowleft$ werden hier nicht mehr diskutiert. In natürlichen Koordinaten lauten die Koordinatengleichungen von (2.8) nach obigem Freikörperbild:

$$\begin{aligned} \nwarrow n &: ma_n = S - mg\cos|\varphi| \text{ mit } a_n = \tfrac{v^2}{l} \; ; \\ \swarrow t &: ma_t = mg\sin|\varphi| \qquad \text{mit } a_t = \dot{v} \end{aligned}$$

die Beschleunigungen a_n und a_t sind jene, die bei einer Kreisbewegung auftreten, vgl. (1.26) und (1.25). Da hier $\varphi < 0$ ist, ergibt sich mit $\sin|\varphi| = \sin(-\varphi) = -\sin\varphi$ aus der tangentialen Gleichung die Bewegungsgleichung zu

$$\dot{v} + g\sin\varphi = 0,$$

v ist bekannterweise die Bahngeschwindigkeit, bzw. mit (1.3), $v = \dot{s}$, die DGL 2. Ordnung für $s = l\varphi$ (Bogenlänge) als Lagekoordinate:

$$\ddot{s} + g\sin\frac{s}{l} = 0.$$

Man kann mit der für eine Kreisbewegung „fundamentalen Beziehung" (1.18) bzw. (1.24), hier $v = l\dot{\varphi}$, diese Gleichung direkt in die Form von Lösungsvariante 1/2 umschreiben. ◄

Die aus einem „kinetischen Ansatz", der Dynamischen Grundgleichung, hergeleiteten Bewegungsgleichungen sind kinematische Gleichungen. Sie beschreiben das Verhalten eines Systems in Raum/Ort und Zeit. Es lassen sich daher die in Kap. 1 gewonnen Erkenntnisse darauf anwenden.

Beispiel 2.3: Mathematisches Pendel (Ergänzungen zu Bsp. 2.2)

(1) Es sollen mit Hilfe der Bewegungsgleichung(en) aus Beispiel 2.2 die Bahngeschwindigkeit v bzw. die Winkelgeschwindigkeit ω als Funktion des „Ortes φ" ermittelt werden. Es lässt sich dann auch die Seilkraft S angeben und ggf. deren Maximum ermitteln.

Lösungsvariante 1 Integration der DGL $\ddot{\varphi} + \frac{g}{l}\sin\varphi = 0$. Dafür wird die „Umrechnungstabelle" aus Abschn. 1.1.2 herangezogen. Es gilt nämlich:

$$\ddot{\varphi} = \underbrace{-\frac{g}{l}\sin\varphi}_{=\,\dot{\omega}(\varphi)}.$$

Mit $\dot{\omega} \,\hat{=}\, a$ und $\varphi \,\hat{=}\, x$, können die Formeln für $a(x)$ entsprechend angewandt werden. Es lässt sich also direkt $\omega(\varphi)$ berechnen:

$$\omega(\varphi) = \pm\sqrt{2\int_{\varphi_0}^{\varphi} \dot{\omega}(\bar{\varphi})\,d\bar{\varphi}} \quad \text{da} \quad t_0 = 0, \; v_0 = 0.$$

Damit ergibt sich:

$$\omega(\varphi) = \pm\sqrt{-2\frac{g}{l}\int_{\varphi_0}^{\varphi}\sin\bar{\varphi}\,d\bar{\varphi}} = \pm\sqrt{-2\frac{g}{l}\left[-\cos\bar{\varphi}\right]_{\varphi_0}^{\varphi}}$$

$$= \pm\sqrt{2\frac{g}{l}\left(\cos\varphi - \cos\varphi_0\right)}.$$

Die beiden Vorzeichen $\pm$ besagen, dass sich die Bewegungsrichtung abschnittsweise ändert. Beschränkt man sich auf das Intervall vom Start bei φ_0 bis zum linken Umkehrpunkt und legt z. B. den Gegenuhrzeigersinn als pos. Drehsinn zugrunde ($\odot \vec{e}_\omega$), dann ist $\varphi_0 > 0$ und es gilt:

$$\omega = \genfrac{}{}{0pt}{}{(+)}{-}\sqrt{2\frac{g}{l}\left(\cos\varphi - \cos\varphi_0\right)} \quad \text{mit} \quad -\varphi_0 \le \varphi \le \varphi_0.$$

Mit $v = l\omega$ folgt speziell für diesen Bewegungsabschnitt:

$$v = -\sqrt{2gl\left(\cos\varphi - \cos\varphi_0\right)},$$

und mittels der radialen Koordinatengleichung, auf Basis des Freikörperbildes von Beispiel 2.2 (Variante 2), erhält man für die Seilkraft

$$S = mg\cos\varphi + ml\dot{\varphi}^2 = mg\cos\varphi + ml\omega^2 = (3\cos\varphi - 2\cos\varphi_0)\,mg.$$

Wie man sieht, ergibt sich das Maximum der Seilkraft, S_{max}, für $\varphi = 0$; dann ist der $\cos\varphi$ maximal (Eins) und damit die Klammer am größten. Streng mathematisch kommt man zu diesem Ergebnis durch Nullsetzen der ersten Ableitungsfunktion:

$$\frac{dS}{d\varphi} = 0 \ : \quad -3mg\sin\varphi = 0.$$

Die Lösung dieser Gleichung ist für $\mathbb{D} = [-\varphi_0; \varphi_0]$ mit $0 < \varphi_0 < \pi$ eben $\varphi = 0$. Dass es sich bei dem an dieser Stelle vorliegenden Extremum um ein Maximum handelt, zeigt die 2. Ableitung:

$$\frac{d^2S}{d\varphi^2} = -3mg\cos\varphi < 0 \quad \text{für} \quad \varphi = 0.$$

Es sei noch ergänzt, dass man auch ohne Tabelle diese Fragestellung lösen kann. Dafür interpretiert man die Winkelgeschwindigkeit $\dot{\varphi} = \dot{\varphi}(t)$ als verkettete Funktion: $\dot{\varphi} = \dot{\varphi}[\varphi(t)]$. Für deren Zeitableitung gilt dann:

$$\ddot{\varphi} = \frac{d\dot{\varphi}}{dt} = \frac{d\dot{\varphi}}{d\varphi}\frac{d\varphi}{dt} = \frac{d\dot{\varphi}}{d\varphi}\dot{\varphi}.$$

Ersetzt man $\ddot{\varphi}$ in $\ddot{\varphi} = -\frac{g}{l}\sin\varphi$ entsprechend, so lässt sich die Gleichung nach Separation der Variablen integrieren.

Lösungsvariante 2 Integration der DGL $\ddot{s} + \frac{g}{l}\sin\frac{s}{l} = 0$. Es gilt hier analog zu Lösungsvariante 1:

$$\ddot{s} = \underbrace{-g\sin\frac{s}{l}}_{=\dot{v}\,=\,a_t(s)} \ , \quad \text{da} \quad v = \dot{s}.$$

Benennt man nun in der Umrechnungstabelle von Abschn. 1.1.2 die Variablen um, $a_t \,\hat{=}\, a$ und $s \,\hat{=}\, x$ (vgl. Satz aus Abschn. 1.1.4), dann lässt sich damit $v(s)$ berechnen:

$$v(s) = \pm\sqrt{2\int_{s_0}^{s} a_t(\bar{s})\,d\bar{s}} \quad \text{da} \quad t_0 = 0\,,\ v_0 = 0;$$

hierbei ist schließlich $s_0 = l\varphi_0$ die initiale Bogenlänge. Die Lösung des Integrals liefert die gesuchte Funktion:

$$v(s) = \pm\sqrt{-2g\int_{s_0}^{s}\sin\frac{\bar{s}}{l}\,d\bar{s}} = \pm\sqrt{-2g\left[-l\cos\frac{\bar{s}}{l}\right]_{s_0}^{s}}$$

$$= \pm\sqrt{2gl\left(\cos\frac{s}{l} - \cos\frac{s_0}{l}\right)}.$$

Mit der „Transformationsgleichung" $s = l\varphi$ und der Beziehung $v = l\omega$ ergibt sich wieder das Ergebnis für ω von Lösungsvariante 1.

(2) Es sind damit Bahngeschwindigkeit und Winkelgeschwindigkeit als Funktion des Ortes (φ bzw. s) bekannt. Nun soll der Versuch unternommen werden, noch die Zeitfunktion $\varphi = \varphi(t)$ zu berechnen. Vgl. (1):

$$\omega(\varphi) = \pm\sqrt{2\frac{g}{l}(\cos\varphi - \cos\varphi_0)} \,\,\hat{=}\,\, v(x).$$

Mit „Abschn. 1.1.2-Tabelle" lässt sich daher folgender Ansatz formulieren:

$$t(\varphi) = \cancel{t_0}^{=0} + \int\limits_{\varphi_0}^{\varphi} \frac{\mathrm{d}\bar{\varphi}}{\omega(\bar{\varphi})};$$

die Umkehrfunktion von $t = t(\varphi)$ ist schließlich die gesuchte Zeitfunktion $\varphi = \varphi(t)$. Nach einsetzen von $\omega(\varphi)$ ergibt sich das Integral

$$t(\varphi) = \pm\frac{1}{\omega_0}\int\limits_{\varphi_0}^{\varphi} \frac{\mathrm{d}\bar{\varphi}}{\sqrt{2(\cos\bar{\varphi} - \cos\varphi_0)}} \quad \text{mit Abk.} \quad \omega_0 = \sqrt{\frac{g}{l}},$$

das – leider – analytisch nicht lösbar ist; es wird aber in Ergänzung (3) aufgegriffen und noch weiter umgeformt. An dieser Stelle wird lediglich eine Näherung für kleine Winkel ($\varphi \ll 1$) berechnet. Es gilt dann:

$$\cos\varphi \stackrel{[4]}{=} 1 - \frac{\varphi^2}{2!} + \frac{\varphi^4}{4!} - \frac{\varphi^6}{6!} + -... \approx 1 - \frac{\varphi^2}{2},$$

man spricht hierbei von Potenzreihenentwicklung der cos-Funktion, und das Integral vereinfacht sich zu

$$t(\varphi) \approx \pm\frac{1}{\omega_0}\int\limits_{\varphi_0}^{\varphi} \frac{\mathrm{d}\bar{\varphi}}{\sqrt{\varphi_0^2 - \bar{\varphi}^2}} = \mp\frac{1}{\omega_0}\int\limits_{\varphi}^{\varphi_0} \frac{\mathrm{d}\bar{\varphi}}{\sqrt{\varphi_0^2 - \bar{\varphi}^2}} \stackrel{[4]}{=}$$

$$= \mp\frac{1}{\omega_0}\left[\arcsin\frac{\bar{\varphi}}{\varphi_0}\right]_{\varphi}^{\varphi_0} = \mp\frac{1}{\omega_0}\left(\frac{\pi}{2} - \arcsin\frac{\varphi}{\varphi_0}\right) \stackrel{[4]}{=} \mp\frac{1}{\omega_0}\arccos\frac{\varphi}{\varphi_0}.$$

Die Ermittlung der entsprechenden Umkehrfunktion erfolgt – nach Multiplikation mit ω_0 – durch beidseitige Anwendung der cos-Funktion. Da diese eine gerade Funktion ist, $\cos(\mp x) = \cos x$, lässt sich die Orts-Zeit-Funktion wie folgt angeben:

$$\varphi(t) \approx \varphi_0 \cos\omega_0 t.$$

Hierbei handelt es sich, wie erwähnt, um eine Näherungsfunktion für kleine Winkel ($\varphi_0 \ll 1$ und somit auch $\varphi \ll 1$). Der von der Pendellänge l abhängige Faktor ω_0 heißt Eigenkreisfrequenz des schwingungsfähigen Systems ($\rightarrow$ Kap. 5), hier also des mathematischen Pendels.

(3) Der „Versuch" in (2) einer Berechnung der Zeitfunktion $\varphi = \varphi(t)$ ist zwar nicht gescheitert, jedoch „nur" als Näherung für kleine Winkel ausgeführt. In diesem Abschnitt wird nun die sog. Schwingungsdauer T berechnet – und zwar exakt. Die Bewegung eines mathematischen Pendels ist eine Schwingung (mehr dazu in Kap. 5), d. h. der Massenpunkt bewegt sich zyklisch, beginnend vom initialen Ausschlag φ_0 nach $-\varphi_0$ und schließlich wieder zur Start-Auslenkung zurück. Dieser Zyklus läuft innerhalb der Zeit T ab, und es gilt daher:

$$t = \frac{T}{4}, \quad \text{wenn} \quad \varphi = 0.$$

Für $-\varphi_0 \le \varphi \le \varphi_0$ ist nach (1) $\omega = \genfrac{}{}{0pt}{}{(+)}{-}\sqrt{2\frac{g}{l}\left(\cos\varphi - \cos\varphi_0\right)}$ und somit

$$t(\varphi) = \genfrac{}{}{0pt}{}{(+)}{-}\frac{1}{\omega_0}\int\limits_{\varphi_0}^{\varphi}\frac{\mathrm{d}\bar\varphi}{\sqrt{2\left(\cos\bar\varphi - \cos\varphi_0\right)}} = -\frac{1}{\omega_0\sqrt{2}}\int\limits_{\varphi_0}^{\varphi}\frac{\mathrm{d}\bar\varphi}{\sqrt{\cos\bar\varphi - \cos\varphi_0}}.$$

Es ergibt sich also für die Schwingungsdauer T:

$$\frac{T}{4}\omega_0\sqrt{2} = -\int\limits_{\varphi_0}^{0}\frac{\mathrm{d}\bar\varphi}{\sqrt{\cos\bar\varphi - \cos\varphi_0}} = \int\limits_{0}^{\varphi_0}\frac{\mathrm{d}\bar\varphi}{\sqrt{\cos\bar\varphi - \cos\varphi_0}}.$$

Dieses – nun zwar bestimmte – Integral ist natürlich weiterhin nicht analytisch lösbar, es kann aber durch ein paar mathematische Operationen auf eine interessante Form gebracht werden.

$$\int\limits_{0}^{\varphi_0}\frac{\mathrm{d}\bar\varphi}{\sqrt{\cos\bar\varphi - \cos\varphi_0}} \overset{[4]}{=} \int\limits_{0}^{\varphi_0}\frac{\mathrm{d}\bar\varphi}{\sqrt{1 - 2\sin^2\frac{\bar\varphi}{2} - \left(1 - 2\sin^2\frac{\varphi_0}{2}\right)}}$$

$$= \frac{1}{\sqrt{2}}\int\limits_{0}^{\varphi_0}\frac{\mathrm{d}\bar\varphi}{\sqrt{\sin^2\frac{\varphi_0}{2} - \sin^2\frac{\bar\varphi}{2}}}$$

Die Substitution $\sin\frac{\bar\varphi}{2} = \sin\frac{\varphi_0}{2}\sin u$ liefert

$$\bar\varphi = 2\arcsin\left(\sin\frac{\varphi_0}{2}\sin u\right), \quad u = \arcsin\left(\frac{\sin\frac{\bar\varphi}{2}}{\sin\frac{\varphi_0}{2}}\right)$$

$$\frac{\mathrm{d}\bar\varphi}{\mathrm{d}u} = 2\frac{\sin\frac{\varphi_0}{2}\cos u}{\sqrt{1 - \sin^2\frac{\varphi_0}{2}\sin^2 u}}.$$

Eingesetzt erhält man damit, da $\cos u = \sqrt{1 - \sin^2 u}$ für $u \in [-\frac{\pi}{2}; \frac{\pi}{2}]$:

$$\frac{2}{\sqrt{2}} \int\limits_0^{u_0} \underbrace{\frac{\sin \frac{\varphi_0}{2} \cos u}{\sqrt{\sin^2 \frac{\varphi_0}{2} - \sin^2 \frac{\varphi_0}{2} \sin^2 u}}}_{= \dfrac{\sin \frac{\varphi_0}{2} \cos u}{\sin \frac{\varphi_0}{2} \sqrt{1 - \sin^2 u}} = 1} \cdot \frac{du}{\sqrt{1 - \sin^2 \frac{\varphi_0}{2} \sin^2 u}}$$

$$= \sqrt{2} \int\limits_0^{u_0} \frac{du}{\sqrt{1 - \sin^2 \frac{\varphi_0}{2} \sin^2 u}}, \text{ mit } u_0 = \arcsin \left(\frac{\sin \frac{\varphi_0}{2}}{\sin \frac{\varphi_0}{2}} \right) = \arcsin 1 = \frac{\pi}{2}$$

Es ergibt sich damit für die Schwingungsdauer ein besonderes Integral:

$$T = \frac{4}{\omega_0} \int\limits_0^{\frac{\pi}{2}} \frac{du}{\sqrt{1 - \sin^2 \frac{\varphi_0}{2} \sin^2 u}}.$$

Dieses ist nämlich ein sog. vollständiges elliptisches Integral 1. Gattung in LEGENDREscher Normalform. Mit der Abkürzung nach [7]:

$$T = \frac{4}{\omega_0} \mathbf{K} \left(\sin \frac{\varphi_0}{2} \right),$$

da $\mathbf{K}(k) = \int_0^{\frac{\pi}{2}} \frac{dx}{\sqrt{1 - k^2 \sin^2 x}}$. Nur zur Ergänzung: Das entsprechende unvollständige Integral 1. Gattung ist schließlich $F(x; k) = \int_0^x \frac{d\bar{x}}{\sqrt{1 - k^2 \sin^2 \bar{x}}}$, also eine Integralfunktion, wobei speziell $F(\frac{\pi}{2}; k) = \mathbf{K}(k)$.

Damit ist die Schwingungsdauer T „exakt" berechnet, praktisch aber auch nur symbolisch. Das Besondere an den vollständigen elliptischen Integralen ist jedoch, dass sie tabellarisiert sind, z. B. in [8]. Man kann dort für ausgewählte Werte von k, bzw. hier φ_0, den Wert des bestimmten Integrals $\mathbf{K}(k)$ entnehmen.

Es wird nun noch die „exakte" Schwingungsdauer T verglichen mit jener, die man bei Näherung von $\varphi = \varphi(t)$ für kleine Winkel erhält ($\tilde{T}$). Sie ergibt sich infolge der 2π-Periodizität der cos-Funktion wie folgt:

$$\varphi(t) = \varphi_0 \cos \omega_0 t = \cos(\omega_0 t + 2\pi) = \cos \left[\omega_0 \left(t + \frac{2\pi}{\omega_0} \right) \right],$$

d. h. nach der Zeit $\frac{2\pi}{\omega_0}$ wird in Bezug auf $t = 0$ wieder die initiale Auslenkung φ_0 erreicht. Damit gilt für die genäherte Schwingungsdauer:

$$\tilde{T} = \frac{2\pi}{\omega_0}.$$

Diese ist vom Startpunkt φ_0 unabhängig. Bei „exakter Rechnung" ist die Schwingungsdauer (T) dagegen eine Funktion von φ_0. Die folgende Tabelle zeigt eine Gegenüberstel-
lung von T und $\tilde{T}$.

φ_0	φ_0 in $^\circ$	$\frac{\varphi_0}{2}$ in $^\circ$	$\mathbf{K}\left(\sin\frac{\varphi_0}{2}\right)$	$\omega_0 T$	$\omega_0\tilde{T} = 2\pi$	$\frac{\tilde{T}-T}{T}$
1	57,3	29	1,6777	6,7108	6,2831	$-6,4\%$
0,5	28,6	14	1,5946	6,3784	6,2831	$-1,5\%$
0,1	5,7	3	1,5719	6,2876	6,2831	$-0,07\%$
0,05	2,9	1	1,5709	6,2836	6,2831	$-0,008\%$

Zu den Daten: In [8] ist $\mathbf{K}(k)$ mit $k = \sin\alpha$ aufgelistet, für ganzzahlige α in Grad
$(^\circ)$; es ist daher $\alpha = \frac{\varphi_0}{2}$ zu setzen und $\frac{\varphi_0}{2}$ entsprechend zu runden (Bogen-/Gradmaß:
$\varphi_{0,\mathrm{DEG}} = \frac{180^\circ}{\pi}\varphi_{0,\mathrm{RAD}}$).

Bis zu einer initialen Auslenkung von $\varphi_0 \approx 57^\circ$ beträgt die relative Abweichung
(Betrag, $\tilde{T} < T$) der Näherung $\tilde{T}$ vom „exakten" Wert T etwas mehr als 6%. Hierbei
ist anzumerken, dass sich die Näherung der cos-Funktion (vgl. (2)) im Rahmen der
Herleitung von $\tilde{T}$ üblicherweise auf $0 < \varphi_0 \leq 0,1$ (typ. Interpretation der Angabe
$\varphi_0 \ll 1$) beschränkt. $\tilde{T}$ liefert jedoch für größere φ_0 auch „akzeptable" Werte, da der
Fehler der cos-Approximation ebenso nur ca. $7,5\%$ für $\varphi_0 = 1$ beträgt. ◄

2.2.3 Widerstandskräfte

In der Realität treten stets sog. Widerstandskräfte („Reibkräfte") auf. Es handelt sich dabei
um – auf einem phys. Gesetz basierende – eingeprägte Kräfte, die durch die Bewegung
erst entstehen und zudem von der Bewegung selbst abhängen können. Widerstandskräfte
wirken ausschließlich tangential zur Bahn, d. h. in Geschwindigkeitsrichtung, und sind stets
dem Relativgeschwindigkeitsvektor entgegengesetzt. Bekannte Beispiele hierfür sind die
Festkörperreibung und der Strömungswiderstand.

Im Fall der trockenen Reibung zwischen zwei Festkörpern (z. B. bewegter Körper und
ruhende Unterlage) wendet man das Reibgesetz von Coulomb an. In Bezug auf ein Flächenelement dA der Kontaktfläche ist der Reibkraftanteil dR an der gesamten Reibkraft
proportional zum (entsprechend lokalen) Normalkraftanteil dN:

$$dR = \mu dN, \quad \text{wobei} \quad d\vec{R} = -\mu dN\vec{e}_{v,\mathrm{rel}}, \ \vec{e}_{v,\mathrm{rel}} = (v_{\mathrm{rel}})^{-1}\vec{v}_{\mathrm{rel}}; \quad (2.9)$$

die „Proportionalitätskonstante" μ heißt Reibbeiwert oder Reibkoeffizient. Diese Formel
wird zwar als Coulombsches Gesetz bezeichnet, geht aber auf Arbeiten mehrerer Wissen-
schaftler zurück: Zunächst fand DA VINCI experimentell die Unabhängigkeit der Festkörper-
haftung von der Kontaktfläche. Später erkannte AMONTONS, dass die Reibkraft proportional
zur Normalkraft ist. Und EULER ergänzte die Notwendigkeit der Unterscheidung zwischen

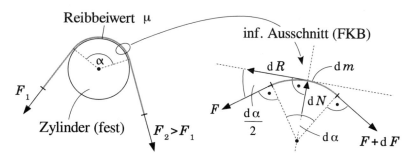

Abb. 2.1 Reibung zwischen Seil bzw. Riemen und einer festen Rolle (FKB: Freikörperbild, α: Umschlingungswinkel)

Haften und Gleiten. Schließlich lieferte COULOMB noch als wichtigen phänomenologischen Beitrag, dass die Reibkraft von der Relativgeschwindigkeit unabhängig ist.

Bei der Berechnung einer resultierenden Reibkraft muss man schließlich Gl. (2.9) integrieren. Eine für die Praxis interessante Konstellation ist in Abb. 2.1 dargestellt: „Seilreibung".

Es wird ein undehnbares Seil (Masse vernachlässigbar) mit einem Umschlingungswinkel α um eine feste Rolle gelegt und beidseitig belastet. Man formuliert nun in radialer und in tangentialer Richtung die Dynamische Grundgleichung (pos. Richtung entsprechend dN bzw. dR),

$$\cancel{dm}^{\;=0} a_r = dN - F \sin \tfrac{d\alpha}{2} - (F + dF) \sin \tfrac{d\alpha}{2}$$
$$\cancel{dm}^{\;=0} a_t = dR + F \cos \tfrac{d\alpha}{2} - (F + dF) \cos \tfrac{d\alpha}{2}$$

und erhält nach Anwendung des COULOMBschen Reibgesetzes (2.9):

$$dF \cos \frac{d\alpha}{2} = 2\mu F \sin \frac{d\alpha}{2} + \mu dF \sin \frac{d\alpha}{2}$$

bzw.

$$dF = \frac{2\mu F \sin \frac{d\alpha}{2}}{\cos \frac{d\alpha}{2} - \mu \sin \frac{d\alpha}{2}} = \frac{2\mu F \sin \frac{d\alpha}{2}}{\cos \frac{d\alpha}{2} \left(1 - \mu \frac{\sin \frac{d\alpha}{2}}{\cos \frac{d\alpha}{2}}\right)} = \frac{2\mu F \tan \frac{d\alpha}{2}}{1 - \mu \tan \frac{d\alpha}{2}}.$$

Da bei dem infinitesimal kleinen Seilausschnitt in Abb. 2.1 der Öffnungswinkel $d\alpha \approx 0$ ist, gilt $d\alpha \ll 1$ und somit $\tan\left(\frac{d\alpha}{2}\right) \approx \frac{d\alpha}{2}$ (Reihenentwicklung tan-Funktion[4], Linearisierung). Die Gleichung für den Kraftanteil dF vereinfacht sich damit zu folgender Differenzialgleichung:

$$dF = \frac{2\mu F \frac{d\alpha}{2}}{1 - \mu \underbrace{\frac{d\alpha}{2}}_{\ll 1}} \approx 2\mu F \frac{d\alpha}{2}.$$

---

[4] $\tan x = x + \frac{x^3}{3} + \frac{2x^5}{3\cdot5} + \frac{17x^7}{3^2\cdot5\cdot7} + \frac{62x^9}{3^2\cdot5\cdot7\cdot9} + \dots$ für $|x| < \frac{\pi}{2}$, vgl. [6] aber auch [4]

Diese lässt sich nach Variablenseparation einfach integrieren:

$$\int_{F_1}^{F_2} \frac{\mathrm{d}F}{F} = \mu \int_0^\alpha \mathrm{d}\bar{\alpha}$$

$$[\ln F]_{F_1}^{F_2} = \ln F_2 - \ln F_1 = \ln \frac{F_2}{F_1} = \mu\alpha$$

Nach dem Auflösen erhält man die sog. EULER-EYTELWEIN-Formel

$$F_2 = F_1 e^{\mu\alpha}, \tag{2.10}$$

die besagt, dass beim Abziehen eines Seils über eine Rolle unter Spannung, entsprechend Abb. 2.1 links, die Abziehkraft F_2 um den Faktor $e^{\mu\alpha} > 1$ größer ist als die Spannkraft F_1.

Wie bereits erwähnt, ist zwischen Reibung, Gl. (2.9), bei Relativbewegung und Haftung zu unterscheiden. Letztere bedeutet, dass keine Bewegung erfolgt, d. h. das System befindet sich Ruhezustand, also im statischen Gleichgewichtszustand. Dieses ist immer dann der Fall, wenn die sog. Haftkraft kleiner als die maximal möglich Haftkraft ist. Nach COULOMB gilt für ein Flächenelement $\mathrm{d}A$ der Kontaktfläche zwischen den wechselwirkenden Körpern:

$$\mathrm{d}H \leq \mathrm{d}H_{\max} = \mu_0 \mathrm{d}N, \quad \text{wobei} \quad \mu_0 \geq \mu. \tag{2.11}$$

In diesem Fall nennt man die materialspezifische Konstante μ_0 Haftbeiwert. Bei der Idealisierung „Massenpunkt" wird jegliche Ausdehnung eines Körpers ignoriert. Folglich gehen die (2.9) und (2.11) in die integrierte Form $R = \mu N$ und $H \leq H_{\max} = \mu_0 N$ über. Die Haftkraft ist keine Widerstandskraft, auch keine eingeprägte Kraft. Es handelt sich hierbei um eine Reaktionskraft in der Kontaktfläche infolge einer Belastung.

Beispiel 2.4: Stick-Slip-Effekt (einfaches Modell)

Ein als punktförmig zu betrachtender Klotz (Masse m) befindet sich zum Zeitpunkt $t = 0$ ruhend auf einer rauen Unterlage. In diesem Moment startet man damit, an der Feder (Steifigkeit c) zu ziehen; es soll der rechte Federpunkt mit konstanter Geschwindigkeit v_0 verschoben werden.

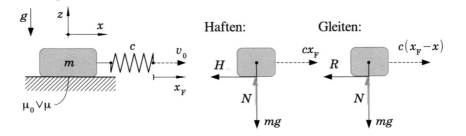

Für die Feder – die präzise Bezeichnung lautet Schraubenfeder – soll ein lineares Kraftgesetz gelten, d. h. der Betrag der Federkraft ist $F_c = c\Delta l$; Δl ist schließlich die Längenänderung.

Phase 1: Haften Zunächst bleibt der Ruhezustand ($x = \dot{x} = \ddot{x} = 0$) erhalten, die zunehmende Federkraft wird durch die Haftkraft kompensiert. Es sei die Feder im Ausgangszustand ungespannt. Die Dynamische Grundgleichung lautet in x-Richtung:

$$\rightarrow x : m\overset{=0}{\ddot{x}} = cx_\mathrm{F} - H \quad \text{mit} \quad x_\mathrm{F} = \underbrace{x_{\mathrm{F},0}}_{=0} + v_0 t.$$

Somit ergibt sich für die Haftkraft

$$H = cv_0 t,$$

und mit der Haftungsbedingung/-ungleichung $H \leq H_\mathrm{max} = \mu_0 N$:

$$t \leq \frac{\mu_0 N}{cv_0}.$$

Die Normalkraft N lässt sich einfach über die z-Koordinatengleichung berechnen, wobei zu beachten ist, dass $\ddot{z} = 0$ (keine z-Bewegung).

$$\uparrow z : m\overset{=0}{\ddot{z}} = N - mg, \quad \text{also} \quad N = mg$$

Zusammenfassend lässt sich angeben, dass im Zeitintervall

$$0 \leq t \leq \frac{\mu_0 mg}{cv_0} = t_\mathrm{H}$$

die Haftungsbedingung erfüllt ist, und folglich der Klotz – trotz Belastung durch die Federkraft – im Ruhezustand verharrt. Zum Zeitpunkt $t = t_\mathrm{H}$ (Haftzeit) setzt eine Gleit- bzw. Rutschbewegung ein.

Phase 2: Gleiten Man stelle sich hierfür vor, dass der Körper – ein bisschen – in positiver Richtung ausgelenkt ist und sich auch in diese Richtung bewegt (vgl. Freikörperbild „Gleiten" rechts). Die Anfangsbedingungen (ABs) für diese Bewegungsphase lauten $x(t_\mathrm{H}) = \dot{x}(t_\mathrm{H}) = 0$. Da jedoch ABs bzgl. $t = 0$ i. Allg. angenehmer zu behandeln sind, wird gedanklich die Zeitmessung bei $t = t_\mathrm{H}$ neu gestartet. Es ist dann

$$x(0) = \dot{x}(0) = 0 \quad \text{und} \quad x_\mathrm{F}(0) = x_{\mathrm{F},0} = v_0 t_\mathrm{H}.$$

Es muss berücksichtigt werden, dass die „effektive Längenänderung" der Feder nun $x_\mathrm{F} - x$ ist. Mit der Koordinatengleichung in x-Richtung

$$\rightarrow x : m\ddot{x} = c(x_F - x) - \underbrace{R}_{} $$
$$= \mu N = \mu mg$$

und dem Federweg

$$x_F = x_{F,0} + v_0 t$$

lässt sich die Bewegungsgleichung für den Klotz wie folgt formulieren:

$$\ddot{x} + \omega_0^2 x = \underbrace{\frac{c x_{F,0}}{m} - \mu g}_{= k_1} + \underbrace{\frac{c v_0}{m}}_{= k_2 > 0} t \quad \text{mit} \quad \omega_0^2 = \frac{c}{m} ;$$

ω_0 ist die sog. Eigenkreisfrequenz des Feder-Punktmasse-Systems (mehr dazu in Kap. 5), k_1 und k_2 sind rein der Übersichtlichkeit halber eingeführte Konstanten. Zum Vorzeichen von k_1: Die Start-Längenänderung $x_{F,0}$ der Feder ergibt sich gerade, wenn die Haftkraft ihr Maximum erreicht. Dann gilt folglich „Federkraft = max. Haftkraft", d. h.

$$c x_{F,0} = H_{max} = \mu_0 N = \mu_0 mg.$$

Damit berechnet sich die Konstante k_1 zu

$$k_1 = \frac{c \frac{\mu_0 mg}{c}}{m} - \mu g = (\mu_0 - \mu)g > 0,$$

da der Haftbeiwert μ_0 etwas größer ist als der Reibbeiwert μ.

Hier versagt nun leider die Anwendung der „Abschn. 1.1.2-Tabelle", da die Beschleunigung $\ddot{x} = k_1 + k_2 t - \omega_0^2 x$ vom Ort x und der Zeit t abhängt. Jedoch lässt sich diese inhomogene lineare Differenzialgleichung (DGL) 2. Ordnung ziemlich einfach mit dem Superpositionsprinzip lösen. Die homogenisierte DGL $\ddot{x}_h + \omega_0^2 x_h = 0$ ist in diesem Fall eine sog. Schwingungsdifferenzialgleichung, deren allgemeine Lösung

$$x_h = A \cos \omega_0 t + B \sin \omega_0 t , \quad \text{mit} \quad A, B \text{ beliebig,}$$

ist; die „Herleitung" kann in Kap. 5 nachgelesen werden. Der Störterm $k_1 + k_2 t$ ist linear, und man sieht „sofort", dass die Funktion

$$x_p = \frac{1}{\omega_0^2} (k_1 + k_2 t)$$

der zu lösenden DGL genügt (partikuläre Lösung). Damit ergibt sich als allgemeine Lösung der inhomogenen DGL

$$x = x_h + x_p = A \cos \omega_0 t + B \sin \omega_0 t + \frac{1}{\omega_0^2} (k_1 + k_2 t) .$$

Einarbeitung der ABs:

$$x(0) = 0 : 0 = A + \frac{k_1}{\omega_0^2} ; \; A = -\frac{k_1}{\omega_0^2}$$

$$\text{Geschwindigkeit}: \quad \dot{x} = -A\omega_0 \sin \omega_0 t + B\omega_0 \cos \omega_0 t + \frac{k_2}{\omega_0^2}$$

$$\dot{x}(0) = 0 : 0 = B\omega_0 + \frac{k_2}{\omega_0^2}; \; B = -\frac{k_2}{\omega_0^3}$$

Die für diese Fragestellung spezifische, d. h. partikuläre Lösung der inhomogenen DGL lautet demnach:

$$x = \frac{1}{\omega_0^2}(k_1 + k_2 t) - \frac{k_1}{\omega_0^2}\cos \omega_0 t - \frac{k_2}{\omega_0^3}\sin \omega_0 t. \tag{2.12}$$

Jedoch währt der Zustand des Gleitens nicht beliebig lange. Der Klotz holt schließlich auf, die Federkraft nimmt dadurch ab, und die Reibkraft bremst, bis der Klotz irgendwann liegen bleibt, d. h. die Geschwindigkeit Null wird. Mit diesem Zeitpunkt $t = t_G$ („Gleitzeit") startet praktisch erneut Phase 1 – natürlich in Bezug auf eine neue statische Ruhelage RL. Zur Ermittlung von t_G muss man die „zweite" Nullstelle von $\dot{x} = \dot{x}(t)$ berechnen, denn es sei eben $\dot{x}(t_G) = 0$.

$$\dot{x} = \frac{1}{\omega_0^2}(k_2 + k_1\omega_0 \sin \omega_0 t - k_2 \cos \omega_0 t)$$

Damit ergibt sich als Ansatz:

$$k_2 + k_1\omega_0 \sin \omega_0 t - k_2 \cos \omega_0 t = 0 \quad \text{bzw.} \quad k_2 \cos \omega_0 t - k_1\omega_0 \sin \omega_0 t = k_2.$$

Mit der „Hilfswinkelmethode" lässt sich die linke Seite umformen:

$$k_2 \cos \omega_0 t - k_1\omega_0 \sin \omega_0 t$$

$$= \sqrt{k_2^2 + (k_1\omega_0)^2}\left[\underbrace{\frac{k_2}{\sqrt{k_2^2 + (k_1\omega_0)^2}}}_{=\cos\varphi^* > 0}\cos \omega_0 t - \underbrace{\frac{k_1\omega_0}{\sqrt{k_2^2 + (k_1\omega_0)^2}}}_{=\sin\varphi^* > 0}\sin \omega_0 t\right],$$

mit

$$\tan \varphi^* = \frac{\sin \varphi^*}{\cos \varphi^*} = \frac{k_1}{k_2}\omega_0 > 0 \quad \text{bzw.} \quad \varphi^* = \arctan\left(\frac{k_1}{k_2}\omega_0\right) \in \left]0; \frac{\pi}{2}\right[.$$

D.h. man klammert die Wurzel der Koeffizientenquadratsumme aus und interpretiert die „neuen Koeffizienten" als $\sin \varphi^*$ bzw. $\cos \varphi^*$ eines „Hilfswinkels" φ^*. Diese Operation ist äquivalent, da für jenen Winkel φ^* eben $\cos \varphi^* > 0$ und $\sin \varphi^* > 0$ gilt sowie zudem der fundamentale Zusammenhang $\cos^2 \varphi^* + \sin^2 \varphi^* = 1$ erfüllt ist. Es ergibt sich damit mit dem entsprechenden Additionstheorem [4]:

$$k_2 \cos \omega_0 t - k_1\omega_0 \sin \omega_0 t = \sqrt{k_2^2 + (k_1\omega_0)^2}\,\cos(\omega_0 t + \varphi^*).$$

Unter Berücksichtigung der 2π-Periodizität der cos-Funktion, berechnen sich die Null-stellen von $\dot{x} = \dot{x}(t)$ über

$$\sqrt{k_2^2 + (k_1\omega_0)^2} \, \cos(\omega_0 t + \varphi^* \pm 2i\pi) = k_2, \ i \in \mathbb{N}.$$

Nach t aufgelöst:

$$t = \frac{1}{\omega_0} \left(\arccos \frac{k_2}{\sqrt{k_2^2 + (k_1\omega_0)^2}} - \varphi^* \mp 2i\pi \right).$$

Nach [6] lässt sich φ^* auch wie folgt schreiben:

$$\varphi^* = \arctan\left(\frac{k_1}{k_2}\omega_0\right) = \arccos \frac{1}{\sqrt{1 + \left(\frac{k_1}{k_2}\omega_0\right)^2}} = \arccos \frac{k_2}{\sqrt{k_2^2 + (k_1\omega_0)^2}}.$$

Die Nullstellen der Geschwindigkeit vereinfachen sich damit:

$$t = \frac{1}{\omega_0} \left(\genfrac{}{}{0pt}{}{(-)}{+} 2i\pi \right) \geq 0.$$

Für die Gleitzeit t_G („zweite" Nullstelle, d. h. $i = 1$) gilt demnach

$$t_G = \frac{2\pi}{\omega_0}.$$

Dieses ist die Schwingungsdauer T des Feder-Masse-Pendels (vgl. Kap. 5). Der ehrgei-zige Leser könnte nun – z. B. mit MATLAB – die Funktion $x = x(t)$ und damit den Ort des Klotzes für die Haft- und Gleitphase graphisch darstellen, also für $0 \leq t \leq t_H + t_G$. ◄

Bei der Bewegung von Festkörpern in einem Fluid (Gas, Flüssigkeit) ist zwischen der Wider-standskraft F_R bei laminarer und F_D bei turbulenter Umströmung zu unterscheiden. Im lami-naren Fall, d. h. bei relativ geringer Geschwindigkeit, entsteht die Widerstandskraft durch Reibung zwischen Körperoberfläche und Fluid; es gilt dann ein lineares Kraftgesetz:

$$F_R = k_1 v \quad \text{mit} \quad k_1 = konst > 0. \tag{2.13}$$

Man spricht auch von „viskoser Reibung"; die Widerstandskraft ist dabei proportional zur Bahngeschwindigkeit. Sind jedoch die Geschwindigkeiten größer, so reißen i. Allg. die Fluidschichten bei der Umströmung ab und es bilden sich Wirbel (Konsequenz kleinster Störungen). Infolge einer daraus resultierenden Differenz des sog. dynamischen Drucks bzw. Staudrucks entsteht eine zusätzliche Widerstandskraft:

$$F_D = k_2 v^2 \quad \text{mit} \quad k_2 = konst > 0. \tag{2.14}$$

Diese „Druckwiderstandskraft" ist proportional zum Quadrat der Bahngeschwindigkeit. Eine turbulente Strömung ist zu erwarten, wenn

$$Re = \frac{\rho v l}{\eta}, \tag{2.15}$$

die REYNOLDS-Zahl (ρ, η: Massendichte und – dynamische – Viskosität des Fluids; v: charakteristische Geschwindigkeit; l: charakteristische Körperabmessung) einen gewissen kritischen Wert Re_{krit} überschreitet. Mehr dazu findet man bspw. in [3] oder [5].

In der Praxis treten beide Effekte meistens überlagert auf. Daher werden häufig die „Widerstandsformeln" (2.13) und (2.14) in einem quadratischen Kraftgesetz vereinigt. Dieses lautet dann:

$$F_W = \frac{1}{2} c_W A_\perp v^2. \tag{2.16}$$

Hierbei sind $A_\perp$ der Flächeninhalt der Orthogonalprojektion des Körpers in eine Ebene senkrecht zur Strömungsrichtung und c_W der von der Körpergeometrie abhängige Widerstandsbeiwert (experimentelle Bestimmung).

Beispiel 2.5: Der „freie" Fall mit Luftwiderstand

In hinreichender Nähe zur Erde, d. h. die Erdbeschleunigung ist konstant g, wird ein punktförmiger Körper der Masse m zum Zeitpunkt $t = 0$ aus dem Ruhezustand losgelassen. Zu berechnen ist die Fallgeschwindigkeit v als Funktion der Zeit; eine ausreichende Starthöhe sei vorausgesetzt.

Freikörperbild: Da der Körper nach unten fallen wird, orientiert man die pos. z-Richtung dementsprechend ($\vec{e}_z \downarrow$). Die Orientierung der Widerstandskraft ist der Geschwindigkeitsrichtung entgegengesetzt, also gilt:

$$\vec{F}_W = -k v^2 \vec{e}_{v,rel} \quad \text{wobei} \quad \vec{e}_{v,rel} = \lceil v_{\text{Luft}} = 0 \rfloor = \vec{e}_v = \vec{e}_z;$$

hierbei ist $\vec{e}_v$ der Einheitsvektor des Geschwindigkeitsvektors: $\vec{e}_v = \frac{1}{v}\vec{v}$. Für die Modellierung der „gebremsten Fallbewegung" wird eine Luftwiderstandskraft entsprechend (2.16) zugrunde gelegt (Abk. $k = \frac{1}{2}\rho A_\perp$).

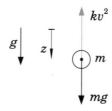

Im Freikörperbild werden Kraftvektoren stets durch Pfeile symbolisiert; diese geben bereits Richtung und Orientierung an. Wie in der Einführung auf S. XIf. erklärt, sind die Pfeile daher nur noch mit dem entsprechenden Betrag gekennzeichnet. Die Kräftegleichung in z-Richtung lautet:

$$\downarrow z : m\ddot{z} = mg - kv^2,$$

und mit $v = \dot{z}$ ergibt sich die Bewegungsgleichung (in üblicher Form) zu

$$\ddot{z} + \frac{k}{m}\dot{z}^2 = g.$$

Man könnte diese DGL 2. Ordnung mit $v = \dot{z}$, und damit $\ddot{z} = \dot{v}$, in eine DGL 1. Ordnung für die Geschwindigkeit $v = v(t)$ transformieren und sie dann wegen $\dot{v} = \frac{dv}{dt}$ durch Integration nach Separation der Variablen lösen. Eine weitere Lösungsmöglichkeit besteht darin, die Bewegungsgleichung wie folgt zu interpretieren:

$$\ddot{z} = \underbrace{g - \frac{k}{m}\dot{z}^2}_{= a(v)}.$$

Diese Gleichung stellt nämlich die Beschleunigung $a = \ddot{z}$ während der geradlinigen Bewegung als Funktion der Geschwindigkeit $v = \dot{z}$ dar; mit der Umrechnungstabelle im Abschn. 1.1.2 folgt sodann:

$$t(v) = \underbrace{t_0}_{= 0} + \int_0^v \frac{d\bar{v}}{a(\bar{v})} = \int_0^v \frac{d\bar{v}}{g - \frac{k}{m}\bar{v}^2}$$

$$= \frac{1}{g} \int_0^v \frac{d\bar{v}}{1 - \frac{\bar{v}^2}{\kappa^2}} = \frac{\kappa^2}{g} \int_0^v \frac{d\bar{v}}{\kappa^2 - \bar{v}^2} = \quad \text{mit} \quad \kappa^2 = \frac{mg}{k}.$$

Bei der Auswertung dieses Integral muss nach [4], Integral Nr. (46), eine Fallunterscheidung erfolgen: Für die Beschleunigung gilt

$$\ddot{z} = g\left[1 - \left(\frac{\dot{z}}{\kappa}\right)^2\right];$$

da aus dem Ruhezustand beschleunigt wird, ist $\ddot{z} > 0$ und somit muss $\frac{\dot{z}}{\kappa} < 1$ bzw. $v = \dot{z} < \kappa$ sein. Für obiges Integral und damit die Funktion $t = t(v)$ ergibt sich folglich:

$$t(v) = \frac{\kappa^2}{g}\frac{1}{\kappa}\left[\text{artanh}\frac{\bar{v}}{\kappa}\right]_0^v = \frac{\kappa}{g}\text{artanh}\frac{v}{\kappa}.$$

Deren Umkehrfunktion ist schließlich der hyperbolische Tangens:

$$v = \kappa \tanh \frac{g}{\kappa} t \quad \text{mit} \quad \kappa = {}^{+}_{(-)}\sqrt{\frac{mg}{k}}.$$

Da $\frac{g}{\kappa} > 0$, ist $\lim\limits_{t \to \infty} \left(\tanh \frac{g}{\kappa} t\right) = 1$. D.h. die Fallgeschwindigkeit erreicht nach hinreichend langer Zeit die Grenzgeschwindigkeit

$$v_\infty = \lim_{t \to \infty} v(t) = \kappa = \sqrt{\frac{mg}{k}}.$$

v_∞ hätte man auch direkt aus der Bewegungsgleichung ablesen können: Die Grenzgeschwindigkeit ist nämlich genau dann erreicht, wenn die Beschleunigung, resultierend aus konstanter Gewichtskraft und – zunehmender – Widerstandskraft, Null wird, d. h. $\dot{z} = v_\infty$ für $\ddot{z} = 0$:

$$\overset{=0}{\cancel{\ddot{z}}} + \frac{k}{m} v_\infty^2 = g.$$

Bei einem „klassischen" freien Fall, d. h. der Luftwiderstand sei vernachlässigbar, liefert die Bewegungsgleichung $\ddot{z} = g$ durch Integration $v = gt$. Die Fallgeschwindigkeit könnte dann beliebig groß werden. ◄

2.3   Arbeitssatz und konservative Kräfte

Die Dynamische Grundgleichung (2.8) als fundamentale Gleichung für konstante Massen kann wie folgt skalar mit eine infinitesimal kleinen Ortsvektoränderung $d\vec{r}$ multipliziert werden:

$$m\vec{a}\,d\vec{r} = \vec{F}_{\text{res}} d\vec{r} = (\vec{F}_{\text{ein}} + \vec{Z})d\vec{r},$$

und wegen Beschleunigungsvektor $\vec{a} = \dot{\vec{v}} = \frac{d\vec{v}}{dt}$ sowie $\frac{d\vec{r}}{dt} = \vec{v}$ ergibt sich

$$m\vec{v}\,d\vec{v} = \vec{F}_{\text{ein}} d\vec{r} + \underbrace{\vec{Z} d\vec{r}}_{=\vec{0}};$$

der letzte Term verschwindet, da stets $\vec{Z} \perp d\vec{r}$ gilt (Zangskräfte wirken immer senkrecht zur Bahn). Diese Gleichung wird nun integriert:

$$m \int_{\vec{v}_0}^{\vec{v}_1} \vec{v}\,d\vec{v} = \int_{\vec{r}_0}^{\vec{r}_1} \vec{F}_{\text{ein}} d\vec{r}.$$

Hierin sind $\vec{r}_0$ der Ortsvektor eines (beliebigen) Bezugs- bzw. Startpunktes, an diesem Ort hat der Massenpunkt die Geschwindigkeit $\vec{v}_0$, und $\vec{r}_1$ der Ortsvektor eines weiteren Punktes (Geschwindigkeit $\vec{v}_1$) auf der Bahnkurve. Mit $\vec{v}d\vec{v} = d\left(\frac{1}{2}\vec{v}^2\right) = d\left(\frac{1}{2}v^2\right)$ und der Substitution $u = \frac{1}{2}v^2$ ($du = d\left(\frac{1}{2}v^2\right)$) erhält man für das linke Integral der obigen Gleichung:

$$\int \vec{v}\, d\vec{v} = \int du = u + C = \frac{1}{2}v^2 + C \quad \text{mit} \quad C \text{ beliebig.}$$

Und damit ergibt sich:

$$\int\limits_{v_0}^{v_1} \vec{v}\, d\vec{v} = \left[\frac{1}{2}v^2\right]_{v_0}^{v_1},$$

also

$$\frac{1}{2}mv_1^2 - \frac{1}{2}mv_0^2 = \int\limits_{\vec{r}_0}^{\vec{r}_1} \vec{F}_{\text{ein}} d\vec{r}.$$

Dieses Integral heißt Arbeitsintegral:

$$W_{01} = \int\limits_{\vec{r}_0}^{\vec{r}_1} \vec{F}_{\text{ein}} d\vec{r}. \tag{2.17}$$

Es gibt, in der Einheit $[W_{01}] = 1\text{Nm} = 1\text{J}$ (JOULE), die von der resultierenden eingeprägten Kraft auf dem Weg von $\vec{r}_0$ bis $\vec{r}_1$ verrichtete (physikalische) Arbeit an. Zudem wird der von der Bahngeschwindigkeit v abhängige Term $\frac{1}{2}mv^2$ als *kinetische Energie* (Bewegungsenergie) E_{k} bezeichnet ($[E_{\text{k}}] = 1\text{J}$).

$$E_{\text{k}} = \frac{1}{2}mv^2 \tag{2.18}$$

Damit lässt sich der Arbeitssatz also wie folgt formulieren:

$$E_{\text{k}1} - E_{\text{k}0} = W_{01}. \tag{2.19}$$

⬛ ⓘ

Die physikalische Arbeit, die eine – resultierende – eingeprägte Kraft an einer Punktmasse längs zweier Bahnpunkte verrichtet, ist gleich der Änderung der kinetischen Energie der Masse.

✍

Der Arbeitssatz (2.19) wird aus der Dynamischen Grundgleichung (vektoriell, drei skalare Gleichungen) durch skalare Multiplikation hergeleitet. Es ergibt sich sodann nur noch eine skalare Gleichung, deren Aussagekraft schließlich „schwächer" ist, als jene der Dynamischen Grundgleichung. Bei Systemen mit einem Freiheitsgrad ist diese Konsequenz jedoch nicht gegeben, beide Gleichungen sind in diesem Fall gleichwertig.

Da der Arbeitssatz keine „Zeitinformation" beinhaltet, erweist sich dieser zur Lösung sog. „zeitfreier Fragestellungen" i. Allg. als besonders anwenderfreundlich. D. h. immer dann, wenn Ort respektive Weg und die korrespondierenden Geschwindigkeiten in Zusammenhang gebracht werden, sollte man an (2.19) denken bzw. diese Lösungsvariante ernsthaft in Betracht ziehen. Hierbei ist es gut, wenn man $\vec{F}_{\text{ein}}$ als Funktion des Ortes $\vec{r}$ kennt.

Beispiel 2.6: Abrutschvorgang auf rauer schiefer Ebene

Ein punktförmiger Klotz (Masse m) hat am Ort x_1 einer schiefen Ebene mit Neigungswinkel α die Geschwindigkeit v_1. Zu berechnen ist die Geschwindigkeit v_2 des Klotzes nach der Wegstrecke Δx, wenn der Reibbeiwert der Materialkombination Unterlage/Ebene-Klotz μ ist.

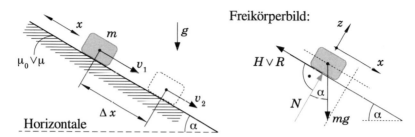

Ein paar Vorüberlegungen Es handelt sich hierbei um eine geradlinige Bewegung (parallel zur schiefen Ebene). Daher wird zweckmäßiger Weise mit einem „gedrehten" kartesischen Koordinatensystem gearbeitet; die x-Achse sei identisch mit der geradlinigen Bahn.

Bevor v_2 berechnet wird, soll erst geklärt werden, wann eine Gleitbewegung (d. h. Rutschen) eigentlich einsetzt. Dazu wird das Freikörperbild betrachtet, wobei man davon ausgeht, dass die Haftkraft H den Klotz im statischen Gleichgewicht hält, d. h. H gerade die „Hangabtriebskraft" F_H kompensiert; unter F_H versteht man die Komponente der Gewichtskraft parallel zur schiefen Ebene. Die Kräftegleichung in x-Richtung lautet:

$$\searrow x : m\overset{=0}{\ddot{x}} = mg\sin\alpha - H \quad \text{bzw.} \quad H = mg\sin\alpha.$$

Setzt man H in die sog. „Haftungsbedingung" (2.11) ein, so liefert diese $mg\sin\alpha \leq \mu_0 N$. Weiterhin folgt die Normalkraft N aus der Kräftegleichung orthogonal zur schiefen Ebene:

$$\nearrow z : m\overset{=0}{\ddot{z}} = N - mg\cos\alpha, \quad \text{also} \quad N = mg\cos\alpha.$$

Folglich haftet der Klotz auf der schiefen Ebene, wenn $\sin\alpha \leq \mu_0\cos\alpha$ bzw. $\tan\alpha \leq \mu_0$ erfüllt ist. Umkehrschluss: Rutschen setzt bei Überschreitung eines Grenzwinkels α_G ein, da (2.11) nicht erfüllt ist für

$$\tan\alpha > \tan\alpha_G = \mu_0.$$

Natürlich kann diese Ungleichung auch auf den Haftbeiwert μ_0 bezogen werden. Der Körper/Klotz haftet demnach nicht, wenn μ_0 klein genug ist; es sei hier ein bestimmter Neigungswinkel α vorausgesetzt. Haftung kann natürlich auch durch eine kurzzeitige zusätzliche Kraft (Stoß) in Hangrichtung überwunden werden.

Berechnung der (End-)Geschwindigkeit v_2 Für diese Betrachtung ist nun vorgegeben, dass der Körper rutscht. Hierbei gibt es keine Einschränkung für den Neigungswinkel, die Reibkraft kann größer, kleiner oder gleich der Hangabtriebskraft sein.

Es liegt eine klassische „zeitfreie Fragestellung" vor, da lediglich die Geschwindigkeit an einem bestimmten Ort gesucht ist; wie der Vorgang zeitlich abläuft bzw. wie lange die Bewegung von x_1 nach x_2 dauert, ist nicht Gegenstand der Betrachtung.

Die Normalkraft N ist die Zwangskraft der geführten Bewegung und spielt daher im Arbeitssatz keine (primäre) Rolle; indirekt ist sie im Zusammenhang mit der COULOMBschen Reibung aber schon von Bedeutung. Für die resultierende eingeprägte Kraft aus Gewichtskraft mg und Reibkraft $R = \mu N$ gilt:

$$\vec{F}_{\text{ein}} = \vec{G} + \vec{R} = \underbrace{mg\sin\alpha\vec{e}_x - mg\cos\alpha\vec{e}_z}_{=\,\vec{G}}\ \underbrace{-\mu N\vec{e}_x}_{=\,\vec{R}}\ .$$

Für die Berechnung der Arbeit W_{12}, die Indizierung sei hier gemäß Skizze entsprechend „Startpunkt" 1 und „Endpunkt" 2, nach (2.17) ist die eingeprägte Kraft vektoriell zu formulieren. Das Ortsvektordifferenzial $\mathrm{d}\vec{r}$ berechnet sich infolge der Bewegung in x-Richtung zu

$$\mathrm{d}\vec{r} = \mathrm{d}x\vec{e}_x.$$

Damit ergibt sich für die Arbeit von Ort 1 nach 2:

$$W_{12} = \int_{\vec{r}_1}^{\vec{r}_2} \vec{F}_{\text{ein}}\mathrm{d}\vec{r} = \int_{x_1}^{x_2} \left[(mg\sin\alpha - \mu N)\,\vec{e}_x - mg\cos\alpha\vec{e}_z\right]\mathrm{d}x\vec{e}_x$$

$$= \int_{x_1}^{x_2} \left[(mg\sin\alpha - \mu N)\,\underbrace{\vec{e}_x\vec{e}_x}_{=\,1} - mg\cos\alpha\,\underbrace{\vec{e}_z\vec{e}_x}_{=\,0}\right]\mathrm{d}x$$

$$= \int_{x_1}^{x_2} \left(mg\sin\alpha - \mu\,\underbrace{mg\cos\alpha}_{=\,N}\right)\mathrm{d}x = mg\,(\sin\alpha - \mu\cos\alpha)\int_{x_1}^{x_2}\mathrm{d}x,$$

also

$$W_{12} = mg\,(\sin\alpha - \mu\cos\alpha)\,\Big(\underbrace{x_2 - x_1}_{=\,\Delta x}\Big).$$

Der Arbeitssatz (2.19) lautet somit

$$E_{\text{k2}} - E_{\text{k1}} = W_{12}$$

$$\frac{1}{2}mv_2^2 - \frac{1}{2}mv_1^2 = mg\,(\sin\alpha - \mu\cos\alpha)\,\Delta x.$$

Letzter Schritt ist schließlich das Auflösen dieser Gleichung nach v_2:

$$v_2 = {}^+_{(-)}\sqrt{v_1^2 + 2g\,(\sin\alpha - \mu\cos\alpha)\,\Delta x}.$$

Diskussion des Ergebnisses:

- $\sin\alpha - \mu\cos\alpha > 0$ bzw. $\tan\alpha > \mu$: Die Neigung ist ausreichend groß, der Klotz wird beschleunigt, er wird schneller ($v_2 > v_1$).
- $\sin\alpha - \mu\cos\alpha = 0$ bzw. $\tan\alpha = \mu$: In diesem Fall ist die Reibkraft gleich der Hangabtriebskraft und somit deren Resultierende Null; die Geschwindigkeit ändert sich folglich nicht, es ist $v_2 = v_1$.
- $\sin\alpha - \mu\cos\alpha < 0$ bzw. $\tan\alpha < \mu$: Nun dominiert die Reibkraft den Bewegungsvorgang, und der Körper wird abgebremst ($v_2 < v_1$).

Im letzten Fall bleibt der Klotz nach einer bestimmten Wegstrecke Δx_B liegen. Dieser Bremsweg berechnet sich mittels der Bedingung $v_2 = 0$:

$$v_1^2 + 2\,g\,(\sin\alpha - \mu\cos\alpha)\,\Delta x_B = 0.$$

Aufgelöst nach dem Bremsweg:

$$\Delta x_B = \frac{-v_1^2}{2\,g\,(\sin\alpha - \mu\cos\alpha)} = \frac{v_1^2}{2g\,(\mu\cos\alpha - \sin\alpha)}.$$

Ergänzung: Alternative Lösungsmethoden Zum Vergleich ist im Folgenden die Berechnung der „Endgeschwindigkeit" v_2 rein auf Basis der Dynamischen Grundgleichung skizziert.

$$x : \quad m\ddot{x} = mg\sin\alpha - R \quad \text{mit} \quad R = \mu N = \mu mg\cos\alpha$$

Es ergibt sich also für die Beschleunigung in x-Richtung:

$$\ddot{x} = (\sin\alpha - \mu\cos\alpha)g.$$

Diese hat eine angenehme Eigenschaft: $\ddot{x} = konst$. Kürzt man die konstante Beschleunigung mit a_0 ab, lässt sich direkt das Geschwindigkeits-Zeit- und Orts-Zeit-Gesetz wie folgt angeben, vgl. (1.9) und (1.10):

$$v(t) = v_1 + a_0 t$$

$$x(t) = x_1 + v_1 t + \frac{1}{2}a_0 t^2.$$

Die Anfangsbedingungen lauten hier schließlich: $t_0 = 0$, $v(t_0) = v_1$ und $x(t_0) = x_1$; erstere bedeutet, dass die Zeitmessung gestartet wird, wenn sich der Klotz am Ort x_1 befindet. Es lässt sich nun zunächst die Zeit Δt berechnen, die der Körper von 1 nach 2 benötigt: $x(\Delta t) = x_2$; dieses ist eine quadratische Gleichung für Δt. Die Geschwindigkeit v_2 ergibt sich zu $v_2 = v(\Delta t)$.

Man könnte auch ein neues Koordinatensystem definieren: $\vec{e}_{\tilde{x}} = \vec{e}_x$ mit $\tilde{x} = 0$ bei $x = x_1$, d. h. $\tilde{x}$-Nullpunkt ist der Ort x_1. Die Anfangsbedingungen wären dann mit $t_0 = 0$: $v(t_0) = v_1$ und $\tilde{x}(t_0) = 0$.

$$v(t) = v_1 + a_0 t$$

$$\tilde{x}(t) = v_1 t + \frac{1}{2} a_0 t^2, \quad \text{wobei} \quad \tilde{x}(\Delta t) = \Delta x$$

Eine weitere Möglichkeit bietet die „zeitunabhängige Bewegungsgleichung" (1.11). Es ist hier $v = v_2$ bei $x = x_2$ und $v_0 = v_1$ sowie $x_0 = x_1$:

$$v_2^2 - v_1^2 = 2a_0(x_2 - x_1).$$

Diese Gleichung ist praktisch identisch mit dem Ergebnis aus dem Arbeitssatz. Sie lässt sich jedoch nur anwenden weil $\ddot{x} = a_0 = konst.$ ◄

Ergänzungen   Betrachtet man die längs eines infinitesimal kleinen Weges $\mathrm{d}\vec{r}$ verrichtete Arbeit

$$\mathrm{d}W = \vec{F}_{\mathrm{ein}} \mathrm{d}\vec{r}$$

(Arbeitsdifferenzial) und bezieht diese auf das entsprechende Zeitintervall $\mathrm{d}t$, ergibt sich die sog. momentane Leistung P:

$$P = \frac{\mathrm{d}W}{\mathrm{d}t}; \tag{2.20}$$

deren Einheit ist das WATT: $[P] = 1\frac{\mathrm{J}}{\mathrm{s}} = 1\mathrm{W}$. Für die Leistung einer eingeprägten Kraft folgt wegen $\frac{\mathrm{d}\vec{r}}{\mathrm{d}t} = \vec{v}$:

$$P_{\mathrm{F}} = \vec{F}_{\mathrm{ein}} \vec{v}. \tag{2.21}$$

Bei Rotation eines Punktes um einem raumfesten Bezugspunkt O gilt für dessen Geschwindigkeit nach Gleichung (1.38): $\vec{v} = \vec{\omega} \times \vec{r}^{\,(\mathrm{O})}$. Damit ergibt sich für die Leistung unter Berücksichtigung der zyklischen Vertauschbarkeit der Vektoren beim Spatprodukt:

$$P = \left(\vec{\omega} \times \vec{r}^{\,(\mathrm{O})}\right) \vec{F}_{\mathrm{ein}} = \left(\vec{r}^{\,(\mathrm{O})} \times \vec{F}_{\mathrm{ein}}\right) \vec{\omega}.$$

Mit dem Kraft-/Drehmoment $\vec{M}^{(\mathrm{O})} = \vec{r}^{\,(\mathrm{O})} \times \vec{F}_{\mathrm{ein}}$, meistens kurz Moment genannt, der eingeprägen Kraft lässt sich die Leistung wie folgt schreiben:

$$P_{\mathrm{M}} = \vec{M}^{(\mathrm{O})} \vec{\omega}. \tag{2.22}$$

In bspw. einer Maschine wird dem Getriebe (vgl. Fahrzeug) durch einen Motor Leistung P_{zu} zugeführt. Infolge von u. a. Reibung geht kinetische Energie „verloren" (d. h. E_{k} wird umgewandelt, z. B. in Wärme), und es kann nur ein Teil von P_{zu} tatsächlich genutzt werden. Das

Verhältnis aus nutzbarer Leistung P_Nutz und zugeführter Leistung P_zu heißt Wirkungsgrad:

$$\eta = \frac{P_\text{Nutz}}{P_\text{zu}} < 1. \tag{2.23}$$

Sonderfall: Konservative Kraftfelder Wird einem beliebigen Vektor eindeutig durch eine mathematische Gleichung ein Vektor zugeordnet, so liegt eine vektorwertige Funktion vor; man nennt diese ein Vektorfeld. Ein Beispiel hierfür ist ein sog. Kraftfeld.

$$\vec{r} \mapsto \vec{F} = \vec{F}(\vec{r})$$

Die Kraft $\vec{F}$ (z. B. Gravitationskraft) ist eine stetige Funktion des Ortsvektors $\vec{r}$. Es gibt nun Kraftfelder mit einer ganz besonderen Eigenschaft (Abb. 2.2):

ⓘ

Bei einem *konservativen Kraftfeld* ist das Arbeitsintegral zwar abhängig von Start- und Endpunkt, nicht aber vom Wegverlauf, d.h. der Bahnkurve zwischen diesen Punkten. ⬩

Ein Massenpunkt m bewege sich von Ort $\vec{r}_1$ nach $\vec{r}_2$, wobei auf diesen eine konservative (eingeprägte) Kraft $\vec{F}$ wirkt. Es gilt dann:

$$W_{12} = \int\limits_{(C_1:\vec{r}_1 \rightsquigarrow \vec{r}_2)} \vec{F}\,d\vec{r} = \int\limits_{(C_2:\vec{r}_1 \rightsquigarrow \vec{r}_2)} \vec{F}\,d\vec{r}.$$

Wegen

$$\int\limits_{(C_2:\vec{r}_1 \rightsquigarrow \vec{r}_2)} \vec{F}\,d\vec{r} = -\int\limits_{(C_2:\vec{r}_2 \rightsquigarrow \vec{r}_1)} \vec{F}\,d\vec{r}$$

lässt sich folgern:

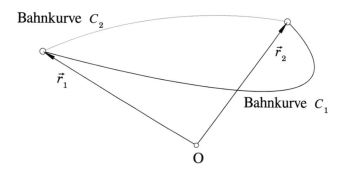

Abb. 2.2 Zur Wegunabhängigkeit des Arbeitsintegrals nach (2.17)

$$W_{121} = \int\limits_{(C_1:\,\vec{r}_1 \rightsquigarrow \vec{r}_2)} \vec{F}\,d\vec{r} \;+\; \int\limits_{(C_2:\,\vec{r}_2 \rightsquigarrow \vec{r}_1)} \vec{F}\,d\vec{r} \;=\; 0.$$

Die entlang eines (beliebigen) geschlossenen Weges verrichtete Arbeit verschwindet demnach, wenn das Kraftfeld konservativ ist.

$$\oint_{(C)} \vec{F}\,d\vec{r} = 0 \qquad\qquad (2.24)$$

Eine weitere Eigenschaft von konservativen Kraftfeldern ist, dass sich der Kraftvektor $\vec{F}$ stets als Gradient eines Skalarfeldes[5], dem Kraftpotenzial $E_p = E_p(\vec{r}\,)$, kurz Potenzial genannt, berechnen lässt.

$$\vec{F} = -\mathrm{grad}\,E_p \qquad\qquad (2.25)$$

Beweis: In kartesischen Koordinaten gilt:

$$\mathrm{grad}\,E_p = \nabla E_p = \frac{\partial E_p}{\partial x}\vec{e}_x + \frac{\partial E_p}{\partial y}\vec{e}_y + \frac{\partial E_p}{\partial z}\vec{e}_z.$$

Mit den Ortsvektordifferenzial

$$d\vec{r} = dx\,\vec{e}_x + dy\,\vec{e}_y + dz\,\vec{e}_z$$

ergibt sich für das Arbeitsintegral entlang eines geschlossenen Weges

$$\oint_{(C)} \vec{F}\,d\vec{r} = -\oint_{(C)} \left(\frac{\partial E_p}{\partial x}dx + \frac{\partial E_p}{\partial y}dy + \frac{\partial E_p}{\partial z}dz \right),$$

da $\vec{e}_i\vec{e}_i = 1$ und $\vec{e}_i\vec{e}_j = 0$ mit $i, j = x; y; z$ ist. Die runde Klammer entspricht nun dem vollständigen Differenzial dE_p, vgl. z.B. [4], des Potenzials, so dass sich die Arbeit schließlich zu

$$\oint_{(C)} \vec{F}\,d\vec{r} = -\oint_{(C)} dE_p = -\left(E_{p,\mathrm{Ziel}} - E_{p,\mathrm{Start}} \right) = 0$$

berechnet; diese ist Null, da bei einem geschlossenen Weg Ziel gleich Start ist. Ein Kraftfeld nach (2.25) erfüllt also die fundamentale Eigenschaft (2.24) und ist daher konservativ. Damit lässt sich auch das Potenzialdifferenzial angeben:

$$dE_p = -\vec{F}\,d\vec{r}. \qquad\qquad (2.26)$$

Der Vollständigkeit halber sei im Folgenden noch eine weitere Eigenschaft konservativer Kraftfelder aufgezeigt. Es wird die Rotation von $\vec{F} = \vec{F}(\vec{r}\,)$ berechnet. Mit $\vec{F} = F_x\vec{e}_x + F_y\vec{e}_y + F_z\vec{e}_z$ in kartesischen Koordinaten:

---

[5]Ein Skalarfeld ist eine Funktion, bei der einem Vektor ein Skalar zugeordnet wird.

$$\text{rot}\,\vec{F} = \nabla \times \vec{F} = \begin{vmatrix} \vec{e}_x & \vec{e}_y & \vec{e}_z \\ \frac{\partial}{\partial x} & \frac{\partial}{\partial y} & \frac{\partial}{\partial z} \\ F_x & F_y & F_z \end{vmatrix}$$

$$= (-1)^{1+1}\left(\frac{\partial F_z}{\partial y} - \frac{\partial F_y}{\partial z}\right)\vec{e}_x + (-1)^{1+2}\left(\frac{\partial F_z}{\partial x} - \frac{\partial F_x}{\partial z}\right)\vec{e}_y$$

$$+ (-1)^{1+3}\left(\frac{\partial F_y}{\partial x} - \frac{\partial F_x}{\partial y}\right)\vec{e}_z$$

$$= \left(\frac{\partial F_z}{\partial y} - \frac{\partial F_y}{\partial z}\right)\vec{e}_x + \left(\frac{\partial F_x}{\partial z} - \frac{\partial F_z}{\partial x}\right)\vec{e}_y + \left(\frac{\partial F_y}{\partial x} - \frac{\partial F_x}{\partial y}\right)\vec{e}_z.$$

Nach (2.25) gilt für ein konservatives Kraftfeld

$$\vec{F} = -\underbrace{\frac{\partial E_{\mathrm{p}}}{\partial x}}_{=\,F_x}\vec{e}_x -\underbrace{\frac{\partial E_{\mathrm{p}}}{\partial y}}_{=\,F_y}\vec{e}_y -\underbrace{\frac{\partial E_{\mathrm{p}}}{\partial z}}_{=\,F_z}\vec{e}_z.$$

Damit ergibt sich unter Anwendung des Satzes von SCHWARZ (Reihenfolge der partiellen Ableitung ist vertauschbar [4]):

$$\frac{\partial F_x}{\partial y} = -\frac{\partial}{\partial y}\left(\frac{\partial E_{\mathrm{p}}}{\partial x}\right) = -\frac{\partial}{\partial x}\left(\frac{\partial E_{\mathrm{p}}}{\partial y}\right) = \frac{\partial F_y}{\partial x},$$

$$\frac{\partial F_y}{\partial z} = -\frac{\partial}{\partial z}\left(\frac{\partial E_{\mathrm{p}}}{\partial y}\right) = -\frac{\partial}{\partial y}\left(\frac{\partial E_{\mathrm{p}}}{\partial z}\right) = \frac{\partial F_z}{\partial y},$$

$$\frac{\partial F_z}{\partial x} = -\frac{\partial}{\partial x}\left(\frac{\partial E_{\mathrm{p}}}{\partial z}\right) = -\frac{\partial}{\partial z}\left(\frac{\partial E_{\mathrm{p}}}{\partial x}\right) = \frac{\partial F_x}{\partial z}.$$

Setzt man diese Beziehungen in rot $\vec{F}$ ein, so folgt unmittelbar

$$\text{rot}\,\vec{F} = \vec{0}, \tag{2.27}$$

d. h. anschaulich, ein konservatives Kraftfeld ist wirbelfrei.

Man integriert nun Gl. (2.26) entlang einer beliebigen Kurve $\mathcal{C}$, beginnend bei einem Bezugspunkt $\vec{r}_0$ bis zu einem Punkt mit Ortsvektor $\vec{r}$:

$$\int_{E_{\mathrm{p}0}}^{E_{\mathrm{p}}} \mathrm{d}E_{\mathrm{p}}^* = -\int_{\vec{r}_0}^{\vec{r}} \vec{F}\,\mathrm{d}\vec{r}^*.$$

Hierbei sind $E_{\mathrm{p}} = E_{\mathrm{p}}(\vec{r}\,)$ und $E_{\mathrm{p}0} = E_{\mathrm{p}}(\vec{r}_0)$, letzteres also das Potenzial am Ort $\vec{r}_0$, d. h. das Bezugspotenzial. Es folgt für das Skalarfeld E_{p} somit:

$$E_{\mathrm{p}} = E_{\mathrm{p}0} - \int\limits_{\vec{r}_0}^{\vec{r}} \vec{F} \mathrm{d}\vec{r}^{\,*}.$$

Da bei Berechnung des Kraftfeldes $\vec{F} = \vec{F}(\vec{r})$ aus E_{p} nach (2.25) das Bezugspotenzial $E_{\mathrm{p}0} = konst$ infolge der partiellen Ableitungen wegfällt, kann dieses – ohne Beschränkung der Allgemeinheit – auf Null gesetzt werden: $E_{\mathrm{p}0} = 0$. Die Bestimmungsgleichung für die Potenzialfunktion lautet damit

$$E_{\mathrm{p}} = - \int\limits_{\vec{r}_0}^{\vec{r}} \vec{F} \, \mathrm{d}\vec{r}^{\,*}. \tag{2.28}$$

Damit ist also stets $E_{\mathrm{p}}(\vec{r}_0) = 0$; man nennt daher jenen def. Bezugspunkt $\vec{r}_0$ auch Potenzialnullpunkt. Das Integral in Gl. (2.28) ist die von der konservativen Kraft $\vec{F}$ auf dem Weg von $\vec{r}_0$ nach $\vec{r}$ verrichtete (negative) Arbeit. Diese kann offensichtlich am Ort $\vec{r}$ gespeichert werden (würde man dort stehen bleiben). In der Physik nennt man die Fähigkeit, Arbeit zu verrichten resp. „gespeicherte Arbeit" Energie. Daher wird das Potenzial E_{p} auch gerne als Lageenergie bzw. *potenzielle Energie* bezeichnet.

Flächen mit konstantem Potenzial $E_{\mathrm{p}} = konst$ heißen übrigens Äquipotenzialflächen. Für diese gilt somit:

$$\mathrm{d}E_{\mathrm{p}} = -\vec{F}\mathrm{d}\vec{r} = 0;$$

nachdem hier die Änderung des Potenzials in einer entsprechenden Fläche betrachtet wird, muss $\mathrm{d}\vec{r}$ tangential zu dieser sein. Und somit ist $\vec{F} \perp \mathrm{d}\vec{r}$, d. h. der Kraftvektor steht stets senkrecht auf einer Äquipotenzialfläche.

Schwerkraftpotenzial Ein Massenpunkt m bewegt sich in Erdnähe (Erdbeschleunigung $g = konst$) auf der Bahnkurve $\mathcal{C}$. Auf ihn wirkt folglich die nach unten orientierte Gewichtskraft (vektoriell: $\vec{G} = m\vec{g}$) (Abb. 2.3).

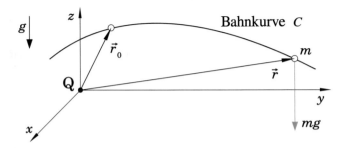

Abb. 2.3 Bewegung im homogenen Erdschwerefeld

Es ist hier die konservative Kraft $\vec{F} = \vec{G} = -mg\vec{e}_z$, und somit erhält man mit $\mathrm{d}\vec{r}^{\,*} =$ $\mathrm{d}x^*\vec{e}_x + \mathrm{d}y^*\vec{e}_y + \mathrm{d}z^*\vec{e}_z$ für das Potenzial

$$E_\mathrm{p} = -\int_{\vec{r}_0}^{\vec{r}} \vec{G}\,\mathrm{d}\vec{r}^{\,*} = +mg\int_{z_0}^{z} \mathrm{d}z^* = mg(z - z_0),$$

da $\vec{e}_x\vec{e}_z = 0$, $\vec{e}_y\vec{e}_z = 0$ und $\vec{e}_z\vec{e}_z = 1$ ist. Das Schwerkraftpotenzial hängt folglich nur von der vertikalen Postion (in Bezug auf $\vec{g}$) des Massenpunktes ab, eine Bewegung senkrecht zu $\vec{g}$ verändert E_p nicht. Häufig legt man den Koordinatenursprung Q in den Bezugspunkt („Startpunkt" der Bewegung, gen. Nullniveau NN, da $E_\mathrm{p} = 0$ bei $z = z_0$), so dass $z_0 = 0$ ist. Das Potenzial berechnet sich dann wie folgt:

$$E_\mathrm{p} = +mgz\,, \quad \text{wenn} \quad g \downarrow\uparrow z, \tag{2.29}$$

d. h. die z-Achse sei entgegengesetzt zum Vektor der Erdbeschleunigung orientiert. Dreht man dagegen die z-Achse um $180°$, dann ist $\vec{G} = +mg\vec{e}_z$ und das Vorzeichen wechselt:

$$E_\mathrm{p} = -mgz\,, \quad \text{wenn} \quad g \downarrow\downarrow z. \tag{2.30}$$

Dieser Fall zeigt sehr schön, dass das Potenzial E_p von der Wahl bzw. der Orientierung des Koordinatensystems abhängt.

Gravitationspotenzial Nach NEWTON gilt für den Betrag F_G der Anziehungskraft zweier sphärischer Massen

$$F_\mathrm{G} = \gamma\frac{m_1 m_2}{r^2}, \tag{2.31}$$

wobei $\gamma \approx 6{,}67 \cdot 10^{-11}\,\frac{\mathrm{m}^3}{\mathrm{kgs}^2}$ die sog. Gravitationskonstante und r der Mittelpunktsabstand der beiden Massen sind. Wegen „actio = reactio" wirkt diese Kraft auf beide Massen; sie ist stets zum Mittelpunkt der jeweils anderen sphärischen Masse orientiert. Es sei im Folgenden $m_1 = m_\mathrm{E}$ die Erdmasse und $m_2 = m$ eine beliebige Punktmasse („Probemasse") (Abb. 2.4).

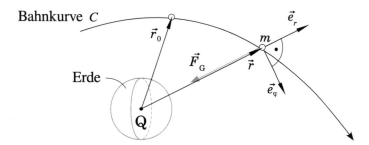

Abb. 2.4 Zentralkraftfeld der Erde, $r\varphi$-Polarkoordinaten zur Beschreibung einer ebenen Bewegung

In Polarkoordinaten gilt dann am Ort $\vec{r} = r\vec{e}_r$ in Bezug auf den Erdmittelpunkt Q:

$$\vec{F}_G = -F_G \vec{e}_r \quad \text{mit} \quad F_G = \gamma \frac{m_E m}{r^2} \quad \text{mit} \quad r = |\vec{r}|.$$

Mit $d\vec{r}^* = dr^* \vec{e}_r + r^* d\vec{e}_r$ und $d\vec{e}_r = d\varphi^* \vec{e}_\varphi$, vgl. Abschn. 1.1.3, lässt sich das Potenzial berechnen wie folgt ($\vec{e}_r \vec{e}_r = 1$, $\vec{e}_r \vec{e}_\varphi = 0$, da $\vec{e}_r \perp \vec{e}_\varphi$):

$$E_p = -\int_{\vec{r}_0}^{\vec{r}} \vec{F}_G d\vec{r}^* = \gamma m_E m \int_{r_0}^{r} \frac{dr^*}{(r^*)^2} = \gamma m_E m \left[-\frac{1}{r^*} \right]_{r_0}^{r} = \gamma m_E m \left(\frac{1}{r_0} - \frac{1}{r} \right).$$

Da $\lim_{r \to \infty} F_G = 0$ ist, also die Gravitationswirkung für sehr große Entfernungen r annähernd verschwindet, legt man das Nullniveau des Gravitationspotenzials i. Allg. ins Unendliche: $r_0 \to \infty$.

$$E_p = -\gamma \frac{m_E m}{r} \tag{2.32}$$

Mathematische Ergänzungen zum Gravitationspotenzial:

(1) Mit Hilfe von Gl. (2.25) wird geprüft, ob das Ergebnis (2.32) korrekt ist. Und dazu muss $\text{grad} E_p$ in Polarkoordinaten ausgewertet werden. Nach bspw. [4] gilt:

$$\text{grad} E_p = \frac{\partial E_p}{\partial r} \vec{e}_r + \frac{1}{r} \frac{\partial E_p}{\partial \varphi} \vec{e}_\varphi = \gamma \frac{m_E m}{r^2} \vec{e}_r + 0 \cdot \vec{e}_\varphi.$$

Folglich ist also $-\text{grad} E_p = \vec{F}_G$, was schließlich nachzuweisen war. $\qquad \square$

(2) Nun soll eine „Näherungsformel" des Gravitationspotenzials E_p für Erdnähe ermittelt werden. Man geht dazu zurück zur allgemeinen Form

$$E_p = \gamma m_E m \left(\frac{1}{r_0} - \frac{1}{r} \right).$$

Bei Beschränkung auf Erdnähe legt man das Nullniveau auf die Erdoberfläche: $r_0 = R_E$ (Erdradius). Für die Entfernung r vom Erdmittelpunkt lässt sich dann $r = R_E + z$ schreiben; hierbei ist z die kartesische Koordinate einer zur Erdoberfläche orthogonalen Achse. Damit ergibt sich:

$$E_p = \gamma m_E m \left(\frac{1}{R_E} - \frac{1}{R_E + z} \right) = \frac{\gamma m_E m}{R_E} \left(1 - \frac{1}{1 + \frac{z}{R_E}} \right).$$

Der zweite Term in der Klammer lässt sich in einer Potenzreihe entwickeln.

$$(1 + x)^{-1} = 1 - x^1 + x^2 - x^3 + x^4 - + \dots \quad [4]$$

Es ist $z \ll R_E$ (Erdnähe), und man kann nach dem linearen Glied abbrechen:

$$\frac{1}{1 + \frac{z}{R_E}} = 1 - \frac{z}{R_E} + \left(\frac{z}{R_E} \right)^2 - \left(\frac{z}{R_E} \right)^3 + \left(\frac{z}{R_E} \right)^4 - + \dots \approx 1 - \frac{z}{R_E}.$$

Diese Näherung liefert

$$E_\text{p} \approx \frac{\gamma m_\text{E} m}{R_\text{E}^2} z = m\,\gamma\,\frac{m_\text{E}}{R_\text{E}^2}\,z,$$

also eine lineare Funktion der Koordinate z. Zudem gilt für die Gravitationskraft F_G in Erdnähe wegen $r = R_\text{E} + z = R_\text{E}\left(1 + \frac{z}{R_\text{E}}\right) \approx R_\text{E}$:

$$F_\text{G} \approx \gamma\,\frac{m_\text{E} m}{R_\text{E}^2} = m\,\gamma\,\underbrace{\frac{m_\text{E}}{R_\text{E}^2}}_{} = G = m\,\underbrace{g}_{}\;.$$

In Erdnähe ist die Gravitationskraft F_G – unabhängig vom Ort – gleich der Gewichtskraft G, und die Erdbeschleunigung g berechnet sich zu

$$g = \gamma\,\frac{m_\text{E}}{R_\text{E}^2} \approx 9{,}8198\,\frac{\text{m}}{\text{s}^2},$$

also geringfügig abweichend vom bekannten Wert $9{,}81\,\frac{\text{m}}{\text{s}^2}$, dem „festgelegten geographischen Mittelwert". Bei obiger Rechnung sind die „Erd-Daten" aus [5] eingesetzt: $\gamma = 6{,}6742 \cdot 10^{-11}\,\frac{\text{Nm}^2}{\text{kg}^2}$, $m_\text{E} = 5{,}972 \cdot 10^{24}\text{kg}$, $R_\text{E} = 6{,}317 \cdot 10^6\text{m}$. Die Näherungsformel für das Gravitationspotenzial in Erdnähe lautet damit:

$$\tilde{E}_\text{p} = mgz.$$

Hierbei handelt es sich – natürlich – um das Schwerkraftpotenzial bei Koordinatenorientierung $g \downarrow \uparrow z$. (Abb. 2.5)

Federpotenzial (elastisches Potenzial) Eine Schraubenfeder wird um den Weg x aus der Ruhelage, d. h. Feder ist ungespannt/kraftlos, ausgelenkt: $x > 0$ bei Dehnung, $x < 0$ bei Stauchung (Abb. 2.6). Es entsteht sodann eine rückstellende/rücktreibende Kraft F_c. Legt man eine lineare Federcharakteristik mit der Federsteifigkeit c (auch Federkonstante genannt, $[c] = 1$ N/m) zugrunde, dann gilt für die Federkraft das HOOKEsche Gesetz

$$F_\text{c} = c|x|, \quad \text{wobei} \quad \vec{F}_\text{c} = -cx\vec{e}_x. \tag{2.33}$$

Graphische Darstellung von (2.33):

Abb. 2.5 Lineare Federkennlinie mit Potenzial $E_\text{p}(x_1)$ am Ort x_1 nach Gl. (2.34), d. h. für $x_0 = 0$

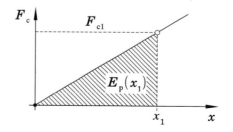

Abb. 2.6 Schraubenfeder

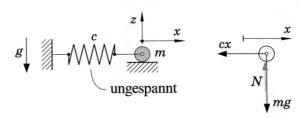

In der folgenden Betrachtung (vgl. dazu Abb. 2.6) befinde sich eine Punktmasse m am horizontalen Ort x in Bezug auf die Lage bei ungespannter Feder. Die (konservative) Federkraft ist eben $\vec{F}_c = -cx\vec{e}_x$, und mit dem Ortsvektordifferenzial $\mathrm{d}\vec{r}\,^* = \mathrm{d}x^*\vec{e}_x$ erhält man für das Potenzial

$$E_p = -\int\limits_{\vec{r}_0}^{\vec{r}} \vec{F}_c \mathrm{d}\vec{r}\,^* = +c\int\limits_{x_0}^{x} x^*\mathrm{d}x^* \underbrace{\vec{e}_x\vec{e}_x}_{=\,1} = c\int\limits_{x_0}^{x} x^*\mathrm{d}x^* = \frac{1}{2}c\left(x^2 - x_0^2\right).$$

Schließlich erzeugt die ungespannte Feder ($x = 0$) keine Kraftwirkung, so dass in diesem Fall der Potenzialnullpunkt auf $x_0 = 0$ gelegt wird.

$$E_p = \frac{1}{2}cx^2 \tag{2.34}$$

Eine analoge Überlegung lässt sich für sog. Spiralfedern (Torsionsfedern) durchführen. Die folgende Abb. 2.7 zeigt die Draufsicht für eine horizontal über einen masselosen Stab der Länge R geführten Punktmasse m.

Es sei als pos. Drehsinn der Uhrzeigersinn $\circlearrowright$ festgelegt. Bei Bewegung des Massenpunktes führt die Zwangskraft (Stabkraft S) diesen auf einer Kreisbahn mit dem Radius R. Schließlich erzeugt eine Verdrillung der Feder um die Winkelauslenkung φ – im linearen Bereich – das Rückstellmoment

$$M_c = c|\varphi|, \quad \text{wobei} \quad \vec{M}_c = -c\varphi\vec{e}_\omega. \tag{2.35}$$

Abb. 2.7 Spiralfeder

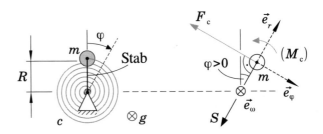

Dessen Wirkung ist eine entsprechend tangential orientierte Federkraft F_c, die sich über die „Hebelarmlänge" R aus der Beziehung

$$M_\mathrm{c} = R F_\mathrm{c}$$

berechnet, da $\vec{F}_\mathrm{c} \perp \vec{e}_r$ ist. Die Federsteifigkeit c einer linearen Spiralfeder ($[c] = 1\,\mathrm{Nm}$) heißt Richt- bzw. Direktionsmoment. In den skizzierten Polarkoordinaten (Abb. 2.7) gilt für den Vektor der rückstellenden Federkraft

$$\vec{F}_\mathrm{c} = -\frac{c\varphi}{R}\vec{e}_\varphi.$$

Mit dem Ortsvektor $\vec{r} = R\vec{e}_r$ des Massenpunktes folgt für dessen Differenzial $d\vec{r} = Rd\vec{e}_r = Rd\varphi\vec{e}_\varphi$ (vgl. Abschn. 1.1.3) und somit für das Potenzial:

$$E_\mathrm{p} = -\int_{\vec{r}_0}^{\vec{r}} \vec{F}_\mathrm{c} d\vec{r}^{\,*} = c\int_{\varphi_0}^{\varphi} \varphi^* d\varphi^* = \frac{1}{2}c\left(\varphi^2 - \varphi_0^2\right).$$

Da bei $\varphi = 0$ (d. h. Feder ungespannt) das Federmoment bzw. die Federkraft gleich Null ist, wird hier wieder der Nullpunkt des Potenzials auf diese Position gelegt: $\varphi_0 = 0$. Und somit erhält man:

$$E_\mathrm{p} = \frac{1}{2}c\varphi^2. \tag{2.36}$$

Es sei ergänzend erwähnt, dass es sich hierbei nicht zwingend um „klassische Federn" handeln muss. Viele Materialien weisen bis zu einer gewissen Belastungsgrenze eine linear-elastische Federwirkung auf. So gilt bspw. für einen sog. Zug/Druck-Stab in diesem Bereich das HOOKEsche Gesetz

$$\sigma = E\varepsilon, \tag{2.37}$$

das den Zusammenhang zwischen Normalspannung σ und Dehnung ε (rel. Längenänderung) angibt; die Proportionalitätskonstante ist der sog. Elastizitätsmodul (E-Modul). Stellt man sich nun diesen Stab (Querschnittsfläche A, unbelastete Länge L) durch eine axiale Zugkraft F_Z belastet vor, so erfährt dieser im Gleichgewichtszustand eine Längenänderung Δl.

$$\sigma = \frac{F_Z}{A} \quad \text{und} \quad \varepsilon = \frac{\Delta l}{L}$$

Es ergibt sich folglich für die Zugkraft im Gleichgewicht

$$F_Z = \frac{EA}{L}\Delta l.$$

Wegen „NEWTON 3" existiert dazu die Rückstellkraft $F_\mathrm{rück} = F_Z$. Vergleicht man $F_\mathrm{rück}$ mit (2.33) für $x = \Delta l$, so lässt sich für den Stab eine sog. Ersatzfedersteifigkeit c_ers angeben: Abb. 2.8.

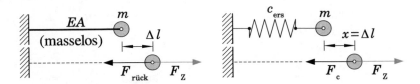

Abb. 2.8 Ersatzfedermodell für einen Zug/Druck-Stab: $F_c = F_{\text{rück}}$

$$c_{\text{ers}} = \frac{EA}{L} \tag{2.38}$$

Das Produkt EA heißt übrigens Dehnsteifigkeit des Stabes. Auch für einen Torsionsstab (kreiszylindrische Welle) lässt sich eine Ersatzfedersteifigkeit ermitteln: Nach [9] berechnet sich bei einseitig fester Einspannung eines Stabes der Länge L die sog. Verdrehung ϑ (Winkel) am Stabende infolge eines über die Länge konstanten Torsionsmoments M_T zu

$$\vartheta = \frac{M_T L}{G I_T};$$

hierbei sind G der Schubmodul und I_T das Torsionsträgheitsmoment (polares Flächenträgheitsmoment). Wegen „actio = reactio" geht mit einer Torsionsbelastung immer ein entsprechendes Rückstellmoment einher. Mit (2.35) ergibt sich daher als Ersatzdirektionsmoment für einen Torsionsstab:

$$c_{\text{ers}} = \frac{G I_T}{L}. \tag{2.39}$$

$G I_T$ nennt man Torsionssteifigkeit. Bei diesen Betrachtungen sei jeweils ein homogener Stab mit konstanten Abmessungen vorausgesetzt.

Zweite Fassung des Arbeitssatzes Ein infinitesimal kleines „Arbeitspaket" führt schließlich zu einer entsprechenden Änderung der kinetischen Energie. Der Arbeitssatz (2.19) lautet daher in differenzieller Form:

$$dE_k = dW;$$

dW ist die von allen eingeprägten Kräften entlang $d\vec{r}$ verrichtete Arbeit. Zerlegt man diese nun in die Arbeit der konservativen Kräfte ($dW^{(k)}$) und jene der nicht-konservativen (dW^*), so folgt:

$$dE_k = dW^{(k)} + dW^*,$$

und mit $dW^{(k)} = -dE_p$ (vgl. (2.26)):

$$dE_k + dE_p = dW^*.$$

Integriert man diese Gleichung entlang der Bahnkurve $\mathcal{C}$ von einem „Startpunkt" $\vec{r}_0$ bis zu einem „Endpunkt" $\vec{r}_1$, ergibt sich der Arbeitssatz in einer zweiten Fassung:

$$\left(E_{k1} + E_{p1}\right) - \left(E_{k0} + E_{p0}\right) = W_{01}^*. \tag{2.40}$$

In Worten: Die Änderung der mechanischen Gesamtenergie (kinetische plus potenzielle Energie) auf dem Weg von Punkt 0 nach 1 ist gleich der entlang dieses Weges von allen nicht-konservativen Kräften verrichtete Arbeit.

Beispiel 2.7: Abrutschvorgang auf rauer schiefer Ebene

Die Fragestellung des Beispiels 2.6 wird nun mit der Version (2.40) des Arbeitssatzes gelöst. Für die Formulierung von E_p (Schwerkraftpotenzial) muss eine zusätzliche, vertikale Koordinate eingeführt werden; vertikal, da E_p nur vom Abstand zur Erdoberfläche abhängt.

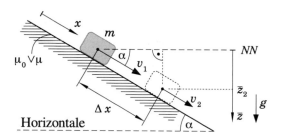

Diese Koordinate sei hier, wie in der Skizze zu sehen, mit $\bar{z}$ bezeichnet. Zweckmäßigerweise legt man den $\bar{z}$-Nullpunkt und damit das Nullniveau (NN) von E_p auf den Ort 1 („Startpunkt" der Berechnung); somit ist nämlich $E_{p1} = 0$. Da der Körper von 1 nach 2 an Höhe verliert, wird die $\bar{z}$-Achse zudem nach unten orientiert. Es ist folglich $g \downarrow\downarrow \bar{z}$, und E_p berechnet sich nach (2.30). Der Arbeitssatz (2.40) lautet:

$$E_{k2} + E_{p2} - E_{k1} - \cancelto{=0}{E_{p1}} = W_{12}^*,$$

mit den Energien

$$E_{k2} = \frac{1}{2}mv_2^2, \ E_{k1} = \frac{1}{2}mv_1^2 \ \text{ und } \ E_{p2} = -mg\bar{z}_2.$$

Die Koordinate $\bar{z}_2$ am „Endpunkt" 2 berechnet sich zu

$$\bar{z}_2 = \Delta x \sin\alpha.$$

W_{12}^* ist die Arbeit aller nicht-konservativen Kräfte, in diesem Fall also die Reibarbeit. Da die Reibkraft parallel zum Weg ist und zudem entgegengesetzt zur Bewegungsrichtung wirkt (Skalarprodukt negativ), lässt sich die Arbeit der Reibkraft R direkt angeben:

$$W_{12}^* = -R\Delta x = -\mu N \Delta x = -\mu mg \cos\alpha \, \Delta x.$$

Die ausführliche Berechnung von W_{12}^* kann in Beispiel 2.6 nachgelesen werden, inkl. der Ermittlung der Normalkraft N. Es sind nun die obigen Energien sowie die Reibarbeit einzusetzen. Man erhält:

$$\frac{1}{2}mv_2^2 - mg\,\Delta x\,\sin\alpha - \frac{1}{2}mv_1^2 = -\mu mg\,\cos\alpha\,\Delta x,$$

aufgelöst nach der Endgeschwindigkeit:

$$v_2 = {}^{+}_{(-)}\sqrt{v_1^2 + 2g\,(\sin\alpha - \mu\cos\alpha)\,\Delta x}.$$

Der Vorteil der „Fassung des Arbeitssatzes unter Berücksichtigung der Potenziale konservativer Kräfte" ist, dass nur noch das Arbeitsintegral für nicht-konservative Kräfte ausgewertet werden muss. ◀

Und noch eine Version des Arbeitssatzes Wie im Abschn. 2.3 erklärt, gilt für die infinitesimale Änderung der kinetischen und potenziellen Energie

$$dE_k = dW \quad \text{bzw.} \quad dE_k + dE_p = dW^*.$$

Dividiert man diese Gleichungen mit dem Zeitdifferenzial dt, so erhält man auf der rechten Seite nach (2.20) die (Momentan-)Leistung P aller Arbeit verrichtenden Kräfte, resp. P^*, also die Leistung der nicht-konservativen Kräfte. Die sich links ergebenden Differenzialquotienten sind schließlich die Zeitableitungen von E_k bzw. E_p; da diese Größen nicht nur von der Zeit t abhängen, muss man jene Ableitungen math. präzise als partielle Ableitungen formulieren. Somit lässt sich der Arbeitssatz auch wie folgt angeben:

$$\frac{\partial E_k}{\partial t} = P \quad \text{bzw.} \quad \frac{\partial E_k}{\partial t} + \frac{\partial E_p}{\partial t} = P^*. \tag{2.41}$$

Man könnte hierbei dann übrigens auch von einem Leistungssatz sprechen.

Beispiel 2.8: Abrutschvorgang auf rauer schiefer Ebene

Für die Bewegung von Beispiel 2.7 wird nun Gleichung (2.41) angewandt, exemplarisch die Version mit P^*. Dafür muss man die kinetische und potenzielle Energie, für letztere legt man in diesem Fall zweckmäßigerweise das Nullniveau in den Koordinatennullpunkt ($x = 0$), sowie die nicht-konservative Leistung in einer bel. Position formulieren:

$$E_k = \frac{1}{2}mv^2 = \frac{1}{2}m\dot{x}^2\,, \quad E_p = -mgx\sin\alpha \quad (\downarrow \bar{z})$$

und

$$P^* = \vec{F}_{\text{reib}}\vec{v} = -R\vec{e}_x\,\dot{x}\vec{e}_x = -R\dot{x} = -\mu N\dot{x} = -\mu mg\cos\alpha\,\dot{x}.$$

Berücksichtigt man, dass x und $v = \dot{x}$ Zeitfunktionen sind, d.h. $x = x(t)$ und $\dot{x} = \dot{x}(t)$, so folgt mit eben (2.41):

$$\underbrace{\frac{1}{2}m\,2\dot{x}\,\ddot{x} - mg\sin\alpha\,\dot{x}}_{= m(\ddot{x} - g\sin\alpha)\dot{x}} = -\mu mg\cos\alpha\,\dot{x} \quad \text{(Nachdifferenzieren!)},$$

also durch Koeffizientenvergleich

$$m(\ddot{x} - g\sin\alpha) = -\mu mg\cos\alpha \quad \text{bzw.} \quad \ddot{x} = (\sin\alpha - \mu\cos\alpha)g.$$

Hierbei handelt es sich um die Bewegungsgleichung, und speziell in diesem Fall um die (konst.) Beschleuigung des Massenpunktes. ◄

2.4   Energieerhaltung

Schreibt man den Arbeitssatz (2.40) für „konservative Systeme" an, d.h. es liegen ausschließlich konservative Kraftfelder vor, so heißt die entsprechende Gleichung Energiesatz (Erhaltungssatz). Wegen $W_{01}^* = 0$ gilt:

$$E_{k0} + E_{p0} = E_{k1} + E_{p1} = E_{ges} = konst; \tag{2.42}$$

Es ist hierbei zu beachten, dass sich die potentielle Energie einer Punktmasse grundsätzlich aus dem Schwerkraftpotential und einem elastischen Potential zusammensetzen kann. Der Energiesatz in Worten:

ⓘ
Sind alle eingeprägten Kräfte konservativ, dann ist die Gesamtenergie ($E_{ges} = E_k + E_p$) unabhängig vom Ort entlang einer Bahn und somit auch zeitlich konstant. ◢

Beispiel 2.9: Mathematisches Pendel (vgl. Bsp. 2.2)

Es soll erneut die Bewegungsgleichung (DGL für Zirkularwinkel φ) hergeleitet werden. Da jegliche Widerstandskräfte zu vernachlässigen sind, lässt sich der Energiesatz (2.42) anwenden. Im ersten Schritt sind für die Berechnung des Schwerkraftpotentials (pot. Energie) ein Nullniveau NN und die Orientierung einer vertikalen Koordinate festzulegen.

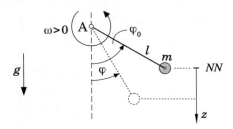

Das Nullniveau NN wird bspw. auf die „Startposition" φ_0 gelegt und z entsprechend des Bewegungstrends nach unten orientiert. Zudem sei der Gegenuhrzeigersinn der pos. Drehsinn ($\vec{e}_\omega \odot$); damit sind φ und φ_0 größer Null. Der Energiesatz lautet in Bezug auf die Startposition „0" und eine beliebige Position „1" (Winkel φ):

$$\cancelto{=0}{E_{k0}} + \cancelto{=0}{E_{p0}} = E_{k1} + E_{p1}\,,$$

mit $E_{k1} = \frac{1}{2}mv^2$ und $E_{p1} = -mgz = -mgl\,(\cos\varphi - \cos\varphi_0)$; hierbei ist v die Bahngeschwindigkeit am Ort φ. Damit folgt:

$$\frac{1}{2}\cancel{m}v^2 = \cancel{m}gl\,(\cos\varphi - \cos\varphi_0) \quad \text{bzw.} \quad v^2 = 2gl\,(\cos\varphi - \cos\varphi_0)\,.$$

Diese Gleichung gibt die Bahngeschwindigkeit, respektive die Winkelgeschwindigkeit ($v = l\omega$), am Ort φ an. Es sei zur Wiederholung auf Bsp. 2.3 verwiesen, insbesondere auf den Teil (2). Wegen $\omega = \dot{\varphi}$ lässt sich obige Gleichung auch wie folgt darstellen:

$$l^{\cancel{2}}\dot{\varphi}^2 = 2g\cancel{l}\,(\cos\varphi - \cos\varphi_0)$$

Die gesuchte Bewegungsgleichung erhält man durch Zeitableitung (vgl. dazu bitte z.B: Bsp. 2.8):

$$2\,l\dot{\varphi}\ddot{\varphi} = -2g\dot{\varphi}\sin\varphi;$$

da φ und $\dot{\varphi}$ Zeitfunktionen sind, muss jeweils nachdifferenziert werden. Eine kleine Umformung führt schließlich zur DGL von Beispiel 2.2:

$$l\dot{\varphi}\ddot{\varphi} + g\dot{\varphi}\sin\varphi = \dot{\varphi}\,[l\ddot{\varphi} + g\sin\varphi] = 0\,.$$

Der Energiesatz liefert also zwei Lösungen, wobei erstere $\dot{\varphi} = 0$ uninteressant ist (sog. Triviallösung, keine Bewegung). Zweite Lösung:

$$l\ddot{\varphi} + g\sin\varphi = 0 \quad \text{bzw.} \quad \ddot{\varphi} + \frac{g}{l}\sin\varphi = 0\,.$$

Zum Vergleich wird nun noch der Energiesatz formuliert, wenn das Nullniveau NN des Potentials auf den „tiefsten Punkt" der Pendelbewegung gelegt wird und z nach oben orientiert ist.

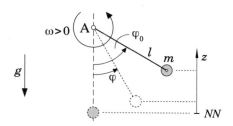

Es ist dann natürlich das Potenzial $E_{p0} \neq 0$ ($E_p = 0$ für $\varphi = 0$):

$$\cancel{E_{k0}}^{=0} + E_{p0} = E_{k1} + E_{p1} \, ,$$

mit

$$E_{p0} = mgl \left(1 - \cos \varphi_0\right), \ E_{k1} = \frac{1}{2} m v^2, \ E_{p1} = mgl \left(1 - \cos \varphi\right).$$

Man erhält natürlich das gleiche Ergebnis wie oben. Dem Leser sei empfohlen, zur Übung den Energiesatz für NN=A zu formulieren ($z \downarrow$). ◀

Da bei konservativen Systemen zu jedem Zeitpunkt $E_{ges} = konst$ gilt, kann man in diesen Fällen den Energiesatz auch wie folgt formulieren:

$$\frac{\partial E_{ges}}{\partial t} = 0 \ \ \text{mit} \ \ E_{ges} = E_k + E_p. \tag{2.43}$$

Dieser mathematische Ansatz bietet i. Allg. eine übersichtliche Möglichkeit zur Herleitung einer Bewegungsgleichung.

Beispiel 2.10: Mathematisches Pendel (Bewegungsgleichung)

Nun wird die Bewegungsgleichung mittels der Fassung (2.43) des Energiesatzes aufgestellt. Hierfür ist auch die Festlegung eines Potenzialnullpunktes (NN) sowie einer vertikalen Koordinate erforderlich.

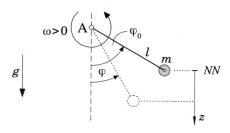

In Bezug auf diese Skizze gilt für die Gesamtenergie zu einem beliebigen Zeitpunkt und damit an einem beliebigen Ort φ:

$$E_{\text{ges}} = E_k + E_p = \frac{1}{2}mv^2 - mgl\left(\cos\varphi - \cos\varphi_0\right).$$

Mit $v = l\dot{\varphi}$ sowie $\varphi = \varphi(t)$ und $\dot{\varphi} = \dot{\varphi}(t)$ ergibt sich für die partielle Zeitableitung und damit nach (2.43):

$$\frac{1}{2}ml^2\frac{\partial}{\partial t}(\dot{\varphi}^2) - mgl\left(\frac{\partial}{\partial t}(\cos\varphi) - \underbrace{\frac{\partial}{\partial t}(\cos\varphi_0)}_{=\,0}\right)$$

$$= \frac{1}{2}ml^2 \cdot 2\dot{\varphi}\ddot{\varphi} - mgl(-\sin\varphi)\cdot\dot{\varphi} = 0.$$

Man erhält nach Division mit m und l und ausklammern von $\dot{\varphi}$ (keine Division, da $\dot{\varphi} = \omega$ zu bestimmten Zeitpunkten Null wird):

$$\dot{\varphi}\left[l\ddot{\varphi} + g\sin\varphi\right] = 0,$$

also zwei Lösungen, wobei die sog. Triviallösung $\dot{\varphi} = 0$ keine Bewegung darstellt (aber den Energiesatz erfüllt) und somit praktisch nicht relevant ist. Die gesuchte DGL ist

$$[\ldots] = 0: \quad l\ddot{\varphi} + g\sin\varphi = 0 \quad\text{bzw.}\quad \ddot{\varphi} + \frac{g}{l}\sin\varphi = 0.$$

◄

Bei geradlinigen Bewegungen stellt die Bewegungsgleichung die Beschleunigung des Körpers dar. Diese lässt sich über die Kräftegleichung in Bewegungsrichtung ermitteln. Als Alternative ist – aber nur im Falle eines konservativen Systems – auch der Ansatz (2.43) möglich.

Beispiel 2.11: Abrutschen auf glatter schiefer Ebene

Ein Klotz der Masse m rutscht reibungsfrei auf einer schiefen Ebene mit dem Neigungswinkel α (analog zu Bsp. 2.7 bzw. 2.8).

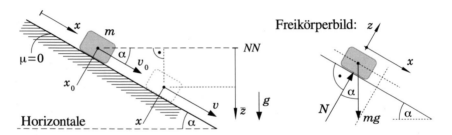

Zum Zeitpunkt $t = 0$ befindet sich der Klotz am Ort x_0, seine Geschwindigkeit dort sei v_0. Gesucht ist die Beschleunigung (x-Richtung) während des Rutschvorgangs, d. h. am Ort $x > x_0$. Diese folgt direkt aus der Dynamischen Grundgleichung:

$$\searrow x \; : m\ddot{x} = mg \sin \alpha \, , \quad \text{also} \quad \ddot{x} = g \sin \alpha.$$

Der Energiesatz in differenzieller Form bietet eine alternative Lösungsmethode: Für die Gesamtenergie an einem beliebigen Ort $x > x_0$ gilt:

$$E_{\text{ges}} = E_{\text{k}} + E_{\text{p}} = \frac{1}{2}mv^2 - mg\bar{z} = \frac{1}{2}mv^2 - mg(x - x_0) \sin \alpha.$$

Mit $v = \dot{x}$ folgt nach (2.43):

$$\frac{1}{2}m\frac{\partial}{\partial t}(\dot{x}^2) - mg \sin \alpha \frac{\partial}{\partial t}(x) = \frac{1}{2}m \cdot 2\dot{x}\ddot{x} - mg \sin \alpha \dot{x} = 0.$$

Es ergeben sich auch hier wieder zwei Lösungen:

$$\dot{x}\,[\ddot{x} - g \sin \alpha] = 0 \; : \quad (\dot{x} = 0)_{\text{Trivial-Lsg.}} \quad \text{oder} \quad \ddot{x} = g \sin \alpha.$$

◄

2.5 Drehimpuls und Momentensatz

Die Drehwirkung einer an einem Massenpunkt angreifenden Kraft $\vec{F}$ bzgl. eines (willkürlichen) Bezugspunktes O wird durch das sog. Kraft- bzw. Drehmoment, kurz Moment, beschrieben:

$$\vec{M}^{(O)} = \vec{r}^{\,(O)} \times \vec{F}; \tag{2.44}$$

hierbei ist $\vec{r}^{\,(O)}$ der Ortsvektor des Massenpunktes in Bezug auf den gewählten Punkt O; dieser wird im Symbol stets hochgestellt in runden Klammern genannt. Das Vektorprodukt in Definition (2.48) hat folgende „Filtereigenschaft": Für den Betrag $M^{(O)}$ des Momentenvektors ist nur die Kraftkomponente $\vec{F}_\perp$ senkrecht zur Richtung des „Hebelarmvektors" $\vec{r}^{\,(O)}$ relevant:

$$M^{(O)} = r^{(O)}F_\perp \quad \text{mit} \quad F_\perp = F \sin \alpha \, , \; \alpha = \angle(\vec{r}^{\,(O)}; \vec{F}). \tag{2.45}$$

In Analogie dazu wird in der Dynamik das Impulsmoment $\vec{L}^{(O)}$, meistens Drehimpuls(vektor) genannt (auch Drall bzw. Drallvektor) als Vektorprodukt aus dem Ortsvektor $\vec{r}^{\,(O)}$ und dem Vektor der Bewegungsgröße, dem Impuls $\vec{p}$, vgl. hierzu (2.1), definiert:

$$\vec{L}^{(O)} = \vec{r}^{\,(O)} \times \vec{p}; \tag{2.46}$$

Die folgende Skizze veranschaulicht die Eigenschaften des Drehimpulses.

Es gilt wegen des Vektorproduktes und $\vec{p} = m\vec{v}$: $\vec{L}^{(O)} \perp \vec{r}^{(O)}$ und $\vec{L}^{(O)} \perp \vec{v}$, wobei $r^{(O)}$, $\vec{v}$ und $\vec{L}^{(O)}$ in dieser Reihenfolge ein Rechtssystem bilden. Der Drehimpulsvektor ist also stets orthogonal zur vom Ortsvektor $r^{(O)}$ und dem Geschwindigkeitsvektor $\vec{v}$ aufgespannten Ebene. Sein Betrag berechnet sich zu

$$L^{(O)} = r^{(O)} p \sin\alpha \quad \text{mit} \quad \alpha = \angle(\vec{r}^{(O)}; \vec{v}) \tag{2.47}$$

bzw. mit dem Betrag $p = mv$ des Impulses zu

$$L^{(O)} = r^{(O)} m \underbrace{v \sin\alpha}_{= v_\perp} \quad \text{oder} \quad L^{(O)} = mv \underbrace{r^{(O)} \sin\alpha}_{= d}; \tag{2.48}$$

d ist, vgl. Abb. 2.9, der Abstand des Geschwindigkeitsvektors $\vec{v}$ zum Bezugspunkt O.

Multipliziert man nun die Dynamische Grundgleichung vektoriell mit dem Ortsvektor $\vec{r}^{(O)}$ bzgl. eines raumfesten Bezugspunktes O so ergibt sich:

$$\vec{r}^{(O)} \times m \underbrace{\vec{a}}_{= \dot{\vec{v}}} = \vec{r}^{(O)} \times \vec{F}_{\text{res}}$$

Da jedoch die Zeitableitung

$$\frac{\mathrm{d}}{\mathrm{d}t}\big(\overbrace{\vec{r}^{(O)} \times m\vec{v}}^{= \vec{L}^{(O)}}\big) = \underbrace{\underbrace{\dot{\vec{r}}^{(O)}}_{= \vec{v}} \times m\vec{v} + \vec{r}^{(O)} \times m\dot{\vec{v}}}_{= \vec{0}} = \vec{r}^{(O)} \times m\dot{\vec{v}}$$

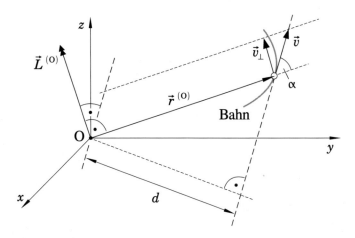

Abb. 2.9 Drehimpulsvektor

ist, lässt sich die „modifizierte Dynamische Grundgleichung" mit dem resultierenden Moment $\vec{M}_{\mathrm{res}}^{(O)} = \vec{r}^{(O)} \times \vec{F}_{\mathrm{res}}$ wie folgt formulieren:

$$\dot{\vec{L}}^{(O)} = \vec{M}_{\mathrm{res}}^{(O)}. \tag{2.49}$$

Dieser sog. Momentensatz (oder Drallsatz) lautet in Worten:

ⓘ_____

Die zeitliche Änderung des Vektors des Drehimpulses eines Massenpunktes in Bezug auf einen (beliebigen) raumfesten Punkt O ist gleich jenem Momentenvektor – bzgl. ebenfalls O –, der durch alle an der Masse angreifenden Kräfte erzeugt wird, also dem resultierenden Momentenvektor. _____ ⚏

Integriert man den Momentensatz (2.49) über die Zeit t, beginnend bei einem Bezugszeitpunkt t_0, so folgt der sog. Drehimpulssatz:

$$\dot{\vec{L}}^{(O)} = \frac{\mathrm{d}\vec{L}^{(O)}}{\mathrm{d}t} = \vec{M}_{\mathrm{res}}^{(O)} \quad \text{bzw.} \quad \int_{t_0}^{t} \mathrm{d}\vec{L}^{(O)} = \int_{t_0}^{t} \vec{M}_{\mathrm{res}}^{(O)} \mathrm{d}\bar{t}$$

$$\vec{L}^{(O)}(t) - \vec{L}^{(O)}(t_0) = \int_{t_0}^{t} \vec{M}_{\mathrm{res}}^{(O)} \mathrm{d}\bar{t} \quad \text{mit} \quad \vec{M}_{\mathrm{res}}^{(O)} = \vec{M}_{\mathrm{res}}^{(O)}(t). \tag{2.50}$$

Ist das resultierende Moment $\vec{M}_{\mathrm{res}}^{(O)} \equiv \vec{0}$, so bleibt der Drehimpuls(vektor) unverändert; man spricht von Drehimpulserhaltung: $\vec{L}^{(O)}(t) = \overrightarrow{konst}.$ (Abb. 2.10)

Abb. 2.10 Zum Momentensatz bei einer Kreisbewegung $(\vec{e}_\omega = \vec{e}_z \odot)$

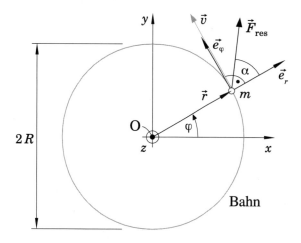

2R

Bahn

Sonderfall: Kreisbewegung Ein Massenpunkt m bewege sich in einer Ebene auf einer Kreisbahn (Radius R). Die auf den Massenpunkt wirkende resultierende Kraft $\vec{F}_{\text{res}}$ liegt in dieser Ebene. Zur Beschreibung der Kreisbewegung eignen sich bspw. Polarkoordinaten. Es gilt dann: Ortsvektor $\vec{r}^{\,(O)} = R\vec{e}_r$, Geschwindigkeitsvektor $\vec{v} = v\vec{e}_\varphi$ und Kraftvektor $\vec{F}_{\text{res}} = F_{\text{res,r}}\vec{e}_r + F_{\text{res},\varphi}\vec{e}_\varphi$. Damit ergibt sich für den Drehimpuls

$$\vec{L}^{(O)} = \vec{r}^{\,(O)} \times m\vec{v} = R\vec{e}_r \times mv\vec{e}_\varphi = Rmv\left(\vec{e}_r \times \vec{e}_\varphi\right) = Rmv\vec{e}_\omega$$

und für das resultierende Moment[6]

$$\vec{M}_{\text{res}}^{(O)} = \vec{r}^{\,(O)} \times \vec{F}_{\text{res}} = RF_{\text{res,r}}\underbrace{\left(\vec{e}_r \times \vec{e}_r\right)}_{=\vec{0}} + RF_{\text{res},\varphi}\left(\vec{e}_r \times \vec{e}_\varphi\right) = R\underbrace{F_{\text{res},\varphi}}_{\geqslant 0}\vec{e}_\omega$$

$$= \pm RF_{\text{res}}\sin\alpha\,\vec{e}_\omega = \pm\left|\vec{r}^{\,(O)} \times \vec{F}_{\text{res}}\right|\vec{e}_\omega = M_{\text{res}}^{(O)}\vec{e}_\omega.$$

$M_{\text{res}}^{(O)}$ ist hier die „ω-Koordinate" des Drehmomentvektors $\vec{M}_{\text{res}}^{(O)}$. Eingesetzt in den Momentensatz (2.49) folgt mit der bekannten Beziehung $v = R\omega$:

$$mR^2\dot{\omega}\vec{e}_\omega = M_{\text{res}}^{(O)}\vec{e}_\omega$$

Da Drehimpuls- und Momentenvektor nur eine Komponente in $\vec{\omega}$-Richtung aufweisen, kann auf eine vektorielle Formulierung des Momentensatzes verzichtet werden. Dieser lautet wegen $\omega = \dot{\varphi}$:

$$J^{(O)}\ddot{\varphi} = M_{\text{res}}^{(O)} \quad \text{mit} \quad J^{(O)} = mR^2. \tag{2.51}$$

Die „Abkürzung" / neue Größe $J^{(O)}$ heißt Massenträgheitsmoment des Massenpunktes bzgl. dem Drehpunkt O. Man erkennt, der Momentensatz (2.51) entspricht rein formal der Dynamischen Grundgleichung: „Massenträgheitsmoment mal Winkelbeschleunigung ist gleich dem resultierenden Moment".

Beispiel 2.12: Mathematisches Pendel (vgl. Bsp. 2.2)

Zu ermitteln ist wieder die DGL für den Zirkularwinkel φ (Bewegungsgleichung). Für die Anwendung des Momentensatzes, und da es sich beim math. Pendel um eine kreisförmige Bewegung (Radius $R = l$) handelt, speziell in der skalaren Version (2.51), ist ein Freikörperbild notwendig.

---

[6]$\vec{e}_r \times \vec{e}_r = 0$ verdeutlicht nochmals die bereits erwähnte „Filtereigenschaft" des Vektorprodukts, die man sich bei der Definition von $\vec{M}^{(O)}$ bzw. $\vec{L}^{(O)}$ zu Nutze macht.

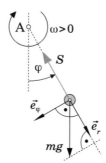

Es wird entsprechend Skizze der Uhrzeigersinn (Bewegungsrichtung unmittelbar nach Start) als pos. Drehsinn gewählt: $\vec{e}_\omega \otimes$; damit ist $\varphi < 0$. Der Drehpunkt ist hier der raumfeste Aufhängepunkt A. Einzig die Gewichtskraft erzeugt ein Drehmoment bzgl. A, mit einer Drehwirkung im Uhrzeigersinn; folglich ist $M^{(A)} > 0$. Dieses berechnet sich zu

$$M^{(A)} = mgl \sin |\varphi| = mgl \sin(-\varphi).$$

Mit dem Massenträgheitsmoment $J^{(A)} = ml^2$ des Massenpunktes bzgl. A sowie $\sin(-\varphi) = -\sin\varphi$ ergibt sich nach (2.51) die Bewegungsgleichung:

$$ml^2\ddot{\varphi} = -mgl\sin\varphi \quad \text{bzw.} \quad \ddot{\varphi} + \frac{g}{l}\sin\varphi = 0.$$

Bei der linken Gleichung handelt es sich übrigens um die Kräftegleichung in zirkularer Richtung, da $l\ddot{\varphi} = a_\varphi$ die Zirkularbeschleunigung ist.

Hinweis: Würde man den Gegenuhrzeigersinn als den pos. Drehsinn festlegen ($\vec{e}_\omega \odot$), so wäre $\varphi > 0$. Da $\vec{e}_r$, $\vec{e}_\varphi$ und $\vec{e}_\omega$ in diese Reihenfolge ein Rechtssystem bilden, ist dann $\vec{e}_\varphi$ nach rechts oben orientiert. Die Gewichtskraft dreht unabhängig von $\vec{e}_\omega$ im Uhrzeigersinn; deren Moment bzgl. A muss demnach negativ sein. Es gilt daher wieder

$$M^{(A)} = -mgl\sin\varphi,$$

und man erhält obige DGL für den Winkel φ, denn $J^{(A)}$ hängt natürlich nicht von der Wahl des pos. Drehsinns/der $\vec{e}_\omega$-Orientierung ab. ◀

Ergänzung: Flächengeschwindigkeitsvektor Im Folgenden wird eine Veranschaulichung des Drehimpulsvektors (Drallvektors) $\vec{L}^{(O)}$ aufgezeigt. Dazu betrachtet man die Bewegung eines Massenpunktes während des infinitesimalen Zeitintervalls dt, vgl. Abb. 2.11.

Die vom Ortsvektor $\vec{r}^{(O)}$ überstrichene Sektorfläche ist schließlich auch infinitesimal klein und kann als Dreieck interpretiert werden. Dessen Flächeninhalt berechnet sich zu

$$dA = \frac{1}{2}\left|\vec{r}^{(O)} \times d\vec{r}\right|.$$

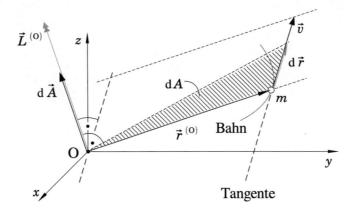

Abb. 2.11 Zum Flächengeschwindigkeitsvektor

Man führt nun dem entsprechend einen sog. Flächenvektor ein:

$$\mathrm{d}\vec{A} = \frac{1}{2}\left(\vec{r}^{(O)} \times \mathrm{d}\vec{r}\right) \quad \text{wobei} \quad \mathrm{d}\vec{r} = \vec{v}\mathrm{d}t,$$

der senkrecht auf $\vec{r}^{(O)}$ und senkrecht auf $\mathrm{d}\vec{r}$ bzw. $\vec{v}$ steht und folglich parallel zum Drehimpulsvektor $\vec{L}^{(O)}$ ist. Nach Division des Flächenvektors $\mathrm{d}\vec{A}$ mit $\mathrm{d}t$ erhält man den Flächengeschwindigkeitsvektor:

$$\frac{\mathrm{d}\vec{A}}{\mathrm{d}t} = \frac{1}{2}\left(\vec{r}^{(O)} \times \vec{v}\right);$$

dieser ist natürlich auch parallel zu $\vec{L}^{(O)}$. Der genaue Zusammenhang ergibt sich, wenn man die Gleichung mit $2m$ multipliziert:

$$2m\frac{\mathrm{d}\vec{A}}{\mathrm{d}t} = 2m\frac{1}{2}\left(\vec{r}^{(O)} \times \vec{v}\right) = \vec{r}^{(O)} \times m\vec{v} = \vec{L}^{(O)}.$$

Für den Fall, dass das resultierende Moment $\vec{M}_{\text{res}}^{(O)}$ bzgl. O verschwindet, bleibt in dessen Konsequenz der Drehimpulsvektor zeitlich konstant, vgl. Abschn. 2.5. Folglich gilt dann für den Flächengeschwindigkeitsvektor $\dot{\vec{A}} = konst$ und dessen Betrag $\dot{A} = konst$. Dieses bedeutet anschaulich, dass der Ortsvektor in gleichen Zeiten gleiche Flächen überstreicht, eine Eigenschaft, die bereits bei der Untersuchung der Zentralbewegung (s. Abschn. 1.1.3) erkannt wurde. Die wirkende Kraft, bspw. die Gravitationskraft bei Planetenbewegungen, liefert die zum Zentrum Z der Bewegung orientierte Beschleunigung, erzeugt aber bzgl. Z keine Momentenwirkung.

2.6   Impulssatz und Theorie der Stoßprozesse

Mit der Dynamischen Grundgleichung oder den davon abgeleiteten „Fundamentalsätzen" (Arbeits-/Energiesatz, Momentensatz) können Stoßvorgänge nicht direkt berechnet werden, da hier die Wirkung eines bestimmten Kraft-Zeit-Verlaufs während der Interaktion relevant ist. Man spricht übrigens immer dann von einem Stoß, wenn auf einen Körper innerhalb eines „sehr kleinen" Zeitintervalls $t..t+t_S$, t_S heißt Stoßzeit, eine i. Allg. von der Zeit abhängige Kraft $\vec{F}(t)$ einwirkt, deren Betragsmaximum „sehr groß" ist. Als Konsequenz dessen erfährt der Körper eine abrupte Impuls- bzw. Geschwindigkeitsänderung. Die Lageänderung während des Stoßvorgangs soll dabei stets vernachlässigt werden.

2.6.1   Stoßintegral/Kraftstoß

Da die Stoß-/Interaktionszeit t_S per Definition „sehr klein" ist, macht eine zeitaufgelöste Betrachtung eines Stoßprozesses keinen Sinn. Eine integrale Beschreibung eröffnet dagegen einige komfortable Möglichkeiten. Dazu wird die Dynamische Grundgleichung mit dem Zeitdifferential $\mathrm{d}t$ multipliziert:

$$m \underbrace{\vec{a}}_{= \dot{\vec{v}} = \frac{\mathrm{d}\vec{v}}{\mathrm{d}t}} \mathrm{d}t = \vec{F}_{\text{res}}\,\mathrm{d}t\,, \quad \text{also} \quad m\,\mathrm{d}\vec{v} = \vec{F}_{\text{res}}\,\mathrm{d}t\,.$$

Die Integration dieser Gleichung, beginnend mit dem Startzeitpunkt t_0 bis $t_1 = t_0 + t_S$ (Ende des Stoßprozesses), liefert mit $\vec{p} = m\vec{v}$ den sog. Impulssatz, wobei $\vec{v}_0 = \vec{v}(t_0)$ und $\vec{v}_1 = \vec{v}(t_1)$ sind:

$$m\vec{v}_1 - m\vec{v}_0 = \vec{p}_1 - \vec{p}_0 = \int_{(t_S)} \vec{F}_{\text{res}}\,\mathrm{d}t \quad \text{mit} \quad \vec{F}_{\text{res}} = \vec{F}_{\text{res}}(t)\,. \tag{2.52}$$

Das Zeitintegral auf der rechten Seite wird als Kraftstoß bzw. Stoßintegral bezeichnet. Dessen Betrag soll mit $\hat{F}$ abgekürzt werden. Der Impulssatz lässt sich wie folgt in Worten ausdrücken:

> **ⓘ**
>
> Das Zeitintegral über die resultierende Kraft ist gleich der Änderung des Impulses während des entsprechenden Zeitintervalls.

Es zeigt sich in Analogie zum Drehimpulssatz (2.50): Verschwindet die resultierende Kraft, so ändert sich der Impuls des Körpers nicht ($\vec{p} = konst$). Die Drehimpulserhaltung lässt sich dahingehend verallgemeinern, dass auf ein System von Körpern der Gesamtimpuls (Summe aller Einzelimpulse) immer dann konstant bleibt, wenn keine äußeren Kräfte wirken.

2.6.2 Zentrale Stöße

Stoßprozesse lassen sich anhand verschiedener Kriterien in gewisse Kategorien einteilen. Die folgende Skizze, Abb. 2.12, erklärt die Begrifflichkeiten zur „Stoßgeometrie"; es ist eine allgemeine Stoßkonstellation dargestellt.

Liegen die beiden Körperschwerpunkte S_1 und S_2 auf der sog. Stoßnormalen, so spricht man von einem zentralen Stoß. Es ist hierbei zwischen einem geraden zentralen Stoß (S_1 und S_2 bewegen sich auf ein und derselben Geraden) und einem schiefen zentralen Stoß zu unterscheiden; im letzteren Fall schließen die Geschwindigkeitsvektoren von S_1 und S_2 im Augenblick der Interaktion der Körper einen Winkel ungleich 0° ein. Wenn dagegen mindestens einer der beiden Körperschwerpunkte nicht auf der Stoßnormalen liegt, ist es ein exzentrischer Stoß (mehr dazu in Kap. 4).

Stoßprozesse können zudem bzgl. der Energiebilanz klassifiziert werden: Sofern die gesamte kinetische Energie vor und nach dem Stoß gleich ist, wird der Stoß als (vollkommen) elastisch bezeichnet. Dieses ist eine Idealisierung, da immer „Verluste" durch Umwandlung von kinetischer Energie in Wärme und die Energie elastischer Schwingungen (Schall) auftreten. Das Pendant dazu ist schließlich, dass ein Maximum an kinetischer Energie „verloren" geht (unelastischer bzw. vollkommen plastischer Stoß). Wie später gezeigt wird, haben dann die beiden Stoßpartner nach dem Stoß die gleiche Geschwindigkeit. Ein Stoß, der zwischen diesen energetischen Extrema angesiedelt ist, heißt inelastisch oder teil-elastisch.

Gerade zentrale Stöße Die Bewegung beider Stoßpartner, bzw. derer Schwerpunkte, erfolgt auf einer Geraden. Daher ist für diesen Sonderfall eine skalare Formulierung des Impulssatzes ausreichend. Abb. 2.13 zeigt als repräsentatives Beispiel zwei als punktförmig zu betrachtende Kugeln mit den Massen m_1 und m_2, die für $v_1 > v_2$ aneinanderstoßen.

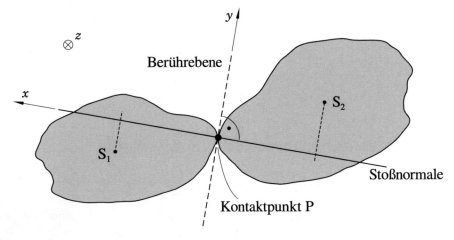

Abb. 2.12 Stoß zweier Körper

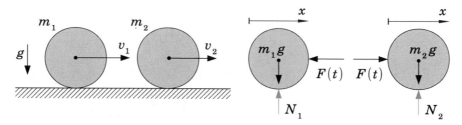

Abb. 2.13 Gerader zentraler Stoß von zwei Massenpunkten auf einer ideal glatten Unterlage (d. h. keine Haftkräfte, keine Reibkräfte)

Der Impulssatz (2.52) ist nun in Bewegungsrichtung für jeden Stoßpartner separat zu formulieren. Dafür kann ein gemeinsames Koordinatensystem verwendet werden, oder aber auch für jeden Körper ein individuelles. Es sei hier die x-Achse zweckmäßigerweise nach rechts orientiert; damit sind v_1 und v_2 positiv. Bei einer Bewegung in entgegengesetzter Richtung muss folglich die entsprechende Geschwindigkeit negativ eingesetzt werden. Bezeichnet man die Geschwindigkeiten unmittelbar nach dem Stoß mit v_1' und v_2' so lautet jeweils der Impulssatz:

$$m_1 \ : \quad m_1 v_1' - m_1 v_1 = \int_{(t_S)} \left(- F(t) \right) \mathrm{d}t = -\hat{F}$$

$$m_2 \ : \quad m_2 v_2' - m_2 v_2 = \int_{(t_S)} F(t)\,\mathrm{d}t = \hat{F}.$$

Die Stoßkräfte haben für beide Körper gleichen Betrag, sind aber in ihrer Orientierung zueinander spiegelbildlich („actio = reactio"). Addiert man die beiden Impulssätze, so folgt:

$$m_1 v_1 + m_2 v_2 = m_1 v_1' + m_2 v_2', \tag{2.53}$$

d. h. der sog. Gesamtimpuls (Summer der Impulse der einzelnen Körper) des Systems ist vor und nach dem Stoß gleich. Die Impulserhaltung gilt aber nur, da hier in Bewegungsrichtung jeweils nur die Stoßkraft wirkt und keine zusätzliche „äußeren Kräfte" auftreten.

Der Impulssatz liefert nur eine Gleichung für den Stoßprozess, jedoch gibt es zwei Unbekannte (v_1' und v_2'). Durch die Addition der Gleichungen wurde der zeitliche Stoßkraftverlauf $F(t)$ eliminiert, so dass eine wesentliche Information verloren ging. Zur Berechnung der Geschwindigkeiten der Körper unmittelbar nach dem Stoß ist daher noch eine weitere Gleichung notwendig, die in irgendeiner Form die Funktion $F = F(t)$ beinhaltet.

Die Stoßkraft F steigt vom Zeitpunkt der Berührung ($t = 0$) der Stoßpartner bis zu einem maximalen Wert $F_{\max}$ an und fällt dann wieder auf Null ab. Man kann daher das Zeitintervall $0...t_S$ i. Allg. in zwei Abschnitte einteilen:

- *Kompressionsphase* ($0 \leq t \leq t_{\max}$): Die Körperschwerpunkte nähern sich hier an und die Stoßkraft nimmt zu. Für das Stoßintergal (Betrag) in diesem Zeitintervall gilt:

$$\hat{F}_K = \int\limits_0^{t_{\max}} F(t)\,dt\;.$$

Dieses „Kompressionsintegral" entspricht dem Inhalt der Fläche unter der grauen Kurve im Diagramm von Abb. 2.14.

- *Restitutionsphase* ($t_{\max} \leq t \leq t_S$): Nun entfernen sich die Körperschwerpunkte wieder relativ zueinander und die Stoßkraft nimmt mehr oder weniger schnell ab. Es lässt sich analog zur Kompressionsphase ein „Restitutionsintegral" angeben:

$$\hat{F}_R = \int\limits_{t_{\max}}^{t_S} F(t)\,dt, \quad \text{wobei}\;\; 0 \leq \hat{F}_R \leq \hat{F}_K.$$

Im Falle eines vollkommen plastischen Stoßes existiert die Restitutionsphase nicht. Somit gilt dann für die Stoßzeit $t_S = t_{\max}$ und die Körper bewegen sich nach dem Stoß gemeinsam mit der gleichen Geschwindigkeit weiter.

Entscheidend für den zeitlichen Verlauf der Stoßkraft sind die Materialeigenschaften der beiden Stoßpartner. Der vollkommen elastische ($\hat{F}_K = \hat{F}_R$) und der vollkommen plastische ($\hat{F}_R = 0$) Stoß stellen zwei Grenzfälle bzw. Idealisierungen dar. Die Realität liegt soz. dazwischen und wird durch

$$\hat{F}_R = \varepsilon\,\hat{F}_K \tag{2.54}$$

beschrieben. Die von NEWTON eingeführte Stoßzahl ε (Restitutionskoeffizient) gibt das Verhältnis der entsprechenden Flächen im $F(t)$-Diagramm an, wobei $0 \leq \varepsilon \leq 1$. Für einen vollkommen plastischen Stoß ist schließlich $\varepsilon = 0$, im vollkommen elastischen Fall dagegen gilt $\varepsilon = 1$. Energetisch lässt sich die Stoßzahl ε als Maß dafür betrachten, in wie weit die während der Kompressionsphase verrichtet Deformationsarbeit in der Restitutionsphase wieder frei wird bzw. wie groß der „Verlust" (Wärme, Schall) ist. Da bei jedem Stoß elas-

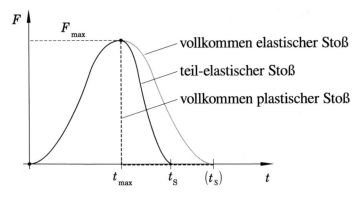

Abb. 2.14 Mögliche Stoßkraftverläufe (qualitativ)

tische Schwingungen angeregt werden, zu hören als Knall, gibt es den „idealen Stoß", d. h. einen vollkommen elastischen Stoß in der Realität leider nicht.

(1) Gerade zentrale Stöße, vollkommen elastisch ($\varepsilon = 1$)
Es gilt neben der Impulserhaltung (2.53) zusätzlich die Erhaltung der kinetischen Energie, d. h. diese ist unmittelbar vor und nach dem Stoß gleich.

$$E_{k,\text{vor}} = E_{k,\text{nach}}$$

$$\frac{1}{2}m_1 v_1^2 + \frac{1}{2}m_2 v_2^2 = \frac{1}{2}m_1 (v_1')^2 + \frac{1}{2}m_2 (v_2')^2$$

Diese Gleichung lässt sich wie folgt umformen:

$$m_1 \left[(v_1')^2 - v_1^2\right] = m_2 \left[v_2^2 - (v_2')^2\right]$$

$$m_1 \left(v_1' - v_1\right)\left(v_1' + v_1\right) = -m_2 \left(v_2' - v_2\right)\left(v_2' + v_2\right).$$

Schreibt man nun (2.53) etwas um,

$$m_1 \left(v_1' - v_1\right) = -m_2 \left(v_2' - v_2\right),$$

so kann man die Energieerhaltungsgleichung einfach mit dieser dividieren:

$$v_1' + v_1 = v_2' + v_2.$$

Es folgt daraus z. B. $v_2' = v_1' + v_1 - v_2$. Eingesetzt in die Impulserhaltungsgleichung (2.53) ergibt sich:

$$m_1 v_1 + m_2 v_2 = m_1 v_1' + m_2 \left(v_1' + v_1 - v_2\right).$$

Diese Gleichung beinhaltet als einzige Unbekannte nur noch die Geschwindigkeit v_1' des ersten Stoßpartners unmittelbar nach dem Stoß.

$$m_1 v_1' + m_2 v_1' = (m_1 + m_2)\, v_1' = m_1 v_1 + m_2 v_2 - m_2 v_1 + m_2 v_2$$

Mit einem kleinen „Trick", man addiert Null, erhält man:

$$v_1' = \frac{m_1 v_1 - m_2 v_1 + 2m_2 v_2}{m_1 + m_2} = \frac{m_1 v_1 + \overbrace{\left(m_2 v_1 - m_2 v_1\right)}^{= 0} - m_2 v_1 + 2m_2 v_2}{m_1 + m_2}$$

$$v_1' = \frac{(m_1 + m_2)\, v_1 - 2m_2 v_1 + 2m_2 v_2}{m_1 + m_2}$$

$$v_1' = v_1 + \frac{2m_2}{m_1 + m_2}\left(v_2 - v_1\right). \tag{2.55}$$

Setzt man dieses Ergebnis in die Impulsbilanz ein, so lässt sich die Geschwindigkeit v_2' des zweiten Stoßpartners unmittelbar nach dem Stoß berechnen:

$$m_1 v_1 + m_2 v_2 = m_1 \left[v_1 + \frac{2m_2}{m_1 + m_2} (v_2 - v_1) \right] + m_2 v_2'$$

$$\cancel{m_1 v_1} + m_2 v_2 = \cancel{m_1 v_1} + \frac{2m_1 m_2}{m_1 + m_2} (v_2 - v_1) + m_2 v_2'$$

$$v_2' = v_2 + \frac{2m_1}{m_1 + m_2} (v_1 - v_2). \tag{2.56}$$

Die beiden Gl. (2.55) und (2.56) müssen mit den Geschwindigkeitsformeln für einen teilelastischen Stoß im Sonderfall $\varepsilon = 1$ übereinstimmen.

(2) Gerade zentrale Stöße, teil-elastisch $(0 \le \varepsilon \le 1)$
Die Teilelastizität eines Stoßes wird nach (2.54) durch die Stoßzahl ε quantifiziert. Berücksichtigt man nun, dass sich nach der Zeit t_{max} die beiden Körperschwerpunkte maximal angenähert haben (größte Deformation), diese sich folglich zu eben jenem Zeitpunkt mit gleicher Geschwindigkeit v_{max} bewegen, so lässt sich jeweils für die Kompressions- und Restitutionsphase in Bezug auf Abb. 2.13 der Impulssatz wie folgt formulieren:

$$\begin{aligned}
&\text{(a)} \quad m_1 v_{max} - m_1 v_1 = -\hat{F}_K \\
&\text{(b)} \quad m_2 v_{max} - m_2 v_2 = \hat{F}_K \\
&\text{(c)} \quad m_1 v_1' - m_1 v_{max} = -\hat{F}_R \\
&\text{(d)} \quad m_2 v_2' - m_2 v_{max} = \hat{F}_R
\end{aligned}$$

Löst man Gleichungen (a) und (b) sowie (c) und (d) paarweise nach der Geschwindigkeit v_{max} und setzt diese gleich, ergibt sich

$$v_1 - \frac{1}{m_1} \hat{F}_K = v_2 + \frac{1}{m_2} \hat{F}_K \quad \text{und} \quad v_1' + \frac{1}{m_1} \hat{F}_R = v_2' - \frac{1}{m_2} \hat{F}_R$$

bzw.

$$v_1 - v_2 = \left(\frac{1}{m_1} + \frac{1}{m_2} \right) \hat{F}_K$$

$$v_1' - v_2' = -\left(\frac{1}{m_1} + \frac{1}{m_2} \right) \hat{F}_R.$$

Schließlich wird die untere mit oberer Gleichung dividiert und das Restitutionsintegral über das Kompressionsintegral ausgedrückt ($\hat{F}_R = \varepsilon \hat{F}_K$):

$$\frac{v_1' - v_2'}{v_1 - v_2} = -\varepsilon.$$

Damit lässt sich die Stoßzahl bspw. in der Form

$$\varepsilon = -\frac{v_2' - v_1'}{v_2 - v_1} \qquad (2.57)$$

angeben. Sie drückt also das negative Verhältnis der Relativgeschwindigkeiten vor und nach dem Stoßprozess aus. Man nennt Beziehung (2.57) auch Stoßbedingung. Mit ihr lassen sich nun die Geschwindigkeiten v_1' und v_2' der beiden Stoßpartner unmittelbar nach einem teilelastischen Stoß berechnen.

Dazu löst man im ersten Schritt die Stoßbedingung z. B. nach v_2' auf:

$$v_2' = v_1' - \varepsilon (v_2 - v_1).$$

Eingesetzt in die Impulsbilanz (2.53) folgt:

$$m_1 v_1' + m_2 \underbrace{\left[v_1' - \varepsilon (v_2 - v_1) \right]}_{= v_2'} = m_1 v_1 + m_2 v_2,$$

also $(m_1 + m_2) v_1' = m_1 v_1 + m_2 v_2 + \varepsilon m_2 (v_2 - v_1)$

$$= m_2 \left[\frac{m_1}{m_2} v_1 + v_2 + \varepsilon (v_2 - v_1) \right] = m_2 \left[\left(\frac{m_1}{m_2} - \varepsilon \right) v_1 + (1 + \varepsilon) v_2 \right].$$

$$v_1' = \frac{m_2}{m_1 + m_2} \left[\left(\frac{m_1}{m_2} - \varepsilon \right) v_1 + (1 + \varepsilon) v_2 \right] \qquad (2.58)$$

Diese Geschwindigkeit wird schließlich in die obige, nach v_2' aufgelöste Stoßbedingung eingesetzt:

$$v_2' = \frac{m_2}{m_1 + m_2} \left[\left(\frac{m_1}{m_2} - \varepsilon \right) v_1 + (1 + \varepsilon) v_2 \right] - \varepsilon (v_2 - v_1)$$

$$= \frac{1}{m_1 + m_2} \left[m_1 v_1 - \varepsilon m_2 v_1 + m_2 v_2 + \varepsilon m_2 v_2 - (m_1 + m_2) \varepsilon (v_2 - v_1) \right]$$

$$= \frac{1}{m_1 + m_2} [m_1 v_1 - \cancel{\varepsilon m_2 v_1} + m_2 v_2 + \cancel{\varepsilon m_2 v_2}$$

$$- \varepsilon m_1 v_2 + \varepsilon m_1 v_1 - \cancel{\varepsilon m_2 v_2} + \cancel{\varepsilon m_2 v_1}] = \frac{m_1}{m_1 + m_2} \left[v_1 + \frac{m_2}{m_1} v_2 - \varepsilon v_2 + \varepsilon v_1 \right].$$

$$v_2' = \frac{m_1}{m_1 + m_2} \left[\left(\frac{m_2}{m_1} - \varepsilon \right) v_2 + (1 + \varepsilon) v_1 \right] \qquad (2.59)$$

Im Sonderfall eines vollkommen elastischen Stoßes ist die Stoßzahl $\varepsilon = 1$. Dann ergeben sich bekannte Gleichungen, nämlich für

$$v_1' = \frac{m_2}{m_1 + m_2} \left[\left(\frac{m_1}{m_2} - 1 \right) v_1 + (1 + 1) v_2 \right]$$

$$= \frac{m_2}{m_1 + m_2} \left[\frac{m_1 - m_2}{m_2} v_1 + 2v_2 \right] = \frac{m_1 - m_2}{m_1 + m_2} v_1 + \frac{2m_2}{m_1 + m_2} v_2$$

$$= \frac{m_1 + (m_2 - m_2) - m_2}{m_1 + m_2} v_1 + \frac{2m_2}{m_1 + m_2} v_2$$

$$= v_1 - \frac{2m_2}{m_1 + m_2} v_1 + \frac{2m_2}{m_1 + m_2} v_2 = v_1 - \frac{2m_2}{m_1 + m_2} (v_1 - v_2),$$

diese ist identisch mit (2.55), und für

$$v_2' = \frac{m_1}{m_1 + m_2} \left[\left(\frac{m_2}{m_1} - 1 \right) v_2 + (1 + 1) v_1 \right]$$

$$= \frac{m_1}{m_1 + m_2} \left[\frac{m_2 - m_1}{m_1} v_2 + 2v_1 \right] = \frac{m_2 - m_1}{m_1 + m_2} v_2 + \frac{2m_1}{m_1 + m_2} v_2$$

$$= \frac{m_2 + (m_1 - m_1) - m_1}{m_1 + m_2} v_2 + \frac{2m_1}{m_1 + m_2} v_1$$

$$= v_2 - \frac{2m_1}{m_1 + m_2} v_2 + \frac{2m_1}{m_1 + m_2} v_1 = v_2 - \frac{2m_1}{m_1 + m_2} (v_2 - v_1),$$

die mit Gl. (2.56) für den Fall eines vollkommen elastischen Stoßes übereinstimmt. Der spezielle Fall $\varepsilon = 0$ wird unter Punkt (3) diskutiert.

Beispiel 2.13: Rücksprungversuch (exp. Bestimmung von ε)

In der Praxis spricht man in diesem Zusammenhang auch von der Ermittlung der Rücksprunghärte, z. B. für Kugeln eines Kugellagers. Dafür wird eine kleine Kugel (Punktmasse) aus der Höhe h bzgl. einer eben Unterlage aus dem Ruhezustand fallen gelassen. Aus der Höhe h' (Rücksprunghöhe), welche die Kugel nach dem Aufprall auf der Unterlage erreicht, lässt sich auf die Stoßzahl ε für die Materialkombination „Kugel/Unterlage" schließen.

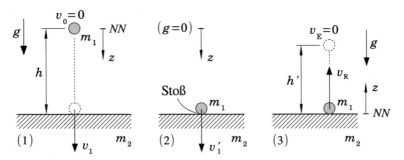

Phase (1): Freier Fall Die Auftreffgeschwindigkeit v_1 der Kugel mit der Masse m_1 berechnet sich z. B. mittels des Energiesatzes; es werden schließlich jegliche Widerstandskräfte vernachlässigt.

$$\cancel{E_{\text{k0}}}^{=0} + \cancel{E_{\text{p0}}}^{=0} = E_{\text{k1}} + E_{\text{p1}}$$

$$\frac{1}{2}m_1 v_1^2 - m_1 g h = 0 \quad \Rightarrow \quad v_1 = \overset{+}{_{(-)}}\sqrt{2gh}$$

Phase (2): Teil-elastischer Stoß Hierbei ist zu berücksichtigen, dass zusätzlich zur Stoß-Wechselwirkungskraft zwischen Kugel und Unterlage noch die Gewichtskraft $m_1 g$ der Kugel auftritt; dieses entspricht nicht der Konstellation von Abb. 2.13, d. h. Gleichungen (2.58) und (2.59) wären nicht anwendbar, da bei deren Herleitung von der ausschließlichen Wirkung einer Stoßkraft ausgegangen wird. Daher soll für die Berechnung des Stoßvorgangs die Gewichtskraft der Kugel gegenüber der Stoß-Wechselwirkungskraft vernachlässigt werden ($g = 0$). Da die Unterlage im Grunde die gesamte Erde umfasst, gilt $m_2 \gg m_1$ bzw. $\frac{m_1}{m_2} \ll 1$.

$$v_1' = \frac{m_2}{m_2\left(\cancel{\frac{m_1}{m_2}}+1\right)}\left[\left(\cancel{\frac{m_1}{m_2}}-\varepsilon\right)v_1 + (1+\varepsilon)\cancel{v_2}^{=0}\right]$$

Der Term $\frac{m_1}{m_2}$ wird hier gegenüber 1 bzw. ε vernachlässigt; die „riesige" Masse m_2 bewegt sich nicht, daher ist $v_2 = 0$. Und somit ergibt sich:

$$v_1' \approx -\varepsilon v_1 < 0.$$

Das negative Vorzeichen von v_1' bedeutet, dass die Bewegung der Kugel nach dem Aufprall entgegengesetzt zur positiven z-Richtung erfolgt, in diesem Fall also „nach oben".

Phase (3): Senkrechter Wurf Die Rücksprunghöhe h' lässt sich bspw. wieder mit dem Energiesatz berechnen. Dafür wird zweckmäßigerweise ein neues Koordinatensystem eingeführt: $\uparrow z$ und Nullpunkt auf der Unterlage. Mit der Endgeschwindigkeit $v_E = 0$ gilt:

$$E_{\text{k1}'} + \cancel{E_{\text{p1}'}}^{=0} = \cancel{E_{\text{kE}}}^{=0} + E_{\text{pE}}$$

$$\frac{1}{2}m_1 v_R^2 = m_1 g h' \quad \text{bzw.} \quad h' = \frac{v_R^2}{2g}.$$

Für die „Rückprallgeschwindigkeit" v_R gilt $v_R = |v_1'| = \varepsilon v_1 > 0$ (da nun $\uparrow z$); damit erhält man

$$h' = \frac{(\varepsilon v_1)^2}{2g},$$

und mit dem Zusammenhang $v_1^2 = 2gh$ ergibt sich letztlich für die Rücksprunghöhe in Abhängigkeit der Ausgangs- bzw. Fallhöhe h:

$$h' = \frac{\varepsilon^2 2gh}{2g} = \varepsilon^2 h.$$

Zusammenfassung Nach der Stoßzahl ε aufgelöst, stellt die Gleichung

$$\varepsilon = {}^{+}_{(-)}\sqrt{\frac{h'}{h}} \leq 1$$

die Grundlage zur experimentellen Ermittlung von ε dar.

Ergänzend im Themenbereich „teil-elastische Stöße" wird im Folgenden noch die Bilanz der kinetischen Energie betrachtet. In einer zwar nicht komplizierten, aber schon etwas aufwendigen Rechnung, vgl. Anhang, lässt sich herleiten: Der „Verlust" an kinetischer Energie

$$\Delta E_k = E_{k,\text{vor}} - E_{k,\text{nach}} = \left(\frac{1}{2}m_1 v_1^2 + \frac{1}{2}m_2 v_2^2\right) - \left(\frac{1}{2}m_1(v_1')^2 + \frac{1}{2}m_2(v_2')^2\right)$$

ergibt sich zu

$$\Delta E_k = \frac{1}{2}\frac{m_1 m_2}{m_1 + m_2}\left(1 - \varepsilon^2\right)(v_1 - v_2)^2. \tag{2.60}$$

Dieser Energiebetrag geht natürlich nicht verloren, sondern wird lediglich umgewandelt in „Deformationsenergie", Wärme sowie Energie elastischer Schwingungen (Schall). Gl. (2.60) gilt auch für den Sonderfall $\varepsilon = 1$, d. h. für vollkommen elastische Stöße: Dann ist $\Delta E_k = 0$. Aber auch der zweite Grenzfall $\varepsilon = 0$ ist damit abgedeckt ...

(3) Gerade zentrale Stöße, vollkommen plastisch ($\varepsilon = 0$)
Der „Verlust" ΔE_k an kinetischer Energie ist nach (2.60) in diesem Fall maximal, da $0 \leq (1 - \varepsilon^2) \leq 1$ und eben $1 - \varepsilon^2 = 1$ für $\varepsilon = 0$ ist.

$$\Delta E_{k,\text{max}} = \frac{1}{2}\frac{m_1 m_2}{m_1 + m_2}(v_1 - v_2)^2 \tag{2.61}$$

Zudem ergibt sich aus der Stoßbedingung (2.57)

$$v_1' = v_2',$$

d. h. die beiden Körper bewegen sich nach dem Stoß mit der gleichen Geschwindigkeit weiter: Im Zeitabschnitt $0 \leq t \leq t_S = t_{\text{max}}$ (vgl. Abb. 2.14) nähern sie sich einander an und bleiben dann vereinigt. Bezeichnet man die gemeinsame Geschwindigkeit mit v' so liefert die Impulserhaltung (2.53):

$$m_1 v_1 + m_2 v_2 = m_1 v' + m_2 v'$$

bzw.

$$v' = \frac{m_1 v_1 + m_2 v_2}{m_1 + m_2}. \tag{2.62}$$

◄

Abb. 2.15 Schiefer zentraler
Stoß zweier Punktmassen
(ideal glatte Oberflächen, d. h.
keine y-Kräfte) ohne äußere
Kräfte

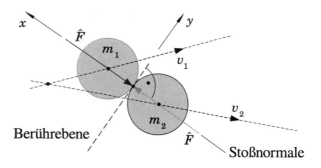

Schiefe zentrale Stöße   In diesem Fall schließen die Geschwindigkeitsrichtungen der beiden Körper unmittelbar vor und/oder nach der Kollision einen Winkel ungleich 0° bzw. 180° ein, vgl. Abb. 2.15.

Treten in der skizzierten Stoßebene (xy-Ebene) keine äußeren Kräfte auf, wie z. B. Reib- oder Haftkräfte, oder können diese gegenüber der Stoßkraft F vernachlässigt werden, so entspricht die Konstellation in x-Richtung einem geraden zentralen Stoßvorgang. Es gilt daher für die Komponenten der Geschwindigkeit in Richtung der Stoßnormalen analog zu (2.53) die Impulserhaltung:

$$m_1 v_{1x} + m_2 v_{2x} = m_1 v'_{1x} + m_2 v'_{2x}.$$

Mit der Stoßbedingung

$$\varepsilon = -\frac{v'_{2x} - v'_{1x}}{v_{2x} - v_{1x}}$$

lassen sich daher die Gleichungen für einen geraden zentralen Stoß, (2.58) und (2.59) – sowie (2.55) und (2.56) für $\varepsilon = 1$ –, auch zur Berechnung der Geschwindigkeitskoordinaten v'_{1x} und v'_{2x} unmittelbar nach dem Stoßvorgang anwenden; es werden statt den Geschwindigkeiten v_1 bzw. v_2 einfach die entsprechenden Koordinaten eingesetzt. Da in y-Richtung keine Kräfte auftreten, bleiben nach (2.52) die y-Impulskomponenten und damit die Geschwindigkeitskoordinaten dieser Richtung gleich. Es gilt daher:

$$v'_{1y} = v_{1y} \quad \text{und} \quad v'_{2y} = v_{2y}.$$

Die Vorgehensweise gestaltet sich anders, wenn zusätzlich zu den Stoßkräften noch „äußere Kräfte" wirken. Dann gelten nämlich die genannten Gleichungen nicht, und die Berechnung muss durch Formulierung des Impulssatzes auf Basis eines Freikörperbildes erfolgen.

Beispiel 2.14: „Billard-Mittelstoß" mit Bande

In diesem Beispiel wird der schiefe zentrale Stoß zweier unterschiedlicher Punktmassen unter Wirkung einer „äußeren Kraft" diskutiert. Die nachfolgende Skizze zeigt die

Draufsicht, wobei die Oberflächen der Kugeln sowie auch der Bande als ideal glatt zu betrachten sind.

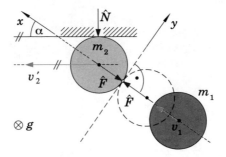

Eine Kugel (Masse m_1) trifft mit der Geschwindigkeit v_1 unter dem Winkel α bzgl. der Bande auf eine ruhende Kugel der Masse m_2. Bei obigem Bild handelt es sich um die „vereinigte Darstellung" der Freikörperbilder mit zeitlich integrierten Kräften.

$$\hat{F} = \int_{(t_S)} F(t)\, dt \quad \text{und} \quad \hat{N} = \int_{(t_S)} N(t)\, dt$$

Zum physikalischen Modell (Eine Alternative: Zwei Stöße in zeitlich sequenzieller Abfolge, d. h. erst Stoß Kugel/Kugel ohne Wand ($\hat{N} = 0$), dann Stoß von Kugel Nr. 2 an Wand): Die ↑-Komponente der auf „Kugel Nr. 2" wirkenden Stoßkraft $\hat{F}$ (↖) drückt diese senkrecht gegen die Bande und erzeugt dort eine entsprechende Normalkraft, also $\hat{N} = \hat{F} \sin \alpha$; hierfür muss Kugel Nr. 2 als ideal starr angenommen werden, nur Nr. 1 sei verformbar. Dagegen erfährt die (←)-Komponente keinen Widerstand und führt schließlich zu einer Impuls- und damit auch Geschwindigkeitsänderung in der zur Bande parallelen Richtung.

Zu berechnen ist die Geschwindigkeit v_2' (s. obige Skizze) der 2. Kugel unmittelbar nach dem Stoß; dieser erfolgt teil-elastisch (Stoßzahl ε).

Lösungsvariante 1: Ein Koordinatensystem Es wird das skizzierte xy-System (x-Achse = Stoßnormale) angewandt. Da zusätzlich zur Stoßkraft $\hat{F}$ noch die Stoß-Normalkraft $\hat{N}$ wirkt, muss zur Berechnung der gesuchten Geschwindigkeit für die beiden Körper jeweils der Impulssatz (2.52) formuliert werden.

$$\text{Kugel Nr.1}: (1x)\ m_1 v_{1x}' - m_1 \overset{= v_1}{\overbrace{v_{1x}}} = -\hat{F}$$

$$(1y)\ m_1 v_{1y}' - m_1 \underbrace{v_{1y}}_{=0} = 0$$

$$\text{Kugel Nr.2}: (2x)\ m_2 v_{2x}' - m_2 \underbrace{v_{2x}}_{=0} = \hat{F} - \hat{N}\sin\alpha$$

$$(2y)\ m_2 v_{2y}' - m_2 \underbrace{v_{2y}}_{=0} = -\hat{N}\cos\alpha$$

Und die Stoßbedingung (bzgl. Stoßnormalenrichtung) lässt sich wie folgt angeben:

$$\varepsilon = -\frac{v'_{2x} - v'_{1x}}{\underbrace{v_{2x}}_{= 0} - v_{1x}} = \frac{v'_{2x} - v'_{1x}}{v_1}.$$

Die Bewegung von Kugel Nr. 2 erfolgt nach dem Stoß parallel zur Bande nach links; es gilt daher für die Geschwindigkeitskoordinaten:

$$v'_{2x} = v'_2 \cos\alpha \quad \text{und} \quad v'_{2y} = -v'_2 \sin\alpha.$$

Mit Koordinatengleichung $(2y)$ erhält man das Normalkraftintegral zu

$$\hat{N} = -\frac{m_2 v'_{2y}}{\cos\alpha}.$$

Damit wird aus $(2x)$

$$m_2 v'_{2x} = \hat{F} + \frac{m_2 v'_{2y}}{\cos\alpha} \sin\alpha = \hat{F} + m_2 v'_{2y} \tan\alpha.$$

Weiterhin ermittelt man den Kraftstoß $\hat{F}$ aus Gleichung $(1x)$:

$$\hat{F} = m_1 v_1 - m_1 v'_{1x},$$

und eingesetzt in die vorherige Gleichung:

$$m_2 v'_{2x} = m_1 v_1 - m_1 v'_{1x} + m_2 v'_{2y} \tan\alpha.$$

Nun wird schließlich die zweite Unbekannte v'_{1x} (nicht gesucht) über die Stoßbedingung eliminiert:

$$v'_{1x} = v'_{2x} - \varepsilon v_1$$

$$m_2 v'_{2x} = m_1 v_1 - m_1 (v'_{2x} - \varepsilon v_1) + m_2 v'_{2y} \tan\alpha.$$

Jetzt folgen ein paar kleine Umformungen:

$$m_2 v'_{2x} = m_1 v_1 - m_1 v'_{2x} + \varepsilon m_1 v_1 + m_2 v'_{2y} \tan\alpha$$

$$m_2 v'_{2x} + m_1 v'_{2x} = m_1 v_1 + \varepsilon m_1 v_1 + m_2 v'_{2y} \tan\alpha$$

$$(m_1 + m_2) v'_{2x} = (\varepsilon + 1) m_1 v_1 + m_2 v'_{2y} \tan\alpha$$

$$(m_1 + m_2) v'_2 \cos\alpha = (\varepsilon + 1) m_1 v_1 - m_2 v'_2 \sin\alpha \tan\alpha$$

$$(m_1 + m_2) v'_2 \cos\alpha = (\varepsilon + 1) m_1 v_1 - m_2 v'_2 \frac{\sin^2\alpha}{\cos\alpha},$$

und es ergibt sich

$$v_2' = \frac{(\varepsilon + 1)m_1 v_1}{(m_1 + m_2)\cos\alpha + m_2\frac{\sin^2\alpha}{\cos\alpha}} = \frac{(\varepsilon + 1)m_1 v_1}{\frac{1}{\cos\alpha}\left[(m_1 + m_2)\cos^2\alpha + m_2\sin^2\alpha\right]}$$

bzw.

$$v_2' = \frac{(\varepsilon + 1)m_1 v_1 \cos\alpha}{m_1\cos^2\alpha + m_2(\cos^2\alpha + \sin^2\alpha)} = \frac{(\varepsilon + 1)m_1\cos\alpha}{m_1\cos^2\alpha + m_2}v_1.$$

Die Bewegungsrichtung von Kugel Nr.1 wird durch den Stoßvorgang übrigens nicht verändert. Es wirken keine Kräfte in der Berührebene, so dass die y-Geschwindigkeits-koordinate gleich Null bleibt ($1y$).

Lösungsvariante 2: Zwei Koordinatensysteme Der Impulssatz (2.52) kann für jeden Körper in einem separaten Koordinatensystem formuliert werden. Da auf Kugel Nr.1 nur die Stoßkraft F in Richtung der Stoßnormalen wirkt, ist für diesen Körper das xy-System aus Variante 1 am besten geeignet.

$$\text{Kugel Nr.1}: (1x)\ m_1 v_{1x}' - m_1 \overbrace{v_{1x}}^{=v_1} = -\hat{F}$$

$$(1y)\ m_1 v_{1y}' - m_1 \underbrace{v_{1y}}_{=0} = 0$$

Bei Kugel Nr.2 berücksichtigt man nun, dass sich diese nach dem Stoß parallel zur Bande bewegt. Daher bietet sich hier ein Koordinatensystem an, bei dem eine Achse mit jener Bewegungsrichtung übereinstimmt.

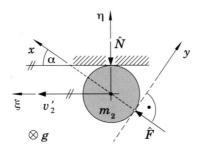

Es ist dann ausreichend, den Impulssatz nur für die ξ-Richtung anzuschreiben; in η-Richtung erfolgt schließlich keine Geschwindigkeitsänderung, d. h. es gilt daher $\hat{N} = \hat{F}\sin\alpha$.

$$\text{Kugel Nr.2}: (2\xi)\ m_2\ \underbrace{v_{2\xi}'}_{=v_2'} - m_1 \overbrace{v_{2\xi}}^{=0} = \hat{F}\cos\alpha$$

Die Stoßbedingung muss – unabhängig von den verwendeten Koordinatensystemen – mit den Geschwindigkeitskomponenten in Stoßnormalenrichtung ausgedrückt werden:

$$\varepsilon = -\frac{v_{2x}' - v_{1x}'}{\underbrace{v_{2x}}_{=\,0} - \underbrace{v_{1x}}_{=\,v_1}} = \frac{v_2' \cos\alpha - v_{1x}'}{v_1}.$$

Eliminiert man mit den Gleichungen $(1x)$ und (2ξ) den Kraftstoß $\hat{F}$,

$$m_2 v_2' = (m_1 v_1 - m_1 v_{1x}') \cos\alpha,$$

und ersetzt v_{1x}' gem. obiger Stoßbedingung, also mit $v_{1x}' = v_2' \cos\alpha - \varepsilon v_1$, so ergibt sich

$$m_2 v_2' = \big[m_1 v_1 - m_1 (v_2' \cos\alpha - \varepsilon v_1)\big] \cos\alpha.$$

Diese Gleichung lässt sich nun einfach nach der gesuchten Geschwindigkeit auflösen:

$$m_2 v_2' = m_1 v_1 \cos\alpha - m_1 v_2' \cos^2\alpha + \varepsilon m_1 v_1 \cos\alpha$$

$$(m_1 \cos^2\alpha + m_2) v_2' = (\varepsilon + 1) m_1 v_1 \cos\alpha,$$

also

$$v_2' = \frac{(\varepsilon + 1) m_1 \cos\alpha}{m_1 \cos^2\alpha + m_2} v_1.$$

Man kann also durch geeignete Wahl einzelner Koordinatensysteme den Lösungsweg u. U. etwas vereinfachen bzw. verkürzen.

Zum o.e. alternativen Modell (Stoßsequenz) Ergänzend wird noch der Geschwindigkeitsvektor von Kugel Nr. 2 nach dem Stoßprozess berechnet, wenn man sich vorstellt, dass dieser in Form von zwei zeitlich hintereinander auftretenden Stöße erfolgt.

- Stoß Kugel Nr. 1 auf ruhende Kugel Nr. 2 (ohne Berücksichtigung der Wand), teilelastisch mit Stoßzahl ε. Mit (2.59) erhält man:

$$v_{2x}' = \frac{m_1}{m_1 + m_2}\left[\left(\frac{m_2}{m_1} - \varepsilon\right)\overset{=\,0}{\cancel{v_2'}} + (1 + \varepsilon)v_1\right]$$

$$= \frac{m_1}{m_1 + m_2}(1 + \varepsilon)v_1,$$

also den Betrag des Vektors $\vec{v}_2'$ der Geschwindigkeit von Kugel Nr. 2 nach diesem Stoß, eben in Richtung der Stoßkraft. Die Parallelkomponente von $\vec{v}_2'$ bzgl. der Wand lautet damit

$$\vec{v}_{2,\parallel}' = v_{2\xi}' \vec{e}_\xi$$

mit

$$v_{2\xi}' = v_{2x}' \cos\alpha = \frac{m_1}{m_1 + m_2}(1 + \varepsilon)v_1 \cos\alpha,$$

und die Orthogonalkomponente berechnet sich analog zu

$$\vec{v}\,'_{2,\perp} = v'_{2\eta}\vec{e}_\eta \quad \text{mit} \quad v'_{2\eta} = v'_{2x}\sin\alpha = \frac{m_1}{m_1 + m_2}(1 + \varepsilon)v_1\sin\alpha.$$

- Stoß von Kugel Nr. 2 (Geschwindigkeit $\vec{v}\,'_2$) mit Wand, teil-elastisch mit Stoßzahl ε_W. Da aufgrund der ideal glatten Ränder nur eine Stoßkraft senkrecht zur Wand wirkt ($\hat{N}$), ändert sich der ξ-Impuls nicht und es gilt für die entspr. Geschwindigkeitskoordinate nach diesem zweiten Stoß:

$$v''_{2\xi} = v'_{2\xi} > 0.$$

Die Masse der ruhenden Wand ist schließlich viel größer als m_2, so dass man mit dem Zwischenergebnis von Bsp. 2.13 (teil-elastische Reflexion)

$$v''_{2\eta} = -\varepsilon_W v'_{2\eta} < 0$$

angeben kann; $v'_{2\eta}$ ist stets verschieden von Null (außer für $\alpha = 0$), die Kugel prallt nach diesem Modell immer von der Wand weg.

Damit lässt sich schließlich die Bewegungsrichtung der Kugel Nr. 2 unmittelbar nach dem gesamten Stoßprozess ermitteln. Für den Winkel β, den der Geschwindigkeitsvektor $\vec{v}\,''_2$ dieser Kugel dann mit der Bande einschließt, gilt:

$$\tan\beta = \frac{|v''_{2\eta}|}{v''_{2\xi}} =$$

$$= \frac{\varepsilon_W v'_{2\eta}}{v'_{2\xi}} = \varepsilon_W \frac{\frac{m_1}{m_1+m_2}(1+\varepsilon)v_1\sin\alpha}{\frac{m_1}{m_1+m_2}(1+\varepsilon)v_1\cos\alpha} = \varepsilon_W\tan\alpha.$$

Fazit: Dieses Modell beschreibt die Realität besser. ◄

2.7   d'Alembertsche Trägheitskraft

Die Dynamische Grundgleichung für Massenpunkte in der Fassung (2.8) mit Zwangskräften lässt sich wie folgt umstellen:

$$\vec{F}_{\text{ein}} + \vec{Z} - m\vec{a} = \vec{0}.$$

Führt man nun, rein formal, die sog. D'ALEMBERTsche Trägheitskraft

$$\vec{F}_{\text{träge}} = -m\vec{a} \tag{2.63}$$

ein, so erhält man das „dynamische Kräftegleichgewicht"

$$\vec{F}_{\text{ein}} + \vec{Z} + \vec{F}_{\text{träge}} = \vec{0}. \tag{2.64}$$

In Worten:

ⓘ

Ein Massenpunkt befindet sich stets im „quasi-statischen Gleichgewicht", d.h. die Summe aller Kräfte, inkl. der Trägheitskräfte, ist gleich Null (vgl. Statik: $\sum_{i=1}^{n} \vec{F}_i = \vec{0}$). _____ ⬛

Hierzu muss man sich gedanklich mit dem Körper mitbewegen: Man „sieht" dann die tatsächliche Bewegung nicht mehr (Ruhezustand) und die Summe aller Kräfte muss – in diesem Bezugssystem – verschwinden. Mit Definition der D'AD'LEMBERTsche Trägheitskraft (2.63) wird die Dynamik formal bzw. mathematisch auf die Statik zurückgeführt.

Trägheitskräfte treten somit nur in einem beschleunigten Bezugssystem auf. Ergänzend sei erwähnt, dass es sich hierbei um keine physikalische bzw. NEWTONsche Kraft handelt, da eine Trägheitskraft das Reaktionsprinzip verletzt; es gibt zu einer Trägheitskraft keine an einem anderen Körper angreifende Gegenkraft. Eine Trägheitskraft ist vielmehr eine kinematisch erzeugte (beschleunigtes Bezugssystem), „formale" Kraft.

Die konkrete Darstellung der D'ALEMBERTschen Trägheitskraft $\vec{F}_{\text{träge}}$ ist abhängig vom verwendeten Koordinatensystem. In bspw. einem kartesischen xyz-System lautet sie:

$$\vec{F}_{\text{träge}} = -m(a_x \vec{e}_x + a_y \vec{e}_y + a_z \vec{e}_z) = -m\ddot{x}\vec{e}_x - m\ddot{y}\vec{e}_y - m\ddot{z}\vec{e}_z.$$

Bei Anwendung der Kräftegleichung (2.64), auch D'ALEMBERTsche Prinzips genannt, müssen im Freikörperbild zusätzlich zu den eingeprägten und den Zwangskräften auch die Trägheitskräfte eingetragen werden. Dazu ist jeweils entgegengesetzt zur positiven Achsrichtung ein Pfeil mit der Benennung ma_i ($i = x, y, z$) einzutragen. Ist $a_i > 0$, war mit $-\vec{e}_i$ die „angenommene Orientierung" der Trägheitskraftkomponente korrekt; für $a_i < 0$ ist dagegen die Orientierung genau spiegelbildlich, jedoch zeigt dann auch der Kraftpfeil effektiv in die positive Koordinatenrichtung.

Diese Überlegung gilt anlog für (ebene) Polarkoordinaten

$$\vec{F}_{\text{träge}} = -ma_r \vec{e}_r - ma_\varphi \vec{e}_\varphi,$$

wobei hier die Beschleunigungskoordinaten a_r und a_φ nach den Formeln in Gl. (1.15) bzw. im Falle einer kreisförmigen Bewegung mit den im Abschn. 1.1.3 zu findenden Beziehungen (1.19) zu berechnen sind.

Beispiel 2.15: Mathematisches Pendel (vgl. Bsp. 2.2)

Die folgende Skizze zeigt das Freikörperbild der Punktmasse m in Polarkoordinaten. Hierbei wurde der Gegenuhrzeigersinn als pos. Drehsinn festgelegt ($\vec{e}_\omega \otimes$), damit der dargestellte Zirkularwinkel $\varphi > 0$ ist.

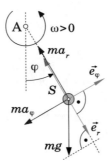

Es werden entgegengesetzt zu den Basisvektoren $\vec{e}_r$ und $\vec{e}_\varphi$ die Komponenten der D'ALEMBERTschen Trägheitskraft eingetragen (rote Pfeile). In Koordinaten lautet (2.64) damit:

$$\searrow r :\ mg \cos \varphi - S - ma_r = 0 \text{ mit } a_r = -l\dot{\varphi}^2$$

$$\nearrow \varphi :\ -mg \sin \varphi - ma_\varphi = 0 \text{ mit } a_\varphi = l\ddot{\varphi}$$

Die zweite Gleichung liefert wieder die – bereits bekannte – DGL für den Zirkularwinkel: $\ddot{\varphi} + \frac{g}{l} \sin \varphi = 0$ (Bewegungsgleichung). ◄

2.8 Massenpunktsysteme

Hierbei handelt es sich um eine endliche Anzahl an punktförmigen Massen, die in irgendeiner Weise miteinander gekoppelt sind. Dabei wird zwischen kinematischen und physikalischen Bindungen unterschieden. Ein System von insgesamt $n \in \mathbb{N}$ Massen hat bei freier Beweglichkeit aller Körper im Raum stets $3n$ Freiheitsgrade (d. h. Mindestzahl an unabhängigen Koordinaten zur eindeutigen Lagebeschreibung). Durch b kinematische Bindungen (Zwangsbedingungen), die eine definierte geometrische Beziehung zwischen den entsprechenden Körpern bedeuten, reduziert sich die Anzahl an Freiheitsgraden zu effektiv

$$f = 3n - b;$$

mathematisch gesehen werden b sog. „kinematische Bindungsgleichungen" bzw. kinematische Beziehungen formuliert. Die einfachste kinematische Bindung ist eine starre Verbindung zweier Körper, bei der sich der Abstand zueinander nicht ändert. Bei einer physikalischen Bindung ist dagegen der relative Abstand der Punktmassen nicht geometrisch determiniert. Die Bindungskräfte sind im diesem Fall eingeprägte Kräfte und ergeben sich daher aus einem physikalischen Gesetz (z. B. Gravitation oder elastische Kopplung durch eine Feder). Schließlich sind kinematischen Bindungskräfte die aus der jeweiligen „starren Wechselwirkung" resultierenden Reaktionskräfte.

Es ist bei einem Massenpunktsystem weiterhin zwischen inneren Kräften, infolge einer kinematischen oder physikalischen Wechselwirkung von zwei Körpern, und äußeren Kräften zu differenzieren. Letztere sind schließlich alle Kräfte, die unabhängig von einer inneren Interaktion auftreten; beim Freischneiden des „Gesamtsystems", d.h. es erfolgt keine Zerlegung in Teilsysteme bzw. einzelne Körper, werden gerade die äußeren Kräfte sichtbar, wie bspw. Gewichtskräfte, Lagerreaktionen. Im Folgenden wird ein System bestehend aus n Punktmassen im Raum betrachtet, vgl. Abb. 2.16.

Hierbei ist die auf den Massenpunkt i wirkende äußeren Kraft

$$\vec{F}_i = \vec{F}_{i,\text{ein}} + \vec{Z}_i,$$

also die Resultierende aus den eingeprägten und den Zwangskräften, analog zu den bisherigen Betrachtungen für einen einzelnen Massenpunkt. Für die Wechselwirkungskräfte zwischen den Massen i und k, die kinematisch oder physikalisch sein können, gilt wegen „actio = reactio":

$$\vec{K}_{ik} = -\vec{K}_{ki}.$$

Der erste Index gibt an, an welchem Körper die Kraft angreift; die Wirkungslinie ist stets die Verbindungsachse des betrachteten Punktmassen-Paars m_i und m_k. Zur formalen Unterscheidung zwischen äußeren und inneren Kräften werden die Symbole $\vec{F}$ bzw. $\vec{K}$ verwendet. Die momentane Lage eines Massenpunktes m_i beschreibt man – wie üblich – durch $\vec{r}_i = \vec{r}_i(t)$, den Ortsvektor bzgl. eines raumfesten Bezugspunktes O (Inertialsystem).

Ein aus n Massenpunkten bestehendes System, das durch b kinematische Bindungen in der Bewegungsfreiheit eingeschränkt ist, weist $f = 3n - b$ verbleibende Freiheitsgrade („Bewegungsmöglichkeiten") auf. Für ein entsprechendes System muss man zur vollständigen Beschreibung f Bewegungsgleichungen aufstellen. Dieses gelingt u. a. mit der Dynamischen Grundgleichung: Man betrachtet jede einzelne Masse m_i ($i = 1..n$), für die gilt:

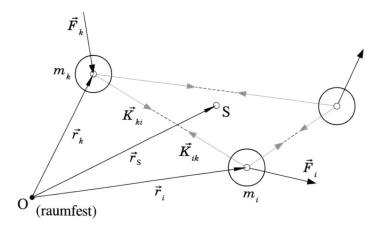

Abb. 2.16 System von n Punktmassen im Raum ($i, k = 1..n$)

$$m_i \ddot{\vec{r}}_i = \vec{F}_i + \sum_{k=1}^{n} \vec{K}_{ik} \quad \text{mit} \quad \vec{K}_{ii} = \vec{0}. \tag{2.65}$$

Durch die Summation werden alle inneren Kräfte erfasst, die auf die Masse m_i einwirken. Zusammen mit den kinematischen bzw. physikalischen Bindungsgleichungen lassen sich daraus die Bewegungsgleichungen herleiten.

Beispiel 2.16: Atwoodsche Fallmaschine mit masseloser Rolle

Für das skizzierte System von zwei Massenpunkten gelten folgende Idealisierungen: Die Rolle (Radius R) sei masselos, das Seil (Länge l) ebenso masselos sowie undehnbar und die raumfeste Lagerung in A reibungsfrei.

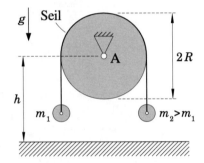

Gesucht sind die Bewegungsgleichungen für die beiden als punktförmig zu betrachtenden Gewichte m_1 und m_2, wenn auch Luftwiderstand o.ä. keine Berücksichtigung findet.

Da keine Kräfte in horizontaler Richtung oder senkrecht zur Zeichenebene existieren und die Körper aus dem Ruhezustand starten sollen, findet ausschließlich eine vertikale Bewegung statt. In dieser Richtung wirken jeweils die Gewichtskraft und die Seilkraft (innere Reaktionskraft).

Möglichkeit 1: Ein Koordinatensystem Man legt den Ursprung O eines kartesischen Koordinatensystems (wegen geradliniger Bewegung) z. B. lotrecht unterhalb von A auf „den Boden", d. h. A$(0; h)$.

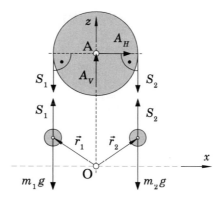

Das stets an der Rolle haftende Seil (Voraussetzung) überträgt die beiden tangential gerichteten Kräfte S_1 und S_2. Diese wirken wegen „actio = reactio" auch als Reaktionskräfte an den Punktmassen. Grundsätzlich erzeugen die Seilkräfte an der Rolle ein Drehmoment bzgl. A; da die Masse der Rolle vernachlässigt wird, kann soz. nichts in Rotation versetzt werden, d. h. die Drehmomentwirkung muss somit verschwinden. Daher gilt in diesem Modell (masselose Rolle):

$$S_1 = S_2 = S\,;$$

dieser Sachverhalt wird in Kap. 4 mit Hilfe des Momentensatzes noch mathematisch präzise dargestellt.

Die beiden sog. Lagerreaktionen A_H und A_V, d.h. die horizontale und vertikale Komponente der wirkenden Lagerkraft, sind äußere Reaktionskräfte. Aus der statischen Gleichgewichtsbedingung (Summe aller Kräfte ist gleich Null) folgt:

$$A_H = 0 \quad \text{und} \quad A_V = 2\,S.$$

Für die beiden Massepunkte m_1 und m_2 lässt sich nun jeweils auf Basis der Freikörperbilder die Dynamische Grundgleichung (2.65) formulieren:

$$\begin{aligned} m_1 \ddot{z}_1 &= S_1 - m_1 g \\ m_2 \ddot{z}_2 &= S_2 - m_2 g \end{aligned} \quad \text{mit} \quad S_1 = S_2 = S.$$

Man erhält ein System aus zwei Gleichungen, das aber drei Unbekannte ($\ddot{z}_1$, $\ddot{z}_2$, S) aufweist. Infolge der (einseitig) starren Kopplung der Massen durch das – undehnbare – Seil, ist die effektive Anzahl an Freiheitsgraden in vertikaler Richtung aber nur $f_V = 1n - b_V = 1$, da $n = 2$ und $b_V = 1$. Diese eine kinematische Bindung muss mathematisch in Form einer kinematischen Beziehung beschrieben werden. D.h. die Koordinaten z_1 und z_2 sind eben nicht unabhängig voneinander, sondern es gilt in diesem speziellen Fall stets der Zusammenhang

$$z_1 + z_2 + (l - R\pi) = 2h, \quad \text{da} \quad l = konst.$$

Nach zweimaliger Zeitableitung dieser Gleichungen ergibt sich

$$\ddot{z}_1 + \ddot{z}_2 = 0 \quad \text{bzw.} \quad \ddot{z}_1 = -\ddot{z}_2.$$

Somit lässt sich bspw. $\ddot{z}_2$ in obigem Gleichungssystem eliminieren:

$$\begin{aligned} m_1\ddot{z}_1 &= S - m_1g \\ -m_2\ddot{z}_1 &= S - m_2g \end{aligned},$$

und die Differenz der beiden Gleichungen liefert:

$$m_1\ddot{z}_1 - (-m_2\ddot{z}_1) = S - m_1g - (S - m_2g)$$

$$(m_1 + m_2)\ddot{z}_1 = (m_2 - m_1)g.$$

Damit erhält man wegen $m_2 > m_1$:

$$\ddot{z}_1 = \frac{m_2 - m_1}{m_1 + m_2}g > 0 \quad \text{und} \quad \ddot{z}_2 = -\frac{m_2 - m_1}{m_1 + m_2}g < 0.$$

Da das System aus dem Ruhezustand, d.h. $v_{1,0} = v_{2,0} = 0$, sich selbst überlassen wird, bedeuten diese beiden Beschleunigungen, dass sich m_1 nach oben und m_2 nach unten bewegen wird (was natürlich zu erwarten ist). Bei diesen beiden DGLs handelt es sich jeweils um die Bewegungsgleichung. Deren Integration ist einfach, denn die Beschleunigungen $\ddot{z}_1$ und $\ddot{z}_2$ sind konstant.

Möglichkeit 2: Zwei Koordinatensysteme Die Dynamische Grundgleichung (2.65) kann für jeden Massenpunkt auch in einem separaten Koordinatensystem aufgestellt werden.

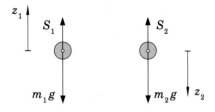

Man legt bspw. den Nullpunkt jeweils in den Startpunkt und orientiert die Koordinatenachsen entsprechend der zu erwartenden Bewegungsrichtung. Dann lauten die z-Gleichungen von (2.65):

$$\begin{aligned} m_1\ddot{z}_1 &= S_1 - m_1g \\ m_2\ddot{z}_2 &= m_2g - S_2 \end{aligned} \quad \text{mit} \quad S_1 = S_2 = S.$$

Die kinematische Beziehung gestaltet sich in diesem Fall etwas einfacher. Aufgrund der Undehnbarkeit des Seils gilt schließlich:

$$z_1 = z_2 \quad \text{bzw.} \quad \ddot{z}_1 = \ddot{z}_2.$$

Nach dem Einsetzen und Auflösen erhält man

$$\ddot{z}_1 = \frac{m_2 - m_1}{m_1 + m_2} g > 0 \quad \text{und} \quad \ddot{z}_2 = \frac{m_2 - m_1}{m_1 + m_2} g > 0.$$

Das Ergebnis entspricht dem vorherigen; die Beschleunigung der Masse m_2 ist nun positiv, da die z-Achsen spiegelbildlich orientiert sind. ◄

2.8.1 Schwerpunktsatz, Impulssatz

Ist für ein sog. Mehrkörpersystem nicht die Bewegung einzelner Elemente zu untersuchen, sondern „lediglich" die Bewegung des Kollektivs von Interesse, so ist es zweckmäßig, die Dynamische Grundgleichung (2.65) der einzelnen Massenpunkte zu addieren.

$$\sum_{i=1}^{n} m_i \ddot{\vec{r}}_i = \sum_{i=1}^{n} \left(\vec{F}_i + \sum_{k=1}^{n} \vec{K}_{ik} \right) = \sum_{i=1}^{n} \vec{F}_i + \underbrace{\sum_{i=1}^{n} \sum_{k=1}^{n} \vec{K}_{ik}}_{= \vec{0}}$$

Die inneren Kräfte treten immer paarweise entgegengesetzt auf, d. h. es ist $\vec{K}_{ik} = \vec{K}_{ki}$; damit fällt die Doppelsumme weg. Erinnert man sich zusätzlich an die Definition des Schwerpunktsortsvektors $\vec{r}_S$ (vgl. Abb. 2.16),

$$m\vec{r}_S = \sum_{i=1}^{n} m_i \vec{r}_i \quad \text{mit} \quad m = \sum_{i=1}^{n} m_i, \tag{2.66}$$

lässt sich für die linke Summe schließlich $m\ddot{\vec{r}}_S$ schreiben. Mit der resultierenden äußeren Kraft

$$\vec{F}_{\text{res}} = \sum_{i=1}^{n} \vec{F}_i$$

ergibt sich der sog. Schwerpunktsatz für ein Massenpunktsystem zu

$$m\ddot{\vec{r}}_S = \vec{F}_{\text{res}}. \tag{2.67}$$

ⓘ

Der Schwerpunkt eines Massenpunktsystems bewegt sich wie ein einzelner Massenpunkt, d.h. als wäre die gesamte Masse in ihm konzentriert und alle äußeren Kräfte greifen dort an. ⏤◿

Mit anderen Worten, Gl. (2.67) ist soz. die Dynamische Grundgleichung für das Gesamts-
system. Der Schwerpunktsatz lässt sich daher analog anwenden und liefert schließlich die
Beschleunigung des Schwerpunktes S eines Massenpunktsystems.

Beispiel 2.17: Atwoodsche Fallmaschine (vgl. Beispiel 2.16)

Betrachtet wird wieder das idealisierte System. Es ist nun aber die Bewegungsgleichung
des Schwerpunktes der beiden Massenpunkte zu ermitteln. Da nach Gleichung (2.67)
lediglich die äußeren Kräfte relevant sind, wird das Gesamtsystem freigeschnitten. Die
Darstellung erfolgt in einem gemeinsamen Koordinatensystem – nur dann ist die Berechnung der Schwerpunktskoordinaten x_S und z_S möglich.

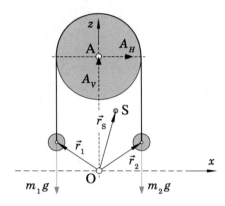

Nach (2.66) lauten diese mit $m_2 > m_1$:

$$x_S = \frac{m_1 x_1 + m_2 x_2}{m_1 + m_2} = \frac{m_1(-R) + m_2 R}{m_1 + m_2} = \frac{m_2 - m_1}{m_1 + m_2} R = konst > 0$$

und

$$z_S = \frac{m_1 z_1 + m_2 z_2}{m_1 + m_2}, \quad \text{wobei} \quad z_1 = z_1(t) \quad \text{und} \quad z_2 = z_2(t).$$

Es gilt daher analog für die Schwerpunktsbeschleunigung:

$$\ddot{z}_S = \frac{m_1 \ddot{z}_1 + m_2 \ddot{z}_2}{m_1 + m_2} \quad \text{mit} \quad \ddot{z}_1 = -\ddot{z}_2 \quad \text{(s. Bsp. 2.16, Mögl. 1).}$$

In diesem Freikörperbild treten nur die äußeren Kräfte auf, das System wird nicht in
die Bestandteile zerlegt. Damit erhält man für die Koordinatengleichung von (2.67) in
z-Richtung:

$$m\ddot{z}_S = A_V - m_1 g - m_2 g.$$

Es tritt also hier die unbekannte Lagerreaktion A_V auf. Für diese gilt nach Bsp. 2.16

$$A_V = 2S,$$

und die Seilkraft S berechnet sich aus der Einzelkörperbetrachtung von z. B. Massenpunkt m_1 zu

$$S = m_1 \ddot{z}_1 + m_1 g.$$

Einsetzen:

$$m \ddot{z}_S = 2S - m_1 g - m_2 g = 2m_1 \ddot{z}_1 + m_1 g - m_2 g.$$

Nun muss man noch $\ddot{z}_1$ über die Beziehungen der Beschleunigungen eliminieren:

$$\ddot{z}_S = \frac{m_1 \ddot{z}_1 + m_2(-\ddot{z}_1)}{m_1 + m_2} \quad \Rightarrow \quad \ddot{z}_1 = \frac{m_1 + m_2}{m_1 - m_2} \ddot{z}_S$$

$$m \ddot{z}_S = 2m_1 \frac{m_1 + m_2}{m_1 - m_2} \ddot{z}_S + m_1 g - m_2 g \quad \text{mit} \quad m = m_1 + m_2$$

$$\left(1 - \frac{2m_1}{m_1 - m_2}\right)(m_1 + m_2)\ddot{z}_S = (m_1 - m_2)g$$

$$\frac{m_1 - m_2 - 2m_1}{m_1 - m_2}\ddot{z}_S = \frac{-m_1 - m_2}{m_1 - m_2}\ddot{z}_S = -\frac{m_1 + m_2}{m_1 - m_2}\ddot{z}_S = \frac{m_1 - m_2}{m_1 + m_2}g.$$

Somit ergibt sich für die Beschleunigung des Schwerpunktes S in vertikaler Richtung:

$$\ddot{z}_S = -\left(\frac{m_1 - m_2}{m_1 + m_2}\right)^2 g = konst < 0;$$

diese ist also unabhängig vom Massenverhältnis m_1/m_2 immer negativ. Der Schwerpunkt S bewegt sich folglich, aus dem Ruhezustand startend, nach unten, da schließlich

$$z_S(t) = \iint\limits_0^t \ddot{z}_S(\bar{t})\,(\mathrm{d}\bar{t})^2 = z_{S,0} - \frac{1}{2}\left(\frac{m_1 - m_2}{m_1 + m_2}\right)^2 g t^2$$

ist. In x-Richtung dagegen findet keine S-Bewegung statt ($x_S = konst$).

Mit obiger DGL für die S-Koordinate z_S (Bewegungsgleichung) lässt sich auch die Beschleunigung des Massenpunktes m_1 angeben:

$$\ddot{z}_1 = \frac{m_1 + m_2}{m_1 - m_2}\ddot{z}_S = -\frac{m_1 + m_2}{m_1 - m_2}\left(\frac{m_1 - m_2}{m_1 + m_2}\right)^2 g = \frac{m_2 - m_1}{m_1 + m_2}g.$$

Dieses Ergebnis stimmt mit jenem von Bsp. 2.16 (Mögl. 1) überein. Damit ist die Beschleunigung von m_2 ebenfalls bekannt: $\ddot{z}_2 = -\ddot{z}_1$.

Fazit: Bei der Anwendung des Schwerpunktsatzes (2.67) müssen evtl. auftretende Lagerreaktion berücksichtigt werden. Diese sind i. Allg. jedoch nicht bekannt; deren Berechnung erfordert die Betrachtung eines Teilsystems. Und das macht den Lösungsweg u. U. etwas aufwendig. Für den Fall, dass es keine räumliche Fixierung von Körpern gibt, ist (2.67) zweifelsohne eine Überlegung wert. Andernfalls kann die Berechnung der

Schwerpunktsbeschleunigung über die Kräftegleichungen für die Einzelkörper durchaus effektiver sein.

◄

Im Folgenden wird der Schwerpunktsatz (2.67) etwas modifiziert. Differenziert man (2.66) nach der Zeit, ergibt sich

$$m\dot{\vec{r}}_S = \sum_{i=1}^{n} m_i \dot{\vec{r}}_i \quad \text{bzw.} \quad m\vec{v}_S = \sum_{i=1}^{n} m_i \vec{v}_i.$$

Das Produkt $m\vec{v}_S$ heißt Schwerpunktsimpuls $\vec{p}_S$ und ist folglich gleich der Summe der Einzelimpulse, also der Gesamtimpuls des Massenpunktsystems.

$$\vec{p}_S = \sum_{i=1}^{n} \vec{p}_i \tag{2.68}$$

Zudem lässt sich die Beschleunigung $\ddot{\vec{r}}_S$ des Schwerpunktes als Zeitableitung der Schwerpunktsgeschwindigkeit schreiben: $\ddot{\vec{r}}_S = \dot{\vec{v}}_S$. Multipliziert mit der Gesamtmasse erhält man die Zeitableitung des Schwerpunktsimpules:

$$m\ddot{\vec{r}}_S = m\dot{\vec{v}}_S = \frac{\mathrm{d}}{\mathrm{d}t}(m\vec{v}_S) = \dot{\vec{p}}_S.$$

Damit lässt sich der Schwerpunktsatz (2.67) über den Schwerpunktsimpuls ausdrücken (2. Fassung):

$$\dot{\vec{p}}_S = \vec{F}_{\text{res}}. \tag{2.69}$$

Es handelt sich hierbei um die allgemeine mathematische Formulierung des 2. NEWTONschen Axioms für ein Massenpunktsystem.

Schreibt man die Zeitableitung $\dot{\vec{p}}_S$ des Schwerpunktsimpules als Differenzialquotient $\frac{\mathrm{d}\vec{p}_S}{\mathrm{d}t}$, dann lautet (2.69):

$$\mathrm{d}\vec{p}_S = \vec{F}_{\text{res}}\,\mathrm{d}t,$$

und integriert nach der Zeit

$$\vec{p}_S(t) - \vec{p}_S(t_0) = \int_{t_0}^{t} \vec{F}_{\text{res}}(\bar{t})\,\mathrm{d}\bar{t}. \tag{2.70}$$

In diesem sog. Impulssatz für das Massenpunktsystem stellt t_0 einen (beliebigen) Bezugszeitpunkt dar. Für ein frei bewegliches System mit verschwindender äußerer resultierender Kraft bleibt demnach der Schwerpunktsimpuls konstant. Mit anderen Worten, in diesem Fall bewegt sich der Schwerpunkt des System geradlinig gleichförmig, d. h. $\vec{v}_S = \vec{konst}$ (Sonderfall: $\vec{v}_S = \vec{0}$). Innere Kräfte, wie sie bspw. bei einer Explosion auftreten, beeinflussen die Bewegung des Schwerpunktes nicht.

2.8.2 Momentensatz

Der Bezugspunkt O in Abb. 2.16 ist raumfest, und der Momentensatz für den Massenpunkt i lautet nach (2.49):

$$\dot{\vec{L}}_i^{(O)} = \vec{M}_{\text{res},i}^{(O)} \quad \text{mit} \quad \vec{L}_i^{(O)} = \vec{r}_i \times m_i \vec{v}_i;$$

das resultierende Moment für den Massenpunkt m_i berechnet sich aus den äußeren und inneren Kräften:

$$\vec{M}_{\text{res},i}^{(O)} = \vec{r}_i \times \vec{F}_i + \sum_{k=1}^{n} (\vec{r}_i \times \vec{K}_{ik}).$$

Bei Summation über alle Massenpunkte ergibt sich die Doppelsumme

$$\sum_{i=1}^{n} \sum_{k=1}^{n} (\vec{r}_i \times \vec{K}_{ik}) = \vec{0};$$

diese verschwindet, da wegen „actio = reactio" $\vec{K}_{ki} = -\vec{K}_{ik}$ und damit

$$\vec{r}_i \times \vec{K}_{ik} + \vec{r}_k \times \vec{K}_{ki} = \vec{r}_i \times \vec{K}_{ik} + \vec{r}_k \times (-\vec{K}_{ik}) = \underbrace{\left(\vec{r}_i - \vec{r}_k \right)}_{\parallel \vec{K}_{ik}} \times \vec{K}_{ik} = \vec{0}$$

ist. Weiterhin erhält man

$$\sum_{i=1}^{n} \dot{\vec{L}}_i^{(O)} = \frac{\mathrm{d}}{\mathrm{d}t} \sum_{i=1}^{n} \vec{L}_i^{(O)} = \dot{\vec{L}}^{(O)},$$

also die Zeitableitung des Gesamtdrehimpulses $\vec{L}^{(O)}$, sowie

$$\sum_{i=1}^{n} (\vec{r}_i \times \vec{F}_i) = \vec{M}_{\text{res},a}^{(O)},$$

das durch alle äußeren Kräfte erzeugte, resultierende Moment. Der Momentensatz (Drallsatz) für das Massenpunktsystem lautet damit

$$\dot{\vec{L}}^{(O)} = \vec{M}_{\text{res},a}^{(O)}. \tag{2.71}$$

Schließlich lässt sich auch der Momentensatz über die Zeit integrieren:

$$\dot{\vec{L}}^{(O)} = \frac{\mathrm{d}\vec{L}^{(O)}}{\mathrm{d}t} \quad \text{und damit} \quad \mathrm{d}\vec{L}^{(O)} = \vec{M}_{\text{res},a}^{(O)}(t)\,\mathrm{d}t$$

$$\vec{L}^{(O)}(t) - \vec{L}^{(O)}(t_0) = \int_{t_0}^{t} \vec{M}_{\text{res},a}^{(O)}(\bar{t})\,\mathrm{d}\bar{t}. \tag{2.72}$$

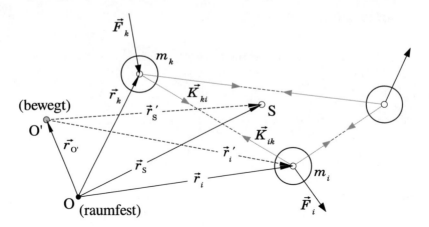

Abb. 2.17 Massenpunktsystem und bewegter Bezugspunkt

Gl. (2.72) heißt Drehimpulssatz für das Massenpunktsystem. Im Falle eines freien System ohne resultierendes äußeres Moment folgt damit schließlich $\vec{L}^{(O)}(t) = \overrightarrow{konst}$ (Drehimpulserhaltung).

Im Folgenden wird wieder ein System aus n Punktmassen betrachtet, nun aber in Bezug auf einen beliebig bewegten Punkt O'. Die Beschreibung erfolgt in den kartesischen Koordinaten von Abb. 1.5, d. h. das in O' verankerte Koordinatensystem sei zum raumfesten stets parallel.

Nach Abb. 2.17 lässt sich für den Ortsvektor $\vec{r}_i$ des i-ten Massenpunktes, $\vec{r}\,'_i = \vec{r}\,_i^{(O')}$ ist der „relative Ortsvektor", bzw. für $\vec{r}_S$ des Schwerpunktes S

$$\vec{r}_i = \vec{r}_{O'} + \vec{r}\,'_i \quad \text{und} \quad \vec{r}_S = \vec{r}_{O'} + \vec{r}\,'_S$$

angeben. Analog gilt für die Geschwindigkeiten von m_i bzw. S (vgl. (1.27)):

$$\vec{v}_i = \vec{v}_{O'} + \vec{v}_{i,\text{rel}} = \vec{v}_{O'} + \vec{v}\,'_i \quad \text{und} \quad \vec{v}_S = \vec{v}_{O'} + \vec{v}_{S,\text{rel}} = \vec{v}_{O'} + \vec{v}\,'_S.$$

Der Drehimpuls des Gesamtsystems berechnet sich damit zu

$$\vec{L}^{(O)} = \sum_{i=1}^{n} (\vec{r}_i \times m_i \vec{v}_i) = \sum_{i=1}^{n} \left[\underbrace{(\vec{r}_{O'} + \vec{r}\,'_i)}_{= \vec{r}_i} \times m_i \underbrace{(\vec{v}_{O'} + \vec{v}\,'_i)}_{= \vec{v}_i} \right]$$

$$= \sum_{i=1}^{n} \left[\vec{r}_{O'} \times m_i \vec{v}_i + \vec{r}\,'_i \times m_i (\vec{v}_{O'} + \vec{v}\,'_i) \right] = \sum_{i=1}^{n} (\vec{r}_{O'} \times m_i \vec{v}_i) + \sum_{i=1}^{n} \vec{r}\,'_i \times m_i (\vec{v}_{O'} + \vec{v}\,'_i)$$

$$= \vec{r}_{O'} \times \sum_{i=1}^{n} m_i \vec{v}_i + \sum_{i=1}^{n} \underbrace{\vec{r}\,'_i \times m_i \vec{v}_{O'}}_{= m_i \vec{r}\,'_i \times \vec{v}_{O'}} + \sum_{i=1}^{n} \vec{r}\,'_i \times m_i \vec{v}\,'_i$$

$$= \vec{r}_{O'} \times \underbrace{\sum_{i=1}^{n} m_i \vec{v}_i}_{= m\vec{v}_S} + \underbrace{\sum_{i=1}^{n} m_i \vec{r}\,'_i \times \vec{v}_{O'}}_{= m\vec{r}\,'_S} + \underbrace{\sum_{i=1}^{n} \vec{r}\,'_i \times m_i \vec{v}\,'_i}_{\overset{\text{def.}}{=} \vec{L}^{(O')}} ; \qquad (2.73)$$

$$\underbrace{= -\vec{v}_{O'} \times m\vec{r}\,'_S}$$

letzterer Term ist der Gesamtdrehimpuls bzgl. dem bewegten Bezugspunkt O', also der rel. Gesamtdrehimpuls. Mit dem Momentensatz (2.71) für den raumfesten Bezugspunkt O folgt sodann:

$$\frac{\mathrm{d}}{\mathrm{d}t} \underbrace{\left(\vec{r}_{O'} \times m\vec{v}_S - \vec{v}_{O'} \times m\vec{r}\,'_S + \vec{L}^{(O')} \right)}_{= \vec{L}^{(O)}} = \overbrace{\sum_{i=1}^{n} \left[\underbrace{(\vec{r}_{O'} + \vec{r}\,'_i)}_{= \vec{r}_i} \times \vec{F}_i \right]}^{= \vec{M}_{\text{res,a}}^{(O)}} .$$

Zeitableitung mittels Produktregel:

$$\underbrace{\dot{\vec{r}}_{O'}}_{= \vec{v}_{O'}} \times m\vec{v}_S + \left\{ \vec{r}_{O'} \times \underbrace{m\dot{\vec{v}}_S}_{= \dot{\vec{p}}_S = \vec{F}_{\text{res}}} \right\} - \dot{\vec{v}}_{O'} \times m\vec{r}\,'_S - \vec{v}_{O'} \times m \underbrace{\dot{\vec{r}}\,'_S}_{= \vec{v}\,'_S} + \dot{\vec{L}}^{(O')}$$

$$= \left\{ \vec{r}_{O'} \times \underbrace{\sum_{i=1}^{n} \vec{F}_i}_{= \vec{F}_{\text{res}}} \right\} + \underbrace{\sum_{i=1}^{n} \vec{r}\,'_i \times \vec{F}_i}_{= \vec{M}_{\text{res,a}}^{(O')}} ;$$

die {..}-Terme sind auf beiden Seiten gleich und fallen daher weg. Mit obiger Beziehung für die Schwerpunktsgeschwindigkeit ($v_S = \vec{v}_{O'} + \vec{v}\,'_S$) lässt sich die zeitliche Ableitung des rel. Gesamtdrehimpulses wie folgt angeben:

$$\dot{\vec{L}}^{(O')} = \vec{M}_{\text{res,a}}^{(O')} - \dot{\vec{v}}_{O'} \times m(\vec{v}_{O'} + \vec{v}\,'_S) + \dot{\vec{v}}_{O'} \times m\vec{r}\,'_S + \vec{v}_{O'} \times m\vec{v}\,'_S$$

$$= \vec{M}_{\text{res,a}}^{(O')} - \underbrace{\dot{\vec{v}}_{O'} \times m\vec{v}_{O'}}_{= \vec{0}} - \dot{\vec{v}}_{O'} \times m\vec{v}\,'_S + \dot{\vec{v}}_{O'} \times m\vec{r}\,'_S + \vec{v}_{O'} \times m\vec{v}\,'_S .$$

Da $\dot{\vec{v}}_{O'}$ gerade die Beschleunigung $\vec{a}_{O'}$ von O' darstellt, lautet der Momentensatz in Bezug auf eben den bewegten Bezugspunkt O':

$$\dot{\vec{L}}^{(O')} = \vec{M}_{\text{res,a}}^{(O')} + m(\vec{a}_{O'} \times \vec{r}\,'_S). \qquad (2.74)$$

Es tritt im Vergleich zum Momentensatz (2.71) für einem raumfesten Bezugspunkt ein zusätzlicher Term auf. Dieser beinhaltet das Vektorprodukt aus der Beschleunigung des bewegten Bezugspunktes O' und dem (relativen) Ortsvektor des Schwerpunktes S in Bezug auf den bewegten Bezugspunkt.

Das Vektorprodukt $\vec{a}_{O'} \times \vec{r}\,'_S$ kann jedoch Null werden. Dieses ist für die folgenden drei Sonderfälle gegeben:

- Als Bezugspunkt wird der Schwerpunkt gewählt (O'=S): $\vec{r}\,'_S = \vec{0}$.

$$\dot{\vec{L}}^{(S)} = \vec{M}_{\text{res,a}}^{(S)}$$

- Der Bezugspunkt ist nicht beschleunigt: $\vec{a}_{O'} = \vec{0}$, $\vec{v}_{O'} = k\dot{o}nst$.

$$\dot{\vec{L}}^{(O')} = \vec{M}_{\text{res,a}}^{(O')}$$

- Der Beschleunigungsvektor $\vec{a}_{O'}$ liegt auf der Geraden O'S: $\vec{a}_{O'} \parallel r\,'_S$.

$$\dot{\vec{L}}^{(O')} = \vec{M}_{\text{res,a}}^{(O')}$$

In Worten: Der Momentensatz in der einfachen Form (2.71) gilt nicht nur für einen raumfesten Bezugspunkt, sondern auch für einen bewegten, wenn dieser nicht beschleunigt ist, oder wenn es sich beim Bezugspunkt speziell um den Schwerpunkt (dieser darf beschleunigt sein) handelt.

2.8.3 Arbeits- und Energiesatz

Man formuliert zunächst den Arbeitssatz (2.19) für jeden Massenpunkt m_i ($i = 1..n$) des Systems von n Massenpunkten, vgl. Abb. 2.16, und summiert dann wieder von 1 bis n, also über alle Massenpunkte.

$$E_{k1,i} - E_{k0,i} = W_{01,i}$$

$$\frac{1}{2}m_i v_{1,i}^2 - \frac{1}{2}m_i v_{0,i}^2 = \int_{\vec{r}_{0,i}}^{\vec{r}_{1,i}} \left(\vec{F}_i + \sum_{k=1}^{n} \vec{K}_{ik} \right) d\vec{r}_i = \underbrace{\int_{\vec{r}_{0,i}}^{\vec{r}_{1,i}} \vec{F}_i d\vec{r}_i}_{= W_{01,i}^{(a)}} + \underbrace{\sum_{k=1}^{n} \int_{\vec{r}_{0,i}}^{\vec{r}_{1,i}} \vec{K}_{ik} d\vec{r}_i}_{= W_{01,i}^{(s)}}$$

Symbolerklärung: $W_{01,i}^{(a)}$ ist die Arbeit der am i-ten Massenpunkt angreifenden äußeren $^{(a)}$ Kräfte. Dagegen bezeichnet $W_{01,i}^{(s)}$ die Arbeit aller inneren Kräfte, die hier als „systeminterne" $^{(s)}$ Kräfte deklariert werden.

$$E_{k1,i} - E_{k0,i} = W_{01,i}^{(a)} + W_{01,i}^{(s)}$$

Summation (Arbeitssatz Massenpunktsystem):

$$\sum_{i=1}^{n} E_{k1,i} - \sum_{i=1}^{n} E_{k0,i} = \sum_{i=1}^{n} W_{01,i}^{(a)} + \sum_{i=1}^{n} W_{01,i}^{(s)}$$

$$E_{k1} - E_{k0} = W_{01}^{(a)} + W_{01}^{(s)} \qquad (2.75)$$

Hierbei sind die Summe der Energien bzw. Arbeiten für alle Massenpunkte einzusetzen. Nun lassen sich beide Arbeitsanteile weiter aufspalten, nämlich in die Arbeit $\bar{W}$ der konservativen und $\tilde{W}$ der nicht-konservativen Kräfte, sowohl bei der äußeren als auch der inneren Arbeit.

$$E_{k1} - E_{k0} = \bar{W}_{01}^{(a)} + \tilde{W}_{01}^{(a)} + \bar{W}_{01}^{(s)} + \tilde{W}_{01}^{(s)}$$

Die „konservativen Arbeiten" können bekannterweise über ein Potenzial E_p berechnet werden.

$$d\bar{W}^{(a)} = -dE_p^{(a)}, \quad \text{integriert}: \quad \bar{W}_{01}^{(a)} = -(E_{p1}^{(a)} - E_{p0}^{(a)})$$

$$d\bar{W}^{(s)} = -dE_p^{(s)}, \quad \text{integriert}: \quad \bar{W}_{01}^{(s)} = -(E_{p1}^{(s)} - E_{p0}^{(s)})$$

Und somit erhält man den Arbeitssatz in der 2. Fassung:

$$\left(E_{k1} + E_{p1}^{(a)} + E_{p1}^{(s)}\right) - \left(E_{k0} + E_{p0}^{(a)} + E_{p0}^{(s)}\right) = \tilde{W}_{01}^{(a)} + \tilde{W}_{01}^{(s)}. \qquad (2.76)$$

Im Folgenden sind die beiden Fassungen des Arbeitssatzes noch für ein paar Sonderfälle aufgeführt.

- Starre Massenpunktsysteme: $W_{01}^{(s)} = 0$. Bei einer rein translatorischen Bewegung von starr gebundenen Massenpunkten m_i und m_k ist $d\vec{r}_k = d\vec{r}_l$, und wegen $\vec{K}_{ik} = -\vec{K}_{ki}$ ergibt sich: $\vec{K}_{ik}d\vec{r}_i + \vec{K}_{ki}d\vec{r}_k = 0$. Erfolgt zudem eine momentane Drehung der Punktmasse m_k um m_i, dann ist $\vec{K}_{ki}d\vec{r}_{k,\text{rot}}^{(m_i)} = 0$, da schließlich $\vec{K}_{ki} \perp d\vec{r}_{k,\text{rot}}^{(m_i)}$. Es gilt demnach also:

$$E_{k1} - E_{k0} = W_{01}^{(a)}$$

bzw.

$$\left(E_{k1} + E_{p1}^{(a)}\right) - \left(E_{k0} + E_{p0}^{(a)}\right) = \tilde{W}_{01}^{(a)}.$$

- Konservative Systeme: Es treten dann eben nur konservative innere und äußere Kräfte auf, d. h. es ist $\tilde{W}_{01}^{(a)} = 0$ und $\tilde{W}_{01}^{(s)} = 0$.

$$E_{k1} - E_{k0} = \bar{W}_{01}^{(a)} + \bar{W}_{01}^{(s)}$$

bzw.

$$\left(E_{k1} + E_{p1}^{(a)} + E_{p1}^{(s)}\right) - \left(E_{k0} + E_{p0}^{(a)} + E_{p0}^{(s)}\right) = 0 \qquad (2.77)$$

Diese Gleichung ist der sog. Energiesatz für das Massenpunktsystem, der auch in der Form $E_{\text{ges}} = konst$ geschrieben werden kann.

- Starre, konservative Systeme: In diesem Fall ist zusätzlich $\bar{W}_{01}^{(s)} = 0$, und man erhält für den Arbeits- bzw. Energiesatz

$$E_{k1} - E_{k0} = \bar{W}_{01}^{(a)}$$

bzw.

$$\left(E_{k1} + E_{p1}^{(a)}\right) - \left(E_{k0} + E_{p0}^{(a)}\right) = 0. \tag{2.78}$$

Diese Sonderfälle liegen übrigens auch dann vor, wenn zwei Körper über ein „ideales Seil" (undehnbar) gekoppelt sind. Seilkräfte können nur Zugkräfte übertragen, so dass es sich dann um eine einseitig starre Bindung handelt.

Beispiel 2.18: Atwoodsche Fallmaschine mit masseloser Rolle

Unter Berücksichtigung der Idealisierungen entspr. Bsp. 2.16 ist die Geschwindigkeit der beiden Gewichte als Funktion des Ortes zu berechnen. Für die Lösung dieser zeitfreien Fragestellung bietet sich die Anwendung des Arbeits-/Energiesatzes an. Da es sich um ein (einseitig) starres, konservatives System handelt (keinerlei Widerstandskräfte), speziell (2.78).

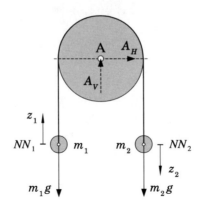

Es sei hiezu angemerkt, dass die Lagerreaktionen A_H und A_V raumfeste Reaktionskräfte sind; sie verrichten schließlich keine Arbeit und finden daher bei dieser Berechnungsmethode keine Berücksichtigung.

Die mechanische Anordnung mit $m_1 \neq m_2$ soll aus dem Ruhezustand sich selbst überlassen werden. Wie bereits in Bsp. 2.16 aufgezeigt, definiert man zweckmäßigerweise zwei Koordinatensysteme; die z-Achsen werden dabei „willkürlich" orientiert, d. h. man nimmt eine Bewegungsrichtung an (es soll hier nicht $m_2 > m_1$ vorgegeben sein). Zudem legt man das Nullniveau NN des Potenzials bspw. jeweils auf die Startposition. Damit lautet der Energiesatz:

$$E_{k1,1} + E_{k1,2} + E_{p1,1}^{(a)} + E_{p1,2}^{(a)} = \underbrace{E_{k0,1} + E_{k0,2}}_{= 0} + \underbrace{E_{p0,1}^{(a)} + E_{p0,2}^{(a)}}_{= 0}$$

$$\frac{1}{2}m_1\dot{z}_1^2 + \frac{1}{2}m_2\dot{z}_2^2 + m_1gz_1 - m_2gz_2 = 0.$$

Die Formel zur Berechnung der Potenziale hängt von der gewählten Orientierung der vertikalen Koordinatenachse ab, vgl. (2.29) bzw. (2.30). Mit der kinematischen Beziehung $z_1 = z_2$, infolge der einseitig starren Bindung, gilt analog für die Geschwindigkeiten

$$\dot{z}_1 = \dot{z}_2.$$

Somit erhält man aus obigem Energiesatz bspw. für die Geschwindigkeit $\dot{z}_2$ des Massenpunktes m_2:

$$\dot{z}_2 = \pm\sqrt{2g\frac{m_2 - m_1}{m_1 + m_2}z_2}.$$

Es lassen sich nun für $m_1 \neq m_2$ zwei Fälle unterscheiden:

- $m_2 > m_1$: Dann muss $z_2 > 0$ sein, damit sich eine reelle Geschwindigkeit berechnen lässt. Das bedeutet weiterhin, dass sich m_2 nach unten bewegt und folglich $\dot{z}_2 > 0$ ist, also $\dot{z}_2 = {}^{+}_{(-)}\sqrt{\dots}$ gilt.
- $m_1 > m_2$: In diesem Fall wird $m_2 - m_1 < 0$, und man muss für ein reelles $\dot{z}_2$ auch $z_2 < 0$ fordern. Schließlich erfolgt die Bewegung dann nach oben; es gilt also $\dot{z}_2 = {}^{(+)}_{-}\sqrt{\dots}$, da eben $\dot{z}_2 < 0$ ist.

Es sei noch ergänzt, dass man die Geschwindigkeit $\dot{z}_2$ – natürlich – auch aus der in Beispiel 2.16 auf Basis der Dynamischen Grundgleichung ermittelten Beschleunigung $\ddot{z}_2$ berechnen kann. Und das ist sogar ziemlich einfach, da $\ddot{z}_2$ eine sehr angenehme Eigenschaft hat:

$$\ddot{z}_2 = \frac{m_2 - m_1}{m_1 + m_2}g = konst.$$

Da es sich zudem um eine geradlinige Bewegung handelt, lässt sich hier direkt die „zeitunabhängige Bewegungsgleichung" (1.11) anwenden:

$$\dot{z}_2^2 - v_{2,0}^2 = 2\ddot{z}_2(z_2 - z_{2,0}),$$

mit Startpunkt $z_{2,0} = 0$ und Startgeschwindigkeit $v_{2,0} = 0$. Bei einer zeitfreien Fragestellung ist jedoch i. Allg. die Lösung mittels Arbeits- bzw. Energiesatz sinnvoller, da die Beschleunigung nicht unbedingt konstant sein muss (z. B. $\ddot{z}_2 = \ddot{z}_2(z_2)$), wenn die Rolle noch eine bzgl. A exzentrische Punktmasse besitzt, die dann ein positionsabhängiges Moment erzeugt). Die Berechnung der Geschwindigkeit $\dot{z}_2$ aus $\ddot{z}_2$ ist zwar normalerweise möglich, kann aber u. U. aufwendig sein (Tabelle im Abschn. 1.1.2). ◄

2.9   Zeitlich veränderliche Massen, Schubkraft

Nicht immer ist die Masse eines Körpers konstant. Es gibt durchaus Fälle in der Praxis, bei denen eine Zeitfunktion $m = m(t)$ zu berücksichtigen ist. Man denke bspw. an eine „Rakete", die durch den Treibstoffausstoß an Masse verliert. Im Folgenden sei jedoch weiterhin das Modell des Massenpunktes anwendbar („Körperabmessungen $\ll$ Bahnabmessungen").

Bevor jedoch die Bewegung einer zeitlich veränderlichen Masse beschrieben wird, ist die Potenzreihenentwicklung einer Funktion, insbesondere die Linearisierung, in Erinnerung zu rufen. Hierzu wird allgemein die Funktion

$$f : x \mapsto y = f(x)$$

betrachtet; diese sei am Entwicklungspunkt x_0 beliebig oft differenzierbar. Es gilt dann

$$y(x) = P_n(x) + R_n(x),$$

wobei $P_n(x)$ ein Polynom n-ten Grades ist und $R_n(x)$ das sog. Restglied. Im Falle der Konvergenz ist

$$\lim_{n \to \infty} R_n(x) = 0,$$

und die Funktion f lässt sich als TAYLOR-Reihe darstellen:

$$f(x) = \sum_{n=0}^{\infty} \frac{f^{(n)}(x_0)}{n!} (x - x_0)^n \quad [4].$$

Ist nun speziell $x - x_0 \ll 1$, dann können die Glieder höherer Ordnung vernachlässigt werden, d. h. bei Abbruch der Reihe nach dem linearen Glied ist der dadurch entstehende Fehler klein; man spricht von Linearisierung.

$$f(x) \approx f(x_0) + f'(x_0)(x - x_0)$$

Bei der Bewegung von $m(t)$ sei nun $x_0 = t$ ein (beliebiger) Zeitpunkt und $x = t + dt$. Damit ist die Linearisierungsbedingung $x - x_0 = dt \ll 1$ sichergestellt. Mit der Zeit t als unabhängige Variable gilt für die Ableitung $f'(x_0) = \frac{dy}{dt}$ und es ergibt sich schließlich:

$$f(t + dt) \approx f(t) + dy.$$

Entlang der räumlichen Bahn eines Körpers wirke die resultierende Kraft $\vec{F} = \vec{F}(t)$. Die Körpermasse m ist auch zeitlich veränderlich, d. h. es wird im Zeitintervall $t..t + dt$ die Masse $|dm|$ (rel. Geschwindigkeit $\vec{w}$) abgestoßen; hierbei ist der Betrag zu verwenden, da $\dot{m} = \frac{dm}{dt} < 0$ (Verlust an Masse) angenommen wird und $dt > 0$ ist.

Da für die Bewegung eines Kollektivs an Massenpunkten (Körper mit Masse $m(t + dt)$ und Teilmasse $|dm|$) nach dem Schwerpunktsatz (2.69) nur die äußere resultierende Kraft $\vec{F}_{res}$ relevant ist, müssen hier die inneren Kräfte, den Zusammenhalt bewirken und dann

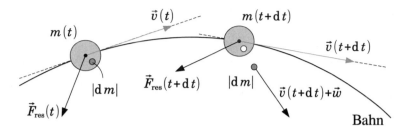

Abb. 2.18 Räumlichen Bewegung eines als punktförmig zu betrachtenden Körpers mit zeitlich veränderlicher Masse

zum Masseausstoß führen, nicht betrachtet werden. Es gilt für das in Abb. 2.18 skizzierte
Massenpunktsystem also:

$$\dot{\vec{p}}_S = \vec{F}_{res} \quad \text{bzw.} \quad \frac{d\vec{p}_S}{dt} = \vec{F}_{res}.$$

Für das Differenzial $d\vec{p}_S$ des Schwerpunktsimpulses lässt sich mit der oben erläuterten
Formel zur Linearisierung

$$d\vec{p}_S = \vec{p}_S(t + dt) - \vec{p}_S(t)$$

angeben. Der Schwerpunktsimpuls ist der Gesamtimpuls des Systems, d. h. es ergibt sich
weiterhin

$$d\vec{p}_S = m(t + dt)\vec{v}(t + dt) + |dm|\big(\vec{v}(t + dt) + \vec{w}\big) - m(t)\vec{v}(t),$$

und mit der Linearisierungsformel und $dm < 0$:

$$d\vec{p}_S = \big(m(t) + dm\big)\big(\vec{v}(t) + d\vec{v}\big) + \underbrace{|dm|}_{=\,-dm}\,\big(\vec{v} + d\vec{v} + \vec{w}\big) - m(t)\vec{v}(t)$$

$$= \underline{m(t)\vec{v}(t)} + m(t)d\vec{v} + \cancel{dm\vec{v}(t)} + \cancel{dmd\vec{v}} - \cancel{dm\vec{v}(t)} - \cancel{dmd\vec{v}} - dm\vec{w} - \underline{m(t)\vec{v}(t)}.$$

Somit erhält man nach Division mit dt:

$$\frac{d\vec{p}_S}{dt} = m(t)\frac{d\vec{v}}{dt} - \frac{dm}{dt}\vec{w} = \vec{F}_{res},$$

bzw. mit $m = m(t)$:

$$m\dot{\vec{v}} - \dot{m}\vec{w} = \vec{F}_{res}.$$

In diesem Fall ist $\dot{m} < 0$. Es wird nun allgemein mit

$$\eta = -\dot{m} \tag{2.79}$$

die sog. Massenänderung („Massenstrom") eingeführt; diese ist folglich bei zeitlicher
Abnahme der Masse positiv. Weiterhin definiert man die Schubkraft $\vec{S}$ (auch Rückstoßkraft

genannt) zu

$$\vec{S} = -\eta \vec{w} \quad \text{mit} \quad \eta = \eta(t), \tag{2.80}$$

die bei Massenabnahme, d. h. für $\eta > 0$, stets entgegengesetzt zur Relativgeschwindigkeit $\vec{w}$ der Teilmasse $|\mathrm{d}m|$ orientiert ist. Damit lässt sich die aus dem Schwerpunktsatz gewonnene Gleichung wie folgt formulieren:

$$m\dot{\vec{v}} = \vec{F}_{\text{res}} + \vec{S}. \tag{2.81}$$

Formal entspricht diese Gleichung wegen $\dot{\vec{v}} = \vec{a}$ der Dynamischen Grundgleichung (2.4), durch Einführung der Schubkraft $\vec{S}$ jedoch für Körper mit zeitlich veränderlicher Masse erweitert.

Beispiel 2.19: Rakete im homogenen Erdschwerefeld

Es ist die Bewegung einer als punktförmig anzunehmenden Rakete (Leermasse m_L, max. Treibstoffmasse m_T) zu modellieren, wenn diese zum Zeitpunkt $t = 0$ auf der Erdoberfläche startet ($v_0 = 0$) und sich sodann stets senkrecht zu dieser bewegt.

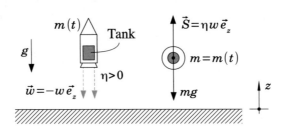

Da Treibstoff ausgestoßen wird, nimmt die Masse m der Rakete kontinuierlich ab und es ist die Massenänderung $\eta > 0$ („abgegebene Masse pro Zeit"). Der Treibstoffausstoß erfolgt nach unten, wodurch eine nach oben gerichtete Schubkraft entsteht. Somit lautet die z-Koordinatengleichung der vektoriellen Gleichung (2.81):

$$m\dot{v} = -mg + \eta w \quad \text{mit} \quad v = \dot{z}.$$

In diesem Modell wird der Luftwiderstand ignoriert. Und zudem soll – bis zum Zeitpunkt t_B (s. u.), dann ist $\eta = 0$ und diese DGL gilt nicht mehr – der Treibstoffausstoß konstant erfolgen, d. h. es sei $\eta = \eta_0 = konst > 0$ und $w = konst > 0$. Damit lässt sich $m = m(t)$ berechnen.

$$\dot{m} = -\eta_0$$

Die Integration dieser (einfachen) DGL liefert die lineare Funktion

$$m = m_0 - \eta_0 t, \quad \text{wobei} \quad m_0 = m(0) = m_\text{L} + m_\text{T}.$$

Und man erhält als DGL 1. Ordnung für die Raketengeschwindigkeit

$$\dot{v} = -g + \frac{\eta_0}{m}w = \underbrace{-g + \frac{\eta_0}{m_0 - \eta_0 t}w}_{= \, a(t)} \ .$$

Integration nach Zeit t (vgl. Tabelle im Abschn. 1.1.2):

$$v = \underbrace{v_0}_{=\,0} + \int_0^t a(\bar{t})\,\mathrm{d}\bar{t} = \int_0^t \left(-g + \frac{\eta_0}{m_0 - \eta_0\bar{t}}w\right)\mathrm{d}\bar{t}$$

$$= -gt + \eta_0 w \int_0^t \frac{1}{m_0 - \eta_0\bar{t}}\,\mathrm{d}\bar{t} = -gt + \eta_0 w \frac{1}{-\eta_0}\Big[\ln(m_0 - \eta_0\bar{t})\Big]_0^t$$

$$= -gt - w\Big[\ln(m_0 - \eta_0 t) - \ln(m_0)\Big] = -gt - w\ln\frac{m_0 - \eta_0 t}{m_0}$$

$$= w\ln\frac{m_0}{m_0 - \eta_0 t} - gt.$$

Nach der Zeit t_B, gen. Brennschluss, ist der Tank leer; für die Raketenmasse gilt dann $m(t_B) = m_L$. Die Brennschlußzeit berechnet sich daher zu

$$t_B = \frac{m_0 - m(t_B)}{\eta_0} = \frac{m_L + m_T - m_L}{\eta_0} = \frac{m_T}{\eta_0}.$$

Zum Zeitpunkt des Brennschlusses erreicht die Rakete die maximale Geschwindigkeit $v_{\max} = v(t_B)$

$$= w\ln\frac{m_0}{m_0 - m_T} - gt_B = w\ln\frac{m_L + m_T}{m_L} - g\frac{m_T}{\eta_0} = w\ln\left(1 + \frac{m_T}{m_L}\right) - g\frac{m_T}{\eta_0}.$$

Danach wird die Rakete durch das Eigengewicht wieder abgebremst, und die Bewegungsgleichung lautet schließlich $\dot{v} = -g$. ◄

Die elementare Gesetzmäßigkeit $\dot{\vec{p}}_S = \vec{F}_{res}$ („NEWTON 2") muss bei zeitlich veränderlichen Massen angewandt werden. Zerlegt man in einem Modell einen Körper in Teilkörper, deren Masse zu- oder abnimmt – wobei sich die Gesamtmasse nicht ändert –, so gilt natürlich die Dynamische Grundgleichung für diese Teilkörper i. Allg. ebenfalls nicht.

Beispiel 2.20: Abrutschen eines Bandes an Tischkante

Ein homogenes Band (Länge L) aus z. B. Kunststoff liegt auf einem Tisch, wobei an der Tischkante ein Teilstück mit der Länge z_0 überhängt. Ist z_0 hinreichend groß, so rutscht das Band ab; hierbei tritt Reibung zwischen Band und Tisch auf (Reibbeiwert μ). Für jenen Abrutschvorgang ist die Geschwindigkeits-Zeit-Funktion $v = v(t)$ zu ermitteln. Man zerlegt dafür das Band in zwei Teilkörper (Freikörperbilder):

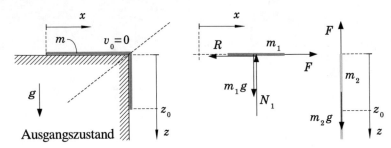

Die z-Koordinate entspricht der Länge des überhängenden Bandstücks; x ist die abgerutschte Länge. Es gilt folgende kin. Beziehung: $z = z_0 + x$ und somit $\dot{z} = \dot{x}$ bzw. $\ddot{z} = \ddot{x}$.

Da das Material des Bandes homogen sein soll, folgt für dessen „Massenbelegung" $\rho^* = \frac{dm}{dl} = konst$; dl ist die Länge eines infinitesimal kleinen Bandabschnitts/-elements. Damit folgt für ein Band-Teilstück der Länge Δl (Masse Δm) bzw. für das gesamte Band mit der Masse m:

$$\int_0^{\Delta m} \mathrm{d}m = konst \int_0^{\Delta l} \mathrm{d}l \, , \text{ also } konst = \frac{\Delta m}{\Delta l} = \frac{m}{L} \quad \Rightarrow \quad \Delta m = \frac{m}{L} \Delta l.$$

Die Massen der oben skizzierten Teilkörper berechnen sich demnach zu

$$m_1 = \frac{m}{L}(L - z) \quad \text{und} \quad m_2 = \frac{m}{L}z \, , \quad \text{wobei} \quad z = z(t).$$

Nun lässt sich die „erweiterte Dyn. Grundgleichung" (2.81) für beide Teilkörper formulieren ($v_1 = \dot{x}$, $v_2 = \dot{z}$):

$$m_1\ddot{x} = F - R + S_1 \quad \text{sowie} \quad m_2\ddot{z} = m_2g - F + S_2,$$

wobei (Schubkräfte)

$$S_1 = \dot{m}_1 w_1 = \dot{m}_1(-v_1) \quad \text{und} \quad S_2 = \dot{m}_2 w_2 = \dot{m}_2(-v_2);$$

Man beachte hierbei, die Relativgeschwindigkeiten w_1 sowie w_2 der abgegeben (Teilkörper 1) bzw. aufgenommenen (Teilkörper 2) Masse sind jeweils negativ: Beim horizontalen Abschnitt bleibt ständig an der Kante ein inf. Massenelement der Länge dl soz. liegen, während dieses vom überhängenden Bandteil aus dem „Ruhezustand" aufgenommenen wird. Es gilt zudem mit der Massendichte $\rho = konst$ (Masse pro Volumen) und der Querschnittsfläche $A = konst$ des homogenes Bandes für die Massenänderung des ersten Teilkörpers

$$\dot m_1 = \frac{\mathrm{d}m_1}{\mathrm{d}t} = \frac{-\rho\,\mathrm{d}V_1}{\mathrm{d}t} = \frac{-\rho A\,\mathrm{d}x}{\mathrm{d}t} = -\rho A\frac{\mathrm{d}x}{\mathrm{d}t} = -\rho A v_1$$

und analog für den sich vertikal bewegenden Teilkörper Nr. 2

$$\dot m_2 = +\rho A v_2.$$

In diesem spez. Fall haben die beiden Schubkräfte den gleichen Betrag, $S_1 = \rho A v_1^2$ und $S_2 = -\rho A v_2^2$ mit $v_1 = v_2$, da pro Zeit genau soviel Masse aufgenommenen ($S_2 < 0$) wie abgegeben ($S_2 > 0$) wird und schließlich $w_1 = w_2$ ist.

Mit der Reibkraft $R = \mu N_1 = \mu m_1 g$ ergibt sich unter Berücksichtigung obiger kin. Beziehungen nach Addition der Kräftegleichungen (Eliminierung von F, $m_1 + m_2 = m$) die Bewegungsgleichung

$$\ddot z - \kappa z = -\mu g \quad \text{mit} \quad \kappa = (1+\mu)\frac{g}{L} = konst > 0.$$

Diese beschreibt die Beschleunigung des Bandes, $\ddot z = \kappa z - \mu g$, die also in diesem Fall vom Ort z abhängt. Damit das Band überhaupt abrutscht, muss $a = \ddot z$ in der Ausgangsposition ($z = z_0$) positiv sein:

$$\kappa z_0 - \mu g > 0, \quad \text{also} \quad z_0 > \frac{\mu g}{\kappa}.$$

Die „Abschn. 1.1.2-Tabelle" liefert mit $v_0 = 0$:

$$v = \overset{+}{_{(-)}}\sqrt{2\int_{z_0}^z a(\bar z)\,\mathrm{d}\bar z} = \sqrt{2\int_{z_0}^z (\kappa\bar z - \mu g)\,\mathrm{d}\bar z} = \sqrt{2\Big[\frac{1}{2}\kappa\bar z^2 - \mu g\bar z\Big]_{z_0}^z} =$$

$$= \sqrt{\kappa z^2 - 2\mu g z - \kappa z_0^2 + 2\mu g z_0} = v(z)$$

und damit ($t_0 = 0$)

$$t = \int_{z_0}^z \frac{\mathrm{d}\bar z}{v(\bar z)} = \int_{z_0}^z \frac{\mathrm{d}\bar z}{\sqrt{\kappa\bar z^2 - 2\mu g\bar z - \kappa z_0^2 + 2\mu g z_0}}.$$

Nach [6] gilt für das Integral wegen $\kappa > 0$ und $\Delta = 4\cdot\kappa\cdot(-\kappa z_0^2 + 2\mu g z_0) - (-2\mu g)^2 = -4(\kappa z_0 - \mu g)^2 < 0$:

$$t = \Big[\frac{1}{\sqrt{\kappa}}\,\mathrm{sgn}(2\kappa\bar z - 2\mu g)\,\mathrm{arcosh}\frac{|2\kappa\bar z - 2\mu g|}{2(\kappa z_0 - \mu g)}\Big]_{z_0}^z;$$

da stets $z \geq z_0$ und $z_0 > \frac{\mu g}{\kappa}$ sein muss, ist ebenso $z > \frac{\mu g}{\kappa}$ und folglich $2\kappa\bar z - 2\mu g > 0$, also $|2\kappa\bar z - 2\mu g| = 2\kappa\bar z - 2\mu g$ sowie $\mathrm{sgn}(2\kappa\bar z - 2\mu g) = 1$. Die Stammfunktion vereinfacht sich damit:

$$t = \frac{1}{\sqrt{\kappa}}\left[\text{arcosh}\frac{\cancel{2}(\kappa\bar{z}-\mu g)}{\cancel{2}(\kappa z_0-\mu g)}\right]_{z_0}^{z} = \frac{1}{\sqrt{\kappa}}\left(\text{arcosh}\frac{\kappa z-\mu g}{\kappa z_0-\mu g}-\text{arcosh}1\right)$$

Nun ist diese Gleichung noch nach z aufzulösen (Umkehrfunktion, wobei $\text{arcosh}1 = 0$),

$$z = \frac{1}{\kappa}\left[\mu g + (\kappa z_0 - \mu g)\cosh t\sqrt{\kappa}\right],$$

und nach der Zeit abzuleiten:

$$v = \dot{z} = \left(z_0 - \frac{\mu g}{\kappa}\right)\sqrt{\kappa}\sinh t\sqrt{\kappa}, \quad \text{wenn} \quad z_0 > \frac{\mu g}{\kappa}.$$

Die Bedingung für z_0, damit das Band überhaupt zu Rutschen beginnt, zeigt sich auch schön beim Ergebnis für die Geschwindigkeit des Bandes. Es ist $\sinh t\sqrt{\kappa} > 0$ für $t > 0$; d. h. für eine positive Geschwindigkeit v muss auch der Faktor $z_0 - \frac{\mu g}{\kappa} > 0$ sein; andernfalls würde das Band ja von selbst nach links rutschen, was ohne Energiezufuhr definitiv als absolut unmöglich deklariert werden kann. ◄

Kinetik des starren Körpers

Das Modell des ideal starren Körpers (Grenzübergang des starren Massenpunktsystems, $n \to \infty$) lässt keinerlei Verformungen zu. Sehr wohl wird nun aber die räumliche Ausdehnung berücksichtigt. Ein freier starrer Körper besitzt im Raum sechs Freiheitsgrade: Drei Freiheitsgrade der Translation und ebenso drei der Rotation.

3.1 Rotation um raumfeste Achsen – Teil 1

In diesem speziellen Fall reduziert sich die Anzahl f an Freiheitsgraden von sechs auf eins, denn die Lage des Körpers ist durch die Angabe eines Drehwinkels eindeutig beschrieben. Die Kinematik dieser „einfachen" Bewegung, jeder Körperpunkt führt eine Kreisbewegung um die Drehachse aus, wurde bereits in Kap. 1 erklärt.

Eine besondere Bedeutung nimmt hier die Winkelgeschwindigkeit ω ein; sie gibt schließlich den aktuellen Bewegungszustand an. In der Praxis wird jedoch die „Drehgeschwindigkeit" häufig durch die sog. Drehzahl n angegeben. Darunter versteht man – per Definition – die Anzahl an Umdrehungen, die sich durch Division des Drehwinkels mit 2π (Vollwinkel $\hat{=}$ eine Umdrehung) ergibt, bezogen auf die dafür benötigte Zeit. Die Winkelgeschwindigkeit ω lässt sich daher wie folgt in die Drehzahl n umrechnen:

$$\omega = \frac{\mathrm{d}\varphi}{\mathrm{d}t} = \frac{2\pi}{2\pi}\frac{\mathrm{d}\varphi}{\mathrm{d}t} = 2\pi\frac{\frac{\mathrm{d}\varphi}{2\pi}}{\mathrm{d}t},$$

also

$$\omega = 2\pi n. \tag{3.1}$$

Elektronisches Zusatzmaterial Die elektronische Version dieses Kapitels enthält Zusatzmaterial, das berechtigten Benutzern zur Verfügung steht 10.1007/978-3-662-62107-3_3.

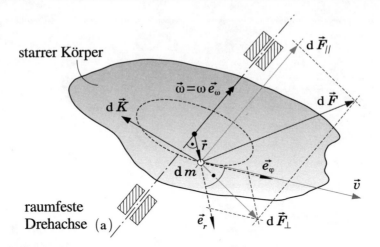

Abb. 3.1 Zum Momentensatz bei Rotation um eine raumfeste Achse

3.1.1 Momentensatz, Massenträgheitsmoment

Zunächst wird der Drehimpulsvektor[1] $d\vec{L}^{(a)}$ eines infinitesimal kleinen Massenelements dm („Massenpunkt") des Körper in Bezug auf die Drehachse a definiert, und zwar analog zum Drehimpuls bzgl. eines Punktes nach (2.46):

$$d\vec{L}^{(a)} = \vec{r} \times dm\,\vec{v}\,;$$

hierin sind $\vec{r}$ der „Abstandsvektor" ($\vec{r} \perp \vec{e}_\omega$) des Massenelements dm bzgl. der raumfesten Achse a (vgl. Abb. 3.1) und $\vec{v}$ der momentane Geschwindigkeitsvektor. Für letzteren gilt aufgrund der Kreisbewegung

$$\vec{v} = r\omega\vec{e}_\varphi\,.$$

Mit $\vec{r} = r\vec{e}_r$ erhält man:

$$d\vec{L}^{(a)} = r\vec{e}_r \times dm\,r\omega\vec{e}_\varphi = \omega r^2 dm\,\underbrace{(\vec{e}_r \times \vec{e}_\varphi)}_{=\,\vec{e}_\omega}\,.$$

Die Integration über den (starren) Körper $\mathbb{K}$ („Summation" der $d\vec{L}^{(a)}$) liefert schließlich den gesamten Drehimpulsvektor bzgl. der Achse a.

$$\vec{L}^{(a)} = \int\limits_{(\mathbb{K})} d\vec{L}^{(a)} = \omega \int\limits_{(\mathbb{K})} r^2 dm\,\vec{e}_\omega$$

---

[1]$d\vec{L}^{(a)}$ ist der Anteil am ges. Drehimpuls, den das Massenelement dm beisteuert.

Da $\vec{L}^{(a)}$ nur eine Komponente in Richtung der Drehachse aufweist, ist eine skalare Formulierung ausreichend. Mit der Abkürzung

$$J^{(a)} = \int\limits_{(\mathbb{K})} r^2 \mathrm{d}m \quad \text{mit} \quad r = |\vec{r}\,|\,, \tag{3.2}$$

diese massengeometrische Größe heißt (axiales) *Massenträgheitsmoment* des Körpers bzgl. der Achse a, lässt sich dessen Drehimpuls wie folgt angeben:

$$L^{(a)} = J^{(a)}\omega\,. \tag{3.3}$$

$L^{(a)}$ bzw. $\vec{L}^{(a)}$ ist der Drehimpuls(vektor) des Körpers bei „reiner Rotation" um die raumfeste Achse a, d. h. jeder Körperpunkt bewegt sich permanent auf einer Kreisbahn um a. Im allgemeineren Fall rotiert der Körperschwerpunkt um a, und der Körper führt zudem eine sog. Eigendrehung um die Schwereachse s∥a aus (vgl. dazu „Ebene Bewegungen", Abschn. 3.2).

Im Anhang B sind die Formeln für das (axiale) Massenträgheitsmoment ausgewählter Körpergeometrien zusammengefasst. Der interessierte Leser findet dort auch die jeweilige Herleitung; dabei ist teilweise der im nächsten Abschnitt erklärte „Satz von STEINER" angewandt.

Zurück zur Abb. 3.1: Auf das Massenelement dm wirke die resultierende äußere Kraft d$\vec{F}$. Diese lässt sich in zwei Komponenten zerlegen, d$\vec{F}$ = d$\vec{F}_\perp$ + d$\vec{F}_\parallel$, wobei die Komponente d$\vec{F}_\parallel$ parallel zur Drehachse die Rotationsbewegung nicht beeinflusst, sondern „nur" zu einer Lagerbelastung führt. Die bzgl. a orthogonal wirkende Komponente d$\vec{F}_\perp$ erzeugt dagegen ein (äußeres) Drehmoment

$$\begin{aligned}
\mathrm{d}\vec{M}^{(a)} &= \vec{r} \times \mathrm{d}\vec{F}_\perp \\
&= r\vec{e}_r \times (\mathrm{d}F_{\perp,r}\vec{e}_r + \mathrm{d}F_{\perp,\varphi}\vec{e}_\varphi) = r\,\mathrm{d}F_{\perp,r}\underbrace{\left(\vec{e}_r \times \vec{e}_r\right)}_{=\,\vec{0}} + r\,\mathrm{d}F_{\perp,\varphi}\underbrace{\left(\vec{e}_r \times \vec{e}_\varphi\right)}_{=\,\vec{e}_\omega} \\
&= r\,\mathrm{d}F_{\perp,\varphi}\vec{e}_\omega = \mathrm{d}M^{(a)}\vec{e}_\omega
\end{aligned}$$

in Bezug auf die Achse a. Analog dazu lässt sich das innere Moment

$$\mathrm{d}\vec{D}^{(a)} = \vec{r} \times \mathrm{d}\vec{K}_\perp$$

angeben, welches durch die – in Bezug auf a – senkrechte Komponente d$\vec{K}_\perp$ der auf dm wirkenden resultierenden inneren Kraft d$\vec{K}$ verursacht wird. Der Momentensatz, vgl. (2.49) im Abschn. 2.5, für das Massenelement lautet damit

$$\mathrm{d}\dot{\vec{L}}^{(a)} = \mathrm{d}\vec{M}^{(a)}_{\mathrm{res}} = \mathrm{d}\vec{M}^{(a)} + \mathrm{d}\vec{D}^{(a)}\,.$$

Summiert man nun diese Gleichung für alle Massenelemente des Körpers $\mathbb{K}$ (Integration, da Kontinuum), erhält man den Momentensatz für den Körper in Bezug auf die raumfeste Achse a. Hierbei ist zu berücksichtigen, vgl. Herleitung des Momentensatzes für ein Massenpunktsystem, dass sich dabei wegen „actio=reactio" alle inneren Momente $d\vec{D}^{(a)}$ wegheben.

$$\int\limits_{(\mathbb{K})} d\dot{\vec{L}}^{(a)} = \frac{d}{dt} \int\limits_{(\mathbb{K})} d\vec{L}^{(a)} = \dot{\vec{L}}^{(a)} = J^{(a)}\dot{\omega}\,\vec{e}_\omega$$

$$\int\limits_{(\mathbb{K})} \left(d\vec{M}^{(a)} + d\vec{D}^{(a)}\right) = \underbrace{\int\limits_{(\mathbb{K})} d\vec{M}^{(a)}}_{= \vec{M}^{(a)}} + \underbrace{\int\limits_{(\mathbb{K})} d\vec{D}^{(a)}}_{= 0} = M^{(a)}\vec{e}_\omega$$

Da sowohl der Drehimpulsvektor als auch der Vektor des äußeren Moments (jeweils bzgl. a) nur eine Komponente in Richtung von $\vec{e}_\omega$ aufweisen, ist eine skalare Formulierung des Momentensatzes ausreichend:

$$\dot{L}^{(a)} = J^{(a)}\dot{\omega} = M^{(a)} \, . \tag{3.4}$$

Es ist also $M^{(a)}$ das durch die äußeren Kräfte (genauer: deren zu a senkrechten Komponenten $\vec{F}_{j,\perp}$) erzeugte resultierende Moment bzgl. der Drehachse a.

$$\vec{M}^{(a)} = M^{(a)}\vec{e}_\omega \stackrel{def.}{=} \sum_{j=1}^{n_F} \left(\vec{r}_j \times \vec{F}_{j,\perp}\right) + \sum_{l=1}^{n_M} M_l^{(a)}\vec{e}_\omega$$

Natürlich müssen in diesem Zusammenhang auch sog. Einzelmomente $M_l^{(a)}$ berücksichtigt werden. Darunter versteht man Momente, die aus einem oder mehreren Kräftepaaren (betragsgleiche, aber anti-parallel Kräfte) resultieren und i.d.R. eben direkt als Moment angegeben sind.

Integriert man den Momentensatz (3.4) über die Zeit, beginnend mit einem Bezugszeitpunkt t_0, so folgt der Drehimpulssatz für raumfeste Achsen.

$$\dot{L}^{(a)} = \frac{dL^{(a)}}{dt} \quad \Rightarrow \quad dL^{(a)} = M^{(a)}(t)\,dt$$

$$L^{(a)}(t) - L^{(a)}(t_0) = J^{(a)}\omega(t) - J^{(a)}\omega(t_0) = \int\limits_{t_0}^{t} M^{(a)}(\bar{t})d\bar{t} \, . \tag{3.5}$$

In diesem Fall gilt wieder (wie bereits bei Massenpunktsystemen erkannt): Existiert kein – resultierendes – äußeres Moment, so bleibt der Drehimpuls des Körpers bzgl. der entsprechenden Achse konstant: $J^{(a)}\omega = konst$; man spricht dann von Drehimpulserhaltung.

Ergänzung 1: d'ALEMBERTsches Prinzip Durch formale Einführung des D'ALEMBERTschen Moments (analog zur Trägheitskraft)

$$\vec{M}_{\text{träge}}^{(a)} = -J^{(a)}\dot{\omega}\vec{e}_{\omega} \tag{3.6}$$

ergibt sich aus obigem Momentensatz das „D'ALEMBERTsche Prinzip bei Rotation um eine raumfeste Achse" zu

$$\vec{M}^{(a)} + \vec{M}_{\text{träge}}^{(a)} = \vec{0}$$

bzw. in skalarer Formulierung (ist wie bereits erläutert ausreichend):

$$M^{(a)} + M_{\text{träge}}^{(a)} = 0, \quad \text{mit} \quad M_{\text{träge}}^{(a)} = -J^{(a)}\dot{\omega}. \tag{3.7}$$

Beim Freischneiden eines Körpers ist das träge Moment $J^{(a)}\dot{\omega}$ stets entgegengesetzt zum positiv angenommenen Drehsinn einzutragen.

Beispiel 3.1: Atwoodsche Fallmaschine (Rolle mit Masse)

Für die skizzierte mechanische Anordnung, vgl. Bsp. 2.16 im Abschn. 2.8, gelten folgende Idealisierungen: Das Seil (Länge l) sei masselos sowie undehnbar und die raumfeste Lagerung in C reibungsfrei. Im Gegensatz zu Bsp. 2.16 wird hier jedoch die Masse m_R der Rolle (Radius R) berücksichtigt. Diese sei zudem als massiver Kreiszylinder modelliert.

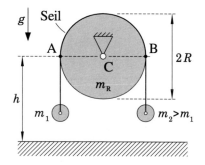

Zu berechnen ist die Winkelbeschleunigung $\dot{\omega}$ der im Punkt C raumfest gelagerten Rolle, auf der zu jedem Zeitpunkt das Seil haften soll. Die beiden Gewichte m_1 und m_2 sind als Massenpunkte zu betrachtenden, Luftwiderstand o. ä. wird vernachlässigt.

Freikörperbilder, inkl. der D'ALEMBERTschen Kräfte (Trägheitskräfte) und Momente („träge Momente"):

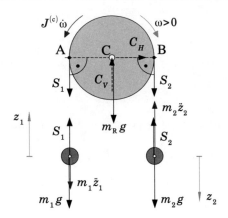

Es wird entsprechend Variante 2 von Bsp. 2.16 für jeden Körper ein individuelles Koordinatensystem eingeführt. Die Orientierung der Achsen sowie die Festlegung des pos. Drehsinns (hier $\omega > 0$ im Uhrzeigersinn, d.h. $\otimes \vec{e}_\omega$) erfolgt nach der zu erwartenden Bewegungsrichtung. Damit lassen sich die beiden Kräftegleichungen

$$\uparrow z_1 : \quad S_1 - m_1 g - m_1 \ddot{z}_1 = 0$$

$$\downarrow z_2 : \quad m_2 g - S_2 - m_2 \ddot{z}_2 = 0$$

für die Punktmassen und die Momentengleichung mit dem Bezugspunkt

$$\overset{\frown}{C} : \quad R S_2 - R S_1 - J^{(c)} \dot{\omega} = 0 \,,$$

der Pfeilbogen $\frown$ über dem Bezugspunktsymbol gibt den definierten pos. Drehsinn an, für die um die Achse c drehbare Rolle aufstellen; die Achse c verläuft senkrecht zur Zeichenebene (c $\parallel \vec{e}_\omega$) durch den raumfesten Lagerpunkt C. Das (axiale) Massenträgheitsmoment $J^{(c)}$ berechnet sich für den massiven Zylinder zu

$$J^{(c)} = \frac{1}{2} m_R R^2 \,.$$

Es liegen nun 3 Gleichungen mit insgesamt 5 Unbekannten ($\ddot{z}_1$, $\ddot{z}_2$, $\dot{\omega}$, S_1 und S_2) vor. Um das Gleichungssystem lösen zu können, müssen noch 2 weitere Gleichungen formuliert werden, die sog. kinematischen Beziehungen zwischen den Gewichten und der Rolle. Dazu betrachtet man die beiden Rollenpunkte A und B: Aufgrund der Undehnbarkeit des Seils (einseitig starre Bindung) muss deren Momentangeschwindigkeit mit der Geschwindigkeit des korrespondierenden Massenpunktes übereinstimmen, d.h. $v_A = \dot{z}_1$ und $v_B = \dot{z}_2$. Zudem gilt wegen der Drehung der Rolle um C für die Punkte A und B: $v_A = R\omega$ sowie $v_B = R\omega$. Und somit lauten die kinematischen Beziehungen

$$\dot{z}_1 = R\omega \quad \text{und} \quad \dot{z}_2 = R\omega \,.$$

Diese beinhalten schließlich die von Bsp. 2.16 bekannte Beziehung $\dot{z}_1 = \dot{z}_2$. Bei n starr gekoppelten Körpern müssen aber nur $n-1$ kinematische Beziehungen formuliert werden (Redundanz ist nicht erforderlich). Nach zeitlicher Ableitung ergibt sich

$$\ddot{z}_1 = R\dot{\omega} \quad \text{und} \quad \ddot{z}_2 = R\dot{\omega},$$

und das Gleichungssystem lässt sich nach der gesuchten Winkelbeschleunigung $\dot{\omega}$ auflösen. Mit Gleichung $\widehat{C}$:

$$J^{(c)}\dot{\omega} = (S_2 - S_1)R = \left[(m_2 g - m_2 \ddot{z}_2) - (m_1 g + m_1 \ddot{z}_1)\right]R \,; \ J^{(c)} = \frac{1}{2} m_R R^2$$

$$\frac{1}{2} m_R R^{\cancel{2}} \dot{\omega} = \left(m_2 g - m_2 R\dot{\omega} - m_1 g - m_1 R\dot{\omega}\right)\cancel{R}$$

$$\frac{1}{2} m_R R\dot{\omega} = (m_2 - m_1)g - (m_1 + m_2)R\dot{\omega}$$

$$m_R R\dot{\omega} + 2(m_1 + m_2)R\dot{\omega} = \left[m_R + 2(m_1 + m_2)\right]R\dot{\omega} = 2(m_2 - m_1)g \,.$$

Damit erhält man

$$\dot{\omega} = \frac{2(m_2 - m_1)g}{\left[m_R + 2(m_1 + m_2)\right]R} \,.$$

Mit den kinematischen Beziehungen können sodann auch direkt die Beschleunigungen $\ddot{z}_1$ und $\ddot{z}_2$ der Massenpunkte angegeben werden. ◄

Ergänzung 2: Zentrale Drehstöße Zwei starre Körper mit den Massenträgheitsmomenten $J_1^{(a)}$ und $J_2^{(a)}$ rotieren um ein und dieselbe raumfeste Achse a. Es kommt zu einer kurzzeitigen Wechselwirkung (Stoßzeit t_S), wobei die Drehachse a orthogonal zur Berührebene ist. Ein Paradebeispiel für einen zentralen Drehstoß ist der Einkuppelvorgang in einem Schaltgetriebe.

Im Folgenden sollen jegliche äußeren Einflüsse, wie z. B. Lagerreibung, vernachlässigt werden. Abb. 3.2 zeigt, dass während eines Stoßes an beiden Körpern ein „Wechselwirkungsmoment" $M(t)$ wirkt (bspw. infolge von Reibung); wegen „actio=reactio" sind die

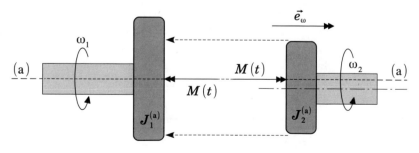

Abb. 3.2 Zentraler Drehstoß

beiden betragsgleichen Momente entgegengesetzt orientiert. Es seien ω_1 und ω_2 die Winkelgeschwindigkeiten direkt vor und ω_1' und ω_2' jene unmittelbar nach dem Stoßvorgang; der Drehimpulssatz lautet dann jeweils:

$$J_1^{(a)}\omega_1' - J_1^{(a)}\omega_1 = -\int_{(t_S)} M(t)\,\mathrm{d}t$$

$$J_2^{(a)}\omega_2' - J_2^{(a)}\omega_2 = \int_{(t_S)} M(t)\,\mathrm{d}t\,.$$

Nach Addition dieser Gleichungen erhält man den sog. Drehimpulserhaltungssatz für den zentralen Drehstoß,

$$J_1^{(a)}\omega_1 + J_2^{(a)}\omega_2 = J_1^{(a)}\omega_1' + J_2^{(a)}\omega_2'\,, \tag{3.8}$$

der aber nur dann Gültigkeit hat, wenn keine äußeren Momentenwirkungen auftreten. Wie die Impulsbilanz (2.53) für einen geraden zentralen Stoß, vgl. Abschn. 2.6.2, beinhaltet auch Gl. (3.8) zwei Unbekannte: ω_1' und ω_2'. Es muss also auch bei einem zentralen Drehstoß der zeitliche Verlauf des Wechselwirkungsmoments, der vom Materialverhalten der Drehmassen abhängig ist, spezifiziert werden. Dieses erfolgt analog zum geraden zentralen Stoß durch die Einführung einer Stoßzahl:

$$\varepsilon = -\frac{\omega_2' - \omega_1'}{\omega_2 - \omega_1}\,. \tag{3.9}$$

Man unterscheidet hier genauso zwischen drei energetischen Stoßvarianten:

- Vollkommen elastischer Drehstoß: $\varepsilon = 1$. In diesem Fall ist die gesamte Rotationsenergie vor und nach dem stoß gleich.
- Teil-elastischer Drehstoß: $0 < \varepsilon < 1$.
- Vollkommen plastischer Drehstoß: $\varepsilon = 0$. Der „Energieverlust" ist maximal, und die beiden Körper rotieren nach dem Vorgang gemeinsam mit der gleichen Winkelgeschwindigkeit ω' um die Achse a.

Für den zentralen Drehstoß ergeben sich also formal die gleichen mathematischen Ausdrücke wie bei der Berechnung des geraden zentralen Stoßes (Abschn. 2.6.2). Es ist daher nicht erforderlich, die Formeln für ω_1' und ω_2' anzugeben oder gar herzuleiten. Man kann einfach die für einen geraden zentralen Stoß geltenden Gleichungen verwenden, wenn man die Massen m_i durch die Massenträgheitsmomente $J_i^{(a)}$ der Körper und die Geschwindigkeiten v_i und v_i' durch deren Winkelgeschwindigkeiten ω_i und ω_i' ersetzt ($i = 1; 2$).

3.1.2 Satz von Steiner

Eine raumfeste Drehachse muss natürlich nicht zwingend durch den Schwerpunkt des rotierenden Körpers verlaufen. Jedoch beziehen sich jene zur Berechnung von Massenträgheitsmomenten verfügbaren Formeln (z. B. Anhang B) i. d. R. auf eine Achse s durch den Körperschwerpunkt, eine sog. Schwereachse. Daher wird im Folgenden ein Zusammenhang zwischen den Massenträgheitsmomenten $J^{(s)}$ und $J^{(a)}$ ermittelt, wobei für die Bezugsachse a gelten soll a $\parallel$ s.

In Abb. 3.3 verlaufen die zueinander parallelen Bezugsachsen a und s – zumindest gedanklich – senkrecht zur Zeichenebene und a durch den Punkt A sowie s durch den Schwerpunkt S. Ein beliebiges Massenelement dm hat dann zu diesen Achsen den Abstand $r = |\vec{r}|$ bzw. $\rho = |\vec{\rho}|$. Die Massenträgheitsmomente berechnen sich daher zu

$$J^{(a)} = \int_{(\mathbb{K})} r^2 \mathrm{d}m \quad \text{und} \quad J^{(s)} = \int_{(\mathbb{K})} \rho^2 \mathrm{d}m \, .$$

Es seien in dem kartesischen xy-Koordinatensystem x_S und y_S die Koordinaten des Körperschwerpunkts. Für den Abstand r gilt nach dem Satz des PYTHAGORAS:

$$r^2 = (x_S + \xi)^2 + (y_S + \eta)^2 \, .$$

Schließlich lässt sich analog für den Abstand $r_S = \mathrm{dist}(a; s)$ der Achse a von der Schwereachse s angeben:

$$r_S^2 = x_S^2 + y_S^2 \, .$$

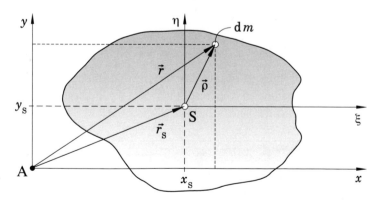

Abb. 3.3 Zur Herleitung des Satzes von STEINER (Draufsicht)

Damit ergibt sich für das Massenträgheitsmoment $J^{(a)}$ des Körpers bzgl. der zur Schwere-achse s parallelen Achse a:

$$J^{(a)} = \int_{(\mathbb{K})} \left[(x_S + \xi)^2 + (y_S + \eta)^2 \right] dm$$

$$= \int_{(\mathbb{K})} \left[x_S^2 + 2x_S\xi + \xi^2 + y_S^2 + 2y_S\eta + \eta^2 \right] dm \ .$$

Die Schwerpunktskoordinaten x_S und y_S sind hierbei fixe Werte und können folglich vor das Integral gezogen werden. Berücksichtigt man zusätzlich die Definitionsgleichung für den Ortsvektor des (Massen-)Schwerpunktes S,

$$m\vec{r}_S = \int_{(\mathbb{K})} \vec{r}\, dm \quad \text{bzw.} \quad m\vec{\rho}_S = \int_{(\mathbb{K})} \vec{\rho}\, dm \ ,$$

sowie die Festlegung $\vec{\rho}_S = \vec{0}$ (vgl. Abb. 3.3), d. h. der Koordinatenursprung des kartesischen $\xi\eta$-Systems ist der Körperschwerpunkt, so lässt sich obiges Integral wie folgt vereinfachen:

$$J^{(a)} = \int_{(\mathbb{K})} \underbrace{\left(\xi^2 + \eta^2 \right)}_{=\,\rho^2} dm + \underbrace{\left(x_S^2 + y_S^2 \right)}_{=\,r_S^2} \underbrace{\int_{(\mathbb{K})} dm}_{=\,m} +$$

$$+ 2x_S \underbrace{\int_{(\mathbb{K})} \xi\, dm}_{=\,m\xi_S\,=\,0} + 2y_S \underbrace{\int_{(\mathbb{K})} \eta\, dm}_{=\,m\eta_S\,=\,0} \ .$$

Da der erste Term gerade dem Massenträgheitsmoment $J^{(s)}$ bzgl. der Schwereachse s entspricht, lautet der sog. Satz von STEINER:

$$J^{(a)} = J^{(s)} + r_S^2 m \ . \tag{3.10}$$

Der „STEINERanteil" $r_S^2 m$ ist immer positiv, d. h. für das Massenträgheitsmoment $J^{(a)}$ bzgl. einer zur Schwereachse s parallelen Achse a gilt $J^{(a)} > J^{(s)}$. An dieser Stelle sei nochmals erwähnt, dass r_S der Abstand der beiden Bezugsachsen a und s ist.

Beispiel 3.2: „Scheibenpendel" / exzentrischer Stoß

Exzentrische Stöße werden zwar erst im nächsten Abschnitt explizit behandelt, doch ist im speziellen Fall der Rotation um raumfeste Achsen eine entsprechende Fragestellung bereits an dieser Stelle lösbar.

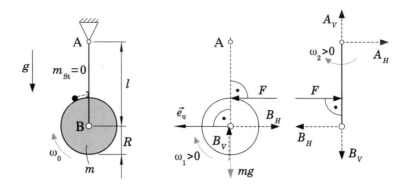

In Anlehnung an ein Beispiel aus [10] zeigt das Bild (Skizze links) eine massive Scheibe (Masse m, Radius R), die sich zunächst mit konstanter Winkelgeschwindigkeit ω_0 um die Achse b (b $\perp$ Zeichenebene, B $\in$ b) dreht. Der als masselos anzunehmende, im raumfesten Punkt A drehbar gelagerte dünne Stab der Länge l befindet sich dabei im Ruhezustand. Durch einen Schnappmechanismus wird die Scheibe plötzlich (Zeitdauer $t_0 .. t_0 + t_S$ sehr klein) mit dem Stab „ideal" verbunden, d. h. es gibt danach keine Relativbewegung mehr zwischen diesen beiden Körpern. Zu berechnen ist die Winkelgeschwindigkeit ω', mit der beide Körper nach deren Kopplung gemeinsam um A rotieren.

Werden dissipative Effekte („Reibung") vernachlässigt, ergeben sich die skizzierten Freikörperbilder. Hierbei ist zu beachten, dass alle Kräfte, außer das Gewicht mg natürlich, von der Zeit abhängen, z. B.: $F = F(t)$. Berechnet man das resultierende Moment $M_{res}^{(A)}$ für das Gesamtsystem, so ist dieses gleich Null. Es treten keine äußeren Momente auf, und die inneren heben sich wegen „actio=reactio" auf. Der Gesamtdrehimpuls bzgl. der Achse a (a $\perp$ Zeichenebene, A $\in$ a) bleibt daher konstant, ist demnach vor und nach dem Koppelvorgang gleich (Drehimpulserhaltung, vgl. Gl. (2.76)).

$$L_{ges, vor}^{(a)} = L_{ges, nach}^{(a)}$$

Bezeichnet man die Scheibe als Körper 1 und den Stab als 2, so gilt:

$$L_{1, vor}^{(a)} + \underbrace{L_{2, vor}^{(a)}}_{= 0} = L_{1, nach}^{(a)} + L_{2, nach}^{(a)}$$

Der Drehimpuls des Stabes ist vor der Kopplung Null, da sich der Stab nicht bewegt; zudem sei ja auch noch dessen Masse $m_{St} = 0$. Nun rotiert die Scheibe aber um die Achse b! Wie jedoch im Abschnitt „Ebene Bewegungen" gezeigt wird (Abschn. 3.2), gilt für den Drehimpuls eines Körpers in Bezug auf eine raumfeste Achse a (a $\perp$ Zeichenebene, A $\in$ a):

$$\vec{L}^{(a)} = \vec{L}^{(s)} + \vec{r}_S^{(A)} \times \vec{p}_S \, .$$

Hierbei sind s die entsprechende Schwereachse (s $\perp$ Zeichenebene, S $\in$ s), $\vec{r}_S^{(A)}$ der
Ortsvektor des Schwerpunktes S bzgl. A und $\vec{p}_S$ der Schwerpunktsimpuls ($\vec{p}_S = m\vec{v}_S$).
In diesem Beispiel ist der Schwerpunkt der homogenen Scheibe der Kreismittelpunkt B.
Da sich der Stab zunächst im Ruhezustand befindet ist $\vec{v}_S = \vec{v}_B = \vec{0}$, und es gilt somit
(s=b):

$$\vec{L}_{1,\text{vor}}^{(a)} = \vec{L}_{1,\text{vor}}^{(b)} \quad \text{bzw.} \quad L_{1,\text{vor}}^{(a)} = L_{1,\text{vor}}^{(b)} \,.$$

Eine skalare Formulierung ist bekannterweise ausreichend; der Drehimpulsvektor weist
bei der Rotation um eine raumfeste Achse nur eine Komponente in Richtung der Drehachse auf. Mit Gl. (3.3) ergibt sich:

$$J_1^{(b)}\omega_0 + 0 = J_1^{(a)}\omega' + \underbrace{J_2^{(a)}}_{= 0}\omega' \,.$$

$J_2^{(a)} = 0$, da der Stab als masselos betrachtet wird. Mit dem Satz von STEINER berechnet
sich das Massenträgheitsmoment $J_1^{(a)}$ zu

$$J_1^{(a)} = J_1^{(b)} + l^2 m \,,$$

wobei für das Massenträgheitsmoment $J_1^{(b)}$ der massiven Scheibe bzgl. der Schwereachse
b

$$J_1^{(b)} = \frac{1}{2}mR^2$$

gilt. Man erhält folglich für die gesuchte Winkelgeschwindigkeit:

$$\omega' = \frac{J_1^{(b)}}{J_1^{(a)}}\omega_0 = \frac{J_1^{(b)}}{J_1^{(b)} + l^2 m}\omega_0 = \frac{\frac{1}{2}mR^2}{\frac{1}{2}mR^2 + l^2 m}\omega_0 = \frac{R^2}{R^2 + 2l^2}\omega_0 \,.$$

Da sich die Scheibe vor dem Koppelvorgang im Uhrzeigersinn dreht, ist dieser auch
als pos. Drehsinn festgelegt. Laut Ergebnis ist mit $\omega_0 > 0$ auch $\omega' > 0$, d. h. das Pendel schlägt nach links aus, der Drehsinn bleibt erhalten (es gilt ja präzise formuliert:
$\vec{L}_{\text{ges}}^{(a)} = \vec{konst}$).

Lösungsalternative: Man formuliert auf Basis obiger Freikörperbilder für beide Körper
den Drehimpulssatz:

$$\text{Scheibe}: \quad J_1^{(b)}\omega' - J_1^{(b)}\omega_0 = \int\limits_{(t_S)} M_{\text{res},1}^{(b)}\,\mathrm{d}t = -\int\limits_{(t_S)} RF\,\mathrm{d}t = -R\hat{F}$$

(Hierzu sei erwähnt, dass die Winkelgeschwindigkeit eines Körpers unabhängig von der
Bezugsachse ist. Daher berechnet sich der Drehimpuls der Scheibe bzgl. der Achse b
nach dem Koppelvorgang mit ω' zu $J_1^{(b)}\omega'$, obwohl sich die Scheibe dann – mit eben ω'
– um die Achse a dreht.)

$$\text{Masseloser Stab}: \quad \underbrace{J_2^{(a)}}_{=0}\, \omega' - \underbrace{J_2^{(a)}}_{=0}\, \underbrace{\omega_{2,0}}_{=0} = \int\limits_{(t_S)} M_{\text{res},2}^{(a)}\, dt =$$

$$= \int\limits_{(t_S)} \left[l B_H - (l - R) F \right] dt = l \hat{B}_H - (l - R) \hat{F}\,.$$

Die Symbole „$\hat{X}$" mit „Dach" sind Abkürzungen für die entsprechenden Integrale über die Wechselwirkungszeit t_S. Aus der zweiten Gleichung erhält man folgende Beziehung für das Stoßintegral

$$\hat{F} = \frac{l}{l - R} \hat{B}_H\,.$$

Das Integral $\hat{B}_H$ (horizontale Komponente der Gelenk-Reaktionskraft in B) lässt sich über den Impulssatz für die Scheibe eliminieren. Nach dem Vorgang bewegt sich B auf einer Kreisbahn (Radius l) um A. Daher wurde im Freikörperbild bereits der zirkulare Basisvektor $\vec{e}_\varphi$ (Polarkoordinaten) eingetragen. Für diese Richtung lautet der Impulssatz:

$$m v'_B - m \underbrace{v_{B,0}}_{=0} = \int\limits_{(t_S)} (F - B_H)\, dt = \hat{F} - \hat{B}_H\,.$$

Der Impulssatz ist zwar formal aus der Theorie der Massenpunktsysteme („starrer Körper = starres Massenpunktsystem") bekannt, er wird aber im Abschnitt „Ebene Bewegungen" für den starren Körper nochmals erläutert. Mit der Bahngeschwindigkeit eines Punktes bei Kreisbewegung folgt ($v'_B = l\omega'$):

$$\hat{B}_H = \hat{F} - m l \omega'\,,$$

und damit (eingesetzt in obige Gleichung für $\hat{F}$)

$$\hat{F} = \frac{l}{l - R} (\hat{F} - m l \omega') \quad \text{bzw.} \quad (l - R)\hat{F} = l\hat{F} - m l^2 \omega'$$

$$l\hat{F} - (l - R)\hat{F} = m l^2 \omega'\,, \quad \text{also} \quad \hat{F} = \frac{m l^2 \omega'}{R}\,.$$

Nun kann man das Stoßintegral $\hat{F}$ in den Drehimpulssatz für die Scheibe einsetzen und nach ω' auflösen. Mit $J_1^{(b)} = \frac{1}{2} m R^2$ erhält man wieder:

$$\frac{1}{2} \cancel{m} R^2 (\omega' - \omega_0) = -R \frac{\cancel{m} l^2 \omega'}{R}$$

$$R^2 \omega' - R^2 \omega_0 = -2 l^2 \omega' \quad \text{und letztlich} \quad \omega' = \frac{R^2}{R^2 + 2 l^2} \omega_0\,.$$

◀

3.1.3   Rotationsenergie und Arbeitssatz

Betrachtet man ein Massenelement dm (Abb. 3.1), so hat dieses die kinetische Energie

$$dE_k = \frac{1}{2}dmv^2, \quad \text{mit} \quad v = |\vec{v}|.$$

Die Integration über den ganzen Körper („Summation aller dE_k") ergibt schließlich dessen kinetische Energie, die im speziellen Fall der Rotation um eine Raumfeste Achse als
Rotationsenergie E_r bezeichnet wird.

$$E_r = \frac{1}{2}\int\limits_{(\mathbb{K})} v^2 dm$$

Wegen der Kreisbewegung des Massenelements dm (Radius r) um die Achse a gilt $v = r\omega$,
und damit ergibt sich

$$E_r = \frac{1}{2}\int\limits_{(\mathbb{K})} (r\omega)^2 dm = \frac{1}{2}\omega^2 \underbrace{\int\limits_{(\mathbb{K})} r^2 dm}_{= J^{(a)}} \ .$$

Die quadrierte Winkelgeschwindigkeit ω^2 wird vor das Integral gezogen, da ω schließlich
für jedes Massenelement gleich ist. Für die kinetische Energie eines mit der Winkelgeschwindigkeit ω um die raumfeste Achse a rotierenden starren Körpers (Rotationsenergie)
gilt demnach:

$$E_r = \frac{1}{2}J^{(a)}\omega^2 . \tag{3.11}$$

Abb. 3.4 Drehwinkel bzw.
Lagekoordinate bei raumfester
Achse a

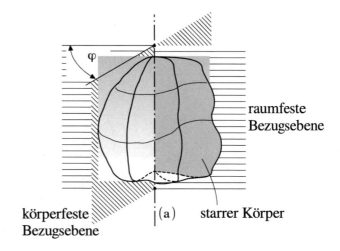

raumfeste
Bezugsebene

körperfeste
Bezugsebene

(a)   starrer Körper

Man multipliziert nun den Momentensatz (3.4) mit dem Differenzial $\mathrm{d}\varphi$ des Drehwinkels φ. Hierbei handelt es sich um den Winkel zwischen einer raumfesten Bezugsebene $\mathbb{E}_r$ und einer körperfesten $\mathbb{E}_k$, wobei die raumfeste Rotationsachse a die Schnittgerade der beiden Ebenen $\mathbb{E}_r$ und $\mathbb{E}_k$ ist (Abb. 3.4).
Man erhält also die Gleichung

$$J^{(\mathrm{a})}\dot{\omega}\,\mathrm{d}\varphi = M^{(\mathrm{a})}\,\mathrm{d}\varphi\,.$$

Da $\dot{\omega} = \frac{\mathrm{d}\omega}{\mathrm{d}t}$ ist und $\frac{\mathrm{d}\varphi}{\mathrm{d}t} = \omega$, folgt für $\dot{\omega}\,\mathrm{d}\varphi = \frac{\mathrm{d}\omega}{\mathrm{d}t}\,\mathrm{d}\varphi = \mathrm{d}\omega\frac{\mathrm{d}\varphi}{\mathrm{d}t} = \mathrm{d}\omega\,\omega$, also für obige Gleichung

$$J^{(\mathrm{a})}\omega\,\mathrm{d}\omega = M^{(\mathrm{a})}\,\mathrm{d}\varphi\,.$$

Nach bestimmter Integration mit korrespondierenden grenzen, hierbei wird auf der rechten Seite entlang des „Winkelweges" von φ_0 (Bezugs- bzw. Startposition mit Winkelgeschwindigkeit ω_0) bis φ_1 (Winkelgeschwindigkeit ω_1) integriert, ergibt sich:

$$J^{(\mathrm{a})}\int_{\omega_0}^{\omega_1}\omega\,\mathrm{d}\omega = J^{(\mathrm{a})}\left[\frac{\omega^2}{2}\right]_{\omega_0}^{\omega_1} = \int_{\varphi_0}^{\varphi_1} M^{(\mathrm{a})}\,\mathrm{d}\varphi$$

$$\frac{1}{2}J^{(\mathrm{a})}\omega_1^2 - \frac{1}{2}J^{(\mathrm{a})}\omega_0^2 = \int_{\varphi_0}^{\varphi_1} M^{(\mathrm{a})}\,\mathrm{d}\varphi\,.$$

Der Ausdruck links ist gleich der Differenz der Rotationsenergie des Körpers zwischen den Positionen „0" und „1"; das Integral rechts ist die Arbeit des Moments $M^{(\mathrm{a})}$ entlang des Winkelweges. Mit der Bezeichnung

$$W_{01} = \int_{\varphi_0}^{\varphi_1} M^{(\mathrm{a})}\,\mathrm{d}\varphi \tag{3.12}$$

lässt sich damit der Arbeitssatz bei Rotation eines starren Körpers um eine Raumfeste Achse a wie folgt formulieren:

$$E_{\mathrm{r}1} - E_{\mathrm{r}0} = W_{01}\,. \tag{3.13}$$

Zerlegt man nun, analog den Überlegungen für Massenpunkte bzw. Massenpunktsysteme, die Arbeit W_{01} in den Anteil $W_{01}^{(\mathrm{k})}$ konservativer Momente, dieser lässt sich dann als Differenz eines Potenzials E_p ausdrücken (vgl. Herleitung der zweiten Fassung des Arbeitssatzes, Abschn. 3.2), und W_{01}^* nicht-konservativer, so erhält der Arbeitssatz die Form

$$\left(E_{\mathrm{r}1} + E_{\mathrm{p}1}\right) - \left(E_{\mathrm{r}0} + E_{\mathrm{p}0}\right) = W_{01}^*\,. \tag{3.14}$$

Für den Sonderfall eines „rein konservativen Systems", d. h. es treten keine nicht-konservativen Momente auf (Idealisierung), ist schließlich $W_{01}^* = 0$ und der Arbeitssatz vereinfacht sich zum sog. Energiesatz.

$$E_{r1} + E_{p1} = E_{r0} + E_{p0} \tag{3.15}$$

Beispiel 3.3: Atwoodsche Fallmaschine (Rolle mit Masse)

Es wird die Anordnung von Beispiel 3.1 mit den gleichen Idealisierungen betrachtet. Jedoch ist nun die Geschwindigkeit v_2 des rechten Gewichtes als Funktion des Weges zu berechnen, wenn sich zu Beginn die Maschine im sog. Ruhezustand befindet. Natürlich könnte man $v_2(z_2)$ mittels der in Bsp. 3.1 ermittelten Beschleunigung $\ddot{z}_2$ sofort angeben: Da es sich um eine geradlinige Bewegung von m_2 mit der Beschleunigung $\ddot{z}_2 = konst$ handelt, lässt sich Gl. (1.11) anwenden. Kennt man die Beschleunigung aber nicht, so ist die Lösung einer entsprechenden zeitfreien Fragestellung mit dem Arbeits-/Energiesatz i. Allg. zweckmäßiger.

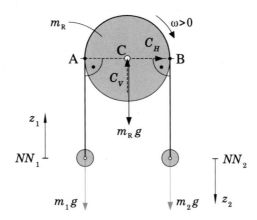

In der vorliegenden Idealisierung werden alle nicht-konservativen Größen vernachlässigt; es ist daher der Energiesatz anzuwenden. Wie bereits im Abschnitt Massenpunktsysteme in Kap. 2 erläutert, handelt es sich zusätzlich um ein (einseitig) starres System, d. h. man formuliert für die punktförmigen Gewichte den Energiesatz (2.77) – vgl. hierzu Bsp. 2.18.

$$E_{k1,1} + E_{k1,2} + E_{p1,1}^{(a)} + E_{p1,2}^{(a)} = \underbrace{E_{k0,1} + E_{k0,2}}_{= 0} + \underbrace{E_{p0,1}^{(a)} + E_{p0,2}^{(a)}}_{= 0}$$

Man führt für jeden Massenpunkt/Körper ein eigenes Koordinatensystem ein; die Orientierung der Achsen wird bestimmt durch die zu erwartende Bewegungsrichtung ($m_2 > m_1$). Das Nullniveau NN des Schwerkraftpotenzials ist mit dem jeweiligen Startpunkt gleichgesetzt. Diese Gleichung beschreibt die Maschine aber nicht vollständig, sie muss in diesem Fall (Rolle mit Masse) um den Energiesatz (3.15) für die um die raumfeste Achse c rotierende Rolle erweitert werden, da sich bei Mehrkörpersystemen die Energiebilanz immer auf das Gesamtsystem bezieht.

$$E_{k1,1} + E_{k1,2} + \underbrace{E_{r,1}} + E_{p1,1}^{(a)} + E_{p1,2}^{(a)} + \underbrace{E_{p1,R}^{(a)}} = \underbrace{E_{r,0} + E_{p0,R}^{(a)}}_{=0}$$

Infolge der (einseitigen) Starrheit des Systems verschwindet die Summe der inneren Arbeiten und es treten daher für die Rolle im Energiesatz ebenso nur äußere Potenziale $E_{p,R}^{(a)}$ auf. Da sich aber die potenzielle Energie der Rolle während der Bewegung nicht verändert (keine elastische Komponente, wie bspw. eine Spiralfeder, Schwerpunkt bleibt in C), kann

$$E_{p0,R}^{(a)} = E_{p1,R}^{(a)} = 0$$

gesetzt werden. Mit anderen Worten: Es gibt kein äußeres Potenzial für die Rolle. Und damit lautet der Energiesatz letztlich

$$E_{k1,1} + E_{k1,2} + E_{r,1} + E_{p1,1}^{(a)} + E_{p1,2}^{(a)} = 0\,.$$

Bzw. ausformuliert:

$$\frac{1}{2}m_1 v_1^2 + \frac{1}{2}m_2 v_2^2 + \frac{1}{2}J^{(c)}\omega^2 + m_1 g z_1 - m_2 g z_2 = 0\,.$$

Mit den kinematischen Beziehungen (vgl. Bsp. 3.1)

$$v_1 = R\omega \quad \text{und} \quad v_2 = R\omega\,,$$

d. h. es gilt zu jedem Zeitpunkt $v_1 = v_2$ und folglich auch $z_1 = z_2$, da schließlich

$$z_1 = z_{1,0}^{\;\;0} + \int_0^t v_1(\bar{t})\,d\bar{t} \quad \text{und} \quad z_2 = z_{2,0}^{\;\;0} + \int_0^t v_2(\bar{t})\,d\bar{t}$$

ist, sowie dem Massenträgheitsmoment der massiven zylindrischen Rolle bzgl. deren Drehachse c,

$$J^{(c)} = \frac{1}{2}m_R R^2$$

erhält man:

$$\frac{1}{2}m_1 v_2^2 + \frac{1}{2}m_2 v_2^2 + \frac{1}{2}\cdot\frac{1}{2}m_R R^2 \left(\frac{v_2}{R}\right)^2 + m_1 g z_2 - m_2 g z_2 = 0$$

$$m_1 v_2^2 + m_2 v_2^2 + \frac{1}{2}m_R v_2^2 + 2m_1 g z_2 - 2m_2 g z_2 = 0\,.$$

$$v_2^2 = \frac{2(m_2 - m_1)gz_2}{m_1 + m_2 + \frac{1}{2}m_R} = 2\underbrace{\frac{2(m_2 - m_1)}{m_R + 2(m_1 + m_2)}g}_{= \ddot{z}_2 = a_2} z_2 ; \quad v_2 = \overset{+}{_{(-)}}\sqrt{2a_2z_2} .$$

◄

Ergänzung: Das reduzierte Massenträgheitsmoment Es wird ein System von n kinematisch gekoppelten Wellen, d.h. deren Winkelgeschwindigkeiten sind nicht unabhängig voneinander, betrachtet und dessen gesamte Rotationsenergie berechnet (Abb. 3.5). Die Winkelgeschwindigkeit der Welle i sei ω_i, deren Massenträgheitsmoment bzgl. der Rotationsachse J_i; hierbei sei angemerkt, dass die Rotationsachsen nicht notwendigerweise zueinander parallel sein müssen. Für die gesamte kinetische Energie gilt

$$E_{r,\text{ges}} = \frac{1}{2}J_1\omega_1^2 + \frac{1}{2}J_2\omega_2^2 + .. + \frac{1}{2}J_i\omega_i^2 + .. + \frac{1}{2}J_n\omega_n^2 = \frac{1}{2}\sum_{i=1}^{n} J_i\omega_i^2 .$$

Man stelle sich nun ein Ersatzsystem (Ersatzmodell) vor, dass bei Drehung um die Rotationsachse der Welle i mit der Winkelgeschwindigkeit ω_i die gleiche kinetische Energie wie das Gesamtsystem hat. Diese gedachte Ersatzwelle muss dann natürlich ein anderes Massenträgheitsmoment besitzen, das als reduziertes Massenträgheitsmoment J_{red} bezeichnet wird.

$$E_{r,\text{Ersatz}} = \frac{1}{2}J_{\text{red}}\omega_i^2 \overset{!}{=} E_{r,\text{ges}}$$

Damit ergibt sich

$$\frac{1}{2}J_{\text{red}}\omega_i^2 = \frac{1}{2}J_1\omega_1^2 + \frac{1}{2}J_2\omega_2^2 + .. + \frac{1}{2}J_i\omega_i^2 + .. + \frac{1}{2}J_n\omega_n^2$$

bzw.

$$J_{\text{red}} = J_1\left(\frac{\omega_1}{\omega_i}\right)^2 + J_2\left(\frac{\omega_2}{\omega_i}\right)^2 + .. + J_i + .. + J_n\left(\frac{\omega_n}{\omega_i}\right)^2 . \tag{3.16}$$

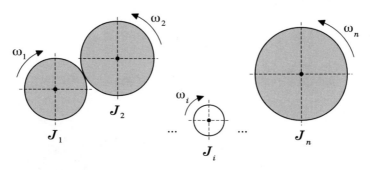

Abb. 3.5 Zum reduzierten Massenträgheitsmoment ($i = 1..n$)

Der Vorteil dieses Ersatzmodells liegt darin, dass nun im Falle eines Antriebs oder einer Bremsung über die Achse der Welle i (Moment $M^{(i)} \gtrless 0$), sehr komfortabel der Momentensatz (3.4) formuliert werden kann:

$$J_{\text{red}}\dot{\omega}_i = M^{(i)} \,.$$

Beispiel 3.4: Anlaufzeit eines einfachen Zahnradgetriebes

Die Skizze zeigt schematisch ein einfaches Getriebe mit einem Antriebsritzel (1) und einem Abtriebsrad (2) sowie die Kennlinie des Motors.

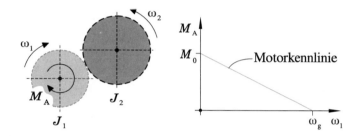

Die angegebenen Massenträgheitsmomente J_1 und J_2 sollen alle Massen beinhalten, die auf der entsprechenden Achse bewegt werden, d. h.

$$J_1 = J_{\text{Ritzel}} + J_{\text{Welle},1} + J_{\text{Motor}} \quad \text{und} \quad J_2 = J_{\text{Zahnrad}} + J_{\text{Welle},2} + J_{\text{Last}} \,.$$

Im Bereich der Maschinenelemente ist es üblich, für ein Getriebe ein sog. Übersetzungsverhältnis i anzugeben. Dieses ist per Definition

$$i = \frac{\omega_1}{\omega_2}$$

wobei ω_1 die Winkelgeschwindigkeit des Antriebsritzels und ω_2 die des Abtriebsrades ist. Der Motor erzeugt auf der Ritzelachse ein Antriebsmoment M_A, das linear von M_0 bei $\omega_1 = 0$ bis auf Null bei $\omega_1 = \omega_g$, (Grenzwinkelgeschwindigkeit) abnimmt. Es ist nun die Zeit t_A zu berechnen, in der das Getriebe aus dem Ruhezustand auf $\omega_2 = \omega_N$ (Nennwinkelgeschwindigkeit) beschleunigt; hierbei sind Reibungseffekte zu vernachlässigen. Mit dem Zeitpunkt t_A ist der Antrieb natürlich auszuschalten, da sonst die Winkelgeschwindigkeit weiter zunimmt.

Im ersten Schritt reduziert man – gedanklich – das Getriebe auf eine Ersatzwelle mit eben dem Massenträgheitsmoment J_{red}, die sich mit ω_1 um die Ritzelachse dreht.

$$J_{\text{red}} = J_1 + J_2 \left(\frac{\omega_2}{\omega_1}\right)^2 = J_1 + \frac{1}{i^2}J_2$$

Der Momentensatz lautet damit

$$J_{red}\dot{\omega}_1 = M_A \quad \text{mit} \quad M_A = M_0\left(1 - \frac{\omega_1}{\omega_g}\right).$$

Es gilt also für die Winkelbeschleunigung auf der Antriebsseite

$$\dot{\omega}_1 = \underbrace{\frac{M_0}{J_{red}}\left(1 - \frac{\omega_1}{\omega_g}\right)}_{= \dot{\omega}_1(\omega_1)}.$$

Die Tabelle im Abschn. 1.1.2 führt sodann zu dem folgenden Integral ($\omega_{1,0} = 0$, da Getriebe aus dem Ruhezustand hochgefahren wird):

$$t(\omega_1) = \overset{= 0}{\cancel{t_0}} + \int_{\omega_{1,0}}^{\omega_1} \frac{d\bar{\omega}_1}{\dot{\omega}_1(\bar{\omega}_1)} = \frac{J_{red}}{M_0} \int_0^{\omega_1} \frac{d\bar{\omega}_1}{1 - \frac{\bar{\omega}_1}{\omega_g}}.$$

Zur Wiederholung der Anwendung der genannten Tabelle sei auf Kap. 1 verwiesen; es ist hier mit dem Momentensatz eben die Winkelbeschleunigung als Funktion der Winkelgeschwindigkeit bekannt. Als Bezugszeitpunkt wird schließlich $t_0 = 0$ gewählt. Da das Getriebe aus dem Ruhezustand beschleunigt wird, ist die Startwinkelgeschwindigkeit $\omega_{1,0} = 0$.

Die Auswertung des Integrals ergibt:

$$t(\omega_1) = \frac{J_{red}}{M_0}\left[-\omega_g \ln\left(1 - \frac{\bar{\omega}_1}{\omega_g}\right)\right]_0^{\omega_1} = -\omega_g \frac{J_{red}}{M_0}\left[\ln\left(1 - \frac{\omega_1}{\omega_g}\right) - \underbrace{\ln 1}_{= 0}\right]$$

$$= \omega_g \frac{J_{red}}{M_0} \ln\left(1 - \frac{\omega_1}{\omega_g}\right)^{-1} = \omega_g \frac{J_{red}}{M_0} \ln \frac{1}{1 - \frac{\omega_1}{\omega_g}}.$$

Und damit lässt sich die Anlaufzeit t_A angeben: $t_A = t(\omega_{1,N})$, wobei $\omega_{1,N}$ die Winkelgeschwindigkeit der Antriebsseite ist, wenn die Abtriebsseite gerade die Nennwinkelgeschwindigkeit erreicht hat, d. h. $\omega_2 = \omega_N$. Mit dem Übersetzungsverhältnis i gilt:

$$\omega_{1,N} = i\omega_N,$$

so dass sich für die Anlaufzeit

$$t_A = t(i\omega_N) = \omega_g \frac{J_{red}}{M_0} \ln \frac{1}{1 - i\frac{\omega_N}{\omega_g}}$$

ergibt. Da die Definitionsmenge $\mathbb{D}_{ln}$ des reellen „logarithmus naturalis" bekannterweise $\mathbb{R}^+$ ist, muss

$$i\frac{\omega_N}{\omega_g} < 1 \quad \text{bzw.} \quad \omega_N < \frac{1}{i}\omega_g$$

sein, eine Bedingung, die man sich sehr anschaulich mit obiger Motorkennlinie erklären kann. Für $\omega_1 > \omega_g$ und damit $\omega_2 > \frac{1}{i}\omega_g$ wäre das Antriebsmoment M_A des Motors negativ (rechnerisch), was einer Bremsung gleich käme; es ist aber $0 \leq M_A \leq M_0$.

Das gleiche Ergebnis liefert übrigens auch die Umkehrfunktion von $t = t(\omega_1)$:

$$\ln\left(1 - \frac{\omega_1}{\omega_g}\right) = -\frac{M_0}{\omega_g J_{\text{red}}}t \quad \text{bzw. delogarithmiert} \quad 1 - \frac{\omega_1}{\omega_g} = e^{-\frac{M_0}{\omega_g J_{\text{red}}}t}$$

und somit

$$\omega_1 = \omega_g\left(1 - e^{-\frac{M_0}{\omega_g J_{\text{red}}}t}\right).$$

Es ist $1 \geq e^{-\frac{M_0}{\omega_g J_{\text{red}}}t} > 0$ und lediglich $\lim\limits_{t\to\infty} e^{-\frac{M_0}{\omega_g J_{\text{red}}}t} = 0$, was bedeutet, dass ω_1 die Grenzwinkelgeschwindigkeit ω_g und folglich ω_2 entsprechend $\frac{1}{i}\omega_g$ keinesfalls überschreiten, höchstens nach „ziemlich langer Zeit" nur annähernd erreichen kann. ◄

3.2 Ebene Bewegungen starrer Körper

Führt eine starrer Körper eine sog. „ebene Bewegung" aus, bedeutet dieses, dass sich alle Körperpunkte auf ebenen Bahnkurven bewegen; diese Bahnen liegen in zueinander parallelen Ebenen. Wie in Kap. 1 gezeigt, lässt sich die ebene Körperbewegung als (ebene) Translation des Schwerpunktes S überlagert mit der Drehung des Körpers um die Schwereachse s senkrecht zu einer Bewegungsebene interpretieren. Zur eindeutigen Beschreibung der Lage des Körpers sind in diesem Fall daher mindestens drei Koordinaten erforderlich; man sagt, der Körper besitzt drei Freiheitsgrade.

Je nach Bahngeometrie der Schwerpunktstranslation bietet sich für deren Beschreibung ein raumfestes kartesisches (bei geradliniger Bewegung) oder aber auch ein Polarkoordinatensystem an. Die mathematische Darstellung der Körperrotation um die Schwereachse erfolgt zweckmäßigerweise in einem mitbewegten Polarkoordinatensystem, das im Schwerpunkt S verankert ist. Der Drehwinkel φ wird nach Festlegung eines positiven Drehsinns (Orientierung von $\vec{e}_\omega$) bspw. von einer raumfesten Horizontalebene zu einer körperfesten Bezugsachse (parallel zu den Bewegungsebenen) gemessen.

Die Bewegungsgleichung(en) der ebenen Starrkörperbewegung erhält man aus dem Schwerpunktsatz und dem Momentensatz. Diese beiden Sätze sind formal mit jenen für ein Massenpunktsystem identisch: Der starre Körper kann als Grenzfall einen Systems aus „unendlich" vielen ($n \to \infty$) Massenpunkten betrachtet werden, d. h. dem i-ten Massenpunkt m_i entspricht ein infinitesimal kleines Körper-Massenelement dm, und statt der Summation aller Massenpunkte, ist nun über das Kontinuum zu integrieren.

Im Falle einer ebenen Bewegung liegen für alle Körperpunkte deren Orts- sowie Geschwindigkeits- und Beschleunigungsvektor in einer Ebene, z. B. der Ebene, die den

Körperschwerpunkt enthält (ab hier S-Bewegungsebene genannt). Daher dürfen nur Kräfte in dieser Ebene auftreten. Die Körperdrehung erfolgt stets um eine dazu senkrechte Schwereachse s, d. h. sowohl Winkelgeschwindigkeits- als auch Winkelbeschleunigungsvektor sind orthogonal zur S-Bewegungsebene ($\vec{e}_\omega \parallel$ s). Dieses setzt natürlich voraus, dass nur Momente bzgl. der Achse s wirken.

3.2.1 Schwerpunktsatz

Entsprechend Gl. (2.67) für ein Massenpunktsystem lässt sich also bei einer ebenen Bewegung eines starren Körpers angeben:

$$m\vec{a}_S = m\ddot{\vec{r}}_S = \vec{F}_{res} . \tag{3.17}$$

Hierbei ist $\vec{F}_{res}$ die auf den Körper wirkende resultierende Kraft; sie setzt sich generell aus eingeprägten Kräften und Reaktionskräften zusammen.

Es sei bereits an dieser Stelle darauf hingewiesen, dass bei den Reaktionskräften zwischen zwei „Klassen" zu unterscheiden ist: Reaktionskräfte, die stets orthogonal zur Bahn orientiert sind, ermöglichen die jeweilige Bahngeometrie erst und heißen Zwangs- bzw. Führungskräfte (z. B. Normalkraft). Die Haftkraft dagegen wirkt in der Berührebene zweier Körper und erzeugt i. Allg. eine Momentenwirkung bzgl. des Körperschwerpunktes.

3.2.2 Momentensatz für einen bewegten Bezugspunkt

Dieser Satz lässt sich ebenfalls formal von der Betrachtung eines Massenpunktsystems übernehmen. Die Bezeichnungen bei der ebenen Bewegung eines starren Körpers sind in der folgenden Skizze erklärt.

Es sei hier – abweichend von der Theorie über Massenpunktsysteme (O': willkürlich bewegter Punkt) –, O' ein (bewegter) körperfester Punkt. Analog zu (2.73) lautet folglich der Momentensatz dann

Abb. 3.6 Die drei
Freiheitsgrade der ebenen
Starrkörperbewegung

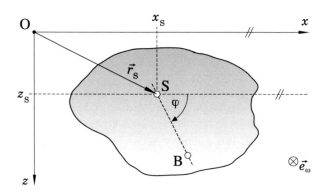

$$\dot{\vec{L}}^{(O')} = \vec{M}_{\text{res}}^{(O')} + m \left(\vec{a}_{O'} \times \vec{r}\,'_S \right) . \tag{3.18}$$

$\dot{\vec{L}}^{(O')}$ ist die zeitliche Ableitung des relativen Drehimpulsvektors (Vektor, beschrieben in einem bewegten Bezugssystem) in Bezug auf das raumfeste xy-Koordinatensystem. Es ist in diesem Fall die sog. EULERsche Differenziationsregel (1.29) anzuwenden:

$$\dot{\vec{L}}^{(O')} = \dot{\vec{L}}^{(O')}\big|_{x'y'z'} + \vec{\omega}_F \times \vec{L}^{(O')} \quad \text{wobei} \quad \vec{\omega}_F = \vec{0} .$$

Die Führungswinkelgeschwindigkeit $\vec{\omega}_F$ ist schließlich Null, da entsprechend Abb. 3.7 in O' ein rein translatorisch ($x' \parallel x$) mitbewegtes $x'y'$-System eingeführt wurde. Und damit ist die Zeitableitung $\dot{\vec{L}}^{(O')}$ des relativen Drehimpulsvektors in Bezug auf das ruhende System gleich der Ableitung $\dot{\vec{L}}^{(O')}\big|_{x'y'z'}$ im bewegen O'-System. Zudem ist in Abb. 3.7 ein körperfestes Polarkoordinatensystem zu sehen. Es gilt daher für den relativen Ortsvektor $\vec{\rho}_P$ des Körperpunktes P und dessen Relativgeschwindigkeit $\vec{v}_{P,\text{rel}}$ (Relativkinematik: Drehung von P um O' im $x'y'$-System mit ω):

$$\vec{\rho}_P = \rho_P \vec{e}_\rho \quad \text{und} \quad \vec{v}_{P,\text{rel}} = \rho_P \omega \vec{e}_\vartheta .$$

Liegt der Punkt P nicht in der S-Bewegungsebene, so ist die Orthogonalprojektion in die xy-Ebene zu betrachten; für diese gelten jedoch die gleichen Beziehungen. Der relative Drehimpulsvektor eines Massenelements dm im Punkt P ergibt sich somit stets zu:

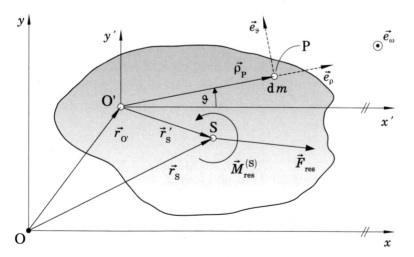

Abb. 3.7 Zum Momentensatz der ebenen Bewegung; die Bewegungsebene des Schwerpunktes kann bspw. mit der xz-Ebene (Abb. 3.6), aber auch mit der xy-Ebene gleichgesetzt werden.

$$\mathrm{d}\vec{L}^{(O')} = \vec{\rho}_P \times \mathrm{d}m\, \vec{v}_{P,\mathrm{rel}} = \rho_P \vec{e}_\rho \times \mathrm{d}m\, \rho_P \omega \vec{e}_\vartheta = \underbrace{\left(\vec{e}_\rho \times \vec{e}_\vartheta \right)}_{=\, \vec{e}_\omega} \rho_P^2 \omega \mathrm{d}m\,.$$

Integriert über die kontinuierlich verteilte Masse m erhält man den gesamten relativen Drehimpulsvektor für den Körper:

$$\vec{L}^{(O')} = \omega \int_{(\mathbb{K})} \rho_P^2 \,\mathrm{d}m \cdot \vec{e}_\omega\,. \tag{3.19}$$

Das Integral ist das (axiale) Massenträgheitsmoment des Körpers bzgl. der Achse a, die senkrecht zur xy-Ebene durch den Punkt O' verläuft; dieses soll im Folgenden mit $J^{(O')}$ abgekürzt werden. Da der relative Drehimpulsvektor wieder nur eine Komponente aufweist, nämlich in Richtung von $\vec{e}_\omega$ (senkrecht zur Zeichenebene / xy-Ebene), kann man auf eine vektorielle Darstellung verzichten. Es gilt also für den relativen Drehimpuls

$$L^{(O')} = J^{(O')}\omega\,,$$

bzw. für dessen Zeitableitung (in Bezug auf das ruhende O-System):

$$\dot{L}^{(O')} = J^{(O')}\dot{\omega} \quad \mathrm{mit} \quad J^{(O')} = \int_{(\mathbb{K})} \rho_P^2 \,\mathrm{d}m\,.$$

Bei der ebenen Starrkörperbewegung dürfen nur Momente bzgl. einer Achse wirken, die senkrecht zur S-Bewegungsebene verläuft, da sonst eine Drehung des Körpers aus dieser Ebene heraus erfolgen würde. Es gilt daher

$$\vec{M}_{\mathrm{res}}^{(O')} = M_{\mathrm{res}}^{(O')}\vec{e}_\omega\,.$$

Damit nun in (3.18) der zweite Term wegfällt, wählt man als körperfesten Bezugspunkt O' bspw. den Schwerpunkt S des Körpers. Dann ist schließlich $\vec{r}\,'_S = \vec{0}$, und der Momentensatz vereinfacht sich erfreulicherweise wieder zu

$$\dot{L}^{(S)} = J^{(S)}\dot{\omega} = M_{\mathrm{res}}^{(S)}\,. \tag{3.20}$$

Hierbei ist $J^{(S)}$ das (axiale) Massenträgheitsmoment des Körpers bzgl. jener Schwereachse parallel zu $\vec{e}_\omega$ bzw. senkrecht zur S-Bewegungsebene.

Beispiel 3.5: Kugelbewegung in Quarterpipe (Viertelröhre)

Eine massive Kugel (Radius R_K) der Masse m rollt entsprechend Skizze auf einer kreisförmig gekrümmten Unterlage ab; es sei $R_Q > R_K$.

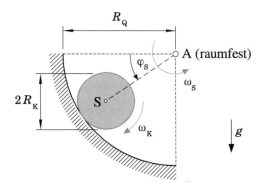

Die Position der Kugel wird durch den Winkel φ_S (gemessen gegen die Horizontale) angegeben. Sie startet aus dem Ruhezustand bei $\varphi_{S,0} \geq 0$, so dass sich der Schwerpunkt S im Gegenuhrzeigersinn um den raumfesten Punkt A dreht (Winkelgeschwindigkeit ω_S). Dabei führt die Kugel natürlich eine Eigendrehung um deren Schwereachse mit der Winkelgeschwindigkeit ω_K aus (im Uhrzeigersinn).

Für diesen Vorgang soll „reines Rollen" vorausgesetzt werden, d. h. es ist dann stets die sog. Abrollbedingung (1.48) erfüllt: $v_S = R_K \omega_K$. Zudem bedeutet diese Idealisierung, dass der Kontaktpunkt zwischen Kugel und Quarterpipe der Momentanpol Π ist. Da die Momentangeschwindigkeit von Π gleich Null ist, erfolgt in diesem Punkt keine Bewegung der Kugel relativ zur – ruhenden – Unterlage. Die Kugel haftet also zu jedem Zeitpunkt in Π an der Unterlage; es ist folglich während des Abrollens auch die sog. Haftungsbedingung

$$H < \mu_0 N$$

erfüllt. Hierbei sind H bzw. N die Haft- und Normalkraft sowie μ_0 der von der Materialkombination abhängige Haftbeiwert. Dieses ist aber sicherlich nur ab einem hinreichend großen Startwinkel $\varphi_{S,0}^*$ der Fall. Bei zunehmender Neigung, d. h. kleiner werdendem Winkel φ_S nimmt die (statische) Normalkraft ab, während die notwendige tangentiale „Haltekraft" infolge der Zunahme der entsprechendem Gewichtskraftkomponente ansteigt, so dass jene Ungleichung irgendwann nicht mehr erfüllt ist. Der zulässige Startwinkel $\varphi_{S,0}^*$ sei später in Abhängigkeit von μ_0 berechnet. Man muss dafür erst die Kräfte H und N als Funktion der Kugelposition kennen.

Primäre Aufgabe in diesem Beispiel ist die Berechnung der Winkelbeschleunigung $\dot{\omega}_K$ (Kugeleigendrehung). Man legt für den Momentensatz (3.20) schließlich den Uhrzeigersinn als pos. Drehsinn fest ($\omega_K > 0$). Zur Beschreibung der Schwerpunktsbewegung eignet sich ein Polarkoordinatensystem, mit dem Gegenuhrzeigersinn als pos. Drehsinn, da dann auch $\omega_K > 0$ ist. Die folgende Skizze zeigt das Freikörperbild der Kugel.

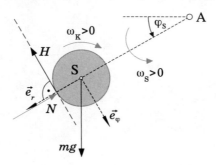

Damit ist der Positions-/Zirkularwinkel $\varphi_S > 0$, und die Koordinatengleichungen von Schwerpunktsatz (3.17) lauten

$$\swarrow r\ :\ ma_{S,r} = mg\sin\varphi_S - N \ \text{ mit } a_{S,r} = -(R_Q - R_K)\omega_S^2$$
$$\searrow \varphi\ :\ ma_{S,\varphi} = mg\cos\varphi_S - H \ \text{ mit } a_{S,\varphi} = (R_Q - R_K)\dot\omega_S$$

In diesem Fall erzeugt nur die Haftkraft H ein Moment bzgl. des Schwerpunktes:

$$\overset{\frown}{S}\ :\quad J^{(S)}\dot\omega_K = R_K H\,,\quad \text{wobei}\quad J^{(S)} = \frac{2}{5}mR_K^2\,.$$

Hinweis: Die Winkelbeschleunigung $\dot\omega$ im Momentensatz (3.20) bzgl. des Schwerpunktes S ist jene der Körpereigenrotation!

Die gesuchte Winkelbeschleunigung $\dot\omega_K$ der Eigendrehung ergibt sich aus dem Momentensatz zu

$$\dot\omega_K = \frac{5}{2}\frac{H}{mR_K}\,.$$

Nun eliminiert man H mittels der φ-Gleichung:

$$\dot\omega_K = \frac{5}{2}\frac{\cancel{m}g\cos\varphi_S - \cancel{m}(R_Q - R_K)\dot\omega_S}{\cancel{m}R_K}\,,$$

wobei noch zu berücksichtigen ist, dass bei „reinem Rollen" die Abrollbedingung gilt, also die Schwerpunktsbewegung und die Eigenrotation nicht unabhängig voneinander sind. Berechnet man die Schwerpunktsgeschwindigkeit über die S-Drehung um A, so gilt $v_S = (R_Q - R_K)\omega_S$. Mit der oben formulierten Abrollbedingung ergibt sich die kinematische Beziehung des Abrollvorgangs:

$$R_K\omega_K = (R_Q - R_K)\omega_S\,.$$

Diese gilt analog für die Winkelbeschleunigungen, und man erhält

$$\dot\omega_K = \frac{5}{2}\frac{g\cos\varphi_S - (R_Q - R_K)\dot\omega_S}{R_K} = \frac{5}{2}\frac{g\cos\varphi_S}{R_K} - \frac{5}{2}\frac{R_Q - R_K}{R_K}\frac{R_K}{R_Q - R_K}\dot\omega_K$$

$$\dot{\omega}_K + \frac{5}{2}\dot{\omega}_K = \frac{5}{2}\frac{g\cos\varphi_S}{R_K}$$

$$\frac{7}{2}\dot{\omega}_K = \frac{5}{2}\frac{g\cos\varphi_S}{R_K} \quad \text{bzw.} \quad \dot{\omega}_K = \frac{5}{7}\frac{g}{R_K}\cos\varphi_S .$$

Hierbei wurde vorausgesetzt (vgl. Modellbeschreibung), dass die Kugel stets an der Unterlage haftet, d. h. keine Relativbewegung zwischen dem Kontaktpunkt und der Unterlage erfolgt. Es ist daher noch folgende ergänzende Betrachtung wichtig:

Berechnung des Mindest-Startwinkels $\varphi_{S,0}^*$. Mit der nun bekannten Winkelbeschleunigung $\dot{\omega}_K$ ergibt sich die Haftkraft H aus dem Momentensatz zu

$$H = \frac{J^{(S)}}{R_K}\dot{\omega}_K = \frac{\frac{2}{5}mR_K^2}{R_K}\underbrace{\frac{5}{7}\frac{g}{R_K}\cos\varphi_S}_{=\,\dot{\omega}_K} = \frac{2}{7}mg\cos\varphi_S .$$

Die Normalkraft N erhält man aus der radialen Kräftegleichung:

$$N = mg\sin\varphi_S + m(R_Q - R_K)\omega_S^2 .$$

Nun ist aber – vermutlich – die Winkelgeschwindigkeit ω_S der Rotation von S um den Fixpunkt A vom Positionswinkel φ_S abhängig. Diese Abhängigkeit lässt sich auf Basis der entsprechenden Winkelbeschleunigung $\dot{\omega}_S$ ermitteln.

$$\dot{\omega}_S = \frac{R_K}{R_Q - K}\dot{\omega}_K = \frac{R_K}{R_Q - K}\cdot\frac{5}{7}\frac{g}{R_K}\cos\varphi_S = \underbrace{\frac{5}{7}\frac{g}{R_Q - R_K}\cos\varphi_S}_{=\,\dot{\omega}_S(\varphi_S)} .$$

Ein Blick auf die Tabelle im Abschn. 1.1.2: Gleichung „$v(x)$ aus $a(x)$" liefert nach quadrieren:

$$\omega_S^2 = \underbrace{\omega_{S,0}^2}_{=\,0} + 2\int_{\varphi_{S,0}}^{\varphi_S}\dot{\omega}_S(\bar{\varphi}_S)\,d\bar{\varphi}_S$$

$$= 2\frac{5}{7}\frac{g}{R_Q - R_K}\int_{\varphi_{S,0}}^{\varphi_S}\cos\bar{\varphi}_S\,d\bar{\varphi}_S = \frac{10}{7}\frac{g}{R_Q - R_K}\left(\sin\varphi_S - \sin\varphi_{S,0}\right) .$$

Und somit lässt sich für die Normalkraft N als Funktion von φ_S angeben:

$$N = mg\sin\varphi_S + m(R_Q - R_K)\frac{10}{7}\frac{g}{R_Q - R_K}\left(\sin\varphi_S - \sin\varphi_{S,0}\right)$$

$$= \frac{17}{7}mg\sin\varphi_S - \frac{10}{7}mg\sin\varphi_{S,0} .$$

Es zeigt sich: Gilt die sog. Haftungsbedingung $H \leq \mu_0 N$ für $\varphi_S = \varphi_{S,0}$, dann ist sie auch für $\varphi_S > \varphi_{S,0}$ erfüllt, da die Funktion $H = H(\varphi_S)$ streng monoton abnehmend (cos) und die Funktion $N = N(\varphi_S)$ streng monoton steigend (sin) ist. Daher wird nun die Ungleichung für $\varphi_S = \varphi_{S,0}$ untersucht bzw. nach $\varphi_{S,0}$ aufgelöst:

$$\frac{2}{7} mg \cos \varphi_{S,0} \leq \mu_0 mg \sin \varphi_{S,0}$$

$$\frac{\sin \varphi_{S,0}}{\cos \varphi_{S,0}} = \tan \varphi_{S,0} \geq \frac{2}{7\mu_0} \quad \text{bzw.} \quad \varphi_{S,0} \geq \arctan\left(\frac{2}{7\mu_0}\right) = \varphi_{S,0}^* .$$

Für z. B. $\mu_0 = 0, 2$ (Stahl/Stahl) ergibt sich als erforderlicher Startwinkel $\varphi_{S,0}^* \approx 55°$. Startet die Kugel bei einem kleineren Winkel ($\varphi_{S,0} < \varphi_{S,0}^*$), ist die Haftungsbedingung zunächst nicht erfüllt. Die Kugel rutscht zu Beginn ab (Relativbewegung am Kontaktpunkt); sie erhält über die Momentenwirkung der tangentialen Reibkraft einen Drall.

◄

Die vereinfachte Form des Momentensatzes (ohne „Zusatzterm") erhält man auch für einen Bezugspunkt O', dessen Beschleunigungsvektor $\vec{a}_{O'}$ und der relative Ortsvektor $\vec{r}\,'_S$ des Schwerpunktes parallel sind. Dann ist $\vec{a}_{O'} \times \vec{r}\,'_S = \vec{0}$ und es gilt

$$\dot{L}^{(O')} = J^{(O')} \dot{\omega} = M_{\mathrm{res}}^{(O')} .$$

Diese spezielle Eigenschaft ist z. B. für den Momentanpol Π beim idealen Abrollen (kein Schlupf) eines Rades gegeben. Es gilt dann die Abrollbedingung (1.48): $v_S = R\omega$ bzw. zeitlich abgeleitet $\dot{v}_S = a_S = R\dot{\omega}$, da $R = konst$; der Kontaktpunkt des Rades mit der Unterlage ist stets der Momentanpol Π (wdh. hierzu Abschn. 1.4). In dem in Abb. 3.8 skizzierten Polarkoordinatensystem lautet der Vektor der Schwerpunktsbeschleunigung (exemplarisch nach rechts orientiert, entspricht einer Zunahme der Schwerpunktsgeschwindigkeit v_S):

Abb. 3.8 Abrollkinematik

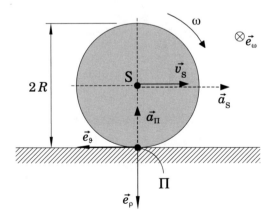

$$\vec{a}_S = -a_S\vec{e}_\vartheta \,, \quad \text{mit} \quad a_S = R\dot{\omega} \,.$$

Der Beschleunigungsvektor $\vec{a}_\Pi$ des Momentanpols berechnet sich nach Gl. (1.43) zu

$$\vec{a}_\Pi = \vec{a}_S - R\omega^2\vec{e}_\rho + R\dot{\omega}\vec{e}_\vartheta = -a_S\vec{e}_\vartheta - R\omega^2\vec{e}_\rho + R\dot{\omega}\vec{e}_\vartheta = -R\omega^2\vec{e}_\rho \,.$$

D. h. zu jedem Zeitpunkt ist die Beschleunigung des Momentanpols Π zum Mittelpunkt S
($\vec{r}\,'_S = -R\vec{e}_\rho$) des Rades orientiert. Für einen idealen Abrollvorgang („reines Rollen" ohne
Rutschen) lautet daher der Momentensatz für einen bel. körperfesten Punkt O' des äußeren
Umfangs am Ort des Momentanpols und damit allgcm.:

$$\dot{L}^{(\Pi)} = J^{(\Pi)}\dot{\omega} = M_{res}^{(\Pi)} \,.$$

Das Massenträgheitsmoment $J^{(\Pi)}$ bzgl. der Achse durch den Momentanpol Π muss ggf.
mit Hilfe des Satzes von STEINER ermittelt werden:

$$J^{(\Pi)} = J^{(S)} + R^2 m \,.$$

Ein Vorteil dieser Variante ist, dass der Momentensatz – dieser beschreibt schließlich die
reine Drehung um den Momentanpol – direkt die Bewegungsgleichung (Gleichung für
Winkelbeschleunigung $\dot{\omega}$) liefert.

Beispiel 3.6: Kugelbewegung in Quarterpipe (Viertelröhre)

Es wird mit den gleichen Bedingungen/Voraussetzungen wie in Beispiel 3.5 die Winkelbeschleunigung $\dot{\omega}_K$ der Eigenrotation der Kugel berechnet, jetzt aber mittels Momentensatz bzgl. des Momentanpols Π.

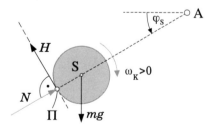

Der Momentanpols Π der Kugel ist stets der Kontaktpunkt mit der Unterlage. Da die
Winkelgeschwindigkeit unabhängig von der Bezugsachse bzw. dem Bezugspunkt ist (vgl.
Anhang A.2), dreht sich die Kugel nicht nur mit ω_K um deren Schwerpunkt, sondern
auch mit ω_K um den Momentanpol Π. Somit lautet der Momentensatz bzgl. Π (nur
Momentenwirkung durch Gewichtskraft):

$$J^{(\Pi)}\dot{\omega}_K = R_K mg \cos\varphi_S \,,$$

mit dem Massenträgheitsmoment

$$J^{(\Pi)} = J^{(S)} + m R_K^2 = \frac{2}{5} m R_K^2 + m R_K^2 = \frac{7}{5} m R_K^2 \,.$$

Die gesuchte Winkelbeschleunigung $\dot\omega_K$ ergibt sich folglich zu

$$\dot\omega_K = \frac{R_K m g \cos\varphi_S}{\frac{7}{5} m R_K^2} = \frac{5}{7} \frac{g}{R_K} \cos\varphi_S \,,$$

direkt als Funktion des Positionswinkels φ_S, analog zum Ergebnis von Beispiel 3.5. Dieser Lösungsweg ist effektiver, da obige Momentengleichung eben die „reine Drehung" der Kugel (um Π) mit der Winkelgeschwindigkeit ◄

Sonderfall: Raumfester Bezugspunkt Der Zusatzterm in Gl. (3.18) verschwindet ebenso, wenn als Bezugspunkt O' ein raumfester Punkt A gewählt wird. Dessen Geschwindigkeit ist $\vec v_A \equiv \vec 0$, und daher gilt für den Beschleunigungsvektor $\vec a_{O'} = \vec a_A = \vec 0$.

$$\dot{\vec L}^{(A)} = \vec M_{\text{res}}^{(A)} \tag{3.21}$$

Diese Fassung des Momentensatzes ist aber tückisch, da leider i. Allg $\vec L^{(A)} \neq J^{(A)} \omega \, \vec e_\omega$ ist. Die Formel gilt nur bei „reiner Rotation" um eine raumfeste Achse (jedes Massenelement bewegt sich auf einer Kreisbahn) bzw. für einen körperfesten Bezugspunkt (vgl. Abschn. 3.2.1). Es lässt sich aber der Drehimpuls $\vec L^{(A)}$ bzgl. des raumfesten Punktes aus dem sog. Eigendrehimpuls $\vec L^{(S)}$ (d. h. Drehimpuls in Bezug auf den Schwerpunkt) berechnen.

Man betrachtet dazu einen starren Körper der sich gerade mit der Winkelgeschwindigkeit ω dreht und dessen Schwerpunkt S die Geschwindigkeit $\vec v_S$ hat, Abb. 3.9. Für den Ortsvektor $\vec r_P$ des Massenelements dm in Bezug auf den raumfesten Punkt A gilt:

$$\vec r_P = \vec r_S + \vec\rho_P \,;$$

hierbei ist $\vec\rho_P$ der (relative) dm-Ortsvektor bzgl. des Körperschwerpunktes S. Die Geschwindigkeit $\vec v_P$ des entsprechenden Punkts P berechnet sich nach Gl. (1.40), mit Bezugspunkt B = S, im Abschn. 1.3.3 zu

$$\vec v_P = \vec v_S + \vec\omega \times \vec\rho_P \,.$$

Damit erhält man für den Drehimpulsvektor des Körpers in Bezug auf den raumfesten Punkt A:

$$\vec L^{(A)} = \int\limits_{(\mathbb{K})} \underbrace{\vec r_P \times \vec v_P \, dm}_{= \, d\vec L^{(A)}} = \int\limits_{(\mathbb{K})} \left(\vec r_S + \vec\rho_P \right) \times \left(\vec v_S + \vec\omega \times \vec\rho_P \right) dm$$

$$= \int\limits_{(\mathbb{K})} \vec r_S \times \left(\vec v_S + \vec\omega \times \vec\rho_P \right) dm + \int\limits_{(\mathbb{K})} \vec\rho_P \times \left(\vec v_S + \vec\omega \times \vec\rho_P \right) dm$$

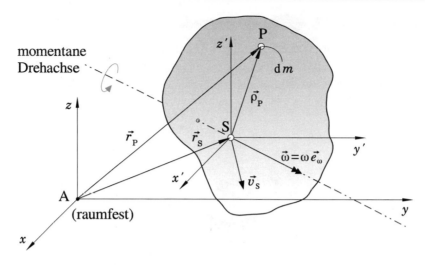

Abb. 3.9 Berechnung des Drehimpulses bzgl. des raumfesten Punktes A

$$= \vec{r}_S \times \vec{v}_S \underbrace{\int_{(\mathbb{K})} \mathrm{d}m}_{= \, m} + \vec{r}_S \times \vec{\omega} \times \underbrace{\int_{(\mathbb{K})} \vec{\rho}_P \, \mathrm{d}m}_{= \, m \vec{\rho}_S = \vec{0}}$$

$$+ \underbrace{\int_{(\mathbb{K})} \vec{\rho}_P \, \mathrm{d}m}_{= \, m \vec{\rho}_S = \vec{0}} \times \vec{v}_S + \underbrace{\int_{(\mathbb{K})} \vec{\rho}_P \times \left(\vec{\omega} \times \vec{\rho}_P \right) \mathrm{d}m}_{= \, \vec{L}^{(S)}} \,, \quad \text{da} \quad \vec{\omega} \times \vec{\rho}_P = \vec{v}_{P,\mathrm{rel}}^{(S)} \,;$$

$\vec{\omega} \times \vec{\rho}_P$ ist die Geschwindigkeit des Punktes P (Massenelement $\mathrm{d}m$) rel. zum Bezugspunkt S (vgl. (1.40) bzw. (1.38)). Es gilt mit dem Schwerpunktsimpuls $\vec{p}_S$:

$$\vec{L}^{(A)} = \vec{L}^{(S)} + \vec{r}_S \times \vec{p}_S \,, \quad \text{wobei} \quad \vec{p}_S = m \vec{v}_S \,. \tag{3.22}$$

Der zweite Term kann als „Drehimpulsvektor des Schwerpunktes" $\vec{L}_S^{(A)}$ interpretiert werden. Im Falle einer ebenen Starrkörperbewegung berechnet sich der Vektor $\vec{L}^{(S)}$ des Eigendrehimpulses zu (vgl. Abschn. 3.2.1)

$$\vec{L}^{(S)} = J^{(S)} \omega \vec{e}_\omega \,,$$

da der Schwerpunkt S ein körperfester Punkt ist; ω ist hierbei die Winkelgeschwindigkeit der Eigendrehung des Körpers (um die Schwereachse).

Beispiel 3.7: Kugelbewegung in Quarterpipe (Viertelröhre)

In diesem Beispiel wird wieder die „Eigenwinkelbeschleunigung" $\dot{\omega}_K$ der Kugel analog zur Fragestellung von Bsp. 3.5 (Haftung sei vorausgesetzt) berechnet. Die Betrachtung bezieht sich jetzt aber auf den raumfesten Punkt A. Es wird daher ein (globaler) pos. Drehsinn eingeführt, nämlich der Gegenuhrzeigersinn: Damit ist $\varphi_S > 0$ und $\omega_S > 0$, aber $\omega_K < 0$.

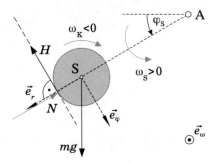

Der Drehimpulsvektor bzgl. A berechnet sich also nach (3.22) zu

$$\vec{L}^{(A)} = \vec{L}^{(S)} + \vec{r}_S \times m\vec{v}_S,$$

wobei in dem skizzierten $r\varphi$-Polarkoordinatensystem für die Vektoren des zweiten Terms

$$\vec{r}_S = \vec{AS} = (R_Q - R_K)\vec{e}_r \quad \text{und} \quad \vec{v}_S = (R_Q - R_K)\omega_S\vec{e}_\varphi$$

gilt; letztere Beziehung begründet sich mit der Tatsache, dass sich der Schwerpunkt S auf einer Kreisbahn mit dem Radius $R_Q - R_K$ um A bewegt. Da die Eigendrehung im Uhrzeigersinn erfolgt, ist die Winkelgeschwindigkeit $\omega_K < 0$ und der Eigendrehimpuls

$$\vec{L}^{(S)} = \underbrace{J^{(S)}\omega_K}_{<0} \vec{e}_\omega \quad (\otimes).$$

Somit erhält man

$$\vec{L}^{(A)} = J^{(S)}\omega_K\vec{e}_\omega + (R_Q - R_K)\vec{e}_r \times m(R_Q - R_K)\omega_S\vec{e}_\varphi = J^{(S)}\omega_K\vec{e}_\omega +$$

$$+ m(R_Q - R_K)^2\omega_S\underbrace{\left(\vec{e}_r \times \vec{e}_\varphi\right)}_{= \vec{e}_\omega} = \left(J^{(S)}\omega_K + m(R_Q - R_K)^2\omega_S\right)\vec{e}_\omega.$$

Mit dem resultierenden Moment bzgl. A,

$$\vec{M}_{\text{res}}^{(A)} = \left[(R_Q - R_K)mg\cos\varphi_S - R_Q H\right]\vec{e}_\omega,$$

ergibt sich nach (3.21) die skalare Momentengleichung (nur Komponente in $\vec{e}_\omega$-Richtung zu

$$J^{(S)}\dot\omega_K + m(R_Q - R_K)^2\dot\omega_S = (R_Q - R_K)mg\cos\varphi_S - R_Q H .$$

Eine kleine Umformung liefert:

$$J^{(S)}\dot\omega_K = (R_Q - R_K)\underbrace{\left[\, mg\cos\varphi_S - m(R_Q - R_K)\dot\omega_S \,\right]}_{=\,H} - R_Q H = -R_K H .$$

Dass der Term in der eckigen Klammer genau der Haftkraft H entspricht, zeigt ein Vergleich mit der Kräftegleichung in φ-Richtung in Beispiel 3.5. Mit dem Schwerpunktsatz (r- und φ-Gleichungen von Bsp. 3.5) hat man wieder ein Gleichungssystem, das nach $\dot\omega_K$ aufgelöst werden kann. Dabei ist der kinematische Zusammenhang der beiden Drehbewegungen zu berücksichtigen. In dem gewählten Koordinatensystem ist $v_S = (R_Q - R_K)\omega_S > 0$. Wegen $\omega_K < 0$ muss die Abrollbedingung geringfügig modifiziert werden:

$$v_S = R_K|\omega_K| \quad \text{bzw.} \quad v_S = -R_K\omega_K .$$

Es gilt dann $-R_K\omega_K = (R_Q - R_K)\omega_S$, und man erhält für $\dot\omega_K$, bis auf ein negatives Vorzeichen, das gleiche Ergebnis wie in Bsp. 3.5.

Das Fazit, das man sich in diesem Fall mit der Wahl des raumfesten Punktes A als Bezugspunkt für den Momentensatz keinen Gefallen tut, erübrigt sich eigentlich. Bei einer „allgemeinen ebenen Bewegung" (d. h. Schwerpunktsbewegung mit überlagerter Eigendrehung) empfiehlt sich generell die Anwendung von Schwerpunktsatz und Momentensatz bzgl. des Schwerpunktes. Führt der Körper jedoch eine „reine Drehung" um eine raumfeste Achse aus, so wählt man zweckmäßigerweise den entsprechenden raumfesten Punkt als Bezugspunkt. ◄

Prinzip von D'ALEMBERT Durch formale Einführung der sog. Trägheitskraft (z. Wdh: keine Kraft im NEWTONschen Sinne)

$$\vec{F}_{\text{träge}} = -m\vec{a}_S \tag{3.23}$$

sowie des D'ALEMBERTschen Moments, auch „träges Moment" genannt,

$$\vec{M}^{(S)}_{\text{träge}} = -J^{(S)}\dot\omega\vec{e}_\omega \quad \text{bzw.} \quad M^{(S)}_{\text{träge}} = -J^{(S)}\dot\omega , \tag{3.24}$$

hierbei ist ω die Winkelgeschwindigkeit der Körpereigenrotation, lässt sich das dynamische Gleichgewicht wie folgt formulieren:

$$\begin{aligned} \vec{F}_{\text{res}} + \vec{F}_{\text{träge}} &= \vec{0} \\ M^{(S)}_{\text{res}} + M^{(S)}_{\text{träge}} &= 0 \end{aligned} . \tag{3.25}$$

D. h. die Summe aller Kräfte und Momente muss zu jedem Zeitpunkt verschwinden. Für die Momentengleichung, bzgl. Schwerpunkt S, ist im Falle einer ebenen Bewegung bekannterweise die skalare Fassung ausreichend. Es handelt sich beim Gleichungssystem (3.25) also „lediglich" um eine Umstellung von Schwerpunktsatz (3.17) und Momentensatz (3.20.)

Etwas spannender gestaltet sich die Formulierung der Momentengleichung bzgl. eines raumfesten Punktes A. Der Momentensatz lautet

$$\vec{M}_{res}^{(A)} - \dot{\vec{L}}^{(A)} = \vec{0} \,,$$

wobei sich der (absolute) Drehimpulsvektor $\vec{L}^{(A)}$ nach Beziehung (3.22) zu

$$\vec{L}^{(A)} = \vec{L}^{(S)} + \vec{r}_S \times m\vec{v}_S \,, \quad \text{mit} \quad \vec{r}_S = \vec{AS} \,,$$

berechnet. Für dessen Zeitableitung – im raumfesten A-Bezugssystem – gilt somit

$$\dot{\vec{L}}^{(A)} = \dot{\vec{L}}^{(S)} + \frac{d}{dt}\left(\vec{r}_S \times m\vec{v}_S\right).$$

Bei der Ableitung $\dot{\vec{L}}^{(S)}$ des relativen Drehimpulsvektors muss die Differenziationsregel (1.29) nach EULER angewandt werden, da es sich hierbei um einen Vektor in einem bewegen Bezugssystem (Drehimpuls bzgl. Schwerpunkts S) handelt, der in Bezug auf ein raumfestes System zu differenzieren ist. Legt man entsprechend Abb. 3.9 ein rein translatorisch bewegtes, in S verankertes Bezugssystem zu Grunde, ist die sog. Führungswinkelgeschwindigkeit $\vec{\omega}_F = \vec{0}$ und es ergibt sich

$$\dot{\vec{L}}^{(S)} = \dot{\vec{L}}^{(S)}\Big|_{x'y'z'} + \vec{\omega}_F \times \vec{L}^{(S)} = \dot{\vec{L}}^{(S)}\Big|_{x'y'z'} \,.$$

Der Schwerpunkt S ist schließlich ein körperfester Punkt, so dass sich bei einer ebenen Bewegung des Körpers der relative Drehimpulsvektor $\vec{L}^{(S)}$ nach Gl. (3.19), mit O'=S, berechnet; für die Zeitableitung folgt damit:

$$\dot{\vec{L}}^{(S)}\Big|_{x'y'z'} = J^{(S)}\dot{\omega}\,\vec{e}_\omega \,.$$

Zudem ist beim zweiten Term der Ableitung $\dot{\vec{L}}^{(A)}$ die vektorielle Produktregel zu berücksichtigen:

$$\frac{d}{dt}\left(\vec{r}_S \times m\vec{v}_S\right) = \underbrace{\dot{\vec{r}}_S}_{=\,\vec{v}_S} \times m\vec{v}_S + \vec{r}_S \times m\underbrace{\dot{\vec{v}}_S}_{=\,\vec{a}_S} = m\underbrace{\left(\vec{v}_S \times \vec{v}_S\right)}_{=\,\vec{0}} + \vec{r}_S \times m\vec{a}_S \,.$$

Eingesetzt in den Momentensatz erhält man:

$$\vec{M}_{res}^{(A)} - J^{(S)}\dot{\omega}\,\vec{e}_\omega - \vec{r}_S \times m\vec{a}_S = \vec{0}$$

bzw.

$$\vec{M}_{\text{res}}^{(A)} + \left(- J^{(S)}\dot{\omega}\,\vec{e}_\omega \right) + \vec{r}_S \times \left(- m\vec{a}_S \right) = \vec{0} \, ,$$

also die D'ALEMBERTsche Momentengleichung, bzw. das dynamische Momentengleichgewicht, mit dem raumfesten Punkt A als Bezugspunkt:

$$\vec{M}_{\text{res}}^{(A)} + \vec{M}_{\text{träge}}^{(S)} + \vec{r}_S \times \vec{F}_{\text{träge}} = \vec{0} \, . \tag{3.26}$$

Das träge Moment $\vec{M}_{\text{träge}}^{(S)}$ ist in diesem Zusammenhang als Wirkung eines Kräftepaars (zwei betragsgleiche, aber entgegengesetzt orientierte Kräfte) zu interpretieren, die stets unabhängig vom gewählten Bezugspunkt ist.

Beispiel 3.8: Kugelbewegung in Quarterpipe (Viertelröhre)

Es wird nun für den Bewegungsvorgang von Beispiel 3.5 die Momentengleichung (3.26) aufgestellt. Da sich diese auf den raumfesten Punkt A bezieht, ist wieder, vgl. Bsp. 3.7, ein globaler pos. Drehsinn einzuführen: Gegenuhrzeigersinn bzw. $\odot\,\vec{e}_\omega$; damit ist $\omega_S > 0$ und $\varphi_S > 0$.

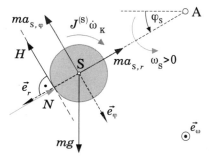

Zur Beschreibung der Schwerpunktsbewegung dient erneut das skizzierte Polarkoordinatensystem. Die aufeinander senkrecht stehenden Komponenten der D'ALEMBERTschen Trägheitskraft

$$\vec{F}_{\text{träge}} = -m\vec{a}_S = -ma_{S,\varphi}\vec{e}_\varphi - ma_{S,r}\vec{e}_r$$

werden im Freikörperbild wegen dem negativen Vorzeichen jeweils entgegengesetzt zum entsprechenden Basisvektor eingetragen. Analog verfährt man mit dem trägen Moment

$$\vec{M}_{\text{träge}}^{(S)} = -J^{(S)}\dot{\omega}_K\,\vec{e}_\omega \, ,$$

das in diesem Fall im Uhrzeigersinn zu orientieren ist ($-\vec{e}_\omega \otimes$). Die Momentengleichung (3.26) weist nur eine Komponente in Richtung von $\vec{e}_\omega$ auf, wobei der erste Term, $\vec{M}_{\text{res}}^{(A)}$, das resultierende Moment bzgl. A aller Nicht-Trägheitskräfte ist:

$$-R_Q H + (R_Q - R_K)mg\cos\varphi_S - J^{(S)}\dot{\omega}_K - (R_Q - R_K)ma_{S,\varphi} = 0 \, ,$$

mit der Zirkularbeschleunigung $a_{S,\varphi} = (R_Q - R_K)\dot{\omega}_S$ des um den raumfesten Punkt A rotierenden Schwerpunktes S. Mit der zirkularen Kräftegleichung nach Formalismus (3.25),

$$\searrow \varphi : mg\cos\varphi_S - H - ma_{S,\varphi} = 0 \ ,$$

und der kinematischen Beziehung $-R_K\omega_K = (R_Q - R_K)\omega_S$, vgl. dazu Beispiel 3.7, kann das Gleichungssystem nach der Winkelbeschleunigung $\dot{\omega}_K$ der Körpereigenrotation aufgelöst werden. ◄

Ein kleiner Nachtrag: Das Vektorprodukt $\vec{r}_S \times \vec{F}_{\text{träge}}$ in Gl. (3.26) ist das Moment der – am Schwerpunkt S angreifenden – Trägheitskraft bzgl. des gewählten Fixpunktes A. Dieses kann im ebenen Fall einer Bewegung auch in der Form $M_{F,\text{träge}}\vec{e}_\omega$ mit $M_{F,\text{träge}} = \pm|\vec{r}_S \times \vec{F}_{\text{träge}}|$ geschrieben werden.

Ergänzung: Modellierung eines Rades Die nachfolgende Skizze (Abb. 3.10) zeigt das Freikörperbild eines auf einer rauen Unterlage abrollenden Rades. Das Rad sei in dessen Schwer- bzw. Mittelpunkt S reibungsfrei mit einer Achse verbunden; S_H und S_V sind die entsprechenden Gelenkreaktionen, d. h. zwei Komponenten der Gelenkkraft. Ein Antriebsmoment M_A (im Uhrzeigersinn) führt zu einem Abrollen nach rechts. Hierbei soll ein idealer Rollvorgang vorausgesetzt werden, d. h. im Kontaktpunkt mit der Unterlage findet keine Relativbewegung statt, es erfolgt stets Haftung ($H \leq \mu_0 N$).

Die Haftkraft H ist eine Reaktionskraft und wirkt daher einer Belastung entgegen. Durch das Antriebsmoment M_A versucht soz. das Rad, die – nicht bewegliche – Unterlage nach links zu schieben, wodurch sich als Reaktion eine nach rechts orientierte Haftkraft am Radkontaktpunkt ergibt; d. h. die Unterlage drückt eben entsprechend dagegen.

Der Momentensatz (3.20) bzgl. des Radschwerpunktes S lautet in diesem idealisierten Fall (Uhrzeigersinn ist pos. Drehsinn, $\otimes \vec{e}_\omega$):

$$J^{(S)}\dot{\omega} = M_A - RH \ .$$

Abb. 3.10 Modell eines abrollenden, angetriebenen Rades (Masse m, Radius R, Massenträgheitsmoment $J^{(S)}$ bzgl. Schwereachse)

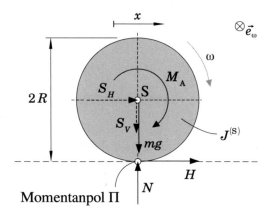

Und mit dem Schwerpunktsatz (3.17) ergibt sich weiterhin

$$m\ddot{x}_S = H + S_H \, .$$

Nun wird jedoch häufig die Radmasse m gegenüber der Masse m_F des Fahrzeugs vernachlässigt. Im Modell ist dann schließlich $m = J^{(S)} = 0$ zu setzen, und man erhält:

$$H = \frac{M_A}{R} \quad \text{und} \quad H = -S_H \, .$$

Ist das Rad zudem nicht angetrieben, d. h. das Moment $M_A = 0$, so ist $H = S_H = 0$ (Modell!). Diese Eigenschaft lässt sich natürlich nicht übertragen auf die entsprechende Normalkraft N des Rades.

Beispiel 3.9: Maximale Beschleunigung eines Fahrzeugs

Die maximale Beschleunigung a_{max} wird erreicht, wenn die Räder (ideal) abrollen und die zwischen Rad und, vgl. Abb. 3.10, Fahrbahn auftretende Haftkraft H eben maximal wird: $H = H_{max}$. Beim „Durchdrehen" eines Rades gilt nämlich: Reibkraft $R < H_{max}$, da $R = \mu N$ sowie $H_{max} = \mu_0 N$ und i. Allg. $\mu < \mu_0$ ist (μ: Reibbeiwert, μ_0: Haftbeiwert).

Eine einfache Abschätzung von a_{max} ist mit folgendem Modell (s. dazu nf. Freikörperbild) möglich: Die Masse der Räder wird vernachlässigt, die Radaufhängung ignoriert, d. h. jenes Fahrzeug als nur ein starrer Körper betrachtet. Es erfolge der Antrieb auf der Hinterachse (gen. Heckantrieb); am Vorderrad sei $M_A = 0$, infolgedessen dort keine Haftkraft auftritt. Der Schwerpunkt S des Fahrzeugs liegt h über der Fahrbahn und genau mittig zwischen den Achsen, die einen Abstand von l haben. Übrigens sind die Normalkräfte N_1 und N_2 an Hinterrad bzw. Vorderrad in einer Beschleunigungsphase nicht gleich, da die im Schwerpunkt angreifende, in negativer x-Richtung wirkende Trägheitskraft eine Momentenwirkung erzeugt; nur für speziell $v = konst$ gilt $N_1 = N_2$. Zudem beachte man, dass die Kräfte H, N_1 und N_2 als Resultierende aus jenen auf linker und rechter Fahrzeugseite wirkenden Kräften zu verstehen sind.

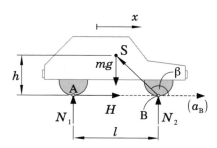

Der Schwerpunktsatz (Kräftegleichung) für das Fahrzeug der Masse m in x-Richtung lautet:

$$m\ddot{x}_S = H \, ;$$

damit ergibt sich die max. Beschleunigung $a_{max} = \ddot{x}_{S,max}$ zu

$$a_{max} = \frac{1}{m} H_{max} = \frac{1}{m} \mu_0 N_1 \,.$$

Für die Berechnung der Normalkraft N_1 erscheint – auf den ersten Blick – die Momentengleichung bzgl. des Punktes B als besonders günstig, da in dieser eben nur N_1 als Unbekannte vorkommt. Es ist jedoch zu berücksichtigen, dass B hierbei ein mitbewegter Bezugspunkt O' ist; betrachtet man das Fahrzeug nun als einen starren Körper, so erfährt B die gleiche Beschleunigung wie S: $a_B = \ddot{x}_{S,max} = a_{max}$. In diesem Fall (d. h. Bezugspunkt O'=B$\neq$S ist beschleunigt) ist aber der Momentensatz gem. (3.18) zu formulieren:

$$\dot{\vec{L}}^{(B)} = \vec{M}_{res}^{(B)} + m \left(\vec{a}_B \times \vec{r}_S' \right) \quad \text{mit} \quad \vec{r}_S' = \vec{BS} \,.$$

Schließlich soll sich das Fahrzeug nicht um B drehen, daher verschwindet der entsprechende Drehimpuls sowie dessen Zeitableitung. Mit z. B. dem Uhrzeigersinn als pos. Drehsinn ($\circlearrowleft \omega > 0$ bzw. $\vec{e}_\omega \otimes$) ergibt sich also

$$\vec{0} = \left(lN_1 - \frac{l}{2}mg \right) \vec{e}_\omega - m(a_B r_S' \sin \beta) \vec{e}_\omega$$

und damit wegen $a_B = a_{max}$ sowie $\sin \beta = \sin(180° - \beta) = \frac{h}{r_S'}$ die skalare Momentengleichung bzgl. Bezugspunkt B:

$$lN_1 - \frac{l}{2}mg - ma_{max} \cancel{r_S'} \frac{h}{\cancel{r_S'}} = 0 \,.$$

Setzt man nun die obige Beziehung $a_{max} = \frac{1}{m} \mu_0 N_1$ ein, so erhält man die ges. Normalkraft N_1:

$$lN_1 - \frac{l}{2}mg - \cancel{m}\frac{1}{\cancel{m}}\mu_0 N_1 h = 0 \quad \Rightarrow \quad N_1 = \frac{lmg}{2(l - \mu_0 h)} = \frac{mg}{2(1 - \mu_0 \frac{h}{l})} \,.$$

Die max. Beschleunigung des Fahrzeugs berechnet sich folglich zu

$$a_{max} = \frac{1}{m} \mu_0 N_1 = \frac{\mu_0}{2(1 - \mu_0 \frac{h}{l})} g \,.$$

Eine Alternative: Da sich das Fahrzeug um S nicht drehen darf, lautet der Momentensatz ($\circlearrowleft$: pos. Drehsinn) bzgl. des Schwerpunktes S

$$\circlearrowright S: \quad J^{(S)} \cancel{\ddot{\varphi}}^{=0} = \frac{l}{2}N_1 - hH_{max} - \frac{l}{2}N_2 \,, \quad \text{da} \quad H = H_{max} \,.$$

In vertikaler Richtung gilt schließlich die Statik-Bedingung $N_1 - mg + N_2 = 0$. Es ist somit $N_2 = mg - N_1$, und man erhält wegen $H_{\max} = \mu_0 N_1$:

$$\frac{l}{2}N_1 - h\mu_0 N_1 - \frac{l}{2}(mg - N_1) = 0 \quad \Rightarrow \quad \text{(wieder)} \quad N_1 = \frac{mg}{2(1 - \mu_0 \frac{h}{l})} \, .$$

Übrigens: Das Modell gilt nur, wenn das Fahrzeug vorne nicht abhebt, d. h. wenn $N_2 > 0$ ist. Wegen

$$N_2 = mg - N_1 = \ldots = \frac{1 - 2\mu_0 \frac{h}{l}}{2(1 - \mu_0 \frac{h}{l})} mg$$

ist dieses für

$$2\mu_0 \frac{h}{l} < 1 \, , \quad \text{also bspw.} \quad h < \frac{l}{2\mu_0}$$

erfüllt; dann ist nat. auch $\mu_0 \frac{h}{l} < 1$ und ebenfalls die Kraft $N_1 > 0$. ◄

3.2.3 Impuls- und Drehimpulssatz

Der Schwerpunktsatz (3.17) kann zeitlich integriert werden: Mit der vektorwertigen Zeit-funktion $\vec{F}_{\text{res}} = \vec{F}_{\text{res}}(t)$ und der Definition des Beschleunigungsvektors, $\vec{a}_S = \frac{d\vec{v}_S}{dt}$, folgt

$$m \, d\vec{v}_S = \vec{F}_{\text{res}}(t) \, dt \quad \text{bzw.} \quad m \int\limits_{\vec{v}_{S,0}}^{\vec{v}_{S,1}} d\vec{v}_S = \int\limits_{t_0}^{t_1} \vec{F}_{\text{res}}(t) \, dt \, ;$$

Die Integration erfolgt – wie üblich – von einem Bezugszeitpunkt t_0 bis zu einem (beliebigen) Zeitpunkt t_1; die korrespondierenden Schwerpunktsgeschwindigkeiten sind $\vec{v}_{S,0} = \vec{v}_S(t_0)$ und $\vec{v}_{S,1} = \vec{v}_S(t_1)$.

$$m\vec{v}_{S,1} - m\vec{v}_{S,0} = \int\limits_{t_0}^{t_1} \vec{F}_{\text{res}}(t) \, dt \, . \tag{3.27}$$

Analog dazu liefert die Zeitintegration des Momentensatzes (3.20), es sei $M_{\text{res}}^{(S)} = M_{\text{res}}^{(S)}(t)$, wegen $\dot{\omega} = \frac{d\omega}{dt}$ und damit $J^{(S)} d\omega = M_{\text{res}}^{(S)}(t) \, dt$:

$$J^{(S)}\omega_1 - J^{(S)}\omega_0 = \int\limits_{t_0}^{t_1} M_{\text{res}}^{(S)}(t) \, dt \, . \tag{3.28}$$

Diese beiden Sätze werden zu Berechnung von sog. exzentrischen Stößen, d. h. mindestens der Schwerpunkt eines Stoßpartners liegt nicht auf der Stoßnormalen, benötigt. Ein Stoß erfolgt stets in einem sehr kurzen Zeitintervall: $t_1 = t_0 + t_S$, mit Stoßzeit t_S sehr klein;

eine Lageänderung der Körper kann während der Interaktion vernachlässigt werden. Geht man bspw. von ideal glatten Oberflächen aus, existiert nur eine Wechselwirkungskraft in Richtung der Stoßnormalen. Deren tatsächlichen Zeitverlauf, und damit letztlich die Bilanz der kinetischen Energien vor und nach dem Stoß, beschreibt die sog. Stoßzahl ε, die sich auf die Geschwindigkeitskomponenten des Kontaktpunktes P in Stoßnormalenrichtung (Index n) bezieht, vgl. (2.57):

$$\varepsilon = -\frac{v'_{P2,n} - v'_{P1,n}}{v_{P2,n} - v_{P1,n}} \; ;$$

die Ziffern 1 und 2 im Index geben hier den jeweiligen Stoßpartner, d. h. „die Seite" von P an, und der Strich $(..)'$ symbolisiert die Geschwindigkeitskomponenten (unmittelbar) nach dem Stoßvorgang. Nun ist die Stoßbedingung für den Kontaktpunkte P definiert, im Impulssatz (3.27) taucht aber die Schwerpunktsgeschwindigkeit auf. Es muss also $\vec{v}_P$ aus $\vec{v}_S$ berechnet werden (Kinematik), z. B. mittels Gl. (1.42) im Falle eines ebenen Vorgangs.

Beispiel 3.10: Exzentrischer Stoß zwischen Kugel und Stab

Die nachfolgende Skizze zeigt die Draufsicht (links) der Stoßkonstellation sowie die Freikörperbilder (rechts) für das Zeitintervall des Stoßvorgangs.

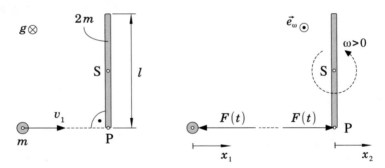

Man denke sich die beiden Körper horizontal geführt auf einer Ebene; die Oberflächen sollen alle ideal glatt sein. Daher existiert während der Interaktion nur eine Kraft, die Stoß-Wechselwirkungskraft $F(t)$ in Richtung der Stoßnormalen (orthogonal zur Stabachse); die Gewichtskräfte wirken senkrecht zur Zeichen- bzw. Bewegungsebene. Für die beiden Körper gilt: Die Kugel ist als punktförmig zu betrachten (Massenpunkt), sie bewegt sich vor dem Stoß mit der Geschwindigkeit v_1. Im Gegensatz dazu ruht der dünne Stab im Ausgangszustand ($t = t_0$).

Es sind für den Zeitpunkt unmittelbar nach dem Stoß die Geschwindigkeit v'_1 der Kugel, die Geschwindigkeit v'_S des Stabschwerpunktes S und Winkelgeschwindigkeit ω' des Stabes zu berechnen. Hierzu sei angemerkt, dass nach dem Impulssatz (vektoriell) eine Geschwindigkeitsänderung nur in Richtung der Wechselwirkungskraft erfolgen kann. D. h. die Kugel bewegt sich nach dem Stoß in x_1-Richtung und der Schwerpunkt S des Stabes in x_2-Richtung; der Stab wird sich zudem im Gegenuhrzeigersinn (entsprechend der Momentenwirkung der Stoßkraft) um dessen Schwerpunkt drehen. Die Koordinaten sind unter Berücksichtigung der zur erwartenden Bewegungsrichtungen festgelegt.

Schließlich ist noch eine energetische Aussage über den Stoßprozess zu treffen: Der Vorgang soll teil-elastisch (Stoßzahl ε) sein. Damit lässt sich die Stoßbedingung formulieren:

$$(1)\quad \varepsilon = -\frac{v'_{P2,n} - v'_{P1,n}}{v_{P2,n} - v_{P1,n}} = -\frac{v'_P - v'_1}{0 - v_1} = \frac{v'_P - v'_1}{v_1}.$$

Es ist anzumerken, dass die Bewegungsrichtung des Stab-Endpunktes P nach dem Stoß – analog zu S – die x_2-Richtung ist, da sich der Schwerpunktsbewegung eine Drehung um den Schwerpunkt überlagert:

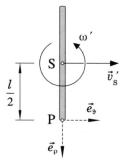

Skizze: Ebene Körperkinematik, vgl. Abb. 1.10 im Abschn. 1.3.4, Bezugspunkt B = S
Nach Gl. (1.42) gilt:

$$(2)\quad \vec{v}'_P = \vec{v}'_S + \frac{l}{2}\omega'\vec{e}_\vartheta = v'_S\vec{e}_\vartheta + \frac{l}{2}\omega'\vec{e}_\vartheta = \underbrace{\left(v'_S + \frac{l}{2}\omega' \right)}_{= v'_P}\vec{e}_\vartheta .$$

Es müssen nun noch Impuls- und Drehimpulssatz für die beiden Stoßpartner (für Kugel nur Impulssatz, da Massenpunkt) formuliert werden. Das sog. Stoßintegral $\int_{(t_S)} F(t)\,dt$ wird hierbei mit $\hat{F}$ abgekürzt. Die Koordinatengleichungen lauten:

- Impulssatz Kugel nach (2.52) für einen Massenpunkt

$$(3)\quad mv'_1 - mv_1 = -\hat{F}$$

- Impulssatz (3.27) Stab

$$(4)\quad m_{St}v'_S - m_{St}\underbrace{v_S}_{=0} = \hat{F}\quad \text{mit}\quad m_{St} = 2m$$

- Drchimpulssatz (3.28) Stab bzgl. Schwerpunkt S, Massenträgheitsmoment $J^{(S)} = \frac{1}{12}(2m)l^2$

$$(5) \quad J^{(S)}\omega' - J^{(S)}\underbrace{\omega}_{=\,0} = \frac{l}{2}\hat{F}\,.$$

Dieses Gleichungssystem (1)..(5) lässt sich nach den drei gesuchten Geschwindigkeiten und v'_P sowie dem Stoßintegral $\hat{F}$ auflösen. Mit (4) und (5) erhält man

$$\hat{F} = 2mv'_S \quad \text{sowie} \quad \hat{F} = \frac{2}{l} \cdot \frac{1}{6}ml^2\omega' = \frac{1}{3}ml\omega'\,,$$

und somit

$$2mv'_S = \frac{1}{3}ml\omega' \quad \text{bzw.} \quad v'_S = \frac{1}{6}l\omega'\,.$$

Eingesetzt in (2):

$$v'_P = v'_S + \frac{l}{2}\omega' = \frac{1}{6}l\omega' + \frac{l}{2}\omega' = \frac{2}{3}l\omega'\,,$$

und mit der Stoßbedingung (1) folgt sodann

$$\varepsilon v_1 = v'_P - v'_1 = \frac{2}{3}l\omega' - v'_1\,.$$

Eliminiert man nun v'_1 durch einsetzen von Impulssatz (3), ergibt sich

$$\varepsilon v_1 = \frac{2}{3}l\omega' - \underbrace{\left(v_1 - \frac{1}{m}\hat{F} \right)}_{=\,v'_1} = \frac{2}{3}l\omega' - v_1 + \frac{1}{m}\frac{1}{3}ml\omega'\,,$$

da eben $\hat{F} = \frac{1}{3}ml\omega'$. Eine kleine Umformung liefert die gesuchte Winkelgeschwindigkeit des Stabes unmittelbar nach dem Stoß:

$$\varepsilon v_1 + v_1 = \frac{2}{3}l\omega' + \frac{1}{3}l\omega' = l\omega'\,, \quad \text{also} \quad \omega' = \frac{1+\varepsilon}{l}v_1\,.$$

Es folgt damit direkt

$$v'_S = \frac{1}{6}l\omega' = \frac{1}{6}l\frac{1+\varepsilon}{l}v_1 = \frac{1+\varepsilon}{6}v_1\,.$$

Die Kugelgeschwindigkeit nach dem Stoß erhält man aus Gleichung (3):

$$v'_1 = v_1 - \frac{1}{m}\hat{F} = v_1 - \frac{1}{m}\frac{1}{3}ml\omega' = v_1 - \frac{1}{3}l\omega' = v_1 - \frac{1}{3}l\frac{1+\varepsilon}{l}v_1$$

$$= v_1 - \frac{1+\varepsilon}{3}v_1 = \left(1 - \frac{1+\varepsilon}{3} \right)v_1 = \frac{2-\varepsilon}{3}v_1\,.$$

Fazit: Es gilt immer $\omega' > 0$, d.h. Drehung im Gegenuhrzeigersinn, und $v'_S > 0$, und da $0 \le \varepsilon \le 1$ ist auch $v'_1 > 0$. Die Kugel ändert also infolge des Stoßvorgangs ihre Bewegungsrichtung nicht.

Ergänzung: Wie aus der Kinematik bekannt ist (sein sollte), lässt sich für die ebene Bewegung des Stabes – unmittelbar nach dem Stoß – ein sog. Momentanpol ermitteln, um den jener Körper eine reine Drehung ausführt. Nach der Beziehung (1.45) berechnet sich der Abstand R_S des Schwerpunktes S zum Momentanpol Π zu

$$R_S = \frac{v_S'}{\omega'} = \frac{\frac{1+\varepsilon}{6}v_1}{\frac{1+\varepsilon}{l}v_1} = \frac{l}{6}.$$

Da sich Stab-Endpunkt P,

$$v_P' = v_S' + \frac{l}{2}\omega' = \frac{1+\varepsilon}{6}v_1 + \frac{l}{2}\frac{1+\varepsilon}{l}v_1 = \frac{2}{3}(1+\varepsilon)v_1 > 0,$$

und Schwerpunkt S nach dem Stoß nach rechts bewegen, muss der Momentanpol Π oberhalb von S liegen. Per Definition hat der Momentanpol die momentane Geschwindigkeit $\vec{v}_\Pi = \vec{0}$. Somit hat sich während des Stoßvorgangs die Geschwindigkeit dieses Punktes nicht geändert (Stab bewegt sich vorher nicht), d. h. er hat keine Beschleunigung erfahren und ist damit kraftfrei. Man spricht in diesem Zusammenhang auch vom Stoßmittelpunkt. Bei einer Lagerung eines Körpers im Stoßmittelpunkt treten dort infolge des Stoßes keine Reaktionskräfte auf. ◄

Ist bei einem exzentrischen Stoß einer der Stoßpartner raumfest-drehbar gelagert, ist es zweckmäßig den Drehimpulssatz bzgl. des Lagerpunktes zu formulieren. Der Körper hat dann nur einen Freiheitsgrad, so dass diese Gleichung ausreichend ist (vgl. Rotation um raumfeste Achse).

Für den Fall von rauen Oberflächen tritt i. Allg. auch eine Wechselwirkungskraft in der Berührebene auf. Setzt man bspw. ein Verhaken der beiden Körper voraus (d. h. Haftung), muss als kinematischer Zusammenhang die Gleichheit der Geschwindigkeitskomponenten orthogonal zur Stoßnormalen berücksichtigt werden. Natürlich ist dann der Impulssatz zudem in dieser Richtung aufzustellen und der Drehimpulssatz um die Momentenwirkung der „Stoß-Haftkraft" $H = H(t)$ zu erweitern.

3.2.4 Kinetische Energie, Schwerepotenzial

In Bezug auf Abb. 3.7 lässt sich für die Geschwindigkeit des Massenelements dm (Punkt P) angeben:

$$\vec{v}_P = \vec{v}_{O'} + \rho_P \omega \vec{e}_\vartheta.$$

Hierbei handelt es sich um Gl. (1.42) mit B=O' (beliebiger körperfester Punkt). Da $\vec{e}_\vartheta = \vec{e}_\omega \times \vec{e}_\rho$ ist, lässt sich $\vec{v}_P$ auch in der Form

$$\vec{v}_P = \vec{v}_{O'} + \vec{\omega} \times \vec{\rho}_P$$

schreiben. Für die kinetische Energie des Massenelements gilt nun $dE_k = \frac{1}{2}dm\,v_P^2$, mit $v_P^2 = (\vec{v}_P)^2$. Die Integration über den gesamten Körper ergibt dessen kinetische Energie:

$$E_k = \frac{1}{2} \int\limits_{(\mathbb{K})} v_P^2 \, dm \,.$$

Man erhält wegen

$$v_P^2 = (\vec{v}_P)^2 = (\vec{v}_{O'} + \vec{\omega} \times \vec{\rho}_P)^2 =$$

$$(\vec{v}_{O'})^2 + 2\vec{v}_{O'}(\vec{\omega} \times \vec{\rho}_P) + \big(\underbrace{\vec{\omega} \times \vec{\rho}_P}_{= \rho_P \omega \vec{e}_\vartheta} \big)^2 = v_{O'}^2 + 2\vec{v}_{O'}(\vec{\omega} \times \vec{\rho}_P) + \rho_P^2\omega^2 \;:$$

$$E_k = \frac{1}{2} \int\limits_{(\mathbb{K})} \left(v_{O'}^2 + 2\vec{v}_{O'}(\vec{\omega} \times \vec{\rho}_P) + \rho_P^2\omega^2 \right) dm =$$

$$= \frac{1}{2}v_{O'}^2 \underbrace{\int\limits_{(\mathbb{K})} dm}_{=\,m} + \frac{1}{2}2\vec{v}_{O'} \Big(\vec{\omega} \times \underbrace{\int\limits_{(\mathbb{K})} \vec{\rho}_P \, dm}_{=\,m\vec{r}\,'_S} \Big) + \frac{1}{2}\omega^2 \underbrace{\int\limits_{(\mathbb{K})} \rho_P^2 \, dm}_{=\,J^{(O')}} \,.$$

Der Winkelgeschwindigkeitsvektor ($\vec{\omega} = \omega\vec{e}_\omega$) ist für jedes Massenelement gleich, ω und $\vec{\omega}$ können daher vor das Integral gezogen werden. Im mittleren Term der letzten Zeile ist das Integral gerade gleich dem mit der Körpermasse m multiplizierten Schwerpunktsortsvektor (Def.-Gleichung) im $x'y'$-Koordinatensystem. Das Ergebnis für die kinetische Energie vereinfacht sich aber, wenn als – körperfester – Bezugspunkt O' der Körperschwerpunkt S gewählt wird, da dann der relative S-Ortsvektor $\vec{r}\,'_S = \vec{0}$ ist.

$$E_k = \frac{1}{2}mv_S^2 + \frac{1}{2}J^{(S)}\omega^2 \tag{3.29}$$

Es zeigt sich, dass sich die (gesamte) kinetische Energie aus zwei Anteilen zusammensetzt, der Translationsenergie

$$E_{\text{trans}} = \frac{1}{2}mv_S^2 \,,$$

analog zur Bewegungsenergie eines Massenpunktes (Vorstellung: „Masse m ist im Schwerpunkt S konzentriert"), und der Rotationsenergie bzgl. der zur Bewegungsebene orthogonalen Schwereachse (vgl. raumfeste Achse),

$$E_{\text{rot}} = \frac{1}{2}J^{(S)}\omega^2 \,.$$

Man kann als Bezugspunkt O' auch den Momentanpol Π der ebenen Körperbewegung verwenden. Dann ist $\vec{v}_{O'} = \vec{v}_\Pi = \vec{0}$ (Def. von Π), und die kinetische Energie berechnet sich nur als Rotationsenergie zu

$$E_k = \frac{1}{2} J^{(\Pi)} \omega^2 \quad \text{mit} \quad J^{(\Pi)} = J^{(S)} + R_S^2 m \,. \tag{3.30}$$

R_S ist der Abstand des Schwerpunktes S zum Momentanpol Π. Dieser ist i. Allg. nicht zeitlich konstant, d. h. Π ist kein Punkt mit festem Körperbezug, so dass u. U. $J^{(\Pi)} = J^{(\Pi)}(t)$ ist.

Neben der kinetischen Energie besitzt ein Körper im Schwerefeld der Erde auch eine potenzielle Energie (Schwerkraftpotenzial E_p).

Orientiert man die Koordinatenachse z, mit $\vec{e}_z \parallel \vec{g}$, nach unten und legt das sog. (Potenzial-)Nullniveau NN auf $z = 0$ (d. h. es ist dort $E_p = 0$), Abb. 3.11, so gilt nach (2.30) für das Potenzial dE_p des Massenelements dm:

$$dE_p = -dm\, g z_P \,.$$

Die Integration über den gesamten Körper liefert wieder dessen Potenzial:

$$E_p = -g \int\limits_{(\mathbb{K})} z_P \, dm \,, \quad \text{wobei} \quad \int\limits_{(\mathbb{K})} z_P \, dm = m z_S \,;$$

letztere Gleichung ist die Definitionsgleichung für die Schwerpunktskoordinate z_S. Zusammengefasst ergibt sich also:

$$E_p = -m g z_S \,, \quad \text{wenn} \quad g \downarrow\downarrow z \,. \tag{3.31}$$

Bei Orientierung der vertikalen Achse nach oben, also entgegengesetzt zu $\vec{g}$, dreht sich das Vorzeichen um, wie im Abschn. 2.3 (Massenpunkte) erklärt.

$$E_p = +m g z_S \,, \quad \text{wenn} \quad g \downarrow\uparrow z \tag{3.32}$$

Abb. 3.11 Zur Berechnung des Schwerkraftpotenzials eines starren Körpers

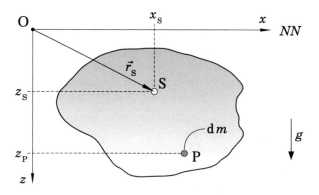

Das Schwerkraftpotenzial E_p eines starren Körpers ändert sich folglich nur, wenn eine Verschiebung des Schwerpunktes S in Richtung der Erdbeschleunigung $\vec{g}$ erfolgt. Eine reine Drehung um eine Schwereachse hat keinen Einfluss auf E_p; gleiches gilt für eine Horizontalbewegung von S.

Ein starrer Körper kann als starres System von Massenpunkten interpretiert werden. Daher sind Arbeits- und Energiesatz formal identisch mit den entsprechenden Sätzen im Abschn. 2.8.3, wobei die Symbolisierung [a] für äußere Arbeit bzw. äußeres Potenzial nun obsolet ist.

1. Fassung des Arbeitssatzes, mit der Arbeit W_{01} aller wirkenden Kräfte und Momente auf dem Weg von Position bzw. Lage „0" nach „1":

$$E_{k1} - E_{k0} = W_{01} \ . \tag{3.33}$$

2. Fassung des Arbeitssatzes, wobei $\tilde{W}_{01}$ lediglich die Arbeit aller nicht-konservativen Kräfte und Momente ist:

$$\left(E_{k1} + E_{p1}\right) - \left(E_{k0} + E_{p0}\right) = \tilde{W}_{01} \ . \tag{3.34}$$

Energiesatz, für den Fall eines konservativen Systems, d. h. es treten (idealisiert betrachtet) keine nicht-konservativen Kräfte und/oder Momente auf:

$$E_{k0} + E_{p0} = E_{k1} + E_{p1} \ . \tag{3.35}$$

Beispiel 3.11: Kugelbewegung in Quarterpipe (Viertelröhre)

Betrachtet wird wieder der in Bsp. 3.5 beschriebene Bewegungsvorgang; es gelten die gleichen Rahmenbedingungen bzw. Idealisierungen. Die Fragestellung sei nun aber anders: Gesucht die die Winkelgeschwindigkeit ω_K der Kugeleigenrotation als Funktion des Positionswinkels φ_S. Als Anfangsbedingung sei gegeben, dass sich die Kugel zum Zeitpunkt $t = 0$ im Ruhezustand in der Startposition $\varphi_{\mathrm{S},0} \geq \varphi_{\mathrm{S},0}^*$ befindet; $\varphi_{\mathrm{S},0}^*$ ist hierbei der erforderliche Startwinkel, damit am Kontaktpunkt der Kugel mit der Unterlage stets Haftung auftritt.

Zur Lösung einer „zeitfreien Fragestellung", gesucht ist die Funktion $\omega_\mathrm{K} = \omega_\mathrm{K}(\varphi_\mathrm{S})$, bietet sich insbesondere der Arbeits- bzw. Energiesatz an, da die Gleichung direkt die Winkelgeschwindigkeit (kinetische Energie) sowie auch die Lage/Position (Potenzial) des Körpers enthält.

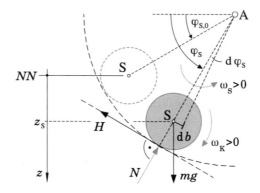

Zur Formulierung des Schwerkraftpotenzials E_p wird dessen Nullpunkt bspw. in die Startposition des Schwerpunktes gelegt. Da eigentlich keine nicht-konservativen Kräfte (wie z. B. Reibkraft, Luftwiderstandskraft) wirken, sollte die Anwendung des Energiesatzes möglich sein. Aber was ist mit der stets tangential zur Bahn des Kontaktpunktes wirkenden, dort angreifenden Haftkraft H? Hierbei handelt es sich um eine Reaktionskraft, die Frage nach „konservativ oder nicht-konservativ" stellt sich folglich nicht (nur bei eingeprägten Kräften).

Es muss daher zunächst untersucht werden, ob H auf dem Weg von Position $\varphi_{S,0}$ nach φ_S Arbeit verrichtet; falls dem so wäre, ist sie nämlich in eine Kategorie „quasi nicht-konservativ" einzuordnen, analog zur COULOMBschen Reibkraft. Dazu wird das folgende Ersatzmodell erarbeitet:

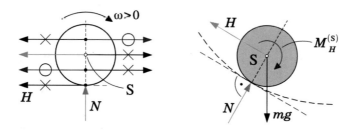

Man ergänzt im Abstand von $\frac{1}{2}R_K$, R_K und $\frac{3}{2}R_K$ zum Kontaktpunkt jeweils eine sog. „H-Nullkraft" (d. h. Kraft und Gegenkraft mit gleichem Angriffspunkt), vgl. Skizze links. Diese Maßnahme ändert das mechanische System schließlich nicht. Jedoch ist die resultierende Kraft sowie auch das resultierende Moment der „×-Kräfte" bzgl. S gleich Null: $M_\times^{(S)} = R_K H - 2 \cdot \frac{R_K}{2} H$. Übrig bleibt demnach effektiv die am Schwerpunkt S angreifende Haftkraft sowie ein H-Kräftepaar ($\ominus$), das in Bezug auf S das Moment

$$M_H^{(S)} = +R_K H \quad (\circlearrowleft \ \omega > 0)$$

erzeugt. Die stets am Kontaktpunkt angreifende Haftkraft H kann also in einem Ersatzmodell zum Schwerpunkt hin verschoben werden, wenn zusätzlich das Moment $M_H^{(S)}$ eingetragen wird (Skizze rechts). Während eines infinitesimal kleinen Zeitintervalls $t..t + \mathrm{d}t$
dreht sich nun S um den Winkel $\mathrm{d}\varphi_S$ bzgl. A, und S legt als Weg die entsprechende Bogenlänge $\mathrm{d}b = (R_Q - R_K)\mathrm{d}\varphi_S$ zurück. Die Haftkraft H wirkt tangential zur S-Bahn, sie
verrichtet demnach längs dieses Weges die Translationsarbeit

$$\mathrm{d}W_{H,\mathrm{trans}} = -H\mathrm{d}b = -H(R_Q - R_K)\mathrm{d}\varphi_S .$$

Gleichzeitig dreht sich aber die Kugel um ihren Schwerpunkt S (Winkel $\mathrm{d}\varphi_K$). Das
„Ersatzmoment" $M_H^{(S)}$ bewirkt dabei die Rotationsarbeit

$$\mathrm{d}W_{H,\mathrm{rot}} = M_H^{(S)}\mathrm{d}\varphi_K .$$

Für die gesamte Haftkraft-Arbeit ergibt sich also:

$$\mathrm{d}W_H = M_H^{(S)}\mathrm{d}\varphi_K - H(R_Q - R_K)\mathrm{d}\varphi_S = R_K H\mathrm{d}\varphi_K - H(R_Q - R_K)\mathrm{d}\varphi_S .$$

Dividiert man diese Gleichung mit dem Zeitdifferenzial $\mathrm{d}t$, so ergibt sich die Moment-
anleistung der Haftkraft:

$$P_H = \frac{\mathrm{d}W_H}{\mathrm{d}t} = R_K H \underbrace{\frac{\mathrm{d}\varphi_K}{\mathrm{d}t}}_{=\,\omega_K} - H(R_Q - R_K) \underbrace{\frac{\mathrm{d}\varphi_S}{\mathrm{d}t}}_{=\,\omega_S} .$$

Mit der Beziehung $R_K\omega_K = (R_Q - R_K)\omega_S$ für die beiden Winkelgeschwindigkeiten,
vgl. Bsp. 3.5, erhält man letztlich

$$P_H = R_K H\omega_K - H(R_Q - R_K) \underbrace{\frac{R_K}{R_Q - R_K}\omega_K}_{=\,\omega_S} = 0 \quad \mathrm{bzw.} \quad \mathrm{d}W_H = 0 .$$

ℹ️ _____

Die Haftkraft H verrichtet beim idealen/reinen, d. h. schlupffreien Abrollen keine Arbeit.

✍

Der Umweg über die Leistung ist übrigens nicht notwendig: Ersetzt man in $R_K\omega_K = (R_Q - R_K)\omega_S$ die beiden Winkelgeschwindigkeiten durch die entsprechenden Differenzialquotienten, so erhält man nach Multiplikation mit $\mathrm{d}t$:

$$R_K\mathrm{d}\varphi_K = (R_Q - R_K)\mathrm{d}\varphi_S .$$

Eingesetzt in die Gleichung für das Arbeitsdifferenzial $\mathrm{d}W_H$ wird dieses unmittelbar
Null.

Ergänzung: Diese Beziehung lässt sich geometrisch schön veranschaulichen, vgl. nachfolgende Skizze.

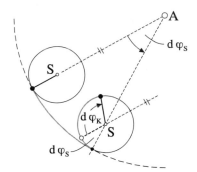

Bei Drehung von S mit dem Winkel $d\varphi_S$ bzgl. A würde sich die Kugel ohne Eigenrotation um $d\varphi_S$ vom großen Kreis „abschälen" (Punkt ∘). Im Falle des Abrollens überlagert sich dieser Bewegung eine Eigendrehung der Kugel um den Winkel $d\varphi_K$. Ideales Rollen bedeutet nun, dass die Bewegung ohne Schlupf erfolgt: Die Kugel rollt ohne Relativbewegung (ohne Rutschen) am Kontaktpunkt auf der kreisförmig gekrümmten Unterlage ab, d. h. die abgerollten Bogenlängen sind gleich:

$$R_Q d\varphi_S = R_K (d\varphi_S + d\varphi_K) = R_K d\varphi_S + R_K d\varphi_K \,.$$

Unter der Voraussetzung eines idealen/reinen Rollvorgangs leistet also die Haftkraft H keine Arbeit und es kann bedenkenlos der Energiesatz (3.35) als Ansatz gewählt werden.

$$\underbrace{E_{k0}}_{=0} + \underbrace{E_{p0}}_{=0} = E_{k1} + E_{p1}$$

Es ist $E_{k0} = 0$, da die Kugel aus dem Ruhezustand startet (Anfangsbedingung), und $E_{p0} = 0$ aufgrund der oben erklärten Festlegung für das Nullniveau NN des Schwerkraftpotenzials. Somit ergibt sich mit

$$E_{k1} = \frac{1}{2} m v_S^2 + \frac{1}{2} J^{(S)} \omega_K^2 \,, \quad E_{p1} = -mg z_S$$

und

$$z_S = (R_Q - R_K) \sin \varphi_S - (R_Q - R_K) \sin \varphi_{S,0} = (R_Q - R_K)(\sin \varphi_S - \sin \varphi_{S,0}) \,:$$

$$\frac{1}{2} m v_S^2 + \frac{1}{2} J^{(S)} \omega_K^2 - mg(R_Q - R_K)(\sin \varphi_S - \sin \varphi_{S,0}) = 0 \,.$$

Die Bahngeschwindigkeit v_S des Schwerpunktes berechnet sich – auf den ersten Blick – infolge der Drehung von S um A zu

$$v_S = (R_Q - R_K)\omega_S \,,$$

und mit der kinematischen Beziehung $R_K \omega_K = (R_Q - R_K) \omega_S$ lässt sich diese als Funktion der gesuchten Winkelgeschwindigkeit ω_K angeben:

$$v_S = R_K \omega_K \,,$$

was der Abrollbedingung (1.48) entspricht; letztere Gleichung hätte man natürlich auch direkt angeben können. Das Massenträgheitsmoment $J^{(S)}$ der Kugel ist $J^{(S)} = \frac{2}{5} m R_K^2$, und der Energiesatz wird zu

$$\underbrace{\frac{1}{2} m (R_K \omega_K)^2 + \frac{1}{2} \frac{2}{5} m R_K^2 \omega_K^2}_{= \frac{7}{10} m R_K^2 \omega_K^2} - mg(R_Q - R_K)(\sin \varphi_S - \sin \varphi_{S,0}) = 0 \,.$$

Nach Division mit m ergibt sich aufgelöst für die Winkelgeschwindigkeit ω_K der Kugeleigenrotation:

$$\omega_K = {}^{+}_{(-)} \sqrt{\frac{10}{7} g \frac{R_Q - R_K}{R_K^2} (\sin \varphi_S - \sin \varphi_{S,0})} \,.$$

Diese ist positiv, das die Drehung im Uhrzeigersinn erfolgt, also im festgelegten pos. Drehsinn für die Eigenrotation.

Ergänzung: $\omega_K(\varphi_S)$ **aus** $\dot{\omega}_K$. Die Winkelgeschwindigkeit ω_K lässt sich natürlich auch mittels der Winkelbeschleunigung $\dot{\omega}_K$ berechnen. Letztere erhält man durch Lösung des Kräfte/Momenten-Gleichungssystems, vgl. Bsp. 3.5; $\dot{\omega}_K$ muss also vorab ermittelt werden. In diesem Fall ist

$$\underbrace{\dot{\omega}_K = \frac{5}{7} \frac{g}{R_K} \cos \varphi_S}_{= \dot{\omega}_K(\varphi_S)} \,.$$

Diese Funktion entspricht $a = a(x)$ der Tabelle im Abschn. 1.1.2; mit dem korrespondierenden Integral lässt sich folglich $v(x)$ bzw. $\omega_K(\varphi_S)$ berechnen. Hierbei ist aber Vorsicht geboten: Die Formel von „S. 9-Tabelle" gilt – nach „Umbenennung" der Variablen – für die Funktion $\dot{\omega} = \dot{\omega}(\varphi)$, wobei $\omega = \dot{\varphi}$ ist. Es ist hier aber $\omega_K = \dot{\varphi}_K \neq \dot{\varphi}_S = \omega_S$, d. h. man muss zunächst die Funktion $\dot{\omega}_K(\varphi_K)$ ermitteln. Die Winkel φ_S und φ_K (Eigendrehung) sind in der folgenden Skizze nochmals dargestellt; sie werden im entsprechenden pos. Drehsinn der Bewegung gegen die Horizontale gemessen (Festlegung: $\circlearrowleft \omega_S > 0$ und $\circlearrowright \omega_K > 0$).

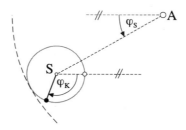

Nun lässt sich die Gleichung für die Winkeldifferenziale integrieren, wobei $\varphi_K = 0$ für $\varphi_S = 0$ sein soll:

$$R_K \int_0^{\varphi_K} \mathrm{d}\bar{\varphi}_K = (R_Q - R_K) \int_0^{\varphi_S} \mathrm{d}\bar{\varphi}_S \,, \quad \text{also} \quad R_K \varphi_K = (R_Q - R_K)\varphi_S \,.$$

Damit ergibt sich für die Winkelbeschleunigungsfunktion:

$$\dot{\omega}_K = \underbrace{\frac{5}{7} \frac{g}{R_K} \cos \frac{R_K}{R_Q - R_K} \varphi_K}_{= \,\dot{\omega}_K(\varphi_K)} \,.$$

Die Winkelgeschwindigkeit berechnet sich nach der Tabelle im Abschn.1.1.2 zu (Gleichung quadriert):

$$\omega_K^2 = \underbrace{\omega_{K,0}^2}_{= \,0} + 2 \int_{\varphi_{K,0}}^{\varphi_K} \dot{\omega}_K(\bar{\varphi}_K) \, \mathrm{d}\bar{\varphi}_K = 2 \frac{5}{7} \frac{g}{R_K} \int_{\varphi_{K,0}}^{\varphi_K} \cos \frac{R_K}{R_Q - R_K} \bar{\varphi}_K \, \mathrm{d}\bar{\varphi}_K$$

$$= \frac{10}{7} \frac{g}{R_K} \left[\frac{R_Q - R_K}{R_K} \sin \frac{R_K}{R_Q - R_K} \bar{\varphi}_K \right]_{\varphi_{K,0}}^{\varphi_K}$$

$$= \frac{10}{7} g \frac{R_Q - R_K}{R_K^2} \left(\sin \frac{R_K}{R_Q - R_K} \varphi_K - \sin \frac{R_K}{R_Q - R_K} \varphi_{K,0} \right) \,.$$

Mit der obigen Winkelbeziehung $R_K \varphi_K = (R_Q - R_K)\varphi_S$, die auch für die Startwinkel gilt, $R_K \varphi_{K,0} = (R_Q - R_K)\varphi_{S,0}$, erhält man wieder

$$\omega_K = {}^{+}_{(-)} \sqrt{\frac{10}{7} g \frac{R_Q - R_K}{R_K^2} (\sin \varphi_S - \sin \varphi_{S,0})} \,.$$

Damit lässt sich auch die Winkelgeschwindigkeit ω_S der Schwerpunktsdrehung um A angeben:

$$\omega_S = \frac{R_K}{R_Q - R_S}\omega_K = \sqrt{\frac{R_K^2}{(R_Q - R_S)^3}\frac{10}{7}g\frac{R_Q - R_K}{R_K^2}(\sin\varphi_S - \sin\varphi_{S,0})}\,.$$

◄

Ein etwas realeres Modell eines Abrollvorgangs berücksichtigt, dass sich der ideal starre Körper (geringfügig) in die Unterlage eindrückt. Der Körper schiebt sodann einen Wall vor sich her, und es tritt eine tangential wirkende Reaktionskraft F_W auf, vgl. Abb. 3.12 (links).

Berechnet man nun für einen infinitesimalen Weg dx_S des Schwerpunktes S die von der „Wallkraft" F_W verrichtete Arbeit, ist zu berücksichtigen, dass F_W auch eine Momentenwirkung bzgl. S erzeugt (vgl. dazu Überlegung in Beispiel 3.11); der korrespondierende Drehwinkel sei $d\varphi$.

$$dW_{real} = -F_W dx_S + RF_W d\varphi$$

Da es sich jetzt um kein ideales Abrollen mehr handelt, gilt die Abrollbedingung (1.48) und somit der Zusammenhang $dx_S = Rd\varphi$ nicht. In diesem Fall legt der Schwerpunkt einen etwas größeren Weg zurück:

$$dx_S = Rd\varphi + ds\,;$$

diesen „Zusatzweg" ds nennt man Schlupf. Damit verschwindet die Arbeit bei der entsprechenden Lageänderung nicht, sondern es ergibt sich

$$dW_{real} = -F_W(Rd\varphi + ds) + RF_W d\varphi = -F_W ds\,.$$

Es stellt sich nun die Frage, wie groß F_W ist und wie sich der Schlupf ds berechnet. Dieses „Problem" löst man z. B. mit einem Ersatzmodell, Abb. 3.12 rechts: Am Kontaktpunkt (Momentanpol) wirkt die Haftkraft H (ideales Abrollen) und zusätzlich am Schwerpunkt entgegengesetzt zur Bewegungsrichtung die Roll-Widerstandskraft F_R. Für den Schwerpunktsweg dx_S, für den $dx_S = Rd\varphi$ gilt, berechnet sich die Arbeit dann zu

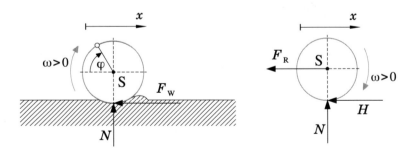

Abb. 3.12 Modell/Ersatzmodell der sog. Rollreibung (Kreisradius R)

$$dW_{ers} = -F_R dx_S - H \underbrace{dx_S}_{= R d\varphi} + RH d\varphi = -F_R dx_S.$$

Mit beiden Modellen verschwindet die Arbeit der „Rollkraft/Rollkräfte" entlang des Weges dx_S nicht, und sie ist jeweils kleiner Null. Man kann daher dW_{real} durch dW_{ers} ersetzen. Bei einem „realen Abrollvorgang" ist also im Freikörperbild die Roll-Widerstandskraft F_R im Schwerpunkt einzutragen; diese definiert man analog zur COULOMBschen Reibkraft wie folgt:

$$F_R = \mu_R N, \quad \text{wobei} \quad \vec{F}_R = -\mu_R N \vec{e}_v, \ \vec{e}_v = (v_S)^{-1} \vec{v}_S. \tag{3.36}$$

Sie ist stets entgegengesetzt zur Bewegungsrichtung des Schwerpunktes orientiert. An diesem angreifend, erzeugt die Roll-Widerstandskraft schließlich keine Momentenwirkung (bzgl. S). Die Proportionalitätskonstante μ_R heißt Rollreibbeiwert oder -koeffizient und hängt von der jeweiligen Materialpaarung Körper/Unterlage ab.

3.3 Körperbewegungen im Raum

Ein völlig frei beweglicher starrer Körper besitzt im Raum sechs Freiheitsgrade: Drei translatorische Bewegungsmöglichkeiten des Körperschwerpunktes sowie drei Rotationsoptionen um zueinander orthogonale Schwereachsen. D. h. man benötigt mindestens sechs Koordinaten zur eindeutigen Beschreibung der Lage des Körpers.

Da ein starrer Körper als „Grenzfall" eines starren Massenpunktsystems interpretiert werden kann (Anzahl n der Massenpunkte $\to \infty$, Massenpunkt $m_i = dm$ (Massenelement) und $\sum \to \int$ infolge des Übergangs von einem diskreten zu einem kontinuierlichen System), lassen sich die Sätze bzw. Gleichungen aus Abschn. 2.8 formal unverändert übernehmen.

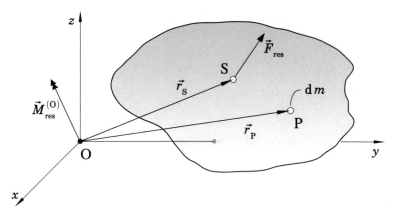

Abb. 3.13 Zum räumlichen Schwerpunkt- und Momentensatz

Der Schwerpunktsatz sowie der Momentensatz bzgl. des raumfesten Bezugspunktes O lauten für die räumliche Bewegung daher, vgl. Abb. 3.13:

$$m\vec{a}_S = m\ddot{\vec{r}}_S = \vec{F}_{\text{res}} \tag{3.37}$$

$$\dot{\vec{L}}^{(O)} = \vec{M}_{\text{res}}^{(O)}, \quad \text{mit} \quad \vec{L}^{(O)} = \int_{(\mathbb{K})} \vec{r}_P \times \vec{v}_P \, \mathrm{d}m. \tag{3.38}$$

Hierbei sind alle wirkenden Kräfte (d. h. eingeprägte und Reaktionskräfte) zu einer im Schwerpunkt S des Körpers angreifenden resultierenden Kraft $\vec{F}_{\text{res}}$ zusammengefasst. Zudem bezieht sich die resultierende Momentenwirkung aller Kräfte und Kräftepaare in Gl. (3.38) schließlich auf den raumfesten Punkt O.

Mit $\vec{a}_S = \frac{\mathrm{d}\vec{v}_S}{\mathrm{d}t}$ wird (3.37) zu $m \, \mathrm{d}\vec{v}_S = \vec{F}_{\text{res}} \, \mathrm{d}t$. Die Integration dieser Gleichung mit korrespondierenden Grenzen liefert den sog. Impulssatz:

$$m\vec{v}_S(t_1) - m\vec{v}_S(t_0) = \int_{t_0}^{t_1} \vec{F}_{\text{res}} \, \mathrm{d}t \quad \text{mit} \quad \vec{F}_{\text{res}} = \vec{F}_{\text{res}}(t). \tag{3.39}$$

3.3.1 Momentensatz

Häufig ist jedoch die Formulierung des Momentensatzes in Bezug auf einen bewegten Bezugspunkt O' zweckmäßig. Es gilt also wieder:

$$\dot{\vec{L}}^{(O')} = \vec{M}_{\text{res}}^{(O')} + m(\vec{a}_{O'} \times \vec{r}\,'_S) \tag{3.40}$$

wobei im Falle der räumlichen Körperbewegung für O' speziell ein beliebiger (bewegter) körperfester Punkt gewählt wird; $\vec{a}_{O'}$ ist der Beschleunigungsvektor von O' und $\vec{r}\,'_S$ der Ortsvektor des Schwerpunktes in Bezug auf O', beschrieben im raumfesten xyz-Koordinatensystem, vgl. Abb. 3.14.

Der relative Drehimpulsvektor $\vec{L}^{(O')}$ in (3.40) berechnet sich per Definition, analog zu jener für ein Massenpunktsystem im Abschn. 2.8.2, zu

$$\vec{L}^{(O')} = \int_{(\mathbb{K})} \vec{\rho}_P \times \vec{v}\,'_P \, \mathrm{d}m, \quad \text{mit} \quad \vec{v}\,'_P = \vec{v}\,^{(O')}_{P,\text{rel}} = \vec{v}_P - \vec{v}_{O'}.$$

$\vec{v}\,'_P$ ist die Geschwindigkeit des zum Massenelement $\mathrm{d}m$ gehörenden Körperpunktes P relativ zum bewegten Bezugspunkt O', präziser ausgedrückt, die Relativgeschwindigkeit in einem mit O' translatorisch mitbewegen Bezugssystem (vgl. Abb. 1.5 und (1.27)). Die Rotation des in O' verankerten $\xi\eta\zeta$-Koordinatensystem geht hier nicht mit ein; anschaulich gesprochen, setzt man sich bei der Berechnung des relativen Drehimpulsvektors gedanklich auf O' und bewegt sich mit diesem Punkt mit, nicht aber in das i. Allg. zusätzlich rotierende $\xi\eta\zeta$-System.

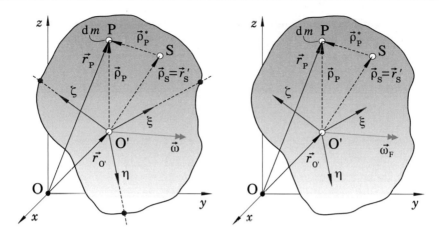

Abb. 3.14 Körperfestes Bezugssystem (l) und Führungssystem (r)

Die Beschreibung des Vektors $\vec{L}^{(O')}$ erfolgt stets im bewegten $\xi\eta\zeta$-System; $\vec{\rho}_P$ ist relativer Ortsvektor in diesem Bezugssystem. Da in (3.40) die Zeitableitung in Bezug auf das raumfeste xyz-System ist, muss die EULERsche Differenziationsregel (1.29) angewandt werden. Ein körperfestes $\xi\eta\zeta$-Bezugssystem, Abb. 3.14 links, ist mit dem Körper verankert und rotiert mit dessen Winkelgeschwindigkeit $\vec{\omega}$. Es gilt dann:

$$\dot{\vec{L}}^{(O')} = \dot{\vec{L}}^{(O')}|_{\xi\eta\zeta} + \vec{\omega} \times \vec{L}^{(O')} . \tag{3.41}$$

Für den Fall der Verwendung eines sog. Führungssystems, das sich mit einer vorgegebenen Führungswinkelgeschwindigkeit $\vec{\omega}_F$ dreht, lautet die Zeitableitung im Absolutsystem (xyz) analog

$$\dot{\vec{L}}^{(O')} = \dot{\vec{L}}^{(O')}|_{\xi\eta\zeta} + \vec{\omega}_F \times \vec{L}^{(O')} . \tag{3.42}$$

Es dreht sich dann der Körper (absolut mit $\vec{\omega}$) mit der relativen Winkelgeschwindigkeit $\vec{\omega}_{rel}$ gegenüber dem Führungssystem: $\vec{\omega} = \vec{\omega}_F + \vec{\omega}_{rel}$.

Der Momentensatz (3.40) lässt sich vereinfachen, wenn man als Bezugspunkt O' den Körperschwerpunkt S, es ist dann $\vec{r}'_S = \vec{0}$, oder einen körper- und zudem raumfesten Punkt A ($\vec{a}_{O'} = \vec{a}_A = \vec{0}$: Spezialfall des bewegten Bezugspunktes, vgl. Abschn. 1.3.2) wählt. In beiden Fällen gilt schließlich

$$\dot{\vec{L}}^{(O')} = \vec{M}_{res}^{(O')} \quad \text{mit} \quad O' = S \quad \text{oder} \quad O' = A . \tag{3.43}$$

Für einen körper- und raumfesten Bezugspunkt A, dieser lässt sich mit dem raumfesten Punkt O natürlich gleichsetzen, berechnet sich der entsprechende Drehimpulsvektor zu

$$\vec{L}^{(A)} = \int_{(\mathbb{K})} \vec{r}_P \times (\underbrace{\vec{\omega} \times \vec{r}_P}_{=\,\vec{v}_P}) \, dm \,.$$

$\vec{v}_P$ ist die (Absolut-)Geschwindigkeit des Körperpunktes P nach Gl. (1.38), die bei Drehung des Körpers um einen sog. Fixpunkt gilt. In der Vorstellung, man bewege sich im Schwerpunkt S mit, fungiert dieser als „Quasi-Fixpunkt"; es gilt folglich analog $\vec{v}\,_{P,rel}^{(S)} = \omega \times \vec{\rho}\,_P^{\,*}$, also für den Drehimpulsvektor bzgl. S:

$$\vec{L}^{(S)} = \int_{(\mathbb{K})} \vec{\rho}\,_P^{\,*} \times (\underbrace{\vec{\omega} \times \vec{\rho}\,_P^{\,*}}_{=\,\vec{v}\,_{P,rel}^{(S)}}) \, dm \,, \quad \text{mit} \quad \vec{\rho}\,_P^{\,*} = \vec{\rho}\,_P^{(S)}|_{\xi\eta\zeta} \,.$$

$\vec{\rho}\,_P^{\,*}$ ist soz. der (relative) „Ortsvektor" des Körperpunkts P bzgl. S, beschrieben im bewegten $\xi\eta\zeta$-System. Die Ableitungsformeln (3.41) und (3.42) nach EULER in einem körperfesten Bezugssystem bzw. einem Führungssystem gelten auch für S bzw. A als Bezugspunkt.

Wegen $\dot{\vec{L}}^{(O')} = \frac{d\vec{L}^{(O')}}{dt}$ lässt sich der Momentensatz (3.43), der Bezugspunkt O' sei der Körperschwerpunkt S oder ein körper- und raumfester Punkt A, auch in der separierten Form $d\vec{L}^{(O')} = \vec{M}^{(O')} \, dt$ schreiben, wenn $\vec{M}^{(O')}$ eine Zeitfunktion ist. Die Integration dieser Gleichung mit korrespondierenden Grenzen liefert den Drehimpulssatz:

$$\vec{L}^{(O')}(t_1) - \vec{L}^{(O')}(t_0) = \int_{t_0}^{t_1} \vec{M}^{(O')} \, dt \quad \text{mit} \quad \vec{M}^{(O')} = \vec{M}^{(O')}(t) \,. \tag{3.44}$$

Im Folgenden wird ergänzend noch ein Zusammenhang zwischen den zwei relativen Drehimpulsvektoren $\vec{L}^{(O')}$ und $\vec{L}^{(S)}$ hergeleitet; den Drehimpulsvektor bzgl. des Schwerpunktes S bezeichnet man als Eigendrehimpuls. Es gilt im $\xi\eta\zeta$-System für den (relativen) Ortsvektor von P:

$$\vec{\rho}_P = \vec{\rho}_S + \vec{\rho}\,_P^{\,*} \,.$$

Dessen Relativgeschwindigkeit bzgl. O' berechnet sich nach (1.40) zu

$$\vec{v}\,_P^{\,\prime} = \vec{v}\,_S^{\,\prime} + \vec{\omega} \times \vec{\rho}\,_P^{\,*} \,, \quad \text{mit} \quad \vec{v}\,_S^{\,\prime} = \vec{v}\,_{S,rel}^{(O')} = \vec{v}_S - \vec{v}_{O'} \,.$$

Hierbei bewegt man sich wieder gedanklich mit O' translatorisch mit und beschreibt aus dieser Sicht die Geschwindigkeit des Punktes P. Der Schwerpunkt hat dann die Geschwindigkeit $\vec{v}\,_S^{\,\prime}$ (relativ zu O'). Diese beide Vektorgleichungen in die Definition des relativen Drehimpulsvektors eingesetzt, ergibt:

$$\vec{L}^{(O')} = \int_{(\mathbb{K})} (\vec{\rho}_S + \vec{\rho}\,_P^{\,*}) \times (\vec{v}\,_S^{\,\prime} + \vec{\omega} \times \vec{\rho}\,_P^{\,*}) \, dm$$

$$= \left(\vec{\rho}_S \times \vec{v}\,'_S\right) \underbrace{\int\limits_{(\mathbb{K})} dm}_{= m} + \vec{\rho}_S \times \left(\vec{\omega} \times \int\limits_{(\mathbb{K})} \vec{\rho}\,^*_P \, dm\right) + \int\limits_{(\mathbb{K})} \vec{\rho}\,^*_P \, dm \times \vec{v}\,'_S +$$

$$+ \int\limits_{(\mathbb{K})} \left[\vec{\rho}\,^*_P \times \left(\vec{\omega} \times \vec{\rho}\,^*_P\right)\right] dm = \left(\vec{\rho}_S \times \vec{v}\,'_S\right) m + \vec{L}^{(S)} \,,$$

da unter Berücksichtigung der Definition des Lage des Körperschwerpunktes

$$\int\limits_{(\mathbb{K})} \vec{\rho}\,^*_P \, dm = m\vec{\rho}\,^*_S = m\vec{\rho}\,^{(S)}_S|_{\xi\eta\zeta} = m\,\vec{0}$$

gilt. Für den relativen Drehimpulsvektor lässt sich also festhalten:

$$\vec{L}^{(O')} = \vec{L}^{(S)} + m\left(\vec{\rho}_S \times \vec{v}\,'_S\right) \,; \qquad (3.45)$$

dieser setzt sich demnach zusammen aus dem Eigendrehimpulsvektor $\vec{L}^{(S)}$ und dem relativen Schwerpunktsdrehimpuls $\vec{L}^{(O')}_S = \vec{\rho}_S \times m\vec{v}\,'_S$.

Es sei nun der Bezugspunkt ein raum- und körperfester Punkt A (Abb. 3.15). Dann gilt für den (absoluten) Ortsvektor $\vec{r}_P = \vec{r}\,^{(A)}_P$:

$$\vec{r}_P = \vec{r}_S + \vec{r}\,^*_P\,, \quad \text{mit} \quad \vec{r}\,^*_P = \vec{r}\,^{(S)}_P|_{xyz} \quad \text{(Abb. 3.15)}\,.$$

Die Geschwindigkeit von P berechnet sich, wie oben bereits erklärt, zu

$$\vec{v}_P = \vec{\omega} \times \vec{r}_P\,,$$

also

$$\vec{v}_P = \vec{\omega} \times (\vec{r}_S + \vec{r}\,^*_P) = \underbrace{\vec{\omega} \times \vec{r}_S}_{= \vec{v}_S} + \vec{\omega} \times \vec{r}\,^*_P = \vec{v}_S + \vec{\omega} \times \vec{r}\,^*_P\,.$$

Abb. 3.15 Zum Drehimpuls eines Körpers in Bezug auf einen raum- und körperfesten Punkt A

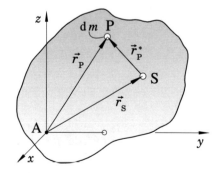

Setzt man die Beziehungen für $\vec{r}_P$ und $\vec{v}_P$ in die Definitionsgleichung für den Drehimpuls-vektor ein, so ergibt sich

$$\vec{L}^{(A)} = \int_{(\mathbb{K})} (\vec{r}_S + \vec{r}\,^*_P) \times (\vec{v}_S + \vec{\omega} \times \vec{r}\,^*_P)\, dm\,,$$

und eine Überlegung wie bei $\vec{L}^{(O')}$ liefert schließlich

$$\vec{L}^{(A)} = \vec{L}^{(S)} + \vec{L}^{(A)}_S\,, \quad \text{mit} \quad \vec{L}^{(A)}_S = m\,(\vec{r}_S \times \vec{v}_S)\,; \; \vec{v}_S = \vec{\omega} \times \vec{r}_S\,. \tag{3.46}$$

Hinweis: Der Zusammenhang

$$\vec{L}^{(A)} = \vec{L}^{(S)} + m\,(\vec{r}_S \times \vec{v}_S)$$

gilt übrigens auch für den Fall, wenn der Bezugspunkt A nur noch raumfest, jedoch nicht mehr körperfest ist, vgl. Gl. (3.22). Es ist hierbei aber zu beachten, dass sich die Absolut-geschwindigkeit $\vec{v}_S$ des Schwerpunktes S dann nicht mit der in (3.46) angegebenen Formel aus

$$\vec{\omega} = \omega\vec{e}_\omega\,,$$

der (Absolut-)Winkelgeschwindigkeit der Körperrotation ($\vec{e}_\omega \,\hat{=}\,$ momentane Drehachse) berechnen lässt, sondern eben aus der jeweiligen Bewegung des Schwerpunktes folgt:

$$\vec{v}_S = \dot{\vec{r}}_S \quad \text{(gem. Definition)} \quad \text{oder} \quad \vec{v}_S = \vec{\omega}_{S,F} \times \vec{r}_S$$

nach Gl. (1.30). Zu Grunde liegt hier ein mit der Führungswinkelgeschwindigkeit $\vec{\omega}_{S,F}$ rotie-rendes Bezugssystem mit O'=A, wobei dieses fest mit S verankert ist; damit gilt nämlich $\vec{v}_{O'} = \vec{v}_A = \vec{0}$ und $\vec{v}_{S,rel} = \vec{0}$.

3.3.2 Drehimpuls und Trägheitstensor

Der Drehimpulsvektor $\vec{L}^{(O')}$ eines Körpers bzgl. eines (bewegten) Körperpunktes O' berech-net sich definitionsgemäß zu

$$\vec{L}^{(O')} = \int_{(\mathbb{K})} \vec{\rho}_P \times \vec{v}\,'_P\, dm\,, \quad \text{mit} \quad \vec{v}\,'_P = \vec{v}\,^{(O')}_{P,rel}\,, \tag{3.47}$$

unabhängig davon, ob ein körperfestes Bezugssystem, oder ein Führungssystem verwendet wird (vgl. Abb. 3.14 (r) bzw. (l)). Betrachtet man nun die Bewegung des Körpers mitbewegt vom Punkt O' aus, so dreht sich dieser um O' („Quasi-Fixpunkt"), und nach (1.38) gilt für die Geschwindigkeit $\vec{v}\,'_P$ des Punktes P relativ zu O':

$$\vec{v}\,'_P = \vec{\omega} \times \vec{\rho}_P\,.$$

Es ergibt sich damit

$$\vec{L}^{(O')} = \int_{(\mathbb{K})} \vec{\rho}_P \times (\vec{\omega} \times \vec{\rho}_P)\, dm\ .$$

Nach [8] lässt sich das doppelte Vektorprodukt wie folgt umformen:

$$\vec{L}^{(O')} = \int_{(\mathbb{K})} \left[\vec{\omega}(\underbrace{\vec{\rho}_P \vec{\rho}_P}_{= (\vec{\rho}_P)^2}) - \vec{\rho}_P(\vec{\rho}_P \vec{\omega}) \right] dm\ .$$

In Komponentendarstellung, $\vec{\omega} = \omega_\xi \vec{e}_\xi + \omega_\eta \vec{e}_\eta + \omega_\zeta \vec{e}_\zeta$ und $\vec{\rho}_P = \xi \vec{e}_\xi + \eta \vec{e}_\eta + \zeta \vec{e}_\zeta$, erhält man $(\vec{\rho}_P)^2 = |\vec{\rho}_P|^2 = \xi^2 + \eta^2 + \zeta^2$ und somit

$$\vec{L}^{(O')} = \int_{(\mathbb{K})} \left[(\omega_\xi \vec{e}_\xi + \omega_\eta \vec{e}_\eta + \omega_\zeta \vec{e}_\zeta)(\xi^2 + \eta^2 + \zeta^2) - \right.$$

$$\left. -(\xi \vec{e}_\xi + \eta \vec{e}_\eta + \zeta \vec{e}_\zeta)(\xi \omega_\xi + \eta \omega_\eta + \zeta \omega_\zeta) \right] dm$$

Nun muss der Integrand ausmultipliziert werden:

$$\xi^2 \omega_\xi \vec{e}_\xi + \eta^2 \omega_\xi \vec{e}_\xi + \zeta^2 \omega_\xi \vec{e}_\xi + \xi^2 \omega_\eta \vec{e}_\eta + \eta^2 \omega_\eta \vec{e}_\eta + \zeta^2 \omega_\eta \vec{e}_\eta + \xi^2 \omega_\zeta \vec{e}_\zeta + \eta^2 \omega_\zeta \vec{e}_\zeta + \zeta^2 \omega_\zeta \vec{e}_\zeta -$$

$$-\xi^2 \omega_\xi \vec{e}_\xi - \xi \eta \omega_\eta \vec{e}_\xi - \xi \zeta \omega_\zeta \vec{e}_\xi -$$

$$-\eta \xi \omega_\xi \vec{e}_\eta - \eta^2 \omega_\eta \vec{e}_\eta - \eta \zeta \omega_\zeta \vec{e}_\eta - \zeta \xi \omega_\xi \vec{e}_\zeta - \zeta \eta \omega_\eta \vec{e}_\zeta - \zeta^2 \omega_\zeta \vec{e}_\zeta\ .$$

Nach Sortierung der Komponenten lassen sich die Koordinaten des Drehimpulsvektors $\vec{L}^{(O')}$ wie folgt berechnen:

$$L_\xi^{(O')} = \omega_\xi \int_{(\mathbb{K})} (\eta^2 + \zeta^2)\, dm \ - \ \omega_\eta \int_{(\mathbb{K})} \xi \eta\, dm \ \ - \ \ \omega_\zeta \int_{(\mathbb{K})} \xi \zeta\, dm$$

$$L_\eta^{(O')} = \ -\omega_\xi \int_{(\mathbb{K})} \eta \xi\, dm \ + \omega_\eta \int_{(\mathbb{K})} (\xi^2 + \zeta^2)\, dm \ - \ \omega_\zeta \int_{(\mathbb{K})} \eta \zeta\, dm$$

$$L_\zeta^{(O')} = \ -\omega_\xi \int_{(\mathbb{K})} \zeta \xi\, dm \ \ - \ \ \omega_\eta \int_{(\mathbb{K})} \zeta \eta\, dm \ + \omega_\zeta \int_{(\mathbb{K})} (\xi^2 + \eta^2)\, dm$$

bzw. mit Abkürzungen für die Integrale zu

$$L_\xi^{(O')} = J_{\xi\xi} \omega_\xi + J_{\xi\eta} \omega_\eta + J_{\xi\zeta} \omega_\zeta$$

$$L_\eta^{(O')} = J_{\eta\xi} \omega_\xi + J_{\eta\eta} \omega_\eta + J_{\eta\zeta} \omega_\zeta\ .$$

$$L_\zeta^{(O')} = J_{\zeta\xi} \omega_\xi + J_{\zeta\eta} \omega_\eta + J_{\zeta\zeta} \omega_\zeta$$

Jene Integrale lassen sich in Index-Schreibweise ($\lambda, \mu = \xi; \eta; \zeta$) mit einem Ausdruck angeben:

Abb. 3.16 Zum axialen
Massenträgheitsmoment bzgl.
der der ξ-Achse

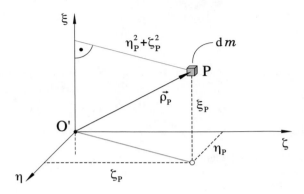

$$J_{\lambda\mu} = \int\limits_{(\mathbb{K})} \left(\rho_P^2 \delta_{\lambda\mu} - \lambda\mu \right) dm \,, \quad \text{mit} \quad \rho_P^2 = |\vec{\rho}_P|^2 = \xi^2 + \eta^2 + \zeta^2 \,, \tag{3.48}$$

wobei $\delta_{\lambda\mu}$ das sog. KRONECKER-Symbol[2] ist. Man nennt die massengeometrischen Größen $J_{\lambda\mu}$ mit $\lambda = \mu$ (axiale) *Massenträgheitsmomente* und jene mit $\lambda \neq \mu$ *Massendeviationsmomente*. Erstere sind bereits bekannt: Vgl. Definition (3.2) (Rotation um raumfeste Achsen). Betrachtet man bspw. $\lambda = \mu = \xi$, dann ist das entsprechende Integral

$$J_{\xi\xi} = \int\limits_{(\mathbb{K})} (\eta^2 + \zeta^2) \, dm$$

das axiale Massenträgheitsmoment bzgl. der ξ-Achse, da $\eta^2 + \zeta^2$ geometrisch gedeutet den Abstand des Massenelements dm zur ξ-Achse darstellt (Abb. 3.16). Es sei noch betont, dass für die Massendeviationsmomente eine gewisse Symmetrie gilt: Mit $\lambda \neq \mu$ erhält man

$$J_{\lambda\mu} = -\int\limits_{(\mathbb{K})} \lambda\mu \, dm = -\int\limits_{(\mathbb{K})} \mu\lambda \, dm = J_{\mu\lambda} \,.$$

Diese Integrale können positiv oder negativ sein; dagegen sind die Massenträgheitsmomente für jede beliebige Bezugsachse stets positiv.

Die oben definierten Massenträgheits- und Massendeviationsmomente lassen sich zusammenfassend als sog. (Massen-)Trägheitsmatrix $\underline{J}^{(O')} = (J_{\lambda\mu})$ darstellen:

---

[2]Das KRONECKER-Symbol $\delta_{\lambda\mu} = \begin{cases} 1 : \lambda = \mu \\ 0 : \lambda \neq \mu \end{cases}$ bzw. $\delta_{\lambda\mu} = \vec{e}_\lambda \vec{e}_\mu$ mit den Einheitsvektoren $\vec{e}_\lambda, \vec{e}_\mu$ der kartesischen Koordinatenachsen stellt die Einheitsmatrix $\underline{E} = (\delta_{\lambda\mu})$ in Indexschreibweise dar.

$$\underline{J}^{(O')} = \begin{pmatrix} J_{\xi\xi} & J_{\xi\eta} & J_{\xi\zeta} \\ J_{\eta\xi} & J_{\eta\eta} & J_{\eta\zeta} \\ J_{\zeta\xi} & J_{\zeta\eta} & J_{\zeta\zeta} \end{pmatrix} . \tag{3.49}$$

Formuliert man nun den Drehimpuls- und den Winkelgeschwindigkeitsvektor als 3x1-Matrix (Spaltenvektor),

$$\vec{L}^{(O')} = \begin{pmatrix} L_\xi \\ L_\eta \\ L_\zeta \end{pmatrix} \quad \text{und} \quad \vec{\omega} = \begin{pmatrix} \omega_\xi \\ \omega_\eta \\ \omega_\zeta \end{pmatrix} ,$$

dann lässt sich für den Drehimpulsvektor schließlich die folgende Matrizengleichung angeben (vgl. obige Koordinatengleichungen von $\vec{L}^{(O')}$):

$$\vec{L}^{(O')} = \underline{J}^{(O')} \vec{\omega} . \tag{3.50}$$

Hierbei ist $\vec{\omega}$ der Vektor der Absolutwinkelgeschwindigkeit der räumlichen Körperbewegung; die Richtung von $\vec{\omega}$ gibt die momentane Drehachse an.

Im Folgenden wird die Auswirkung einer Koordinatentransformation auf die Trägheitsmatrix hergeleitet. Dazu bezeichnet man der Übersichtlichkeit halber das Ausgangskoordinatensystem mit xyz, die Trägheitsmatrix bzgl. O' lautet dann

$$\underline{J}^{(O')} = (J_{ij}) = \begin{pmatrix} J_{xx} & J_{xy} & J_{xz} \\ J_{yx} & J_{yy} & J_{yz} \\ J_{zx} & J_{zy} & J_{zz} \end{pmatrix} ,$$

und das „neue", verschobene oder gedrehte Koordinatensystem mit $\bar{x}\bar{y}\bar{z}$.

Parallelverschiebung Das xyz-System sei in einem beliebigen körperfesten Punkt O' verankert. Wird dieses nach Abb. 3.17 parallel verschoben, so erhält man das im Schwerpunkt S des Körpers fixierte $\bar{x}\bar{y}\bar{z}$-System, und zwischen den Koordinaten besteht der Zusammenhang

Abb. 3.17 Parallelverschiebung
des Koordinatensystems

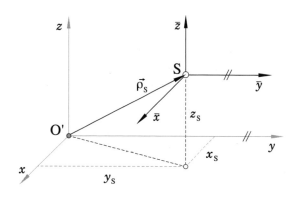

$$x = x_S + \bar{x} \quad y = y_S + \bar{y} \quad \text{und} \quad z = z_S + \bar{z} \,.$$

Damit berechnet sich das Massenträgheitsmoment J_{xx} mit (3.48) zu

$$J_{xx} = \int\limits_{(\mathbb{K})} (y^2 + z^2)\, \mathrm{d}m$$

$$= \int\limits_{(\mathbb{K})} \left[(y_S + \bar{y})^2 + (z_S + \bar{z})^2 \right] \mathrm{d}m = \int\limits_{(\mathbb{K})} \left[y_S^2 + 2y_S\bar{y} + \bar{y}^2 + z_S^2 + 2z_S\bar{z} + \bar{z}^2 \right] \mathrm{d}m$$

$$= \underbrace{(y_S^2 + z_S^2) \int\limits_{(\mathbb{K})} \mathrm{d}m}_{= \, m} + \underbrace{\int\limits_{(\mathbb{K})} (\bar{y}^2 + \bar{z}^2)\, \mathrm{d}m}_{= \, J_{\bar{x}\bar{x}}} + 2y_S \underbrace{\int\limits_{(\mathbb{K})} \bar{y}\, \mathrm{d}m}_{= \, m\bar{y}_S = 0} + 2z_S \underbrace{\int\limits_{(\mathbb{K})} \bar{z}\, \mathrm{d}m}_{= \, m\bar{z}_S = 0} \quad ;$$

die beiden letzten Integrale, die sog. statischen Momente (Momente 1. Ordnung) beschreiben definitionsgemäß die Lage des Schwerpunktes S im $\bar{x}\bar{y}\bar{z}$-System und verschwinden folglich. Man erhält also bei Parallelverschiebung:

$$J_{xx} = J_{\bar{x}\bar{x}} + (y_S^2 + z_S^2)\, m \,.$$

Eine analoge Beziehung ergibt sich schließlich für die Massenträgheitsmomente J_{yy} und J_{zz}; man muss im Grunde nur die Indizes umbenennen. Zu untersuchen sind aber noch die Massendeviationsmomente; dieses erfolgt exemplarisch für J_{xy}. Nach (3.48) gilt:

$$J_{xy} = - \int\limits_{(\mathbb{K})} xy\, \mathrm{d}m = - \int\limits_{(\mathbb{K})} (x_S + \bar{x})(y_S + \bar{y})\, \mathrm{d}m$$

$$= -x_S y_S \underbrace{\int\limits_{(\mathbb{K})} \mathrm{d}m}_{= \, m} - \underbrace{\int\limits_{(\mathbb{K})} \bar{x}\bar{y}\, \mathrm{d}m}_{= \, J_{\bar{x}\bar{y}}} - x_S \underbrace{\int\limits_{(\mathbb{K})} \bar{y}\, \mathrm{d}m}_{= \, m\bar{y}_S = 0} - y_S \underbrace{\int\limits_{(\mathbb{K})} \bar{x}\, \mathrm{d}m}_{= \, m\bar{x}_S = 0} \quad ,$$

also

$$J_{xy} = J_{\bar{x}\bar{y}} - x_S y_S\, m \,.$$

Durch Umbenennung der Indizes erhält man die Gleichungen für die anderen Massendeviationsmomente. Alle Transformationsgleichungen zusammengefasst bilden den Satz von STEINER-HUYGENS:

$$\begin{aligned}
J_{xx} &= J_{\bar{x}\bar{x}} + (y_S^2 + z_S^2)\, m \;\;; \; J_{xy} = J_{yx} = J_{\bar{x}\bar{y}} - x_S y_S\, m \\
J_{yy} &= J_{\bar{y}\bar{y}} + (x_S^2 + z_S^2)\, m \;\;; \; J_{yz} = J_{zy} = J_{\bar{y}\bar{z}} - y_S z_S\, m \quad . \\
J_{zz} &= J_{\bar{z}\bar{z}} + (x_S^2 + y_S^2)\, m \;\;; \; J_{xz} = J_{zx} = J_{\bar{x}\bar{z}} - x_S z_S\, m
\end{aligned} \tag{3.51}$$

Diese Gleichungen ermöglichen die Berechnung der Elemente J_{ij}, mit $i, j = x; y; z$, der Trägheitsmatrix $\underline{J}^{(O')}$ bzgl. des körperfesten Punktes O' aus den Elementen J_{kl} ($k, l = \bar{x}; \bar{y}; \bar{z}$) der Matrix $\underline{J}^{(S)}$ in Bezug auf den Schwerpunkt S des Körpers. Hierbei sind x_S, y_S und z_S die Koordinaten des Körperschwerpunktes im xyz-System. Die Terme mit den Schwerpunktskoordinaten in den Gleichungen von (3.51) können als Massenträgheits- bzw. Massendeviationsmomente des Körpers interpretiert werden, wenn man sich dessen Masse im Schwerpunkt konzentriert vorstellt („Massenpunkt").

Man erkennt folgende Eigenschaft: Es sei $\underline{J}^{(S)}$ bekannt. Erfolgt nun eine Parallelverschiebung des $\bar{x}\bar{y}\bar{z}$-System bspw. entlang der $\bar{x}$-Achse, d.h. O' liegt dann auf der $\bar{x}$-Achse, so ist $y_S = z_S = 0$. D.h. die Massendeviationsmomente ändern sich in diesem Fall nicht; auch das Massenträgheitsmoment bzgl. der Verschiebungsachse ($\bar{x}$) bleibt unverändert.

Drehung Es sei nach wie vor O' ein beliebiger körperfester Bezugspunkt; die Trägheitsmatrix $\underline{J}^{(O')}|_{xyz} = (J_{ij})$, mit $i, j = x; y; z$, bzgl. O' im xyz-System (Abb. 3.18) ist als bekannt zu betrachten. Ein um den Punkt O' gedrehtes Koordinatensystem wird mit $\bar{x}\bar{y}\bar{z}$ bezeichnet; die Trägheitsmatrix in $\bar{x}\bar{y}\bar{z}$-System sei $\underline{J}^{(O')}|_{\bar{x}\bar{y}\bar{z}} = (J_{kl})$, mit $k, l = \bar{x}; \bar{y}; \bar{z}$. Gesucht ist nun eine Transformationsbeziehung zwischen diesen beiden Trägheitsmatrizen bzgl. O', d.h. die Abbildung

$$T : J_{ij} \mapsto J_{kl} = T(J_{ij}) \, .$$

Es sei ergänzt, dass für die „gegebenen" Matrixelemente im xyz-System gemäß (3.48) gilt:

$$J_{ij} = \int\limits_{(\mathbb{K})} \left(\rho_P^2 \delta_{ij} - ij \right) \mathrm{d}m \, , \quad \text{mit} \quad \rho_P^2 = |\vec{\rho}_P|^2 = x^2 + y^2 + z^2 \, ,$$

und analog

Abb. 3.18 Drehung des Koordinatensystems um körperfesten Punkt O'

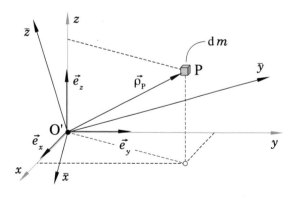

$$J_{kl} = \int\limits_{(\mathbb{K})} \left(\rho_P^2 \delta_{kl} - kl \right) dm \,, \quad \text{mit} \quad \rho_P^2 = |\vec{\rho}_P|^2 = \bar{x}^2 + \bar{y}^2 + \bar{z}^2 \,.$$

Der Ortsvektor $\vec{\rho}_P$ lässt sich in beiden Koordinatensystemen als Linearkombination der entsprechenden Basisvektoren darstellen:

$$\vec{\rho}_P = x_P \vec{e}_x + y_P \vec{e}_y + z_P \vec{e}_z = \bar{x}_P \vec{e}_{\bar{x}} + \bar{y}_P \vec{e}_{\bar{y}} + \bar{z}_P \vec{e}_{\bar{z}} \,.$$

Multipliziert man diese Gleichung mit $\vec{e}_{\bar{x}}$, $\vec{e}_{\bar{y}}$ bzw. $\vec{e}_{\bar{z}}$, so erhält man jeweils

$$\bar{x} = x_P \cos(\bar{x}; x) + y_P \cos(\bar{x}; y) + z_P \cos(\bar{x}; z)$$

$$\bar{y} = x_P \cos(\bar{y}; x) + y_P \cos(\bar{y}; y) + z_P \cos(\bar{y}; z) \,,$$

$$\bar{z} = x_P \cos(\bar{z}; x) + y_P \cos(\bar{z}; y) + z_P \cos(\bar{z}; z)$$

da

$$\vec{e}_{\bar{x}} \vec{e}_{\bar{x}} = 1 \,, \quad \vec{e}_{\bar{x}} \vec{e}_{\bar{y}} = \vec{e}_{\bar{x}} \vec{e}_{\bar{z}} = 0 \quad \text{und} \quad \vec{e}_k \vec{e}_i = 1 \cdot 1 \cdot \cos \angle (\vec{e}_k; \vec{e}_i) \,,$$

mit $i = x; y; z$ und $k = \bar{x}; \bar{y}; \bar{z}$; hierbei wurde für den Winkel $\angle(\vec{e}_k; \vec{e}_i)$ zwischen den entsprechenden Basisvektoren die Abkürzung $(k; i)$ eingeführt.

Das obige Gleichungssystem lässt sich in Index-Schreibweise mit $i, j = x; y; z$ und $k, l = \bar{x}; \bar{y}; \bar{z}$ wie folgt formulieren:

$$k = \sum_{(i)} i \cos(k; i) \quad \text{bzw.} \quad l = \sum_{(j)} j \cos(l; j) \,.$$

Bei den Faktoren $\cos(k; i)$ bzw. $\cos(l; j)$ handelt es sich um die sog. Richtungskosinus der Vektoren $\vec{e}_k$ bzw. $\vec{e}_l$ im xyz-System. Diese Einheitsvektoren können nach [6] als die folgenden Linearkombinationen der Basisvektoren $\vec{e}_i$ bzw. $\vec{e}_j$ darstellt werden:

$$\vec{e}_k = \sum_{(i)} \vec{e}_i \cos(k; i) \quad \text{bzw.} \quad \vec{e}_l = \sum_{(j)} \vec{e}_j \cos(l; j) \,;$$

man erhält damit für das KRONECKER-Symbol[3]

$$\delta_{kl} = \vec{e}_k \vec{e}_l =$$

$$= \sum_{(i)} \vec{e}_i \cos(k; i) \sum_{(j)} \vec{e}_j \cos(l; j) = \sum_{(i)} \sum_{(j)} \underbrace{\vec{e}_i \vec{e}_j}_{= \delta_{ij}} \cos(k; i) \cos(l; j) \,.$$

---

[3]Es sei $i, j = x; y; z$. Dann gilt $\sum\limits_{(i)} a_i \sum\limits_{(j)} b_j = (a_x + a_y + a_z) \sum\limits_{(j)} b_j = a_x \sum\limits_{(j)} b_j + a_y \sum\limits_{(j)} b_j +$
$a_z \sum\limits_{(j)} b_j = \sum\limits_{(j)} a_x b_j + \sum\limits_{(j)} a_y b_j + \sum\limits_{(j)} a_z b_j = \sum\limits_{(i)}(\sum\limits_{(j)} a_i b_j) = \sum\limits_{(i)} \sum\limits_{(j)} a_i b_j$, gen. Distributivgesetz.

Setzt man δ_{kl} und die obigen Beziehungen für k und l in die „Definitionsgleichung" der Elemente J_{kl} der Trägheitsmatrix $\underline{J}^{(O')}|_{\bar{x}\bar{y}\bar{z}}$ ein, ergibt sich die gesuchte Transformationsbeziehung:

$$J_{kl} = \int\limits_{(\mathbb{K})} \left(\rho_P^2 \sum_{(i)} \sum_{(j)} \delta_{ij} \cos(k;i) \cos(l;j) - \sum_{(i)} i \cos(k;i) \sum_{(j)} j \cos(l;j) \right) dm$$

$$= \int\limits_{(\mathbb{K})} \left(\rho_P^2 \sum_{(i)} \sum_{(j)} \delta_{ij} \cos(k;i) \cos(l;j) - \sum_{(i)} \sum_{(j)} i \cos(k;i) j \cos(l;j) \right) dm$$

$$= \sum_{(i)} \sum_{(j)} \int\limits_{(\mathbb{K})} \left(\rho_P^2 \delta_{ij} \cos(k;i) \cos(l;j) - i \cos(k;i) j \cos(l;j) \right) dm$$

$$= \sum_{(i)} \sum_{(j)} \int\limits_{(\mathbb{K})} \left(\rho_P^2 \delta_{ij} - ij \right) \cos(k;i) \cos(l;j) \, dm$$

$$= \sum_{(i)} \sum_{(j)} \cos(k;i) \cos(l;j) \underbrace{\int\limits_{(\mathbb{K})} \left(\rho_P^2 \delta_{ij} - ij \right) dm}_{= J_{ij}} \ ;$$

bei dieser Herleitung wird von der Eigenschaft Gebrauch gemacht, dass die Reihenfolge von Integration und Summation vertauschbar ist. Die Transformationsbeziehung zwischen den beiden Trägheitsmatrizen lautet folglich:

$$J_{kl} = \sum_{(i)} \sum_{(j)} J_{ij} \cos(k;i) \cos(l;j) \,. \tag{3.52}$$

Sie stellt nach [11] die Transformationseigenschaft bei Koordinatendrehung eines sog. symmetrischen Tensors 2. Stufe dar. Die zweifach indizierte Größe J_{ij} bezeichnet man daher als *(Trägheitstensor)*, dessen neun Elemente anschaulich in einer 3x3-Matrix angeordnet werden können.

Der Trägheitstensor J_{ij} ist symmetrisch ($J_{ij} = J_{ji}$), und die Trägheitsmatrix (3.49) lässt sich daher durch geeignete Drehung des Koordinatensystems in eine Diagonalmatrix transformieren [11]: Es existiert zu jeder Trägheitsmatrix $\underline{J}^{(O')}|_{xyz} = (J_{ij})$, mit $i, j = x; y; z$, bzgl. eines körperfesten Punktes O' eine diagonale Trägheitsmatrix $\underline{J}^{(O')}|_{\bar{x}\bar{y}\bar{z}} = (J_{kl})$, mit $k, l = \bar{x}; \bar{y}; \bar{z}$, die sich mit eben der Eigenschaft

$$J_{kl} = 0, \quad \text{wenn} \quad k \neq l \,,$$

auszeichnet. In diesem speziellen Koordinatensystem verschwinden also die Massendeviationsmomente, die Massenträgheitsmomente J_{kk} ($k = \bar{x}; \bar{y}; \bar{z}$) jedoch nicht (Eigenwerte des Trägheitstensors). Die J_{kk} bilden die Hauptdiagonale der Trägheitsmatrix $\underline{J}^{(O')}|_{\bar{x}\bar{y}\bar{z}}$; man nennt sie folglich *Hauptträgheitsmomente*. Die drei zueinander orthogonalen Achsen $\bar{x}$, $\bar{y}$ und $\bar{z}$ bezeichnet man in diesem Fall entsprechend als die sog. *Hauptachsen;* sie werden üblicherweise mit den Indizes I, II und III gekennzeichnet.

Die Trägheitsmatrix bzgl. eines körperfesten Bezugspunktes O' im I, II, III-System (kartesisches Rechtssystem, gen. *Hauptachsensystem*) lautet folglich

$$\underline{J}^{(O')} = \begin{pmatrix} J_{\mathrm{I}} & 0 & 0 \\ 0 & J_{\mathrm{II}} & 0 \\ 0 & 0 & J_{\mathrm{III}} \end{pmatrix}, \tag{3.53}$$

wobei die Hauptträgheitsmomente analog zu den Hauptachsen indiziert werden. I. d. R. sind diese zudem der Größe nach geordnet: $J_{\mathrm{I}} \geq J_{\mathrm{II}} \geq J_{\mathrm{III}}$.

Zu deren Berechnung: Die obige Diagonalitätsbedingung kann mit Hilfe des KRONECKER-Symbols δ_{kl} auch wie folgt formuliert werden:

$$J_{kl} = \delta_{kl} J_{kk} \quad \text{bzw.} \quad J_{kl} - \delta_{kl} J_{kk} = 0.$$

Setzt man hier Gl. (3.52) sowie die in Abschn. 3.3.2 erklärte Beziehung für δ_{kl} ein, so ergibt sich:

$$\sum_{(i)} \sum_{(j)} J_{ij} \cos(k; i) \cos(l; j) - J_{kk} \sum_{(i)} \sum_{(j)} \delta_{ij} \cos(k; i) \cos(l; j) = 0$$

bzw.

$$\sum_{(i)} \sum_{(j)} (J_{ij} - \delta_{ij} J_{kk}) \cos(k; i) \cos(l; j) = 0.$$

Nach Vertauschung der Summationsreihenfolge:

$$\sum_{(j)} \left[\sum_{(i)} (J_{ij} - \delta_{ij} J_{kk}) \cos(k; i) \cos(l; j) \right] = 0$$

$$\sum_{(j)} \left[\underbrace{\cos(l; j)}_{\neq 0} \sum_{(i)} (J_{ij} - \delta_{ij} J_{kk}) \cos(k; i) \right] = 0.$$

Die im letzten Schritt ausgeklammerten $\cos(l; j)$, es wird in der Klammer [..] über i summiert, sind die Richtungskosinus, also die Koordinaten der Einheitsvektoren $\vec{e}_l$ ($l = \bar{x}; \bar{y}; \bar{z}$) im xyz-System, die i. Allg. verschieden von Null sind. Es ergibt sich damit folgendes Gleichungssystem[4]:

---

[4]Zur Verdeutlichung dieser Schlussfolgerung: Die Gleichung $\sum_{(j)} b_j \sum_{(i)} a_{ij} = 0$ mit $i, j = 1; 2$ und $b_j \neq 0$ lautet ausgeschrieben $\sum_{(j)} b_j (a_{1j} + a_{2j}) = 0$ bzw. $b_1(a_{11} + a_{21}) + b_2(a_{12} + a_{22}) = 0$. Sie ist sicher erfüllt, wenn $a_{11} + a_{21} = 0$ und $a_{12} + a_{22} = 0$, da $b_1, b_2 \neq 0$, also

$$\sum_{(i)} a_{ij} = 0 \quad \text{mit} \quad j = 1; 2.$$

$$\sum_{(i)} (J_{ij} - \delta_{ij} J_{kk}) \cos(k; i) = 0 \quad \text{mit} \quad i, j = x; y; z,$$

bzw. als Matrizengleichung geschrieben mit der Abkürzung $J_k = J_{kk}$:

$$\underline{K} \vec{e}_k = \vec{0} \quad \text{mit} \quad \underline{K} = (J_{ij} - \delta_{ij} J_k). \tag{3.54}$$

$\underline{K}$ ist die Koeffizientenmatrix des Gleichungssystems, die ausformuliert

$$\underline{K} = \begin{pmatrix} J_{xx} - J_k & J_{xy} & J_{xz} \\ J_{yx} & J_{yy} - J_k & J_{yz} \\ J_{zx} & J_{zy} & J_{zz} - J_k \end{pmatrix}.$$

lautet. Die $\vec{e}_k$ in (3.54) sind die Einheitsvektoren der Hauptachsen (daher: $k = \mathrm{I}; \mathrm{II}; \mathrm{III}$), darzustellen als Spaltenvektoren (= 3x1-Matrix). Ausgedrückt mit den Richtungskosinus, die den Koordinaten im xyz-System entsprechen:

$$\vec{e}_k = (\cos(k; i))^T = \begin{pmatrix} \cos(k; x) \\ \cos(k; y) \\ \cos(k; z) \end{pmatrix}.$$

Bei Gleichungssystem (3.54) für die Koordinaten der Einheitsvektoren $\vec{e}_k$ handelt es sich um ein sog. Eigenwertproblem (Eigenwerte J_k, Eigenvektoren $\vec{e}_k$). Da das Gleichungssystem homogen ist, existiert eine nicht-triviale Lösung nur dann, wenn die Koeffizientendeterminante verschwindet:

$$\det(\underline{K}) = 0.$$

Nach [11] lässt sich diese sog. Eigenwertbedingung wie folgt formulieren:

$$J_k^3 - I_1 J_k^2 + I_2 J_k - I_3 = 0. \tag{3.55}$$

Die Invarianten[5] I_1, I_2 und I_3 des Trägheitstensors J_{ij} sind in jedem in O' verankerten Koordinatensystem gleich und berechnen sich aus den Elementen der („gegebenen") Trägheitsmatrix $\underline{J}^{(O')} = \underline{J}^{(O')}|_{xyz}$ zu

$$I_1 = \mathrm{spur}(\underline{J}^{(O')}), \tag{3.56}$$

$$I_2 = \frac{1}{2} \left[(\mathrm{spur}(\underline{J}^{(O')}))^2 - \mathrm{spur}((\underline{J}^{(O')})^2) \right], \tag{3.57}$$

---

[5]Invarianten sind von der Koordinatenorientierung unabhängige Größen. Die Spur einer Matrix entspricht der Summe der Hauptdiagonalelemente: $\mathrm{spur}(\underline{J}^{(O')}) = \sum_{(i)} J_{ii}$.

und

$$I_3 = \det(\underline{J}^{(O')})\,. \tag{3.58}$$

Gl. (3.55), auch als charakteristische Gleichung des Eigenwertproblems (3.54) bezeichnet, eine Gleichung 3. Grades, liefert als Lösungen die drei – reellen – Hauptträgheitsmomente J_k mit $k = $ I; II; III. Setzt man diese nacheinander in das Gleichungssystem (3.54) ein, so kann jeweils der zu J_k gehörende Einheitsvektor $\vec{e}_k$ der entsprechenden Hauptachse k berechnet werden, d. h. dessen Richtungskosinus (Koordinaten im xyz-System). Dabei ist zu beachten: Gem. obiger Bed. ist $\det(\underline{K}) = 0$, es existiert aber sicherlich eine zweireihige, i. Allg. nicht verschwindende Unterdeterminante, z. B.

$$\begin{vmatrix} J_{xx} - J_k & J_{xy} \\ J_{yx} & J_{yy} - J_k \end{vmatrix} = (J_{xx} - J_k)(J_{yy} - J_k) - J_{xy}^2$$

durch streichen der dritten Spalte und dritten Zeile, mit $J_{xy} = J_{yx}$. Demnach ist der Rang rang($\underline{K}$) jener Koeffizientenmatrix gleich Zwei. Nun beinhaltet Gleichungssystem (3.54) aber drei Unbekannte ($\cos(k; i)$), so dass dieses nicht eindeutig lösbar ist, sondern (eigentlich) eine Unbekannte frei gewählt werden kann [6]. Zur vollständigen Ermittlung des Einheitsvektors $\vec{e}_k$ ist daher noch eine sog. Normierungsgleichung heranzuziehen. Für δ_{kl}, dem KRONECKER-Symbol aus Abschn. 3.3.2 gilt weiterhin

$$\delta_{kl} = \sum_{(i)} \cos(k; i)\cos(l; i) \quad \text{da} \quad \delta_{ij} = 0\,, \quad \text{wenn} \quad i \neq j\,;$$

daraus folgt für $l = k$:

$$\delta_{kk} = \vec{e}_k\vec{e}_k = \sum_{(i)} \cos^2(k; i) = \cos^2(k; x) + \cos^2(k; y) + \cos^2(k; z) = 1\,, \tag{3.59}$$

Diese Gleichung bringt zum Ausdruck, dass die $\vec{e}_k$ eben Einheitsvektoren sind. Ein Rechenbeispiel, das mitunter etwas langwierig sein kann, sei dem Leser selbst überlassen. Man könnte das Beispiel aus [12] versuchen:

$$\underline{J}^{(O')}|_{xyz} = (J_{ij}) = \begin{pmatrix} 9 & -2\sqrt{2} & -2\sqrt{2} \\ -2\sqrt{2} & \frac{19}{2} & -\frac{1}{2} \\ -2\sqrt{2} & -\frac{1}{2} & \frac{19}{2} \end{pmatrix} \text{kg m}^2\,.$$

Gesucht sind die Hauptträgheitsmomente (Zwischenergebnis: $J_{\mathrm{I}} = 13$ kg m^2, $J_{\mathrm{II}} = 10$ kg m^2, $J_{\mathrm{III}} = 5$ kg m^2) sowie die Koordinaten der Hauptachsen-Einheitsvektoren $\vec{e}_{\mathrm{I}}$, $\vec{e}_{\mathrm{II}}$ und $\vec{e}_{\mathrm{III}}$. Es ist hierfür der oben beschriebene „Algorithmus" anzuwenden: D. h. Hauptträgheitsmomente aus Gl. (3.55), dann Einheitsvektoren mittels Gleichungssystem (3.54).

Im Folgenden wird die Struktur der Trägheitsmatrix für eine spezielle, häufig vorkommende Geometrie diskutiert. Dafür greift man auf die Definition der Matrixelemente nach (3.48) zurück.

Beispiel 3.12: Trägheitsmatrix eines homogenen Vollzylinders

Für einen (geraden) homogenen, massiven Kreiszylinder (Masse m, Radius R, Länge l) sind die Trägheitsmatrizen $\underline{J}^{(S)}|_{\bar{x}\bar{y}\bar{z}}$ und $\underline{J}^{(O')}|_{xyz}$, S ist der Zylinderschwerpunkt, zu berechnen. Man beginnt mit ersterer, $\underline{J}^{(O')}|_{xyz}$ ergibt sich sodann daraus mittels des Satzes von STEINER-HUYGENS (3.51). Das $\bar{x}\bar{y}\bar{z}$-System entsteht durch Parallelverschiebung des xyz-Systems entlang der Zylinder-Rotationssymmetrieachse. Die Koordinaten des Schwerpunktes im xyz-System lauten dann S(0; 0; z_S).

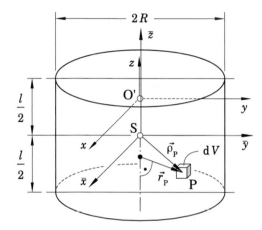

Bei $J_{\bar{x}\bar{x}}$, $J_{\bar{y}\bar{y}}$ und $J_{\bar{z}\bar{z}}$ handelt es sich jeweils um das Massenträgheitsmoment bzgl. einer Schwereachse, wobei aufgrund der Symmetrie $J_{\bar{x}\bar{x}} = J_{\bar{y}\bar{y}}$. Sie können daher dem Anhang B entnommen werden:

$$J_{\bar{x}\bar{x}} = J_{\bar{y}\bar{y}} = \frac{1}{4}m\left(R^2 + \frac{1}{3}l^2\right) \quad \text{und} \quad J_{\bar{z}\bar{z}} = \frac{1}{2}mR^2 .$$

Es wird nun exemplarisch das Massendeviationsmoment $J_{\bar{x}\bar{y}}$ berechnet:

$$J_{\bar{x}\bar{y}} = -\int_{(\mathbb{K})} \bar{x}\bar{y}\, \mathrm{d}m .$$

Das Massenelement berechnet sich zu $\mathrm{d}m = \rho_m\, \mathrm{d}V$ (ρ_m: ortsunabhängige Massendichte), und wegen der Rotationssymmetrie ist eine Transformation zur (räumlichen) Polarkoordinaten sinnvoll (vgl. Anhang B):

$$\bar{x} = r_P \cos\varphi\,; \quad \bar{y} = r_P \sin\varphi\,; \quad \mathrm{d}V = r_P \mathrm{d}r_P \mathrm{d}\varphi \mathrm{d}z\,,$$

mit $\vec{r}_P$ als die senkrechte Komponente von $\vec{\rho}_P$ bzgl. der Rotationssymmetrieachse und dem Zirkularwinkel $\varphi = \angle(\vec{e}_{\bar{x}}; \vec{r}_P)$. Damit ergibt sich:

$$J_{\bar{x}\bar{y}} = -\rho_m \iiint_{(\mathbb{K})} r_P^3 \sin\varphi \cos\varphi \, dr_P d\varphi dz =$$

$$= -\rho_m \int_0^R r_P^3 \, dr_P \int_0^{2\pi} \sin\varphi \cos\varphi \, d\varphi \int_{-\frac{l}{2}}^{\frac{l}{2}} dz = 0 \,,$$

da

$$\int_0^{2\pi} \sin\varphi \cos\varphi \, d\varphi = \frac{1}{2} \int_0^{2\pi} \sin 2\varphi \, d\varphi = \frac{1}{2}\left[\frac{1}{2}(-\cos 2\varphi)\right]_0^{2\pi} =$$

$$= \frac{1}{4}\left(-\underbrace{\cos 4\pi}_{=1} - (-\underbrace{\cos 0}_{=1})\right) = 0 \,.$$

Der Grund für das Verschwinden dieser Integrale und damit des Massendeviationsmoments ist ganz einfach die Symmetrie des Körpers. Zu jedem $\bar{x}\bar{y} \, dm$ existiert ein bzgl. der Koordinatenebenen spiegelbildliches Massenelement mit konträrem Vorzeichen von $\bar{x}\bar{y}$, so dass die Summe aller $\bar{x}\bar{y} \, dm$ (Integration) Null wird. Diese Eigenschaft besitzen schließlich auch alle übrigen Massendeviationsmomente. Die Massenträgheitsmatrix des massiven Kreiszylinders lautet daher:

$$\underline{J}^{(S)}|_{\bar{x}\bar{y}\bar{z}} = \frac{1}{2}m \begin{pmatrix} \frac{1}{2}\left(R^2 + \frac{1}{3}l^2\right) & 0 & 0 \\ 0 & \frac{1}{2}\left(R^2 + \frac{1}{3}l^2\right) & 0 \\ 0 & 0 & R^2 \end{pmatrix} \,.$$

Es ergibt sich also eine Diagonalmatrix, d. h. das im Schwerpunkt verankerte $\bar{x}\bar{y}\bar{z}$-System ist ein Hauptachsensystem. Wegen der Rotationssymmetrie führt eine Koordinatendrehung um die $\bar{z}$-Achse zu keiner Änderung. Die mittels Anhang B angegebenen Massenträgheitsmomente sind also Hauptträgheitsmomente; deren Verhältnis zueinander hängt von der Länge l des Zylinders ab. Somit sind $\bar{x}$, $\bar{y}$ und $\bar{z}$ Hauptachsen,

$$\text{I} = \bar{x} \,, \text{II} = \bar{y} \quad \text{und} \quad \text{III} = \bar{z} \,,$$

und

$$J_{\text{I}} = J_{\text{II}} = \frac{1}{4}m\left(R^2 + \frac{1}{3}l^2\right) \quad \text{sowie} \quad J_{\text{III}} = \frac{1}{2}mR^2$$

die Hauptträgheitsmomente. Man kann natürlich auch die erste Hauptachse (I) auf die Rotationssymmetrieachse legen. Dann ist $J_{\bar{z}\bar{z}} = J_{\text{I}}$ und $J_{\text{II}} = J_{\text{III}} = J_{\bar{x}\bar{x}} = J_{\bar{y}\bar{y}}$, wobei die Anordnung der Elemente in der Matrix entsprechend (3.53) geändert werden muss.

Mit den Gl. (3.51) lassen sich nun die Elemente der Trägheitsmatrix $\underline{J}^{(O')}|_{xyz}$ bzgl. O' im xyz-System angeben: Wegen $x_S = y_S = 0$ ändern sich die Massendeviationsmomente nicht bei der Parallelverschiebung des $\bar{x}\bar{y}\bar{z}$-Systems in $\bar{z}$-Richtung nicht; zudem ergibt sich $J_{\bar{z}\bar{z}} = J_{zz}$.

$$\underline{J}^{(O')}|_{xyz} = \begin{pmatrix} \frac{1}{4}\left(R^2 + \frac{1}{3}l^2\right)m + z_S^2 m & 0 & 0 \\ 0 & \frac{1}{4}\left(R^2 + \frac{1}{3}l^2\right)m + z_S^2 m & 0 \\ 0 & 0 & \frac{1}{2}mR^2 \end{pmatrix}$$

Beim xyz-System, O' liegt hierbei auf der Zylinder- bzw. Rotationssymmetrieachse, handelt es sich also wieder um ein Hauptachsensystem. ◄

Reflektiert man dieses Beispiel, so lassen sich folgende Eigenschaften eines Körpers in Bezug auf den Trägheitstensor festhalten:

ⓘ _____

- Die Symmetrieachsen eines Körpers sind Hauptachsen.
- Wird ein Hauptachsensystem mit dem Körperschwerpunkt als Bezugspunkt parallel in Richtung einer Hauptachse verschoben (Translation), so erhält man – vgl. (3.51) – wieder ein Hauptachsensystem.
- Bei einem Rotationskörper ist jede Achse, welche die Rotationssymmetrieachse senkrecht schneidet, eine Hauptachse.

_____

Interpretation der Hauptträgheitsmomente   Bei den Hauptträgheitsmomenten J_k ($k = \bar{x}$; $\bar{y}$; $\bar{z}$) bzw. J_I, J_{II} und J_{III} handelt es sich generell um die Eigenwerte des Trägheitstensors J_{kl} resp. des Eigenwertproblems (3.54). Aber was kann man sich darunter eigentlich vorstellen? Zur Beantwortung dieser Frage betrachtet man die Massenträgheitsmomente J_{kk} bei Koordinatendrehung etwas genauer. Nach (3.52) berechnen sich diese zu

$$J_{kk} = \sum_{(i)} \sum_{(j)} J_{ij} \cos(k; i) \cos(k; j),$$

mit i, $j = x$; y; z. Die Faktoren $\cos(k; i)$ bzw. $\cos(k; j)$ sind die Richtungskosinus des Einheitsvektors $\vec{e}_k$, also dessen Koordinaten im xyz-System (Abb. 3.18: $\vec{e}_k$ ist der Einheitsvektor der k-Achse, gibt also deren Richtung an).

$$\vec{e}_k = \left(\cos(k; x); \cos(k; y); \cos(k; z)\right)^T = \left(\cos(k; i)\right)^T =$$

$$\stackrel{\text{Abk.}}{=} (u_i)^T = (u_x; u_y; u_z)^T$$

Somit lautet des KRONECKER-Symbol δ_{kl} von Abschn. 3.3.2 für $l = k$

$$\delta_{kk} = \sum_{(i)} \sum_{(j)} \delta_{ij} u_i u_j \,,$$

und mit der Normierungsgleichung (3.59) erhält man

$$\sum_{(i)} \sum_{(j)} \delta_{ij} u_i u_j = 1 \quad \text{bzw.} \quad 1 - \sum_{(i)} \sum_{(j)} \delta_{ij} u_i u_j = 0 \,.$$

Nun lässt sich mittels eines sog. LAGRANGE-Multiplikators λ folgende Hilfsfunktion definieren:

$$h = J_{kk} + \lambda \Big(1 - \sum_{(i)} \sum_{(j)} \delta_{ij} u_i u_j \Big) \,.$$

Damit kann man für J_{kk} eine Extremwertbetrachtung durchführen, wobei die Normierung als Nebenbedingung ohne verschwindenden Gradienten[6],

$$\text{grad}_{\vec{e}_k} \Big(1 - \sum_{(i)} \sum_{(j)} \delta_{ij} u_i u_j \Big) = \text{grad}_{\vec{e}_k} \Big(1 - \sum_{(i)} u_i^2 \Big) =$$

$$= \nabla_{\vec{e}_k} \Big(1 - \sum_{(i)} u_i^2 \Big) = -2(u_x; u_y; u_z)^T \overset{\text{i. Allg.}}{\neq} \vec{0} \,,$$

für entsprechende Koordinaten („kritische Punkte") könnte ein Extremum vorliegen, ohne dass dieses Verfahren eine Aussage darüber liefert, berücksichtigt wird. Zunächst lässt sich die Hilfsfunktion noch etwas umformen:

$$h = \sum_{(i)} \sum_{(j)} J_{ij} u_i u_j + \lambda \Big(1 - \sum_{(i)} \sum_{(j)} \delta_{ij} u_i u_j \Big) =$$

$$= \sum_{(i)} \sum_{(j)} J_{ij} u_i u_j + \lambda - \sum_{(i)} \sum_{(j)} \lambda \delta_{ij} u_i u_j = \lambda + \sum_{(i)} \sum_{(j)} \Big(J_{ij} - \lambda \delta_{ij} \Big) u_i u_j \,.$$

Ein Extremum der Hilfsfunktion $h = J_{kk} + \lambda \cdot 0$, und damit des Massenträgheitsmoments J_{kk}, liegt genau dann vor, wenn der Gradient $\text{grad}_{\vec{e}_k} h$ verschwindet (notw. Bedingung). Man muss also die partiellen Ableitungsfunktionen von h nach deren Variablen, d. h. den Koordinaten u_μ mit $\mu = x; y; z$ jeweils Null setzen.

$$\frac{\partial h}{\partial u_\mu} = 0 + \frac{\partial}{\partial u_\mu} \sum_{(i)} \sum_{(j)} \Big(J_{ij} - \lambda \delta_{ij} \Big) u_i u_j =$$

$$= \sum_{(i)} \sum_{(j)} \frac{\partial}{\partial u_\mu} \Big(J_{ij} - \lambda \delta_{ij} \Big) u_i u_j = \sum_{(i)} \sum_{(j)} \Big(J_{ij} - \lambda \delta_{ij} \Big) \frac{\partial}{\partial u_\mu} (u_i u_j) \overset{!}{=} 0$$

---

[6]Gradient bzgl. $\vec{e}_k$: $\text{grad}_{\vec{e}_k} f(\vec{e}_k) = \nabla_{\vec{e}_k} f(\vec{e}_k) = \big(\frac{\partial f(\vec{e}_k)}{\partial u_x}; \frac{\partial f(\vec{e}_k)}{\partial u_y}; \frac{\partial f(\vec{e}_k)}{\partial u_z} \big)^T$

Die partielle Ableitung ergibt sich mit der Produktregel zu

$$\frac{\partial}{\partial u_\mu}(u_i u_j) = \frac{\partial u_i}{\partial u_\mu}u_j + u_i\frac{\partial u_j}{\partial u_\mu} = \delta_{i\mu}u_j + \delta_{j\mu}u_i\,;$$

Somit erhält man als Bestimmungsgleichung der Extremwertbetrachtung

$$\sum_{(i)}\sum_{(j)}\Big(J_{ij} - \lambda\delta_{ij}\Big)(\delta_{i\mu}u_j + \delta_{j\mu}u_i) = 0$$

$$\underbrace{\sum_{(i)}\sum_{(j)}\Big(J_{ij} - \lambda\delta_{ij}\Big)\delta_{i\mu}u_j}_{=\sum_{(j)}\Big(J_{\mu j} - \lambda\delta_{\mu j}\Big)u_j} + \underbrace{\sum_{(i)}\sum_{(j)}\Big(J_{ij} - \lambda\delta_{ij}\Big)\delta_{j\mu}u_i}_{=\sum_{(i)}\Big(J_{i\mu} - \lambda\delta_{i\mu}\Big)u_i} = 0\,.$$

Die Vereinfachung der Doppelsummen ergibt sich, da $\delta_{i\mu} = 0$ für $i \neq \mu$ und $\delta_{j\mu} = 0$ für $j \neq \mu$. Nach Umbenennung des Summationsindex der ersten Summe ($j = i$) können die beiden Summen wegen der Symmetrie $J_{\mu i} = J_{i\mu}$ und $\delta_{\mu i} = \delta_{i\mu}$ zusammengefasst werden:

$$2\sum_{(i)}\Big(J_{i\mu} - \lambda\delta_{i\mu}\Big)u_i = 0$$

Man erhält letztlich ($u_i = \cos(k; i)$) mit einer weiteren Index-Umbenennung ($\mu = j$) das Gleichungssystem

$$\sum_{(i)}\Big(J_{ij} - \lambda\delta_{ij}\Big)\cos(k; i) = 0\,, \quad \text{mit} \quad k = \bar{x};\, \bar{y};\, \bar{z}\,. \tag{3.60}$$

Dieses entspricht genau dem Eigenwertproblem (3.54) bei der Berechnung der Hauptträgheitsmomente ($\lambda = J_{kk}$), d. h. die aus der analogen Bestimmungsgleichung

$$\det(J_{ij} - \lambda\delta_{ij}) = 0$$

folgenden LAGRANGE-Multiplikatoren λ_1, λ_2 und λ_3 sind in diesem Fall die Hauptträgheitsmomente J_{I}, J_{II} und J_{III}.

Da die Gleichungssysteme der Extremwertbetrachtung und der Hauptachsentransformation übereinstimmen, ist festzuhalten:

> **ⓘ**
> Bei den Hauptträgheitsmomenten eines Körpers handelt es sich immer um Extremwerte des Massenträgheitsmoments.

Zur Veranschaulichung dieser wichtigen Eigenschaft der Hauptträgheitsmomente stelle man sich Folgendes vor: Die z-Achse fällt mit Hauptachse Nr. III zusammen, und das xyz-System wird um die III-Achse gedreht (Abb. 3.19).

Für eine bestimmte Orientierung der $\bar{x}$- und $\bar{y}$-Achse wird nun die Trägheitsmatrix diagonal, bei den entsprechenden Massenträgheitsmomenten $J_{\bar{x}\bar{x}}$ und $J_{\bar{y}\bar{y}}$ handelt es sich um Hauptträgheitsmomente, also um Extremwerte des Massenträgheitsmoments. Es sei bspw. $J_{\mathrm{I}} = J_{\bar{x}\bar{x}}$ das maximale und $J_{\mathrm{II}} = J_{\bar{y}\bar{y}}$ das minimale Massenträgheitsmoment bzgl. Achsen in der xy-Ebene durch O'; zwei Maxima können es nicht sein, da dann wohl dazwischen noch ein Minimum auftreten müsste. Das Massenträgheitsmoment bzgl. einer anderen $\bar{x}$- bzw. $\bar{y}$-Achse liegt in jedem Fall zwischen J_{I} und J_{II}. Ebenso gilt für die xz- sowie yz-Ebene, dass dort die Hauptträgheitsmomente J_{I} und J_{III} bzw. J_{II} und J_{III} das Maximum/Minimum bilden. Bei Rotationskörpern sind mindestens zwei der drei Hauptträgheitsmomente gleich (O' $\in$ Rotationssymmetrieachse); bei einer homogenen Kugel ist sogar $J_{\mathrm{I}} = J_{\mathrm{II}} = J_{\mathrm{III}}$, wenn als Bezugspunkt O' deren Schwerpunkt S gewählt wird.

Sonderfall: Dünne, homogene Scheiben Abschließend werden noch planare Körper mit verhältnismäßig geringer, konstanter Dicke t betrachtet, d. h. t ist vernachlässigbar klein im Vergleich zu den Querabmessungen. Es sei hierfür ein xyz-Koordinatensystem bspw. so orientiert, dass die Deckfläche der Scheibe in der xy-Ebene liegt.

Nach (3.48) berechnen sich die Elemente J_{ij} der Massenträgheitsmatrix $\underline{J}^{(O')}$ bzgl. eines körperfesten Punktes O' zu

$$J_{ij} = \int_{(\mathbb{K})} (\rho_{\mathrm{P}}^2 \delta_{ij} - ij)\, \mathrm{d}m\,,$$

wobei $\rho_{\mathrm{P}}^2 \delta_{ij} - ij$ für $i = j$ den Abstand des Punktes P (Massenelement $\mathrm{d}m$) zur x-, y- oder z-Achse darstellt. Beschränkt man sich nun im Falle einer dünnen Scheibe auf $i, j = x; y$, so gilt daher:

$$J_{ij} = \int_{(\mathbb{K})} (\rho_{\mathrm{P}}^2 \delta_{ij} - ij)\, \mathrm{d}m\,, \quad \text{mit}\quad \rho_{\mathrm{P}}^2 = x^2 + y^2 + \underbrace{z^2}_{\approx 0}\,.$$

Abb. 3.19 Hauptachsensystem

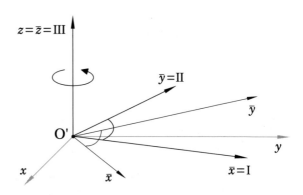

Abb. 3.20 Zur
Massenträgheitsmatrix einer
dünnen Scheibe

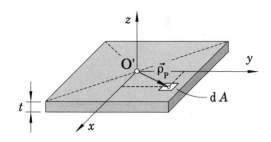

Es ist zudem $\rho_m = konst$ (Massendichte) und $t = konst$. Mit $dm = \rho_m \, dV$ und $dV = t \, dA$ (dA: Flächenelement, vgl. Abb. 3.20) folgt:

$$J_{ij} = \rho_m t \int_{(\mathbb{K})} (\rho_P^2 \delta_{ij} - ij) \, dA, \quad \text{mit} \quad \rho_P^2 = x^2 + y^2.$$

Diese Integrale sind die sog. axialen Flächenträgheitsmomente ($i = j$) bzw. Flächendeviationsmomente ($i \neq j$), die man mit I_{ij} symbolisiert (vgl. Elastostatik bzw. Festigkeitslehre, Biegetheorie von Balken).

$$J_{ij} = \rho_m t I_{ij} \tag{3.61}$$

3.3.3 Kinetische Energie

Zur Berechnung der kinetischen Energie bei räumlicher Bewegung wird ein im körperfesten Punkt O' verankertes, körperfestes Bezugssystem herangezogen (Abb. 3.14 (1)). Für die kinetische Energie dE_k des Massenelementes dm gilt

$$dE_k = \frac{1}{2} dm \, v_P^2,$$

wobei $v_P = |\vec{v}_P|$ der Betrag der Absolutgeschwindigkeit (Bahngeschwindigkeit) des Punktes P ist. Diese berechnet sich nach Beziehung (1.30) aus der Relativ-Punktkinematik zu

$$\vec{v}_P = \vec{v}_F + \vec{v}_{P,rel} \quad \text{mit} \quad \vec{v}_F = \vec{v}_{O'} + \vec{\omega} \times \vec{\rho}_P \quad \text{und} \quad \vec{v}_{P,rel} = \dot{\vec{\rho}}_P|_{\xi\eta\zeta}.$$

Mit dem körperfesten $\xi\eta\zeta$-System folgt $\vec{v}_{P,rel} = \vec{0}$, da sich der Körperpunkt P nicht relativ zu diesem Bezugssystem bewegt. Man erhält damit

$$v_P^2 = (\vec{v}_P)^2 = (\vec{v}_F)^2 = (\vec{v}_{O'} + \vec{\omega} \times \vec{\rho}_P)^2 = (\vec{v}_{O'})^2 + 2\vec{v}_{O'}(\vec{\omega} \times \vec{\rho}_P) + (\vec{\omega} \times \vec{\rho}_P)^2$$

$$= \underbrace{(\vec{v}_{O'})^2}_{= v_{O'}^2} + 2\vec{v}_{O'}(\vec{\omega} \times \vec{\rho}_P) + (\vec{\omega} \times \vec{\rho}_P)(\vec{\omega} \times \vec{\rho}_P)$$

bzw. nach zyklischer Vertauschung der Faktoren der beiden Spatprodukte[7]

$$v_P^2 = v_{O'}^2 + 2\vec{\omega}(\vec{\rho}_P \times \vec{v}_{O'}) + \vec{\omega}\left[\vec{\rho}_P \times (\vec{\omega} \times \vec{\rho}_P)\right].$$

Die kinetische Energie des Körpers ist die Summer der dE_k aller Massenelemente (Integration, $\vec{\omega}$ und $\vec{v}_{O'}$ sind für alle dm gleich):

$$E_k = \frac{1}{2}\int\limits_{(\mathbb{K})} v_P^2\,dm =$$

$$= \frac{1}{2}v_{O'}^2 \underbrace{\int\limits_{(\mathbb{K})} dm}_{= m} + \frac{1}{2}2\vec{\omega}\Big(\underbrace{\int\limits_{(\mathbb{K})} \vec{\rho}_P\,dm}_{= m\vec{\rho}_S} \times \vec{v}_{O'}\Big) + \frac{1}{2}\vec{\omega}\int\limits_{(\mathbb{K})} \left[\vec{\rho}_P \times (\vec{\omega} \times \vec{\rho}_P)\right]dm\,;$$

das mittlere Integral folgt aus der Definitionsgleichung für den (relativen) Ortsvektor $\vec{\rho}_S$ des Körperschwerpunktes S in Bezug auf O'. Berücksichtigt man zudem die Berechnung des relativen Drehimpulsvektors $\vec{L}^{(O')}$ nach Gl. (3.47), so ergibt sich

$$E_k = \frac{1}{2}mv_{O'}^2 + m\vec{\omega}(\vec{\rho}_S \times \vec{v}_{O'}) + \frac{1}{2}\vec{\omega}\vec{L}^{(O')}\,.$$

Nun ist es i. Allg. nicht zweckmäßig, einen willkürlichen Punkt als Bezugspunkt O' zu wählen, sondern vielmehr einen ganz speziellen Körperpunkt, nämlich den Schwerpunkt S. Dann ist $\vec{\rho}_S = \vec{0}$ (Ortsvektor von S bzgl. S) und die kinetische Energie vereinfacht sich:

$$E_k = \frac{1}{2}mv_S^2 + \frac{1}{2}\vec{L}^{(S)}\vec{\omega}\,. \tag{3.62}$$

Sie setzt sich – wie auch bei der ebenen Bewegung eines Körpers – aus einem translatorischen und einem rotatorischen Anteil zusammen; der translatorische Term entsteht in der Vorstellung, die gesamte Körpermasse sei im Schwerpunkt konzentriert. Man kann natürlich auch einen körper- und raumfesten Punkt A als Bezugspunkt verwenden. Für diesen gilt $\vec{v}_A = \vec{0}$:

$$E_k = \frac{1}{2}\vec{L}^{(A)}\vec{\omega}\,. \tag{3.63}$$

In diesem Fall berechnet sich die kinetische Energie als reine Rotationsenergie. Für den Drehimpulsvektor in (3.62) und (3.63) gilt nach (3.50):

$$\vec{L}^{(S)} = \underline{J}^{(S)}\vec{\omega} \quad \text{bzw.} \quad \vec{L}^{(A)} = \underline{J}^{(A)}\vec{\omega}\,.$$

Ergänzung: Arbeits- und Energiesatz Analog zur ebenen Bewegung, lässt sich natürlich auch im räumlichen Fall ein starrer Körper als starres System von Massenpunkten interpre-

---

[7]Spatprodukt: $(\vec{a}, \vec{b}, \vec{c}) \overset{\text{def.}}{=} \vec{a}(\vec{b} \times \vec{c})$; es gilt $\vec{a}(\vec{b} \times \vec{c}) = \vec{b}(\vec{c} \times \vec{a})$ [6].

tieren. Daher sind der Arbeits- und Energiesatz wieder formal identisch mit den Gleichungen im Abschn. 2.8.3, wobei die Symbolisierung [a] für äußere Arbeit bzw. äußeres Potenzial auch hier entfallen kann.

1. Fassung des Arbeitssatzes, mit der Arbeit W_{01} aller wirkenden Kräfte und Momente auf dem Weg von Position bzw. Lage „0" nach „1":

$$E_{k1} - E_{k0} = W_{01} \, . \tag{3.64}$$

2. Fassung des Arbeitssatzes, wobei $\tilde{W}_{01}$ lediglich die Arbeit aller nicht-konservativen Kräfte und Momente ist:

$$\left(E_{k1} + E_{p1} \right) - \left(E_{k0} + E_{p0} \right) = \tilde{W}_{01} \, . \tag{3.65}$$

Energiesatz, für den Fall eines konservativen Systems, d. h. es treten (idealisiert betrachtet) keine nicht-konservativen Kräfte und/oder Momente auf:

$$E_{k0} + E_{p0} = E_{k1} + E_{p1} \, . \tag{3.66}$$

Die Herleitung des Schwerkraftpotenzials E_p eines Körpers, vgl. Abschn. 3.2.4, ist allgemein gültig, d. h. auch bei räumlicher Bewegung. Es gilt daher in diesem Fall wieder (z-Achse parallel zum Vektor $\vec{g}$ der Erdbeschleunigung):

$$E_p = \pm mgz_S \, ; \tag{3.67}$$

das Vorzeichen von E_p hängt von der Orientierung der z-Achse ab: $(+)$ bei Orientierung $\uparrow z$, $(-)$ bei $\downarrow z$.

Bei räumlicher Bewegung ist aber noch die Berechnung der Arbeit W_{01} respektive $\tilde{W}_{01}$ zu klären. Dafür stellt man sich alle auf den Körper einwirkenden Kräfte und Momente (konservativ bzw. nicht-konservativ) reduziert auf eine resultierende Kraft $\vec{F}_{res}$, die am Schwerpunkt S angreift, sowie ein resultierendes Moment $\vec{M}_{res}^{(S)}$ mit Bezugspunkt S vor, Abb. 3.21.

Die resultierende Kraft $\vec{F}_{res}$ verrichtet gem. der Definition (2.17) des Arbeitsintegrals eine Translationsarbeit:

$$W_{01,\text{trans}} = \int_{\vec{r}_{S,0}}^{\vec{r}_{S,1}} \vec{F}_{res} \, d\vec{r}_S \, . \tag{3.68}$$

Man erhält diese Formel schließlich durch Integration des Schwerpunktsatzes (3.37), vgl. Herleitung (2.17). Das Integral ist also gleich der Differenz der Translationsenergie,

$$\Delta E_{\text{trans}} = \frac{1}{2} m \, \Delta v_S^2 \, ,$$

des Körpers und wird eben daher als Translationsarbeit der Kraft $\vec{F}_{res}$ bezeichnet. Doch auch das resultierende Moment $\vec{M}_{res}^{(S)}$ verrichtet Arbeit: Man integriert den Momentensatz

Abb. 3.21 Zur Arbeit bei
räumlicher Bewegung

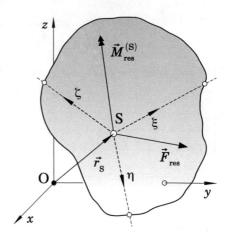

(3.43) mit Bezugspunkt O'=S; die Beschreibung der Vektoren erfolgt hierfür in einem in S
verankerten, körperfesten $\xi\eta\zeta$-Bezugssystem. Es gilt also

$$\dot{\vec{L}}^{(S)} = \vec{M}^{(S)}_{\mathrm{res}} \quad \text{mit} \quad \vec{L}^{(S)} = \underline{J}^{(S)}\vec{\omega},$$

wobei die Massenträgheitsmatrix $\underline{J}^{(S)}$ in diesem körperfesten Bezugssystem zeitlich konstant ist. Da es sich somit beim Drehimpuls $\vec{L}^{(S)}$ um einen Vektor in einem bewegen Bezugssystem handelt, im Momentensatz sich die Zeitableitung aber auf ein raumfestes Bezugssystem bezieht, muss diese nach der EULER-Ableitungsregel (1.29) erfolgen:

$$\dot{\vec{L}}^{(S)} = \dot{\vec{L}}^{(S)}\big|_{\xi\eta\zeta} + \vec{\omega} \times \vec{L}^{(S)}.$$

Für die Zeitableitung des Drehimpulsvektors im $\xi\eta\zeta$-System gilt

$$\dot{\vec{L}}^{(S)}\big|_{\xi\eta\zeta} = \underline{J}^{(S)}\frac{\mathrm{d}\vec{\omega}}{\mathrm{d}t} \quad \text{mit} \quad \vec{\omega} = \left(\omega_\xi; \omega_\eta; \omega_\zeta\right)^T.$$

Eingesetzt in den Momentensatz ergibt sich

$$\underline{J}^{(S)}\frac{\mathrm{d}\vec{\omega}}{\mathrm{d}t} + \vec{\omega} \times \vec{L}^{(S)} = \vec{M}^{(S)}_{\mathrm{res}} \quad \text{bzw.} \quad \underline{J}^{(S)}\mathrm{d}\vec{\omega} + (\vec{\omega} \times \vec{L}^{(S)})\,\mathrm{d}t = \vec{M}^{(S)}_{\mathrm{res}}\,\mathrm{d}t.$$

Diese Gleichung wird nun skalar mit dem Winkelgeschwindigkeitsvektor $\vec{\omega}$ multipliziert.
Das sich ergebende Spatprodukt verschwindet:

$$\left[(\vec{\omega} \times \vec{L}^{(S)})\,\mathrm{d}t\right]\vec{\omega} = \left[\vec{\omega}(\vec{\omega} \times \vec{L}^{(S)})\right]\mathrm{d}t = \left[\vec{L}^{(S)}(\vec{\omega} \times \vec{\omega})\right]\mathrm{d}t = \vec{0}.$$

Man erhält also

$$\big(\underbrace{\underline{J}^{(S)}\mathrm{d}\vec{\omega}}_{=\,\mathrm{d}\vec{L}^{(S)}}\big)\,\vec{\omega} = (\vec{M}^{(S)}_{\mathrm{res}}\,\mathrm{d}t)\vec{\omega}$$

Formuliert man $\vec{\omega}$ und $\mathrm{d}\vec{\omega}$ als Spaltenvektoren (3x1-Matrizen), so lässt sich das linke Skalarprodukt wie folgt in Matrizendarstellung schreiben:

$$\vec{\omega}^T \left(\underline{J}^{(S)} \mathrm{d}\vec{\omega} \right)$$

Die Matrizenmultiplikation ist assoziativ, d. h. die Reihenfolge der Multiplikation ist beliebig, wobei die Matrizenreihung jedoch nicht verändert werden darf. Aufgrund der Symmetrie der Trägheitsmatrix ist deren Transponierte gleich und es ergibt sich:

$$\vec{\omega}^T \left(\underline{J}^{(S)} \mathrm{d}\vec{\omega} \right) = (\vec{\omega}^T \underline{J}^{(S)})\mathrm{d}\vec{\omega} = (\vec{\omega}^T (\underline{J}^{(S)})^T)\mathrm{d}\vec{\omega} = (\vec{L}^{(S)})^T \mathrm{d}\vec{\omega} \,,$$

also das Skalarprodukt $\vec{L}^{(S)} \, \mathrm{d}\vec{\omega}$ zwischen dem Drehimpulsvektor und dem differenziellen Winkelgeschwindigkeitsvektor; beide sind in dieser Gleichung als Spaltenvektoren zu verstehen. Der mit $\mathrm{d}t$ multiplizierte Momentensatz lautet damit (jetzt aber nicht mehr in Matrizendarstellung):

$$\vec{L}^{(S)} \mathrm{d}\vec{\omega} = \vec{M}_{\mathrm{res}}^{(S)} \vec{\omega} \, \mathrm{d}t \,.$$

Nach beidseitiger Integration mit korrespondierenden Grenzen ($\vec{\omega}_0 = \vec{\omega}(t_0)$, $\vec{\omega}_1 = \vec{\omega}(t_1)$, wobei t_0 ein willkürlicher Bezugszeitpunkt ist), erhält man:

$$\int\limits_{\vec{\omega}_0}^{\vec{\omega}_1} \vec{L}^{(S)} \mathrm{d}\vec{\omega} = \int\limits_{t_0}^{t_1} \vec{M}_{\mathrm{res}}^{(S)} \vec{\omega} \, \mathrm{d}t \,.$$

Die linke Seite dieser Gleichung lässt sich mit den Koordinaten des Drehimpulsvektors $\vec{L}^{(S)}$, vgl. Abschn.3.3.2 mit O'=S, wie folgt formulieren:

$$\int\limits_{\vec{\omega}_0}^{\vec{\omega}_1} \begin{pmatrix} L_\xi \\ L_\eta \\ L_\zeta \end{pmatrix} \begin{pmatrix} \mathrm{d}\omega_\xi \\ \mathrm{d}\omega_\eta \\ \mathrm{d}\omega_\zeta \end{pmatrix} = \int\limits_{\vec{\omega}_0}^{\vec{\omega}_1} \begin{pmatrix} J_{\xi\xi}\omega_\xi + J_{\xi\eta}\omega_\eta + J_{\xi\zeta}\omega_\zeta \\ J_{\eta\xi}\omega_\xi + J_{\eta\eta}\omega_\eta + J_{\eta\zeta}\omega_\zeta \\ J_{\zeta\xi}\omega_\xi + J_{\zeta\eta}\omega_\eta + J_{\zeta\zeta}\omega_\zeta \end{pmatrix} \begin{pmatrix} \mathrm{d}\omega_\xi \\ \mathrm{d}\omega_\eta \\ \mathrm{d}\omega_\zeta \end{pmatrix} \,.$$

Hierbei handelt es sich um ein Linienintegral eines Skalarprodukts. $\vec{L}^{(S)}$ ist ein Vektorfeld, $\vec{L}^{(S)} = \vec{L}^{(S)}(\vec{\omega})$, mit der Rotation

$$\mathrm{rot}_{\vec{\omega}} \vec{L}^{(S)} = \nabla_{\vec{\omega}} \times \vec{L}^{(S)} \overset{[8]}{=} \begin{pmatrix} \frac{\partial L_\zeta}{\partial \omega_\eta} - \frac{\partial L_\eta}{\partial \omega_\zeta} \\ \frac{\partial L_\xi}{\partial \omega_\zeta} - \frac{\partial L_\zeta}{\partial \omega_\xi} \\ \frac{\partial L_\eta}{\partial \omega_\xi} - \frac{\partial L_\xi}{\partial \omega_\eta} \end{pmatrix} = \begin{pmatrix} J_{\zeta\eta} - J_{\eta\zeta} \\ J_{\xi\zeta} - J_{\zeta\xi} \\ J_{\eta\xi} - J_{\xi\eta} \end{pmatrix} \,.$$

Da die Massenträgheitsmatrix $\underline{J}^{(S)}$ stets symmetrisch ist, d. h. $J_{\lambda\mu} = J_{\mu\lambda}$ für $\lambda \neq \mu$ mit $\lambda, \mu = \xi; \eta; \zeta$ gilt, folgt die schöne Eigenschaft

$$\mathrm{rot}_{\vec{\omega}} \vec{L}^{(S)} \equiv \vec{0} \,.$$

Zudem sind die partiellen Ableitungen in $\mathrm{rot}_{\vec{\omega}}\vec{L}^{(S)}$ stetig (sogar konstant); so dass nach [6] diese Eigenschaft die notwendige und auch hinreichende Bedingung für die Existenz eines Skalarfeldes $U = U(\vec{\omega})$ erfüllt, wobei

$$\vec{L}^{(S)} = \mathrm{grad}_{\vec{\omega}}U = \nabla_{\vec{\omega}}U\,.$$

Im Folgenden wird gezeigt, dass in diesem Fall die Rotationsenergie

$$E_{\mathrm{rot}} = \frac{1}{2}\vec{L}^{(S)}\vec{\omega}$$

ein entsprechendes Skalarfeld darstellt. E_{rot} berechnet sich im körperfesten Koordinatensystem mit $\vec{L}^{(S)} = \underline{J}^{(S)}\vec{\omega}$ zu

$$E_{\mathrm{rot}} = \frac{1}{2}(\underline{J}^{(S)}\vec{\omega})\,\vec{\omega} = \frac{1}{2}\begin{pmatrix} J_{\xi\xi}\omega_\xi + J_{\xi\eta}\omega_\eta + J_{\xi\zeta}\omega_\zeta \\ J_{\eta\xi}\omega_\xi + J_{\eta\eta}\omega_\eta + J_{\eta\zeta}\omega_\zeta \\ J_{\zeta\xi}\omega_\xi + J_{\zeta\eta}\omega_\eta + J_{\zeta\zeta}\omega_\zeta \end{pmatrix}\begin{pmatrix} \omega_\xi \\ \omega_\eta \\ \omega_\zeta \end{pmatrix}$$

$$= \frac{1}{2}\big(J_{\xi\xi}\omega_\xi^2 + J_{\xi\eta}\omega_\eta\omega_\xi + J_{\xi\zeta}\omega_\zeta\omega_\xi + J_{\eta\xi}\omega_\xi\omega_\eta + J_{\eta\eta}\omega_\eta^2 + J_{\eta\zeta}\omega_\zeta\omega_\eta$$

$$+ J_{\zeta\xi}\omega_\xi\omega_\zeta + J_{\zeta\eta}\omega_\eta\omega_\zeta + J_{\zeta\zeta}\omega_\zeta^2\big)\,.$$

Der Gradient dieses Skalarfeldes ist

$$\mathrm{grad}_{\vec{\omega}}E_{\mathrm{rot}} = \nabla_{\vec{\omega}}E_{\mathrm{rot}}$$

$$= \begin{pmatrix} \frac{\partial E_{\mathrm{rot}}}{\partial \omega_\xi} \\ \frac{\partial E_{\mathrm{rot}}}{\partial \omega_\eta} \\ \frac{\partial E_{\mathrm{rot}}}{\partial \omega_\zeta} \end{pmatrix} = \begin{pmatrix} J_{\xi\xi}\omega_\xi + \frac{1}{2}J_{\xi\eta}\omega_\eta + \frac{1}{2}J_{\xi\zeta}\omega_\zeta + \frac{1}{2}J_{\eta\xi}\omega_\eta + \frac{1}{2}J_{\zeta\xi}\omega_\zeta \\ \frac{1}{2}J_{\xi\eta}\omega_\xi + \frac{1}{2}J_{\eta\xi}\omega_\xi + J_{\eta\eta}\omega_\eta + \frac{1}{2}J_{\eta\zeta}\omega_\zeta + \frac{1}{2}J_{\zeta\eta}\omega_\zeta \\ \frac{1}{2}J_{\xi\zeta}\omega_\xi + \frac{1}{2}J_{\eta\zeta}\omega_\eta + \frac{1}{2}J_{\zeta\xi}\omega_\xi + \frac{1}{2}J_{\zeta\eta}\omega_\eta + J_{\zeta\zeta}\omega_\zeta \end{pmatrix}$$

und infolge der Symmetrie der Massenträgheitsmatrix

$$\mathrm{grad}_{\vec{\omega}}E_{\mathrm{rot}} = \begin{pmatrix} J_{\xi\xi}\omega_\xi + J_{\xi\eta}\omega_\eta + J_{\xi\zeta}\omega_\zeta \\ J_{\eta\xi}\omega_\xi + J_{\eta\eta}\omega_\eta + J_{\eta\zeta}\omega_\zeta \\ J_{\zeta\xi}\omega_\xi + J_{\zeta\eta}\omega_\eta + J_{\zeta\zeta}\omega_\zeta \end{pmatrix} = \underline{J}^{(S)}\vec{\omega} = \vec{L}^{(S)}\,.$$

Somit lässt sich das oben aus dem Momentensatz gewonnene Linienintegral über die Rotationsenergie berechnen:

$$\int_{\vec{\omega}_0}^{\vec{\omega}_1}\vec{L}^{(S)}\mathrm{d}\vec{\omega} = E_{\mathrm{rot}}(\vec{\omega}_1) - E_{\mathrm{rot}}(\vec{\omega}_0)\quad[6]\,.$$

Es ergibt sich also aus der Integration des Momentensatzes (3.43)

$$E_{\text{rot}}(\vec{\omega}_1) - E_{\text{rot}}(\vec{\omega}_0) = \int_{t_0}^{t_1} \vec{M}_{\text{res}}^{(S)} \vec{\omega} \, dt \,,$$

so dass das Zeitintegral auf der rechten Seite als Rotationsarbeit des resultierenden Moments $\vec{M}_{\text{res}}^{(S)} = \vec{M}_{\text{res}}^{(S)}(t)$ interpretiert werden kann.

$$W_{01,\text{rot}} = \int_{t_0}^{t_1} \vec{M}_{\text{res}}^{(S)} \vec{\omega} \, dt \,, \quad \text{wobei} \quad \vec{\omega} = \vec{\omega}(t) \,. \tag{3.69}$$

3.3.4 Euler-Gleichungen und Kreiselbewegungen

In diesem Abschnitt werden starre Körper betrachtet, die in einem raum- und körperfesten Punkt A drehbar gelagert sind. Ein entsprechender Körper besitzt drei Freiheitsgrade, nämlich die der Rotation um A. Sein Bewegungszustand wird durch den (absoluten) Winkelgeschwindigkeitsvektor ω beschrieben. Dazu eine kleine Begriffsdefinition:

ⓘ
Die Rotation eines starren Körpers um einen raum- und körperfesten Punkt (Zwangsbedingung) heißt *Kreiselbewegung*. ⟁

Für die Formulierung des Momentensatzes (3.43) mit O'=A wird ein körperfestes Hauptachsensystem verwendet, mit den Vorteilen, dass die Trägheitsmatrix diagonal und zeitlich konstant ist. Die zueinander orthogonalen, ein Rechtssystem bildenden Hauptachsen bezeichnet man wie üblich mit I, II und III, s. Abb. 3.22. Es gilt dann

Abb. 3.22 Körperfestes Hauptachsensystem zur Beschreibung der Kreiselbewegung (Punkt A sei raum- und körperfest)

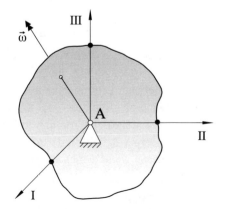

$$\vec{M}^{(A)} = \dot{\vec{L}}^{(A)}, \quad \text{mit} \quad \vec{M}^{(A)} = \begin{pmatrix} M_{\mathrm{I}} \\ M_{\mathrm{II}} \\ M_{\mathrm{III}} \end{pmatrix},$$

wobei sich die Zeitableitung $\dot{\vec{L}}^{(A)}$ (in Bezug auf ein raumfestes Bezugsystem) des Drehimpulsvektors, hierbei handelt es sich um einen Vektor in dem rotierenden I, II III-System, nach der EULER-Ableitungsregel (1.29) über die Ableitung im bewegten Bezugsystem wie folgt berechnet:

$$\dot{\vec{L}}^{(A)} = \dot{\vec{L}}^{(A)}|_{\mathrm{I,II,III}} + \vec{\omega} \times \vec{L}^{(A)}.$$

Mit dem Winkelgeschwindigkeitsvektor $\vec{\omega}$ und der Trägheitsmatrix $\underline{J}^{(A)}$,

$$\vec{\omega} = \begin{pmatrix} \omega_{\mathrm{I}} \\ \omega_{\mathrm{II}} \\ \omega_{\mathrm{III}} \end{pmatrix} \quad \text{und} \quad \underline{J}^{(A)} = \begin{pmatrix} J_{\mathrm{I}} & 0 & 0 \\ 0 & J_{\mathrm{II}} & 0 \\ 0 & 0 & J_{\mathrm{III}} \end{pmatrix},$$

erhält man den Drehimpulsvektor nach (3.50) zu

$$\vec{L}^{(A)} = \underline{J}^{(A)}\vec{\omega} = \begin{pmatrix} J_{\mathrm{I}} & 0 & 0 \\ 0 & J_{\mathrm{II}} & 0 \\ 0 & 0 & J_{\mathrm{III}} \end{pmatrix} \begin{pmatrix} \omega_{\mathrm{I}} \\ \omega_{\mathrm{II}} \\ \omega_{\mathrm{III}} \end{pmatrix} = \begin{pmatrix} J_{\mathrm{I}}\omega_{\mathrm{I}} \\ J_{\mathrm{II}}\omega_{\mathrm{II}} \\ J_{\mathrm{III}}\omega_{\mathrm{III}} \end{pmatrix} = \begin{pmatrix} L_{\mathrm{I}} \\ L_{\mathrm{II}} \\ L_{\mathrm{III}} \end{pmatrix}$$

und damit

$$\dot{\vec{L}}^{(A)} = \begin{pmatrix} J_{\mathrm{I}}\dot{\omega}_{\mathrm{I}} \\ J_{\mathrm{II}}\dot{\omega}_{\mathrm{II}} \\ J_{\mathrm{III}}\dot{\omega}_{\mathrm{III}} \end{pmatrix} + \begin{pmatrix} \omega_{\mathrm{I}} \\ \omega_{\mathrm{II}} \\ \omega_{\mathrm{III}} \end{pmatrix} \times \begin{pmatrix} J_{\mathrm{I}}\omega_{\mathrm{I}} \\ J_{\mathrm{II}}\omega_{\mathrm{II}} \\ J_{\mathrm{III}}\omega_{\mathrm{III}} \end{pmatrix} = \begin{pmatrix} J_{\mathrm{I}}\dot{\omega}_{\mathrm{I}} + (J_{\mathrm{III}} - J_{\mathrm{II}})\omega_{\mathrm{II}}\omega_{\mathrm{III}} \\ J_{\mathrm{II}}\dot{\omega}_{\mathrm{II}} + (J_{\mathrm{I}} - J_{\mathrm{III}})\omega_{\mathrm{I}}\omega_{\mathrm{III}} \\ J_{\mathrm{III}}\dot{\omega}_{\mathrm{III}} + (J_{\mathrm{II}} - J_{\mathrm{I}})\omega_{\mathrm{I}}\omega_{\mathrm{II}} \end{pmatrix}.$$

Die Koordinatengleichungen des Momentensatzes im körperfesten Hauptachsensystem, die sog. EULERschen (Kreisel-)Gleichungen lauten also:

$$\begin{aligned} M_{\mathrm{I}} &= J_{\mathrm{I}}\dot{\omega}_{\mathrm{I}} + (J_{\mathrm{III}} - J_{\mathrm{II}})\omega_{\mathrm{II}}\omega_{\mathrm{III}} \\ M_{\mathrm{II}} &= J_{\mathrm{II}}\dot{\omega}_{\mathrm{II}} + (J_{\mathrm{I}} - J_{\mathrm{III}})\omega_{\mathrm{I}}\omega_{\mathrm{III}} \,. \\ M_{\mathrm{III}} &= J_{\mathrm{III}}\dot{\omega}_{\mathrm{III}} + (J_{\mathrm{II}} - J_{\mathrm{I}})\omega_{\mathrm{I}}\omega_{\mathrm{II}} \end{aligned} \tag{3.70}$$

Dieses gekoppelte, nicht-lineare Differenzialgleichungssystem beschreibt im körperfesten Hauptachsensystem die Drehung eines Körpers um den raum- und körperfesten Punkt A[8]. Das Ermitteln der Lösung kann u. U. kompliziert sein, insbesondere dann, wenn der Winkelgeschwindigkeitsvektor $\vec{\omega}$ des Körpers, die Richtung von $\vec{\omega}$ ist gleich der momentanen Drehachse, infolge der Wirkung von Kräften und Momenten gesucht ist.

Eine andere Möglichkeit der Anwendung des DGL-Systems (3.70) ist die Untersuchung eines Kreisels, wenn dessen Kinematik vorgegeben ist (kinematischer Zwang). In diesem

---

[8]Für den Schwerpunkt S als Bezugspunkt gilt (3.70) übrigens unverändert, die skalare Ausformulierung des Momentensatzes bzgl. S wäre schließlich identisch.

Fall lassen sich die für die Aufrechterhaltung der Bewegung erforderlichen Kräfte und Momente berechnen. Wegen „actio = reactio" (Axiom NEWTON 3) folgen daraus schließlich auch die durch die Kreiselbewegung erzeugten Lagerreaktionen.

Beispiel 3.13: Kräftefreie Kreisel (kardanische Lagerung)

ⓘ ——————————————————————————————————————

Definition: Ein sog. kräftefreier Kreisel liegt dann vor, wenn kein Moment bzgl. des Körperschwerpunktes S existiert. ——————————————————————————————— 🛆

Diese Bedingung ist für den speziellen Fall gegeben, dass der raum- und körperfeste Punkt A der Schwerpunkt S ist. Dann erzeugt die in S angreifende Gewichtskraft kein Moment bzgl. S; natürlich müssen zudem noch Effekte wie Lagerreibung bzw. Widerstandskräfte generell vernachlässigt werden. Technisch lässt sich ein kräftefreier Kreisel annähernd durch eine kardanische Lagerung (vgl. nachfolgendes Bild – *besten Dank Hr. Jakob Schenk für dieses 3D-Modell*) realisieren.

Der Kreiselkörper (Hauptträgheitsmomente J_I, J_II und J_III) kann um drei zueinander orthogonale, durch den raumfesten Punkt A verlaufende Achsen rotieren. Idealisiert betrachtet, ist $\vec{M}_\mathrm{res}^{(S)} = \vec{0}$ in diesem Fall, und mit dem Momentensatz (3.43) folgt damit $\dot{\vec{L}}^{(S)} = \vec{0}$; diese Zeitableitung bezieht sich auf ein raumfestes Bezugssystem (BS). Es gilt also:

$$\vec{L}^{(S)} = k\vec{o}nst\,, \quad \text{wobei} \quad \vec{L}^{(S)}|_{\mathrm{I,II,III}} = (J_\mathrm{I}\omega_\mathrm{I};\, J_\mathrm{II}\omega_\mathrm{II};\, J_\mathrm{III}\omega_\mathrm{III})^T \overset{\text{(i.Allg.)}}{\neq} k\vec{o}nst\,.$$

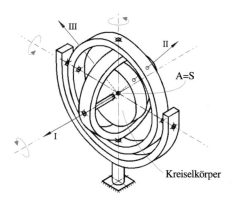

Bei einem („idealen") kräftefreien Kreisel ist der Drehimpulsvektor $\vec{L}^{(S)}$ bzgl. des Körperschwerpunktes S – in einem raumfesten Bezugssystem ($\dot{\vec{L}}^{(S)} = \dot{\vec{L}}^{(S)}|_\mathrm{BS\_raumfest} = \vec{0}$) – also stets konstant, d. h. dessen Betrag und Richtung ändern sich zeitlich nicht. Diese besondere Eigenschaft nutzt man übrigens bei einem Kreiselkompass zur Anzeige der geographischen Nord-Süd-Richtung aus.

Ein Sonderfall: $\vec{\omega}$**-Richtung ist identisch mit** I**-Achse.** Anschaulich bedeutet das, dass sich der Körper gerade um jene Achse dreht. Liegt der Winkelgeschwindigkeitsvektor $\vec{\omega}$ auf der I-Achse (exemplarisch), dann ist $\omega_{II} = \omega_{III} = 0$ und somit auch $L_{II} = L_{III} = 0$. Weiterhin folgt mit dieser kinematischen Vorgabe aus (3.70) mit $\vec{M}_{res}^{(S)} = \vec{0}$: $J_I \dot{\omega}_I = 0$, d. h.

$$L_I = J_I \omega_I = konst \quad \text{bzw.} \quad \omega_I = konst \,.$$

Der Kreisel rotiert gleichförmig um die körperfeste Hauptachse I; wegen $\vec{L}^{(S)} = J_I \vec{\omega}$ und damit $\dot{\vec{L}}^{(S)} = J_I \dot{\vec{\omega}} = \vec{0}$ (raumfestes BS) ist $\vec{\omega} = \vec{konst}$ und die Drehachse folglich auch raumfest.

Nun stellt sich die Frage, ob diese momentenfreie Bewegung auch stabil ist, also unempfindlich gegenüber „kleinen" Störungen. Für eine mathematische Stabilitätsuntersuchung überlagert man der Grundbewegung eine Störbewegung mit sehr kleinen „Anfangsbedingungen". Erstere sei gegeben durch den Winkelgeschwindigkeitsvektor $\vec{\omega} = (\omega_{I,0}; 0; 0)^T$. Eine kleine Störung verändert die Grund-Drehbewegung, d. h. aus $\vec{\omega}$ wird

$$\vec{\omega}_{St} = (\omega_{I,0} + s_I; s_{II}; s_{III})^T \quad \text{mit} \quad s_I = s_I(t), \ s_{II} = s_{II}(t), \ s_{III} = s_{III}(t) \,.$$

Da es sich anfänglich um lediglich eine kleine Störung handeln soll, sei

$$s_I(0); s_{II}(0); s_{III}(0) \ll \omega_{I,0}$$

vorausgesetzt. Die ungestörte Bewegung des Kreisels (Grundbewegung) ist dann stabil, wenn keine der „Störfunktionen" s_I, s_{II} und s_{III} für $t \to \infty$ beliebig große Werte annimmt. Setzt man nun $\vec{\omega}_{St}$ in die EULER-Gl. (3.70) ein, ergibt sich

$$\begin{aligned} J_I \dot{s}_I + (J_{III} - J_{II})s_{II}s_{III} &= 0 \\ J_{II}\dot{s}_{II} + (J_I - J_{III})(\omega_{I,0} + s_I)s_{III} &= 0 \,, \\ J_{III}\dot{s}_{III} + (J_{II} - J_I)(\omega_{I,0} + s_I)s_{II} &= 0 \end{aligned}$$

da nach wie vor $\vec{M}^{(S)} = \vec{0}$ (da kräftefreier Kreisel) sowie $\omega_{I,0} = konst$ und folglich $\dot{\omega}_{I,0} = 0$ gilt. Beschränkt man sich ausschließlich auf die Suche nach Bedingungen für eine stabile Kreiselbewegung, d. h. die Werte der Störfunktionen sollen stets klein sein $(s_I(t); s_{II}(t); s_{III}(t) \ll \omega_{I,0})$, so sind die quadratischen s-Terme vernachlässigbar klein: $s_i s_j \approx 0$ für $i \neq j$ mit $i, j = $ I; II; III. Das somit linearisierte DGL-System lautet:

$$\begin{aligned} J_I \dot{s}_I &= 0 \\ J_{II}\dot{s}_{II} + (J_I - J_{III})\omega_{I,0}s_{III} &= 0 \,. \\ J_{III}\dot{s}_{III} + (J_{II} - J_I)\omega_{I,0}s_{II} &= 0 \end{aligned}$$

Die erste Gleichung zeigt: $\dot{s}_I = 0$ bzw. $s_I(t) = s_I(0) = konst$; eine kleine Störung $s_I(0) \ll \omega_{I,0}$ bleibt also konstant klein und ist daher unkritisch in Bezug auf die Kreiselstabilität. Aus den beiden anderen DGLs erhält man durch Auflösen bzw. Differenzieren nach der Zeit:

$$\underset{\searrow}{\dot{s}_{II}} = -\frac{J_I - J_{III}}{J_{II}}\omega_{I,0}s_{III} \quad \text{und} \quad J_{II}\ddot{s}_{II} + (J_I - J_{III})\omega_{I,0}\underset{\nearrow}{\dot{s}_{III}} = 0$$

sowie

$$\underset{\nearrow}{\dot{s}_{III}} = -\frac{J_{II} - J_I}{J_{III}}\omega_{I,0}s_{II} \quad \text{und} \quad J_{III}\ddot{s}_{III} + (J_{II} - J_I)\omega_{I,0}\underset{\searrow}{\dot{s}_{II}} = 0 \,.$$

Setzt man in den rechten Gleichungen die entsprechenden ersten Ableitungen ein, erhält man zwei (entkoppelte) DGLs für s_{II} und s_{III}:

$$\ddot{s}_{II} - \frac{(J_I - J_{III})(J_{II} - J_I)}{J_{II}J_{III}}\omega_{I,0}s_{II} \quad \text{und} \quad \ddot{s}_{III} - \frac{(J_I - J_{III})(J_{II} - J_I)}{J_{II}J_{III}}\omega_{I,0}s_{III} \,.$$

Mit der Abkürzung

$$\alpha = -\frac{(J_I - J_{III})(J_{II} - J_I)}{J_{II}J_{III}}\omega_{I,0} = konst$$

lassen sich diese Gleichungen formal zu einer zusammenfassen:

$$\ddot{s}_i + \alpha s_i = 0 \quad \text{mit} \quad i = II;\ III \,.$$

Diese homogene lineare DGL 2. Ordnung (vgl. freie ungedämpfte Schwingungen, Kap. 5) lässt sich einfach lösen: Der e-Ansatz $s_i = e^{\lambda t}$ liefert die sog. charakteristischen Gleichung der DGL ($\ddot{s}_i = \lambda^2 e^{\lambda t}$),

$$(\lambda^2 + \alpha)\underset{\neq 0}{\underbrace{e^{\lambda t}}} - 0, \quad \text{also} \quad \lambda^2 + \alpha = 0 \,,$$

deren Wurzeln

$$\lambda_{1/2} = \pm\sqrt{-\alpha}$$

sind. An dieser Stelle muss nun eine Fallunterscheidung erfolgen:

- $\alpha = 0$: Die DGL wäre dann $\ddot{s}_i = 0$ mit der Lösung $s_i = konst \cdot t$. Folglich würde s_i linear mit der Zeit anwachsen, und die Voraussetzung für die durchgeführte Linearisierung des DGL-Systems, d. h. $s_i(t) \ll \omega_{I,0}$, wäre nicht erfüllt. Der Fall $\alpha = 0$ führt also zu keiner Stabilitätsbedingung der Kreiselbewegung.
- $\alpha < 0$: In diesem Fall sind die beiden Wurzeln reell. Die allgemeine Lösung (AL) der DGL ist die Linearkombination von e-Funktionen:

$$s_i = s_{i,1} + s_{i,2} = C_1 e^{t\sqrt{-\alpha}} + C_2 e^{-t\sqrt{-\alpha}} \,.$$

Während der zweite Term exponentiell mit der Zeit abklingt, d. h. $\lim_{t\to\infty} s_{i,2} = 0$, nimmt $s_{i,1}$ jedoch entsprechend zu. Damit ergibt sich wieder ein Widerspruch zur Linearisierungsbedingung.

- $\alpha > 0$: Für $\alpha > 0$ ist der Radikand $-\alpha$ negativ, und die Wurzeln der charakteristischen Gleichung sind somit komplex:

$$\lambda_{1/2} = \pm\sqrt{-1}\sqrt{\alpha} = 0 \pm i\sqrt{\alpha}\,;$$

Es sind dann der Real- und Imaginärteil von $e^{\lambda t}$ die sog. Basislösungen der DGL; die AL ist wieder deren Linearkombination:

$$s_i = s_{i,1} + s_{i,2} = C_1 \cos t\sqrt{\alpha} + C_2 \sin t\sqrt{\alpha}\,.$$

Man stelle sich als (realistische) Anfangsbedingungen z. B. $s_i(0) = s_{i,0} \ll \omega_{\mathrm{I},0}$ und $\dot{s}_i(0) = 0$ vor. Die erste Bedingung liefert $C_1 = s_{i,0}$, und mit der Ableitungsfunktion

$$\dot{s}_i = -C_1\sqrt{\alpha}\sin t\sqrt{\alpha} + C_2\sqrt{\alpha}\cos t\sqrt{\alpha}$$

erhält man $C_2\sqrt{\alpha} = 0$ bzw. $C_2 = 0$. Ergebnis ist also eine „einfache" cos-Funktion als partikuläre Lösung (PL) der DGL:

$$s_i = s_{i,0}\cos t\sqrt{\alpha}\,.$$

Die Störungsbewegung ist demnach periodisch, wobei die Störfunktionen s_i ($i = \mathrm{II}; \mathrm{III}$), d. h. die Änderungen der Koordinaten ω_i des Winkelgeschwindigkeitsvektors $\vec{\omega}$ zu jedem Zeitpunkt klein sind gegenüber $\omega_{\mathrm{I},0}$. Und das bedeutet Stabilität!

Es lässt sich also zusammenfassen, dass die Bewegung eines kräftefreien Kreisels nur für den Fall $\alpha > 0$ und damit

$$-(J_{\mathrm{I}} - J_{\mathrm{III}})(J_{\mathrm{II}} - J_{\mathrm{I}}) = (J_{\mathrm{I}} - J_{\mathrm{II}})(J_{\mathrm{I}} - J_{\mathrm{III}}) > 0$$

stabil ist. Das heißt letztlich konkret, dass das Hauptträgheitsmoment J_{I} das größte oder das kleinste der drei Massenträgheitsmomente J_{I}, J_{II} und J_{III} sein muss. Ganz allgemein:

> **ⓘ**
> _____
> Die Rotation eines kräftefreien Kreisels ist genau dann stabil, wenn diese um eine Achse mit dem größten oder kleinsten Massenträgheitsmoment des Körpers erfolgt. _____ ⚐

Im Umkehrschluss dazu lässt sich schließlich auch festhalten, dass eine Drehung um die Achse mit dem „mittleren Massenträgheitsmoment" instabil ist. Eine anfänglich kleine Störung wird dann immer größer, und der Körper wird – anschaulich gesprochen – „aus der Bahn geworfen".

Nutation des symmetrischen kräftefreien Kreisels. Die bisherige Betrachtung beschränkte sich auf die Kreiseldrehung um eine Hauptachse. Im allgemeinen Fall gilt für den Winkelgeschwindigkeits- und den Drehimpulsvektor in einem körperfesten Hauptachsensystem:

$$\vec{\omega} = \begin{pmatrix} \omega_\mathrm{I} \\ \omega_\mathrm{II} \\ \omega_\mathrm{III} \end{pmatrix} \quad \text{und} \quad \vec{L}^{(\mathrm{S})} = \begin{pmatrix} J_\mathrm{I}\omega_\mathrm{I} \\ J_\mathrm{II}\omega_\mathrm{II} \\ J_\mathrm{III}\omega_\mathrm{III} \end{pmatrix} ;$$

als raum- und körperfester Bezugspunkt wird wieder der Körperschwerpunkt S (Lagerpunkt) gewählt. Da i. Allg. $J_\mathrm{I} \neq J_\mathrm{II} \neq J_\mathrm{III}$ ist, sind $\vec{\omega}$ und $\vec{L}^{(\mathrm{S})}$ grundsätzlich nicht parallel.

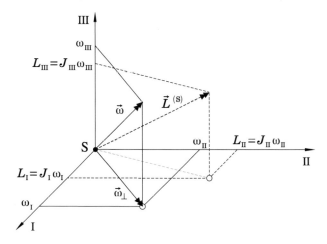

Hierbei ist $\vec{L}^{(\mathrm{S})}$ stets konstant (da kräftefreier Kreisel, vgl. Abschn. 3.3.4), also ein raumfester Vektor. Die Achse des Winkelgeschwindigkeitsvektors $\vec{\omega}$ ist identisch mit der momentane Drehachse des Kreisels, d. h. das I; II; II-Koordinatensystem, dieses ist körperfest, dreht sich um die $\vec{\omega}$-Achse.

Die Nutationsbewegung wird im Folgenden für den Sonderfall eines rotationssymmetrischen kräftefreien Kreisels (Zylinder, Kegel) studiert. Es sei bspw. die Rotationssymmetrieachse als die Hauptachse Nr. III bezeichnet. Infolge der Symmetrie ist jede zur III-Achse senkrechte Achse auch eine Hauptachse, wobei schließlich $J_\mathrm{I} = J_\mathrm{II} = J$ gilt. Dann lauten die EULERschen Gleichungen

$$0 = J\dot{\omega}_\mathrm{I} + (J_\mathrm{III} - J)\omega_\mathrm{II}\omega_\mathrm{III}$$
$$0 = J\dot{\omega}_\mathrm{II} + (J - J_\mathrm{III})\omega_\mathrm{I}\omega_\mathrm{III} .$$
$$0 = J_\mathrm{III}\dot{\omega}_\mathrm{III}$$

Die dritte Gleichung liefert die Eigenschaft $\omega_\mathrm{III} = konst$. Und mit Gleichung 1 und 2 erhält man durch gezielte Multiplikation und Addition:

$$0 = J\dot{\omega}_\mathrm{I} + (J_\mathrm{III} - J)\omega_\mathrm{II}\omega_\mathrm{III} \mid \cdot \omega_\mathrm{I}$$
$$0 = J\dot{\omega}_\mathrm{II} + (J - J_\mathrm{III})\omega_\mathrm{I}\omega_\mathrm{III} \mid \cdot \omega_\mathrm{II}$$

$$(+)\ 0 = \quad J\omega_\mathrm{I}\dot{\omega}_\mathrm{I} + J\omega_\mathrm{II}\dot{\omega}_\mathrm{II}$$

Diese Gleichung folgt auch aus

$$\frac{1}{2} J \frac{\mathrm{d}}{\mathrm{d}t} \left(\omega_\mathrm{I}^2 + \omega_\mathrm{II}^2 \right) = 0 \,.$$

Bei der Bewegung des symmetrischen kräftefreien Kreisels gilt also stets

$$\frac{\mathrm{d}}{\mathrm{d}t} \left(\omega_\mathrm{I}^2 + \omega_\mathrm{II}^2 \right) = 0$$

bzw.

$$\omega_\mathrm{I}^2 + \omega_\mathrm{II}^2 = \omega_\perp^2 = konst \,.$$

$\omega_\perp = |\vec{\omega}_\perp|$ ist der Betrag der Orthogonalprojektion $\vec{\omega}_\perp$ des Winkelgeschwindigkeits-vektors $\vec{\omega} = (\omega_\mathrm{I}; \omega_\mathrm{II}; \omega_\mathrm{III})^T$ in die I, II-Ebene. Daher gilt:

$$\omega = |\vec{\omega}| = {}^+_{(-)}\sqrt{\omega_\mathrm{I}^2 + \omega_\mathrm{II}^2 + \omega_\mathrm{III}^2} = konst \,.$$

Zudem sind die beiden Projektionen $\vec{\omega}_\perp = (\omega_\mathrm{I}; \omega_\mathrm{II})^T$ und $\vec{L}_\perp^{(S)} = (L_\mathrm{I}; L_\mathrm{II})^T$ kollinear: $\vec{L}_\perp^{(S)} = (J\omega_\mathrm{I}; J\omega_\mathrm{II})^T = J(\omega_\mathrm{I}; \omega_\mathrm{II})^T$.

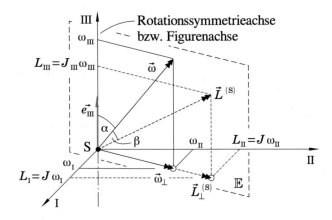

das bedeutet, dass der Drehimpulsvektor $\vec{L}^{(S)}$, der Winkelgeschwindigkeitsvektor $\vec{\omega}$ und die sog. Figurenachse stets in einer Ebene $\mathbb{E}$ liegen. Da sich zu jedem Zeitpunkt das (kör-perfeste) I, II, III-Hauptachsensystem um die $\vec{\omega}$-Achse dreht, lässt sich folgendes schluss-folgern: Die Ebene $\mathbb{E}$ rotiert um die raumfeste Achse des Drehimpulsvektors $\vec{L}^{(S)}$, und damit auch der Winkelgeschwindigkeitsvektor $\vec{\omega}$ und die Figurenachse.

Diese besondere Bewegungsform des symmetrischen kräftefreien Kreisels, d. h. $\vec{\omega}$ umfährt raumfeste $\vec{L}^{(S)}$-Achse, wird als *Nutation* bezeichnet. Wegen $\omega_\mathrm{III}, \omega_\perp = konst$ folgt, dass der „Neigungswinkel" $\alpha = \angle(\vec{e}_\mathrm{III}; \vec{\omega})$ konstant ist; da $\vec{L}^{(S)} = konst$ ist schließ-lich auch $\beta = \angle(\vec{\omega}; \vec{L}^{(S)}) = konst$. Die $\vec{\omega}$-Achse und die Figurenachse beschreiben bei der Nutation Kegeloberflächen; daher kann diese Bewegung als Abrollen eines körperfesten Gangpolkegels, dessen halber Öffnungswinkel ist α, auf dem sog. raumfesten Rastpol- bzw. Spurkegel mit dem halben Öffnungswinkel β veranschaulicht werden. Es bildet die $\vec{L}^{(S)}$-Achse also die Drehachse für den Gangpolkegel, und die $\vec{\omega}$-Achse ist die Berührlinie von Gang- und Spurkegel. $\vec{\omega}$ ist übrigens der absolute Winkelgeschwindigkeitsvektor, der sich in zwei Komponenten zerlegen lässt: $\vec{\omega} = \vec{\omega}_F + \vec{\omega}_{rel}$.

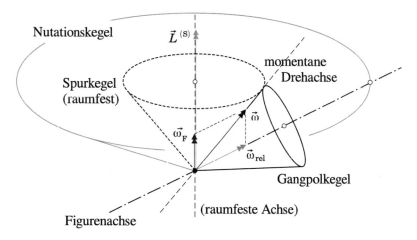

Die Komponente $\vec{\omega}_F$ in Richtung des Drehimpulsvektors $\vec{L}^{(S)}$ ist die sog. Führungswinkelgeschwindigkeit, mit der die Ebene $\mathbb{E}$ resp. die Figurenachse um die raumfeste $\vec{L}^{(S)}$-Achse rotiert. Bewegt man sich (gedanklich) mit $\mathbb{E}$ mit, so würde man die relative Winkelgeschwindigkeit $\vec{\omega}_{rel}$ messen; diese Komponente in Richtung der Figurenachse wird auch als Eigenwinkelgeschwindigkeit bezeichnet.

Für die spezielle Symmetrie $J_I = J_{II} = J_{III} = J$ (z. B. homogene Kugel) ist $\vec{L}^{(S)} = J\vec{\omega}$, d. h. Drehimpuls- und Winkelgeschwindigkeitsvektor sind kollinear, also parallel. Einen kräftefreien Kreisel zugrunde gelegt, gilt wieder $\vec{L}^{(S)} = k\vec{on}st$ und in diesem Fall sogar $\vec{\omega} = k\vec{on}st$. Die Drehachse, die durch den Körperschwerpunkt verläuft, ist folglich raumfest. Es ist weiterhin zu beachten, dass bei diesen Körpern jede Schwereachse eine Hauptachse ist. Eine momentenfreie Bewegung eines Kreisels mit $J_I = J_{II} = J_{III} = J$ ist also stets eine Drehung um eine Hauptachse. ◄

In manchen Fällen ist es zweckmäßiger, den Momentensatz (3.43) nicht in einem körperfesten Bezugssystem zu beschreiben: Sei bspw. ein „Bewegungsanteil" bekannt bzw. vorgegeben, so kann dieser in einem geeigneten Führungssystem direkt abgebildet werden. Es ist natürlich ratsam, darauf zu achten, dass die Elemente der Trägheitsmatrix in dem entsprechenden Bezugssystem zeitlich konstant sind. Und auch der Momentenvektor $\vec{M}^{(A)}$ soll sich relativ einfach gestalten, d. h. möglichst ohne „Umwege".

Beispiel 3.14: Symmetrische, nicht-kräftefreie Kreisel

Ein rotationssymmetrischer Körper der Masse m sei in einem körperfesten Punkt A, der nicht mit dem Körperschwerpunkt S zusammenfällt, raumfest drehbar gelagert.

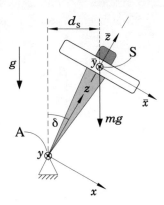

Es wird das im körper- und raumfesten Punkt A verankerte xyz-System gewählt. Die z-Achse ist mit der Figurenachse identisch, und die x-Achse liegt stets in der Ebene, die von der Figurenachse und der vertikalen, durch den Lagerpunkt A verlaufenden Achse aufgespannt wird; als kartesisches System steht die y-Achse schließlich senkrecht auf dieser Ebene. In diesem – mitgeführten – Koordinatensystem ist die Trägheitsmatrix zeitunabhängig, wie auch in einem körperfesten System, ja sogar diagonal. Man kann zudem eine (Eigen-)Drehung um die Figurenachse einfach angeben. Und das Moment der Gewichtskraft bzgl. A ist auch nur vom horizontalen Abstand d_S von S zur Vertikalen abhängig.

Das $\bar{x}\bar{y}\bar{z}$-System im Körperschwerpunkt S ergibt sich aus dem xyz-System durch Parallelverschiebung: $S(0; 0; z_S)$. Es handelt sich hierbei ein Hauptachsensystem (wegen Symmetrie), d. h. die Trägheitsmatrix lautet

$$\underline{J}^{(S)} = \begin{pmatrix} J_{\bar{x}\bar{x}} & 0 & 0 \\ 0 & J_{\bar{y}\bar{y}} & 0 \\ 0 & 0 & J_{\bar{z}\bar{z}} \end{pmatrix}, \quad \text{mit} \quad J_{\bar{x}\bar{x}} = J_{\bar{y}\bar{y}} = J^*.$$

Mit Hilfe des Satzes von STEINER-HUYGENS (3.51) ergibt sich daraus:

$$\underline{J}^{(A)} = \begin{pmatrix} J_{xx} & 0 & 0 \\ 0 & J_{yy} & 0 \\ 0 & 0 & J_{zz} \end{pmatrix} = \begin{pmatrix} J_{\bar{x}\bar{x}} + z_S^2 m & 0 & 0 \\ 0 & J_{\bar{y}\bar{y}} + z_S^2 m & 0 \\ 0 & 0 & J_{\bar{z}\bar{z}} \end{pmatrix}.$$

Bezeichnet man die Figurenachse als die dritte Hauptachse (Ⅲ), so lässt sich die Trägheitsmatrix im $\bar{x}\bar{y}\bar{z}$-System wie folgt schreiben:

$$\underline{J}^{(A)} = \begin{pmatrix} J & 0 & 0 \\ 0 & J & 0 \\ 0 & 0 & J_{\mathrm{III}} \end{pmatrix} \,, \quad \text{wobei} \quad J = J^* + z_{\mathrm{S}}^2 m \,.$$

Die Massendeviationsmomente verändern sich durch die Parallelverschiebung entlang der Figurenachse nicht, sie bleiben identisch Null. Folglich ist das $\bar{x}\bar{y}\bar{z}$-System auch ein Hauptachsensystem. Diese generelle Eigenschaft von Rotationskörpern („Jedes Koordinatensystem, bei dem eine Koordinatenachse mit der Figurenachse zusammenfällt, ist ein Hauptachsensystem.") wurde übrigens schon im Abschn. 3.3.2 erkannt. Daher ist oben bereits auf die Diagonalität der Trägheitsmatrix hingewiesen.

Eine Drehung um die Figurenachse mit der sog. Eigenwinkelgeschwindigkeit ω_{E} lässt sich im (mitgeführten) xyz-System schließlich mit dem relativen Winkelgeschwindigkeitsvektor

$$\vec{\omega}_{\mathrm{rel}} = (0; 0; \omega_{\mathrm{E}})^T$$

darstellen. Das Führungssystem selbst soll dabei mit der Führungswinkelgeschwindigkeit

$$\vec{\omega}_{\mathrm{F}} = (\omega_{\mathrm{F}x}; \omega_{\mathrm{F}y}; \omega_{\mathrm{F}z})^T$$

rotieren, so dass für die absolute Winkelgeschwindigkeit des Kreisels

$$\vec{\omega} = \vec{\omega}_{\mathrm{F}} + \vec{\omega}_{\mathrm{rel}} = (\omega_{\mathrm{F}x}; \omega_{\mathrm{F}y}; \omega_{\mathrm{F}z} + \omega_{\mathrm{E}})^T$$

gilt. Mit obiger Trägheitsmatrix ergibt sich der Drehimpulsvektor zu

$$\vec{L}^{(A)} = \underline{J}^{(A)} \vec{\omega} =$$

$$= \left(J\omega_{\mathrm{F}x}; \, J\omega_{\mathrm{F}y}; \, J_{\mathrm{III}}(\omega_{\mathrm{F}z} + \omega_{\mathrm{E}}) \right)^T \,.$$

Eingesetzt in den Momentensatz (3.43), mit O'=A, folgt (da $\vec{L}^{(A)}$ hier ein in dem rotierenden xyz-Bezugssystem beschriebener Vektor ist, muss dessen Zeitableitung nach der EULER-Regel (1.29) erfolgen):

$$\dot{\vec{L}}^{(A)} = \dot{\vec{L}}^{(A)}|_{xyz} + \vec{\omega}_{\mathrm{F}} \times \vec{L}^{(A)} \stackrel{!}{=} \vec{M}_{\mathrm{res}}^{(A)}$$

$$\begin{pmatrix} J\dot{\omega}_{\mathrm{F}x} \\ J\dot{\omega}_{\mathrm{F}y} \\ J_{\mathrm{III}}(\dot{\omega}_{\mathrm{F}z} + \dot{\omega}_{\mathrm{E}}) \end{pmatrix} + \begin{pmatrix} \omega_{\mathrm{F}x} \\ \omega_{\mathrm{F}y} \\ \omega_{\mathrm{F}z} \end{pmatrix} \times \begin{pmatrix} J\omega_{\mathrm{F}x} \\ J\omega_{\mathrm{F}y} \\ J_{\mathrm{III}}(\omega_{\mathrm{F}z} + \omega_{\mathrm{E}}) \end{pmatrix} = \begin{pmatrix} M_x \\ M_y \\ M_z \end{pmatrix} \,.$$

Die in obiger Ableitungsregel zu verwendende Winkelgeschwindigkeit ist übrigens jene, mit der sich das Bezugssystem dreht; den (absoluten) Drehimpulsvektor des Kreisels berechnet man dagegen aus der eben absoluten Winkelgeschwindigkeit $\vec{\omega}$. Somit lauten die Koordinatengleichungen:

$$M_x = J\dot{\omega}_{Fx} + J_{\mathrm{III}}(\omega_{Fz} + \omega_E)\omega_{Fy} - J\omega_{Fy}\omega_{Fz}$$
$$M_y = J\dot{\omega}_{Fy} + J\omega_{Fx}\omega_{Fz} - J_{\mathrm{III}}(\omega_{Fz} + \omega_E)\omega_{Fx} \ .$$
$$M_z = J_{\mathrm{III}}(\dot{\omega}_{Fz} + \dot{\omega}_E) + J\omega_{Fx}\omega_{Fy} - J\omega_{Fx}\omega_{Fy}$$

Mit der Vorgabe einer konstanten Eigendrehung ($\omega_E = konst$, $\dot{\omega}_E = 0$) vereinfachen sich die dritte Gleichung etwas. Zudem kann man die ersten beiden Gleichungen einheitlich strukturiert formulieren:

$$M_x = J\dot{\omega}_{Fx} + \big[J_{\mathrm{III}}(\omega_{Fz} + \omega_E) - J\omega_{Fz}\big]\omega_{Fy}$$
$$M_y = J\dot{\omega}_{Fy} - \big[J_{\mathrm{III}}(\omega_{Fz} + \omega_E) - J\omega_{Fz}\big]\omega_{Fx}$$
$$M_z = J_{\mathrm{III}}\dot{\omega}_{Fz}$$

bzw.

$$M_x = J\dot{\omega}_{Fx} + \big[(J_{\mathrm{III}} - J)\omega_{Fz} + J_{\mathrm{III}}\omega_E\big]\omega_{Fy}$$
$$M_y = J\dot{\omega}_{Fy} - \big[(J_{\mathrm{III}} - J)\omega_{Fz} + J_{\mathrm{III}}\omega_E\big]\omega_{Fx} \ .$$
$$M_z = J_{\mathrm{III}}\dot{\omega}_{Fz}$$

Dieses DGL-System für $\vec{\omega}$ beschreibt ganz allgemein die Bewegung eines symmetrischen, nicht-kräftefreien Kreisels. Im Folgenden wird nun untersucht, inwieweit eine sog. konstante *Präzession* möglich ist. Darunter versteht man die Drehung um eine raumfeste Achse (z. B. Vertikale durch A) überlagert mit einer Eigenrotation, wobei schließlich

$$\delta = konst \quad \text{und} \quad \vec{\omega}_F; \ \vec{\omega}_{\mathrm{rel}} = konst \quad \text{sind}\,.$$

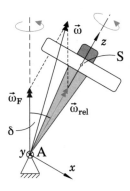

In diesem Fall gilt für den Führungswinkelgeschwindigkeitsvektor

$$\vec{\omega}_F = (-\omega_F \sin\delta; \ 0; \ \omega_F \cos\delta)^T \ ;$$

der relative Winkelgeschwindigkeitsvektor $\vec{\omega}_{\mathrm{rel}}$ der Eigendrehung bleibt hingegen unverändert. Mit den Bedingungen für eine konstante Präzessionsbewegung sowie $\omega_{Fy} = 0$ wird der Momentensatz zu

$$M_x = \qquad\qquad 0$$
$$M_y = -\big[(J_{I\!I\!I} - J)\omega_F \cos\delta + J_{I\!I\!I}\omega_E\big](-\omega_F \sin\delta)\,.$$
$$M_z = \qquad\qquad 0$$

D. h. für eine – konstante – Präzession des Kreisels ist ein Moment $\vec{M}_{res}^{(A)}$ bezüglich dem raum- und körperfesten Punkt A erforderlich, mit speziell $M_x = 0$, $M_z = 0$ sowie einem sog. Präzessionsmoment

$$M_P = M_y = \big[(J_{I\!I\!I} - J)\omega_F \cos\delta + J_{I\!I\!I}\omega_E\big]\omega_F \sin\delta = konst\,.$$

Der Drehimpulsvektor

$$\vec{L}^{(A)} = \big(-J\omega_F \sin\delta;\ 0;\ J_{I\!I\!I}(\omega_F \cos\delta + \omega_E)\big)^T$$

liegt in der mitgeführten xz-Ebene, während $\vec{M}_{res}^{(A)}$ stets senkrecht dazu orientiert ist: $\vec{M}^{(A)} \perp \vec{L}^{(A)}$. Diese Eigenschaft ist dafür verantwortlich, dass der Drehimpulsvektor zwar ständig die Richtung ändert, nicht aber seinen Betrag.

Das Moment $\vec{M}_G^{(A)}$ der Gewichtskraft, vgl. dazu Skizze zu Beginn des Beispiels, berechnet sich wie folgt:

$$\vec{M}_G^{(A)} = (M_{Gx};\ M_{Gy};\ M_{Gz})^T = \vec{r}_S^{(A)} \times \vec{G}$$

$$= \begin{pmatrix} 0 \\ 0 \\ z_S \end{pmatrix} \times \begin{pmatrix} mg\sin\delta \\ 0 \\ -mg\cos\delta \end{pmatrix} = \begin{pmatrix} 0 \\ mgz_S\sin\delta \\ 0 \end{pmatrix} \begin{pmatrix} 0 \\ d_S mg \\ 0 \end{pmatrix}\,.$$

Dieses Moment, und es existiert kein weiteres bzgl. A, hat genau die Eigenschaften eines Moments $\vec{M}_{res}^{(A)}$, das für eine konstante Kreiselpräzession notwendig ist; es erzeugt daher eben gerade diese Bewegungsform. D. h. die Figurenachse eines symmetrischen „schweren Kreisels" (Kreisel mit Gewichtskraft-Moment bzgl. A) rotiert mit der einer (regulären) Präzessionswinkelgeschwindigkeit ω_P um die vertikale Achse durch A, wenn der Kreisel unter dem Neigungswinkel δ positioniert und eine Eigendrehung mit der Winkelgeschwindigkeit ω_E eingestellt wird. Dabei ist folgende Gleichung erfüllt: $M_P = M_{Gy}$, also

$$\big[(J_{I\!I\!I} - J)\omega_F \cos\delta + J_{I\!I\!I}\omega_E\big]\omega_F \sin\delta = mgz_S \sin\delta$$

bzw.

$$(J_{I\!I\!I} - J)\cos\delta\,\omega_F^2 + J_{I\!I\!I}\omega_E\,\omega_F - mgz_S = 0\,.$$

Diese bestimmt die Winkelgeschwindigkeit $\omega_P = \omega_F^*$ (mit ω_F^* als Lösung der quadratischen Gleichung) der „regulären" Präzessionsbewegung.

Das Präzessionsmoment

$$M_P = (J_{\text{III}} - J)\omega_F^2 \underbrace{\frac{1}{2} \cdot 2 \sin \delta \cos \delta}_{= \frac{1}{2} \sin 2\delta} + J_{\text{III}}\omega_E\omega_F \sin \delta =$$

$$= \frac{1}{2}(J_{\text{III}} - J)\omega_F^2 \sin 2\delta + J_{\text{III}}\omega_E\omega_F \sin \delta$$

kann man übrigens in zwei Anteile zerlegen, nämlich in das sog. Schleudermoment

$$M_S = \frac{1}{2}(J_{\text{III}} - J)\omega_F^2 \sin 2\delta$$

und das Kreiselmoment

$$M_K = J_{\text{III}}\omega_E\omega_F \sin \delta, \quad \text{wobei} \quad \omega_E; \omega_F \lessgtr 0.$$

Letzteres ist insbesondere dann von besonderer Bedeutung, wenn $\omega_E \gg \omega_F$ („schneller Kreisel"); es verschwindet für den Neigungswinkel $\delta = 0$. Das Schleudermoment ist bei $\delta = 0$ und $\delta = \frac{\pi}{2}$ gleich Null. Dieser Momentenanteil zeichnet sich vor allem dadurch aus, dass er sogar existiert, auch wenn keine Eigendrehung auftritt ($M_K = 0$ für $\omega_E = 0$). Im Falle einer starren, abgewinkelten Welle mit aufgesetzter Scheibe bspw. muss daher das Schleudermoment zusätzlich zum Gewichtskraft-Moment, dieses wirkt auch ohne Bewegung (statische Belastung), von der Abknickstelle aufgenommen werden.

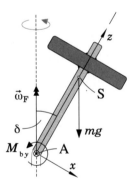

Die innere Belastung der Abknickstelle wird durch das Biegemoment $\vec{M}_b$ beschrieben. Hierbei handelt es sich um ein inneres Reaktionsmoment, das bei einem sog. „virtuellen Schnitt" durch den Körper auftritt. Wie skizziert, liegt beim Schnitt an der Knickstelle A ein negatives Schnittufer vor, d. h. der „nach außen" orientierte Schnittflächen-Normalenvektor zeigt in negative Koordinatenrichtung. Entsprechend der Vorzeichenkonvention für Schnittreaktionen wird daher M_{by} negativ im Freikörperbild eingetragen, hier also M_{by} ↺ bzw. ⊙, da ⊗ y. Die Berechnung des Drehimpulsvektors und dessen Zeitableitung sowie des Momentenvektors der Gewichtskraft erfolgt wie oben aufgezeigt, wobei $\omega_E = 0$ ist und $\delta, \omega_F = konst$ gelten soll. Folglich lautet die y-Gleichung des Momentensatzes:

$$-M_{by} + mgz_S \sin\delta = \underbrace{\frac{1}{2}(J_{\mathrm{I\!I\!I}} - J)\omega_F^2 \sin 2\delta}_{= M_S} \ .$$

Damit ergibt sich für das Biegemoment bzgl. der (mitgeführten) y-Achse

$$M_{by} = mgz_S \sin\delta - \frac{1}{2}(J_{\mathrm{I\!I\!I}} - J)\omega_F^2 \sin 2\delta \ .$$

Das Vorzeichen von $J_{\mathrm{I\!I\!I}} - J$ hängt schließlich vom Verhältnis der beiden Massenträgheitsmomente ab. Wird die Masse der Welle vernachlässigt und eine dünne Scheibe (Masse m, Radius R) angenommen, so gilt entsprechend der Formeln in Anhang B:

$$J_{\mathrm{I\!I\!I}} = \frac{1}{2}mR^2 \quad \text{und} \quad J = J^* + z_S^2 m = \frac{1}{4}mR^2 + z_S^2 m = \frac{1}{4}m(R^2 + 4z_S^2) \ .$$

Für $J > J_{\mathrm{I\!I\!I}}$, also wenn

$$\frac{1}{4}mR^2 + z_S^2 m > \frac{1}{2}mR^2 \quad \text{bzw.} \quad z_S > \frac{R}{2} \ ,$$

ist $J_{\mathrm{I\!I\!I}} - J < 0$, und die Biegebelastung der Welle in der Knickstelle, d. h. M_{by}, verstärkt sich – im Vergleich zur rein statischen Belastung ($\omega_F = 0$) infolge des Gewichts mg der Scheibe – um das Schleudermoment M_S.

Ergänzungen: Ein symmetrischer, nicht-kräftefreier (schwerer) Kreisel erfährt infolge der konstanten Momentenwirkung des Eigengewichts eine reguläre Präzession (Drehung der Figurenachse um raumfeste Achse) mit der Winkelgeschwindigkeit ω_P. Wird dem Kreisel dagegen eine Präzessionsbewegung um die vertikale Achse durch den Lagerpunkt A mit der Führungswinkelgeschwindigkeit $\omega_F = konst \neq \omega_P$ kinematisch aufgezwungen, so tritt in A ein Reaktionsmoment M_{Ay} auf. Die y-Gleichung des Momentensatzes ergibt sich dann zu

$$M_{res,y}^{(A)} = M_{Ay} + M_{Gy} = \dot{L}_y^{(A)} \ , \quad \text{also} \quad M_{Ay} + mgz_S \sin\delta = M_P \ ;$$

es ist hierbei $M_P = mgz_S \sin\delta$ und somit $M_{Ay} = 0$ für $\omega_F = \omega_P$. Für den Fall $\omega_F \neq \omega_P$ erzeugt der Kreisel im Lager eine Momentenwirkung. Dieses Reaktionsmoment ist u. U. aus der praktischen Erfahrung bekannt, wenn man einen sich im Betriebszustand befindenden Winkelschleifer (Trennschleifer, Flex) frei im Raum schwenkt. Man spürt dann M_{Ay} deutlich, da die Eigenwinkelgeschwindigkeit ω_E ($\gtrsim 60.000 \ \mathrm{s}^{-1}$) sehr groß ist.

Nun noch ein kurzer Rückblick auf die Wahl des Koordinatensystems: Jene Berechnungen sind natürlich ebenfalls in einem in S verankerten, mitgeführten $\bar{x}\bar{y}\bar{z}$-System (Hauptachsensystem) möglich. Bzgl. S erzeugt die Gewichtskraft kein Moment, sehr wohl aber die Lagerkraft $\vec{F}_A$, die mittels des Schwerpunktsatzes zu berechnen wäre. Ein körperfestes Koordinatensystem – in A oder S – hätte auch einen entscheidenden Nachteil: Die Koordinaten des mg-Momentenvektors sowie die von $\vec{\omega}_F$ hingen zusätzlich von der Eigendrehposition φ_E ab.

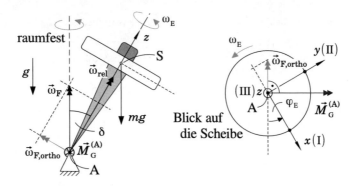

Es können zwar speziell mit einem körperfesten Hauptachsensystem (vgl. Skizze, xyz-bzw. I, II, III-System mit Bezugspunkt A) die EULERschen Gl. (3.70) angewandt werden, jedoch berechnet sich dann der (absolute) Winkelgeschwindigkeitsvektor, der die Drehung des Körpers und somit auch des Koordinatensystems beschreibt, wie folgt:

$$\vec{\omega} = (\omega_I;\, \omega_{II};\, \omega_{III})^T = \vec{\omega}_F + \vec{\omega}_{rel}$$

$$= (-\omega_{F,\text{ortho}} \cos \varphi_E;\, \omega_{F,\text{ortho}} \sin \varphi_E;\, \omega_F \cos \delta)^T + (0;\, 0;\, \omega_E)^T\,,$$

mit $\omega_{F,\text{ortho}} = \omega_F \sin \delta$. Der Vektor $\vec{\omega}_F$ ist raumfest, dessen Komponenten bzgl. der Figurenachse drehen sich mit ω_F und die $\vec{\omega}_F$-Achse. Bei der Zeitableitung der $\vec{\omega}$-Koordinaten ist zudem zu beachten: $\varphi_E = \varphi_E(t)$.

z. B.: $\dot{\omega}_I = \dfrac{d}{dt}(-\omega_F \cos \varphi_E \sin \delta) = -\sin \delta (\dot{\omega}_F \cos \varphi_E + \omega_F (-\sin \varphi_E)\dot{\varphi}_E)$

Hierbei ist $\dot{\varphi}_E = \omega_E$. Für den Momentenvektor $\vec{M}_G^{(A)}$ der Gewichtskraft mg ist eine analoge Betrachtung erforderlich. ◄

3.4   Rotation um raumfeste Achsen – Teil 2

Es wird erneut diese „spezielle Bewegungsform" aufgegriffen (vgl. Abschn. 3.1), jetzt insbesondere mit der Zielsetzung, dynamische Lagerlasten zu berechnen. Dazu bedient man sich der mittlerweile bekannten Gleichungen und Sätze der Starrkörperkinetik sowie der Kinematik; im Folgenden steht die Anwendung im Vordergrund, zusätzliches theoretisch-mathematisches Wissen zur Berechnung von dynamischen Lagerlasten ist nicht erforderlich.

Sind jene Reaktionskräfte/-momente dann bekannt, so lässt sich eine Überlegung anschließen, unter welchen Bedingungen die Lagerreaktionen verschwinden; bei einer entspr. Maßnahme spricht man vom Auswuchten des Bauteils.

Beispiel 3.15: Welle mit Achsversatz, aber ohne Verkippung

Eine Welle der Masse m ist reibungsfrei-drehbar um eine zur Rotationssymmetrieachse parallelen, raumfesten Achse a gelagert (symmetrische Lagerung in Bezug auf Wellenschwerpunkt S, Lagerabstand l). Der Abstand der beiden Achsen zueinander sei e (auch genannt Exzentrizität der Welle). Gesucht sind die Lagerreaktionen, A sei hierbei ein Fest- und B ein Loslager, wenn die Welle mit einem Moment M_A auf der Achse a angetrieben wird und infolge dessen mit der Winkelgeschwindigkeit ω um a rotiert; der Einfluss des Gewichts ist zu vernachlässigen („$g = 0$").

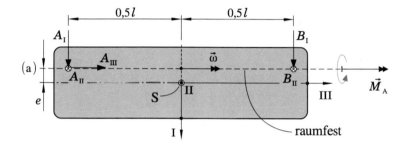

In diesem Fall empfiehlt sich die Einführung eines körperfesten Hauptachsensystems (vgl. Skizze). Dann können die EULERschen Gl. (3.70) angewandt werden, wobei wegen der Rotationssymmetrie für die Hauptträgheitsmomente $J_{\mathrm{I}} = J_{\mathrm{II}} = J$ gilt. Mit dem Winkelgeschwindigkeitsvektor $\vec{\omega} = (\omega_{\mathrm{I}}; \omega_{\mathrm{II}}; \omega_{\mathrm{III}})^T = (0; 0; \omega)^T$ lauten diese:

$$\begin{aligned} M_{\mathrm{I}} &= 0 \\ M_{\mathrm{II}} &= 0 \quad . \\ M_{\mathrm{III}} &= J_{\mathrm{III}}\dot{\omega} \end{aligned}$$

Die Koordinaten des Momentenvektors $\vec{M}^{(S)} = (M_{\mathrm{I}}; M_{\mathrm{II}}; M_{\mathrm{III}})^T$ bzgl. des Schwerpunkts S berechnen sich – mit Hilfe der RFR, vgl. Abschn. 1.2.2, – zu

$$\begin{aligned} M_{\mathrm{I}} &= \tfrac{l}{2}A_{\mathrm{II}} - \tfrac{l}{2}B_{\mathrm{II}} \\ M_{\mathrm{II}} &= \tfrac{l}{2}B_{\mathrm{I}} - \tfrac{l}{2}A_{\mathrm{I}} + eA_{\mathrm{III}}, \quad \text{wobei} \quad m\,\overset{=\,0}{a_{S,\mathrm{III}}} = A_{\mathrm{III}} \ (\text{S–Satz}) . \\ M_{\mathrm{III}} &= M_A - eA_{\mathrm{II}} - eB_{\mathrm{II}} \end{aligned}$$

Dazu ist anzumerken, dass die Lagerreaktionen im körperfesten und damit mitbewegten Bezugssystem beschrieben sind. Es ergibt sich somit:

$$A_{\mathrm{I}} = B_{\mathrm{I}}, \quad A_{\mathrm{II}} = B_{\mathrm{II}} \quad \text{und} \quad J_{\mathrm{III}}\dot{\omega} = M_A - e(A_{\mathrm{II}} + B_{\mathrm{II}}) .$$

Der Momentensatz (d.h. die EULER-Gleichungen) reicht in diesem Fall offensichtlich nicht für die Ermittlung der Lagerreaktionen aus; schließlich beschreibt dieser nicht die Bewegung des Körperschwerpunktes S. Daher ist zusätzlich der Schwerpunktsatz (3.37) zu formulieren. Für die I-Richtung ergibt sich folgende Koordinatengleichung:

$$ma_{S,I} = A_I + B_I \, .$$

$a_{S,I}$ ist hier die I-Koordinate des Beschleunigungsvektors $\vec{a}_S$ des Schwerpunktes S. Dieser bewegt sich auf einer Kreisbahn mit Radius e um die Drehachse a, und das (ebene) I, II-System stellt ein in S verankertes, mitgeführtes Polarkoordinatensystem dar. Somit entspricht die I-Richtung der radialen Richtung und $a_{S,I}$ der Radialbeschleunigung $a_{S,r}$ (vgl. (1.19)) von S

$$a_{S,I} = -e\omega^2$$

Mit $A_I = B_I$ erhält man damit

$$-me\omega^2 = 2A_I \quad \text{bzw.} \quad A_I = B_I = -\frac{1}{2}me\omega^2 \, .$$

Das negative Vorzeichen bedeutet, dass die Lagerreaktionen A_I und B_I tatsächlich „nach oben" orientiert sind. Analog gilt für die II-Richtung:

$$ma_{S,II} = A_{II} + B_{II} \, ,$$

wobei $a_{S,II}$ schließlich die II-Koordinate des S-Beschleunigungsvektors ist und – entsprechend zu $a_{S,I}$ – die Zirkularbeschleunigung $a_{S,\varphi}$ des Schwerpunktes S im I, II-Polarkoordinatensystem darstellt. Nach (1.19) gilt also:

$$a_{S,II} = e\dot{\omega} \, .$$

Und damit berechnen sich die Lagerreaktionen in II-Richtung zu

$$A_{II} = B_{II} = \frac{1}{2}me\dot{\omega} \, .$$

Zur Erinnerung an die „Theorie der Kreisbewegung" sei an dieser Stelle wiederholt, dass eine Kreisbewegung immer eine zum Mittelpunkt orientierte Radial-/Zentripetalbeschleunigung erfordert, auch bei konstanter Winkelgeschwindigkeit. Im Falle der Wellenrotation wird diese Beschleunigung durch die I-Lagerreaktionen (radiale Richtung) erzeugt. Infolge von „actio=reactio" erfahren die Lager eine entsprechende Belastung mit entgegengesetzter Orientierung (Fliehkraftwirkung der S-Rotation).

Die Winkelgeschwindigkeit ω, von der die Lagerreaktionen A_I und B_I abhängen, berechnet sich aus der EULER-Gleichung Nr. III:

$$\dot{\omega} = \frac{M_A - e(A_{II} + B_{II})}{J_{III}} = \frac{M_A - e^2 m\dot{\omega}}{J_{III}} \, , \text{ also } \dot{\omega} = \frac{M_A}{J_{III} + e^2 m} \overset{(3.10)}{=} \frac{M_A}{J^{(a)}} \, .$$

Ist der Startwert $\omega(0) = \omega_0$ (Anfangsbedingung), so folgt für bspw. ein konstantes Antriebsmoment $M_A = M_A^* = konst$ durch Zeitintegration:

$$\omega = \omega_0 + \int_0^t \dot{\omega}(\bar{t})\, d\bar{t} = \omega_0 + \frac{M_A^*}{J^{(a)}} \int_0^t d\bar{t} = \omega_0 + \frac{M_A^*}{J^{(a)}} t\,.$$

Für den speziellen Fall $M_A^* = 0$ ergibt sich schließlich $\omega = \omega_0 = konst$; dann sind auch die Lagerreaktionen A_I und B_I konstant. Definiert man nun die Lagerreaktionen in einem raumfesten Koordinatensystem, z.B. einem in der Zeichenebene liegenden, so gilt für diese

$$A = B = A_I \cos(\omega_0 t) = B_I \cos(\omega_0 t)\,,$$

da A_I und B_I mit ω_0 um die Achse a rotieren. Es ergibt sich also eine cos-förmig wechselnde Belastung der Lager. ◄

Beispiel 3.16: Welle mit Verkippung, aber ohne Achsversatz

Ein massives zylindrisches Bauteil – auch Rotor genannt – der Masse m (Länge L, Durchmesser D) rotiert mit konstanter Winkelgeschwindigkeit ω um die raumfeste Achse a. Die Lagerung sei analog zu Bsp. 3.15 symmetrisch in Bezug auf den Körperschwerpunkt S mit dem Abstand l. Nun schließen aber die Rotationssymmetrieachse des Rotors und die raumfeste Drehachse a den (Neigungs-)Winkel α ein, wobei der Schwerpunkt S auf der Drehachse liegt. Zu berechnen sind die Lagerreaktionen, wenn das Gewicht mg des Rotors keine Berücksichtigung findet. Axiale Kräfte sollen nicht auftreten, und Reibungseffekte werden vernachlässigt.

S–Satz $\vec{e}_\omega$–Richtung : $m a_{S,\omega} = A_{ax}$, wobei $a_{S,\omega} = 0$ $\Rightarrow$ $A_{ax} = 0$

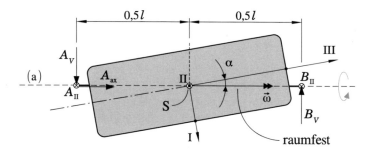

Da die Hauptachsen des rotierenden Körpers bekannt, bietet sich die Formulierung von Schwerpunkt- und Momentensatz in einem körperfesten Hauptachsensystem an. Der Winkelgeschwindigkeitsvektor $\vec{\omega}$ ist dann

$$\vec{\omega} = (\omega_I; \omega_{II}; \omega_{III})^T = (\omega \sin\alpha; 0; \omega \cos\alpha)^T = \vec{konst}\,,$$

und mit der Trägheitsmatrix

$$\underline{J}^{(S)} = \begin{pmatrix} J & 0 & 0 \\ 0 & J & 0 \\ 0 & 0 & J_{III} \end{pmatrix},$$

aufgrund der Rotationssymmetrie gilt (wie auch in Bsp. 3.14) $J_I = J_{II} = J$, ergeben sich die EULER-Gleichungen – d. h. der Momentensatz in einem körperfesten Hauptachsensystem – sodann zu

$$M_I = 0$$
$$M_{II} = (J - J_{III})\omega^2 \sin\alpha\cos\alpha \quad da \quad \omega; \alpha = konst.$$
$$M_{III} = 0$$

Hierbei berechnet sich das Moment $M_{II} \neq 0$ bzgl. der II-Achse nur aus den mitgeführten „vertikalen" Lagerreaktionen A_V und B_V wie folgt:

$$M_{II} = -\frac{l}{2}A_V - \frac{l}{2}B_V;$$

wegen $\vec{e}_{II} \otimes$ ist der Uhrzeigersinn ($\circlearrowright$) der positive Drehsinn. In diesem Fall liegt der Schwerpunkt raumfest auf der Drehachse, d. h. es gilt für dessen Beschleunigung $\vec{a}_S = \vec{0}$. Damit ergibt sich für den Schwerpunktsatz (3.37) in I-Richtung:

$$m \underbrace{a_I}_{= 0} = A_V \cos\alpha - B_V \cos\alpha,$$

und folglich $A_V = B_V$. Die „vertikalen" Lagerreaktionen sind also parallel und betragsgleich, aber entgegengesetzt orientiert, d. h. sie bilden ein sog. Kräftepaar. Somit erhält man

$$M_{II} = -\frac{l}{2}A_V - \frac{l}{2}A_V = -lA_V = -lB_V,$$

bzw.

$$A_V = B_V = -\frac{1}{l}(J - J_{III})\omega^2 \sin\alpha\cos\alpha = -\frac{1}{2l}(J - J_{III})\omega^2 \sin 2\alpha.$$

Für $J - J_{III} > 0$ ist $A_V = B_V < 0$, deren Orientierung also genau spiegelbildlich und der Drehsinn des Kräftepaars der Uhrzeigersinn.

Ergänzend werden noch die senkrecht in die Zeichenebene gerichteten Lagerreaktionen A_{II} und B_{II} berechnet: Mit dem Schwerpunktsatz folgt analog zu oben

$$m \underbrace{a_{II}}_{= 0} = A_{II} + B_{II}, \quad also \quad A_{II} = -B_{II}.$$

A_{II} und B_{II} erzeugen, im Gegensatz zu A_V und B_V, eine Momentenwirkung bzgl. der I- und der III-Achse:

$$\vec{M}_{A_{II}}^{(S)} = \vec{r}_A^{(S)} \times \vec{A}_{II} = \begin{pmatrix} -\frac{l}{2}\sin\alpha \\ 0 \\ -\frac{l}{2}\cos\alpha \end{pmatrix} \times \begin{pmatrix} 0 \\ A_{II} \\ 0 \end{pmatrix} = \begin{pmatrix} \frac{l}{2}A_{II}\cos\alpha \\ 0 \\ -\frac{l}{2}A_{II}\sin\alpha \end{pmatrix}$$

$$\vec{M}_{B_{II}}^{(S)} = \vec{r}_B^{(S)} \times \vec{B}_{II} = \begin{pmatrix} \frac{l}{2}\sin\alpha \\ 0 \\ \frac{l}{2}\cos\alpha \end{pmatrix} \times \begin{pmatrix} 0 \\ B_{II} \\ 0 \end{pmatrix} = \begin{pmatrix} -\frac{l}{2}B_{II}\cos\alpha \\ 0 \\ \frac{l}{2}B_{II}\sin\alpha \end{pmatrix}.$$

Und mit

$$\vec{M}_{A_V}^{(S)} = \vec{r}_A^{(S)} \times \vec{A}_V = \begin{pmatrix} 0 \\ -\frac{l}{2}A_V \\ 0 \end{pmatrix} \quad \text{sowie} \quad \vec{M}_{B_V}^{(S)} - \vec{r}_A^{(S)} \times \vec{B}_V = \begin{pmatrix} 0 \\ \frac{l}{2}B_V \\ 0 \end{pmatrix},$$

man hätte natürlich gleich oben $\vec{M}_{res}^{(S)}$ berechnen können, lässt sich bspw. für M_I (Summe der I-Koord.) angeben:

$$M_I = \frac{l}{2}A_{II}\cos\alpha - \frac{l}{2}B_{II}\cos\alpha + 0 + 0.$$

Da $M_I = 0$, folgt daraus $A_{II} = B_{II}$. Addiert man diese Gleichung mit obiger Beziehung $A_{II} = -B_{II}$, erhält man $2A_{II} = 0$ und somit

$$A_{II} = B_{II} = 0.$$

Im Folgenden wird das Ergebnis für die mitgeführten „vertikalen" Lagerreaktionen A_V und B_V noch diskutiert. Die Hauptträgheitsmomente $J = J_I = J_{II}$ und J_{III} für einen zylindrischen Körper berechnen sich mit den Formeln in Anhang B zu

$$J = \frac{1}{4}m\left[\left(\frac{D}{2}\right)^2 + \frac{1}{3}L^2\right] \quad \text{und} \quad J_{III} = \frac{1}{2}m\left(\frac{D}{2}\right)^2.$$

Je nach Verhältnis von J zu J_{III} ist das Vorzeichen der Lagerreaktionen, sowie auch das von M_{II}, positiv oder negativ.

- Lange, schlanke Rotoren: $J > J_{III} \Rightarrow A_V = B_V < 0$; $M_{II} > 0$
- Scheibenförmige Rotoren: $J < J_{III} \Rightarrow A_V = B_V > 0$; $M_{II} < 0$.

Es ist nun zu berücksichtigen, dass es sich bei A_V und B_V eben um die Reaktion der Lager auf die Wirkung des Rotors handelt. Dieser erzeugt wegen „actio = reactio" gerade das Gegenmoment $M_{II,G} = -M_{II}$, d. h. der um die raumfeste Achse rotierende Körper hat stets das Bestreben, sich im Drehsinn von $M_{II,G}$ um die II-Achse zu drehen. Um dieses zu veranschaulichen, wird zusätzlich zum Winkelgeschwindigkeitsvektor $\vec{\omega}$ auch noch der Drehimpulsvektor eingezeichnet. Für letzteren gilt:

$$\vec{L}^{(S)} = \underline{J}^{(S)}\vec{\omega} = (L_{\mathrm{I}};\,L_{\mathrm{II}};\,L_{\mathrm{III}})^{T} = (J\omega\sin\alpha;\,0;\,J_{\mathrm{III}}\omega\cos\alpha)^{T}\,.$$

Der positive Drehsinn bzgl. der II-Achse ist hier der Uhrzeigersinn ($\otimes\,\vec{e}_{\mathrm{II}}$); $M_{\mathrm{II,G}} > 0$ bedeutet eine $\circlearrowright$-Drehwirkung, $M_{\mathrm{II,G}} < 0$ dagegen $\circlearrowleft$.

— Fall (1): $J > J_{\mathrm{III}}$ —

Die Orientierung von A_V und B_V ist entgegengesetzt. $M_{\mathrm{II,G}} < 0$.

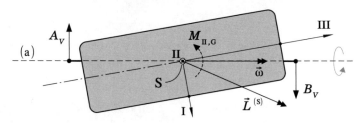

— Fall (2): $J < J_{\mathrm{III}}$ —

Die ursprüngliche Orientierung von A_V und B_V ist korrekt. $M_{\mathrm{II,G}} > 0$.

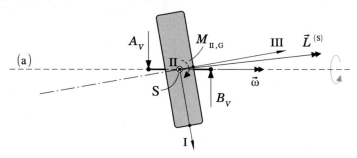

Betrachtet man die Lage des Drehimpulsvektors $\vec{L}^{(S)}$ in Bezug auf den raumfesten Winkelgeschwindigkeitsvektor $\vec{\omega}$, so erkennt man:

ⓘ _____

Ein Rotor offenbart immer den „Drang", seinen Drehimpulsvektor gleichsinnig-parallel zum Winkelgeschwindigkeitsvektor der sog. Zwangsdrehung auszurichten. _____ ⌐

Im Fall (1) äußerst sich diese Eigenschaft in der Form, dass der Rotor versucht, die bestehende Verkippung zwischen Figuren- und Drehachse zu vergrößern. Bei einem scheibenförmigen Rotor ist das Verhalten genau umgekehrt: Er tendiert dazu, den Neigungswinkel α zu verkleinern; $M_{\mathrm{II,G}}$ möchte die III-Achse auf die Drehachse ausrichten. Ist die Scheibe auf einer elastischen Welle montiert, so ist dieses Ausrichten tatsächlich möglich und es kommt zum Effekt der Selbstzentrierung. ◄

Diese Beispiele zeigen also, dass sich immer dann dynamische Lagerlasten ergeben, wenn der Schwerpunkt des rotierenden Körpers nicht auf der Drehachse liegt und/oder die Figurenachse (allg.: eine Hauptachse) gegenüber der Drehachse geneigt (Neigungswinkel $\alpha \neq 0°$, $90°$) ist. Daher lässt sich allgemein festhalten:

🛈

Ein Rotor ist vollständig ausgewuchtet (d. h. es treten keine dynamischen Lagerreaktionen auf), wenn ...

- *(statisch ausgewuchtet)* der Schwerpunkt auf der Drehachse liegt und
- *(dynamisch ausgewuchtet)* eine Hauptachse mit der Drehachse identisch ist.

Diese beiden Bedingungen bedeuten mathematisch i. Allg. zwei zu formulierende Gleichungen. ⏏

Im Zusammenhang mit der Bedingung für statisches Auswuchten, sei die Definition des Ortsvektors $\vec{r}_S$ des Körperschwerpunktes wiederholt. Es gilt:

$$\vec{r}_S = \frac{1}{m} \int_{(\mathbb{K})} \vec{r}\,\mathrm{d}m \quad \text{mit} \quad m = \int_{(\mathbb{K})} \mathrm{d}m \,. \tag{3.71}$$

Hierbei ist $\vec{r} = (x;\, y;\, z)^T$ der Ortsvektor des Massenelements $\mathrm{d}m$ im z. B. xyz-System. Für den Fall, dass sich der starre Körper aus n Teilkörpern zusammensetzt, lässt sich das Integral wie folgt zerlegen:

$$\int_{(\mathbb{K})} \vec{r}\,\mathrm{d}m = \sum_{i=1}^{n} \int_{(\mathbb{K}_i)} \vec{r}\,\mathrm{d}m$$

Berücksichtigt man Definition (3.71), erhält man

$$\int_{(\mathbb{K})} \vec{r}\,\mathrm{d}m = \sum_{i=1}^{n} m_i \vec{r}_{Si} \quad \text{da} \quad \vec{r}_{Si} = \frac{1}{m_i} \int_{(\mathbb{K}_i)} \vec{r}\,\mathrm{d}m \,;$$

$\vec{r}_{Si}$ ist der Schwerpunktsortsvektor für den i-ten Teilkörper. Die Lage des Schwerpunktes S eines Körper kann folglich auch auf Basis von Teilkörpern berechnet werden, wenn man von diesen jeweils den Schwerpunkt kennt.

$$m\vec{r}_S = \sum_{i=1}^{n} m_i \vec{r}_{Si} \quad \text{mit} \quad m = \sum_{i=1}^{n} m_i \,. \tag{3.72}$$

Diese Beziehung ist besonders bei Körpern interessant, die sich aus Teilkörpern mit elementarer Geometrie (Würfel, Quader, Kugel, Zylinder, Kegel usw.) zusammensetzen.

Ein Rotor ist also dann (vollständig) ausgewuchtet, wenn die beiden obigen Bedingungen erfüllt sind. In der Praxis kann man bei Vorliegen einer Unwucht entweder Material entfernen, oder aber gezielt Zusatzmassen anbringen, um das Bauteil auszuwuchten.

Beispiel 3.17: Auswuchten einer Welle mit Verkippung

Bei einer Welle (Länge L, Durchmesser D) ist die Rotationssymmetrieachse um den Winkel α gegenüber der raumfesten Drehachse a geneigt. Der Schwerpunkt S der Welle liegt jedoch auf der Achse a. Durch das Anbringen zweier Punktmassen m, diese müssen symmetrisch bzgl. S positioniert sein, damit die Schwerpunktslage dadurch nicht verändert wird, soll die Welle (dynamisch) ausgewuchtet werden. Es gilt nun zu berechnen, wie groß m hierfür zu wählen ist.

Die zu erfüllende Bedingung ist, dass eine Hauptachse der „modifizierten Welle" mit der Drehachse zusammenfallen muss. Man führt dazu zwei Koordinatensysteme ein: Ein körperfestes xyz-Hauptachsensystem (die entsprechenden Hauptträgheitsmomente sind bekannt) und ein weiteres körperfestes $\bar{x}\bar{y}\bar{z}$-System, bei dem eine Achse schließlich identisch mit der raumfesten Drehachse ist.

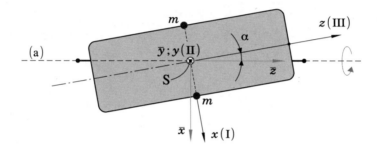

Mit den beiden Zusatzmassen m muss die $\bar{z}$-Achse eine Hauptachse sein; dieses ist nach der Bedingung im Abschn. 3.3.2 genau dann gegeben, wenn die Massendeviationsmomente im $\bar{x}\bar{y}\bar{z}$-System verschwinden.

Man berechnet daher zunächst das Massendeviationsmoment $J_{\bar{x}\bar{z}}$ für die Welle ohne Zusatzmassen; das „Gesamt-Massendeviationsmoment" unter Berücksichtigung der Auswuchtmassen ist dann schließlich gleich Null zu setzten. Hierfür nutzt man die Transformationsgleichung (3.52):

$$J_{kl} = \sum_{(i)} \sum_{(j)} J_{ij} \cos(k; i) \cos(l; j)\,,$$

mit $i, j = x; y; z$ und $k, l = \bar{x}; \bar{y}; \bar{z}$. Das nicht modifizierte Massendeviationsmoment $J_{\bar{x}\bar{z}}$ berechnet sich damit zu

$$J_{\bar{x}\bar{z}} = \sum_{i=x;y;z} \left[\sum_{j=x;y;z} J_{ij} \cos(\bar{x}; i) \cos(\bar{z}; j) \right] = \sum_{i=x;y;z} \Big[\dots$$

$$\dots J_{ix} \cos(\bar{x}; i) \cos(\bar{z}; x) + J_{iy} \cos(\bar{x}; i) \cos(\bar{z}; y) + J_{iz} \cos(\bar{x}; i) \cos(\bar{z}; z) \Big]\,,$$

wobei in diesem Fall

$$\cos(\bar{z}; x) = \cos(\frac{\pi}{2} - \alpha) = \sin\alpha\,; \; \cos(\bar{z}; y) = \cos\frac{\pi}{2} = 0$$

und

$$\cos(\bar{z}; z) = \cos\alpha\,.$$

gilt. Damit ergibt sich

$$
\begin{aligned}
J_{\bar{x}\bar{z}} =\ & J_{xx}\cos(\bar{x}; x)\sin\alpha + J_{xz}\cos(\bar{x}; x)\cos\alpha +\\
& + J_{yx}\cos(\bar{x}; y)\sin\alpha + J_{yz}\cos(\bar{x}; y)\cos\alpha + \,.\\
& + J_{zx}\cos(\bar{x}; z)\sin\alpha + J_{zz}\cos(\bar{x}; z)\cos\alpha
\end{aligned}
$$

Nun handelt es sich beim xyz-System um ein Hauptachsensystem: $J_{ij} = 0$ für $i \neq j$. Zudem erkennt man:

$$\cos(\bar{x}; x) = \cos\alpha \quad\text{und}\quad \cos(\bar{x}; z) = \cos\Big(\frac{\pi}{2} + \alpha\Big) = -\sin\alpha\,.$$

Und mit den Hauptträgheitsmomenten

$$J_{xx} = J_{\mathrm{I}} = J_{yy} = J_{\mathrm{II}} = J = \frac{1}{4}m\left[\Big(\frac{D}{2}\Big)^2 + \frac{1}{3}L^2\right]$$

und

$$J_{zz} = J_{\mathrm{III}} = \frac{1}{2}m\Big(\frac{D}{2}\Big)^2\,,$$

vgl. dazu Bsp. 3.16, im xyz-System lässt sich das gesuchte Massendeviationsmoment wie folgt angeben:

$$J_{\bar{x}\bar{z}} = J\sin\alpha\cos\alpha - J_{\mathrm{III}}\sin\alpha\cos\alpha = \frac{1}{2}(J - J_{\mathrm{III}})\sin 2\alpha\,.$$

Da die Abmessungen der beiden punktförmigen Auswuchtmassen m vernachlässigt werden, sind deren „Eigen-Massendeviationsmomente", d. h. jene Massendeviationsmomente in einem im Schwerpunkt der Masse m verankerten Koordinatensystem, gleich Null. Im $\bar{x}\bar{y}\bar{z}$-System verbleiben dann nur noch die STEINER-HUYGENS-Anteile nach (3.51):

$$
\begin{aligned}
J_{\bar{x}\bar{z},\mathrm{ZM}} &= -\Big(\frac{D}{2}\cos\alpha\Big)\Big(\frac{D}{2}\sin\alpha\Big)m - \Big(-\frac{D}{2}\cos\alpha\Big)\Big(-\frac{D}{2}\sin\alpha\Big)m =\\
&= -2\frac{D^2}{4}m\sin\alpha\cos\alpha = -\frac{1}{4}D^2 m\sin 2\alpha\,.
\end{aligned}
$$

Das Massendeviationsmoment der durch die Zusatzmassen (ZM) modifizierten Welle berechnet sich folglich zu

$$J_{\bar{x}\bar{z},\mathrm{ges}} = \frac{1}{2}(J - J_{\mathrm{III}})\sin 2\alpha - \frac{1}{4}D^2 m\sin 2\alpha = \frac{1}{2}\left[(J - J_{\mathrm{III}}) - \frac{1}{2}D^2 m\right]\sin 2\alpha\,.$$

Wie oben erläutert, lautet die Auswuchtbedingung hier

$$J_{\bar{x}\bar{z},\text{ges}} = 0 \,;$$

schließlich ist $\sin 2\alpha \neq 0$ (sonst wäre die Welle bereits ausgewuchtet), so dass sich als Bestimmungsgleichung zur Ermittlung der zum Auswuchten erforderlichen Zusatzmassen ergibt:

$$(J - J_{\text{III}}) - \frac{1}{2} D^2 m = 0$$

Nach dem Auflösen erhält man:

$$m = \frac{2(J - J_{\text{III}})}{D^2} \,.$$

Es zeigt sich, dass für $J > J_{\text{III}}$ (lange, schlanke Wellen) $m > 0$ (Zusatzmassen) ist. Im Falle eines scheibenförmigen Rotors, also wenn $J < J_{\text{III}}$ gilt, ist $m < 0$. Dann sind keine Auswuchtmassen anzubringen, sondern es muss entsprechend Material entfernt werden.

Lösungsalternative: Wie in Bsp. 3.15 zu sehen ist, bedeutet die Bedingung

$$M_y = 0$$

ebenfalls, dass die Lagerreaktionen verschwinden (Hinw.: $M_y \mathrel{\hat{=}} M_{\text{II}}$). Unter Berücksichtigung der Zusatzmassen m berechnet sich die Trägheitsmatrix im körperfesten xyz-System zu

$$\underline{J}^{(S)} = \begin{pmatrix} J + 0 & 0 & 0 \\ 0 & J + 2 \cdot m \left(\frac{D}{2}\right)^2 & 0 \\ 0 & 0 & J_{\text{III}} + 2 \cdot m \left(\frac{D}{2}\right)^2 \end{pmatrix} \,;$$

hierbei sei wiederholt, dass sich die Massendeviationsmomente der Massenpunkte m als deren STEINER-HUYGENS-Anteile ergeben und daher in diesem Fall gleich Null sind. (2.51) enthält die Formel für das Massenträgheitsmoment einer Punktmasse (Faktor 2 in $\underline{J}^{(S)}$, da zwei Massen). Es handelt sich also wieder um ein Hauptachsensystem (diagonale Matrix), und man kann die EULER-Gleichungen (3.70) anwenden. Folglich ergibt sich:

$$M_y = \left[J + 2m \left(\frac{D}{2}\right)^2 \right] \cdot 0 + \left[J - \left(J_{\text{III}} + 2m \left(\frac{D}{2}\right)^2 \right) \right] \omega \sin \alpha \, \omega \cos \alpha \,,$$

da bei Rotation um die $\bar{z}$-Achse für den Winkelgeschwindigkeitsvektor

$$\vec{\omega} = (\omega \sin \alpha; \, 0; \, \omega \cos \alpha)^T$$

gilt, vgl. Bsp. 3.16. Die obige Bedingung $M_y = 0$ liefert damit die Gleichung

$$J - \left(J_{\text{III}} + 2m \left(\frac{D}{2} \right)^2 \right) = 0,$$

und aufgelöst nach m wieder

$$m = \frac{2(J - J_{\text{III}})}{D^2}.$$

Ergibt sich bei $\underline{J}^{(S)}$ keine Diagonalmatrix (falls z. B. die Zusatzmassen m nicht auf der x-Achse liegen), dann ist das xyz-System kein Hauptachsensystem und die Koordinate M_y muss schließlich aus dem Drehimpulsvektor über den Momentensatz berechnet werden – und dabei ist an die EULER-Ableitungregel für eben $\vec{L}^{(S)} = \underline{J}^{(S)}\vec{\omega}$ zu denken:

$$\vec{M}^{(S)} = (M_x;\, M_y;\, M_z)^T =$$

$$= \overset{\cdot}{\vec{L}}^{(S)} = \overset{\cdot}{\vec{L}}^{(S)}\big|_{xyz} + \vec{\omega} \times \vec{L}^{(S)} = \underline{J}^{(S)}\overset{\cdot}{\vec{\omega}} + \vec{\omega} \times \vec{L}^{(S)};\quad \overset{\cdot}{\vec{\omega}} = (\dot{\omega}\sin\alpha;\, 0;\, \dot{\omega}\cos\alpha)^T.$$

◀

Beispiel 3.18: Vollständiges Auswuchten eines Schwungrades

Das im Schnitt skizzierte Schwungrad (Energiespeicher) ist im Idealfall rotationssymmetrisch mit der z-Achse als Symmetrie- und Drehachse.

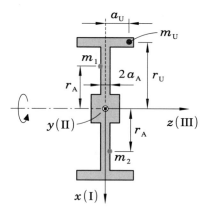

Dann wäre das eingezeichnete körperfeste xyz-Koordinatensystem ein Hauptachsensystem. Nun trägt jedoch das Schwungrad – bspw. fertigungsbedingt – eine punktförmige Unwucht der Masse m_U mit radialer Entfernung r_U und axialen Abstand a_U zum Mittelpunkt. D. h. die mit der Drehachse identische z-Achse ist tatsächlich keine Hauptachse mehr. Damit diese wieder zur Hauptachse wird, muss dynamisch ausgewuchtet werden: Nach Modifizierung des Schwungrades verschwinden die Massendeviationsmomente im xyz-System. Es gilt dann:

$$J_{xz,\text{ges}} = 0$$

Zudem soll nach der Modifizierung der „resultierende Schwerpunkt" auf der Drehachse liegen (gen. statisches Auswuchten), um auch Lagerreaktionen infolge der Fliehkraftwirkung bei einer Schwerpunktsrotation auszuschließen. Zwei Bedingungen für das vollständige Auswuchten erfordern die Einführung von zwei Variablen. In der Praxis ist es zweckmäßig, an festgelegten Punkten auf dem Schwungrad die Auswuchtmassen m_1 und m_2 (Massenpunkte) anzubringen.

Da das ideale Schwungrad in Bezug auf das xyz-System vollständig ausgewuchtet ist, beschränkt sich die folgende Betrachtung auf die drei punktförmigen Massen m_U, m_1 und m_2. Wie im vorherigen Bsp. 3.17 erläutert, berechnet sich das Massendeviationsmoment einer Punktmassen mit dem sog. STEINER-HUYGENS-Anteil. Die Bedingung $J_{xz,\text{ges}} = 0$ lautet daher konkret in diesem Fall:

$$J_{xz,\text{ges}} = J_{xz,\text{U}} + J_{xz,1} + J_{xz,2} = 0$$

$$-a_\text{U}(-r_\text{U})m_\text{U} - (-a_\text{A})(-r_\text{A})m_1 - a_\text{A}r_\text{A}m_2 = 0$$

$$(\text{B1}) \quad a_\text{U}r_\text{U}m_\text{U} - a_\text{A}r_\text{A}m_1 - a_\text{A}r_\text{A}m_2 = 0.$$

Damit der „resultierende Schwerpunkt" auf der Drehachse liegt (Position dort ist beliebig) muss für dessen x-Koordinate $x_{S,\text{res}} = 0$ erfüllt sein. Mit Beziehung (3.72) für zusammengesetzte Körper, aber auch Massenpunktsysteme, erhält man daher folgende Gleichung:

$$\frac{1}{m_1 + m_2 + m_\text{U}} \left(-r_\text{A}m_1 + r_\text{A}m_2 - r_\text{U}m_\text{U}\right) = 0,$$

also

$$(\text{B2}) \quad -r_\text{A}m_1 + r_\text{A}m_2 - r_\text{U}m_\text{U} = 0$$

Zum Lösen des linearen Gleichungssystems für m_1 und m_2 aus den Bedingungen (B1) und (B2) multipliziert man bspw. (B2) mit a_A:

$$-a_\text{A}r_\text{A}m_1 + a_\text{A}r_\text{A}m_2 - a_\text{A}r_\text{U}m_\text{U} = 0.$$

Diese Gleichung mit (B1) addiert ergibt

$$a_\text{U}r_\text{U}m_\text{U} - a_\text{A}r_\text{A}m_1 - \cancel{a_\text{A}r_\text{A}m_2} - a_\text{A}r_\text{A}m_1 + \cancel{a_\text{A}r_\text{A}m_2} - a_\text{A}r_\text{U}m_\text{U} = 0,$$

und somit

$$2a_\text{A}r_\text{A}m_1 = a_\text{U}r_\text{U}m_\text{U} - a_\text{A}r_\text{U}m_\text{U} = (a_\text{U} - a_\text{A})r_\text{U}m_\text{U}$$

$$m_1 = \frac{r_\text{U}}{2r_\text{A}} \left(\frac{a_\text{U}}{a_\text{A}} - 1\right) m_\text{U}.$$

Schließlich setzt man nun das Ergebnis für m_1 in Gleichung (B2) ein:

$$-r_\text{A}\frac{r_\text{U}}{2r_\text{A}} \left(\frac{a_\text{U}}{a_\text{A}} - 1\right) m_\text{U} + r_\text{A}m_2 - r_\text{U}m_\text{U} = 0$$

$$r_A m_2 = \frac{r_U}{2}\left(\frac{a_U}{a_A}-1\right)m_U + r_U m_U = \left[\frac{1}{2}\left(\frac{a_U}{a_A}-1\right)+1\right]r_U m_U =$$

$$= \left(\frac{1}{2}\frac{a_U}{a_A}-\frac{1}{2}+1\right)r_U m_U = \left(\frac{1}{2}\frac{a_U}{a_A}+\frac{1}{2}\right)r_U m_U$$

$$m_2 = \frac{r_U}{2r_A}\left(\frac{a_U}{a_A}+1\right)m_U\,.$$

m_2 ist stets positiv. m_1 wird für $a_U < a_A$ negativ; das bedeutet, dass am entsprechenden Ort Material entfernt werden muss.

Ergänzung: Fordert man zusätzlich – dieses ist für das Auswuchten nicht notwendig –, dass für den Schwerpunkt $z_S = 0$ gilt, d. h.

$$\frac{1}{m_1+m_2+m_U}\left(-a_A m_1 + a_A m_2 + a_U m_U\right) = 0$$

erfüllt sein muss, dann folgt mit den obigen Ergebnissen für m_1 und m_2 der schöne Zusammenhang

$$\frac{r_U}{r_A} = -\frac{a_U}{a_A}$$

für die Positionen von Unwucht und Auswuchtmassen. ◄

Bisher waren die Hauptachsen des um eine raumfeste Achse rotierenden Körpers bekannt. Für den Fall einer etwas „komplexeren Körpergeometrie" kann man das i. Allg. jedoch nicht erwarten. Will man unter diesen „Voraussetzungen" dynamische Lagerreaktionen berechnen, so wäre es natürlich möglich, im ersten Schritt die Hauptrichtungen zu ermitteln, um dann wie in den Beispielen 3.15 und 3.16 vorgehen zu können. Das kann sich aber u. U. ziemlich aufwendig gestalten. Einfacher ist folgende Vorgehensweise: Man führt ein körperfestes xyz-Koordinatensystem ein, mit der Eigenschaft, dass z. B. die z-Achse mit der raumfesten Drehachse zusammenfällt. Dann nämlich lautet der Winkelgeschwindigkeitsvektor einfach

$$\vec{\omega} = (\omega_x;\ \omega_y;\ \omega_z)^T = (0;\ 0;\ \omega)^T\,,$$

und mit der Trägheitsmatrix

$$\underline{J}^{(A)} = \begin{pmatrix} J_{xx} & J_{xy} & J_{xz} \\ J_{yx} & J_{yy} & J_{yz} \\ J_{zx} & J_{zy} & J_{zz} \end{pmatrix},$$

der raumfeste Bezugspunkt A sei bspw. ein Lagerpunkt, berechnet sich der Drehimpulsvektor zu

$$\vec{L}^{(A)} = \underline{J}^{(A)}\vec{\omega} = (L_x;\ L_y;\ L_z)^T = (J_{xz}\omega;\ J_{yz}\omega;\ J_{zz}\omega)^T\,.$$

D. h. zur Lösung der Fragestellung muss man „nur" die beiden Massendeviationsmomente J_{xz} und J_{yz} sowie das Massenträgheitsmoment J_{zz} bzgl. der z- bzw. Drehachse ermitteln. Schwerpunkt- und Momentensatz, die EULERschen Gleichungen können nicht angewandt werden, da das Bezugssystem kein Hauptachsensystem ist, liefern das Gleichungssystem für die Lagerreaktionen; vorweg muss man i. Allg. noch die Lage des Körperschwerpunktes berechnen, z. B. über Zerlegung in Teilkörper und (3.72).

Beispiel 3.19: Rotierende T-Struktur, dyn. Lagerreaktionen

Eine starre T-förmige Struktur aus dünnen Stäben, d. h. die Querabmessungen sind vernachlässigbar klein, ist am einen Ende raumfest-drehbar (Festlager in A) und am anderen verschiebbar-drehbar (Loslager in B) montiert; der Lagerabstand sei $2l$. Sie rotiert mit konstanter Winkelgeschwindigkeit ω um die Lagerachse AB.

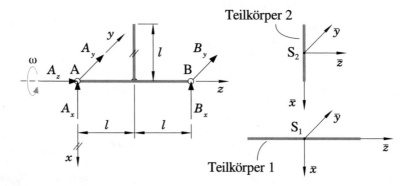

Die rotierende Struktur sei homogen (Massendichte $\rho = konst$), deren Querschnitt konstant. Es verhält sich dann die Masse eines Teilkörpers zur Gesamtmasse m wie die entsprechenden Längen:

$$\frac{\Delta m}{m} = \frac{\Delta l}{2l + l} = \frac{\Delta l}{3l} .$$

Damit ergibt sich für die Masse m_1 des Teilkörpers 1

$$m_1 = \frac{2l}{3l}m = \frac{2}{3}m ,$$

und analog für Teilkörper 2

$$m_2 = \frac{l}{3l}m = \frac{1}{3}m .$$

Es werden nun die fünf Lagerreaktionen in einem körperfesten xyz-System berechnet, wobei das Gewicht der Struktur ignoriert wird. Dafür muss man zunächst die Elemente J_{xz}, J_{yz} und J_{zz} der Trägheitsmatrix des „Gesamtkörpers" ermitteln, die sich aus den entsprechenden Größen (im xyz-System) der Teilkörper zusammensetzen; dabei ist i. Allg. der Satz von STEINER-HUYGENS (3.51) anzuwenden.

$$J_{xz} = J_{xz,1} + J_{xz,2} = J_{\bar{x}\bar{z},1} - x_{S_1}z_{S_1}m_1 + J_{\bar{x}\bar{z},2} - x_{S_2}z_{S_2}m_2$$

$$= 0 - 0 + 0 - \left(-\frac{l}{2}\right) l \frac{1}{3} m = \frac{1}{6} m l^2$$

$$J_{yz} = J_{yz,1} + J_{yz,2} = J_{\bar{y}\bar{z},1} - y_{S_1} z_{S_1} m_1 + J_{\bar{y}\bar{z},2} - y_{S_2} z_{S_2} m_2$$

$$= 0 - 0 + 0 - 0 = 0$$

$$J_{zz} = J_{zz,1} + J_{zz,2} = J_{\bar{z}\bar{z},1} + (x_{S_1}^2 + y_{S_1}^2) m_1 + J_{\bar{z}\bar{z},2} + (x_{S_2}^2 + y_{S_2}^2) m_2$$

$$= 0 + 0 + \frac{1}{12} \underbrace{\frac{1}{3} m}_{= m_2} l^2 + \left(\left(-\frac{l}{2}\right)^2 + 0\right) \frac{1}{3} m = \frac{1}{9} m l^2$$

Zur Erklärung dieser Berechnung: Die lokalen $\bar{x}\bar{y}\bar{z}$-Systeme sind Hauptachsensysteme (rotationssymmetrische Teilstäbe); daher verschwinden die Massendeviationsmomente $J_{\bar{x}\bar{z},1}$, $J_{\bar{y}\bar{z},1}$ und $J_{\bar{x}\bar{z},2}$, $J_{\bar{y}\bar{z},2}$. Zudem gilt im xyz-System für die Koordinaten der Teilschwerpunkte S_1 und S_2:

$$S_1(0; 0; l) \quad \text{und} \quad S_2(-\frac{l}{2}; 0; l).$$

Und es gilt $J_{\bar{z}\bar{z},1} = 0$, da der Stab dünn sein soll, also ein Zylinder mit Radius $\to 0$; für $J_{\bar{z}\bar{z},1}$ und $J_{\bar{z}\bar{z},2}$ gelten die Formeln in Anhang B.

Bevor man den Schwerpunktsatz (3.37) formulieren kann, muss man die Lage des Schwerpunktes S der T-Struktur kennen. Dessen Koordinaten sind aufgrund der Geometrie sicherlich $y_S = 0$ und $z_S = l$. Die x-Koordinate berechnet sich nach (3.72) aus

$$m x_S = m_1 x_{S_1} + m_2 x_{S_2} = \frac{2}{3} m \cdot 0 + \frac{1}{3} m(-\frac{l}{2}) = -\frac{l}{6} m.$$

Da sich der Schwerpunkt S in diesem Fall auf einer Kreisbahn (Radius $R = |x_S|$) um die Lagerachse AB bewegt, führt man zusätzlich zum körperfesten kartesischen xyz-System ein in S verankertes, körperfestes Polarkoordinatensystem ein: $\vec{e}_r = -\vec{e}_x$ und $\vec{e}_\varphi = -\vec{e}_y$

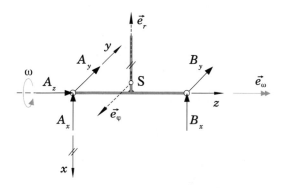

Zusammen mit der raumfesten z-Achse bildet dieses ebene Polarkoordinatensystem ein räumliches Polarkoordinatensystem (Zylinderkoordinaten); der Schwerpunktsatz (3.37) lautet dann wie folgt:

$$
\begin{aligned}
m\,a_{S,r} &= A_x + B_x \quad \text{mit } a_{S,r} = -R\omega^2 \\
m\,a_{S,\varphi} &= -A_y - B_y \text{ mit } a_{S,\varphi} = -R\dot{\omega} = 0 \quad (\omega = konst)\;. \\
m\,a_{S,z} &= A_z \qquad\quad \text{mit } a_{S,z} = 0
\end{aligned}
$$

Radial- und Zirkularbeschleunigung des Schwerpunktes S berechnen sich nach (1.19); $a_{S,z} = 0$, da der Körper in AB-Richtung nicht verschiebbar ist. Damit erhält man unmittelbar:

$$
A_z = 0\;.
$$

Zur Berechnung der weiteren Lagerreaktionen muss der Momentensatz (3.43) mit Bezugspunkt O'=A formuliert werden. Die Zeitableitung des Drehimpulsvektors (in Bezug auf ein raumfestes Bezugssystem) erfolgt hierbei nach der EULER-Ableitungsregel (1.29), da es sich um einen Vektor in einem bewegten Bezugssystem handelt.

$$
\overset{\bm{\cdot}}{\vec{L}}^{(A)} = \vec{M}_{\text{res}}^{(A)} \quad \text{mit} \quad \overset{\bm{\cdot}}{\vec{L}}^{(A)} = \overset{\bm{\cdot}}{\vec{L}}^{(A)}\big|_{xyz} + \vec{\omega} \times \vec{L}^{(A)}
$$

In diesem Fall sind

$$
\vec{\omega} = (0;0;\omega)^T \quad \text{und} \quad \vec{L}^{(A)} = (J_{xz}\omega;\ J_{yz}\omega;\ J_{zz}\omega)^T\;,
$$

so dass sich für die Zeitableitung des Drehimpulsvektors wegen der Vorgabe $\omega = konst$

$$
\overset{\bm{\cdot}}{\vec{L}}^{(A)} = \frac{d}{dt}\begin{pmatrix} J_{xz}\omega \\ J_{yz}\omega \\ J_{zz}\omega \end{pmatrix} + \begin{pmatrix} 0 \\ 0 \\ \omega \end{pmatrix} \times \begin{pmatrix} J_{xz}\omega \\ J_{yz}\omega \\ J_{zz}\omega \end{pmatrix} = \mp \begin{pmatrix} -J_{yz}\omega^2 \\ J_{xz}\omega^2 \\ 0 \end{pmatrix}
$$

ergibt. Es zeigt sich an dieser Stelle, dass die Berechnung des Massenträgheitsmoments J_{zz} nicht erforderlich gewesen wäre (da $\omega = konst$). Das resultierende Moment bzgl. dem Lagerpunkt A berechnet sich zu

$$
\vec{M}_{\text{res}}^{(A)} = \begin{pmatrix} -2l\,B_y \\ -2l\,B_x \\ 0 \end{pmatrix}\;.
$$

I. Allg. lautet die z-Koordinatengleichung des Momentensatzes übrigens

$$
J_{zz}\dot{\omega} = M_{\text{res},z}\;;
$$

diese „entfällt" hier, da eben $\dot{\omega} = 0$ ist; es muss dann aber auch $M_{\text{res},z} = 0$ zwingend erfüllt sein. Die beiden anderen Gleichung liefern:

$$-J_{yz}\omega^2 = -2l B_y, \quad \text{also} \quad B_y = \frac{1}{2l} \underbrace{J_{yz}}_{=0} \omega^2 = 0,$$

und

$$J_{xz}\omega^2 = -2l B_x, \quad \text{also} \quad B_x = -\frac{1}{2l} J_{xz}\omega^2 = -\frac{1}{2l}\frac{1}{6}ml^2\omega^2 = -\frac{1}{12}ml\omega^2.$$

Setzt man nun B_x und B_y in obige Koordinatengleichungen des Schwerpunktsatzes ein, erhält man noch:

$$m \underbrace{a_{S,\varphi}}_{=0} = -A_y - B_y \quad \text{d.h.} \quad A_y = 0$$

sowie

$$m \underbrace{a_{S,r}}_{=-R\omega^2} = A_x + B_x,$$

und mit $R = |x_S| = \frac{1}{6}l$:

$$-m\frac{1}{6}l\omega^2 = A_x - \frac{1}{12}ml\omega^2, \quad \text{also} \quad A_x = -\frac{1}{12}ml\omega^2.$$

Die x-Reaktionskräfte A_x und B_x entsprechen hier betragsmäßig jeweils genau der halben Fliehkraft,

$$F_{m,\text{flieh}} = m|a_r| = mR\omega^2 = m\frac{1}{6}l\omega^2,$$

$|a_r|$ ist die sog. Zentrifugalbeschleunigung, die ein Massenpunkt m (d.h. Masse m der starren Struktur im Schwerpunkt S konzentriert gedacht) bei Bewegung auf einer Kreisbahn (Radius R) mit der Winkelgeschwindigkeit ω erzeugt; die entsprechende Gegenkraft sorgt für die bei einer Kreisbewegung stets erforderliche Zentripetalbeschleunigung. Grund für die Halbierung der Fliehkraft ist natürlich die symmetrische Lagerung.

Lösungsalternative: Betrachtet man die Drehbewegungen der beiden Teilkörper getrennt voneinander, so lässt sich feststellen, dass Teilkörper 1 keine Lagerreaktionen verursacht. Dessen Schwerpunkt S_1 liegt nämlich auf der Drehachse AB, und seine Rotationssymmetrieachse (Hauptachse) ist mit AB identisch. D.h. nur Teilköper 2 ist für die Lagerreaktionen verantwortlich bzw. relevant. Die Berechnung der Lagerreaktionen kann also auf die Betrachtung vom Teilkörper 2 reduziert werden.

Da es sich hierbei um einen zylindrischen Körper (dünner Stab) handelt, sind dessen Hauptachsen bekannt. Folglich kann man ein im Punkt S_2 (Schwerpunkt Teilkörper 2) verankertes, körperfestes Hauptachsensystem einführen und neben dem Schwerpunktsatz dann die EULERschen Gleichungen anwenden.

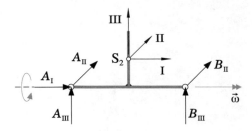

Die Hauptträgheitsmomente berechnen sich für den dünnen Stab zu

$$J_{\mathrm{I}} = J_{\mathrm{II}} = J = \frac{1}{12}m_2 l^2 = \frac{1}{12}\frac{1}{3}ml^2 = \frac{1}{36}ml^2$$

und

$$J_{\mathrm{III}} = \frac{1}{2}m_2 R_{\mathrm{Stab}}^2 \approx 0 \quad \text{da} \quad R_{\mathrm{Stab}} \approx 0 \,.$$

Mit dem Winkelgeschwindigkeitsvektor

$$\vec{\omega} = (\omega_{\mathrm{I}}; \omega_{\mathrm{II}} \omega_{\mathrm{III}})^T = (\omega; 0; 0)^T = \overrightarrow{konst}\,, \quad \text{d. h.} \quad \omega_{\mathrm{I}} = \omega = konst\,,$$

lauten die EULER-Gleichungen somit

$$\begin{aligned}
M_{\mathrm{I}} &= J_{\mathrm{I}}\dot{\omega}_{\mathrm{I}} + (J_{\mathrm{III}} - J_{\mathrm{II}})\omega_{\mathrm{II}}\omega_{\mathrm{III}} = 0 \\
M_{\mathrm{II}} &= J_{\mathrm{II}}\dot{\omega}_{\mathrm{II}} + (J_{\mathrm{I}} - J_{\mathrm{III}})\omega_{\mathrm{I}}\omega_{\mathrm{III}} = 0 \,. \\
M_{\mathrm{III}} &= J_{\mathrm{III}}\dot{\omega}_{\mathrm{III}} + (J_{\mathrm{II}} - J_{\mathrm{I}})\omega_{\mathrm{I}}\omega_{\mathrm{II}} = 0
\end{aligned}$$

Der Bezugspunkt ist in diesem Fall der Teilschwerpunkt S_2, d. h. für die Koordinaten des Momentenvektors gilt:

$$\begin{aligned}
M_{\mathrm{I}} &= \tfrac{l}{2}A_{\mathrm{II}} + \tfrac{l}{2}B_{\mathrm{II}} \\
M_{\mathrm{II}} &= l A_{\mathrm{III}} - l B_{\mathrm{III}} - \tfrac{l}{2}A_{\mathrm{I}} \,. \\
M_{\mathrm{III}} &= -l A_{\mathrm{II}} + l B_{\mathrm{II}}
\end{aligned}$$

Man erhält also folgendes Gleichungssystem:

$$\begin{aligned}
0 &= A_{\mathrm{II}} + B_{\mathrm{II}} \\
0 &= A_{\mathrm{III}} - B_{\mathrm{III}} - \tfrac{1}{2}A_{\mathrm{I}} \,; \\
0 &= -A_{\mathrm{II}} + B_{\mathrm{II}}
\end{aligned}$$

die Addition von Gleichung 1 und 3 liefert direkt

$$2B_{\mathrm{II}} = 0\,; \quad \text{daraus folgt} \quad A_{\mathrm{II}} = B_{\mathrm{II}} = 0\,.$$

Nun formuliert man noch den Schwerpunktsatz (3.37) für Teilkörper 2:

$$\begin{aligned}
m_2 a_{S,\mathrm{I}} &= A_{\mathrm{I}} \\
m_2 a_{S,\mathrm{II}} &= A_{\mathrm{II}} + B_{\mathrm{II}} \,. \\
m_2 a_{S,\mathrm{III}} &= A_{\mathrm{III}} + B_{\mathrm{III}}
\end{aligned}$$

Schließlich ist $a_{S,I} = 0$ (raumfeste Lagerung), so dass sich

$$A_I = 0$$

ergibt. Wie bereits in Bsp. 3.14 erläutert, stellt das körperfeste, mit S_2 mitgeführte II-, III-System ein Polarkoordinatensystem dar. Es gilt daher:

$$a_{S,II} = a_{S,\varphi} = \frac{l}{2}\dot{\omega} = 0 \quad \text{und} \quad a_{S,III} = a_{S,r} = -\frac{l}{2}\omega^2 \,.$$

S_2 bewegt sich auf einer Kreisbahn mit dem Radius $\frac{l}{2}$. Ferner erhält man also aus dem Schwerpunktsatz:

$$\begin{aligned} 0 &= A_{II} + B_{II} \\ m_2\left(-\tfrac{l}{2}\omega^2\right) &= A_{III} + B_{III} \end{aligned}.$$

Die erste Gleichung ist mit jener des Momentensatzes identisch (wegen $\omega = konst$ bzw. $\dot{\omega} = 0$), also redundant. Mit $A_I = 0$ liefert der Momentensatz aber $A_{III} = B_{III}$. Eingesetzt in den Schwerpunktsatz folgt:

$$-m_2\frac{l}{2}\omega^2 = 2A_{III} = 2B_{III} \quad \text{wobei} \quad m_2 = \frac{1}{3}m \,,$$

also

$$2A_{III} = 2B_{III} = -\frac{1}{3}m\frac{l}{2}\omega^2 \quad \text{bzw.} \quad A_{III} = B_{III} = -\frac{1}{12}m\omega^2 \,.$$

Diese Variante lässt sich auch dann sehr angenehm anwenden, selbst wenn Teilkörper 2 nicht senkrecht auf Teilkörper 1 steht (Neigungswinkel $\alpha \neq 90°$). Das körperfeste I, II, III-Hauptachsensystem ist dann jedoch nicht radial bzgl. der Drehachse ausgerichtet, d. h. zur Formulierung des Schwerpunktsatzes ist die Einführung eines zusätzlichen Polarkoordinatensystems erforderlich. Eine Berechnung im körperfesten xyz-System (vgl. ursprüngliche Variante) hätte dagegen zur Konsequenz, dass im Rahmen der Ermittlung der Größen J_{xz}, J_{yz} und J_{zz}, das in S_2 verankerte $\bar{x}\bar{y}\bar{z}$-Hauptachsensystem gedreht und verschoben werden müsste; insbesondere die Koordinatendrehung nach (3.52) gestaltet sich jedoch u. U. als etwas aufwendig.

Oder aber man berechnet jene massengeometrischen Größen direkt im xyz-System über die entsprechenden Integrale:

$$J_{xz} = -\int_{(\mathbb{K})} xz \, dm \,, \quad J_{yz} = -\int_{(\mathbb{K})} yz \, dm \quad \text{und} \quad J_{zz} = \int_{(\mathbb{K})} (x^2 + y^2) \, dm \,.$$

Da für jedes Massenelement dm die y-Koordinate verschwindet ($y \equiv 0$), ist $J_{yz} = 0$ und das Integral für J_{zz} vereinfacht sich. Sei nun ρ die ortsunabhängige Massendichte (da homogener Körper) und A die konstante Querschnittsfläche der dünnen Struktur, so berechnet sich das Massenelement dm zu

$$dm = \rho \, dV = \rho A dl \,,$$

wobei dl die Länge des Massenelementes (infinitesimal kurzer Abschnitt) ist. Vorweg: Teilkörper 1 (horizontaler Stab) liefert keinen Beitrag zu J_{xz} und J_{zz} da für dessen Massenelemente stets $x = y = 0$ ist.

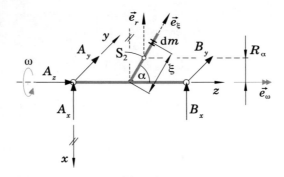

Für Teilkörper 2 (dl = dξ) dagegen ermittelt man:

$$J_{xz} = -\int_{(\mathbb{K}_2)} xz\, dm = -\int_0^l (-\xi \sin\alpha)(l + \xi \cos\alpha)\, \rho A d\xi$$

$$= \rho A\left(l \sin\alpha \int_0^l \xi\, d\xi + \underbrace{\sin\alpha \cos\alpha}_{= \frac{1}{2}\sin 2\alpha} \int_0^l \xi^2\, d\xi\right)$$

$$= \rho A\left(l \sin\alpha \left[\frac{\xi^2}{2}\right]_0^l + \frac{1}{2}\sin 2\alpha \left[\frac{\xi^3}{3}\right]_0^l\right) = \frac{1}{6}(3\sin\alpha + \sin 2\alpha)\, \rho A l^3$$

$$= \frac{1}{6}(3\sin\alpha + \sin 2\alpha)\, \underbrace{\rho A l}_{= m_2}\, l^2 = \frac{1}{18}ml^2(3\sin\alpha + \sin 2\alpha)$$

und

$$J_{zz} = \int_{(\mathbb{K}_2)} x^2\, dm = \int_0^l (-\xi \sin\alpha)^2\, \rho A d\xi$$

$$= \rho A \sin^2\alpha \int_0^l \xi^2\, d\xi = \rho A \sin^2\alpha \left[\frac{\xi^3}{3}\right]_0^l = \frac{1}{3}\rho A \sin^2\alpha l^3$$

$$= \frac{1}{3}\sin^2\alpha\, \underbrace{\rho A l}_{= m_2}\, l^2 = \frac{1}{9}ml^2 \sin^2\alpha\,.$$

Und damit lassen sich auch in dem im raumfesten Punkt A verankerten, körperfesten xyz-Koordinatensystem mittels Schwerpunkt- und Momentensatz die auftreten Lagerreaktionen berechnen. Nur der Vollständigkeit halber sei hierbei noch erwähnt, dass – in diesem Fall (vgl. Skizze) – für den Radius R_α der S_2-Kreisbahn

$$R_\alpha = \frac{l}{2} \sin \alpha$$

gilt. Der Teilschwerpunkt S_2 erfährt daher die Radialbeschleunigung

$$a_{r,S_2} = -R_\alpha \omega^2 = -\frac{l}{2} \sin \alpha \, \omega^2 \, ;$$

die Zirkularbeschleunigung $a_{\varphi,S_2} = R_\alpha \, \dot{\omega}$ des Teilschwerpunktes S_2 ist natürlich weiterhin Null, da die Drehbewegung mit konstanter Winkelgeschwindigkeit erfolgt. ◄

Lagrangesche Methoden

4

In diesem Kapitel werden ergänzende mathematische Methoden der Dynamik erläutert. Deren Bedeutung ist darin zu sehen, dass sie sich insbesondere zum Aufstellen der Bewegungsgleichung(en) bei „komplexen Systemen" anbieten. Sind jedoch Reaktionskräfte wie bspw. die Haftkraft oder kinematische Bindungskräfte (z.B Seilkräfte) zwischen Körpern gesucht, so eigenen sich die LAGRANGEschen Methoden nicht.

4.1   d'Alembertsches Prinzip (nach Lagrange)

Man multipliziert das dynamische Kräftegleichgewicht (2.64) für einen Massenpunkt mit einer sog. *virtuellen Verrückung* $\delta\vec{r}$. Darunter ist eine gedachte, infinitesimal kleine Verschiebung zu verstehen, die mit den geometrischen Bindungen des mechanischen Systems absolut verträglich, also konsistent ist; zudem ist eine virtuelle Verrückung losgelöst von der Zeit, d.h. während einer Verschiebung $\delta\vec{r}$ „steht die Zeit still".

$$\left(\vec{F}_{\text{ein}} + \vec{Z} + \vec{F}_{\text{träge}}\right)\delta\vec{r} = \vec{0}\,\delta\vec{r} \quad \text{bzw.} \quad \vec{F}_{\text{ein}}\,\delta\vec{r} + \vec{Z}\,\delta\vec{r} + \vec{F}_{\text{träge}}\,\delta\vec{r} = 0$$

Nachdem die Zwangskraft (Führungskraft, wie z.B. Normalkraft) stets senkrecht zur Bahn des Massenpunktes wirkt, ist $\vec{Z} \perp \delta\vec{r}$ und somit $\vec{Z}\,\delta\vec{r} = 0$. Das Skalarprodukt eines Kraftvektors mit einer virtuellen Verrückung nennt man schließlich *virtuelle Arbeit* δW, so dass obige Gleichung in der Form

$$\delta W_{\text{ein}} + \delta W_{\text{träge}} = 0 \tag{4.1}$$

Elektronisches Zusatzmaterial   Die elektronische Version dieses Kapitels enthält Zusatzmaterial, das berechtigten Benutzern zur Verfügung steht 10.1007/978-3-662-62107-3_4.

M. Prechtl, *Mathematische Dynamik,* Masterclass, https://doi.org/10.1007/978-3-662-62107-3_4

geschrieben werden kann. Diese Methode wird daher auch als „Prinzip der virtuellen Arbeiten" bezeichnet. Ein Massenpunkt bewegt sich also folglich stets so, dass die Summe der virtuellen Arbeiten der eingeprägten Kräfte und der D'ALEMBERTschen (Trägheits-)Kräfte verschwindet.

Beim Aufstellen einer Bewegungsgleichung nach Prinzip (4.1) sind die Zwangskräfte nicht mehr enthalten; diese wurden durch die skalare Multiplikation mit $\delta \vec{r}$ eliminiert. Bei einer Bewegung mit trockener Reibung ist daher die Verwendung der Fassung von LAGRANGE nicht geeignet. Die Reibkraft ist hier mit der Zwangskraft (Normalkraft) über das COULOMBsche Reibgesetz $R = \mu N$ verknüpft. Man benötigt in diesem Fall zum Aufstellen der Bewegungsgleichung auch die Zwangskraft, so dass hier das D'ALEMBERTsche Prinzip in der „einfacheren" Fassung entsprechend (2.64) anzuwenden ist.

Beispiel 4.1: Mathematisches Pendel (Bewegungsgleichung)

Das in Kap. 2 bereits ausführlich diskutierte und mit verschiedenen Methoden berechnete mathematische Pendel (Bsp. 2.2) wird nun wieder aufgegriffen. Zur Beschreibung wird auch hier aufgrund der kreisförmigen Bewegung zweckmäßigerweise ein Polarkoordinatensystem gewählt.

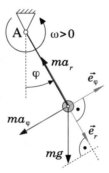

Dieses „Quasi-Freikörperbild" beinhaltet lediglich die Gewichtskraft mg (eingeprägte Kraft) sowie die Komponenten der Trägheitskraft. Das ist ausreichend, da die Zwangskraft (hier: Seil-/Stabkraft S) der geführten Bewegung bei der Anwendung des Prinzips der virtuellen Arbeiten (4.1) nicht benötigt wird.

Für die virtuelle Verrückung $\delta \vec{r}$ des Ortsvektors $\vec{r} = \vec{r}^{(A)}$ des Massenpunktes m (Pendellänge $l = konst$) bzgl. A gilt:

$$\delta \vec{r} = \underbrace{l\delta\varphi}_{= \delta b} \vec{e}_\varphi;$$

δb ist die Bogenlänge über der infinitesimalen Winkeländerung $\delta\varphi$. Damit ergibt sich für die Arbeit δW_{ein} der Gewichtskraft

$$\delta W_{\text{ein}} = \left(mg \cos \varphi \, \vec{e}_r - mg \sin \varphi \, \vec{e}_\varphi \right) \delta \vec{r} = -mgl \sin \varphi \, \delta \varphi$$

sowie jener der Trägheitskraft

$$\delta W_{\text{träge}} = \left(-ma_r \, \vec{e}_r - ma_\varphi \, \vec{e}_\varphi \right) \delta \vec{r} = -ma_\varphi l \, \delta \varphi.$$

Die Zirkularbeschleunigung a_φ berechnet sich zu $a_\varphi = l\dot{\omega} = l\ddot{\varphi}$. Eingesetzt in (4.1) erhält man:

$$-mgl \sin \varphi \, \delta \varphi - ml^2 \ddot{\varphi} \, \delta \varphi = 0 \quad \text{bzw.} \quad \left(mgl \sin \varphi + ml^2 \ddot{\varphi} \right) \delta \varphi = 0.$$

Die virtuelle Pendeldrehung um den infinitesimal kleinen Winkel $\delta \varphi$ ist verschieden von Null. Es muss daher stets $(\dots) = 0$ erfüllt sein. Diese Bedingung liefert die bekannte Bewegungsgleichung:

$$\cancel{m}gl \sin \varphi + \cancel{m}l^2 \ddot{\varphi} = 0 \quad \text{also} \quad \ddot{\varphi} + \frac{g}{l} \sin \varphi = 0.$$

◀

Das Prinzip der virtuellen Arbeiten gilt nicht nur für Massenpunkte, sondern auch für Massenpunktsysteme und starre Körper.

Für ein System aus n Massenpunkten, vgl. Abb. 1.5 im Anhang A.4, lautet das dynamische Kräftegleichgewicht des i-ten Massenpunktes

$$\vec{F}_{i,\text{ein}}^{(a)} + \vec{Z}_i + \sum_{k=1}^{n} \vec{K}_{ik}^{(p)} + \sum_{l=1}^{n} \vec{K}_{il}^{(k)} + \vec{F}_{i,\text{träge}} = \vec{0}, \quad \text{mit} \quad \vec{K}_{ii}^{(p)} = \vec{K}_{ii}^{(k)} = \vec{0};$$

die Summe aller auf den i-ten Massenpunkt wirkenden Kräfte, inkl. der Trägheitskräfte, muss schließlich nach den D'ALEMBERTschen Prinzip (2.64) verschwinden. Es sind $\vec{F}_{i,\text{ein}}^{(a)}$ die resultierende äußere eingeprägte Kraft, $\vec{Z}_i$ die resultierende – äußere – Zwangskraft, $\vec{F}_{i,\text{träge}}$ die resultierende Trägheitskraft sowie $\vec{K}_{ik}^{(p)}$ eine durch Kopplung mit dem k-ten Massenpunkt bedingte physikalische Bindungskraft (eingeprägte Kraft) und $\vec{K}_{il}^{(k)}$ eine von der l-ten Masse herrührende kinematische Bindungskraft (Reaktionskraft). Multipliziert man diese Gleichung nun skalar mit der virtuellen Verrückung $\delta \vec{r}_i$ der Punktmasse Nr. i, so ergibt sich wegen $\vec{Z}_i \perp \delta \vec{r}_i$:

$$\vec{F}_{i,\text{ein}}^{(a)} \delta \vec{r}_i + \sum_{k=1}^{n} \vec{K}_{ik}^{(p)} \delta \vec{r}_i + \sum_{l=1}^{n} \vec{K}_{il}^{(k)} \delta \vec{r}_i + \vec{F}_{i,\text{träge}} \delta \vec{r}_i = 0.$$

Nach Summation über alle n Massenpunkte erhält man:

$$\sum_{i=1}^{n} \vec{F}_{i,\text{ein}}^{(a)} \delta \vec{r}_i + \sum_{i=1}^{n} \sum_{k=1}^{n} \vec{K}_{ik}^{(p)} \delta \vec{r}_i + \sum_{i=1}^{n} \sum_{l=1}^{n} \vec{K}_{il}^{(k)} \delta \vec{r}_i + \sum_{i=1}^{n} \vec{F}_{i,\text{träge}} \delta \vec{r}_i = 0.$$

Die ersten beiden Terme zusammen entsprechend der gesamten virtuellen Arbeit δW_{ein} aller eingeprägten Kräfte, der letzte Term ist analog die virtuelle Arbeit $\delta W_{\text{träge}}$ aller Trägheitskräfte. Und der dritte Term? Diese Doppelsumme ist Null[1]:

$$\sum_{i=1}^{n} \sum_{l=1}^{n} \vec{K}_{il}^{(k)} \delta \vec{r}_i = 0.$$

Infolge von NEWTON's „actio=reactio" treten alle inneren Kräfte, also auch die „kinematischen" gem. $\vec{K}_{il}^{(k)} = -\vec{K}_{li}^{(k)}$ paarweise auf. Ferner sind die (infinitesimalen) Wege $\delta \vec{r}_{i\parallel}$ bzw. $\delta \vec{r}_{l\parallel}$ des i-ten und l-ten Massenpunktes in Richtung der kinematischen Bindung („starre Kopplung") bei einer Parallelverschiebung eines Körperpaares gleich und die entsprechenden Arbeiten heben sich paarweise weg. Für den Bewegungsanteil senkrecht zur Verbindungs- bzw. Wirkungslinie i-l, $\delta \vec{r}_{i\perp}$ bzw. $\delta \vec{r}_{l\perp}$, verrichten die kinematischen Bindungskräfte keine Arbeit, da sie eben senkrecht zum Weg wirken. Eine evtl. überlagerte Drehung ändert nichts an dieser Eigenschaft der Doppelsumme, es ist dann schließlich $\delta \vec{r}_{i\parallel,\text{D}} = \delta \vec{r}_{l\parallel,\text{D}} = \vec{0}$.

Es wird nun noch die Gültigkeit von (4.1) bei einer ebenen Starrkörperbewegung erklärt. Hierbei ist zu berücksichtigen, dass außer Zwangskräften $\vec{Z}$ (Reaktionskräfte, die Bahnkurve bestimmen) ferner Haftkräfte $\vec{H}$ auftreten können. Letztere sind auch Reaktionskräfte, die jedoch tangential in Bezug zur Trajektorie des Körperschwerpunktes orientiert sind. Die COULOMBsche Reibkraft dagegen ist eine eingeprägte Kraft und verrichtet immer Arbeit. Entsprechendes gilt für die am Schwerpunkt S angreifende Rollwiderstandskraft; sie erzeugt jedoch keine Momentenwirkung bzgl. S. Der Schwerpunktsatz kann wie folgt formuliert werden:

$$m \ddot{\vec{r}}_{\text{S}} = \vec{F}_{\text{res}} = \vec{F}_{\text{ein}} + \vec{Z} + \vec{H}$$

bzw. mit $-m\ddot{\vec{r}}_{\text{S}}$ als D'ALEMBERTsche Trägheitskraft $\vec{F}_{\text{träge}}$ in der Form

$$\vec{F}_{\text{ein}} + \vec{Z} + \vec{H} + \vec{F}_{\text{träge}} = \vec{0}.$$

Die skalare Multiplikation mit der virtuellen Verrückung $\delta \vec{r}_{\text{S}}$ des Schwerpunktes führt zu

$$(1) \quad \underbrace{\vec{F}_{\text{ein}} \, \delta \vec{r}_{\text{S}}}_{= \delta W_{\text{ein},F}} + \underbrace{\vec{Z} \, \delta \vec{r}_{\text{S}}}_{= 0} + \underbrace{\vec{H} \, \delta \vec{r}_{\text{S}}}_{= \delta W_H} + \underbrace{\vec{F}_{\text{träge}} \, \delta \vec{r}_{\text{S}}}_{= \delta W_{\text{träge},F}} = 0.$$

Schließlich lautet der Momentensatz bzgl. S

---

[1]Für z.B. $n = 2$: $\sum_{i=1}^{2} \sum_{l=1}^{2} \vec{K}_{il}^{(k)} \delta \vec{r}_i = (\cancel{\vec{K}_{11}^{(k)}}^{=0} + \vec{K}_{12}^{(k)}) \delta \vec{r}_1 + (\vec{K}_{21}^{(k)} + \cancel{\vec{K}_{22}^{(k)}}^{=0}) \delta \vec{r}_2 = [\vec{K}_{21}^{(k)} = -\vec{K}_{12}^{(k)}] = \vec{K}_{12}^{(k)} (\delta \vec{r}_1 - \delta \vec{r}_2) = \vec{K}_{12}^{(k)} [(\delta \vec{r}_{1\parallel} + \delta \vec{r}_{1\perp}) - (\delta \vec{r}_{2\parallel} + \delta \vec{r}_{2\perp})] = \vec{K}_{12}^{(k)} \underbrace{(\delta \vec{r}_{1\parallel} - \delta \vec{r}_{2\parallel})}_{= \vec{0}} +$

$\underbrace{\vec{K}_{12}^{(k)} \delta \vec{r}_{1\perp}}_{= 0} - \underbrace{\vec{K}_{12}^{(k)} \delta \vec{r}_{2\perp}}_{= 0} = 0$, da $\delta \vec{r}_{1\parallel} = \delta \vec{r}_{2\parallel}$ und $\vec{K}_{12}^{(k)} \perp \delta \vec{r}_{1\perp}$ sowie $\vec{K}_{12}^{(k)} \perp \delta \vec{r}_{2\perp}$ gilt

$$J^{(S)}\dot{\omega} = M_{\text{res}}^{(S)} = M_{\text{ein}}^{(S)} + M_H^{(S)} \quad \text{bzw.} \quad M_{\text{ein}}^{(S)} + M_H^{(S)} + M_{\text{träge}}^{(S)} = 0,$$

mit dem D'ALEMBERTschen Moment

$$M_{\text{träge}}^{(S)} = -J^{(S)}\dot{\omega}$$

und dem Moment $M_H^{(S)}$ der Haftkraft $\vec{H}$ in Bezug auf den Körperschwerpunkt. Wird die rechte Gleichung mit der virtuellen Drehung $\delta\varphi$ des Körpers um den Schwerpunkt multipliziert, so lässt sich dieser als Summe der entsprechenden virtuellen Arbeiten schreiben.

$$(2) \quad \delta W_{\text{ein},M}^{(S)} + \delta W_H^{(S)} + \delta W_{\text{träge},M}^{(S)} = 0$$

Addiert man nun die virtuellen Arbeiten der Kräfte (Gl. 1) und jene der Momente (Gl. 2) so ergibt sich formal wieder das Prinzip (4.1):

$$\delta W_{\text{ein},F} + \delta W_{\text{ein},M}^{(S)} + \underbrace{\delta W_H + \delta W_H^{(S)}}_{= 0} + \delta W_{\text{träge},F} + \delta W_{\text{träge},M}^{(S)} = 0.$$

Beim „idealen Abrollen" (d. h. Haftung am Kontaktpunkt mit der Unterlage) verrichtet bekannterweise die Haftkraft in Summe (translatorische plus rotatorische Arbeit) keine Arbeit. Zur mathematischen Modellierung einer Starrkörperbewegung müssen also die virtuellen Arbeiten aller eingeprägten und aller D'ALEMBERTschen Kräfte und Momente berechnet werden.

Ergänzende Erläuterungen Ein Mehrkörpersystem hat f Freiheitsgrade (Bewegungsmöglichkeiten); die vollständige Beschreibung der Bewegung erfordert daher f Bewegungsgleichungen. Im Falle von kinematischen Bindungen müssen die „virtuellen Verrückungen der einzelnen Komponenten" mittels entsprechender Bindungsgleichungen umgerechnet werden, d. h. bei der Formulierung von (4.1) dürfen nur noch f virtuelle Verrückungskoordinaten auftreten. Das Nullsetzen derer Koeffizienten liefert die Bewegungsgleichung(en).

Nicht selten kommt es vor, dass im Rahmen der Modellierung eines mechanischen Systems als Ersatz einer Antriebseinheit, auf deren modellmäßige Abbildung man im Detail verzichtet, ein Antriebsmoment M_A eingeführt wird. Dieses ist dann der Kategorie „eingeprägte Momente" zuzuordnen. Ein entsprechendes Antriebsmoment kann i. Allg. physikalisch beschrieben bzw. durch eine (empirische) mathematische Gesetzmäßigkeit angegeben werden, im einfachsten Fall durch die Gleichung $M_A = konst$.

4.2 Lagrangesche Gleichungen 1. und 2. Art

Die Formulierung der Mechanik nach LAGRANGE erfolgt in sog. *generalisierten* (bzw. verallgemeinerten) Koordinaten. Darunter versteht man eine Menge an voneinander unabhängigen Koordinaten, die zur eindeutigen Beschreibung der Lage eines mechanischen Systems ausreichend sind. D. h. bei einem System mit f Freiheitsgraden sind mindestens f Koordinaten erforderlich; es lassen sich dann also f generalisierte Koordinaten (Entfernungskoordinaten, Winkel, usw.) einführen, mit denen die Lage der Körper eindeutig festgelegt ist. Im Gegensatz dazu können bei den („klassischen") physikalischen Koordinaten Redundanzen auftreten. So kann bspw. bei einem mathematischen Pendel, vgl. Bsp. 2.2, die Lage der Punktmasse stets durch zwei kartesische Koordinaten (Längenkoordinaten, gen. physikalische Koordinaten) oder aber auch alleine durch den Pendelwinkel gegen die Vertikale (generalisierte Koordinate) angegeben werden.

Es wird zunächst ein System aus n Massenpunkten im Raum betrachtet. $\vec{r}_i$ mit $i = 1..n$ ist der Ortsvektor des i-ten Massenpunktes in Bezug auf einen raumfesten Bezugspunkt O. Für dieses System existieren b kinematische Bindungen, d. h. man kann b voneinander unabhängige *Zwangsbedingungen*[2] angeben. In impliziter Form lauten diese:

$$c_\beta(\vec{r}_1; \vec{r}_2; \ldots; \vec{r}_n; t) = 0 \quad \text{mit} \quad \beta = 1; 2; \ldots; b. \tag{4.2}$$

Effektiv verbleiben dann nur noch $f = 3n - b$ Freiheitsgrade, da im Raum ein Massenpunkt drei Freiheitsgrade besitzt.

Zwangsbedingungen entsprechend (4.2) heißen holonom; sie können als Gleichung mit den Systemkoordinaten formuliert werden. Man unterscheidet zwischen skleronom-holonomen Zwangsbedingungen (starr), wenn diese nicht explizit von der Zeit t abhängen, und rheonom-holonomen („fließend", Beispiel: s. Abschn. 5.3.1), wenn schließlich eine Zeitabhängigkeit vorliegt.

Die $3n$ (physikalischen) Koordinaten der n Massenpunkte lassen sich mit b kinematischen Beziehungen zu $f = 3n - b$ unabhängigen, gen. generalisierten bzw. verallgemeinerten Koordinaten q_j reduzieren. Für die Ortsvektoren $\vec{r}_i$ schreibt man sodann:

$$\vec{r}_i = \vec{r}_i(q_1; q_2; \ldots; q_f) \quad \text{mit} \quad i = 1; 2; \ldots; n. \tag{4.3}$$

Schließlich müssen die f generalisierten Koordinaten auch b Zwangsbedingungen erfüllen.

$$c_\beta^*(q_1; q_2; \ldots; q_f; t) = 0$$

Enthält nun mindestens eine dieser b Gleichungen zusätzlich eine oder mehrere Geschwindigkeitskoordinaten $\dot{q}_j$ (d. h. Zeitableitung der generalisierten Koordinaten) und lassen sich diese nicht durch Integration eliminieren, so ist das System nicht-holonom bzw. anholonom; entsprechendes gilt auch für die Gleichungen (4.2). Man spricht auch von nicht-holonomen Systemen, wenn es sich bei einer Zwangsbedingung um eine Ungleichung handelt; dieses ist bspw. für den Fall der Einschränkung auf einen definierten Raumbereich gegeben (z. B. kleines Teilchen in einer Hohlkugel: In kartesischen Koordinaten x, y, z gilt dann: $x^2 + y^2 + z^2 < R^2$).

---

[2]Unter einer Zwangsbedingung versteht man in der klassischen Mechanik die mathematische Formulierung einer Einschränkung der Bewegungsfreiheit.

Beispiel 4.2: Zwangsbedingungen (zwei Beispiele)

Gleichungen entsprechend (4.2) lassen sich nicht nur für Massenpunktsysteme formulieren, sondern auch für einzelne Körper. Sie hängen vom jeweils gewählten Koordinatensystem ab.

(1) Rad (Radius R) ideal auf schiefer Ebene abrollend.

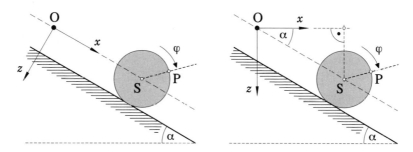

In der Ebene besitzt ein völlig frei bewegliches Rad insgesamt drei Freiheitsgrade: Zwei Freiheitsgrade der Translation des Schwerpunktes S und einen der Rotation um die Schwereachse. Zur Wiederholung: Die Anzahl an Freiheitsgraden entspricht der Anzahl an mindesten erforderlichen Koordinaten zur eindeutigen Angabe der Lage/Position. Diese kann mittels der (physikalischen) Koordinaten x, z (kartesische Koordinaten, raumfester Bezugspunkt O) und φ erfolgen. Letztere ist der Drehwinkel des Rades, z.B. gemessen von der Vertikalen zu einer Radmarkierung P.

Zweckmäßigerweise orientiert man das xz-System entsprechend obigem Bild links, da sich S parallel zur schiefen Ebene und damit dann nur in x-Richtung bewegt. In diesem Fall lautet die erste holonome Zwangsbedingung

$$c_1 = 0 \quad \text{mit} \quad c_1 = z_S.$$

Da ideales Rollen vorausgesetzt wird, muss zudem die sog. Abrollbedingung (1.48) erfüllt sein. Sie besagt anschaulich, dass der Weg des Schwerpunktes in Richtung der Unterlage mit der abgerollten Bogenlänge übereinstimmt.

$$c_2 = 0 \quad \text{mit} \quad c_2 = x_S - R\varphi, \quad \text{da} \quad x_S = R\varphi.$$

Das Rad auf der schiefen Ebene unterliegt damit zwei ($b = 2$) skleronom-holonomen Zwangsbedingungen; folglich ergibt sich

$$f = 3 - b = 1,$$

tatsächlich also nur ein Freiheitsgrad. Position und Lage des Rades lassen sich eindeutig durch die Koordinate x_S oder φ angegeben; z_S scheidet dafür aus, da in z-Richtung keine Bewegung erfolgt. D. h. sowohl x_S als auch φ kann als generalisierte Koordinate festgelegt werden.

Zu einem analogen Ergebnis (mit jedoch anderen Gleichungen) kommt man mit einem nicht-gedrehten xz-System (vgl. Bild rechts). Die Tatsache, dass die Bahn des Radschwerpunktes S stets parallel zur schiefen Ebene ist, wird beschrieben durch

$$\frac{z_S}{x_S} = \tan\alpha;$$

damit lässt sich als erste – wiederum skl.-holonome – Zwangsbedingung

$$c_1 = 0 \quad \text{mit} \quad c_1 = \frac{z_S}{x_S} - \tan\alpha$$

angeben. Die Abrollbedingung lautet nun $\frac{x_S}{\cos\alpha} = R\varphi$, und folglich ist die zweite Zwangsbedingung

$$c_2 = 0 \quad \text{mit} \quad c_2 = \frac{x_S}{\cos\alpha} - R\varphi;$$

natürlich ist die Berechnung des von S parallel zur Unterlage zurückgelegten Weges ebenso mittels z_S möglich. Es lassen sich wieder $b = 2$ Zwangsbedingungen formulieren, die voneinander unabhängig sind. Da aber jetzt auch z_S eindeutig die Radposition bestimmt (abh. von z_S ergibt sich x_S und φ), lässt sich in diesem Koordinatensystem zusätzlich z_S als generalisierte Koordinate verwenden.

(2) Rad bei Kurvenfahrt. Die nachfolgende Skizze zeigt die Draufsicht eines abrollenden, nicht rutschenden Rades; zum Zeitpunkt t schließt die Radachse mit der raumfesten x-Achse den Winkel φ ein.

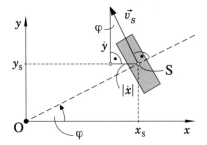

Grundsätzlich könnte man sich vorstellen, dass jede denkbare Kombination der Koordinaten x_S, y_S und φ möglich ist; das würde bedeuten, der Körper besitzt drei Freiheitsgrade. Doch ist dem tatsächlich so?

Nun, für die Schwerpunktsgeschwindigkeit gilt

$$\vec{v}_S = \dot{x}_S \vec{e}_x + \dot{y}_S \vec{e}_y,$$

wobei $\dot{x}_S < 0$ (x_S wird kleiner) und $\dot{y}_S > 0$ ist. Der Betrag $v_S = |\vec{v}_S|$ lässt sich mit Hilfe von φ über beide Geschwindigkeitskoordinaten berechnen:

$$\cos\varphi = \frac{\dot{y}_S}{v_S} \quad \text{und} \quad \sin\varphi = \frac{|\dot{x}_S|}{v_S} = \frac{-\dot{x}_S}{v_S}.$$

Somit kristallisiert sich folgende Zwangsbedingung für das Rad heraus:

$$\frac{\dot{y}_S}{\cos\varphi} = -\frac{\dot{x}_S}{\sin\varphi}$$

bzw. in impliziter Form

$$c_1 = 0 \quad \text{mit} \quad c_1 = \dot{x}_S \cos\varphi + \dot{y}_S \sin\varphi.$$

Die Zeitableitungen lassen sich hier nicht eliminieren, d. h. es liegt eine nicht-integrable Bedingung vor; c_1 ist folglich eine sog. nicht-holonome bzw. anholonome Zwangsbedingung. Die Bewegungsfreiheit ist demnach eingeschränkt, das Rad besitzt effektiv nur zwei Freiheitsgrade. Grund dafür ist, dass beim „idealen Rollen" $\vec{v}_S \perp$ Radachse vorausgesetzt wird, also ein kinematischer Zwang existiert.

Ergänzung: Warum ist die Zwangsbedingung $\dot{x}_S \cos\varphi + \dot{y}_S \sin\varphi = c_1$ eigentlich nicht-integrabel? Dazu ersetzt man die Zeitableitungen durch die Differenzialquotienten und erhält:

$$\frac{dx_S}{dt} \cos\varphi + \frac{dy_S}{dt} \sin\varphi = c_1 \quad \text{bzw.} \quad dx_S \cos\varphi + dy_S \sin\varphi = c_1 \, dt.$$

Nun wird der Versuch gestartet, die Gleichung zu integrieren:

$$\int (dx_S \cos\varphi + dy_S \sin\varphi) = \int c_1 \, dt.$$

Der linke Integrand kann schließlich mit Null additiv ergänzt werden:

$$\int (\cos\varphi \, dx_S + \sin\varphi \, dy_S + 0 \cdot d\varphi).$$

Es stellt sich nun die Frage, ob eine dreidimensionale (Stamm-)Funktion $U = U(x_S; y_S; \varphi)$ existiert, deren vollständiges Differenzial dU sich zu

$$dU = \underbrace{\cos\varphi}_{= P(x_S;\, y_S;\, \varphi)} dx_S + \underbrace{\sin\varphi}_{= Q(x_S;\, y_S;\, \varphi)} dy_S + \underbrace{0}_{= R(x_S;\, y_S;\, \varphi)} d\varphi$$

berechnet. Die sog. Integrabilitätsbedingung des vollständigen Differenzials im dreidimensionalen Fall lautet [8]:

$$\frac{\partial Q}{\partial \varphi} = \frac{\partial R}{\partial y_S}, \quad \frac{\partial R}{\partial x_S} = \frac{\partial P}{\partial \varphi} \quad \text{und} \quad \frac{\partial P}{\partial y_S} = \frac{\partial Q}{\partial x_S};$$

hierbei sind

$$P = \frac{\partial U}{\partial x_S}, \quad Q = \frac{\partial U}{\partial y_S} \quad \text{und} \quad R = \frac{\partial U}{\partial \varphi}.$$

In diesem Fall sind diese Bedingungen leider jedoch nicht erfüllt, da

$$\frac{\partial Q}{\partial \varphi} = \cos \varphi \quad \text{und} \quad \frac{\partial P}{\partial \varphi} = -\sin \varphi, \quad \text{aber} \quad \frac{\partial R}{\partial x_S} = \frac{\partial R}{\partial y_S} = 0.$$

◀

I. d. R. werden die Zwangsbedingungen eines mechanischen Systems in impliziter Form dargestellt, vgl. (4.2). Für ein Massenpunktsystem sind dann die b Terme c_β differenzierbare Funktionen der Koordinaten x_i, y_i und z_i ($i = 1; 2; ..; n$) der n Massenpunkte in einem kartesischen Koordinatensystem. Das vollständige Differenzial der Funktionen c_β berechnet sich zu

$$\mathrm{d}c_\beta = \sum_{i=1}^{n} \left(\frac{\partial c_\beta}{\partial x_i} \mathrm{d}x_i + \frac{\partial c_\beta}{\partial y_i} \mathrm{d}y_i + \frac{\partial c_\beta}{\partial z_i} \mathrm{d}z_i \right) + \frac{\partial c_\beta}{\partial t} \mathrm{d}t.$$

Mit den Ortsvektoren $\vec{r}_i = (x_i; y_i; z_i)^T$ und deren differenzieller Änderung $\mathrm{d}\vec{r}_i = (\mathrm{d}x_i; \mathrm{d}y_i; \mathrm{d}z_i)^T$ lässt sich die Klammer $(\ldots)$ als Skalarprodukt mit dem Gradienten von c_β schreiben:

$$\mathrm{d}c_\beta = \sum_{i=1}^{n} \nabla_i c_\beta \mathrm{d}\vec{r}_i + \frac{\partial c_\beta}{\partial t} \mathrm{d}t;$$

es ist eben $\nabla_i c_\beta$ die Anwendung des sog. NABLA-Operators auf c_β in Bezug auf die Koordinaten des i-ten Massenpunktes, d. h.

$$\nabla_i c_\beta = \mathrm{grad}_i c_\beta = \frac{\partial c_\beta}{\partial x_i} \vec{e}_x + \frac{\partial c_\beta}{\partial y_i} \vec{e}_y + \frac{\partial c_\beta}{\partial z_i} \vec{e}_z$$

$$= \left(\frac{\partial c_\beta}{\partial x_i}; \frac{\partial c_\beta}{\partial y_i}; \frac{\partial c_\beta}{\partial z_i} \right)^T.$$

Da nach Formulierung (4.2) $c_\beta = 0$ ist, gilt für das vollständige Differenzial

$$\mathrm{d}c_\beta = 0.$$

Setzt man nun in der Gleichung für $\mathrm{d}c_\beta$ anstatt der (beliebigen) Ortsvektoränderung $\mathrm{d}\vec{r}_i$ die – mit den geometrischen Zwängen/Einschränkungen konsistente – virtuelle Verrückung $\delta\vec{r}_i$ jener i-ten Punktmasse ein, so erhält man

$$\sum_{i=1}^{n} \nabla_i c_\beta \delta\vec{r}_i = 0,$$

da bei diesem rein gedachten Vorgang keine Zeit vergeht ($dt = 0$). Anschaulich gesprochen gilt für den „i-ten Gradienten" $\nabla_i c_\beta$ der Zwangsbedingung c_β und der virtuellen Verrückung: $\nabla_i c_\beta \perp \delta \vec{r}_i$.

Eine analoge Eigenschaft weisen die äußeren Zwangskräfte $\vec{Z}_i^{(a)}$ auf:

$$\sum_{i=1}^{n} \vec{Z}_i^{(a)} \delta \vec{r}_i = 0;$$

sie sind stets senkrecht zu einer geometrisch verträglichen Verschiebung eines Massenpunktes orientiert, wie z. B. Normalkräfte. Die „inneren Zwangskräfte", d. h. die kinematischen Bindungskräfte treten paarweise entgegengesetzt auf und verrichten in Summe keine Arbeit, vgl. Erläuterung im Abschn. 2.8.3. Es gilt daher für die folgende Doppelsumme entsprechend:

$$\sum_{i=1}^{n} \sum_{l=1}^{n} \vec{K}_{il}^{(k)} \delta \vec{r}_i = 0 \quad \text{mit} \quad \vec{K}_{ii}^{(k)} = \vec{0}.$$

Zusammenfassend lässt sich für die Summe der Resultierenden aus äußeren und inneren Zwangskräften angeben:

$$\sum_{i=1}^{n} \left(\vec{Z}_i^{(a)} + \sum_{l=1}^{n} \vec{K}_{il}^{(k)} \right) \delta \vec{r}_i = 0.$$

Es erfüllen also die resultierenden Zwangskräfte für einen Massenpunkt die gleiche Bedingung wie die Vektoren $\nabla_i c_\beta$, so dass die Kräfte als Linearkombination der Gradienten berechnet werden können:

$$\vec{Z}_i^{(a)} + \sum_{l=1}^{n} \vec{K}_{il}^{(k)} = \sum_{\beta=1}^{b} \lambda_\beta \nabla_i c_\beta;$$

die Koeffizienten λ_β heißen LAGRANGEsche Multiplikatoren.

Schließlich lässt sich diese Erkenntnis in die Dynamische Grundgleichung für den i-ten Massenpunkt des Systems direkt einsetzen. Mit den im Abschn. 4.1 bereits erklärten Bezeichnungen für die Kräfte gilt:

$$m_i \ddot{\vec{r}}_i = \underbrace{\vec{F}_{i,\text{ein}}^{(a)} + \sum_{k=1}^{n} \vec{K}_{ik}^{(p)}}_{= \vec{F}_{i,\text{ein}}} + \vec{Z}_i^{(a)} + \sum_{l=1}^{n} \vec{K}_{il}^{(k)}$$

Fasst man alle auf den Massenpunkt m_i wirkenden eingeprägten Kräfte (d. h. äußere und innere eingeprägte Kräfte, letztere sind die sog. physikalischen Bindungskräfte) abkürzend mit $\vec{F}_{i,\text{ein}}$ zusammen, so ergibt sich:

$$m_i \ddot{\vec{r}}_i = \vec{F}_{i,\text{ein}} + \sum_{\beta=1}^{b} \lambda_\beta \nabla_i c_\beta, \quad i = 1; 2; \ldots; n \tag{4.4}$$

mit den „Zwangsfunktionen" $c_\beta = c_\beta(\vec{r}_1; \vec{r}_2; \ldots; \vec{r}_n; t)$ der holonomen Zwangsbedingungen

$$c_\beta(\vec{r}_1; \vec{r}_2; \ldots; \vec{r}_n; t) = 0$$

Dieses System von $3n$ Differenzialgleichungen der Massenpunktkoordinaten nennt man LAGRANGEsche Gl. 1. Art. Zusammen mit den b Zwangsbedingungen c_β können damit die $3n$ Bewegungsgleichungen und die b LAGRANGE-Multiplikatoren λ_β ermittelt werden.

Falls hierbei die resultierende eingeprägte Kraft $\vec{F}_{i,\text{ein}}$ konservativer Natur ist, lässt sich diese als negativer Gradient eines Potenzials E_p berechnen, vgl. dazu Gleichung (2.25).

$$\vec{F}_{i,\text{ein}} = -\nabla_i E_\text{p} \tag{4.5}$$

Beispiel 4.3: Mathematisches Pendel, Lagrange-Gl. 1. Art

Es wird erneut die Bewegungsgleichung (DGL für Pendelwinkel) für das mathematische Pendel von Bsp. 2.2 hergeleitet. In den LAGRANGEschen Gl. 1. Art treten Zwangskräfte nicht direkt auf, sie werden soz. über die Zwangsbedingungen berechnet. Daher ist hier kein „klassisches Freikörperbild" erforderlich; man muss sich aber die eingeprägten Kräfte resp. deren Potenziale sowie die Zwangsbedingung(en) überlegen. Im folgenden ist für die Formulierung von (4.4) im raumfesten Lagerpunkt A ein kartesisches xz-System eingeführt.

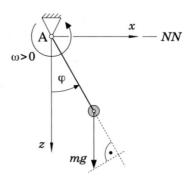

Ein frei beweglicher Massenpunkt besitzt in der xz-Ebene zwei Freiheitsgrade. Durch die starre Anbindung an A ist dessen Bewegungsfreiheit allerdings eingeschränkt; die entsprechende Zwangsbedingung lautet:

$$x^2 + z^2 = l^2 \quad \text{bzw.} \quad c = x^2 + z^2 - l^2 \quad \text{mit} \quad c = 0.$$

Somit verbleibt noch ein Freiheitsgrad: $f = 2 - b = 1$, da $b = 1$. D. h. es ist eine Koordinate zur eindeutigen Angabe der Lage von m ausreichend, wie z. B. der Pendelwinkel φ; die Pendelbewegung wird durch eine Bewegungsgleichung vollständig beschrieben. Obwohl die Gewichtskraft als eingeprägte Kraft bekannt ist, wird diese zur Demonstration von (4.5) aus dem Schwerkraftpotenzial berechnet. Nach (2.30) berechnet sich dieses zu

$$E_\mathrm{p} = -mgz.$$

Die korrespondierende eingeprägte Kraft (Gewichtskraft) erhält man wie folgt:

$$\vec{F}_\mathrm{ein} = -\nabla E_\mathrm{p} = -\left(\frac{\partial E_\mathrm{p}}{\partial x} \vec{e}_x + \frac{\partial E_\mathrm{p}}{\partial y} \vec{e}_y + \frac{\partial E_\mathrm{p}}{\partial z} \vec{e}_z \right) = mg\vec{e}_z;$$

der Index i als Nummer des Massenpunktes ist bei einem Massenpunkt natürlich obsolet, ebenso wie der Index β.

Nun ist entsprechend (4.4) der Gradient der Zwangsbedingung zu berechnen ($b = 1$):

$$\lambda \nabla c = \lambda \left(\frac{\partial c}{\partial x} \vec{e}_x + \frac{\partial c}{\partial y} \vec{e}_y + \frac{\partial c}{\partial z} \vec{e}_z \right) = \lambda 2x\vec{e}_x + \lambda 2z\vec{e}_z.$$

Damit lauten die Koordinatengleichungen für die x- und z-Richtung:

$$m\ddot{x} = \quad\quad + 2\lambda x$$
$$m\ddot{z} = mg + 2\lambda z$$

Nächster Schritt ist die Eliminierung des Lagrange-Multiplikators λ:

$$\lambda = \frac{m\ddot{x}}{2x}$$

$$m\ddot{z} = mg + 2\frac{m\ddot{x}}{2x}z \quad \text{also} \quad \ddot{z} = g + \frac{z}{x}\ddot{x}.$$

Diese DGL ist aber noch nicht die bekannte Bewegungsgleichung (DGL für φ) eines mathematischen Pendels. Es gilt hier aber

$$x = l\sin\varphi \quad \text{und} \quad z = l\cos\varphi.$$

Deren Zeitableitungen ergeben sich wegen $\varphi = \varphi(t)$ mit Hilfe der Ketten- und Produktregel ($\dot{\varphi} = \dot{\varphi}(t)$) zu:

$$\dot{x} = l\cos\varphi\,\dot{\varphi} \quad , \quad \ddot{x} = l\left(-\sin\varphi\,\dot{\varphi}^2 + \cos\varphi\,\ddot{\varphi} \right)$$

sowie

$$\dot{z} = -l\sin\varphi\,\dot{\varphi} \quad , \quad \ddot{z} = -l\left(\cos\varphi\,\dot{\varphi}^2 + \sin\varphi\,\ddot{\varphi} \right).$$

Eingesetzt in obige Gleichung erhält man:

$$-l\left(\cos\varphi\,\dot{\varphi}^2 + \sin\varphi\,\ddot{\varphi}\right) = g + \frac{\cancel{l}\cos\varphi}{\cancel{l}\sin\varphi}\,l\left(-\sin\varphi\,\dot{\varphi}^2 + \cos\varphi\,\ddot{\varphi}\right) \quad\Big|\cdot\frac{\sin\varphi}{l}$$

$$-\sin\varphi\left(\cos\varphi\,\dot{\varphi}^2 + \sin\varphi\,\ddot{\varphi}\right) = \frac{g}{l}\sin\varphi + \cos\varphi\left(-\sin\varphi\,\dot{\varphi}^2 + \cos\varphi\,\ddot{\varphi}\right)$$

$$-\cancel{\sin\varphi\cos\varphi\,\dot{\varphi}^2} - \sin^2\varphi\,\ddot{\varphi} = \frac{g}{l}\sin\varphi - \cancel{\sin\varphi\cos\varphi\,\dot{\varphi}^2} + \cos^2\varphi\,\ddot{\varphi}$$

$$\sin^2\varphi\,\ddot{\varphi} + \cos^2\varphi\,\ddot{\varphi} + \frac{g}{l}\sin\varphi = 0 \;\text{bzw.}\; \big(\underbrace{\sin^2\varphi + \cos^2\varphi}_{=\,1}\big)\ddot{\varphi} + \frac{g}{l}\sin\varphi = 0\,.$$

Die Transformation zu Polarkoordinaten (φ ist der Zirkularwinkel) ergibt schließlich wieder die übliche DGL.

Bevor die Rechnung zum Vergleich direkt in Polarkoordinaten erfolgt, wird noch der LAGRANGE-Multiplikator λ betrachtet. Setzt man x und $\ddot{x}$ ein, so folgt für diesen:

$$\lambda = \frac{ml\left(-\sin\varphi\,\dot{\varphi}^2 + \cos\varphi\,\ddot{\varphi}\right)}{2\,l\sin\varphi} = \frac{1}{2}m\left(\frac{\cos\varphi}{\sin\varphi}\ddot{\varphi} - \dot{\varphi}^2\right),$$

und mit $\ddot{\varphi} = -\frac{g}{l}\sin\varphi$ aus der Bewegungsgleichung

$$\lambda = \frac{1}{2}m\left(-\frac{\cos\varphi}{\sin\varphi}\frac{g}{l}\sin\varphi - \dot{\varphi}^2\right) = -\frac{1}{2}m\left(\frac{g}{l}\cos\varphi + \dot{\varphi}^2\right).$$

Es ließe sich nun durch Integration der DGL $\ddot{\varphi} = \ddot{\varphi}(\varphi)$ die Funktion $\dot{\varphi} = \dot{\varphi}(\varphi)$ ermitteln, vgl. dazu Bsp. 2.3, so dass man dann λ in Abhängigkeit des Pendelwinkels φ angeben könnte.

Frage: Hat denn der Multiplikator λ eigentlich eine physikalische Bedeutung? Vergleicht man diesen mit der in Bsp. 2.3 berechneten Seilkraft $S = mg\cos\varphi + ml\dot{\varphi}^2$, so erkennt man folgenden Zusammenhang:

$$\lambda = -\frac{1}{2}\frac{S}{l}\,.$$

D. h. der Betrag des LAGRANGE-Multiplikators λ entspricht – in diesem speziellen Fall (mathematisches Pendel, kartesische Koordinaten) – der halben, auf die Pendellänge l bezogenen Seilkraft. Man kann also aus λ die Seilkraft S berechnen.

Ergänzung: Polarkoordinaten. Man kann die LAGRANGEschen Gl. 1. Art auch in Polarkoordinaten formulieren. Dazu ist der Vektor $\ddot{\vec{r}}$ der Beschleunigung des Massenpunktes m in eben diesen Koordinaten darzustellen: $\ddot{\vec{r}} = a_r\vec{e}_r + a_\varphi\vec{e}_\varphi$. Zudem muss der NABLA-Operator in Polarkoordinaten ausgewertet werden. Nach [8] gilt allgemein für den Gradienten eines Skalarfeldes U in Polarkoordinaten (Zylinderkoordinaten mit soz. $\vec{e}_z = \vec{0}$):

$$\nabla U = \mathrm{grad}\,U = \frac{\partial U}{\partial r}\vec{e}_r + \frac{1}{r}\frac{\partial U}{\partial \varphi}\vec{e}_\varphi\,.$$

Die folgende Skizze dient nochmals der Verdeutlichung der Polarkoordinaten zur Beschreibung der Pendelbewegung von Bsp. 2.2.

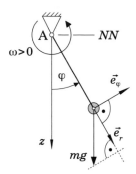

Es berechnet sich dann das Schwerkraftpotenzial, ungeachtet des geometrischen Zwanges, unverändert zu

$$E_\mathrm{p} = -mgz, \quad \text{wobei nun} \quad z = r\cos\varphi \quad \text{gilt.}$$

Das Potenzial ist hierbei stets allgemein anzugeben (d. h. es dürfen keine Zwangsbedingungen berücksichtigt werden), da die entsprechende eingeprägte Kraft zwar u. U. vom Ort, nicht aber von geometrischen Bindungen abhängt. Damit erhält man für die (eingeprägte) Gewichtskraft:

$$\vec{F}_\mathrm{ein} = -\nabla E_\mathrm{p} = -\left(\frac{\partial E_\mathrm{p}}{\partial r}\vec{e}_r + \frac{1}{r}\frac{\partial E_\mathrm{p}}{\partial \varphi}\vec{e}_\varphi\right) = mg\cos\varphi\,\vec{e}_r - mg\sin\varphi\,\vec{e}_\varphi.$$

Und der zweite Term der rechten Seite von (4.4) lautet:

$$\lambda\nabla c = \lambda\left(\frac{\partial c}{\partial r}\vec{e}_r + \frac{1}{r}\frac{\partial c}{\partial \varphi}\vec{e}_\varphi\right),$$

mit der (impliziten) Zwangsbedingung $c = 0$, wobei ($r = l = konst$)

$$c = r - l.$$

Es ergibt sich also:

$$\lambda\nabla c = \lambda\left(1\cdot\vec{e}_r + \frac{1}{r}\cdot 0\cdot\vec{e}_\varphi\right) = \lambda\,\vec{e}_r.$$

Damit lassen sich die (skalaren) Koordinatengleichungen wie folgt angeben:

$$\begin{aligned} m\,a_r &= mg\cos\varphi + \lambda \ \text{mit}\ a_r = -l\dot\varphi^2 \\ m\,a_\varphi &= -mg\sin\varphi \quad \text{mit}\ a_\varphi = l\ddot\varphi \end{aligned};$$

zur Wiederholung der Berechnung von Radialbeschleunigung a_r und Zirkularbeschleunigung a_φ bei einer kreisförmigen Massenpunktbewegung sei auf Abschn. 1.1.3 verwiesen. Die zirkulare Gleichung liefert direkt die Bewegungsgleichung des mathematischen Pendels:

$$ml\ddot{\varphi} = -mg\sin\varphi \quad \text{bzw.} \quad \ddot{\varphi} + \frac{g}{l}\sin\varphi = 0.$$

Der LAGRANGE-Multiplikator λ ist nun

$$\lambda = -\left(mg\cos\varphi + ml\dot{\varphi}^2\right) = -S,$$

betragsmäßig also genau gleich der Seilkraft S (Zwangs- bzw. Führungskraft der geführten ebenen Bewegung). ◄

Im Anhang A.5 ist zur Vertiefung – für den besonderes interessierten Leser – anhand der allgemeinen Betrachtung eines Massenpunktsystems aufgezeigt, wie sich das D'ALEMBERTsche Prinzip in der Fassung nach LAGRANGE weiterentwickeln lässt. Bei dem sich dabei ergebenden, von Joseph Louis LAGRANGE eingeführten mathematischen Formalismus wird die Bewegung eines mechanischen Systems durch eine einzige skalare Funktion, der sog. LAGRANGE-Funktion L beschrieben. Sie ist wie folgt definiert:

$$L = E_{\mathrm{k}} - E_{\mathrm{p}}, \tag{4.6}$$

also als Differenz zwischen der gesamten kinetischen und gesamten potenziellen Energie des Systems. Dabei muss L in generalisierten Koordinaten q_j, auch verallgemeinerte Koordinaten genannt, ausgedrückt werden. Es gilt dann, vgl. Anhang A.5, für die LAGRANGE-Funktion:

$$\frac{\mathrm{d}}{\mathrm{d}t}\left(\frac{\partial L}{\partial \dot{q}_j}\right) - \frac{\partial L}{\partial q_j} = Q_j^* \quad \text{mit} \quad j = 1; 2; \ldots; f. \tag{4.7}$$

Die skalaren Größen Q_j^* in (4.7) sind die sog. nicht-konservativen generalisierten bzw. verallgemeinerten Kräfte[3]. Sie berechnen sich durch Koeffizientenvergleich der virt. Arbeit $\delta W_{\mathrm{ein}}^*$ der (klassischen) nicht-konservativen[4] Kräfte und Momente für die jeweilige spez. Konstellation und deren allgem. Berechnung mit den nicht-konservativen generalisierten Kräften gem.

---

[3] (4.7) wird im Anhang hergeleitet für ein Massenpunktsystem. Dazu ausnahmsweise ohne Nachweis: Dieses System gewöhnlicher Differenzialgleichungen für die generalisierten Koordinaten gilt ebenso für mechanische Konstruktionen aus starren Körpern, gen. Mehrkörpersysteme. Es treten dann i. Allg. als generalisierte Koordinaten q_j Entfernungen und Winkel sowie ferner als generalisierte Kräfte Q_j^* evtl. auch Momente auf.

[4] Nicht-konservative Systeme bezeichnet man auch als dissipativ: Energie einer makroskopisch gerichteten Bewegung wird in eine ungeordnete Bewegung der Atome, Ionen oder Moleküle umgewandelt (thermische Energie bzw. Wärme, Temperaturänderung).

$$\delta W_{\text{ein}}^* = \sum_{j=1}^{f} Q_j^* \, \delta q_j. \tag{4.8}$$

Man nennt (4.7) die LAGRANGEschen Gl. 2. Art. Sie gelten nicht nur in Inertialsystemen, sondern ebenso in beschleunigten Bezugssystemen.

Bevor diese an einem ersten Beispiel demonstriert werden, sei noch die Bedeutung für speziell den konservativen Fall ($Q_j^* = 0$) anschaulich erläutert. Man betrachtet dazu einen Massenpunkt mit $f = 1$: $q_1 = x$. Dann ist

$$L = E_{\text{k}} - E_{\text{p}} = \frac{1}{2} m \dot{x}^2 - E_{\text{p}}(x; t)$$

mit irgendeinem i. Allg. vom Ort x und der Zeit t abhängigen Potenzial E_{p}. Eingesetzt in (4.7) ergibt sich:

$$\frac{\mathrm{d}}{\mathrm{d}t}\left(\frac{\partial L}{\partial \dot{x}}\right) = \frac{\partial L}{\partial x}$$

$$\frac{\mathrm{d}}{\mathrm{d}t}\left(m \underbrace{\dot{x}}_{= v}\right) = -\frac{\partial E_{\text{p}}}{\partial x} \quad \text{also} \quad \underbrace{m\dot{v}}_{= \dot{p}} = F_{\text{ein}} \, ,$$

da die partielle Anleitung auf der rechten Seite nach (4.5) eine eingeprägte Kraft darstellt. Die LAGRANGEschen Gl. 2. Art sind folglich eine besondere mathematische Formulierung des zweiten NEWTONschen Axioms $\dot{p} = F_{\text{ein}}$; man bezeichnet daher den ersten Term in (4.7) als den verallgemeinerten bzw. generalisierten Impuls.

Beispiel 4.4: Mathematisches Pendel, Lagrange-Gl. 2. Art

Und es wird nochmals das mathematische Pendel entsprechend Bsp. 2.2 betrachtet. Ziel ist wieder, die Bewegungsgleichung aufzustellen.

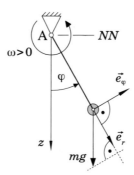

Der Massenpunkt besitzt, wäre er frei beweglich, in der Ebene zwei Freiheitsgrade. Durch die „starre Bindung" an den raumfesten Lagerpunkt A, damit ist $l = konst$ gemeint, ist die Bewegungsfreiheit eingeschränkt und es verbleibt nur ein Freiheitsgrad: $f = 1$.

Als generalisierte Koordinate q_1 (z.Er.: Eine Menge von f unabhängigen Koordinaten nennt man generalisierte Koordinaten.) eignet sich insbesondere der Zirkularwinkel φ; damit ist die Lage eindeutig angegeben und es lassen sich E_k und E_p zudem rel. einfach berechnen.

Mit dem Potenzial-Nullniveau NN bei $z = 0$, vgl. Skizze, berechnet sich das Potenzial (potenzielle Energie) des Massenpunktes zu

$$E_p = -mgz \quad \text{wobei} \quad z = l\cos\varphi.$$

Für die kinetische Energie gilt:

$$E_k = \frac{1}{2}mv^2;$$

v ist die Bahngeschwindigkeit der kreisförmigen Bewegung (Radius l) des Massenpunktes.

$$v = l\omega = l\dot\varphi$$

Damit lässt sich die LAGRANGE-Funktion wie folgt angeben:

$$L = E_k - E_p = \frac{1}{2}ml^2\dot\varphi^2 + mgl\cos\varphi;$$

hierbei ist wichtig, dass L in den generalisierten Koordinaten ausgerückt wird, da diese Funktion nach q_j und deren Zeitableitungen $\dot q_j$ zu differenzieren ist. Mit $q_1 = \varphi$ ($f = 1$) lautet (4.7):

$$\frac{\mathrm{d}}{\mathrm{d}t}\left(\frac{\partial L}{\partial \dot\varphi}\right) - \frac{\partial L}{\partial \varphi} = 0, \quad \text{da} \quad Q_1^* = 0.$$

Die nicht-konservative generalisierte Kraft Q_1^* ist Null, weil in diesem Modell keinerlei Widerstandskräfte berücksichtigt werden. Es ergibt sich mit obiger LAGRANGE-Funktion:

$$\frac{\mathrm{d}}{\mathrm{d}t}\left(\frac{1}{2}ml^2\,2\dot\varphi - 0\right) - (0 + mgl(-\sin\varphi)) = 0$$

$$\frac{\mathrm{d}}{\mathrm{d}t}\left(ml^2\dot\varphi\right) + mgl\sin\varphi = 0, \quad \text{also} \quad ml^2\ddot\varphi + mgl\sin\varphi = 0.$$

Nach Division mit ml^2, das ist übrigens das Massenträgheitsmoment des Massenpunktes bzgl. A, erhält man die bekannte DGL für φ:

$$\ddot\varphi + \frac{g}{l}\sin\varphi = 0.$$

Ergänzung: Luftwiderstand. Das Modell eines mathematischen Pendels wird nun dahingehend erweitert, dass zusätzlich eine (eingeprägte, nicht-konservative) Widerstandskraft $\vec F_W$ auf den Massenpunkt m wirkt, deren Betrag proportional zur Bahngeschwindigkeit v ist – man spricht in diesem Zusammenhang auch von „viskoser Reibung". Es gelte also

$$\vec{F}_W = -kv\vec{e}_v \quad (k = konst).$$

Die Widerstandskraft ist stets entgegengesetzt zur Bewegungsrichtung orientiert; $\vec{e}_v$ ist der Einheitsvektor des Geschwindigkeitsvektors $\vec{v}$. Bei der vorliegenden kreisförmigen Bewegung ist $\vec{v} = v\vec{e}_\varphi$ und somit $\vec{e}_v = \vec{e}_\varphi$. Folglich gilt:

$$\vec{F}_W = -kv\,\vec{e}_\varphi, \quad \text{wobei} \quad v = l\omega = l\dot{\varphi}.$$

Die virtuelle Arbeit dieser nicht-konservativen Kraft berechnet sich zu

$$\delta W_{ein}^* = \vec{F}_W\,\delta\vec{r}.$$

Da für radiale Koordinate $r = l = konst$ gilt, ist die virtuelle Verrückung tangential; der entsprechende Weg $|\delta\vec{r}|$ ist die Bogenlänge über der Winkeländerung $\delta\varphi$:

$$\delta\vec{r} = |\delta\vec{r}|\,\vec{e}_\varphi = l\delta\varphi\,\vec{e}_\varphi.$$

Mit dieser Beziehung ist die virtuelle Arbeit der Widerstandskraft:

$$\delta W_{ein}^* = -kl\dot{\varphi}\,\vec{e}_\varphi\,l\delta\varphi\,\vec{e}_\varphi = -kl^2\dot{\varphi}\delta\varphi\,\underbrace{\vec{e}_\varphi\vec{e}_\varphi}_{=1}.$$

Und nach (4.8) berechnet sich diese aus den nicht-konservativen generalisierten Kräfte wie folgt ($f = 1$):

$$\delta W_{ein}^* = Q_1^*\,\delta q_1$$

Es ist in diesem Fall $q_1 = \varphi$ und somit $\delta q_1 = \delta\varphi$. Setzt man damit die beiden Ausdrücke für die virtuelle Arbeit δW_{ein}^* gleich, so ergibt sich:

$$Q_1^*\,\delta\varphi = -kl^2\dot{\varphi}\delta\varphi, \quad \text{also} \quad Q_1^* = -kl^2\dot{\varphi}.$$

Bei $Q_1^* \neq 0$ bleibt die linke Seite der LAGRANGEschen Gl. 2. Art unverändert, rechts steht jedoch Q_1^* statt 0:

$$ml^2\ddot{\varphi} + mgl\sin\varphi = -kl^2\dot{\varphi}.$$

Eine kleine Umformung liefert für kleine Auslenkungen ($\sin\varphi \approx \varphi$) die übliche Form der „allgemeinen", d. h. gedämpften linearen Schwingungsdifferenzialgleichung.

$$ml^2\ddot{\varphi} + kl^2\dot{\varphi} + mgl\varphi = 0 \quad \text{bzw.} \quad \ddot{\varphi} + \frac{k}{m}\dot{\varphi} + \frac{g}{l}\varphi = 0.$$

Mehr zum Thema Schwingungen findet man im nächsten Kapitel …

Eine Koordinaten-Alternative. Generalisierte Koordinaten müssen die Voraussetzungen erfüllen, dass sie unabhängig voneinander sind und zudem eine eindeutige Lagebeschreibung möglich ist. Schließlich sollte man auch eine „einfache" Form der kinetischen Energie sowie des Potenzials anstreben. Für das mathematische Pendel erfüllt zweifelsohne der Pendel-/Zirkularwinkel φ alle diese Eigenschaften.

Es liegt aber auch die Überlegung nahe, die kartesische Koordinate z als generalisierte Koordinate q_1 festzulegen.

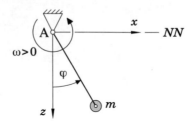

Mit dem Nullniveau in A berechnet sich das (Schwere-)Potenzial zu

$$E_p = -mgz \quad (- \text{ da } z \downarrow).$$

Doch die Angabe von z bestimmt die Position der Punktmasse m nicht eindeutig; die Zwangsbedingung $x^2 + z^2 = l^2$ liefert zwei Möglichkeiten:

$$x = \pm\sqrt{l^2 - z^2},$$

einem Ausschlag nach rechts (+) bzw. links (-) entsprechend. Beschränkt man sich bei der Betrachtung jedoch auf einen Quadranten bzw. eine sog. Halbebene, z.B. $x \geq 0$, dann erfolgt mit der Koordinate z eine eindeutige Lagebeschreibung, und z kann als generalisierte Koordinate q_1 verwendet werden. Trotzdem tut man sich mit dieser Wahl keinen Gefallen, wie im Folgenden gezeigt wird.

Es muss nämlich noch die kinetische Energie E_k des Massenpunktes berechnet werden, und jetzt als Funktion von z und $\dot{z}$. Wie oben gezeigt, gilt:

$$E_k = \frac{1}{2}mv^2 = \frac{1}{2}ml^2\dot{\varphi}^2,$$

wobei $z = l\cos\varphi$ ist, und damit $\dot{z} = -l\sin\varphi\,\dot{\varphi}$, also

$$\dot{\varphi} = -\frac{\dot{z}}{l\sin\varphi}.$$

Eingesetzt ergibt sich mit $z = l\cos\varphi$:

$$E_k = \frac{1}{2}ml^2\left(-\frac{\dot{z}}{l\sin\varphi}\right)^2 = \frac{1}{2}m\frac{\dot{z}^2}{\sin^2\varphi} = \frac{1}{2}m\frac{\dot{z}^2}{1-\cos^2\varphi}$$

$$= \frac{1}{2}m\frac{\dot{z}^2}{1-\left(\frac{z}{l}\right)^2} = \frac{1}{2}ml^2\frac{\dot{z}^2}{l^2-z^2}.$$

Somit lautet die LAGRANGE-Funktion:

$$L = E_k - E_p = \frac{1}{2}ml^2\frac{\dot{z}^2}{l^2 - z^2} - (-mgz) = \frac{1}{2}ml^2\frac{\dot{z}^2}{l^2 - z^2} + mgz.$$

Und mit (4.7) erhält man ($q_1 = z$, Quotientenregel):

$$\frac{d}{dt}\left(\frac{1}{2}ml^2\frac{1}{l^2 - z^2}2\dot{z}\right) - \frac{1}{2}ml^2\frac{0 \cdot (l^2 - z^2) - \dot{z}^2(-2z)}{(l^2 - z^2)^2} - mg = 0$$

$$ml^2\left[\frac{\ddot{z}(l^2 - z^2) - \dot{z}(-2z\dot{z})}{(l^2 - z^2)^2} - \frac{\dot{z}^2z}{(l^2 - z^2)^2}\right] - mg = 0$$

$$ml^2\left[\frac{\ddot{z}}{l^2 - z^2} + 2\frac{\dot{z}^2z}{(l^2 - z^2)^2} - \frac{\dot{z}^2z}{(l^2 - z^2)^2}\right] - mg = 0,$$

eine etwas „wilde" (nicht-lineare) DGL 2. Ordnung für die vertikale kartesische Koordinate z,

$$ml^2\left[\frac{\ddot{z}}{l^2 - z^2} + \frac{\dot{z}^2z}{(l^2 - z^2)^2}\right] - mg = 0.$$

Mit der Substitution $z = l\cos\varphi$, damit folgt wegen $\varphi = \varphi(t)$ sowie auch $\dot{\varphi} = \dot{\varphi}(t)$,

$$\dot{z} = -l\sin\varphi\,\dot{\varphi} \quad \text{und} \quad \ddot{z} = -l(\cos\varphi\,\dot{\varphi}^2 + \sin\varphi\,\ddot{\varphi}),$$

lässt sich diese DGL aber in die Bewegungsgleichung des Pendels für den Zirkularwinkel φ (Polarkoordinaten) transformieren:

$$ml^2\left[\frac{-l(\cos\varphi\,\dot{\varphi}^2 + \sin\varphi\,\ddot{\varphi})}{l^2 - (l\cos\varphi)^2} + \frac{(-l\sin\varphi\,\dot{\varphi})^2\,l\cos\varphi}{(l^2 - (l\cos\varphi)^2)^2}\right] - mg = 0$$

$$ml^2\left[\frac{-l(\cos\varphi\,\dot{\varphi}^2 + \sin\varphi\,\ddot{\varphi})}{l^2(1 - \cos^2\varphi)} + \frac{l^3\sin^2\varphi\,\dot{\varphi}^2\cos\varphi}{l^4(1 - \cos^2\varphi)^2}\right] - mg = 0$$

$$ml^2\left[-\frac{\dot{\varphi}^2\cos\varphi}{\cancel{l}\sin^2\varphi} - \frac{\sin\varphi\,\ddot{\varphi}}{l\sin^2\varphi} + \frac{\sin^2\varphi\,\dot{\varphi}^2\cancel{\cos\varphi}}{\cancel{l}\sin^4\varphi}\right] - mg = 0;$$

es ergibt sich folglich:

$$-ml^2\frac{\ddot{\varphi}}{l\sin\varphi} - mg = 0 \quad \text{bzw. die bekannte DGL} \quad \ddot{\varphi} + \frac{g}{l}\sin\varphi = 0.$$

Es ist also bei der Wahl der generalisierten Koordinaten q_j besonders zu durchdenken, wie sich E_k und E_p berechnen. ◄

Die LAGRANGEschen Gl. 2. Art (4.7) sind universell anwendbar, d. h. für Bewegungen von Massenpunkten, Massenpunktsystemen sowie Systemen starrer Körper. Dabei müssen stets alle auftretenden nicht-konservativen Kräfte/Momente identifiziert werden, über deren virtuelle Arbeit man dann die generalisierten nicht-konservativen Kräfte Q_j^* berechnet. Jedoch ist nicht immer auf den ersten Blick gleich klar, ob eine Kraft bzw. ein Moment konservativer Natur ist oder nicht. Letzteres ist dann der Fall, wenn z. B. kein Potenzial existiert. Das Potenzial einer Kraft $\vec{F}$ berechnet sich nach „Definition" (2.28) zu

$$E_\mathrm{p} = -\int\limits_{\vec{r}_0}^{\vec{r}} \vec{F}\,\mathrm{d}\vec{r}^{\,*} \quad (E_\mathrm{p}(\vec{r}_0) = 0).$$

Dieses entspricht der – negativen – Arbeit, die $\vec{F}$ auf dem Weg von $\vec{r}_0$ bis $\vec{r}$ verrichtet: $E_\mathrm{p} = -W_{\vec{r}_0 \leadsto \vec{r}}$. Folglich lässt sich für ein mögliches Potenzial eines Moments $M^{(\mathrm{a})}$ bzgl. einer raumfesten Achse a mit Gl. (3.12) die Bestimmungsgleichung

$$E_\mathrm{p} = -\int\limits_{\varphi_0}^{\varphi} M^{(\mathrm{a})}\,\mathrm{d}\varphi^* \quad (E_\mathrm{p}(\varphi_0) = 0).$$

angeben. Im Zweifelsfall kann man es sich aber einfach machen: Kennt man zu einer Kraft / einem Moment kein Potenzial, dann behandelt man diese(s) ganz unbekümmert als nicht-konservativ. Dieses Vorgehen ist vor allem dann notwendig, wenn $\vec{F}$ bzw. $M^{(\mathrm{a})}$ noch nicht konkret beschrieben ist, da in diesem Fall schließlich keine Berechnung von E_p erfolgen kann.

Beispiel 4.5: Modell eines einfachen Hubwerks (Aufzug)

Der Antrieb eines Hubwerks (J_T: Massenträgheitsmoment der Trommel) erzeugt vereinfacht ein konstantes Moment M_0. Zweckmäßigerweise legt man daher den Uhrzeigersinn als pos. Drehsinn fest ($\vec{e}_\omega \otimes$).

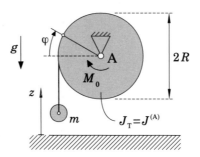

Zur Beschreibung der Lage/Position der beiden Körper (Trommel und Last m) werden die Koordinaten z und φ eingeführt, vgl. Skizze. Diese sind jedoch nicht unabhängig voneinander, denn es gilt die kinematische Beziehung (Zwangsbedingung)

$$z = R\varphi,$$

anschaulich gesprochen, die aufgerollte Seillänge $R\varphi$ ist gleich dem Weg z der Last (das Seil sei schließlich undehnbar). Das System hat demnach einen Freiheitsgrad. Soll bspw. die Beschleunigung $\ddot{r}$ des Massenpunktes m berechnet werden, wählt man z als generalisierte Koordinate.

Die gesamte kinetische Energie des Systems berechnet sich damit zu

$$E_k = \frac{1}{2} m \dot{z}^2 + \frac{1}{2} J_T \dot{\varphi}^2 = \frac{1}{2} m \dot{z}^2 + \frac{1}{2} J_T \left(\frac{\dot{z}}{R}\right)^2 = \frac{1}{2}\left(m + \frac{J_T}{R^2}\right) \dot{z}^2.$$

Es wirkt hier die konservative Gewichtskraft mg. Aber was ist mit M_0?

Überlegung 1: Da man kein Potenzial des Moments M_0 kennt, tut man einfach so, als wäre dieses nicht-konservativ und berechnet:

$$\delta W_{\text{ein}}^* = M_0 \delta\varphi = \frac{M_0}{R} \delta z \quad \text{bzw.} \quad \delta W_{\text{ein}}^* = Q_1^* \delta z$$

Der Vergleich liefert für die „nicht-konservative" generalisierte Kraft

$$Q_1^* = \frac{M_0}{R}.$$

Und mit dem Schwerepotenzial der Punktmasse $E_p = mgz$ ergibt (4.7):

$$\frac{\mathrm{d}}{\mathrm{d}t}\left(\frac{1}{2}\left(m + \frac{J_T}{R^2}\right) 2\dot{z}\right) + mg = \frac{M_0}{R}$$

$$\left(m + \frac{J_T}{R^2}\right)\ddot{z} = \frac{M_0}{R} - mg \quad \text{also} \quad \ddot{z} = \frac{\frac{M_0}{R} - mg}{m + \frac{J_T}{R^2}} = \frac{M_0 - mgR}{mR^2 + J_T} R.$$

Überlegung 2: Es wird der Versuch unternommen, zu M_0 ein Potenzial zu berechnen. Mit obiger Bestimmungsgleichung ergibt sich:

$$E_{p,M_0} = -\int_{\varphi_0}^{\varphi} M_0 \, \mathrm{d}\varphi = -M_0 \int_{\varphi_0}^{\varphi} \mathrm{d}\varphi = -M_0(\varphi - \varphi_0);$$

Folglich existiert ein Potenzial, M_0 ist konservativ; der „E_p-Nullpunkt" φ_0 kann beliebig gewählt werden, z. B. $\varphi_0 = 0$. Während die kinetische Energie im Vgl. zu Variante 1 unverändert bleibt, lautet nun das Gesamtpotenzial

$$E_p = mgz - M_0\varphi = mgz - \frac{M_0}{R}z = \left(mg - \frac{M_0}{R}\right)z.$$

Das System ist also konservativ, d. h. es treten keine nicht-konservativen Kräfte und Momente auf. Mit demnach $Q_1^* = 0$ liefert (4.7) für $\ddot{z}$ wieder das Ergebnis von Überlegung 1. ◄

Beim folgenden Beispiel darf das Antriebsmoment nicht als konstant angenommen werden. Wie im Abschn. 5.3.1 erläutert, muss dieses die von der Position abhängige Momentenwirkung des Gewichts sowie der Trägheitskraft kompensieren. Es ist daher notwendig, das Antriebsmoment als nicht-kons. zu interpretieren und dessen virtuelle Arbeit zu berechnen.

Beispiel 4.6: Schwingungsfähiges System (Unwuchterregung)

Ein einfaches Feder-Masse-Pendel wird durch eine gleichförmig rotierende, Punktmasse zum Schwingen angeregt, vgl. Abb. 5.12. Mit Hilfe der LAGRANGEschen Gl. 2. Art sind die Bewegungsgleichungen zu ermitteln.

Dieses System besitzt effektiv zwei Freiheitsgrade (phys. Koordinaten x, x_u und z_u, kin. Beziehung $x_u = x + l \cos \varphi$ mit Länge $l = \overline{O'S}$).

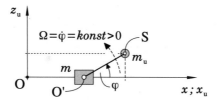

Da sich x_u und z_u sehr angenehm aus x und φ berechnen lassen, wählt man letztere als generalisierte Koordinaten: $q_1 = \varphi$ und $q_2 = x$.

Für die kinetische Energie E_k des aus zwei Massenpunkten bestehenden Gesamtsystems gilt (die starre Stange O'S sei masselos):

$$E_k = \frac{1}{2} m v_{O'}^2 + \frac{1}{2} m_u v_S^2.$$

Die (absolute) Bahngeschwindigkeit v_S der Unwuchtmasse m_u lässt sich hierbei über deren Ortsvektor $\vec{r}_S = \overrightarrow{OS}$ (O: raumfester Bezugspunkt gem. der Position von m bei ungespannter Feder) berechnen:

$$\vec{r}_S = x_u \vec{e}_x + z_u \vec{e}_z = (x + l \cos \varphi) \vec{e}_x + l \sin \varphi \vec{e}_z$$

$$\vec{v}_S = \dot{\vec{r}}_S = (\dot{x} - l\dot{\varphi} \sin \varphi) \vec{e}_x + l\dot{\varphi} \cos \varphi \vec{e}_z, \quad da \quad \varphi = \varphi(t).$$

Mit $v_{O'} = \dot{x}$ sowie

$$v_S^2 = v_{S,x}^2 + v_{S,z}^2 = (\dot{x} - l\dot{\varphi} \sin \varphi)^2 + (l\dot{\varphi} \cos \varphi)^2$$

$$= \dot{x}^2 - 2\dot{x}l\dot{\varphi} \sin \varphi + l^2 \dot{\varphi}^2 \sin^2 \varphi + l^2 \dot{\varphi}^2 \cos^2 \varphi$$

ergibt sich

$$E_k = \frac{1}{2}m\dot{x}^2 + \frac{1}{2}m_u\big(\dot{x}^2 - 2\dot{x}l\dot{\varphi}\sin\varphi + l^2\dot{\varphi}^2\underbrace{(\sin^2\varphi + \cos^2\varphi)}_{= 1}\big).$$

Zur Berechnung der potenziellen Energie E_p legt man für das Schwerepotenzial der Unwuchtmasse das Nullniveau NN zweckmäßigerweise auf $z_u = 0$; zudem muss man natürlich das elastische Potenzial der Feder berücksichtigen.

$$E_p = m_u g z_u + \frac{1}{2}cx^2 = m_u g l \sin\varphi + \frac{1}{2}cx^2$$

Schließlich sind nun noch die verallgemeinerten, nicht-kons. Kräfte Q_j^* zu ermitteln. Die virtuelle Arbeit δW_{ein}^* des Antriebsmoments M_A sowie der geschwindigkeitsproportionalen Dämpferkraft $-kv_{O'}$ berechnet sich speziell in diesem Fall zu

$$\delta W_{\text{ein}}^* = M_A\delta\varphi - k\dot{x}\delta x$$

und (ganz allgem., $f = 2$) über die verallgemeinerten Kräfte gem.

$$\delta W_{\text{ein}}^* = \sum_{j=1}^{2} Q_j^*\delta q_j = Q_1^*\delta q_1 + Q_2^*\delta q_2.$$

Mit $\delta q_1 = \delta\varphi$ und $\delta q_2 = \delta x$ liefert der Koeffizientenvergleich die Beziehungen $Q_1^* = M_A$ und $Q_2^* = -k\dot{x}$.

Zu guter Letzt setzt man die LAGRANGE-Funktion

$$L = E_k - E_p$$

$$= \frac{1}{2}m\dot{x}^2 + \frac{1}{2}m_u(\dot{x}^2 - 2\dot{x}l\dot{\varphi}\sin\varphi + l^2\dot{\varphi}^2) - m_u g l \sin\varphi - \frac{1}{2}cx^2$$

in die LAGRANGEschen Gl. 2. Art (4.7) ein; man erhält sodann bei Berücksichtigung von $\ddot{\varphi} = 0$ sowie $\dot{x} = \dot{x}(t)$, $\varphi = \varphi(t)$ und $\dot{\varphi} = \dot{\varphi}(t)$, folglich ist beim Ableiten nach der Zeit t die Ketten- bzw. Produktregel anzuwenden, die gesuchten DGLs:

$$\frac{\mathrm{d}}{\mathrm{d}t}\left(\frac{\partial L}{\partial\dot{\varphi}}\right) - \frac{\partial L}{\partial\varphi} = Q_1^*$$

liefert

$$M_A = m_u l(g\cos\varphi - \ddot{x}\sin\varphi) \neq konst$$

und

$$\frac{\mathrm{d}}{\mathrm{d}t}\left(\frac{\partial L}{\partial\dot{x}}\right) - \frac{\partial L}{\partial x} = Q_2^*$$

führt zur Bewegungsgleichung des harmonisch erregten Systems,

$$(m + m_u)\ddot{x} + k\dot{x} + cx = m_u l\dot{\varphi}^2\cos\varphi.$$

Mit der konstanten Winkelgeschwindigkeit $\dot{\varphi} = \Omega$ und somit $\varphi = \Omega t$ ist diese DGL genau jene von Abschn. 5.3.1 (E4). ◄

Für alle „Freunde der (Theoretischen) Physik" sei an dieser Stelle erlaubt, eine Ergänzung zur LAGRANGEschen Mechanik einzubringen: Das sog. HAMILTONsche Prinzip – benannt nach William Rowan Hamilton (1805–1865), einem irischem Mathematiker und Physiker. Hierbei handelt es sich um ein Extremalprinzip; demnach haben speziell konservative Systeme die Eigenschaft, dass das Wirkungsfunktional[5]

$$S(\mathcal{C}) = \int_{t_1}^{t_2} L \, \mathrm{d}t,$$

mit der bekannten LAGRANGE-Funktion $L = E_\mathrm{k} - E_\mathrm{p}$ und einer (bel.) Kurve $\mathcal{C}$ zwischen den Punkten $\vec{r}_1 = \vec{r}(t_1)$ und $\vec{r}_2 = \vec{r}(t_2)$, ein Extremum annimmt, d. h. es muss dessen erste Variation verschwinden.

$$\delta S = \delta \int_{t_1}^{t_2} L \, \mathrm{d}t = \int_{t_1}^{t_2} \delta L \, \mathrm{d}t \stackrel{!}{=} 0$$

Die LAGRANGE-Funktion L ist eine Funktion von f generalisierten Koordinaten und deren Zeitableitungen,

$$L = L(q_1; q_2; q_3; \ldots; q_f; \dot{q}_1; \dot{q}_2; \dot{q}_3; \ldots; \dot{q}_f);$$

somit lässt sich die Variation δL (entspricht dem vollständigen Differenzial der Funktion L) wie folgt schreiben:

$$\delta L = \sum_{j=1}^{f} \left(\frac{\partial L}{\partial q_j} \delta q_j + \frac{\partial L}{\partial \dot{q}_j} \delta \dot{q}_j \right) \quad \text{bzw.} \quad \delta L = \sum_{j=1}^{f} \left(\frac{\partial L}{\partial q_j} \delta q_j + \underbrace{\frac{\partial L}{\partial \dot{q}_j} \frac{\mathrm{d}}{\mathrm{d}t} (\delta q_j)}_{} \right)$$

aufgrund der Kommutativität

$$\delta \dot{q}_j = \delta \frac{\mathrm{d}q_j}{\mathrm{d}t} = \frac{\mathrm{d}}{\mathrm{d}t} (\delta q_j).$$

Mit der Produktregel für die Zeitableitung

$$\frac{\mathrm{d}}{\mathrm{d}t} \left(\frac{\partial L}{\partial \dot{q}_j} \delta q_j \right) = \frac{\mathrm{d}}{\mathrm{d}t} \left(\frac{\partial L}{\partial \dot{q}_j} \right) \delta q_j + \underbrace{\frac{\partial L}{\partial \dot{q}_j} \frac{\mathrm{d}}{\mathrm{d}t} (\delta q_j)}_{}$$

---

[5]Ein Funktional ordnet einer Funktion eindeutig einen Zahlenwert zu; die Bogenlänge s einer Kurve $\vec{r} = \vec{r}(t)$ ist hierfür ein einfaches Beispiel:

$$s = \int_{\mathrm{P}_1}^{\mathrm{P}_2} \mathrm{d}s = \int_{\mathrm{P}_1}^{\mathrm{P}_2} |\mathrm{d}\vec{r}| = \int_{t_1}^{t_2} |\vec{v}| \, \mathrm{d}t, \quad \text{da} \quad |\vec{v}| = |\dot{\vec{r}}| = \left| \frac{\mathrm{d}\vec{r}}{\mathrm{d}t} \right| = \frac{|\mathrm{d}\vec{r}|}{\mathrm{d}t}.$$

erhält man ferner

$$\underbrace{\frac{\partial L}{\partial \dot{q}_j}\frac{\mathrm{d}}{\mathrm{d}t}(\delta q_j)}_{} = \frac{\mathrm{d}}{\mathrm{d}t}\left(\frac{\partial L}{\partial \dot{q}_j}\delta q_j\right) - \frac{\mathrm{d}}{\mathrm{d}t}\left(\frac{\partial L}{\partial \dot{q}_j}\right)\delta q_j.$$

Eingesetzt in δL ergibt sich

$$\delta L = \sum_{j=1}^{f}\left[\frac{\partial L}{\partial q_j}\delta q_j + \frac{\mathrm{d}}{\mathrm{d}t}\left(\frac{\partial L}{\partial \dot{q}_j}\delta q_j\right) - \frac{\mathrm{d}}{\mathrm{d}t}\left(\frac{\partial L}{\partial \dot{q}_j}\right)\delta q_j\right]$$

$$= \sum_{j=1}^{f}\left[\left(\frac{\partial L}{\partial q_j} - \frac{\mathrm{d}}{\mathrm{d}t}\left(\frac{\partial L}{\partial \dot{q}_j}\right)\right)\delta q_j + \frac{\mathrm{d}}{\mathrm{d}t}\left(\frac{\partial L}{\partial \dot{q}_j}\delta q_j\right)\right]$$

und sodann mit $\delta S = 0$:

$$\int_{t_1}^{t_2}\sum_{j=1}^{f}\left[\left(\frac{\partial L}{\partial q_j} - \frac{\mathrm{d}}{\mathrm{d}t}\left(\frac{\partial L}{\partial \dot{q}_j}\right)\right)\delta q_j + \frac{\mathrm{d}}{\mathrm{d}t}\left(\frac{\partial L}{\partial \dot{q}_j}\delta q_j\right)\right]\mathrm{d}t = 0$$

bzw. (Reihenfolge Integration-Summation ist vertauschbar)

$$\int_{t_1}^{t_2}\sum_{j=1}^{f}\left(\frac{\partial L}{\partial q_j} - \frac{\mathrm{d}}{\mathrm{d}t}\left(\frac{\partial L}{\partial \dot{q}_j}\right)\right)\delta q_j\,\mathrm{d}t + \underbrace{\sum_{j=1}^{f}\int_{t_1}^{t_2}\frac{\mathrm{d}}{\mathrm{d}t}\left(\frac{\partial L}{\partial \dot{q}_j}\delta q_j\right)\mathrm{d}t}_{= \left[\sum_{j=1}^{f}\frac{\partial L}{\partial \dot{q}_j}\delta q_j\right]_{t_1}^{t_2} = 0} = 0.$$

Das zweite Integral, es wird hier die Ableitungsfunktion integriert, fällt weg, da die Differenziale δq_j der gen. Koordinaten an den beiden Zeitpunkten t_1 und t_2 natürlich verschwinden. Folglich ist die Bedingung $\delta S = 0$ aber sicher erfüllt, wenn

$$\frac{\partial L}{\partial q_j} - \frac{\mathrm{d}}{\mathrm{d}t}\left(\frac{\partial L}{\partial \dot{q}_j}\right) = 0 \quad \text{bzw.} \quad \frac{\mathrm{d}}{\mathrm{d}t}\left(\frac{\partial L}{\partial \dot{q}_j}\right) - \frac{\partial L}{\partial q_j} = 0,$$

da i. Allg. $\delta q_j \neq 0$ gilt. Es ergeben sich hiermit die „konservativen" ($Q^* = 0$) LAGRANGEschen Gl. 2. Art (4.7) mit.

Schwingungsfähige Systeme

Unter Schwingungen versteht man ganz allgemein deterministische zeitliche Schwankungen einer sog. Zustandsgröße, die vorerst mit x bezeichnet wird;

$$x = x(t),$$

diese müssen nicht regelmäßig bzw. „sich wiederholend" erfolgen. Man kennt entsprechende Vorgänge aus der Natur (z. B. Ebbe/Flut, Tag/Nacht, usw.), sie kommen aber auch in allen möglichen technischen Bereichen vor: Bspw. Fahrzeugschwingungen infolge von Fahrbahnunebenheiten, Ratterschwingungen bei Werkzeugmaschinen, elektrische Schwingkreise.

Die Kategorisierung der Varianten an Schwingungsvorgängen erfolgt anhand mehrerer Gesichtspunkte: Man unterscheidet hinsichtlich der Gestalt der $x(t)$-Kurve z. B. Dreiecks und Rechtecksschwingungen sowie sin/cos-förmige Schwingungen, die als harmonisch bezeichnet werden. Schwingungsvorgänge können ungedämpft (idealisiert, konservative Systeme), gedämpft oder angefacht sein; dieses äußert sich signifikant im der zeitlichen Entwicklung der sog. Amplitude („temporäre Stärke der Schwingung"). Schließlich entstehen Schwingungen aufgrund unterschiedlicher Mechanismen: Man differenziert zwischen freien Schwingungen nach einmaliger „Auslenkung", erzwungenen bzw. erregten und selbsterregten Schwingungen. Bei letzteren erfolgt permanent eine periodische Energiezufuhr in Richtung des schwingungsfähigen Systems, jedoch durch den Schwingungsvorgang selbst, nicht von extern gesteuert (z. B. Uhrwerk, Ratterschwingungen). Eine weitere Variante ist die sog. parametrische Erregung, wenn ein periodisch veränderlicher Parameter vorliegt. Exemplarisch sei ein mathematisches Pendel mit zeitlich variabler Pendellänge genannt.

Ferner spricht man von linearen und nicht-linearen Schwingungen bzw. Systemen, je nachdem ob die Bewegungsgleichung (gewöhnliche DGLn für x) linear oder eben nicht-

Elektronisches Zusatzmaterial Die elektronische Version dieses Kapitels enthält Zusatzmaterial, das berechtigten Benutzern zur Verfügung steht 10.1007/978-3-662-62107-3_5.

M. Prechtl, *Mathematische Dynamik,* Masterclass,
https://doi.org/10.1007/978-3-662-62107-3_5

linear ist. Man unterscheidet zudem Schwingungen mit einem Freiheitsgrad oder mehreren Freiheitsgraden sowie Kontinuumsschwingungen; ein Kontinuum hat unendlich viele Freiheitsgrade.

Zur quantitativen Beschreibung von Schwingungsvorgängen sind im Folgenden ein paar elementare Größen erklärt.

- *Zustandsgröße x*
  Diese physikalische Größe (Entfernungs- und Winkelkoordinaten, aber auch Druck, Temperatur oder elektrische Spannung) gibt die aktuelle, d. h. momentane „Situation", den Status des Systems an.
- *Periodendauer T*
  Wiederholt sich die Zustandsgröße nach konstanten Zeitintervallen, so gilt für jeden beliebigen Zeitpunkt t:

$$x(t) = x(t + T);$$

  die Schwingung heißt dann periodisch mit der Periodendauer T.
- *Schwingungsdauer T*
  Liegt eine zyklische (d. h. „qualitativ wiederkehrende"), jedoch nicht-periodische Schwingung vor, nennt man den zeitlichen Abstand T zweier (lokaler) x-Maxima Schwingungsdauer.
- *Frequenz f*
  Darunter versteht man die Anzahl an Schwingungszyklen/-perioden pro Zeit. Definitionsgemäß erfolgt während T ein Zyklus. f ergibt sich daher als reziproker Wert von T:

$$f = \frac{1}{T}. \tag{5.1}$$

Die Einheit der (Schwingungs-)Frequenz ist $[f] = 1\,\mathrm{s}^{-1}$; sie wird häufig abgekürzt mit HERTZ: $[f] = 1\,\mathrm{Hz}$ (Zyklenzahl pro Sekunde).

Es sei an dieser Stelle angemerkt, dass sich die Betrachtungen und mathematischen Untersuchungen dieses Kapitels auf sog. LZI-Systeme[1] beschränken. Nicht-lineare Systeme, wie z. B. ein Pendel, werden linearisiert.

5.1   Theorie des harmonischen Oszillators

Ein schwingungsfähiges System, z. B. ein einfaches Feder-Masse-Pendel, wird auch als Oszillator bezeichnet. Ist dieser harmonisch, so erfüllt die Zustandsgröße $x = x(t)$ folgende

---

[1]Linear-zeitvariante (LZI, engl.: LTI, linear time invariant) Systeme sind linear, und diese Eigenschaft der Linearität sowie alle weiteren sind zudem unabhängig von der Zeit.

Differenzialgleichung (DGL):

$$\ddot{x} + \omega_0^2 x = 0 \quad \text{mit} \quad \omega_0 = konst > 0. \tag{5.2}$$

Interpretiert man x bspw. als kartesische Koordinate der geradlinigen Bahn eines Massenpunktes m, so bedeutet diese DGL anschaulich

$$\underbrace{\ddot{x}}_{= \, a_x} = -\omega_0^2 x,$$

d. h. dass die Beschleunigung a_x in dieser Richtung ($a_y = a_z = 0$, da geradlinig) proportional zur Entfernung x von einem raumfesten Bezugspunkt O ist. Multipliziert mit der Masse m ergibt sich schließlich

$$m\ddot{x} = -m\omega_0^2 x,$$

die x-Koordinatengleichung der „berühmten" Dynamischen Grundgleichung (2.4). Das negative Vorzeichen bringt das Auftreten einer rücktreibenden Kraft zum Ausdruck: $\vec{F}_{\text{res}} = F_x \vec{e}_x + F_y \vec{e}_y + F_z \vec{e}_z = -m\omega_0^2 x \vec{e}_x$.

Für eine entsprechende, zur Zustandsgröße x des harmonischen Oszillators proportionale Rückstellkraft

$$\vec{F}_{\text{rück}} = -kx\vec{e}_x \quad (k = konst)$$

existiert stets ein quadratisches, auch gen. harmonisches Potenzial der Form

$$E_{\text{p}} = \frac{1}{2}kx^2,$$

da

$$\vec{F}_{\text{rück}} = -\text{grad}\,E_{\text{p}} = -\nabla E_{\text{p}} = -\left(\frac{\partial E_{\text{p}}}{\partial x}\vec{e}_x + \frac{\partial E_{\text{p}}}{\partial y}\vec{e}_y + \frac{\partial E_{\text{p}}}{\partial z}\vec{e}_z \right) = -kx\vec{e}_x$$

ist. Für den speziellen Fall eines Systems mit einer (linearen) Feder ist dieses Potenzial das bekannte elastische Potenzial bzw. Federpotenzial (2.34).

Zurück zur DGL (5.2) des harmonischen Oszillators. Diese wurde bereits in Beispiel 1.3 gelöst – für konkrete Startwerte. Die Ermittlung der sog. allgemeinen Lösung einer linearen DGL (hier: 2. Ordnung) erfolgt mittels e-Ansatz, d. h. man nimmt an:

$$x = e^{\lambda t},$$

mit variablem Koeffizienten λ. Eingesetzt in die DGL (dazu: $\dot{x} = \lambda e^{\lambda t}$ und $\ddot{x} = \lambda^2 e^{\lambda t}$) erhält man

$$\lambda^2 e^{\lambda t} + \omega_0^2 e^{\lambda t} = \left(\lambda^2 + \omega_0^2 \right) e^{\lambda t} = 0$$

und da stets $e^{\lambda t} \neq 0$ die sog. charakteristische Gleichung der DGL:

$$\lambda^2 + \omega_0^2 = 0;$$

bei einer DGL 2. Ordnung ist die charakteristische Gleichung entsprechend 2. Grades (quadratische Gleichung). Deren Wurzeln sind komplex,

$$\lambda_{1/2} = \pm\sqrt{-\omega_0^2} = \pm\sqrt{-1}\sqrt{\omega_0^2} = \pm i\omega_0,$$

so dass man als Basislösungen der DGL die beiden Funktionen

$$x_1 = \Re\{e^{\pm i\omega_0 t}\} = \cos\omega_0 t \quad \text{und} \quad x_2 = \Im\{e^{\pm i\omega_0 t}\} = \sin\omega_0 t$$

angeben kann. Aufgrund der Linearität der DGL ist die allgemeine Lösung die Linearkombination aller Basislösungen:

$$x = A\cos\omega_0 t + B\sin\omega_0 t, \quad \text{mit} \quad A, B \text{ beliebig.} \tag{5.3}$$

Sind spezielle Anfangs- oder Randbedingungen[2] vorgegeben, lässt sich eine partikuläre Lösung der DGL ermitteln. Es sei z. B. der Startpunkt $x(0) = x_0$ und die Startgeschwindigkeit $\dot{x}(0) = v_0$. Für die zweite Bedingung muss man zunächst die Zustandsgröße zeitlich ableiten (Nachdifferenzieren!):

$$\dot{x} = -A\omega_0 \sin\omega_0 t + B\omega_0 \cos\omega_0 t.$$

Das Einsetzen der Anfangsbedingungen liefert das folgende (lineare) Gleichungssystem für die Integrationskonstanten A und B:

$$x(0) = x_0 \quad A + 0 = x_0 \quad \text{und} \quad \dot{x}(0) = v_0: \quad 0 + B\omega_0 = v_0.$$

Es ergibt sich – in diesem Fall – also $A = x_0$ und $B = \frac{v_0}{\omega_0}$ und folglich die partikuläre Lösung $x = x_0 \cos\omega_0 t + \frac{v_0}{\omega_0} \sin\omega_0 t$.

Schreibt man nun die allgemeine Lösung (5.3) für $a, B \neq 0$ in der Form[3]

$$x = \text{sgn}(A)\big[|A| \cos\omega_0 t + \text{sgn}(AB)|B| \sin\omega_0 t\big],$$

d. h. man erzeugt, falls A negativ sein sollte, durch Ausklammern von -1 einen positiven Koeffizienten von $\cos\omega_0 t$, so kann man $\sqrt{A^2 + B^2}$ ebenfalls ausklammern und die „neuen Koeffizienten" als Sinus bzw. Kosinus eines sog. Hilfswinkels φ_H interpretieren,

---

[2]Anfangsbedingungen beziehen sich auf den gleichen Zeitpunkt (z. B. $t = 0$), Randbedingungen dagegen auf unterschiedliche Zeitpunkte.

[3]Signums- bzw. Vorzeichenfunktion: $\text{sgn}(x) = \begin{cases} +1 : x > 0 \\ 0 : x = 0 \\ -1 : x < 0 \end{cases}$

$$x = \operatorname{sgn}(A)\sqrt{A^2 + B^2}\Big(\underbrace{\frac{|A|}{\sqrt{A^2 + B^2}}}_{=\,\cos\varphi_H} \cos\omega_0 t + \operatorname{sgn}(AB)\,\underbrace{\frac{|B|}{\sqrt{A^2 + B^2}}}_{=\,\sin\varphi_H} \sin\omega_0 t\Big),$$

da stets $\cos^2\varphi_H + \sin^2\varphi_H = 1$ erfüllt ist und sich zudem mit

$$\tan\varphi_H = \frac{\sin\varphi_H}{\cos\varphi_H} = \frac{|B|}{|A|} > 0 \quad \text{bzw.} \quad \varphi_H = \arctan\frac{|B|}{|A|} \in \left]0; \frac{\pi}{2}\right[$$

kein Vorzeichenwiderspruch ergibt[4]. Mit den Additionstheoremen, aus z. B. [6], erhält man sodann:

$$x = \operatorname{sgn}(A)\sqrt{A^2 + B^2}\,\cos(\omega_0 t - \operatorname{sgn}(AB)\varphi_H).$$

Unter Berücksichtigung von $-\cos\alpha = \cos(\alpha - \pi)$ sowie der 2π-Periodizität der Kosinus-Funktion lässt sich mit $0 < \varphi_N < 2\pi$ die allgemeine Lösung von DGL (5.2) auch immer wie folgt formulieren:

$$x = C\cos(\omega_0 t - \varphi_N) \quad \text{mit} \quad C = \sqrt{A^2 + B^2}. \tag{5.4}$$

Man erhält also eine um den sog. Nullphasenwinkel φ_N („Startwinkel") verschobene cos-Funktion mit der Amplitude, d. h. dem x-Maximalwert C.

Es folgt nun noch eine weitere Überlegung, bei der die 2π-Periodizität der cos-Funktion angewandt wird:

$$x = C\cos(\omega_0 t - \varphi_N) = C\cos(\omega_0 t + 2\pi - \varphi_N) = C\cos\left[\omega_0\left(t + \frac{2\pi}{\omega_0}\right) - \varphi_N\right].$$

D. h. die Zeitpunkte t und $t + \frac{2\pi}{\omega_0}$ liefern den gleichen Wert der Zustandsgröße; somit gilt für die Periodendauer T_0 der harmonischen Schwingung:

$$T_0 = \frac{2\pi}{\omega_0} \tag{5.5}$$

Und mit Definition (5.1) lässt sich noch der Zusammenhang ($\omega_0 = 2\pi\frac{1}{T_0}$)

$$\omega_0 = 2\pi f_0 \tag{5.6}$$

zwischen ω_0 und der korrespondierenden (Schwingungs-)Frequenz f_0 formulieren. Die Größe ω_0 ist stets in der Einheit $1\,\mathrm{s}^{-1}$ anzugeben. Es handelt sich hierbei um eine systemspezifische Größe, die nach (5.5) zudem ein Maß für die jeweilige Zeitperiodizität der Schwingung ist – man nennt ω_0 Eigenkreisfrequenz und f_0 Eigenfrequenz des Systems.

---

[4]Würde man diese Hilfswinkelmethode direkt bei (5.3) anwenden und wäre A negativ sowie z. B. $B > 0$, würde sich mit $\tan\varphi_H = B/A$ ein Hilfswinkel im Intervall $]-\pi/2; 0[$ ergeben; jedoch ist dann $\cos\varphi_H > 0$, der cos-Koeffizient $A/\sqrt{A^2 + b^2}$ aber negativ.

Graphisch wird eine (harmonische) Schwingung üblicherweise mit einem x-Zeit-Diagramm veranschaulicht. Dabei verwendet man gerne als Variable anstatt der Realzeit t die dimensionslose Zeit

$$\tau = \omega_0 t. \tag{5.7}$$

Nach (5.4) ist der Graph der Funktion $x = x(\tau)$ eine um φ_N in τ-Richtung verschobene cos-Kurve. Diese lässt sich anschaulich als Orthogonalprojektion der – gleichförmigen – Kreisbewegung eines Punktes deuten, vgl. Abb. 5.1 links: Der Punkt bewegt sich mit konstanter Winkelgeschwindigkeit ω, die der Eigenkreisfrequenz ω_0 entspricht, im Gegenuhrzeigersinn (pos. Drehsinn) auf einer Kreisbahn mit dem Radius C.

Die Position eines Punktes in der Ebene kann mathematisch durch eine komplexe Zahl beschrieben werden. Real- und Imaginärteil entsprechen dabei den kartesischen Koordinaten. Für den Fall einer harmonischen Schwingung stellt man sich vor, ein komplexer Zeiger $\underline{Z}$ rotiert mit der Winkelgeschwindigkeit $\omega = \omega_0$ in der GAUßschen Zahlenebene (Abb. 5.1 links). In der sog. Polarform gilt für jenen Zeiger:

$$\underline{Z} = C e^{i\varphi}, \tag{5.8}$$

mit dem Phasenwinkel $\varphi = \omega_0 t - \varphi_N$ (Argument der komplexen Zahl) entsprechend (5.4). Damit ergibt sich:

$$\underline{Z} = C e^{i(\omega_0 t - \varphi_N)} = \underbrace{C e^{-i\varphi_N}}_{=\,\underline{C}} e^{i\omega_0 t};$$

die komplexe Amplitude $\underline{C}$ ist gleich dem Zeiger $\underline{Z} = \underline{Z}(t)$ zum Zeitpunkt $t = 0$ und gibt die Startposition der Kreisbewegung an. Der Faktor $e^{i\omega_0 t}$ beschreibt die Drehung des

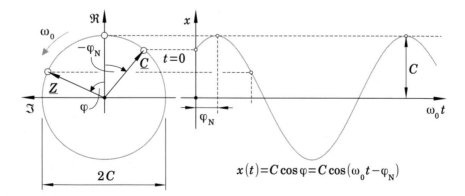

Abb. 5.1 Möglichkeiten der graphischen Darstellung einer harmonischen Schwingung: $x(\tau)$-Diagramm rechts und Zeigerdiagramm links

Zeigers. Stellt man den komplexen Zeiger mittels der EULER-Relation in kartesischer Form dar,

$$\underline{Z} = C\left[\cos(\omega_0 t - \varphi_N) + i\,\sin(\omega_0 t - \varphi_N)\right],$$

so zeigt sich:

$$x(t) = \mathfrak{R}\{\underline{Z}\}. \tag{5.9}$$

Folglich entspricht der Realteil des mit (5.8) definierten (komplexen) Zeigers der physikalischen Zustandsgröße x eines harmonischen Oszillators.

Die Funktion $x = x(t)$ in (5.4) ist das allgemeine Zeitgesetz der Zustandsgröße x. Deren Zeitableitung („Geschwindigkeit") lautet:

$$\dot{x} = -C\omega_0 \sin(\omega_0 t - \varphi_N).$$

Damit lässt sich folgende Gleichung herleiten:

$$\left(\frac{x}{C}\right)^2 + \left(\frac{\dot{x}}{C\omega_0}\right)^2 = \cos^2(\omega_0 t - \varphi_N) + (-\sin(\omega_0 t - \varphi_N))^2 = 1,$$

also

$$\frac{x^2}{C^2} + \frac{\dot{x}^2}{(C\omega_0)^2} = 1.$$

Hierbei handelt es sich um die Gleichung einer Ellipse (in kartesischer Form) mit den Halbachsen C und $C\omega_0$. In der folgenden Abbildung ist $\dot{x}$ über x aufgetragen; man spricht von einer sog. Phasenkurve, s. Abb. 5.2
Phasenkurven werden immer im Uhrzeigersinn durchlaufen. Diese Tatsache lässt sich einfach begründen: Wegen des Zeitdifferenzials $dt > 0$ gilt für

$$\dot{x} > 0 \text{ (oben)}: \quad dx > 0 \quad \text{und} \quad \dot{x} < 0 \text{ (unten)}: \quad dx < 0,$$

Abb. 5.2 Phasendiagramm
eines harmonischen Oszillators

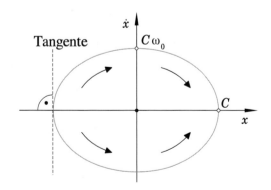

da bekannterweise $\dot{x} = \frac{dx}{dt}$ ist. Damit folgt zudem $dx = 0$ für $\dot{x} = 0$, d. h. die Abszisse eines Phasendiagramms wird immer senkrecht geschnitten, außer an sog. singulären Punkten (statische Gleichgewichtslagen mit $\lim_{t\to\infty} \dot{x} = 0$, bei z. B. sehr stark gedämpften Systemen).

Schwingungsfähige Systeme mit einem Freiheitsgrad, die durch eine DGL der Form (5.2) beschrieben werden können, nennt man harmonische Oszillatoren. Die Zustandsgröße x genügt dann dieser DGL und ist stets cos-förmig entsprechend (5.4), die Schwingung erfolgt mit der Eigenkreisfrequenz ω_0.

5.2   Freie 1D-Schwingungen

Die Bewegungszustände eines schwingungsfähigen Systems mit einem Freiheitsgrad nennt man eindimensionale (1D) Schwingungen; es ist in diesem Fall eine Koordinate zur eindeutigen Zustandsbeschreibung ausreichend.

Wird ein entsprechendes System einmalig von extern aus der statischen Ruhelage[5] verschoben bzw. durch einen initialen Impulsübertrag angestoßen und sich dann selbst überlassen, so führt dieses eine freie Schwingung aus. Die Folge ist ein ständiger Austausch zwischen potentieller und kinetischer Energie, vgl. Pendel. Bei konservativen Systemen bleibt die Gesamtenergie zeitlich konstant, die Schwingung ist ungedämpft. Dieses gilt jedoch nur in einer idealisierten Betrachtung. Berücksichtigt man dagegen sog. dissipative Effekte („Reibung"), solche treten in der Realität natürlich immer auf, ergibt sich ein „Energieverlust", und die Schwingung heißt gedämpft.

5.2.1   Lineare konservative Systeme, Eigenfrequenz

In diesem Abschnitt werden ausschließlich freie ungedämpfte Schwingungen untersucht. Zudem soll die Zeitfunktion der entsprechenden Lagekoordinate der linearen DGL (5.2) genügen; ggf. muss die Bewegungsgleichung mit gewissen Einschränkungen linearisiert werden. Freie Schwingungen sind dann stets sin/cos-förmig mit der Eigenkreisfrequenz ω_0; diese systemcharakteristische Größe erhält man durch Koeffizientenvergleich der Bewegungsgleichung des Systems mit (5.2). Die Eigenfrequenz f_0 ergibt sich damit zu

$$f_0 = \frac{1}{2\pi}\omega_0.$$

Diese ist die Frequenz (Anzahl an Zyklen/Perioden pro Zeit) freier Schwingungen eines linearen konservativen Systems.

---

[5]Konstellation, für welche die Summe aller Kraftvektoren und aller Momentenvektoren bzgl. eines bel. Bezugspunktes verschwindet (zukünftige Abk.: stat. RL)

Beispiel 5.1: Einfaches lineares Feder-Masse-Pendel

Ein als punktförmig anzunehmender Körper der Masse m kann entsprechend Skizze – reibungsfrei – in horizontaler Richtung gleiten. Die (lineare) Feder erzeugt eine zur Längenänderung proportionale Rückstellkraft.

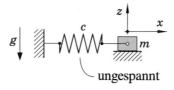

Zum Aufstellen der Bewegungsgleichung lassen sich hier Methoden anwenden: Dynamische Grundgleichung (auf Basis eines Freikörperbildes), D'ALEMBERTsches Prinzip, Energiesatz und die LAGRANGEschen Methoden. Da es sich um ein konservatives System handelt, gilt eben auch der Energiesatz, u. a. in der Form (2.43:)

$$\frac{\partial E_{\text{ges}}}{\partial t} = 0 \quad \text{mit} \quad E_{\text{ges}} = E_{\text{k}} + E_{\text{p}}.$$

In diesem Fall berechnet sich die kinetische Energie der Punktmasse zu

$$E_{\text{k}} = \frac{1}{2}mv^2 = \frac{1}{2}m\dot{x}^2$$

und deren potenzielle Energie bzw. das elastische Potenzial zu

$$E_{\text{p}} = \frac{1}{2}cx^2.$$

Mit $x = x(t)$ und $\dot{x} = \dot{x}(t)$ ergibt die partielle Ableitung der Gesamtenergie E_{ges} nach der Zeit t:

$$\frac{1}{2}m\,2\dot{x}\ddot{x} + \frac{1}{2}c\,2x\dot{x} = 0, \quad \text{also} \quad \dot{x}\,(m\ddot{x} + cx) = 0.$$

Der Ansatz (2.43) liefert also zwei mögliche Bewegungsgleichungen (Bitte nicht mit $\dot{x}$ dividieren, da $\dot{x} = v$ Null werden kann!):

$$\dot{x} = 0 \quad \text{und} \quad m\ddot{x} + cx = 0;$$

erstere heißt Triviallösung (klar, wenn keine Bewegung erfolgt ($v = 0$), bleibt E_{ges} konstant) und ist ziemlich uninteressant. Die zweite Lösung dagegen lässt sich in der Form

$$\ddot{x} + \frac{c}{m}x = 0$$

schreiben und entspricht der DGL (5.2) eines harmonischen Oszillators. Ein Koeffizientenvergleich, dazu muss schließlich der Koeffizienten von $\ddot{x}$ (Beschleunigung) gleich

Eins sein, mit eben (5.2) ergibt die Eigenkreisfrequenz ω_0 dieses um $x = 0$ (stat. RL) oszillierenden Systems:

$$\omega_0^2 = \frac{c}{m} \quad \text{bzw.} \quad \omega_0 = \overset{+}{\underset{(-)}{}}\sqrt{\frac{c}{m}}.$$

Es wird im Folgenden nochmals das gleiche Feder-Masse-Pendel untersucht, nun aber in vertikaler Anordnung. Konsequenz davon ist, dass die Feder bereits aufgrund des Gewichts des Massenpunktes m statisch gedehnt wird, d. h. es tritt eine „Vorspannung" um Δl_v auf.

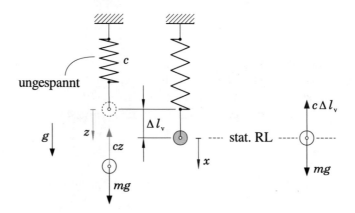

Im statischen Gleichgewicht (Summe aller Kräfte gleich Null) wird die Gewichtskraft mg durch die aus der Vorspannung resultierenden Federkraft $c\Delta l_\mathrm{v}$ kompensiert. Es gilt folglich:

$$c\Delta l_\mathrm{v} = mg \quad \text{bzw.} \quad \Delta l_\mathrm{v} = \frac{m}{c}g.$$

Zur Beschreibung der Pendelbewegung wird die vertikale z-Koordinate eingeführt, deren Nullpunkt durch die Länge der als masselos angenommenen, ungespannten Feder definiert ist; das Feder-Eigengewicht würde natürlich auch zu einer Vorspannung führen. Man könnte analog zur horizontalen Anordnung wieder den Energiesatz anwenden (Widerstandskräfte seien vernachlässigt). Zur Abwechslung bzw. Wiederholung jetzt mal die Dynamische Grundgleichung:

$$m\ddot{z} = mg - cz.$$

Diese liefert soz. direkt und damit effizienter – im Vergleich zur Methode Energiesatz – die Bewegungsgleichung des Pendels,

$$\ddot{z} + \frac{c}{m}z = g,$$

die nun von der Form (5.2) abweicht: Es ergibt sich eine inhomogene DGL mit konstantem Störterm g, wobei die linke Seite, d. h. die homogenisierte DGL genau (5.2) entspricht. Da die DGL linear ist, berechnet sich deren allgemeine Lösung z. B. als Superposition der allgemeinen Lösung z_h der homogenisierten DGL und einer bel. partikulären Lösung z_p. Wie man leicht sehen kann, ist bspw.

$$z_p = \frac{m}{c}g = konst \quad (\ddot{z}_p = 0).$$

Und die allgemeine Lösung der homogenisierten Gleichung,

$$\ddot{z}_h + \frac{c}{m}z_h = 0,$$

ist bekannt:

$$z_h = C\cos(\omega_0 t - \varphi_N) \quad \text{mit} \quad \omega_0^2 = \frac{c}{m},$$

entsprechend (5.4). Somit erhält man also unter Berücksichtigung der oben ermittelten Vorspannung Δl_v:

$$z = z_h + z_p = C\cos(\omega_0 t - \varphi_N) + \frac{m}{c}g = C\cos(\omega_0 t - \varphi_N) + \Delta l_v;$$

Durch Angabe von zwei Anfangsbedingungen lassen sich dann auch noch die Amplitude C und der Nullphasenwinkel φ_N berechnen.

Fazit: Die Vertikalschwingung des Feder-Masse-Pendels erfolgt wie die Horizontalschwingung mit der Eigenkreisfrequenz

$$\omega_0 = \sqrt{\frac{c}{m}}.$$

Es existiert aber folgender Unterschied: In vertikaler Anordnung ist der Schwingungsnullpunkt die (ber.) statische Ruhelage. Dieses Charakteristikum besitzt auch eine horizontale Konfiguration, wobei die stat. RL dann der „Punkt der ungespannten Feder" ist.

Zu diesem Ergebnis kommt man übrigens auch durch Einführung einer neuen Koordinate x im vertikalen Fall: Der Nullpunkt der zur z-Achse parallelen x-Achse ist die statische Ruhelage, vgl. Skizze. Dann gilt:

$$z = x + \Delta l_v \quad \text{und} \quad \ddot{z} = \ddot{x}.$$

Eingesetzt in die inhomogene DGL für z:

$$\ddot{x} + \frac{c}{m}(x + \underbrace{\Delta l_v}_{=\frac{m}{c}g}) = g, \quad \text{also} \quad \ddot{x} + \frac{c}{m}x = 0.$$

Diese Bewegungsgleichung ist identisch mit der DGL (5.2) eines harmonischen Oszillators. Da der x-Nullpunkt in diesem Fall aber die statische Ruhelage ist, schwingt der Massenpunkt gem. der cos-Funktion (5.4) um eben diesen Punkt.

Noch eine kleine Ergänzung: Aus dem obigen statischen Kräftegleichgewicht $mg = c \Delta l_\mathrm{v}$ folgt

$$\frac{c}{m} = \frac{g}{\Delta l_\mathrm{v}}.$$

Damit ergibt sich für die Eigenkreisfrequenz eine weitere Möglichkeit der rechnerischen Bestimmung:

$$\omega_0 = \sqrt{\frac{g}{\Delta l_\mathrm{v}}}.$$

Gleichzeitig bedeutet diese Formel, dass man ω_0 für ein einfaches Feder-Masse-Pendels mit einem rein statischen Experiment ermitteln kann. Es ist lediglich die Längenänderung Δl_v der Feder in Bezug auf die „ungespannte Länge" zu messen, wenn die Masse m statisch (ohne pendeln) an die Feder gehängt wird. ◄

Eine wesentliche Erkenntnis aus Beispiel 5.1 sei an dieser Stelle wiederholt festgehalten: Erfährt ein elast. Element eines (harmon.) schwingungsfähigen Systems infolge der Schwerkraftwirkung eine statische Vorspannung, so erfolgt die Schwingung stets um die entspr. statische Ruhelage. Die Gewichtskraft einer Masse führt somit u. U. zu einer Verschiebung des Schwingungsnullpunktes, sie hat jedoch keinen Einfluss auf die Eigenkreisfrequenz des Systems, also auf dessen qualitatives Schwingungsverhalten.

Wählt man als Zustandsgröße des Vertikalpendels von Bsp. 5.1 die Koordinate x (stat. RL ist Nullpunkt), so erhält man die korrekte Bewegungsgleichung, wenn man die Schwerkraftwirkung ignoriert (kein Gewicht mg und keine Vorspannung Δl_v, da „$g = 0$"). Die Kräftegleichung lautet dann nämlich $m\ddot{x} = -cx$, und damit ergibt sich

$$\ddot{x} + \omega_0^2 x = 0 \quad \text{mit} \quad \omega_0^2 = \frac{c}{m}.$$

D. h. man tut so, als wäre die Feder bei $x = 0$ nicht gespannt, der Betrag der Federkraft ist dann proportional zu $|x|$, und es würde keine Gewichtskraft existieren. Zusammenfassend lässt sich verallgemeinern[6]:

ⓘ

Bezieht man die Zustandsgröße x eines *harmonischen Oszillators* auf dessen sog. statische Ruhelage, so muss beim Aufstellen der DGL für $x = x(t)$ die „Wirkung" der Erdbeschleunigung g in x- Richtung ignoriert werden, d.h. es ist „$g_x = 0$" zu setzen. Dieses ist (natürlich) nur auf jene Gewichtskräfte anzuwenden, die eine statische Dehnung elastischer Elemente erzeugen. ⬩

---

[6]Es ist übrigens bei allen linearen schwingungsfähigen Systemen die statische Ruhelage der Schwingungsnullpunkt, auch wenn eine Dämpfung (Abschn. 5.2.3 und/oder harmonische Erregung (Abschn. 5.3) auftritt. Beide Mechanismen ändern jenen Nullpunkt nicht: Letzterer führt in der Bewegungsgleichung lediglich zu einem sin/cos-Störterm, bei (viskoser) Dämpfung ergibt sich nur ein zusätzlicher Geschwindigkeitsterm. Die oben erklärte Methode **(i)** lässt sich folglich in diesen Fällen ebenfalls anwenden.

Die Vereinfachung „$g_x = 0$" funktioniert nicht nur bei Kräfte- und Momentengleichungen, sondern auch bei allen Energiemethoden, wie Energiesatz oder LAGRANGEsche Gl. 2. Art (Schwerepotenzial: $E_p \equiv 0$). Zur Berechnung von z. B. Normalkräften, diese entfallen nicht, sind die entsprechenden Komponenten von Gewichtskräften stets zu berücksichtigen.

Nicht immer bietet es sich an, eine kartesische Koordinate als Zustandsgröße zu verwenden. Insbesondere bei der Drehung starrer Körper um eine raumfeste Achse ist deren Position durch Angabe eines Drehwinkels φ (Winkel zwischen einer körperfesten und einer raumfesten Bezugsachse) eindeutig bestimmt. Genügt die Zeitfunktion $\varphi = \varphi(t)$ der formalen DGL (5.2), also

$$\ddot{\varphi} + \omega_0^2 \varphi = 0,$$

dann liegt ein System vor, das bei einmaliger „Aktivierung" eine ungedämpfte, freie harmonische Schwingung ausführt. Die entsprechende Eigenkreisfrequenz ω_0 ergibt sich aus dem Koeffizienten von φ der systemspezifischen Bewegungsgleichung; diese ist ggf. zu linearisieren.

Beispiel 5.2: Physikalisches Pendel (Bewegungsgleichung)

Ein starrer Körper der drehbar um eine zu einer Schwereachse parallelen Achse gelagert ist, wird als sog. physikalisches Pendel bezeichnet. Während beim mathematischen Pendel der Körper auf einen Massenpunkt reduziert ist, sind hier Körpergröße und -form berücksichtigt. Im statischen Gleichgewicht liegt der Schwerpunkt S des Pendelkörpers genau vertikal unterhalb des Lagerpunktes, da die Gewichtskraft in dieser Position gerade kein Moment bzgl. der Drehachse erzeugt.

Gesucht ist nun die Bewegungsgleichung des physikalischen Pendels, das sich reibungsfrei (idealisiert) um die raumfeste Achse durch den Lagerpunkt A drehen kann. Die Position wird durch den Pendelwinkel φ, dieser ist ebenso der Zirkularwinkel eines Polarkoordinatensystems zur Beschreibung der kreisförmigen Bewegung von S um A, gegen die Vertikale angegeben. Als pos. Drehsinn wird der Gegenuhrzeigersinn gewählt.

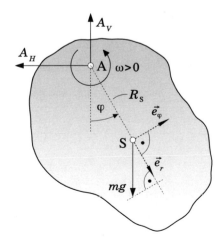

Die Skizze zeigt das Freikörperbild des Pendelkörpers inkl. des in S mitgeführten Polarko-ordinatensystems (z.Er.: Die Einheitsvektoren $\vec{e}_r$, $\vec{e}_\varphi$ und $\vec{e}_\omega$ bilden in dieser Reihenfolge ein sog. Rechtssystem, wobei bedingt durch obige Festlegung $\omega > 0$ bei einer Drehung im Gegenuhrzeigersinn ist und somit $\vec{e}_\omega \odot$; folglich ist in der dargestellten Position auch $\varphi > 0$.); schließlich treten im Lagerpunkt die zwei Lagerreaktionen A_H und A_V auf. Die Bewegungsgleichung dieses konservativen Pendels ließe sich nun mittels der bekannten Energiemethoden aufstellen.

Es liegt aber auch folgender Gedanke nahe: Da eine ebene Starrkörperbewegung vorliegt, werden – „wie empfohlen" – der Schwerpunktsatz und der Momentensatz (bzgl. S) formuliert. Und das funktioniert natürlich:

$$\nearrow \varphi : m a_{S,\varphi} = A_V \sin \varphi - A_H \cos \varphi - mg \sin \varphi$$

mit der Zirkularbeschleunigung $a_{S,\varphi}$ des Schwerpunktes S (kreisförmige Bewegung um Lagerpunkt), $a_{S,\varphi} = R_S \ddot{\varphi}$ (wobei $R_S = \overline{AS}$), und

$$\searrow r : m a_{S,r} = -A_V \cos \varphi - A_H \sin \varphi + mg \cos \varphi \quad (a_{S,r} = -R_S \dot{\varphi}^2)$$

sowie dem Momentensatz

$$\overset{\frown}{S} : J^{(S)} \dot{\omega} = R_S A_H \cos \varphi - R_S A_V \sin \varphi.$$

Mit der Winkelbeschleunigung $\dot{\omega} = \ddot{\varphi}$, vgl. (1.17), der Pendelbewegung ergibt sich aus der zirkularen Kräftegleichung

$$A_H \cos \varphi - A_V \sin \varphi = -m R_S \dot{\omega} - mg \sin \varphi = -(m R_S \dot{\omega} + mg \sin \varphi).$$

Damit lassen sich im Momentensatz die Lagerreaktionen eliminieren:

$$J^{(S)} \dot{\omega} = R_S (A_H \cos \varphi - A_V \sin \varphi) = -R_S (m R_S \dot{\omega} + mg \sin \varphi).$$

Und eine kleine Umformung liefert die Bewegungsgleichung, eine nicht-lineare DGL für den Zirkularwinkel φ:

$$\left(J^{(S)} + m R_S^2 \right) \ddot{\varphi} + R_S mg \sin \varphi = 0$$

Hierbei ist $J^{(S)} + m R_S^2 = J^{(A)}$ das Massenträgheitsmoment des Körpers bzgl. Drehachse (Satz von STEINER).

Dieses Ergebnis wird nun noch mit dem Momentensatz bzgl. des raumfesten Dreh- bzw. Lagerpunktes A verglichen:

$$\overset{\frown}{A} : J^{(A)} \dot{\omega} = -R_S mg \sin \varphi;$$

an dieser Stelle sei zur Wiederholung erwähnt, dass die Winkelgeschwindigkeit ω unabhängig von der Wahl einer körperfesten Bezugsachse ist, vgl. ggf. Anhang A.3 Man erhält also direkt die Bewegungsgleichung. Grund hierfür ist, dass es ich bei der Pendelbewegung um eine Rotation um eine raumfeste Achse handelt (diese wird mit der Momentengleichung bzgl. der Drehachse vollständig beschrieben), und der Körper eben nur einen Freiheitsgrad besitzt.

Für kleine Winkel, d. h. $|\varphi| \ll 1$, lässt sich der Sinus mittels Potenzreihenentwicklung (TAYLOR-Reihe mit Entwicklungspunkt $\varphi_0 = 0$) linearisieren. Nach z. B. [6] gilt:

$$\sin \varphi = \varphi - \frac{\varphi^3}{3!} + \frac{\varphi^5}{5!} - \frac{\varphi^7}{7!} + - \ldots \approx \varphi,$$

da für $|\varphi| \ll 1$ (typ. Interpretation von „viel kleiner Eins": $-0,1 \leq \varphi \leq 0,1$) alle Terme höherer Ordnung betragsmäßig vernachlässigbar klein gegenüber $|\varphi|$ sind. Mit dieser Einschränkung lässt sich für den Pendel- bzw. Zirkularwinkel φ folgende lineare (linearisierte) DGL angeben:

$$J^{(A)}\ddot{\varphi} + R_S m g \varphi = 0 \quad \text{bzw.} \quad \ddot{\varphi} + \frac{R_S m g}{J^{(A)}} \varphi = 0.$$

Sie entspricht formal der DGL (5.2) eines harmonischen Oszillators, so dass ich die Eigenkreisfrequenz des physikalischen Pendels zu

$$\omega_0 = \sqrt{\frac{R_S m g}{J^{(A)}}}$$

berechnet, aber eben nur für kleine Auslenkungen.

Die Bewegungsgleichung eines mathematischen Pendels lautet bekannterweise

$$\ddot{\varphi} + \frac{g}{l} \sin \varphi = 0, \quad \text{vgl.   u. a. Bsp. 2.2,}$$

und entsprechend linearisiert für kleine Winkel ($|\varphi| \ll 1$): $\ddot{\varphi} + \frac{g}{l}\varphi = 0$. Folglich ist dessen Eigenkreisfrequenz

$$\omega_0 = \sqrt{\frac{g}{l}},$$

also unabhängig von der Pendelmasse m. Vergleicht man die Eigenkreisfrequenzen des mathematischen und physikalischen Pendels, so gilt für letztere auch

$$\omega_0 = \sqrt{\frac{g}{l_{\text{red}}}}, \quad \text{mit} \quad l_{\text{red}} = \frac{J^{(A)}}{R_S m}.$$

Die sog. reduzierte Länge eines physikalischen Pendels, l_{red}, gibt die Abmessung eines mathematischen Pendels mit gleicher Eigenkreisfrequenz und somit auch gleicher Schwingungsdauer an. ◄

5.2.2 Ersatzfedermodelle

Bei vielen elastischen Komponenten einer mechanischen Konstruktion besteht ein linearer Zusammenhang zwischen „Belastung und Verformung", zumindest wenn letztere nicht zu groß ist. Das Verhalten entspricht dem einer linearen Feder, so dass im Modell anstatt der realen Komponente (Stab, Balken) eine Ersatzfeder gewählt werden kann; deren Steifigkeit, die sog. Ersatzfedersteifigkeit c_{ers}, ist dann natürlich nicht willkürlich, sondern durch die Eigenschaften der realen Komponente bestimmt.

Im Folgenden wird für einfache Systeme die Ermittlung der Ersatzfedersteifigkeit erläutert.

Abb. 5.3 zeigt eine Stabanordnung (1) und zwei mögliche Lagerungen eines Balken (2,3). Wird die Masse m aus der skizzierten Ruhelage (RL) ausgelenkt, der Einfluss jener Gewichtskraft sei hierbei vernachlässigt, und sich selbst überlassen, so führt diese eine freie ungedämpfte Schwingung mit der jeweiligen Eigenkreisfrequenz ω_0 aus. Gesucht ist jetzt die Steifigkeit c_{ers} einer Ersatzfeder mit der Eigenschaft, dass das („äquivalente") Ersatzfeder-Masse-Pendel die gleiche Eigenkreisfrequenz hat.

(1) Belastet man einen Zug-/Druckstab der Dehnsteifigkeit EA (E: Elastizitätsmodul, A: (konstante) Querschnittsfläche) mit einer axialen Zugkraft F, erfährt dieser eine Längenänderung Δl, wobei im sog. linear-elastischen Bereich das HOOKEsche Gesetz

$$\sigma = E\varepsilon, \quad \text{mit} \quad \sigma = \frac{F}{A} \quad \text{und} \quad \varepsilon = \frac{\Delta l}{l},$$

gilt; σ heißt Normal- oder Zugspannung und ε Dehnung (relative Längen-änderung). Die Zugkraft berechnet sich im Gleichgewicht folglich zu

$$F = \frac{EA}{l}\Delta l.$$

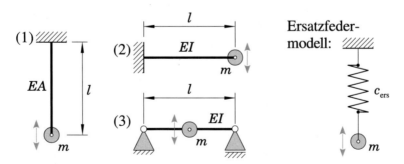

Abb. 5.3 Ersatzfedermodell für Stab- (1) bzw. Balkenschwingungen (2, 3), Stab/Balken sei masselos, mit Punktmasse m; $E = konst$

Eine lineare (Schrauben-)Feder mit der Steifigkeit c_{ers} soll unter Wirkung der gleichen Zugkraft F ebenso die Länge $l + \Delta l$ einnehmen. Das auf erklärte lineare Kraftgesetz (2.3) liefert sodann:

$$F = c_{ers}\Delta l.$$

D. h. zusammenfassend: Eine Feder der (Ersatzfeder-)Steifigkeit

$$c_{ers}^{(1)} = \frac{EA}{l} \tag{5.10}$$

erfährt infolge einer Zugkraft F – im Gleichgewicht – gerade jene Änderung Δl der Länge, die auch beim eigentlichen Zug-/Druckstab auftritt. Dementsprechend erzeugt sowohl der Zug-/Druckstab als auch die Ersatzfeder bei einer axialen „Verlängerung" um Δl eine Rückstellkraft F (actio = reactio). Das Modell hat also die gleichen mechanischen Eigenschaften wie das reale System. Somit lässt sich für die Eigenkreisfrequenz – auf Grundlage der eines einfachen Feder-Masse-Pendels – von longitudinalen Stabschwingungen

$$\omega_0^{(1)} = \sqrt{\frac{c_{ers}}{m}} = \sqrt{\frac{EA}{lm}}$$

angeben. Dieses Vorgehen kann schließlich für beliebige elastische Strukturen angewandt werden, bei denen ein linearer Zusammenhang zwischen der belastenden Kraft F und einer Verformung Δl vorliegt.

(2) Der in Abb. 5.3 skizzierte Balken mit konstanter Biegesteifigkeit EI, I ist das Flächenträgheitsmoment (Flächenmoment 2. Ordnung) des Querschnitts bzgl. der Achse senkrecht zur Zeichenebene durch den Schwerpunkt der Querschnittsfläche, ist an einem Ende fest eingespannt (Kragbalken bzw. -träger). Eine vertikal nach unten wirkende Kraft F am Ort der Punktmasse m führt im linear-elastischen Belastungsbereich nach [9] zu einer Durchbiegung an diesem freien Ende um

$$\Delta l = \frac{l^3}{3EI}F.$$

Der Vergleich mit $F = c_{ers}\Delta l$ für ein Ersatzfeder-Masse-Pendel liefert:

$$c_{ers}^{(2)} = \frac{3EI}{l^3}. \tag{5.11}$$

Folglich gilt für die Eigenkreisfrequenz transversaler Biegeschwingungen bei einseitiger Festlagerung des Balken:

$$\omega_0^{(2)} = \sqrt{\frac{3EI}{l^3m}}.$$

(3) Der Balken in Abb. 5.3 mit einer Biegesteifigkeit $EI = konst$ wird nochmals betrachtet: Jetzt sei dieser beidseitig gelagert, mit einer Festlagerung (links) und einer Loslagerung (rechts); eine Seitenvertauschung der Fest-Los-Lagerung ändert übrigens am

transversalen Oszillationsverhalten nichts. Dann berechnet sich nach [9] – wieder für den linear-elastischen Belastungsbereich – die Durchbiegung in der Mitte (Abstand zu den Lagern jeweils $l/2$, Ort von Punktmasse m) zu

$$\Delta l = \frac{l^3}{48EI} F.$$

Die Ersatzfedersteifigkeit für das System (3) ist demnach

$$c_{\text{ers}}^{(3)} = \frac{48EI}{l^3}, \tag{5.12}$$

also um den Faktor 16 größer als $c_{\text{ers}}^{(2)}$ (Kragbalken). Für die entsprechende Eigenkreisfrequenz gilt somit:

$$\omega_0^{(3)} = \sqrt{\frac{48EI}{l^3 \, m}} = 4 \, \omega_0^{(2)}.$$

Eine zu den Beispielen (1)–(3) von Abb. 5.3 analoge Überlegung ermöglicht auch die Modellierung eines sog. Torsionsstabes, Abb. 5.4. Die Torsionssteifigkeit $G I_{\text{p}}$ mit dem Schubmodul G und dem polaren Flächenträgheitsmoment I_{p} dieses Stabes sei über dessen Länge l konstant.

Ein Moment $M^{(\text{s})}$ bzgl. der Achse s erzeugt – ausgehend von dem in Abb. 5.4 skizzierten unverformten Stab – eine (integrale) Verdrehung um den Winkel φ am Ende des Stabes (Ort der Scheibe mit Massenträgheitsmoment $J^{(\text{s})}$):

$$\varphi = \frac{l}{G I_{\text{p}}} M^{(\text{s})} \quad [9];$$

hierbei sei eine Belastung im sog. linear-elastischen Bereich vorausgesetzt. Im Ersatzfedermodell soll das gleiche Moment $M^{(\text{s})}$ zur gleichen Verdrehung φ führen; legt man eine lineare Spiral- bzw. Torsionsfeder zugrunde, so gilt:

$$M^{(\text{s})} = c_{\text{ers}}\varphi.$$

Damit lässt sich für die Ersatzfedersteifigkeit c_{ers} (Richtmoment) angeben:

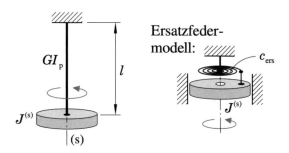

Abb. 5.4 Ersatzfedermodell eines masselosen Torsionsstabes ($G = konst$)

$$c_{\text{ers}} = \frac{G I_{\text{p}}}{l}. \qquad (5.13)$$

Bei Drehauslenkung der Scheibe um den Winkel φ aus dem ungespannten zustand erfährt diese ein zu φ proportionales Rückstellmoment. Der Momentensatz lautet sodann:

$$J^{(\text{s})} \dot{\omega} = -c_{\text{ers}} \varphi \quad \text{mit} \quad \dot{\omega} = \ddot{\varphi};$$

Die Bewegungsgleichung der freien und ungedämpften Dreh- bzw. Torsionsschwingung lautet demnach

$$\ddot{\varphi} + \frac{c_{\text{ers}}}{J^{(\text{s})}} \varphi = 0;$$

sie entspricht formal wieder der homogenen linearen DGL (5.2) eines harmonischen Oszillators, so dass sich für die Eigenkreisfrequenz

$$\omega_0 = \sqrt{\frac{c_{\text{ers}}}{J^{(\text{s})}}}$$

angeben lässt.

Bewegungsmechanismen bzw. mechanische Strukturen sind in der Praxis i. Allg. aus mehreren (elastischen) Komponenten aufgebaut, die nun im Modell einzeln als Federn abgebildet werden können. Ein entsprechendes Federsystem lässt sich sukzessive durch eine Feder mit äquivalenter Eigenschaft ersetzen. D. h. die Ersatzfeder muss bei einer adäquaten Auslenkung die gleiche Rückstellkraft erzeugen (Abb. 5.5).

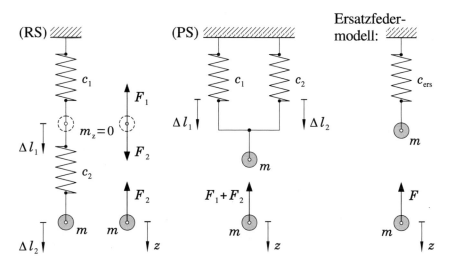

Abb. 5.5 Federschaltungen: Reihen- (RS) und Parallelschaltung (PS)

Die Äquivalenzbedingung bei Feder-Reihenschaltung lautet demnach $F_2 = F$. In diesem Fall addieren sich die Längenänderungen der Einzelfedern:

$$z = \Delta l_1 + \Delta l_2;$$

z ist die (longitudinale) Auslenkung der Punktmasse m von der statischen Ruhelage. Und mit einem linearen Kraftgesetz erhält man:

$$\frac{F}{c_{\text{ers}}} = \frac{F_1}{c_1} + \frac{F_2}{c_2} = \frac{F_1}{c_1} + \frac{F}{c_2}.$$

Zudem liefert die Dynamische Grundgleichung für die „Zwischenmasse" m_z,

$$m_z \overset{= 0.}{\ddot{z}} = F_2 - F_1, \quad F_1 = F_2 = F.$$

Die Berechnung der (reziproken) Ersatzfedersteifigkeit bei Reihenschaltung erfolgt also durch Addition der Steifigkeitsreziprokwerte:

$$(\text{RS}): \quad \frac{1}{c_{\text{ers}}} = \frac{1}{c_1} + \frac{1}{c_2}. \tag{5.14}$$

Sind zwei Federn parallel angeordnet (d. h. gleiche Längenänderungen), dann ist die resultierende Federkraft gleich der Summe der einzelnen zu setzen:

$$F = F_1 + F_2.$$

Die Kräfte auf Basis eines linearen Kraftgesetzes über die Längenänderung ausgedrückt, ergibt

$$c_{\text{ers}}z = c_1 \Delta l_1 + c_2 \Delta l_2, \quad \text{wobei} \quad \Delta l_1 = \Delta l_2 = z,$$

also

$$(\text{PS}): \quad c_{\text{ers}} = c_1 + c_2. \tag{5.15}$$

Ergänzung: ω_0 einer Biegeschwingung. Im Folgenden wird aufgezeigt, wie man die Biegeschwingung eines „masselosen" Balkens auch modellieren kann (Alternative zum Ersatzfedermodell). Exemplarisch wird die Lagerung Nr. (2) in Abb. 5.3 verwendet.

Die Durchbiegung w des Balkens sei rel. klein. Unter dieser Voraussetzung bewegt sich der Massenpunkt am Ende des Balkens annähernd vertikal, d. h. nur in z-Richtung. Er erfährt die Rückstellkraft F_{el} infolge der elastischen Balkenbiegung, s. Abb. 5.6. Die Dynamische Grundgleichung lautet daher:

$$m\ddot{z} = -F_{\text{el}}.$$

Bei kleiner Biegeverformung werden die Belastungen stets auf den unverformten Körper bezogen (Theorie 1. Ordnung). Die sog. Biegelinie $w = w(x)$ genügt dann der DGL

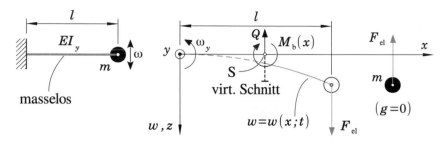

Abb. 5.6 Zur Modellierung der einachsigen Biegeschwingung eines masselosen Balkens (kleine Auslenkungen, Einfluss der Gewichtskraft der Punktmasse m wird vernachlässigt, d. h. „$g = 0$")

$$EI_y w'' = -M_b(x) \quad [9];$$

hierbei sind EI_y die Biegesteifigkeit bzgl. der y-Achse (I_y: Flächenträgheitsmoment bzgl. y-Achse) und $M_b(x)$ das vom Ort x abhängige Biegemoment. Letzteres wird in diesem Fall wegen „actio = reactio" durch die Kraft F_{el} erzeugt. Ein sog. virtueller Schnitt am Ort x zerlegt den Balken gedanklich in zwei Teilbalken. Das Schnittufer am rechten Teilbalken wird als negativ bezeichnet, da der – nach außen orientierte – Normalenvektor der gedachten Schnittfläche in die negative x-Richtung zeigt. Daher wird das Biegemoment $M_b(x)$ (Schnittmoment) als negatives Moment am Schnittpunkt S eingetragen – die Querkraft Q ist für die Berechnung des Biegemoments nicht erforderlich, der Vollständigkeit halber aber trotzdem angedeutet; in diesem Fall bedeutet dieses $M_b(x)$ ↻, da $\vec{e}_y$ ⊙ und somit sinnvollerweise als pos. Drehsinn der Gegenuhrzeigersinn festgelegt wird (↻ $\omega_y > 0$ bzw. $\vec{e}_\omega$ ⊙, also $\vec{e}_\omega = \vec{e}_y$). Der Momentensatz (bzgl. S) für diesen Teilbalken lautet dann:

$$\underbrace{J^{(S)}}_{=0} \dot{\omega}_y = -M_b(x) - (l - x)F_{el};$$

das Massenträgheitsmoment $J^{(S)}$ jedes Teilbalkens $[x; l]$ ist Null, da die Balkenmasse in diesem Modell vernachlässigt wird. Es ergibt sich also:

$$M_b(x) = -(l - x)F_{el}, \quad \text{wobei} \quad F_{el} = -m\ddot{z}.$$

Eingesetzt in obige Biege-DGL:

$$EI_y w'' = (l - x)F_{el} = -m(l - x)\ddot{z}.$$

Die Biegelinie $w = w(x)$ ist im Falle einer Biegeschwingung zeitabhängig: $w = w(x; t)$. Zudem gilt für die z-Koordinate des Massenpunktes m:

$$z = w(l; t).$$

Damit erhält man die folgende DGL für die Durchbiegung w:

$$EI_y \frac{\partial^2 w}{\partial x^2} = -m(l-x)\frac{\partial^2 w}{\partial t^2}\Big|_{x=l},$$

eine sog. partielle Differenzialgleichung (pDGL), da $w = w(x; t)$ eben eine Funktion mit zwei Variablen ist.

Für partielle Differenzialgleichungen gibt es keine „Standard-Lösungsmethode". Man kann letztlich nur nach Lösungsfunktionen „suchen". In diesem Fall beschreibt die pDGL eine elastische Biegeschwingung, also die zeit- und ortsabhängige Durchbiegung w eines Balkens; daher bietet sich folgender Separationsansatz an:

$$w(x; t) = A(x)e^{i\omega t}.$$

Der Faktor $e^{i\omega t}$ beinhaltet eine harmonische Zeitabhängigkeit, da $\Re\{e^{i\omega t}\} = \cos \omega t$, und $A(x)$ bedeutet, dass die Biegeschwingung eine orts- aber nicht zeitabhängige Amplitude aufweist. Diese Hypothese ist zweifelsohne für eine freie ungedämpfte Schwingung gerechtfertigt.

Nun wird die Ansatzfunktion, die speziell in Bezug auf die Biegeschwingung eines Balkens formuliert wurde, in die pDGL eingesetzt.

$$\frac{\partial^2 w}{\partial x^2} = A''(x)e^{i\omega t}$$

$$\frac{\partial^2 w}{\partial t^2} = (i\omega)^2 A(x)e^{i\omega t} = i^2\omega^2 A(x)e^{i\omega t} = -\omega^2 A(x)e^{i\omega t}$$

Es ergibt sich somit:

$$EI_y A''(x)e^{i\omega t} = -m(l-x)\left(-\omega^2 A_E e^{i\omega t}\right)$$

bzw.

$$A''(x) = \frac{m}{EI_y}\omega^2 A_E(l-x),$$

mit der Amplitude $A_E = A(l)$ am Ort $x = l$. Diese gewöhnliche DGL 2. Ordnung für die Funktion $A = A(x)$ löst man durch zweimalige Integration:

$$A'(x) = -\frac{1}{2}\frac{m}{EI_y}\omega^2 A_E(l-x)^2 + C_1$$

$$A(x) = \frac{1}{6}\frac{m}{EI_y}\omega^2 A_E(l-x)^3 + C_1 x + C_2.$$

Unter Berücksichtigung der festen Einspannung des Balkens bei $x = 0$ lassen sich zwei Anfangsbedingungen angeben:

$$w(0; t) = w'(0; t) = 0 \quad \text{und somit} \quad A(0) = A'(0) = 0.$$

w' ist die Steigung der Biegelinie $w = w(x)$; sie entspricht bei kleinen Verformungen dem negativen (Gegenuhrzeigersinn ist pos. Drehsinn) Biegelinien-Neigungswinkel α (gemessen von x-Achse zur Tangente), da

$$w' = \frac{dw}{dx} = \tan(-\alpha) \approx -\alpha$$

ist, bzw. dem negativen Biegewinkel ψ (Verdrehung des Balkenquerschnitts gegen z-Achse): $\psi = \alpha$. Dieser ist am Ort der festen Einspannung natürlich Null (keine Biegeverformung der Balkens). Die beiden Integrationskonstanten C_1 und C_2 berechnen sich mit den Anfangsbedingungen zu

$$A'(0) = 0 : \quad -\frac{1}{2}\frac{m}{EI_y}\omega^2 A_E l^2 + C_1 = 0 ; \quad C_1 = \frac{1}{2}\frac{m}{EI_y}\omega^2 A_E l^2$$

$$A(0) = 0 : \quad \frac{1}{6}\frac{m}{EI_y}\omega^2 A_E l^3 + C_2 = 0 ; \quad C_2 = -\frac{1}{6}\frac{m}{EI_y}\omega^2 A_E l^3.$$

Man erhält damit für die (spezielle) Amplitudenfunkton:

$$A(x) = \frac{1}{6}\frac{m}{EI_y}\omega^2 A_E (l - x)^3 + \frac{1}{2}\frac{m}{EI_y}\omega^2 A_E l^2 x - \frac{1}{6}\frac{m}{EI_y}\omega^2 A_E l^3.$$

Schließlich gilt diese Funktion für alle $x \in [0; l]$, also auch für das Balkenende $x = l$. Mit $A(l) = A_E$ ergibt sich für die Schwingungskreisfrequenz:

$$A_E = \underbrace{\frac{1}{6}\frac{m}{EI_y}\omega^2 A_E (l - l)^3}_{= 0} + \frac{1}{2}\frac{m}{EI_y}\omega^2 A_E l^2 l - \frac{1}{6}\frac{m}{EI_y}\omega^2 A_E l^3 = \frac{1}{3}\frac{m}{EI_y}\omega^2 A_E l^3,$$

also

$$\omega = \overset{+}{(-)}\sqrt{\frac{3EI_y}{l^3 m}}.$$

Eine freie ungedämpfte Biegeschwingung erfolgt (bei Lagerung Nr. (2) von Abb. 5.3) genau mit dieser Kreisfrequenz ω; daher ist $\omega = \omega_0$ die Eigenkreisfrequenz jener Balken-Biegeschwingung. Dieses Modell liefert aber nicht nur ω_0, sondern auch die Amplitudenfunkton $A(x)$, d.h. die maximale Durchbiegung w des Balkens am Ort x.

Homogene Federn mit Masse. In der Realität haben Federn bzw. elastische Komponenten eine Masse. Es wird abschließend in diesem Abschnitt deswegen noch geklärt, mit welcher Eigenkreisfrequenz ω_0 ein Feder-Masse-Pendel denn schwingt, wenn die Feder eben nicht masselos ist.

Da die Federkraft nicht von der Federmasse abhängt (nur von deren Steifigkeit c), eignet sich für diese Betrachtung kein Ersatzfeder-, jedoch ein Ersatzmassenmodell, Abb. 5.7. Als Äquivalenzbedingung bietet sich nämlich ein „Energieansatz" an: Die kinetische Energie

Abb. 5.7 Einfaches
Feder-Masse-Pendel mit
massebehafteter Feder ($g = 0$)

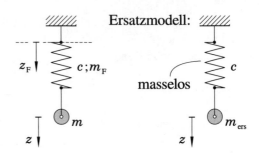

$$E_{\text{k,ers}} = \frac{1}{2} m_{\text{ers}} \dot{z}^2$$

des System im Ersatzmodell muss gleich der kinetischen Energie des realen Pendels sein. Letztere setzt sich zusammen aus der Energie der Punktmasse m und jener der Feder:

$$E_{\text{k,real}} = \frac{1}{2} m \dot{z}^2 + E_{\text{k,Feder}}.$$

Zur Berechnung von $E_{\text{k,Feder}}$ legt man eine homogene Massenverteilung zugrunde; dann gilt für ein Massenelement $\mathrm{d}m_{\text{F}}$ der Länge $\mathrm{d}z_{\text{F}}$:

$$\frac{\mathrm{d}m_{\text{F}}}{m_{\text{F}}} = \frac{\mathrm{d}z_{\text{F}}}{l};$$

l ist die Länge der Feder im ungespannten Zustand, m_{F} deren Masse. Zudem gelte folgende berechtigte Prämisse (versagt bei „zu großen" Auslenkungen, d. h. außerhalb des linear-elastischen Bereichs): Die Geschwindigkeit $\dot{z}_{\text{F}}$ der Massenelemente $\mathrm{d}m_{\text{F}}$ hängt linear vom Ort z_{F} ab:

$$\dot{z}_{\text{F}} = \frac{\dot{z}}{l} z_{\text{F}}.$$

Jedes Federelement der Masse $\mathrm{d}m_{\text{F}}$ hat die kinetische Energie $\mathrm{d}E_{\text{k,Feder}} = \frac{1}{2} \mathrm{d}m_{\text{F}} \dot{z}_{\text{F}}^2$, die gesamte Federenergie ergibt sich als Summe (Integration) der einzelnen „Energiepakete":

$$E_{\text{k,Feder}} = \int\limits_{\text{(Feder)}} \frac{1}{2} \mathrm{d}m_{\text{F}} \dot{z}_{\text{F}}^2 = \frac{1}{2} \int\limits_{z_{\text{F}}=0}^{l} \underbrace{\frac{m_{\text{F}}}{l} \mathrm{d}z_{\text{F}}}_{= \, \mathrm{d}m_{\text{F}}} \left(\frac{\dot{z}}{l} z_{\text{F}} \right)^2.$$

$\dot{z}$ ist die Geschwindigkeit der Punktmasse m, die nicht von z_{F} abhängt. Daher lässt sich das Integral wie folgt auswerten:

$$E_{\text{k,Feder}} = \frac{1}{2} \frac{m_{\text{F}} \dot{z}^2}{l^3} \int\limits_{0}^{l} z_{\text{F}}^2 \, \mathrm{d}z_{\text{F}} = \frac{1}{2} \frac{m_{\text{F}} \dot{z}^2}{l^3} \left[\frac{z_{\text{F}}^3}{3} \right]_0^l = \frac{1}{2} \frac{m_{\text{F}} \dot{z}^2}{3}.$$

Die gesamte kinetische Energie $E_{k,real}$ des realen Systems mit massebehafteter Feder berechnet sich also zu

$$E_{k,real} = \frac{1}{2}m\dot{z}^2 + \frac{1}{2}\frac{m_F\dot{z}^2}{3} = \frac{1}{2}\left(m + \frac{m_F}{3}\right)\dot{z}^2,$$

und der Vergleich mit $E_{k,ers}$ (kin. Energie des Ersatzsystems) liefert für die Ersatzmasse (Abb. 5.7):

$$m_{ers} = m + \frac{1}{3}m_F. \tag{5.16}$$

Somit weist das Ersatzmodell zum realen System äquivalente mechanische Eigenschaften auf: Aufgrund der identischen Federsteifigkeit sind Federkraft und -potenzial ($E_p = \frac{1}{2}cz^2$) gleich. Weiterhin stimmen mit (5.16) auch die kinetischen Energien überein.

Die Eigenkreisfrequenz des Ersatzmodells (einfaches Feder-Masse-Pendel) und demnach auch des realen Systems berechnet sich zu

$$\omega_0 = \sqrt{\frac{c}{m + \frac{1}{3}m_F}},$$

d. h. bei Berücksichtigung der Federmasse ist die Eigenkreisfrequenz kleiner, im Vergleich zum vereinfachten Modell mit masseloser Feder.

5.2.3 Dissipative Systeme: Dämpfung

In der Realität treten stets Widerstandskräfte (Festkörperreibung, Luftwiderstand) auf, die bewirken, dass die mechanische Gesamtenergie, also die Summe aus potentieller und kinetischer Energie stetig abnimmt. In diesem Abschnitt beschränken sich die Betrachtungen auf Systeme unter Wirkung einer geschwindigkeitsproportionalen Widerstandskraft F_W (vgl. (2.13)); man spricht dann allgemein von viskoser Reibung. Diese tritt bspw. in erster Näherung auf, wenn sich ein Festkörper mit „moderater Geschwindigkeit" in einem Fluid bewegt, so dass keine Trubulenzen entstehen. Das notwendige Kriterium hierfür lautet $Re < Re_{krit}$, d. h. die sog. REYNOLDS-Zahl darf einen kritischen Wert nicht überschreiten [5].

Die nachfolgende Skizze (Abb. 5.8) zeigt das einfachste Modell eines entsprechenden dissipativen Systems. Beim „Entwickeln" des Freikörperbildes des Körpers stelle man sich nun vor, dass dieser gerade positiv ($x \mapsto$) – in Bezug auf die statische Ruhelage (hier: Feder ungespannt) – ausgelenkt sei und er sich zudem dort auch in positiver Richtung bewegt: $x, \dot{x} > 0$.

Damit ist die Orientierung der Federkraft (Rückstellkraft),

$$\vec{F}_c = -cx\vec{e}_x,$$

und der geschwindigkeitsproportionalen Widerstandskraft (immer entgegengesetzt zur Bewegungsrichtung orientiert: $\vec{F}_W = -F_W\vec{e}_v = -k|v|\vec{e}_v$),

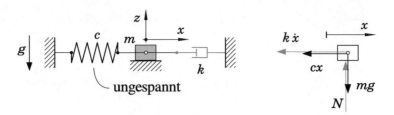

Abb. 5.8 Einfaches Feder-Masse-Pendel mit geschwindigkeitsproportionaler Dämpfung (Punkt-masse m gleitet reibungsfrei)

$$\vec{F}_W = -k\dot{x}\vec{e}_x, \quad \text{mit} \quad k = konst,$$

bestimmt. Es sind hiermit alle möglichen Konstellationen abgedeckt: Bewegt sich z. B. der Körper in negative x-Richtung, so ist dessen Geschwindigkeit $\dot{x} < 0$; folglich ist $k\dot{x} < 0$, d. h. die „angenommene" Orientierung des Kraftvektors war nicht „korrekt", dieser zeigt in diesem Fall eigentlich nach rechts. Das stimmt mit der tatsächlichen Orientierung der Widerstandskraft entgegengesetzt zur Bewegungsrichtung überein.

Die Dynamische Grundgleichung in x-Richtung für das gedämpfte Feder-Masse-Pendel von Abb. 5.8 lautet:

$$m\ddot{x} = -k\dot{x} - cx,$$

und damit die Bewegungsgleichung (DGL der Lagekoordinate x):

$$\ddot{x} + \frac{k}{m}\dot{x} + \frac{c}{m}x = 0, \quad \text{wobei} \quad \frac{c}{m} = \omega_0^2.$$

Es zeigt sich, dass auch im gedämpften Fall der Koeffizient der Auslenkung x die quadratische Eigenkreisfrequenz des Systems ist. Das ist die Kreisfrequenz, mit der das System ohne Dämpfung ($k = 0$) frei schwingen würde, nicht die Kreisfrequenz der gedämpften Schwingung.

Zur Entdimensionalisierung der Bewegungsgleichung führt man gem. Def. (5.7) die dimensionslose Zeit τ ein. Es kann dann eine dimensionslose Größe festgelegt werden, die – wie im Rahmen der Lösung der DGL zu sehen ist – eine „einfache" Charakterisierung der (viskosen) Dämpfung ermöglicht. Dazu sind nun die Zeitableitungen zu transformieren: Mit $\tau = \omega_0 t$ folgt:

$$x = x[\tau(t)] \;\Rightarrow\; \dot{x} = \frac{dx}{dt} = \frac{dx}{d\tau}\frac{d\tau}{dt} = x'\omega_0, \quad \text{mit } x' = \frac{dx}{d\tau}$$

und

$$\dot{x} = \dot{x}[\tau(t)] \;\Rightarrow\; \ddot{x} = \frac{d\dot{x}}{dt} = \frac{d\dot{x}}{d\tau}\frac{d\tau}{dt} = \frac{d}{d\tau}(x'\omega_0)\frac{d\tau}{dt} = x''\omega_0^2, \quad \text{mit } x'' = \frac{d^2x}{d\tau^2},$$

zusammenfassend also

$$\dot{x} = \omega_0 x' \quad \text{und} \quad \ddot{x} = \omega_0^2 x''.$$ (5.17)

Damit lässt sich die Bewegungsgleichung wie folgt formulieren:

$$\omega_0^2 x'' + \frac{k}{m} \omega_0 x' + \omega_0^2 x = 0.$$

Nach Division der Gleichung mit ω_0^2 und Erweiterung des Koeffizienten von x' mit 2 ergibt sich:

$$x'' + 2Dx' + x = 0 \quad \text{mit} \quad D = \frac{k}{2\,m\omega_0}.$$

Man bezeichnet die dimensionslose Größe D als das sog. LEHRsche Dämpfungsmaß. Dieses berechnet sich bei einem einfachen (viskos) gedämpften Feder-Masse-Pendel (Abb. 5.8) mit eben obiger Formel. Im Falle eines komplexeren Systems muss dass LEHRsche Dämpfungsmaß D wieder mittels Koeffizientenvergleich aus der dimensionslosen Bewegungsgleichung

$$x'' + 2Dx' + x = 0$$ (5.18)

ermittelt werden. Hierbei handelt es sich um die allgemeine, dimensionslose Bewegungsgleichung eines viskos-dissipativen Systems mit einem Freiheitsgrad. Bei der Lösung dieser homogenen linearen DGL 2. Ordnung sind drei fundamentale Fälle zu unterscheiden.

Die charakteristische Gleichung der DGL (5.18) lautet (e-Ansatz: $x = e^{\lambda \tau}$)

$$\lambda^2 + 2D\lambda + 1 = 0,$$

und deren Wurzeln sind

$$\lambda_{1/2} = \frac{-2D \pm \sqrt{(2D)^2 - 4}}{2} = \frac{-2D \pm 2\sqrt{4D^2 - 4 \cdot 1}}{2} =$$

$$= -D \pm \sqrt{D^2 - 1}.$$

Fall 1: $D > 1$ **(starke Dämpfung).** Es ist dann $D^2 - 1 > 0$; die charakteristische Gleichung hat zwei reelle Einfachlösungen. Mit der Abkürzung

$$\mu = \sqrt{D^2 - 1}, \quad \text{wobei} \quad 0 < \mu < D,$$

kann man die allgemeine Lösung der DGL dann wie folgt angeben (z. B. [4]):

$$x = C_1 e^{(-D+\mu)\tau} + C_2 e^{(-D-\mu)\tau}$$

bzw.

$$x = e^{-D\tau}\left(C_1 e^{\mu\tau} + C_2 e^{-\mu\tau}\right), \quad \text{mit} \quad C_1, C_2 \text{ bel.}$$ (5.19)

In diesem Fall ergibt sich also keine „klassische Schwingung" im Sinne einer zyklischen Bewegung, sondern ein exponentielles Verhalten der Auslenkung x. Wegen $-D + \mu < 0$ und $-D - \mu < 0$ ist schließlich

$$\lim_{\tau \to \infty} x(\tau) = 0.$$

Das Zeitverhalten eines stark gedämpften Systems wird im Folgenden noch etwas genauer untersucht. Als repräsentative Anfangsbedingungen seien $x(0) = x_0 > 0$ und $\dot{x}(0) = v_0$ (bzw. in dimensionsloser Zeit: $x'(0) = \frac{v_0}{\omega_0}$) gewählt; die Startgeschwindigkeit v_0 kann hierbei größer, kleiner oder gleich Null sein. Aus $x(\tau) = C_1 e^{(-D+\mu)\tau} + C_2 e^{(-D-\mu)\tau}$ folgt

$$x'(\tau) = C_1(-D + \mu)e^{(-D+\mu)\tau} + C_2(-D - \mu)e^{(-D-\mu)\tau},$$

und mit den Anfangsbedingungen ein lineares Gleichungssystem für die Integrationskonstanten C_1 und C_2:

$$x(0) = x_0 \; : \qquad\qquad C_1 + C_2 \qquad\quad = x_0$$
$$x'(0) = \tfrac{v_0}{\omega_0} : C_1(-D + \mu) + C_2(-D - \mu) = \tfrac{v_0}{\omega_0}.$$

Man eliminiert nun z. B. C_2: Aus der ersten Gleichung folgt $C_2 = x_0 - C_1$, eingesetzt in die zweite Gleichung ergibt sich

$$C_1(-D + \mu) + (x_0 - C_1)(-D - \mu) = \frac{v_0}{\omega_0}$$

$$-\cancel{C_1 D} + C_1\mu - x_0 D - x_0\mu + \cancel{C_1 D} + C_1\mu = \frac{v_0}{\omega_0}$$

$$2C_1\mu - x_0(D + \mu) = \frac{v_0}{\omega_0}, \quad 2C_1\mu = \frac{v_0}{\omega_0} + x_0 D + x_0\mu,$$

also

$$C_1 = \frac{x_0\mu + (\frac{v_0}{\omega_0} + x_0 D)}{2\mu}$$

sowie

$$C_2 = x_0 - \frac{(\frac{v_0}{\omega_0} + x_0 D) + x_0\mu}{2\mu} = \frac{2x_0\mu - \frac{v_0}{\omega_0} - x_0 D - x_0\mu}{2\mu}$$

bzw.

$$C_2 = \frac{x_0\mu - (\frac{v_0}{\omega_0} + x_0 D)}{2\mu}.$$

Damit ist die partikuläre Lösung der DGL (5.18) für die obigen Anfangsbedingungen ermittelt. Diese hängt natürlich ganz wesentlich von der Startgeschwindigkeit v_0 ab (bei gleicher Initialauslenkung x_0). Es stellt sich nun die Frage, wie viele Nulldurchgänge der exponentielle Verlauf von $x = x(\tau)$ aufweist, falls es denn überhaupt welche gibt. D. h. man muss versuchen, die Nullstellen der Funktion $x = x(\tau)$ zu berechnen:

$$C_1 e^{(-D+\mu)\tau} + C_2 e^{(-D-\mu)\tau} = 0$$

Man klammert sodann bspw. $e^{(-D+\mu)\tau}$ aus:

$$e^{(-D+\mu)\tau}\Big[C_1 + C_2 \frac{e^{(-D-\mu)\tau}}{e^{(-D+\mu)\tau}}\Big] = 0,$$

und da stets $e^{(-D+\mu)\tau} \neq 0$, muss

$$C_1 + C_2 \frac{e^{(-D-\mu)\tau}}{e^{(-D+\mu)\tau}} = 0$$

gelten. Nach ein paar elementaren Umformungen erhält man schließlich die dimensionslose Zeit τ für die $x(\tau)$ Null werden kann:

$$\frac{e^{(-D-\mu)\tau}}{e^{(-D+\mu)\tau}} = -\frac{C_1}{C_2}$$

$$e^{[(-D-\mu)\tau-(-D+\mu)\tau]} = e^{-\cancel{D\tau}-\mu\tau+\cancel{D\tau}-\mu\tau} = e^{-2\mu\tau} = -\frac{C_1}{C_2}$$

$$\tau = -\frac{1}{2\mu}\ln\Big(-\frac{C_1}{C_2}\Big).$$

Die Formulierung im Konjunktiv ist an dieser Stelle angebracht, da τ eine positive, reelle Größe ist. Damit sich ein entsprechendes τ in diesem Kontext berechnen lässt, müssen C_1 und C_2 unterschiedliche Vorzeichen haben:

$$C_1 C_2 < 0 \quad \text{bzw.} \quad \frac{C_1}{C_2} < 0;$$

dann ist nämlich $-(C_1/C_2) > 0$ und der „logarithmus naturalis" existiert. Für eine positive dimensionslose Zeit ist zudem erforderlich, dass

$$\Big|\frac{C_1}{C_2}\Big| < 1 \quad \text{bzw.} \quad |C_2| > |C_1|$$

ist – der Logarithmus liefert in diesem Fall einen negativen Wert, und τ ist positiv. Mit diesen beiden Bedingungen für die Integrationskonstanten C_1 und C_2 kann abgeleitet werden, welche Voraussetzung die Startgeschwindigkeit $v_0 \gtreqless 0$ erfüllen muss, damit sich die Masse nach Auslenkung um $x_0 > 0$ durch die statische Ruhelage bewegt. Eines ist vorweg festzuhalten: Es kann generell maximal einen Nulldurchgang geben (ln-Funktion ist nicht periodisch). Die Unterscheidung der drei v_0-Fälle liefert:

- $v_0 > 0$: In diesem Fall ist

$$\underbrace{x_0\mu}_{>0} + (\underbrace{\overbrace{\frac{v_0}{\omega_0} + x_0 D}^{>0}}_{>0}) > x_0\mu - \Big(\frac{v_0}{\omega_0} + x_0 D\Big)$$

und somit $C_1 > |C_2|$; C_2 ist negativ, wenn die Startgeschwindigkeit hinreichend groß ist. Das Kriterium $|C_2| > |C_1|$ ist also nicht erfüllt, es gibt keinen Nulldurchgang.

- $v_0 = 0$: Die Gleichungen für C_1 und C_2 vereinfachen sich zu

$$C_1 = \frac{x_0(\mu + D)}{2\mu} \quad \text{und} \quad C_2 = \frac{x_0(\mu - D)}{2\mu}$$

wobei $\mu + D > \mu - D$ ist (da $\mu < D$ ist zudem stets $\mu - D < 0$). D.h. es ergibt sich wieder $C_1 > |C_2|$ (kein Nulldurchgang).

- $v_0 < 0$: Anschaulich gesprochen wird nun die Punktmasse m entgegen der Richtung der Initialauslenkung x_0 angestoßen. Für

$$\frac{v_0}{\omega_0} + x_0 D > 0, \quad \text{also} \quad -\frac{v_0}{\omega_0} = \left|\frac{v_0}{\omega_0}\right| < x_0 D,$$

ist – wie bei $v_0 > 0$ auch – erneut $x_0\mu + \left(\frac{v_0}{\omega_0} + x_0 D\right) > x_0\mu - \left(\frac{v_0}{\omega_0} + x_0 D\right)$ und $C_1 > |C_2|$; es wird folglich keinen Nulldurchgang geben. Ist speziell $\frac{v_0}{\omega_0} + x_0 D = 0$, dann gilt $C_1 = C_2 = \frac{x_0}{2}$, und beide Kriterien für einen Nulldurchgangs sind nicht erfüllt. Wenn dagegen

$$\frac{v_0}{\omega_0} + x_0 D < 0, \quad \text{also} \quad -\frac{v_0}{\omega_0} = \left|\frac{v_0}{\omega_0}\right| > x_0 D,$$

dann ist

$$x_0\mu + \left(\frac{v_0}{\omega_0} + x_0 D\right) < x_0\mu - \left(\frac{v_0}{\omega_0} + x_0 D\right) \quad \text{bzw.} \quad |C_1| < C_2;$$

C_2 ist schließlich größer Null. Doch ein Nulldurchgang tritt erst dann auf, wenn C_1 negativ ist ($C_1 C_2 < 0$):

$$x_0\mu + \left(\frac{v_0}{\omega_0} + x_0 D\right) < 0$$

also wenn

$$-\frac{v_0}{\omega_0} = \left|\frac{v_0}{\omega_0}\right| > x_0(\mu + D).$$

Bei starker viskoser Dämpfung ($D > 1$) bewegt sich der Körper höchstens einmal durch die statische Ruhelage hindurch, und zwar nur dann, wenn die Startgeschwindigkeit (initiale Auslenkung $x_0 > 0$) negativ ist und zudem

$$|v_0| > x_0\omega_0(\mu + D) \quad \text{gilt}. \tag{5.20}$$

Die Eigenschaften der Funktion $x = x(\tau)$, unter besonderer Berücksichtigung der drei resp. vier Möglichkeiten für die Startgeschwindigkeit v_0, sind in nachfolgender Abb. 5.9 visualisiert. Es sei darauf hingewiesen, dass die Steigung x' im $x(\tau)$-Diagramm der jeweils momentanen Geschwindigkeit $\dot{x}$ des punktförmigen Körpers entspricht ($\dot{x} = \omega_0 x'$).

Der Körper kehrt also in jedem Fall mehr oder weniger schnell – mit maximal einem Nulldurchgang – in die statische Ruhelage zurück; man spricht hierbei von einer sog. *Kriechbe-*

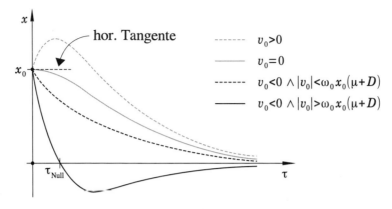

Abb. 5.9 Orts-Zeit-Diagramm bei starker Dämpfung (qualitativ)

wegung. Wie weiterhin zu sehen ist, hat die Funktion $x = x(\tau)$ auch höchstens ein Extremum ($x' = 0$ und somit $\dot{x} = 0$).

Fall 2: $D < 1$ **(schwache Dämpfung).** Ist das LEHRsche Dämpfungsmaß relativ klein, dann sind die Wurzeln jener charakteristischen Gleichung

$$\lambda_{1/2} = -D \pm \sqrt{D^2 - 1} = -D \pm \sqrt{-1(1 - D^2)} = -D \pm i\sqrt{1 - D^2},$$

d. h. zwei komplex konjugierte Einfachlösungen ($\pm\sqrt{-1}$ ist die Lösung der quadratischen (Hilfs-)Gleichung $w^2 = -1$, also in $w \in \mathbb{C}$: $w = \pm i$). Damit lautet nach z. B. [4] die allgemeine Lösung der DGL (5.18):

$$x = e^{-D\tau}\,(C_1 \cos \nu\tau + C_2 \sin \nu\tau) \quad \text{mit} \quad \nu = \sqrt{1 - D^2}, \tag{5.21}$$

da $\Re\{\lambda_{1/2}\} = -D$ und $|\Im\{\lambda_{1/2}\}| = \sqrt{1 - D^2} = \nu$ sind. Wie im Abschn. 5.1 erklärt („Hilfs-winkelmethode"), lässt sich die cos/sin-Linearkombination (...) in (5.21) auch wie folgt darstellen:

$$x = Ce^{-D\tau}\cos(\nu\tau - \varphi_N) \quad \text{mit} \quad C = \sqrt{C_1^2 + C_2^2} \tag{5.22}$$

und der Beziehung

$$\tan \varphi_N^* = \left|\frac{C_2}{C_1}\right| \tag{5.23}$$

φ_N^* liefert den Nullphasenwinkel $\varphi_N > 0$ (ggf. cos-Verschiebung). Der Körper führt bei schwacher Dämpfung also immer eine cos-förmige Bewegung mit exponentiell abnehmen-der Amplitude aus, vgl. Abb. 5.10 („*Schwingfall*").

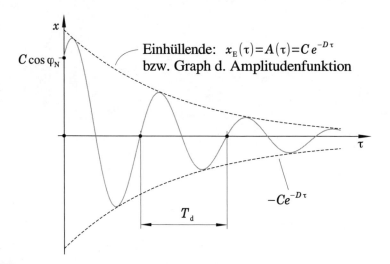

Abb. 5.10 Orts-Zeit-Diagramm bei schwacher Dämpfung (qualitativ)

Die Zeitdifferenz zwischen zwei direkt aufeinanderfolgenden, aber „gleichartigen Null-durchgängen" (d. h. jeweils gleiche Bewegungsrichtung, also stets Differenz zum vorletzten Nulldurchgang) nennt man Schwingungsdauer T_d des gedämpften Oszillators. Die cos-Funktion besitzt bei jedem ungeradzahligen Vielfachen von $\frac{\pi}{2}$ eine Nullstelle:

$$\cos(\nu\tau - \varphi_N) = 0 \quad \text{wenn} \quad \nu\tau - \varphi_N = (2k-1)\frac{\pi}{2} \quad (k = 1; 2; 3; \ldots) .$$

Die übernächste „gleichartige Nullstelle" tritt nach 2π auf, es gilt demnach in der Realzeit ($\tau = \omega_0 t$):

$$\nu\omega_0(t + T_d) - \varphi_N = (2k-1)\frac{\pi}{2} + 2\pi .$$

Bildet man die Differenz zwischen dieser Nullstelle und eben der vorletzten, so ergibt sich:

$$\nu\omega_0(t + T_d) - \varphi_N - (\nu\underbrace{\omega_0 t}_{=\,\tau} - \varphi_N) = (2k-1)\frac{\pi}{2} + 2\pi - (2k-1)\frac{\pi}{2}$$

$$\cancel{\nu\omega_0 t} + \nu\omega_0 T_d - \cancel{\varphi_N} - \cancel{\nu\omega_0 t} + \cancel{\varphi_N} = 2\pi ,$$

also

$$T_d = \frac{2\pi}{\nu\omega_0}. \tag{5.24}$$

Natürlich hätte man die Schwingungsdauer auch als den zeitlichen Abstand zweier benach-barter Schwingungsmaxima/-minima definieren können, mit eben dem selben Ergebnis.

Die Lösung der gedämpften Schwingungsdifferentialgleichung (5.18) kann man entspre-chend in Realzeit mit

$$x = Ce^{-D\omega_0 t}\cos(\nu\omega_0 t - \varphi_N)$$

angeben. Es zeigt sich, dass die „Quasi-Zeitperiodizität" der Auslenkung x (man blende dafür gedanklich den Amplitudenabfall aus) durch den Koeffizienten $v\omega_0$ bestimmt ist. Dieser heißt Kreisfrequenz des schwach gedämpften Oszillators:

$$\omega_{\mathrm{d}} = v\omega_0 = \omega_0\sqrt{1 - D^2}\,; \qquad (5.25)$$

da $0 < v < 1$, ist stets $\omega_{\mathrm{d}} < \omega_0$. D.h. durch eine (schwache) Dämpfung verschiebt sich – im Vergleich zu einem ungedämpften System – die Schwingungskreisfrequenz zu kleineren Werten. Quadriert man Gl. (5.25), so erhält man:

$$\omega_{\mathrm{d}}^2 = \omega_0^2(1 - D^2) \quad \text{bzw.} \quad \frac{\omega_{\mathrm{d}}^2}{\omega_0^2} + D^2 = 1\,.$$

Dieses ist die Gleichung einer Ellipse (ω_{d} gegen D aufgetragen, aber nur im 1. Quadranten, da $\omega_{\mathrm{d}} > 0$ und $D > 0$) mit den Halbachsen ω_0 und 1.

Nach der Schwingungsdauer T_{d} wiederholt sich jeweils der Funktionswert des cos-Anteils von (5.22), formulieren in Realzeit. Es gilt daher:

$$\cos(v\omega_0 t - \varphi_{\mathrm{N}}) = \cos(v\omega_0(t + T_{\mathrm{d}}) - \varphi_{\mathrm{N}})$$

und damit

$$\frac{x(t)}{x(t + T_{\mathrm{d}})} = \frac{Ce^{-D\omega_0 t}\cos(v\omega_0 t - \varphi_{\mathrm{N}})}{Ce^{-D\omega_0(t+T_{\mathrm{d}})}\cos(v\omega_0(t + T_{\mathrm{d}}) - \varphi_{\mathrm{N}})} = \frac{e^{-D\omega_0 t}}{e^{-D\omega_0(t+T_{\mathrm{d}})}}$$

$$= e^{-D\omega_0 t - [-D\omega_0(t+T_{\mathrm{d}})]} = e^{-D\omega_0 t + D\omega_0 t + D\omega_0 T_{\mathrm{d}}} = e^{D\omega_0 T_{\mathrm{d}}}\,.$$

Den natürlichen Logarithmus dieses Verhältnisses bezeichnet man als logarithmisches Dekrement Λ. Mit (5.24) ergibt sich:

$$\ln\frac{x(t)}{x(t + T_{\mathrm{d}})} = D\omega_0 T_{\mathrm{d}} = D\omega_0\frac{2\pi}{v\omega_0} = 2\pi\frac{D}{v}\,,$$

also

$$\Lambda = \ln\frac{x(t)}{x(t + T_{\mathrm{d}})} = 2\pi\frac{D}{\sqrt{1 - D^2}}\,. \qquad (5.26)$$

Setzt man für die Auslenkungen nicht „willkürlich" ein, sondern wählt man mit Bedacht z. B. die Werte zweier direkt aufeinanderfolgender Maxima, so bietet (5.26) eine Grundlage zur angenehmen experimentellen Ermittlung des LEHRschen Dämpfungsmaßes.

In der Realzeit-Formulierung der Lösungsfunktion tritt der Faktor $e^{-D\omega_0 t}$ auf. Der t-Koeffizient $D\omega_0$ gibt – wie auch D alleine – das Maß des Amplitudenabfalls an. Man bezeichnet ihn als Abklingkonstante:

$$\delta = D\omega_0\,. \qquad (5.27)$$

Nach der Zeit δ^{-1} gilt für die Amplitude:

$$Ce^{-\delta(t+\frac{1}{\delta})} = Ce^{-\delta t - 1} = Ce^{-\delta t}e^{-1} = \frac{1}{e}Ce^{-\delta t},$$

d. h. sie ist in Bezug auf den Zeitpunkt t auf ein e-tel abgefallen. Den Reziprokwert der Abklingkonstante nennt man Abkling- oder Relaxationszeit.

Fall 3: $D = 1$ (aperiodischer Grenzfall). Für speziell $D = 1$ vereinfachen sich die Wurzeln der charakteristischen Gleichung zu

$$\lambda_{1/2} = -D;$$

es ergibt sich also nur eine Lösung, wobei es sich um eine reelle Doppellösung handelt. Eine kurze Begründung: Das charakteristische Polynom $p_c(\lambda)$ der DGL (5.18) mit $D = 1$,

$$p_c(\lambda) = \lambda^2 + 2D\lambda + 1,$$

hat bei $-D$ eine Nullstelle. Auch die 1. Ableitungsfunktion

$$p_c'(\lambda) = 2\lambda + 2D$$

ist an der Stelle $-D$ gleich Null; nicht jedoch die 2. Ableitungsfunktion:

$$p_c''(\lambda) = 2.$$

Und somit lautet, wieder nach z. B. [4], die allgemeine Lösung jener DGL: $x = C_1 e^{-D\tau} + C_2\tau e^{-D\tau}$ bzw.

$$x = (C_1 + C_2\tau)e^{-D\tau}. \tag{5.28}$$

Mit Hilfe der Regel von Bernoulli- L'Hospital lässt sich die Auslenkung x nach sehr langer Zeit berechnen:

$$\lim_{\tau \to \infty} x(\tau) = \lim_{\tau \to \infty} \frac{C_1 + C_2\tau}{e^{D\tau}} = \left[\frac{\infty}{\infty}\right] = \lim_{\tau \to \infty} \frac{C_2}{De^{D\tau}} = 0.$$

Im sog. aperiodischen Grenzfall kehrt der Körper nach einer initialen Auslenkung – ähnlich der Kriechbewegung ($D > 1$) – exponentiell in die statische Ruhelage zurück. Bei diesem nicht-zyklischen Vorgang kann es wieder maximal einen Nulldurchgang geben:

$$x(\tau) = 0, \quad \text{wenn} \quad C_1 + C_2\tau = 0,$$

d. h. die (evtl. mögliche) Nullstelle der Orts-Zeit-Funktion $x = x(\tau)$ ist

$$\tau = -\frac{C_1}{C_2}.$$

Da die dimensionslose Zeit $\tau \geq 0$ ist, tritt demnach ein Nulldurchgang des Körpers nur auf, wenn die Integrationskonstanten C_1 und C_2 unterschiedliche Vorzeichen haben: $C_1 C_2 < 0$. Die Bedingung für die Startgeschwindigkeit $v_0 < 0$ (initiale Auslenkung $x_0 > 0$), damit ein Nulldurchgang erfolgt, erhält man aus Fall 1 für $D \to 1$; wegen $\lim_{D \to 1} \mu = \lim_{D \to 1} \sqrt{D^2 - 1} = 0$ ist nun (vgl. (5.20))

$$|v_0| > \lim_{D \to 1} \left[x_0 \omega_0 (\mu + D) \right] = x_0 \omega_0 \quad \text{notwendig.}$$

Zu guter Letzt wird der aperiodische Grenzfall ($D = 1$) mit dem Kriechfall ($D > 1$) noch qualitativ verglichen. Dazu berechnet man den Grenzwert des Quotienten der Orts-Zeit-Funktionen (5.28) und (5.19):

$$\lim_{\tau \to \infty} \frac{x_{\text{ap}}}{x_{\text{K}}} = \lim_{\tau \to \infty} \frac{(C_{1,\text{ap}} + C_{2,\text{ap}} \tau) e^{-D\tau}}{e^{-D\tau} \left(C_{1,\text{K}} e^{\mu\tau} + C_{2,\text{K}} e^{-\mu\tau} \right)} = \lim_{\tau \to \infty} \frac{C_{1,\text{ap}} + C_{2,\text{ap}} \tau}{C_{1,\text{K}} e^{\mu\tau}} = 0,$$

da $\lim_{\tau \to \infty} e^{-\mu\tau} = 0 \, (\mu > 0)$ ist und sich demnach das gleiche Grenzwertverhalten wie bei x_{ap} ergibt, siehe oben. Dieses bedeutet, im aperiodischen Grenzfall strebt die Auslenkung x schneller gegen Null als bei einer Dämpfung mit dem LEHRschen Dämpfungsmaß $D > 1$. Ein auf $D = 1$ ausgelegtes System nimmt also ohne „klassische Schwingungsbewegung" in kürzest möglicher Zeit wieder die statische Ruhelage ein.

5.3 Harmonische Erregung

Ein technisches, schwingungsfähiges System führt eine sog. freie (gedämpfte) Schwingung aus, wenn dieses einmalig „aktiviert" und sich sodann selbst überlassen wird. Dabei verliert das System im Falle einer Dämpfung ständig Energie, die Amplitude nimmt stetig ab und das System kehrt (bei viskoser Dämpfung zeitlich exponentiell) mehr oder weniger schnell, abhängig von der „Dämpfungsstärke", in die statische Ruhelage zurück. Erfolgt jedoch eine den Energieverlust kompensierende Energiezufuhr von außen, so wird die Schwingung aufrecht erhalten. Das System wird zum Schwingen gezwungen bzw. angeregt.

Die Zustandsgröße x_{sys} des schwingungsfähigen Systems ist dann die Reaktion des Systems auf eine sog. Stör- bzw. Erregergröße x_{err}. Letztere sei nun harmonischer Natur (d. h. sin/cos-förmig). Mit der Erregerkreisfrequenz Ω lässt sich x_{err} im Komplexen darstellen:

$$X_{\text{err}} = \hat{x}_{\text{err}} e^{i\Omega t} \quad (x_{\text{err}} = \Re\{X_{\text{err}}\});$$

$\hat{x}_{\text{err}}$ heißt Erregeramplitude. Erfahrungsgemäß schwingt ein lineares System nach einem gewissen Einschwingvorgang mit der gleichen Kreisfrequenz, jedoch i. Allg. anderer Amplitude und auch Phase (d. h. nicht synchron zur Erregung); das wird in 5.3.2 anhand der Lösung der Bewegungsgleichung belegt. Man kann daher für die System-Zustandsgröße x_{sys} im eingeschwungenen/stationären Zustand schreiben:

$$X_{\text{sys}} = \hat{x}_{\text{sys}} e^{i\Omega t - \varphi} \quad (x_{\text{sys}} = \Re\{X_{\text{sys}}\});$$

φ ist die Phasenverschiebung zwischen Systemschwingung und Erregung, eine Funktion der Erregerkreisfrequenz. Die Schwingungsamplitude $\hat{x}_{\text{sys}}$ des Oszillators hängt von der Erregerkreisfrequenz und der Erregeramplitude ab: $\hat{x}_{\text{sys}} = \hat{x}_{\text{sys}}(\Omega; \hat{x}_{\text{err}})$. Es gilt schließlich:

$$\hat{x}_{\text{sys}} = V \hat{x}_{\text{err}}, \quad \text{mit} \quad V = V(\Omega). \tag{5.29}$$

Mit der – reellen – *Vergrößerungsfunktion* V lässt sich der Quotient $\underline{G}$ von Zustands- und Erregergröße wie folgt im Komplexen angeben:

$$\underline{G} = \frac{X_{\text{sys}}}{X_{\text{err}}} = \frac{V \hat{x}_{\text{err}} e^{i\Omega t - \varphi}}{\hat{x}_{\text{err}} e^{i\Omega t}} = V e^{-\varphi}.$$

Man bezeichnet die komplexwertige Funktion $\underline{G} = \underline{G}(\Omega)$ als *Übertragungsfunktion*. Diese Funktion der Erregerkreisfrequenz ist systemspezifisch und charakterisiert, analog zur Bewegungsgleichung (Zeitbereich), die Reaktion des Systems auf eine – temporäre oder dauerhafte – „Störung" im Kreisfrequenzbereich, d. h. die Eigenschaft, wie eine Stör-/Erregergröße auf ein schwingungsfähiges System übertragen wird.

In der Systemtheorie ist die Übertragungsfunktion allgemeiner definiert, nämlich als Quotient der LAPLACE-Transformierten von Zustands- und Erregergröße bzw. Ausgangs- und Eingangsfunktion, wenn sich das System und der „Erregermechanismus" initial im Ruhezustand befinden, also

$$G(s) \overset{(\text{Def.})}{=} \frac{\mathcal{L}\{x_{\text{sys}}\}}{\mathcal{L}\{x_{\text{err}}\}}, \quad \text{wenn} \quad x_{\text{sys}} = x_{\text{err}} = 0 \quad \text{für} \quad t < 0. \tag{5.30}$$

5.3.1 Dimensionslose Bewegungsgleichung

Eine Schwingungserregung kann auf verschiedenste Art und Weise technisch realisiert werden bzw. in der Praxis auftreten. Im Folgenden sind am einfachen Modell des viskos gedämpften Feder-Masse-Pendels vier fundamentale Erregermechanismen aufgezeigt. Diese lassen sich durch Einführung formaler Größen mit einer Differentialgleichung beschreiben.

Zunächst werden drei der vier fundamentalen Mechanismen untersucht, die harmonische Erregung des Pendels durch Krafteinwirkung sowie durch Federfußpunkt- und Dämpferfußpunktverschiebung. Die nachfolgende Abb. 5.11 zeigt diese Erregermechanismen und die entsprechenden Freikörperbilder, auf Basis derer die Dynamische Grundgleichung formuliert wird.

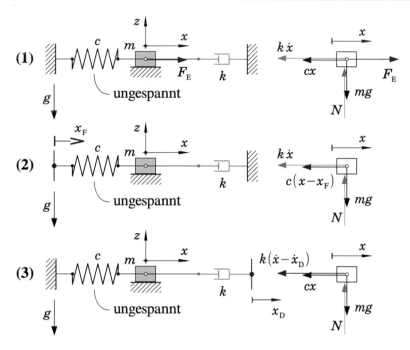

Abb. 5.11 Zur Kraft-, Feder- und Dämpfererregung des viskos gedämpften Feder-Masse-Pendels (reibungsfrei)

Herleitung der Bewegungsgleichungen:

(1) Krafterregung. Auf den Massenpunkt m wirke eine Erregerkraft

$$F_E = \hat{F}_E \cos \Omega t,$$

mit $F_E > 0$ bei Kraftwirkung in pos. x-Richtung. Die Dynamische Grundgleichung liefert damit folgende DGL für die Lagekoordinate x:

$$m\ddot{x} = -k\dot{x} - cx + F_E$$

$$m\ddot{x} + k\dot{x} + cx = F_E = \hat{F}_E \cos \Omega t.$$

Dividiert man mit m, dann ist die linke Seite identisch mit jener der Bewegungsgleichung des frei schwingenden Systems:

$$\ddot{x} + \frac{k}{m}\dot{x} + \frac{c}{m}x = \frac{\hat{F}_E}{m} \cos \Omega t.$$

Führt man in diesem Fall zudem als sog. formale Erregeramplitude

$$\hat{x}_{\mathrm{e}} = \frac{\hat{F}_{\mathrm{E}}}{c}$$

ein (d. h. $\hat{x}_{\mathrm{e}}$ ist hier die Längenänderung der Feder, die diese infolge der Wirkung der Kraft $\hat{F}_{\mathrm{E}}$ erfahren würde), so lässt sich mit der Eigenkreisfrequenz ω_0 des Feder-Masse-Pendels, für diese gilt bekannterweise

$$\omega_0^2 = \frac{c}{m},$$

und dem LEHRschen Dämpfungsmaß

$$D = \frac{k}{2\,m\omega_0}$$

für einen viskos gedämpften Massenpunkt, die Bewegungsgleichung wie folgt schreiben:

$$-\,\mathrm{DGL}\;(\mathbf{E1})\,-$$
$$\ddot{x} + 2D\omega_0\dot{x} + \omega_0^2 x = \hat{x}_{\mathrm{e}}\omega_0^2 \cos \Omega t$$

(2) Federerregung. In diesem Fall wirkt keine „externe Kraft" F_{E} auf den Körper, sondern es wird der Federfußpunkt harmonisch verschoben:

$$x_{\mathrm{F}} = \hat{x}_{\mathrm{F}} \cos \Omega t.$$

Da die Federkraft durch die Änderung der Länge der Feder bestimmt ist, berechnet sich diese nun zu $c(x - x_{\mathrm{F}})$; hierbei geht man jeweils von positiven Auslenkungen aus. Mit der Kräftegleichung erhält man:

$$m\ddot{x} = -k\dot{x} - c(x - x_{\mathrm{F}})$$

bzw.

$$m\ddot{x} + k\dot{x} + cx = cx_{\mathrm{F}} = c\hat{x}_{\mathrm{F}} \cos \Omega t.$$

Berücksichtigt man wieder die Gleichungen für die Eigenkreisfrequenz ω_0 und das LEHRsche Dämpfungsmaß D des System, kann man nach „Umbezeichnung" der Erregeramplitude,

$$\hat{x}_{\mathrm{F}} = \hat{x}_{\mathrm{e}},$$

die Bewegungsgleichung bei Federerregung identisch zur DGL (E1) formulieren. Nach Division mit m ergibt sich nämlich

$$\ddot{x} + \frac{k}{m}\dot{x} + \frac{c}{m}x = \frac{c}{m}\hat{x}_{\mathrm{e}} \cos \Omega t,$$

und somit

$$-\,\mathrm{DGL}\;(\mathbf{E2})\,-$$
$$\ddot{x} + 2D\omega_0\dot{x} + \omega_0^2 x = \hat{x}_{\mathrm{e}}\omega_0^2 \cos \Omega t$$

D.h. die mathematischen Modelle von Kraft- und Federerregung sind formal gleich; man müsste im Grunde genommen keine Differenzierung vornehmen.

(3) Dämpfererregung. Die Widerstandskraft eines (viskosen) Dämpfers hängt nicht nur von der Geschwindigkeit $\dot{x}$ des Massenpunktes m ab, sondern auch von der Geschwindigkeit $\dot{x}_D$, mit welcher sich der Dämpferfußpunkt bewegt. Entscheidend ist hier die Relativgeschwindigkeit zwischen Stempel und Kolben; ist diese gleich Null, so bewegt sich der gesamte Dämpfer als Kollektiv; es findet keine Umströmung des Stempels statt, folglich erfährt dieser keinen Widerstand.

Der Dämpferfußpunkt sei für die folgende Betrachtung gem. der Zeitfunktion

$$x_D = \hat{x}_D \sin \Omega t.$$

bewegt. Für dessen Geschwindigkeit gilt dann: $\dot{x}_D = \hat{x}_D \Omega \cos \Omega t$. Die Bewegungsgleichung lässt sich wieder direkt (ein translatorischer Freiheitsgrad) mittels der Dynamischen Grundgleichung herleiten:

$$m\ddot{x} = -k(\dot{x} - \dot{x}_D) - cx$$

$$m\ddot{x} + k\dot{x} + cx = k\dot{x}_D = k\hat{x}_D \Omega \cos \Omega t \quad \text{bzw.} \quad \ddot{x} + \frac{k}{m}\dot{x} + \frac{c}{m}x = \frac{k}{m}\hat{x}_D \Omega \cos \Omega t.$$

Mit dem Lehrschen Dämpfungsmaß D und der quadratischen Eigenkreisfrequenz ω_0^2 für ein einfaches Feder-Masse-Pendel ergibt sich:

$$\ddot{x} + 2D\omega_0 \dot{x} + \omega_0^2 x = 2D\omega_0 \hat{x}_e \Omega \cos \Omega t \,, \quad \text{mit} \quad \hat{x}_e = \hat{x}_D.$$

Führt man eine neue dimensionslose Größe ein, das (Kreis-)Frequenzverhältnis η zwischen Erreger- und Eigenkreisfrequenz,

$$\eta = \frac{\Omega}{\omega_0}, \tag{5.31}$$

dann kann obige DGL der Dämpfererregung wie folgt geschrieben werden:

$$- \text{DGL } (\mathbf{E3}) -$$
$$\ddot{x} + 2D\omega_0 \dot{x} + \omega_0^2 x = 2D\eta \hat{x}_e \omega_0^2 \cos \Omega t.$$

Diese Maßnahme führt also dazu, dass – wie bei den DGLn (E1) und (E2) auch – ω_0^2 auf der rechten Seite auftaucht. Es ist schließlich eine Vereinheitlichung der Bewegungsgleichungen der fundamentalen Erregungsarten angestrebt. Daher wird übrigens x_D hier mit $\sin \Omega t$ formuliert, damit rechts in der DGL erneut ein cos-Term steht.

(4) Unwuchterregung. Der Erregermechanismus Nr. 4 „tanzt etwas aus der Reihe", da das einfache Feder-Masse-Pendel durch eine als punktförmig anzunehmende Unwuchtmasse m_u (Kopplung mittels z. B. masseloser Stange) ergänzt werden muss, vgl. Abb. 5.12. Diese drehe sich mit konstanter Winkelgeschwindigkeit Ω im Abstand l (gen. Exzentrizität) um die horizontal geführte Punktmasse m; das Massenträgheitsmoment der Stange sei J_{St}.

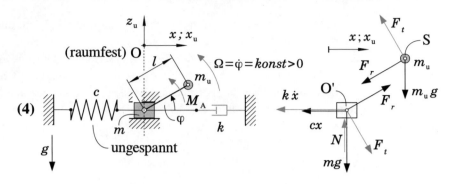

Abb. 5.12 Unwuchterregung (M_A: Antriebsmoment)

Es ist eine von der Stange übertragene „relative Tangentialkraft" F_t erforderlich, damit $\Omega = konst$ möglich ist: Nach (2.73) lautet der $\vec{M}$-Satz für m_u bzgl. O' nämlich

$$\dot{\vec{L}}_{m_u}^{(O')} = \vec{M}_{res}^{(O')} + m_u(\vec{a}_{O'} \times \vec{r}\,'_S)$$

mit

$$\vec{a}_{O'} = \ddot{x}\vec{e}_x \quad \text{und} \quad \vec{r}\,'_S = \vec{O'S} = l \cos\varphi\vec{e}_x + l \sin\varphi\vec{e}_z.$$

Der Einheitsvektor $\vec{e}_\Omega$ des Winkelgeschwindigkeitsvektors ist aus der Zeichenebene heraus orientiert ($\odot$), da der Gegenuhrzeigersinn der pos. Drehsinn ist ($\circlearrowleft \Omega > 0$). Es ergibt sich daher für den rel. Drehimpuls, vgl. Abschn. 2.3,

$$\vec{L}_{m_u}^{(O')} = J_{m_u}^{(O')}\Omega\vec{e}_\Omega = m_u l^2 \Omega\vec{e}_\Omega\,, \quad \text{also} \quad \dot{\vec{L}}_{m_u}^{(O')} = m_u l^2 \dot{\Omega}\vec{e}_\Omega = \vec{0},$$

und für die rechte Seite des $\vec{M}$-Satzes

$$\vec{M}_{res}^{(O')} + m_u(\vec{a}_{O'} \times \vec{r}\,'_S)$$

$$= l F_t\vec{e}_\Omega - l\,m_u g \cos\varphi\vec{e}_\Omega + m_u(\ddot{x}\vec{e}_x \times (l \cos\varphi\vec{e}_x + l \sin\varphi\vec{e}_z))$$

$$= l F_t\vec{e}_\Omega - l\,m_u g \cos\varphi\vec{e}_\Omega + m_u\ddot{x}\big(l \cos\varphi\underbrace{(\vec{e}_x \times \vec{e}_x)}_{= \vec{0}} + l \sin\varphi\underbrace{(\vec{e}_x \times \vec{e}_z)}_{= \vec{e}_\Omega}\big).$$

Folglich gilt für $\Omega = konst$:

$$l F_t - l\,m_u g \cos\varphi + m_u\ddot{x}l \sin\varphi = 0$$

bzw.

$$F_t = m_u(g \cos\varphi - \ddot{x} \sin\varphi).$$

Ohne F_t ergäbe sich ein Widerspruch, es wäre dann nämlich $\ddot{x} = g \cot\varphi$, die Beschleunigung bei u. a. $\varphi = 0$ also nicht beschränkt.

Abb. 5.13 Freikörperbild der masselosen Stange (d. h. $m_{St} = 0$)

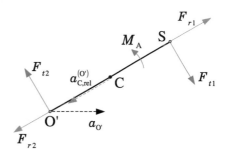

Im Folgenden wird noch erklärt, warum an beiden Körpern (m und m_u) die gleichen Kräfte F_r und F_t wirken, vgl. Abb. 5.12, und warum ein Antriebsmoment M_A erforderlich ist.

I. Allg. wird an einer Verbindung (Gelenk, Lager) zweier Körper stets eine Kraft übertragen, die man in zwei zueinander orthogonale Komponenten zerlegen kann, Abb. 5.13. Es tritt in O' und S kein Reaktionsmoment auf: Die Verbindung in O' sei ideal-drehbar (reibungsfrei) und die Unwuchtmasse ist als Massenpunkt zu betrachten; letzterer hat demnach kein Massenträgheitsmoment, sodass das Moment bei m_u bzgl. S verschwinden muss. Bei der Formulierung des Schwerpunktsatzes für die Stange muss berücksichtigt werden, dass sich die Beschleunigung $\vec{a}_C$ des Punktes C (Schwerpunkt Stange) aus jener von O' und der Relativbeschleunigung[7] zusammensetzt.

$$\nearrow r : \quad m_{St}a_{C,r} = F_{r1} - F_{r2} \quad \text{mit} \quad a_{C,r} = \ddot{x}\cos\varphi - \frac{l}{2}\Omega^2$$

$$\nwarrow t : \quad m_{St}a_{C,t} = F_{t2} - F_{t1} \quad \text{mit} \quad a_{C,t} = -\ddot{x}\sin\varphi$$

Da nun die Masse m_{St} der Stange – in diesem Modell – vernachlässigt werden soll, ergibt sich schließlich:

$$F_{r1} = F_{r2} = F_r \quad \text{und} \quad F_{t1} = F_{t2} = F_t.$$

Unter Berücksichtigung dieser modellbasierten Eigenschaft, liefert der Momentensatz für die Stange bzgl. deren Schwerpunkt C:

$$\overset{\frown}{C}: \quad J_{St}^{(C)}\dot{\Omega} = M_A - 2 \cdot \frac{l}{2}F_t$$

mit

$$J_{St}^{(C)} = \frac{1}{12}m_{St}l^2 = 0 \quad (\text{da } m_{St} = 0) \quad \text{sowie} \quad \dot{\Omega} = 0,$$

---

[7]Der Stangenschwerpunkt C bewegt sich relativ zu O' auf einer Kreisbahn mit dem Radius $\frac{l}{2}$. Er erfährt daher die zu O' gerichtete Radial- bzw. Zentripetalbeschleunigung $-\frac{l}{2}\Omega^2$ (Polarkoordinaten: Pos. radiale Richtung ist von Bezugspunkt O' weg orientiert, daher neg. Vorzeichen); die rel. Zirkularbeschleunigung $\frac{l}{2}\dot{\Omega}$ ist hier Null, da die Rotation mit konstanter Winkelgeschwindigkeit Ω erfolgt.

also[8]

$$M_A = l F_t.$$

D.h. die oben berechnete Tangentialkraft F_t, die für eine gleichförmige rel. Rotation der Unwuchtmasse notwendig ist, wird durch ein entsprechendes Antriebsmoment M_A erzeugt. Hierbei muss aber berücksichtigt werden, dass $M_A \neq konst$, da sowohl $\varphi = \varphi(t)$ also auch $\ddot{x} = \ddot{x}(t)$.

Die Linearführung kann unten ($N > 0$) und oben ($N < 0$) eine Normalkraft N aufnehmen; es gilt in z-Richtung $m\ddot{z} = N + F_r \sin\varphi - F_t \cos\varphi - mg$ mit $\ddot{z} = 0$; hierbei ist $\varphi = \varphi_0 + \Omega t$ (mit $\varphi_0 = \varphi(0) = 0$) der Winkel des Stabes gegen die Horizontale. Die Führung muss stets die Fliehkraftwirkung der Unwuchtmasse in vertikaler Richtung kompensieren.

Dagegen lautet die Dynamische Grundgleichung für die x-Richtung

$$m\ddot{x} = -k\dot{x} - cx + F_r \cos\varphi + F_t \sin\varphi,$$

und für die Unwuchtmasse (x_u sei die absolute Lagekoordinate von m_u)

$$m_u \ddot{x}_u = -F_r \cos\varphi - F_t \sin\varphi = -(F_r \cos\varphi + F_t \sin\varphi).$$

Eliminiert man hier nun die „Kopplungskräfte" F_r und F_t, so ergibt sich:

$$m\ddot{x} + k\dot{x} + cx = -m_u \ddot{x}_u.$$

Infolge der „radial-starren" Kopplung sind die Koordinaten x und x_u nicht unabhängig voneinander (rheonom-holonome Zwangsbedingung):

$$x_u = x + l \cos\varphi = x + l \cos\Omega t$$

und damit

$$\ddot{x}_u = \ddot{x} - l\Omega^2 \cos\Omega t;$$

eingesetzt ergibt sich:

$$m\ddot{x} + k\dot{x} + cx = -m_u(\ddot{x} - l\Omega^2 \cos\Omega t) = -m_u \ddot{x} + m_u l\Omega^2 \cos\Omega t$$

---

[8]Dieses Ergebnis erhält man auch mit Hilfe der LAGRANGEschen Gl. 2. Art, Beispiel 4.6: $q_1 = \varphi$, $q_2 = x$; $\vec{r}_{m_u}^{(O)} = (x + l\cos\varphi)\vec{e}_x + l\sin\varphi\vec{e}_z$; $\vec{v}_{m_u} = \dot{\vec{r}}_{m_u}^{(O)} = (\dot{x} - l\dot{\varphi}\sin\varphi)\vec{e}_x + l\dot{\varphi}\cos\varphi\vec{e}_z$; $E_k = \frac{1}{2}m\dot{x}^2 + \frac{1}{2}m_u v_{m_u}^2 = \frac{1}{2}m\dot{x}^2 + \frac{1}{2}m_u[(\dot{x} - l\dot{\varphi}\sin\varphi)^2 + (l\dot{\varphi}\cos\varphi)^2] = \dots = \frac{1}{2}m\dot{x}^2 + \frac{1}{2}m_u(\dot{x}^2 - 2l\dot{x}\dot{\varphi}\sin\varphi + (l\dot{\varphi})^2)$; $E_p = \frac{1}{2}cx^2 + m_u gl\sin\varphi$ (NN: $z_u = 0$); $\delta W_{ein}^* = M_A\delta\varphi - k\dot{x}\delta x$; $\delta W_{ein}^* = Q_1^*\delta q_1 + Q_2^*\delta q_2$; $Q_1 = M_A$; und $L = E_k - E_p$

$$\frac{d}{dt}\left(\frac{\partial L}{\partial \dot{q}_1}\right) - \frac{\partial L}{\partial q_1} = Q_1^* \text{ mit } \ddot{\varphi} = 0 \quad \text{liefert} \quad M_A = m_u l(g\cos\varphi - \ddot{x}\sin\varphi).$$

Für $q_1 = x$ ergibt sich schließlich die Schwingungs-/Bewegungsgleichung, vgl. DGL (E4).

bzw.

$$(m + m_{\mathrm{u}})\ddot{x} + k\dot{x} + cx = m_{\mathrm{u}}l\Omega^2 \cos \Omega t.$$

Mit der schwingenden Gesamtmasse

$$m_{\mathrm{ges}} = m + m_{\mathrm{u}}$$

und dem Frequenzverhältnis

$$\eta = \frac{\Omega}{\omega_0}$$

erhält man:

$$\ddot{x} + \underbrace{\frac{k}{m_{\mathrm{ges}}}}_{= \, 2D\omega_0} \dot{x} + \underbrace{\frac{c}{m_{\mathrm{ges}}}}_{= \, \omega_0^2} x = \frac{m_{\mathrm{u}}}{m_{\mathrm{ges}}}l\omega_0^2\eta^2 \cos \Omega t.$$

Führt man zudem mit

$$\hat{x}_{\mathrm{e}} = \frac{m_{\mathrm{u}}}{m_{\mathrm{ges}}}l$$

eine formale Erregeramplitude ein, dann gleicht die rechte Seite – zumindest in etwa – wieder den DGLn (E1)-(E3):

$$- \mathrm{DGL}\ (\mathbf{E4}) -$$
$$\ddot{x} + 2D\omega_0\dot{x} + \omega_0^2 x = \eta^2 \hat{x}_{\mathrm{e}} \omega_0^2 \cos \Omega t.$$

Die Bewegungsgleichungen (E1)–(E4) für die vier fundamentalen Erregerarten unterscheiden sich also nur im Störterm. Nach Transformation in die dimensionslose Zeit $\tau = \omega_0 t$,

$$\dot{x} = \omega_0 x' \quad \text{und} \quad \ddot{x} = \omega_0^2 x'',$$

lauten diese nach Division mit ω_0^2:

$$\begin{array}{ll}
\text{(E1)} \ x'' + 2Dx' + x = & \hat{x}_{\mathrm{e}} \cos \Omega \frac{\tau}{\omega_0} \\
\text{(E2)} \ x'' + 2Dx' + x = & \hat{x}_{\mathrm{e}} \cos \Omega \frac{\tau}{\omega_0} \\
\text{(E3)} \ x'' + 2Dx' + x = & 2D\eta\hat{x}_{\mathrm{e}} \cos \Omega \frac{\tau}{\omega_0} \\
\text{(E4)} \ x'' + 2Dx' + x = & \eta^2 \hat{x}_{\mathrm{e}} \cos \Omega \frac{\tau}{\omega_0}
\end{array}.$$

Man kann diese somit in dimensionsloser Zeit wie folgt zusammenfassen:

$$x'' + 2Dx' + x = \hat{x}_{\mathrm{e}} E \cos \eta\tau, \qquad (5.32)$$

wobei für die (formale) Erregeramplitude $\hat{x}_{\mathrm{e}}$ und den sog. „Erregerparameter" E, der die Erregerart bestimmt, gilt:

Krafterregung	$\hat{x}_e = \frac{\hat{F}_E}{c}$	$E = 1$
Federerregung	$\hat{x}_e = \hat{x}_F$	$E = 1$
Dämpfererregung	$\hat{x}_e = \hat{x}_D$	$E = 2D\eta$
Unwuchterregung	$\hat{x}_e = \frac{m_u}{m_{ges}}l$	$E = \eta^2$

Der Störterm-Koeffizient wird stets in zwei Faktoren zerlegt: $\hat{x}_e$ und E. Man muss jetzt nicht mehr vier, sondern nur noch diese eine DGL (5.32) lösen. Mit den Parametern $\hat{x}_e$ und E ist dann das Zeitverhalten, d.h. die Funktion $x = x(\tau)$ für jede der vier fundamentalen Erregerarten bekannt.

Die Lösung dieser inhomogenen linearen DGL 2. Ordnung setzt sich zusammen aus der Lösung x_h der entsprechenden, homogenisierten DGL und einer (beliebigen) partikulären Lösung x_p (Superpositionsprinzip):

$$x = x_h + x_p.$$

x_h ist also die Lösung der DGL

$$x_h'' + 2Dx_h' + x_h = 0;$$

diese ist die „freie gedämpfte Schwingungsdifferenzialgleichung" (5.18). D.h. in jedem Fall klingt x_h exponentiell ab. Sie kann nach der sog. Einschwingzeit (Abfall auf ein e-tel)

$$t_{ein} \overset{(\text{Def.})}{=} \frac{1}{\delta} = \frac{1}{D\omega_0} \tag{5.33}$$

vernachlässigt werden (δ ist die Abklingkonstante des Systems, vgl. (5.27)). Man spricht für Zeiten $t \geq t_{ein}$ vom stationären Schwingungszustand; dabei gilt $x \approx x_p$. Im Folgenden konzentrieren sich die Betrachtungen daher lediglich auf diesen Lösungsanteil.

Der Störterm $\hat{x}_e E \cos \eta\tau$ von DGL (5.32) ist das Produkt aus einem Polynom 0. Grades und einer cos-Funktion. Nach z.B. [4] wählt man als Ansatz zur systematischen Ermittlung einer partikulären Lösung die Linearkombination aus $\sin \eta\tau$ und $\cos \eta\tau$ ($0 + i\eta$ ist keine Lösung der charakteristischen Gleichung von (5.18); diese sind $\lambda_{1/2} = -D \pm \sqrt{D^2 - 1}$). Mittels „Hilfswinkelmethode", vgl. Abschn. 5.1, lässt sich jener Ansatz auch in der Form

$$x_p = \hat{x}_s \cos(\eta\tau - \varphi) \tag{5.34}$$

schreiben. φ heißt Phase(nwinkel) oder Phasenverschiebung zwischen Systemschwingung und Erregung. Die Schwingungsamplitude $\hat{x}_s$ des Systems im stationären Zustand kann wie folgt angegeben werden, vgl. (5.29):

$$\hat{x}_s = V\hat{x}_e \quad \text{mit} \quad V = V(\eta). \tag{5.35}$$

Die Vergrößerungsfunktion V ist per Definition das Verhältnis von Schwingungsamplitude $\hat{x}_s$ zu (ggf. formaler) Erregeramplitude $\hat{x}_e$. Bei linearen Systemen ist V Funktion des Frequenzverhältnisses η und damit der Erregerkreisfrequenz Ω.

Nun muss der Ansatz für x_p für die partikuläre Lösung in die inhomogene DGL (5.32) eingesetzt werden:

$$x'_p = -V\hat{x}_e\eta \sin(\eta\tau - \varphi)$$

$$x''_p = -V\hat{x}_e\eta^2 \cos(\eta\tau - \varphi).$$

Man erhält damit:

$$-V\hat{x}_e\eta^2 \cos(\eta\tau - \varphi) + 2D\big[-V\hat{x}_e\eta \sin(\eta\tau - \varphi)\big] + V\hat{x}_e \cos(\eta\tau - \varphi) - \hat{x}_e E \cos\eta\tau$$

$$V\hat{x}_e\big[(1 - \eta^2)\cos(\eta\tau - \varphi) - 2D\eta \sin(\eta\tau - \varphi)\big] = \hat{x}_e E \cos\eta\tau,$$

und mittels Additionstheoreme [4]

$$(1 - \eta^2)\big[\cos\eta\tau \cos\varphi + \sin\eta\tau \sin\varphi\big] - 2D\eta\big[\sin\eta\tau \cos\varphi - \cos\eta\tau \sin\varphi\big]$$

$$= \frac{E}{V}\cos\eta\tau$$

und umsortiert:

$$\big[(1 - \eta^2)\cos\varphi + 2D\eta \sin\varphi\big]\cos\eta\tau + \big[(1 - \eta^2)\sin\varphi - 2D\eta \cos\varphi\big]\sin\eta\tau$$

$$= \frac{E}{V}\cos\eta\tau.$$

Ein Koeffizientenvergleich liefert schließlich das folgende Gleichungssystem:

$$(1 - \eta^2)\cos\varphi + 2D\eta \sin\varphi = \frac{E}{V}$$
$$(1 - \eta^2)\sin\varphi - 2D\eta \cos\varphi = 0 \quad.$$

Zu berechnen sind nun V und φ. Die zweite Gleichung hängt nicht von V, sondern nur von φ ab; es ergibt sich daher direkt nach Umformung für die Phase φ wegen $\frac{\sin\varphi}{\cos\varphi} = \tan\varphi$:

$$\tan\varphi = 2D\frac{\eta}{1 - \eta^2}. \tag{5.36}$$

Die Umkehrfunktion $\varphi = \varphi(\eta)$ von (5.36), d.h. die Abhängigkeit der Phase φ vom Frequenzverhältnis, nennt man Phasen-Frequenzgang. Hierfür sei als Bild-/Wertebereich speziell $0 \leq \varphi \leq \pi$ festgelegt:

$$\varphi = \begin{cases} 0 \leq \arctan\frac{2D\eta}{1-\eta^2} < \frac{\pi}{2} & : 0 \leq \eta < 1 \ (1 - \eta^2 > 0) \\[2mm] \frac{\pi}{2} & : \qquad \eta = 1 \\[2mm] \arctan\frac{2D\eta}{1-\eta^2} + \pi & : \quad \eta > 1 \ (1 - \eta^2 < 0) \end{cases} \quad;$$

bei negativem Argument x_A ist $-\frac{\pi}{2} < \arctan x_A < 0$. Ersetzt man in der ersten Gleichung sin und cos durch tan,

$$\sin \varphi = \frac{|\tan \varphi|}{\sqrt{1 + \tan^2 \varphi}} \quad \text{und} \quad \cos \varphi = \pm \frac{1}{\sqrt{1 + \tan^2 \varphi}} \quad [6],$$

so folgt nach Einsetzen von (5.36) die Gleichung

$$(1 - \eta^2)\frac{\pm 1}{\sqrt{1 + \tan^2 \varphi}} + 2D\eta \frac{|\tan \varphi|}{\sqrt{1 + \tan^2 \varphi}} = \frac{E}{V},$$

im ersten Quadranten ($0 \leq \varphi < \frac{\pi}{2}$) gilt beim cos das pos. Vorzeichen (+), wobei dann $1 - \eta^2 > 0$ ist, und im zweiten (−) mit $1 - \eta^2 < 0$, so dass man den ersten Term auch mittels Betrag schreiben kann,

$$\frac{|1 - \eta^2|}{\sqrt{1 + \tan^2 \varphi}} + 2D\eta \frac{|\tan \varphi|}{\sqrt{1 + \tan^2 \varphi}} = \frac{|1 - \eta^2| + 2D\eta|\tan \varphi|}{\sqrt{1 + \tan^2 \varphi}} = \frac{E}{V},$$

$$\frac{|1 - \eta^2| + 2D\eta \frac{2D\eta}{|1-\eta^2|}}{\sqrt{1 + \left(\frac{2D\eta}{1-\eta^2}\right)^2}} = \frac{\frac{(1-\eta^2)^2 + (2D\eta)^2}{|1-\eta^2|}}{\sqrt{\frac{(1-\eta^2)^2 + (2D\eta)^2}{(1-\eta^2)^2}}} = \frac{E}{V}$$

$$\frac{\frac{(1-\eta^2)^2 + (2D\eta)^2}{|1-\eta^2|}}{\frac{1}{|1-\eta^2|}\sqrt{(1-\eta^2)^2 + (2D\eta)^2}} = \frac{\overbrace{(1-\eta^2)^2 + (2D\eta)^2}^{> 0}}{\sqrt{(1-\eta^2)^2 + (2D\eta)^2}} = \frac{E}{V}$$

$$\sqrt{\frac{[(1-\eta^2)^2 + (2D\eta)^2]^{\cancel{2}}}{\cancel{(1-\eta^2)^2 + (2D\eta)^2}}} = \frac{E}{V},$$

d. h. man erhält für die Vergrößerungsfunktion V in Abhängigkeit des Erregerparameters E, auch Amplituden-Frequenzgang genannt,

$$V = \frac{E}{\sqrt{(1 - \eta^2)^2 + (2D\eta)^2}}. \tag{5.37}$$

Im Falle einer schwachen Dämpfung ($D < 1$) berechnet sich die Lösung x_h der homogenisierten DGL (5.32) gemäß (5.22). es gilt daher für die Zustandsgröße x des schwingungsfähigen Systems:

$$x = x_h + x_p =$$

$$Ce^{-D\tau}\cos(\nu\tau - \varphi_N) + \hat{x}_s \cos(\eta\tau - \varphi).$$

Graphische Darstellung:

Die sog. Eigenschwingung x_h der Kreisfrequenz $\nu\omega_0$ klingt zeitlich exponentiell ab; bei starker Dämpfung ($D \geq 1$) wäre das Verhalten ähnlich, wobei maximal ein Nulldurchgang auftritt. Nach der dimensionslosen Einschwingzeit τ_{ein} ist die Amplitude auf ein e-tel des Startwertes gesunken.

$$x_{\mathrm{h,ein}} = \frac{1}{e} x_{\mathrm{h}}(0)$$

Für $\tau > \tau_{\mathrm{ein}}$ bzw. in Realzeit $t > t_{\mathrm{ein}}$, wobei $\tau_{\mathrm{ein}} = \omega_0 t_{\mathrm{ein}}$ ist, kann x_{h} gegenüber der stationären (partikulären) Lösung x_{h} vernachlässigt werden. In Abb. 5.14 (Diagramm unten) ist deutlich zu erkennen, dass der Unterschied zwischen x und x_{p} für $\tau > \tau_{\mathrm{ein}}$ klein ist und zudem mit fortschreitender Zeit weiter abnimmt. Häufig interessiert man sich daher nur für den stationären Schwingungszustand, d. h. für x_{p}. Doch gibt es auch Ausnahmen, insbesondere dann, wenn die Dämpfung sehr klein ist bzw. gar vernachlässigt wird.

Beispiel 5.3: Angefachte Schwingung, Resonanz

Es wird das Feder-Masse-Pendel mit Federerregung (Abb. 5.11, Nr. (2)) untersucht. Die Betrachtung bezieht sich auf die Idealisierung $D = 0$, d. h. das System sei ungedämpft. Dann lautet DGL (5.32):

$$x'' + x = \hat{x}_{\mathrm{e}} E \cos \eta\tau\,, \quad \text{mit} \quad \hat{x}_{\mathrm{e}} = \hat{x}_{\mathrm{F}} \quad \text{und} \quad E = 1.$$

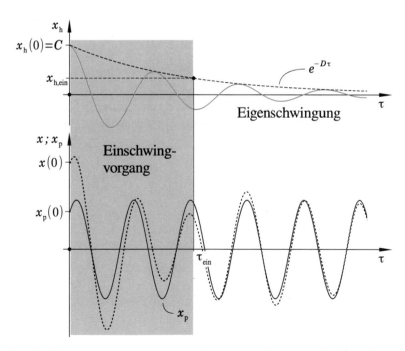

Abb. 5.14 $x(\tau)$-Diagramm einer erzwungenen Schwingung bei schwacher Dämpfung (exemplarisch, $\varphi_{\mathrm{N}} = 0$)

Die homogenisierte DGL $x_h'' + x_h = 0$ ist (5.18) mit $D = 0$; deren Lösung kann daher mit (5.21), wobei $D = 0$ und somit $v = 1$, angegeben werden:

$$x_h = C_1 \cos \tau + C_2 \sin \tau.$$

Und die partikuläre Lösung berechnet sich gem. (5.34) zu

$$x_p = \hat{x}_s \cos(\eta \tau - \varphi)$$

mit

$$\hat{x}_s = V \hat{x}_e = V \hat{x}_F \quad \text{und} \quad \varphi = \arctan \frac{2D\eta}{1 - \eta^2} = 0.$$

Bei Schwingungserregung durch (harmonische) Federfußpunktverschiebung ist der Erregerparameter $E = 1$ und folglich die Vergrößerungsfunktion ($D = 0$) einfach

$$V = \frac{1}{\sqrt{(1 - \eta^2)^2}} = \frac{1}{|1 - \eta^2|}.$$

Die allgemeine Lösung der obigen inhomogenen DGL lautet also:

$$x = x_h + x_p = C_1 \cos \tau + C_2 \sin \tau + \hat{x}_F \frac{1}{|1 - \eta^2|} \cos \eta \tau$$

$$= \begin{cases} x_h + x_p = C_1 \cos \tau + C_2 \sin \tau + \hat{x}_F \frac{1}{1-\eta^2} \cos \eta \tau & : 1 - \eta^2 > 0 \\ x_h + x_p = C_1 \cos \tau + C_2 \sin \tau + \hat{x}_F \frac{1}{-(1-\eta^2)} \cos \eta \tau & : 1 - \eta^2 < 0 \end{cases};$$

für das besondere Frequenzverhältnis $\eta = 1$ (d. h. Erregerkreisfrequenz $\Omega = \omega_0$) liegt hier eine Definitionslücke vor. Beschränkt man sich nun auf $1 - \eta^2 > 1$, also auf $\eta < 1$ bzw. $\Omega < \omega_0$, so gilt eben

$$x = x_h + x_p = C_1 \cos \tau + C_2 \sin \tau + \hat{x}_F \frac{1}{1 - \eta^2} \cos \eta \tau.$$

Man kann sich dazu vorstellen, dass die Erregerkreisfrequenz Ω von Null beginnend erhöht wird. Eine interessante Frage in dem Zusammenhang ist: Wie verhält sich das System für $\Omega \to \omega_0$, wenn sich dieses anfänglich im Ruhezustand befindet, d. h. die Anfangsbedingungen $x(0) = x'(0) = 0$ sind. Man ermittelt dazu erst einmal die Integrationskonstanten:

$$x(0) = C_1 + \hat{x}_F \frac{1}{1 - \eta^2},$$

und mit $x(0) = 0$ folgt

$$C_1 = -\hat{x}_F \frac{1}{1 - \eta^2}.$$

Die erste Ableitungsfunktion lautet

$$x' = \frac{dx}{d\tau} = -C_1 \sin\tau + C_2 \cos\tau - \hat{x}_F \frac{1}{1-\eta^2} \eta \sin\eta\tau;$$

Mit

$$x'(0) = C_2$$

und der Bedingung $x'(0) = 0$ erhält man $C_2 = 0$. Somit ist die spezielle Lösung der Erreger-DGL $x'' + x = \hat{x}_e E \cos\eta\tau$:

$$x = -\hat{x}_F \frac{1}{1-\eta^2} \cos\tau + \hat{x}_F \frac{1}{1-\eta^2} \cos\eta\tau = \hat{x}_F \frac{1}{1-\eta^2} \big(\cos\eta\tau - \cos\tau\big).$$

Im Grenzfall $\Omega \to \omega_0$ bzw. $\eta \to 1$ ergibt sich:

$$x = \hat{x}_F \frac{\cos\eta\tau - \cos\tau}{1-\eta^2} \to \frac{0}{0},$$

also ein unbestimmter Ausdruck. Der „Grenzwert" $x|_{\eta\to1} = x^*(\tau)$ kann in diesem Fall mit Hilfe der Regel von BERNOULLI- L'HOSPITAL, „Ableitung Zähler durch Ableitung Nenner", berechnet werden:

$$x|_{\eta\to1} = \hat{x}_F \frac{\frac{d}{d\eta}(\cos\eta\tau - \cos\tau)}{\frac{d}{d\eta}(1-\eta^2)}\bigg|_{\eta\to1} = \hat{x}_F \frac{-\tau\sin\eta\tau + 0}{-2\eta}\bigg|_{\eta\to1}$$

$$= \hat{x}_F \frac{\tau\sin\tau}{2} = \frac{1}{2}\hat{x}_F\tau\sin\tau.$$

Bei einem Frequenzverhältnis von knapp Eins, gilt für die Zustandsgröße (Lagekoordinate) x des Pendels: $x \approx \frac{1}{2}\hat{x}_F\tau\sin\tau$. Der Graph dieser Funktion ist in der folgenden Abbildung qualitativ dargestellt.

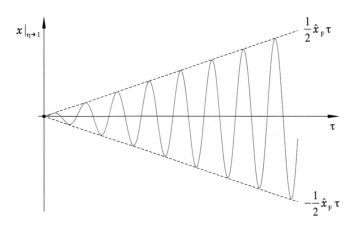

Die Amplitude wächst also linear an: $\hat{x}_s = \frac{1}{2}\hat{x}_F\tau$. Theoretisch würde die Auslenkung des Massenpunktes nach sehr langer Zeit ($\tau \to \infty$) unendlich große Werte annehmen. Man nennt dieses Effekt *Resonanz*.

In der Praxis ist eine Konstellation, bei der Resonanz auftritt i. d. R. zu vermeiden. Wird die Resonanzstelle $\Omega \approx \omega_0$ jedoch rel. schnell „durchfahren", so ist dieses i. Allg. unkritisch, da die Zeit für das Aufschaukeln der Schwingungsamplitude dann nicht ausreicht. ◀

5.3.2 Frequenzgang in Amplitude und Phase

Der Phasen-Frequenzgang $\varphi = \varphi(\eta)$ sowie der Amplituden-Frequenzgang $V_i = V(\eta)$, $i = 1; 2; 3; 4$, sind aus dem vorherigen abschnitt für die vier fundamentalen Erregerarten Kraft-, Feder-, Dämpfer- und Unwuchterregung bekannt. Ersterer hängt nicht vom sog. Erregerparameter E und somit auch nicht von der Art der Schwingungserregung ab.

Entsprechend der Umkehrfunktion von (5.36) mit dem Bildbereich $0 \le \varphi \le \pi$ ergeben sich abhängig vom jeweiligen LEHRschen Dämpfungsmaß die in Abb. 5.15 dargestellten Graphen zur arctan-Funktion $\varphi = \varphi(\eta)$. Der Phasenwinkel φ gibt hierbei die Verschiebung zwischen Systemschwingung und Erregung in dimensionsloser Zeit an. Er weist folgende besondere Eigenschaften auf:

$$\varphi(0) = 0, \quad \varphi(1) = \frac{\pi}{2}$$

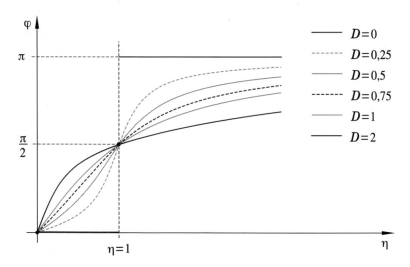

Abb. 5.15 Phasen-Frequenzgang für verschiedene Dämpfungsmaße D

und

$$\lim_{\eta \to \infty} \varphi(\eta) \overset{(\eta \geq 1)}{=} \lim_{\eta \to \infty} \left(\arctan \frac{2D\eta}{1 - \eta^2} + \pi \right) = \arctan \left(\underbrace{\lim_{\eta \to \infty} \frac{2D\eta}{1 - \eta^2}}_{= \frac{\infty}{\infty}} \right) + \pi =$$

$$\overset{(\text{l'Hospital})}{=} \arctan \left(\lim_{\eta \to \infty} \frac{2D}{-2\eta} \right) + \pi = \arctan 0 + \pi = \pi$$

sowie für speziell $D = 0$:

$$\varphi = \begin{cases} 0 : \eta < 1 \\ \frac{\pi}{2} : \eta = 1 \\ \pi : \eta > 1 \end{cases}.$$

Generell gilt für $\eta \ll 1$ bzw. $\Omega \ll \omega_0$:

$$\varphi = \arctan \frac{2D\eta}{1 - \eta^2} \approx \arctan \frac{2D\eta}{1} \ll 1 \quad \text{bzw.} \quad \varphi \approx 0 \, ;$$

man sagt, Systemschwingung und Erregung sind in Phase (gen. Gleichtakt). Ist dagegen $\eta \gg 1$, d. h. $\Omega \gg \omega_0$, so ergibt sich schließlich

$$\varphi \approx \lim_{\eta \to \infty} \varphi(\eta) = \pi,$$

d. h. die Schwingung des Systems erfolgt in Gegenphase bzw. im Gegentakt in Bezug zur Erregerschwingung: $\cos(\eta\tau - \pi) = -\cos\eta\tau$.

Eine Erregung mit $\eta < 1$ wird als unterkritisch und eine mit $\eta > 1$ als überkritisch bezeichnet. Im Bereich um $\eta = 1$ kann nämlich die Vergrößerungsfunktion V und somit auch die Schwingungsamplitude $\hat{x}_s$ u. U. sehr groß werden. Es wird daher im Folgenden der Amplituden-Frequenzgang, differenziert für die einzelnen Erregerarten, genauer betrachtet.

Kraft-/Federerregung: $E = 1$. Die Vergrößerungsfunktionen V_1 und V_2 für diese beiden Erregerarten unterscheiden sich nicht. Es gilt:

$$V_{1/2} = \frac{1}{\sqrt{(1 - \eta^2)^2 + (2D\eta)^2}}. \tag{5.38}$$

In Abb. 5.16 sind die Graphen der Funktion $V_{1/2} = V_{1/2}(\eta)$ für verschiedene LEHRsche Dämpfungsmaße dargestellt.

Es zeigen sich ein paar Gemeinsamkeiten: Zum einen gilt bei einer statischen bzw. quasistatischen Auslenkung ($\eta = 0$ bzw. $\eta \approx 0$)

$$V_{1/2}(0) \overset{(\approx)}{=} 1 \, ;$$

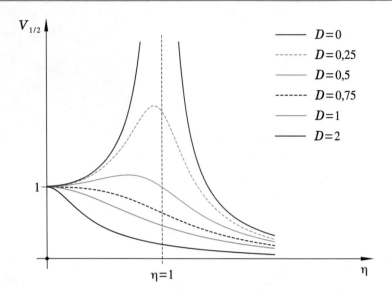

Abb. 5.16 Amplituden-Frequenzgang bei Kraft- bzw. Federerregung

für $\eta \approx 0$ bedeutet dieses, dass Schwingungsamplitude und (formale) Erregeramplitude annähernd gleich sind. Weiterhin ist

$$\lim_{\eta \to \infty} V_{1/2} = 0,$$

unabhängig von D. Die Erregung erfolgt mit so großer Frequenz, dass die schwingungsfähige Masse infolge ihrer Trägheit dieser praktisch nicht folgen kann. Daher ist $\hat{x}_s \approx 0$ für η bzw. Ω sehr groß. Zudem ist noch

$$V_{1/2}(1) = \frac{1}{2D}.$$

Besonders interessant ist die Stelle des Maximums der Funktion $V_{1/2} = V_{1/2}(\eta)$ für ein gewisses LEHRsches Dämpfungsmaß D, denn bei Erregung mit eben η_{max}, wenn $V_{1/2}(\eta_{max}) = \mathrm{Max}(V_{1/2})$, wird auch die Schwingungsamplitude am größten. Die Bedingung für ein Extremum (und in diesem Fall offensichtlich ein Maximum, vgl. Abb. 5.16) lautet:

$$\frac{\mathrm{d}V_{1/2}}{\mathrm{d}\eta} = 0.$$

Dazu schreibt man die Vergrößerungsfunktion in der Form

$$V_{1/2} = \left[(1 - \eta^2)^2 + (2D\eta)^2\right]^{-\frac{1}{2}}.$$

Die 1. Ableitungsfunktion lautet damit:

$$\frac{dV_{1/2}}{d\eta} = -\frac{1}{2}\left[(1-\eta^2)^2 + (2D\eta)^2\right]^{-\frac{3}{2}}\left[2(1-\eta^2)(-2\eta) + 4D^2(2\eta)\right] =$$

$$-\frac{1}{2}\frac{-4\eta(1-\eta^2) + 8D^2\eta}{\left[(1-\eta^2)^2 + (2D\eta)^2\right]^{\frac{3}{2}}} = -\frac{1}{2}\frac{-4\eta(1-\eta^2) + 8D^2\eta}{\sqrt{\left[(1-\eta^2)^2 + (2D\eta)^2\right]^3}},$$

und deren Nullstelle ergibt sich aus

$$-4\eta(1-\eta^2) + 8D^2\eta = 0 \quad \text{bzw.} \quad -4\eta\left[(1-\eta^2) - 2D^2\right] = 0.$$

Eine Lösung dieser Gleichung ist stets $\eta = 0$ (statische Auslenkung), wobei an dieser „uninteressanten" Stelle nur für rel. große Dämpfungsmaße D ein Maximum vorliegt (Abb. 5.16); ist D klein, existiert bei $\eta = 0$ ein Minimum. Die Extremwertbedingung ist auch erfüllt, wenn

$$(1-\eta^2) - 2D^2 = 0, \quad \text{also} \quad \eta^2 = 1 - 2D^2.$$

D.h. $V_{1/2}$ wird maximal für das Frequenzverhältnis $\eta = \eta_{max}$ mit

$$\eta_{max} = \sqrt{1 - 2D^2}. \tag{5.39}$$

Dieses Maximum existiert aber nur dann, wenn $1 - 2D^2 > 0$, also für

$$0 < D < \frac{1}{\sqrt{2}}.$$

Ist $D = 0$, tritt bei $\eta = 1$ eine Polstelle auf; die Schwingungsamplitude wird dann für $\eta \to 1$ theoretisch unendlich groß (vgl. Bsp. 5.3). Mit (5.39) erhält man schließlich das Maximum der Vergrößerungsfunktion zu:

$$V_{1/2,max} = V_{1/2}(\eta_{max}) = \frac{1}{\sqrt{(1 - (1-2D^2))^2 + (2D)^2(1-2D^2)}} =$$

$$\frac{1}{\sqrt{4D^4 + 4D^2 - 8D^4}} = \frac{1}{\sqrt{4D^2 - 4D^4}} = \frac{1}{\sqrt{4D^2(1-D^2)}},$$

also

$$V_{1/2,max} = \frac{1}{2D\sqrt{1-D^2}}. \tag{5.40}$$

Es ist immer $\eta_{max} < 1$, das Maximum liegt also im unterkritischen Bereich.

Dämpfererregung: $E = 2D\eta$. In diesem Fall lautet die Vergrößerungsfunktion gem. (5.37):

$$V_3 = \frac{2D\eta}{\sqrt{(1-\eta^2)^2 + (2D\eta)^2}}. \tag{5.41}$$

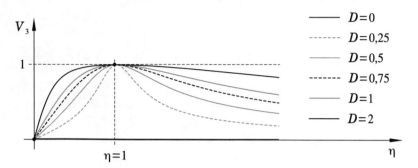

Abb. 5.17 Amplituden-Frequenzgang bei Dämpfererregung

Es zeigen sich hier ziemlich „unspektakuläre" Verläufe, s. Abb. 5.17. Die Vergrößerungsfunktion V_3 wird unabhängig vom Dämpfungsmaß D maximal bei $\eta = 1$ mit $V_{3,\max} = 1$. Weitere Eigenschaften sind $V_3(0) = 0$ und

$$\lim_{\eta \to \infty} V_3(\eta) = \lim_{\eta \to \infty} \frac{2D\eta}{\sqrt{(1 - \eta^2)^2 + (2D\eta)^2}} =$$

$$= \lim_{\eta \to \infty} \frac{2D\eta}{\sqrt{(\eta^2)^2 \left[\frac{(1-\eta^2)^2}{(\eta^2)^2} + \frac{(2D\eta)^2}{(\eta^2)^2} \right]}} =$$

$$= \lim_{\eta \to \infty} \frac{2D\eta}{\eta^2 \sqrt{\left(\frac{1}{\eta^2} - 1 \right)^2 + \frac{(2D)^2}{\eta^2}}} = \frac{2D}{\lim_{\eta \to \infty} \eta \sqrt{(0-1)^2 + 0}} = 0.$$

Unwuchterregung: $E = \eta^2$**.** Wie die Amplituden-Frequenzgänge zeigen, ähnelt das Verhalten bei Unwuchterregung eher jenem bei Kraft- bzw. Federerregung. Mit der Vergrößerungsfunktion

$$V_4 = \frac{\eta^2}{\sqrt{(1 - \eta^2)^2 + (2D\eta)^2}}. \tag{5.42}$$

ergeben sich die in Abb. 5.18 für verschiedene LEHRsche Dämpfungsmaße D dargestellten Diagramme. Allen ist natürlich gemeinsam, dass $V_4(0) = 0$ und $V_4(1) = \frac{1}{2D}$ ist.

Zudem gilt für den Grenzwert $\lim_{\eta \to \infty} V_4(\eta) = 1$, da

$$\lim_{\eta \to \infty} V_4(\eta) = \lim_{\eta \to \infty} \frac{\eta^2}{\sqrt{(1 - \eta^2)^2 + (2D\eta)^2}} = \lim_{\eta \to \infty} \frac{\eta^2}{\sqrt{(\eta^2)^2 \left[\frac{(1-\eta^2)^2}{(\eta^2)^2} + \frac{(2D\eta)^2}{(\eta^2)^2} \right]}} =$$

$$= \lim_{\eta \to \infty} \frac{\eta^2 \cdot 1}{\eta^2 \sqrt{\left(\frac{1}{\eta^2} - 1 \right)^2 + \frac{(2D)^2}{\eta^2}}} = \frac{1}{\sqrt{(0-1)^2 + 0}} = 1.$$

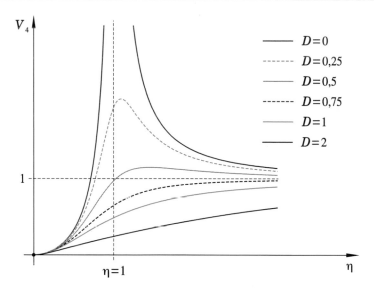

Abb. 5.18 Amplituden-Frequenzgang bei Unwuchterregung

Bei Unwuchterregung ergibt sich für kleine Dämpfungsmaße wieder ein aufgeprägtes Maximum des Amplituden-Frequenzgangs. Führt man mit

$$\bar{\eta} = \frac{1}{\eta} = \frac{\omega_0}{\Omega} \tag{5.43}$$

ein reziprokes (Kreis-)Frequenzverhältnis ein, dann wird die Vergrößerungsfunktion V_4 formal gleich mit $V_{1/2}$:

$$V_4 = \frac{\eta^2}{\sqrt{(1-\eta^2)^2 + (2D\eta)^2}} = \frac{\eta^2}{\sqrt{(\eta^2)^2 \left[\frac{(1-\eta^2)^2}{(\eta^2)^2} + \frac{(2D\eta)^2}{(\eta^2)^2} \right]}} =$$

$$\frac{\cancel{\eta^2} \, 1}{\cancel{\eta^2} \sqrt{\left(\frac{1}{\eta^2} - 1 \right)^2 + \frac{(2D)^2}{\eta^2}}} = \frac{1}{\sqrt{(\bar{\eta}^2 - 1)^2 + (2D)^2 \bar{\eta}^2}} = \frac{1}{\sqrt{(1-\bar{\eta}^2)^2 + (2D\bar{\eta})^2}}.$$

Und damit lässt sich für das Maximum von $V_4 = V_4(\eta)$ angeben:

$$V_{4,\text{max}} = \frac{1}{2D\sqrt{1-D^2}}. \tag{5.44}$$

bei $\bar{\eta} = \bar{\eta}_{\text{max}}$ mit

$$\bar{\eta}_{\text{max}} = \sqrt{1 - 2D^2}, \quad \text{wenn} \quad 0 < D < \frac{1}{\sqrt{2}} \tag{5.45}$$

bzw. bei $\eta = \eta_{max}$ mit

$$\eta_{max} = \frac{1}{\bar{\eta}_{max}} = \frac{1}{\sqrt{1 - 2D^2}}.$$

Da stets $\sqrt{1 - 2D^2} < 1$ ist, folgt $\eta_{max} > 1$; das V_4-Maximum liegt demnach immer im überkritischen Bereich.

Nochmals kurz zurück zum Grenzwert $\lim_{\eta \to \infty} V_4(\eta) = 1$. Das bedeutet, dass auch bei extrem großer Unwucht-Winkelgeschwindigkeit Ω, das Feder-Masse-Pendel zum schwingen angeregt wird, trotz Trägheit der Masse. Man kann dieses wie folgt begründen: Der Schwerpunkt des Gesamtsystems (d. h. $m + m_u$) kann praktisch nicht „reagieren" (Trägheit). Infolge der Rotation der Unwuchtmasse m_u muss sich die Masse m entsprechend entgegengesetzt bewegen, damit sich die Schwerpunktslage nicht verändert.

Liegt einer der vier fundamentalen Erregermechanismen vor, dann kann man mit der entsprechenden Vergrößerungsfunktion V_i ($i = 1; 2; 3; 4$) direkt die Schwingungsamplitude als Funktion der Erregerkreisfrequenz $\Omega = \eta \omega_0$ angeben: $\hat{x}_s = V_i \hat{x}_e$. Dafür müssen natürlich die Eigenkreisfrequenz ω_0, das LEHRsche Dämpfungsmaß D und die formale Erregeramplitude $\hat{x}_e$ bekannt sein bzw. ermittelt werden.

Für den Fall, dass der Erregermechanismus von diesen vier Möglichkeiten abweicht, muss eine system-spezifische Bewegungsgleichung aufgestellt und gelöst werden. Mit etwas Glück deckt sich die Bewegungsgleichung formal mit DGL (5.32). D. h. man identifiziert den (formalen) Erregerparameter E, sowie $\hat{x}_e$, und kann dann die entsprechende Vergrößerungsfunktion anwenden; hierbei muss E entweder 1, $2D\eta$ oder η^2 sein.

Beispiel 5.4: Vertikaldynamik eines Fahrzeugs

Ein Viertelfahrzeugmodell dient in einfacher Art und Weise der Beschreibung der vertikalen Bewegung der sog. Karosserie, die sich z. B. infolge einer Fahrbahnunebenheit ergibt. Hierbei handelt es sich um ein (viskos) gedämpftes Feder-Masse-Pendel, wobei die schwingungsfähige Masse m dem Viertel der Fahrzeugmasse m_F entspricht; die Elastizität der Räder sei in diesem Beispiel ebenso vernachlässigt wie auch deren Masse.

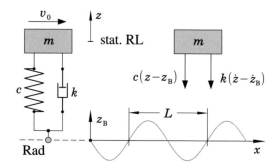

Die Lagekoordinate z der punktförmigen Masse $m = \frac{1}{4}m_F$ wird von der statischen Ruhelage (d. h. „$g = 0$", wdh. dazu ggf. im Abschn. 5.2.1) aus gemessen. c ist die Steifigkeit der Fahrzeugfederung, k die Proportionalitätskonstante eines hydraulischen Stoßdämpfers.

Zu untersuchen ist nun die Vertiakalbewegung von m, wenn das Fahrzeug in horizontaler Richtung über eine sog. „Wellblechpiste" fährt, d. h. die Fahrbahnunebenheit bspw. mittels der Funktion

$$z_B = -\hat{z}_B \sin \frac{2\pi}{L} x$$

beschrieben werden kann ($+\sin$ wäre natürlich genauso möglich); L heißt Ortsperiodizität der Fahrbahnunebenheit. Fährt das Fahrzeug mit konstanter Geschwindigkeit v_0, so gilt für den Weg in horizontaler Richtung:

$$x = x_0 + v_0 t$$

mit z. B. dem Startpunkt $x_0 = 0$. Damit lautet die Boden-Zeitfunktion

$$z_B = -\hat{z}_B \sin \frac{2\pi}{L} v_0 t = -\hat{z}_B \sin \frac{2\pi v_0}{L} t$$

und man kann den – geschwindigkeitsabhängigen – Koeffizienten $\frac{2\pi v_0}{L}$ als Erregerkreisfrequenz Ω bezeichnen. Eine vertikale Oszillation des Rades gem. der Funktion $z_B = z_B(t)$ bei $v_0 = 0$ ergäbe schließlich den gleichen Bewegungseffekt. Es liegt in diesem Fall eine Feder-Dämpfer-Erregung vor, also die Kombination der Mechanismen (5.2) und (5.3). D. h. man kann leider nicht direkt die bisherigen Ergebnisse anwenden. Folglich muss für diesen konkreten Fall die Bewegungsgleichung aufgestellt werden. Das Freikörperbild in obiger Skizze stellt die Vorstellung dar, dass die Punktmasse m positiv ausgelenkt ist und sich in positiver Richtung bewegt. Dabei ist die Verschiebung z_B von Feder- und Dämpferfußpunkt zu berücksichtigen; Feder- und Dämpferkraft berechnen sich über die Auslenkung bzw. Geschwindigkeit von m relativ zur Fahrbahn. Die Dynamische Grundgleichung in z-Richtung lautet daher:

$$m\ddot{z} = -k(\dot{z} - \dot{z}_B) - c(z - z_B).$$

Damit ergibt sich die Bewegungsgleichung des „Viertelfahrzeugs" zu

$$m\ddot{z} + k\dot{z} + cz = k\dot{z}_B + cz_B,$$

und mit der Boden-Zeitfunktion $z_B = -\hat{z}_B \sin \Omega t$ und deren Ableitungsfunktion $\dot{z}_B = -\hat{z}_B \Omega \cos \Omega t$ letztlich

$$m\ddot{z} + k\dot{z} + cz = -k\hat{z}_B \Omega \cos \Omega t - c\hat{z}_B \sin \Omega t$$

bzw.

$$\ddot{z} + \frac{k}{m}\dot{z} + \frac{c}{m}z = -\hat{z}_B\left(\frac{k}{m}\Omega\cos\Omega t + \frac{c}{m}\sin\Omega t\right).$$

Mit der Eigenkreisfrequenz ω_0 sowie dem LEHRschen Dämpfungsmaß D eines einfachen Feder-Masse-Pendels,

$$\omega_0^2 = \frac{c}{m} \quad \text{und} \quad D = \frac{k}{2\,m\omega_0},$$

lautet diese in dimensionsloser Zeit $\tau = \omega_0 t$:

$$\omega_0^2 z'' + 2D\omega_0^2 z' + \omega_0^2 z = -\hat{z}_B\left(2D\omega_0\Omega\cos\Omega\frac{\tau}{\omega_0} + \omega_0^2\sin\Omega\frac{\tau}{\omega_0}\right),$$

da $\dot{z} = \omega_0 z'$ und $\ddot{z} = \omega_0^2 z''$, vgl. (5.17). Nach Division mit ω_0^2 erhält man

$$z'' + 2Dz' + z = -\hat{z}_B\left(2D\eta\cos\eta\tau + \sin\eta\tau\right),$$

wobei

$$\eta = \frac{\Omega}{\omega_0}$$

das Verhältnis aus Erreger- und Eigenkreisfrequenz ist, eine inhomogene lineare DGL 2. Ordnung. Deren allgemeine Lösung ergibt sich durch Superposition aus der allgemeinen Lösung z_h der homogenisierten Gleichung (freie gedämpfte Schwingung, DGL (5.18)), diese entspricht (5.19), (5.21) bzw. (5.22) oder (5.28), abhängig von D, und einer partikulären Lösung z_p. Der Störterm ist in diesem Fall die Summe aus zwei Störtermen der Form $P_0 \cos\eta\tau$ und $P_0^* \sin\eta\tau$ (P_0, P_0^*: Polynome 0. Grades). Da die komplexe Zahl $0 + i\eta$ keine Lösung der charakteristischen Gleichung $\lambda^2 + 2D\lambda + 1 = 0$ von DGL (5.18) ist, lautet der Ansatz für z_p nach [4]:

$$z_p = \underbrace{A_1\cos\eta\tau + B_1\sin\eta\tau}_{@(P_0\cos\eta\tau)} + \underbrace{A_2\cos\eta\tau + B_2\sin\eta\tau}_{@(P_0^*\sin\eta\tau)}$$

$$= A\cos\eta\tau + B\sin\eta\tau;$$

z_p ist als Summe der Ansatz-Funktionsterme der beiden Störtermsummanden zu formulieren. Die Berechnung der Polynome 0. Grades (Konstanten) A und B erfolgt durch einsetzen von z_p in obige inhomogene DGL und anschließendem Koeffizientenvergleich. Mittels Anwendung der „Hilfswinkelmethode", vgl. dazu im Abschn. 5.1, lässt sich die ermittelte partikuläre Lösung in der Form $z_p = \hat{z}_p\cos(\eta\tau - \varphi)$ schreiben und damit die (absolute) Schwingungsamplitude $\hat{z}_p$ des Fahrzeugs im eingeschwungenen/stationären Zustand (z_h klingt bekannterweise exponentiell ab) – in Abhängigkeit der Bodenamplitude $\hat{z}_B$ und des LEHRschen Dämpfungsmaßes D – als Funktion von η und damit Ω bzw. der konstanten Reisegeschwindigkeit v_0 angeben.

Die absolute Lagekoordinate z (bzgl. d. stat. Ruhelage) des Fahrzeugs bzw. der Punktmasse m ist aber gar nicht so relevant. Was sagt bspw. ein kleiner z-Wert schon aus? Von weitaus größerer Bedeutung ist natürlich der tatsächliche Abstand zum Boden, also die relative Auslenkung

$$z_{rel} = z - z_B.$$

Setzt man diese in die Kräftegleichung $m\ddot{z} = -k(\dot{z} - \dot{z}_B) - c(z - z_B)$ ein,

$$z = z_{rel} + z_B, \quad \dot{z} = \dot{z}_{rel} + \dot{z}_B \quad \text{und} \quad \ddot{z} = \ddot{z}_{rel} + \ddot{z}_B,$$

so erhält man:

$$m(\ddot{z}_{rel} + \ddot{z}_B) = -k(\dot{z}_{rel} + \dot{z}_B) + k\dot{z}_B - c(z_{rel} + z_B) - cz_B$$

$$m\ddot{z}_{rel} + m\ddot{z}_B = -k\dot{z}_{rel} - k\dot{z}_B + k\dot{z}_B - cz_{rel} + cz_B - cz_B = -k\dot{z}_{rel} - cz_{rel},$$

$$\text{also} \quad \ddot{z}_{rel} + \frac{k}{m}\dot{z}_{rel} + \frac{c}{m}z_{rel} = -\ddot{z}_B.$$

Und mit obigen Formeln für D, ω_0^2 sowie mit $\ddot{z}_B = \hat{z}_B\Omega^2 \sin\Omega t$:

$$\ddot{z}_{rel} + 2D\omega_0\dot{z}_{rel} + \omega_0^2 z_{rel} = -\hat{z}_B\Omega^2 \sin\Omega t.$$

Nach Transformation in dimensionslose Zeit $\tau = \omega_0 t$ (und Division mit ω_0^2) lautet die „relative Bewegungsgleichung" schließlich

$$z''_{rel} + 2Dz'_{rel} + z_{rel} = -\hat{z}_B\eta^2 \sin\eta\tau.$$

Diese DGL entspricht formal (5.32) mit $E = \eta^2$ („Unwuchterregung") und $\hat{x}_e = \hat{z}_B$. Dass hier der Störterm ein $-\sin$ und nicht wie in (5.32) ein cos ist, tut nichts zur Sache. Ob der Störterm $\pm\sin$ oder $\pm\cos$ ist, hängt lediglich von der Wahl des Zeit-Nullpunkts ab; man hätte diesen hier auch so setzen können, dass für die Boden-Zeitfunktion $z_B = \hat{z}_B \cos\Omega t$ gilt. Die Eigenschwingung des Systems klingt aber stets exponentiell ab, und Schwingungsamplitude sowie Phase hängen im stationären Zustand natürlich nicht vom Bezugspunkt der Betrachtung ab. D.h. die relative Schwingungsamplitude $\hat{z}_{rel}$ kann gem. (5.42) mit der Vergrößerungsfunktion $V_4 = V_4(\eta)$ für Unwuchterregung berechnet werden. Mit (5.35):

$$\hat{z}_{rel} = V_4\hat{z}_B = \frac{\eta^2}{\sqrt{(1-\eta^2)^2 + (2D\eta)^2}}\hat{z}_B, \quad \text{wobei} \quad \eta = \frac{\Omega}{\omega_0} = \frac{2\pi}{L\omega_0}v_0.$$

Ist der Stoßdämpfer schon „etwas" gealtert ($D < \frac{1}{\sqrt{2}}$) so ergibt sich bei einer Erregung des Fahrzeugs mit $\eta = \eta_{max}$ ein Schwingungsmaximum: $\hat{z}_{rel,max} = V_{4,max}\hat{z}_B$; η_{max} berechnet sich nach (5.45). Die entsprechende Erregerkreisfrequenz $\Omega_{max} = \eta_{max}\omega_0$ korreliert in diesem Fall schließlich mit einer „kritischen" Reisegeschwindigkeit v_{krit}:

$$v_{krit} = \frac{L}{2\pi}\Omega_{max} = \frac{L}{2\pi}\eta_{max}\omega_0 = \frac{\omega_0 L}{2\pi\sqrt{1-2D^2}}.$$

(!) Dieses Modell gilt nur, solange der Reifen nicht abhebt. Wird dessen Masse vernachlässigt, ist die Normalkraft $N = mg - (cz_{rel} + k\dot{z}_{rel})$; hierfür beachte man „actio=reactio" für die Feder- und Dämpferkraft. Im stationären Zustand lautet die Lsg. obiger DGL $z_{rel} = \hat{z}_{rel}\cos(\eta\tau - \varphi)$ mit $\tau = \omega_0 t$. Damit ergibt sich: $\dot{z}_{rel} = -\hat{z}_{rel}\Omega\sin(\Omega t - \varphi)$, also

$$N = mg - \hat{z}_{rel}\sqrt{c^2 + (k\Omega)^2}\cos(\Omega t - \varphi + \psi) \quad \text{mit} \quad \tan\psi = \frac{k}{c}\Omega;$$

es wurde noch die Hilfswinkelmethode (vgl. Abschn. 2.2.3) angewandt. Damit der Reifen nicht abhebt, muss die Normalkraft $N \geq 0$ sein; das ist der Fall, wenn $\hat{z}_{rel}\sqrt{c^2 + (k\Omega)^2} \leq mg$ ist. Die entspr. Gleichung für v_0 kann bspw. mit MATLAB gelöst werden (Lsg.: „zul. Höchstgeschwindigkeit"). ◄

5.4   Gekoppelte Oszillatoren

Sind mehrere starre Körper physikalisch miteinander verbunden (bspw. mittels elastischer Kopplung), so besitzt jenes Mehrkörpersystem mehr als einen Freiheitsgrad. Zur eindeutigen Lagebeschreibung sind mehrere voneinander unabhängige (sog. generalisierte) Koordinaten erforderlich, die mathematische Beschreibung erfolgt stets durch ein System an DGLn.

Es ist dabei möglich, dass die einzelnen Körper nach einer initialen Auslenkung eine freie Schwingungsbewegung ausführen. Das System kann durch eine externe Energiezufuhr natürlich auch zum Schwingen angeregt werden.

5.4.1   Freie 2D-Schwingungen

Exemplarisch für ein entsprechendes Mehrkörpersystem wird ein System aus idealisiert punktförmigen Körpern mit zwei (translatorischen) Freiheitsgraden untersucht: An einer schwingungsfähigen „Hauptmasse" m_H, diese sei zu diesem Zweck mit zwei sog. Fundamentierungsfedern (Steifigkeit c_F) elastisch gelagert, ist über eine Feder mit der (Koppel-)Steifigkeit c_K eine Zusatzmasse m befestigt; Dämpfung sei vernachlässigt, Abb. 5.19.

Dieses Modell entspricht einer gefedert aufgestellten Maschine mit eben einer schwingungsfähigen Zusatzmasse. Die vertikalen Lagekoordinaten (z für Hauptmasse m_H und x für Zusatzmasse m) werden von der statischen Ruhelage aus gemessen; bei der Formulierung der Dynamischen Grundgleichung ist daher $g = 0$ zu setzen (vgl. dazu im Abschn. 5.2.1). Die Längenänderung der Koppelfeder berechnet sich zu $z - x$; daher gilt:

$$m_H\ddot{z} = -2c_F z - c_K(z - x)$$
$$m\ddot{x} = \; c_K(z - x)$$

Die Terme der beiden Bewegungsgleichungen lassen sich noch etwas ordnen, es ergibt sich das folgende homogene lineare DGL-System 2. Ordnung:

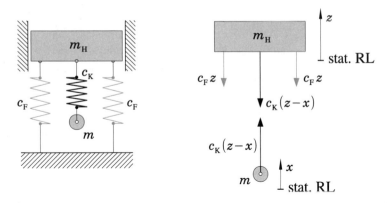

Abb. 5.19 Modell eines – ungedämpften – schwingungsfähigen Systems mit zwei Freiheitsgraden

$$m_H \ddot{z} + (2c_F + c_K)z - c_K x = 0$$
$$m \ddot{x} - \quad c_K z \quad + c_K x = 0$$

Mit der Massen- und Steifigkeitsmatrix,

$$\underline{m} = \begin{pmatrix} m_H & 0 \\ 0 & m \end{pmatrix} \quad \text{und} \quad \underline{c} = \begin{pmatrix} 2c_F + c_K & -c_K \\ -c_K & c_K \end{pmatrix},$$

lautet das DGL-System allgemein in Matrixschreibweise:

$$\underline{m} \ddot{\vec{\psi}} + \underline{c} \vec{\psi} = \vec{0}, \quad \text{wobei} \quad \vec{\psi} = \begin{pmatrix} z \\ x \end{pmatrix}. \tag{5.46}$$

$\vec{\psi}$ nennt man Zustandsvektor des Systems. Die Massenmatrix $\underline{m}$ gekoppelter Oszillatoren muss übrigens nicht unbedingt diagonal sein. Bei z. B. einer Biegekopplung zweier Körper beeinflusst die Trägheitskraft des einen Körpers das Bewegungsverhalten des anderen (Superposition der Durchbiegungen [9], vgl. auch Abschn. 5.4.3). Die DGLn sind dann nicht in den Lagekoordinaten, sondern in den Beschleunigungen gekoppelt.

Zur Lösung des DGL-System wählt man – wie bei linearen DGLn auch – den Exponentialansatz $z = Ae^{\lambda t}$ und $x = Be^{\lambda t}$. Die zweiten Zeitableitungen lauten $\ddot{z} = A\lambda^2 e^{\lambda t}$ und $\ddot{x} = B\lambda^2 e^{\lambda t}$. Eingesetzt ergibt sich

$$m_H A\lambda^2 e^{\lambda t} + (2c_F + c_K)Ae^{\lambda t} - c_K Be^{\lambda t} = 0$$
$$m B\lambda^2 e^{\lambda t} - \quad c_K Ae^{\lambda t} \quad + c_K Be^{\lambda t} = 0,$$

und nach Division mit $e^{\lambda t} \neq 0$:

$$\left(m_H\lambda^2 + (2c_F + c_K)\right)A - \quad c_K B \quad = 0$$
$$-c_K A \quad + (m\lambda^2 + c_K)B = 0,$$

also ein homogenes lineares Gleichungssystem für A und B. Dieses hat die eindeutige Lösung $A = B = 0$ (Triviallösung), wenn die sog. Koeffizientendeterminante verschieden Null ist. Man erhält nur für den Fall des Verschwindens der Koeffizientendeterminante eine nicht-triviale Lösung; leider ist das Gleichungssystem dann aber nicht eindeutig lösbar. Die Bedingung

$$\begin{vmatrix} m_H\lambda^2 + (2c_F + c_K) & -c_K \\ -c_K & m\lambda^2 + c_K \end{vmatrix} = 0$$

liefert folgende charakteristische Gleichung:

$$\left(m_H\lambda^2 + (2c_F + c_K)\right)(m\lambda^2 + c_K) - (-c_K)(-c_K) = 0$$

$$m_H m \lambda^4 + m_H c_K \lambda^2 + m(2c_F + c_K)\lambda^2 + (2c_F + c_K)c_K - c_K^2 = 0$$

$$m_H m \lambda^4 + \left(m_H c_K + m(2c_F + c_K)\right)\lambda^2 + 2c_F c_K + \cancel{c_K^2} - \cancel{c_K^2} = 0$$

$$m_H m \lambda^4 + \left(m_H c_K + m(2c_F + c_K)\right)\lambda^2 + 2c_F c_K = 0\,,$$

und mit den Abkürzungen

$$\alpha = m_H m\,, \quad \beta = m_H c_K + m(2c_F + c_K) \quad \text{sowie} \quad \gamma = 2c_F c_K$$

und der Substitution $\mu = \lambda^2$ die quadratische Gleichung

$$\alpha\mu^2 + \beta\mu + \gamma = 0\,.$$

mit den beiden Wurzeln

$$\mu_{1/2} = (\lambda^2)_{1/2} = \frac{-\beta \pm \sqrt{\beta^2 - 4\alpha\gamma}}{2\alpha}\,.$$

Beispiel 5.5: System von Abb. 5.19 mit $m_H = 4\,m$ und $c_K = 2c_F$

Gesucht sind die Lösungen der zwei (gekoppelten) Bewegungsgleichungen des Feder-Masse-Pendels mit Zusatzmasse von Abb. 5.19, wenn die Hauptmasse m_H viermal so groß wie die Zusatzmasse m und die gesamte Fundamentierungssteifigkeit $2c_F$ genau gleich der Koppelsteifigkeit c_K sind. Es gilt dann:

$$\alpha = \frac{1}{4}m_H^2\,, \quad \beta = m_H c_K + \frac{1}{4}m_H(c_K + c_K) = \frac{3}{2}m_H c_K \quad \text{und} \quad \gamma = c_K^2\,.$$

Und damit ergeben sich die Wurzeln obiger quadratischer Gleichung zu

$$\mu_{1/2} = \frac{-\frac{3}{2}m_H c_K \pm \sqrt{\left(\frac{3}{2}m_H c_K\right)^2 - 4\frac{1}{4}m_H^2 c_K^2}}{2\frac{1}{4}m_H^2} =$$

$$= \frac{-\frac{3}{2}m_H c_K \pm \sqrt{\frac{9}{4}m_H^2 c_K^2 - m_H^2 c_K^2}}{\frac{1}{2}m_H^2} = \frac{-\frac{3}{2}m_H c_K \pm \sqrt{m_H^2 c_K^2 \left(\frac{9}{4}-1\right)}}{\frac{1}{2}m_H^2} =$$

$$\frac{-\frac{3}{2}m_H c_K}{\frac{1}{2}m_H^2} \pm \frac{m_H c_K}{\frac{1}{2}m_H^2}\sqrt{\frac{5}{4}} = -3\frac{c_K}{m_H} \pm 2\frac{c_K}{m_H}\frac{1}{2}\sqrt{5} = (-3 \pm \sqrt{5})\frac{c_K}{m_H}.$$

Durch Rücksubstitution $\lambda = \pm\sqrt{\mu}$ erhält man schließlich die Lösungen der Gl. 4. Grades für λ:

$$\lambda_{1..4} = \pm\sqrt{(-3 \pm \sqrt{5})\frac{c_K}{m_H}}.$$

Da $-3 + \sqrt{5} < 0$ $(3 \pm \sqrt{5} > 0)$ lassen sich diese auch wie folgt schreiben:

$$\lambda_{1..4} = \pm\sqrt{\left(-1(3 \mp \sqrt{5})\right)\frac{c_K}{m_H}} = \pm\underbrace{\sqrt{-1}}_{=\,i}\sqrt{(3 \mp \sqrt{5})\frac{c_K}{m_H}}$$

D. h. es ergeben sich vier komplexe Lösungen, die paarweise zueinander konjugiert sind:

$$\lambda_{1/2} = \pm i\sqrt{(3 + \sqrt{5})\frac{c_K}{m_H}} \quad \text{und} \quad \lambda_{3/4} = \pm i\sqrt{(3 - \sqrt{5})\frac{c_K}{m_H}}.$$

Setzt man diese $\lambda_{1/2}$ und $\lambda_{3/4}$ in die Ansatzfunktionen $z = Ae^{\lambda t}$ und $x = Be^{\lambda t}$ ein, so liefern jeweils Real- und Imaginärteil vier voneinander linear unabhängige Funktionen, gen. Basislösungen (BLs). Mit den beiden Abkürzungen, $\omega_K = \sqrt{c_K/m_H}$ lässt sich als „Kopplungseigenkreisfrequenz" (Kopplungsfeder-Hauptmasse-System) bezeichnen,

$$\omega_1 = \sqrt{(3 - \sqrt{5})\frac{c_K}{m_H}} \quad \text{bzw.} \quad \omega_1 = \omega_K\sqrt{3 - \sqrt{5}}$$

und

$$\omega_2 = \sqrt{(3 + \sqrt{5})\frac{c_K}{m_H}} \quad \text{bzw.} \quad \omega_2 = \omega_K\sqrt{3 + \sqrt{5}}$$

erhält man also für die Auslenkung z der Hauptmasse aus

$$z = Ae^{\lambda_{1/2}t} = Ae^{\pm i\omega_1} = A\left(\cos\omega_1 t \pm i\sin\omega_1 t\right)$$

bzw.

$$z = Ae^{\lambda_{3/4}t} = Ae^{\pm i\omega_2} = A\left(\cos\omega_2 t \pm i\sin\omega_2 t\right)$$

die BLs

$$z_1 = \Re\{Ae^{\lambda_{1/2}t}\} = A\cos\omega_1 t \quad \text{und} \quad z_2 = \Im\{Ae^{\lambda_{1/2}t}\} = {}^+_{(-)}A\sin\omega_1 t$$

sowie

$$z_3 = \Re\{Ae^{\lambda_{3/4}t}\} = A\cos\omega_2 t \quad \text{und} \quad z_4 = \Im\{Ae^{\lambda_{3/4}t}\} = {}^+_{(-)}A\sin\omega_2 t;$$

das negative Vorzeichen bei z_2 und z_4 ist eingeklammert, da die entsprechenden Funktionen nicht linear unabhängig von jenen mit positivem Vorzeichen sind und daher keine weiteren BLs darstellen. Analog gilt für die Auslenkung x der Zusatzmasse:

$$x_1 = B \cos \omega_1 t\,, \ x_2 = B \sin \omega_1 t\,, \ x_3 = B \cos \omega_2 t \ \text{ und } \ x_4 = B \sin \omega_2 t.$$

Die allgemeine Lösung des DGL-Systems ist die Linearkombination (LK) dieser linear unabhängigen Basislösungen, wobei die Koeffizienten der LK, $\tilde{C}_i$ bzw. $\tilde{C}_i^*$ ($i = 1..4$), mit denen der Ansatzfunktionen, A und B, zusammengefasst werden dürfen:

$$z = \underbrace{C_1}_{=\,\tilde{C}_1 A} \cos \omega_1 t + \underbrace{C_2}_{=\,\tilde{C}_2 A} \sin \omega_1 t + \underbrace{C_3}_{=\,\tilde{C}_3 A} \cos \omega_2 t + \underbrace{C_4}_{=\,\tilde{C}_4 A} \sin \omega_2 t$$

und

$$x = \underbrace{C_1^*}_{=\,\tilde{C}_1^* B} \cos \omega_1 t + \underbrace{C_2^*}_{=\,\tilde{C}_2^* B} \sin \omega_1 t + \underbrace{C_3^*}_{=\,\tilde{C}_3^* B} \cos \omega_2 t + \underbrace{C_4^*}_{=\,\tilde{C}_4^* B} \sin \omega_2 t$$

Hierbei sind zwar die Koeffizienten $C_1..C_4$ und $C_1^*..C_4^*$ unabhängig voneinander, nicht aber die C_i und C_i^* ($i = 1..4$). Um letzteres zu bestätigen, setzt man die Lösung $z = z(t)$ in die erste, nach x aufgelöste Bewegungsgleichung, mit $2c_\mathrm{F} + c_\mathrm{K} c_\mathrm{K} + c_\mathrm{K}$, ein:

$$x = \frac{1}{c_\mathrm{K}}\,(m_\mathrm{H} \ddot{z} + 2c_\mathrm{K} z)$$

$$= \frac{1}{c_\mathrm{K}} \Big[m_\mathrm{H} \big(- C_1 \omega_1^2 \cos \omega_1 t - C_2 \omega_1^2 \sin \omega_1 t - C_3 \omega_2^2 \cos \omega_2 t - C_4 \omega_2^2 \sin \omega_2 t \big)$$

$$+ 2c_\mathrm{K} \big(C_1 \cos \omega_1 t + C_2 \sin \omega_1 t + C_3 \cos \omega_2 t + C_4 \sin \omega_2 t \big) \Big]$$

$$= \frac{2c_\mathrm{K} - m_\mathrm{H} \omega_1^2}{c_\mathrm{K}} C_1 \cos \omega_1 t + \frac{2c_\mathrm{K} - m_\mathrm{H} \omega_1^2}{c_\mathrm{K}} C_2 \sin \omega_1 t$$

$$+ \frac{2c_\mathrm{K} - m_\mathrm{H} \omega_2^2}{c_\mathrm{K}} C_3 \cos \omega_2 t + \frac{2c_\mathrm{K} - m_\mathrm{H} \omega_2^2}{c_\mathrm{K}} C_4 \sin \omega_2 t.$$

Der Koeffizientenvergleich mit der allgemeinen Lösung $x = x(t)$ liefert folgende Beziehungen für die Amplitudenverhältnisse:

$$\varepsilon_1 = \frac{C_{1/2}^*}{C_{1/2}} = \frac{2c_\mathrm{K} - m_\mathrm{H} \omega_1^2}{c_\mathrm{K}} \quad \text{und} \quad \varepsilon_2 = \frac{C_{3/4}^*}{C_{3/4}} = \frac{2c_\mathrm{K} - m_\mathrm{H} \omega_2^2}{c_\mathrm{K}}$$

bzw. mit $\omega_\mathrm{K}^2 = c_\mathrm{K}/m_\mathrm{H}$

$$\varepsilon_{1/2} = 2 - \left(\frac{\omega_{1/2}}{\omega_\mathrm{K}} \right)^2.$$

D. h. die vier Integrationskonstanten $C_1..C_4$ der Lösung $z = z(t)$ müssen durch Einarbeitung von ebenso vier Anfangs- und/oder Randbedingungen ermittelt werden. Über die systemspezifischen Konstanten ε_1 und ε_2 sind dann auch die Koeffizienten $C_1^*..C_4^*$ der Koordinate x der Zusatzmasse bestimmt. Die Lösungsfunktion $x = x(t)$ lässt sich daher auch mit den Amplitudenverhältnissen angeben:

$$x = \varepsilon_1 C_1 \cos \omega_1 t + \varepsilon_1 C_2 \sin \omega_1 t + \varepsilon_2 C_3 \cos \omega_2 t + \varepsilon_2 C_4 \sin \omega_2 t =$$

$$= \varepsilon_1 (C_1 \cos \omega_1 t + C_2 \sin \omega_1 t) + \varepsilon_2 (C_3 \cos \omega_2 t + C_4 \sin \omega_2 t).$$

Im Folgenden werden noch zwei – besonders interessante – Sonderfälle erläutert. Das System sei jeweils initial um $z(0)$ und $x(0)$ augelenkt, es wird dann aus dem Ruhezustand sich selbst überlassen.

(1) $z(0) = z_0 > 0$, $x(0) = \varepsilon_1 z_0$ und $\dot{z}(0) = \dot{x}(0) = 0$. Mit obigem

$$\omega_1^2 = (3 - \sqrt{5}) \frac{c_K}{m_H}$$

ergibt sich für das erste Amplitudenverhältnis:

$$\varepsilon_1 = \frac{2 c_K - m_H (3 - \sqrt{5}) \frac{c_K}{m_H}}{c_K} = 2 - 3 + \sqrt{5} = -1 + \sqrt{5} \approx 1{,}23 > 0.$$

Die Anfangsbedingungen ergeben vier Gleichungen für $C_1..C_4$:

$$\begin{array}{llll}
z(0) = & z_0 & : (1) & C_1 + C_3 = z_0 \, | \cdot \varepsilon_1 \\
x(0) = & \varepsilon_1 z_0 & : (2) & \varepsilon_1 C_1 + \varepsilon_2 C_3 = \varepsilon_1 z_0 \\
\dot{z}(0) = & 0 & : (3) & C_2 \omega_1 + C_4 \omega_2 = 0 \, | \cdot \varepsilon_1 \\
\dot{x}(0) = & 0 & : (4) & \varepsilon_1 C_2 \omega_1 + \varepsilon_2 C_4 \omega_2 = 0
\end{array}$$

Lösung des Gleichungssystems: Erster Schritt: Gleichung $(1) \cdot \varepsilon_1 - (2)$

$$(\varepsilon_1 - \varepsilon_2) C_3 = 0 \,, \quad \text{also} \quad C_3 = 0 \quad \text{und mit } (1): \quad C_1 = z_0$$

Und dann: $(3) \cdot \varepsilon_1 - (4)$

$$(\varepsilon_1 - \varepsilon_2) C_4 \omega_2 = 0 \quad \Rightarrow \quad C_4 = 0; \quad \text{aus } (3): \quad C_2 = 0$$

Folglich erhält man für die speziellen Lösungen:

$$z = z_0 \cos \omega_1 t \quad \text{und} \quad x = \varepsilon_1 z_0 \cos \omega_1 t, \quad \text{wobei} \quad \varepsilon_1 > 0 \text{ ist.}$$

In diesem Fall schwingen Haupt- und Zusatzmasse beide mit der ersten Eigenkreisfrequenz ω_1 – und zwar im Gleichtakt.

(2) $z(0) = z_0 > 0$, $x(0) = \varepsilon_2 z_0$ und $\dot{z}(0) = \dot{x}(0) = 0$. Setzt man

$$\omega_2^2 = (3 + \sqrt{5})\frac{c_K}{m_H}$$

in das Amplitudenverhältnis ε_2 ein, so zeigt sich, dass dieses negativ ist:

$$\varepsilon_2 = \frac{2c_K - m_H(3 + \sqrt{5})\frac{c_K}{m_H}}{c_K} = 2 - 3 - \sqrt{5} = -1 - \sqrt{5} \approx -3{,}23 < 0.$$

Mit den vier Anfangsbedingungen lassen sich natürlich wieder vier Gleichungen für die Koeffizienten $C_1..C_4$ aufstellen:

$$\begin{aligned}
z(0) &= z_0 &&: (1) & C_1 + C_3 &= z_0 \mid \cdot \varepsilon_2 \\
x(0) &= \varepsilon_2 z_0 &&: (2) & \varepsilon_1 C_1 + \varepsilon_2 C_3 &= \varepsilon_2 z_0 \\
\dot{z}(0) &= 0 &&: (3) & C_2 \omega_1 + C_4 \omega_2 &= 0 \mid \cdot \varepsilon_2 \\
\dot{x}(0) &= 0 &&: (4) & \varepsilon_1 C_2 \omega_1 + \varepsilon_2 C_4 \omega_2 &= 0
\end{aligned}$$

Lösungsschema analog zu Sonderfall 1: Zunächst Gleichung (1) $\cdot \varepsilon_2 - $ (2)

$$(\varepsilon_2 - \varepsilon_1)C_1 = 0 \quad \Rightarrow \quad C_1 = 0; \quad \text{aus (1)}: \quad C_3 = z_0$$

Und dann: (3) $\cdot \varepsilon_2 - $ (4)

$$(\varepsilon_2 - \varepsilon_1)C_2 \omega_1 = 0, \quad \text{d. h. es ist} \quad C_2 = 0 \quad \text{und mit (3) auch} \quad C_4 = 0$$

In diesem Fall sind die speziellen Lösungen des DGL-Systems demnach

$$z = z_0 \cos \omega_2 t \quad \text{und} \quad x = \varepsilon_2 z_0 \cos \omega_2 t, \quad \text{mit} \quad \varepsilon_2 < 0.$$

D.h. die beiden Massen schwingen jetzt mit ω_2, der zweiten Eigenkreisfrequenz, aber im Gegentakt ($z_0 > 0$ und $\varepsilon_2 z_0 < 0$).

Hier noch eine kleine Anekdote: Teilt man eine Strecke der Länge $a + b$ mit $a > b$, so dass $(a+b)/a = a/b$ gilt (*Goldener Schnitt*, offenbar die ideale ästhetische Proportionierung), dann ergibt sich für das Teilungsverhältnis $\Phi = a/b$ die Gleichung $1 + \frac{1}{\Phi} = \phi$ bzw. $\Phi^2 - \Phi - 1 = $ mit der positiven Lösung $\Phi = \frac{1}{2}(1 + \sqrt{5})$; dieses bezeichnet man als *Goldene Zahl* Φ. Damit folgt für das Amplitudenverhältnis der Gegentaktschwingung: $\varepsilon_2 = -2\Phi$, was aber zweifelsohne nur ein amüsanter Zufall ist.

◄

Man bezeichnet die speziellen Schwingungszustände der in Bsp. 5.5 dargestellten Sonderfälle (1) und (2) als Fundamental- bzw. Normalschwingungen des Systems. Es schwingen dabei beide Masse entweder mit der ersten oder beide mit der zweiten Eigenkreisfrequenz. Bei anderen Anfangsbedingungen, wie z. B. $z(0) = z_0 > 0$, $x(0) = 0$ und $\dot{z}(0) = \dot{x}(0) = 0$, setzt sich die Schwingung von Haupt- und Zusatzmasse aus zwei harmonischen Anteilen mit den Kreisfrequenzen ω_1 und ω_2 zusammen.

Es sei an dieser Stelle noch erwähnt, dass das DGL-System des gekoppelten Oszillators auch mittels der Eliminationsmethode gelöst werden kann. Dazu löst man bspw. die erste Gleichung nach x auf,

$$x = \frac{1}{c_K}\left(m_H\ddot{z} + (2c_F + c_K)z\right)$$

und setzt in die zweite Gleichung ein. Mit der zweiten Ableitung

$$\ddot{x} = \frac{1}{c_K}\left(m_H z^{(4)} + (2c_F + c_K)\ddot{z}\right)$$

erhält man

$$m\ddot{x} - c_K z + c_K x = 0$$

$$m\frac{1}{c_K}\left(m_H z^{(4)} + (2c_F + c_K)\ddot{z}\right) - c_K z + c_K\frac{1}{c_K}\left(m_H\ddot{z} + (2c_F + c_K)z\right) = 0 \mid \cdot c_K$$

$$m_H m z^{(4)} + m(2c_F + c_K)\ddot{z} - c_K^2 z + m_H c_K\ddot{z} + c_K(2c_F + c_K)z = 0$$

$$m_H m z^{(4)} + \left(m_H c_K + m(2c_F + c_K)\right)\ddot{z} - \cancel{c_K^2 z} + 2c_F c_K z + \cancel{c_K^2 z} = 0,$$

also eine homogene lineare DGL 4. Ordnung für z:

$$m_H m z^{(4)} + \left(m_H c_K + m(2c_F + c_K)\right)\ddot{z} + 2c_F c_K z = 0,$$

Die charakteristische Gleichung

$$m_H m \lambda^4 + \left(m_H c_K + m(2c_F + c_K)\right)\lambda^2 + 2c_F c_K = 0$$

stimmt mit jener über den e-Ansatz ermittelten überein. Deren vier (komplexe) Wurzeln liefern wieder die vier sin/cos-Basislösungen und damit die allgemeine Lösung

$$z = C_1 \cos\omega_1 t + C_2 \sin\omega_1 t + C_3 \cos\omega_2 t + C_4 \sin\omega_2 t$$

der DGL. Eingesetzt in $x = \frac{1}{c_K}\left(m_H\ddot{z} + (2c_F + c_K)z\right)$ erhält man die Lösungsfunktion $x = x(t)$ für die Lagekoordinate der Zusatzmasse und automatisch auf diesem Wege die Beziehungen für die Amplitudenverhältnisse.

5.4.2   Harmonische Erregung und Schwingungstilgung

Eine reale mechanische Konstruktion ist immer dissipativ (Reibung, Luftwiderstand). Für den Fall geschwindigkeitsproportional (viskos) gedämpfter Komponenten lautet – bei mehreren Freiheitsgraden – analog zu (5.46) das System an Bewegungsgleichungen allgemein in Matrixschreibweise

$$\underline{m}\ddot{\vec{\psi}} + \underline{k}\dot{\vec{\psi}} + \underline{c}\vec{\psi} = \vec{s}. \tag{5.47}$$

Hierbei ist $\underline{k}$ die Dämpfungsmatrix und $\vec{s}$ der sog. Störtermvektor. Wie bei DGL-System (5.46) bereits benannt: $\vec{\psi}$ heißt Zustandsvektor des Systems; dieser ist natürlich in generalisierten, d. h. f voneinander unabhängigen Koordinaten (f: Anzahl der Freiheitsgrade) zu formulieren.

Die allgemeine Lösung von (5.47) ergibt sich – entsprechend jener einer linearen DGL (2. Ordnung) – durch Superposition der allgemeinen Lösung $\vec{\psi}_h$ des homogenisierten DGL-Systems,

$$\underline{m}\ddot{\vec{\psi}}_h + \underline{k}\dot{\vec{\psi}}_h + \underline{c}\vec{\psi}_h = \vec{0},$$

der exponentielle Ansatz $\vec{\psi}_h = \vec{\psi}_0 e^{\lambda t}$ liefert $\left(\underline{m}\lambda^2 + \underline{k}\lambda + \underline{c}\right)\vec{\psi}_0 e^{\lambda t} = 0$ und somit die charakteristische Gleichung

$$\det\left(\underline{m}\lambda^2 + \underline{k}\lambda + \underline{c}\right) = 0 \quad \text{vom Grad } 2f,$$

und einer beliebigen partikulären Lösung $\vec{\psi}_p$. Da bekannterweise bei viskoser Dämpfung die Eigenschwingungen stets zeitlich exponentiell abfallen (siehe dazu 5.18), also

$$\lim_{t\to\infty} \vec{\psi}_h = \vec{0},$$

beschränken sich die weiteren Betrachtungen auf die partikuläre Lösung $\vec{\psi}_p$, d. h. die Schwingungen des Systems im stationären Zustand.

Zudem erweist sich häufig ein sehr schwach gedämpftes System als besonders „kritisch" (vgl. Abb. 5.16 u. 5.18); die Amplituden können bei Erregung mit einer Kreisfrequenz in der Nähe der Eigenkreisfrequenz ω_0 unangenehm anwachsen. Es wird daher der Grenzfall $\underline{k} \to \underline{0}$ (Nullmatrix) studiert, d. h. eine partikuläre Lösung $\vec{\psi}_p$ für das (idealisierte) DGL-System

$$\underline{m}\ddot{\vec{\psi}} + \underline{c}\vec{\psi} = \vec{s}$$

ermittelt. Als repräsentatives Beispiel dient das System von Abb. 5.19. Dieser (ungedämpfte) gekoppelte Oszillator wird nun aber durch eine harmonische Vibration des Fundaments zum Schwingen angeregt, vgl. Abb. 5.20.

Die Auswirkung dieser Erregerschwingung ist klar, die Kraft der Fundamentierungsfeder hängt damit auch von der vertikalen Verschiebung z_F ab. Damit lauten die Kräftegleichungen in vertikaler Richtung:

$$\begin{aligned} m_H\ddot{z} &= -2c_F(z - z_F) - c_K(z - x) \\ m\ddot{x} &= \qquad\qquad c_K(z - x) \end{aligned}$$

bzw. sortiert und mit $z_F = \hat{z}_F \cos \Omega$

$$\begin{aligned} m_H\ddot{z} + (2c_F + c_K)z - c_K x &= 2c_F\hat{z}_F \cos \Omega t \\ m\ddot{x} - \quad c_K z \quad + c_K x &= \qquad 0 \end{aligned}$$

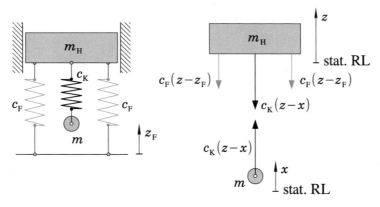

Abb. 5.20 Gekoppeltes System mit Schwingungserregung, $z_F = \hat{z}_F \cos \Omega t$

Beispiel 5.6: System von Abb. 5.20 mit $m_H = 4\,m$ und $2c_F = c_K$

Die partikulären Lösungen z_p und x_p zu diesem DGL-System werden wieder für die spezielle Konstellation von Bsp. 5.5 gesucht. Aus Abschn. 5.3.2 (1D-Schwingungen) sollte bekannt sein, dass bei ungedämpften Systemen die Phasenverschiebung φ zwischen System- und Erregerschwingung gleich Null ist. Es wird daher – analog zu (5.34) – der sog. Hauptschwingungsansatz gemacht:

$$z_p = A \cos \Omega t \quad \text{und} \quad x_p = B \cos \Omega t.$$

Das System schwingt demnach im stationären Zustand mit der Erregerkreisfrequenz Ω. Eingesetzt in das DGL-System ergibt sich:

$$m_H \underbrace{\left(-A\Omega^2 \cos \Omega t\right)}_{= \ddot{z}_p} + 2c_K A \cos \Omega t - c_K B \cos \Omega t = c_K \hat{z}_F \cos \Omega t$$

$$\tfrac{1}{4} m_H \underbrace{\left(-B\Omega^2 \cos \Omega t\right)}_{= \ddot{x}_p} - c_K A \cos \Omega t + c_K B \cos \Omega t = \qquad 0$$

und nach Ausklammern von „$\cos \Omega t$" auf der linken Seite und anschließendem Koeffizientenvergleich (bitte keine Division mit $\cos \Omega t$, da dieser Faktor zu bestimmten Zeitpunkten t Null wird),

$$
\begin{aligned}
(2c_K - m_H \Omega^2)A - \qquad c_K B \qquad &= c_K \hat{z}_F \\
-c_K A \qquad + (c_K - \tfrac{1}{4} m_H \Omega^2)B &= 0
\end{aligned}
.$$

Dieses lineare Gleichungssystem für die Koeffizienten A und B lässt sich nach Division mit c_K wie folgt in Matrizenschreibweise darstellen:

$$\begin{pmatrix} 2 - \frac{m_H}{c_K}\Omega^2 & -1 \\ -1 & 1 - \frac{1}{4}\frac{m_H}{c_K}\Omega^2 \end{pmatrix} \begin{pmatrix} A \\ B \end{pmatrix} = \begin{pmatrix} \hat{z}_F \\ 0 \end{pmatrix}.$$

Führt man nun noch mit

$$\frac{m_H}{c_K}\Omega^2 = \frac{\Omega^2}{\frac{c_K}{m_H}} = \frac{\Omega^2}{\omega_K^2} = \eta^2,$$

ω_K stellt die Eigenkreisfrequenz eines einfachen Feder-Masse-Pendels mit Masse m_H und Feder der Steifigkeit c_K dar, die dimensionslose Erregerkreisfrequenz η (Kreisfrequenzverhähltnis) ein, so erhält man:

$$\underbrace{\begin{pmatrix} 2 - \eta^2 & -1 \\ -1 & 1 - \frac{1}{4}\eta^2 \end{pmatrix}}_{= \underline{K}} \begin{pmatrix} A \\ B \end{pmatrix} = \begin{pmatrix} \hat{z}_F \\ 0 \end{pmatrix}.$$

Dieses inhomogene lineare Gleichungssystem für A und B ist aber nur dann (eindeutig) lösbar, wenn die Determinante der Koeffizientenmatrix $\underline{K}$ verschieden von Null ist.

$$\det(\underline{K}) = (2 - \eta^2)(1 - \frac{1}{4}\eta^2) - (-1)(-1)$$

$$= 2 - \frac{1}{2}\eta^2 - \eta^2 + \frac{1}{4}\eta^4 - 1 = 1 - \frac{3}{2}\eta^2 + \frac{1}{4}\eta^4 = 1 - \frac{3}{2}(\eta^2) + \frac{1}{4}(\eta^2)^2$$

Berechnung der Lösungen der entspr. biquadratischen Gleichung:

$$(\eta^2)_{1/2} = \frac{\frac{3}{2} \pm \sqrt{\left(-\frac{3}{2}\right)^2 - 4\frac{1}{4} \cdot 1}}{2\frac{1}{4}}$$

$$= 2\left(\frac{3}{2} \pm \sqrt{\frac{9}{4} - \frac{4}{4}}\right) = 2\left(\frac{3}{2} \pm \sqrt{\frac{5}{4}}\right) = 3 \pm \sqrt{5}.$$

Die Eigenkreisfrequenzen ω_1 und ω_2 des Systems sind (vgl. Bsp. 5.5)

$$\omega_1 = \sqrt{(3 - \sqrt{5})\frac{c_K}{m_H}} \quad \text{und} \quad \omega_2 = \sqrt{(3 + \sqrt{5})\frac{c_K}{m_H}}.$$

Damit lassen sich obige Wurzeln wie folgt schreiben:

$$(\eta^2)_{1/2} = \omega_{1/2}^2 \frac{m_H}{c_K} = \left(\frac{\omega_{1/2}}{\omega_K}\right)^2.$$

Für die vier Lösungen der biquadratischen Gleichung gilt somit:

$$\eta_{1/(3)} = \overset{+}{_{(-)}}\sqrt{(\eta^2)_1} = \overset{+}{_{(-)}}\omega_1\sqrt{\frac{m_H}{c_K}} = \frac{\omega_1}{\omega_K}$$

und

$$\eta_{2/(4)} = \overset{+}{_{(-)}}\sqrt{(\eta^2)_2} = \overset{+}{_{(-)}}\omega_2\sqrt{\frac{m_H}{c_K}} = \frac{\omega_2}{\omega_K}.$$

In diesem Kontext macht ein negatives η (Kreisfrequenzverhältnis Ω/ω_K) keinen Sinn. η_3 und η_4 sind lediglich mathematische Lösungen.

Nach dem Fundamentalsatz der Algebra [8] kann die Koeffizientendeterminante daher wie folgt geschrieben werden:

$$\det(\underline{K}) = \frac{1}{4}(\eta^2 - (\eta^2)_1)(\eta^2 - (\eta^2)_2) = \frac{1}{4}(\eta^2 - \eta_1^2)(\eta^2 - \eta_2^2).$$

Die beiden gesuchten Koeffizienten A und B berechnen sich für $\det(\underline{K}) \neq 0$ mittels der CRAMERschen Regel [6] zu

$$A = \frac{\begin{vmatrix} \hat{z}_F & -1 \\ 0 & 1-\frac{1}{4}\eta^2 \end{vmatrix}}{\det(\underline{K})} = \frac{4(1-\frac{1}{4}\eta^2)}{(\eta^2 - \eta_1^2)(\eta^2 - \eta_2^2)}\hat{z}_F = \frac{4-\eta^2}{(\eta^2 - \eta_1^2)(\eta^2 - \eta_2^2)}\hat{z}_F$$

$$B = \frac{\begin{vmatrix} 2-\eta^2 & \hat{z}_F \\ -1 & 0 \end{vmatrix}}{\det(\underline{K})} = \frac{4}{(\eta^2 - \eta_1^2)(\eta^2 - \eta_2^2)}\hat{z}_F.$$

Demnach weisen die Funktionen $A = A(\eta)$ und $B = B(\eta)$ an den Stellen $\eta = \eta_1$ und $\eta = \eta_2$ eine Polstelle auf, d. h.

$$\lim_{\eta \to \eta_{1/2}} |A| \to \infty \quad \text{sowie} \quad \lim_{\eta \to \eta_{1/2}} |B| \to \infty,$$

da der Zähler endlich bleibt bzw. ist, während der Nenner gegen unendlich läuft. Zudem besitzt $A = A(\eta)$ eine Nullstelle:

$$A = 0 \quad \text{wenn} \quad \eta^2 = 4 \quad \text{bzw.} \quad \eta = 2.$$

$B = B(\eta)$ ist zweifelsohne für alle $\eta \geq 0$ ungleich Null. Jedoch tritt bei dieser Funktion an einer bestimmten Stelle η_{ex} ein (lokales) Extremum auf. Betrachtet man B als Funktion des quadratischen Verhältnisses η,

$$B = \hat{z}_F\big[\det(\underline{K})\big]^{-1} = \hat{z}_F\Big[1 - \frac{3}{2}(\eta^2) + \frac{1}{4}(\eta^2)^2\Big]^{-1},$$

so ergibt sich die erste Ableitungsfunktion zu

$$\frac{dB}{d(\eta^2)} = -\hat{z}_F\Big[1 - \frac{3}{2}(\eta^2) + \frac{1}{4}(\eta^2)^2\Big]^{-2}\Big[-\frac{3}{2} + \frac{1}{2}(\eta^2)\Big]$$

$$= -\hat{z}_F\frac{-\frac{3}{2} + \frac{1}{2}(\eta^2)}{\Big[1 - \frac{3}{2}(\eta^2) + \frac{1}{4}(\eta^2)^2\Big]^2}.$$

Daraus folgt:

$$\frac{dB}{d(\eta^2)} = 0 \quad \text{für} \quad \eta^2 = 3.$$

Die Funktion $B = B(\eta)$ besitzt folglich bei $\eta^2 = 3$ bzw. $\eta = \sqrt{3}$ ein lokales Extremum. Mit ein paar zusätzlichen Überlegungen zum Kurvenverlauf (u. a. Vorzeichen von A und B links und rechts der Polstellen) lassen sich rein qualitativ die folgenden Diagramme erstellen, oder man plottet die Graphen der Funktionen ganz einfach mit z. B. MATLAB. Der Graph zu $B = B(\eta)$ bestätigt die Existenz eines lokalen Extremums; hierbei handelt es sich um ein Maximum, genau zwischen ($\eta_{ex}^2 = 3$) den zwei Polstellen bei $\eta_{1/2}^2 = 3 \pm \sqrt{5}$.

Eine ganz bedeutende Eigenschaft dieses gekoppelten System ist, dass die Funktion $A = A(\eta)$ an der Stelle $\eta = 4$ gleich Null wird. Das bedeutet nämlich, dass die Hauptmasse m_H bei Erregung mit der entsprechenden Kreisfrequenz überhaupt nicht schwingt – die Zusatzmasse m aber sehr wohl. Man spricht in diesem Zusammenhang von „Schwingungstilgung" und bezeichnet m auch als Tilgermasse. Die sog. Tilgerkreisfrequenz Ω_T, d. h. jene Erregerkreisfrequenz Ω, bei der die Nullstelle der Funktion $A = A(\eta)$ auftritt, berechnet sich aus der „Bedingung" $\eta^2 = 4$, also

$$\frac{m_H}{c_K}\Omega_T^2 = \Big(\frac{\Omega_T}{\omega_K}\Big)^2 = 4,$$

zu

$$\Omega_T = 2\sqrt{\frac{c_K}{m_H}} = 2\omega_K \quad \text{bzw.} \quad \Omega_T = \sqrt{4\frac{c_K}{m_H}} = \sqrt{\frac{c_K}{\frac{m_H}{4}}} = \sqrt{\frac{c_K}{m}}.$$

Dieses ist natürlich nur ein theoretischer Wert, eine Art „Näherung", da das Modell keine Dämpfung berücksichtigt. Praktisch kann ein Schwingungstilger („Zusatzoszillator") übrigens auch in Form eines mathematischen oder physikalischen Pendels ausgeführt sein. In der nahen Umgebung der Tilgerkreisfrequenz Ω_T bleibt dann die Hauptmasse nahezu schwingungsfrei. Ω_T ist stets die Eigenkreisfrequenz des Zusatzoszillators, in diesem Fall also des einfachen „m-c_K-Pendels".

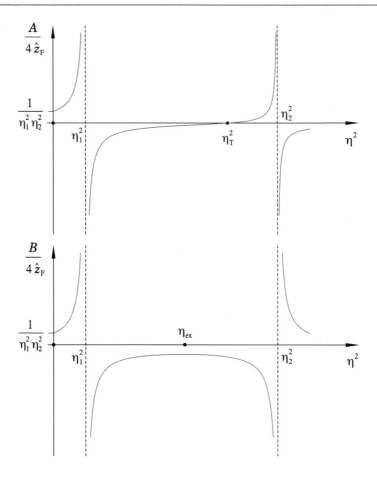

Und noch ein Hinweis: Dem Kreisfrequenzverhältnis $\eta = \eta_1$ entspricht die Erregerkreisfrequenz $\Omega = \omega_1$, $\eta = \eta_2$ entspricht $\Omega = \omega_2$. ◄

5.4.3 Masselose Biegekopplung

Es wird eine „masselose" Welle (bzw. ein Balken) betrachtet, die mit $n \geq 1$ punktförmigen Massen m_1, m_2,..., m_n, mit nicht notwendigerweise äquidistantem Abstand, besetzt ist; die Masse der Welle könnte man im Rahmen der Modellbildung auch den Massenpunkten zuordnen. Der Einfluss der Gewichtskräfte sei vernachlässigt („$g = 0$").

Man stelle sich vor, dass die Welle am Ort der Punktmasse m_i ($i = 1; 2; ..; n$) die Durchbiegung z_i aufweist, m_i also in Bezug auf die unverformte Welle (statische Ruhelage) um z_i ausgelenkt ist, Abb. 5.21. Die Masse m_i erfährt eine „elastische Rückstellkraft" F_i, sofern man von kleinen Durchbiegungen ausgeht (linear-elastischer Bereich). Und wegen

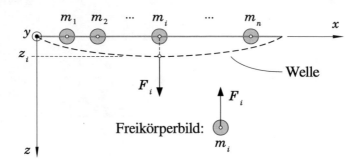

Abb. 5.21 n-fach mit Massenpunkten besetzte Welle ($g = 0$)

„actio = reactio" wird die Welle schließlich mit der entsprechenden Gegenkraft belastet –
also letztlich infolge der Trägheitswirkung der Punktmasse m_i.

Nach der „Biegetheorie 1. Ordnung" (d. h. die Betrachtung der Belastungen bezieht sich
auf den unverformten Körper) für linear-elastische Körper lässt sich die Durchbiegung z_i
durch Superposition berechnen [9]:

$$z_i = \alpha_{i1} F_1 + \alpha_{i2} F_2 + \ldots + \alpha_{ii} F_i + \ldots + \alpha_{in} F_n, \tag{5.48}$$

mit den MAXWELLsche Einflusszahlen α_{ik} ($i, k = 1; 2; ..; n$); sie weisen folgende Symmetrie auf: $\alpha_{ik} = \alpha_{ki}$.

Die Dynamische Grundgleichung für den Massenpunkt m_i lautet:

$$m_i \ddot{z}_i = -F_i,$$

d. h. für die elastische Rückstellkraft gilt $F_i = -m_i \ddot{z}_i$. Da die Wirkung der verformten
Welle jener einer linearen Feder entspricht, ist davon auszugehen, dass die Punktmasse m_i
eine harmonische Schwingung ausführt. Legt man hierbei die beiden Anfangsbedingungen
$z_i(0) = \hat{z}_i$ und $\dot{z}_i = 0$ zu Grunde, d. h. m_i wird ausgelenkt und aus dem Ruhezustand sich
selbst überlassen, so gilt bei Vernachlässigung (durchaus) möglicher Dämpfungseffekte:

$$z_i = \hat{z}_i \cos \omega t \quad \text{mit} \quad \omega = konst.$$

Diese als Hauptschwingungsansatz bezeichnete Zeitfunktion besagt schließlich, dass die
Punktmasse m_i mit einer gewissen Kreisfrequenz (ungedämpft harmonisch) frei schwingt.
Damit folgt für deren Beschleunigung:

$$\ddot{z}_i = -\hat{z}_i \omega^2 \cos \omega t = -\omega^2 z_i;$$

die mit einer linearen Federkraft $F_c = c \Delta l$, mit Steifigkeit $c = m_i \omega^2 = konst$ und $\Delta l = z_i$,
vergleichbaren elastischen Rückstellkraft ergibt sich dann zu

$$F_i = +m_i\omega^2 z_i. \tag{5.49}$$

Diese Beziehung in die Gleichung für die Durchbiegung z_i eingesetzt liefert

$$z_i = \alpha_{i1}m_1\omega^2 z_1 + \alpha_{i2}m_2\omega^2 z_2 + \ldots + \alpha_{ii}m_i\omega^2 z_i + \ldots + \alpha_{in}m_n\omega^2 z_n$$

bzw. ausgeschrieben für alle Durchbiegungen:

$$z_1 = \alpha_{11}m_1\omega^2 z_1 + \alpha_{12}m_2\omega^2 z_2 + \ldots + \alpha_{1i}m_i\omega^2 z_i + \ldots + \alpha_{1n}m_n\omega^2 z_n$$
$$\vdots$$
$$z_i = \alpha_{i1}m_1\omega^2 z_1 + \alpha_{i2}m_2\omega^2 z_2 + \ldots + \alpha_{ii}m_i\omega^2 z_i + \ldots + \alpha_{in}m_n\omega^2 z_n \ .$$
$$\vdots$$
$$z_n = \alpha_{n1}m_1\omega^2 z_1 + \alpha_{n2}m_2\omega^2 z_2 + \ldots + \alpha_{ni}m_i\omega^2 z_i + \ldots + \alpha_{nn}m_n\omega^2 z_n$$

Dieses lineare Gleichungssystem für die Durchbiegungen $z_1, z_2, \ldots, z_n$ lässt sich noch etwas umformen.

$$(\alpha_{11}m_1\omega^2 - 1)z_1 + \alpha_{12}m_2\omega^2 z_2 + \ldots + \alpha_{1i}m_i\omega^2 z_i + \ldots + \alpha_{1n}m_n\omega^2 z_n = 0$$
$$\vdots$$
$$\alpha_{i1}m_1\omega^2 z_1 + \alpha_{i2}m_2\omega^2 z_2 + \ldots + (\alpha_{ii}m_i\omega^2 - 1)z_i + \ldots + \alpha_{in}m_n\omega^2 z_n = 0$$
$$\vdots$$
$$\alpha_{n1}m_1\omega^2 z_1 + \alpha_{n2}m_2\omega^2 z_2 + \ldots + \alpha_{ni}m_i\omega^2 z_i + \ldots + (\alpha_{nn}m_n\omega^2 - 1)z_n = 0$$

Es offenbart sich also ein homogenes lineares Gleichungssystem mit der Koeffizentenmatrix

$$\underline{K} = \begin{pmatrix} \alpha_{11}m_1\omega^2 - 1 \ldots & \alpha_{1i}m_i\omega^2 & \ldots & \alpha_{1n}m_n\omega^2 \\ \vdots & \vdots & & \vdots \\ \alpha_{i1}m_1\omega^2 & \ldots \alpha_{ii}m_i\omega^2 - 1 \ldots & \alpha_{in}m_n\omega^2 \\ \vdots & \vdots & & \vdots \\ \alpha_{n1}m_1\omega^2 & \ldots & \alpha_{ni}m_i\omega^2 & \ldots \alpha_{nn}m_n\omega^2 - 1 \end{pmatrix}.$$

Nicht-triviale Lösungen ($z_i \neq 0$) für die Durchbiegungen existieren nur für den Fall $\det(\underline{K}) = 0$. Man erhält eine Gleichung n-ten Grades für ω^2 mit i. Allg. n Lösungen; diese sind die Quadrate der charakteristischen Eigenkreisfrequenzen der Biegeschwingung. Bei „speziellen Anfangsbedingungen" tritt gerade nur eine jener n Kreisfrequenzen auf, vgl. Bsp. 5.7.

Die Gleichung $\det(\underline{K}) = 0$ wird im Folgenden noch ein klein wenig umgeformt. Zunächst multipliziert man die Determinante mit „Eins":

$$\det(\underline{K}) = \left(\prod_{i=1}^{n} \frac{m_i\omega^2}{m_i\omega^2}\right) \cdot \det(\underline{K}).$$

Statt eine Determinante mit einem Faktor zu multiplizieren kann auch jedes Element einer Spalte mit jenem Faktor multipliziert werden [6]. Es lässt sich also sukzessive $\frac{1}{m_i\omega^2}$ ($i = 1; 2; ..; n$) in die Determinante schreiben (d. h. $i = 1$: Multiplikation der 1. Spalte, $i = 2$: Multiplikation der 2. Spalte, usw.):

$$\left(\prod_{i=1}^{n} \frac{m_i\omega^2}{m_i\omega^2}\right) \cdot \det(\underline{K}) =$$

$$= \prod_{i=1}^{n} m_i\omega^2 \begin{vmatrix} \alpha_{11} - \frac{1}{m_1\omega^2} & \cdots & \alpha_{1i} & \cdots & \alpha_{1n} \\ \vdots & & \vdots & & \vdots \\ \alpha_{i1} & \cdots \alpha_{ii} - \frac{1}{m_i\omega^2} & \cdots & \alpha_{in} \\ \vdots & & \vdots & & \vdots \\ \alpha_{n1} & \cdots & \alpha_{ni} & \cdots \alpha_{nn} - \frac{1}{m_n\omega^2} \end{vmatrix}.$$

Da die Faktoren $m_i\omega^2$ i. Allg. verschieden von Null sind, lautet die Bestimmungsgleichung für die n Eigenkreisfrequenzen:

$$\begin{vmatrix} \alpha_{11} - \frac{1}{m_1\omega^2} & \cdots & \alpha_{1i} & \cdots & \alpha_{1n} \\ \vdots & & \vdots & & \vdots \\ \alpha_{i1} & \cdots \alpha_{ii} - \frac{1}{m_i\omega^2} & \cdots & \alpha_{in} \\ \vdots & & \vdots & & \vdots \\ \alpha_{n1} & \cdots & \alpha_{ni} & \cdots \alpha_{nn} - \frac{1}{m_n\omega^2} \end{vmatrix} = 0. \tag{5.50}$$

Um die Kreisfrequenzen ω_i ($i = 1; 2; ..; n$) berechnen zu können, müssen die Einflusszahlen bekannt sein bzw. vorher ermittelt werden.

Beispiel 5.7: Eigenschwingungen bei fester Einspannung

Ein als masselos zu betrachtender, fest eingespannter Balken mit der konstanten Biegesteifigkeit EI_y (E: Elastizitätsmodul, I_y: Flächenträgheitsmoment des Querschnitts bzgl. der y-Achse) sei mit zwei Punktmassen $m_1 = m_2 = m$ ($n = 2$) besetzt. Die Länge des Balkens ist l.

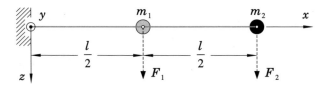

Gesucht sind die beiden Eigenkreisfrequenzen ω_1 und ω_2 als (positive) Lösungen von 5.50. Dazu benötigt man zunächst die Einflusszahlen $\alpha_{11}, \alpha_{12} = \alpha_{21}$ sowie α_{22}. Übrigens lässt sich die Einflusszahl α_{ik} mit (5.48) wie folgt interpretieren: α_{ik} ist die Durchbiegung am Ort x_i, an dem die Kraft F_i angreift, infolge der Wirkung der Kraft F_k, dividiert mit F_k.

Man kann die Einflusszahlen daher anhand der Biegelinie für den entsprechenden Lastfall ermitteln. In diesem Beispiel wird der Balken durch die Trägheitskräfte F_1 und F_2 belastet. Nach [9] gilt für die Biegelinie

$$z(x) = \frac{Fl^3}{6EI_y}\left[3\xi^2\beta - \xi^3 + \langle \xi - \beta \rangle^3\right] \quad \text{mit} \quad \xi = \frac{x}{l} \quad \text{und} \quad \beta = \frac{a}{l},$$

wenn bei fester Einspannung eines Balkens der Länge l in $x = 0$ am Ort $x = a$ die bzgl. des Balkens orthogonale Kraft F angreift; hierbei ist

$$\langle \xi - \beta \rangle = \begin{cases} 0 & : \xi < \beta \\ \xi - \beta & : \xi \geq \beta \end{cases}$$

eine Schreibweise, die als FÖPPL-Symbolik bezeichnet wird. Nach obiger Interpretation der Einflusszahlen gilt also:

$$\alpha_{11} = \frac{z(\frac{l}{2})}{F_1},$$

d. h. es ist

$$F = F_1, \quad a = \frac{l}{2}, \quad x = \frac{l}{2}, \quad \xi = \frac{1}{2} \quad \text{und} \quad \beta = \frac{1}{2}.$$

Somit ergibt sich:

$$\alpha_{11} = \frac{l^3}{6EI_y}\left[3\left(\frac{1}{2}\right)^2\frac{1}{2} - \left(\frac{1}{2}\right)^3 + 0\right] = \frac{l^3}{24EI_y}.$$

Analog erhält man die Einflusszahl α_{22} schließlich zu

$$\alpha_{22} = \frac{z(l)}{F_2}$$

und folglich mit

$$F = F_2, \quad a = l, \quad x = l, \quad \xi = 1 \quad \text{und} \quad \beta = 1,$$

also

$$\alpha_{22} = \frac{l^3}{6EI_y}\left[3 \cdot 1^2 \cdot 1 - 1^3 + 0\right] = \frac{l^3}{3EI_y}.$$

α_{12} ist die Durchbiegung am Ort der Kraft F_1 ($x = \frac{l}{2}$) resp. des Massenpunktes m_1, erzeugt durch die Kraft $F = F_2$, d.h. $a = l$ und $\beta = 1$, bezogen auf eben F_2:

$$\alpha_{12} = \frac{z(\frac{l}{2})}{F_2} = \frac{l^3}{6EI_y}\left[3\left(\frac{1}{2}\right)^2 \cdot 1 - \left(\frac{1}{2}\right)^3 + 0\right] = \frac{5l^3}{48EI_y}.$$

Nur zur Kontrolle:

$$\alpha_{21} = \frac{z(l)}{F_1},$$

d.h.

$$F = F_1, \quad a = \frac{l}{2}, \quad x = l, \quad \xi = 1 \quad \text{und} \quad \beta = \frac{1}{2},$$

und somit

$$\alpha_{21} = \frac{l^3}{6EI_y}\left[3 \cdot 1^2 \cdot \frac{1}{2} - 1^3 + \left(1 - \frac{1}{2}\right)^3\right] = \frac{5l^3}{48EI_y} = \alpha_{12}.$$

Diese Einflusszahlen müssen nun in (5.50) mit $n = 2$ eingesetzt werden. Führt man die Abkürzung

$$\alpha_0 = \frac{l^3}{48EI_y}$$

ein, so erhält man folgende charakteristische Gleichung für ω^2:

$$\begin{vmatrix} \alpha_{11} - \frac{1}{m_1\omega^2} & \alpha_{12} \\ \alpha_{21} & \alpha_{22} - \frac{1}{m_2\omega^2} \end{vmatrix} = 0,$$

und mit $m_1 = m_2 = m$ sowie $\alpha_{21} = \alpha_{12}$ ergibt sich

$$\left(\alpha_{11} - \frac{1}{m\omega^2}\right)\left(\alpha_{22} - \frac{1}{m\omega^2}\right) - \alpha_{12}^2 = \alpha_{11}\alpha_{22} - \frac{\alpha_{11}}{m\omega^2} - \frac{\alpha_{22}}{m\omega^2} + \frac{1}{m^2\omega^4} - \alpha_{12}^2 = 0$$

$$2\alpha_0 \cdot 16\alpha_0 - \frac{2\alpha_0}{m\omega^2} - \frac{16\alpha_0}{m\omega^2} + \frac{1}{m^2\omega^4} - (5\alpha_0)^2 = 0$$

$$\frac{1}{m^2\omega^4} - \frac{18\alpha_0}{m\omega^2} + 7\alpha_0^2 = 0;$$

multipliziert mit $m^2\omega^4$:

$$7\alpha_0^2\, m^2\omega^4 - 18\alpha_0 m\omega^2 + 1 = 7\alpha_0^2\, m^2(\omega^2)^2 - 18\alpha_0 m(\omega^2) + 1 = 0.$$

Die Wurzeln dieser (bi-)quadratischen Gleichung sind:

$$(\omega^2)_{1/2} = \frac{18\alpha_0 m \pm \sqrt{(18\alpha_0 m)^2 - 4 \cdot 7\alpha_0^2 m^2 \cdot 1}}{2 \cdot 7\alpha_0^2 m^2} =$$

$$= \frac{18 \pm \sqrt{4 \cdot 74}}{2 \cdot 7\alpha_0 m} = \frac{9 \pm \sqrt{74}}{7\alpha_0 m}.$$

Und damit ergeben sich die beiden Eigenkreisfrequenzen ω_1 und ω_2 zu

$$\omega_1 = \underset{(-)}{+}\sqrt{(\omega^2)_2} = \sqrt{\frac{9 - \sqrt{74}}{7\alpha_0 m}} \approx \frac{0{,}24}{\sqrt{\alpha_0 m}}$$

$$\omega_2 = \underset{(-)}{+}\sqrt{(\omega^2)_1} = \sqrt{\frac{9 + \sqrt{74}}{7\alpha_0 m}} \approx \frac{1{,}59}{\sqrt{\alpha_0 m}} > \omega_1.$$

Setzt man nun die Eigenkreisfrequenzen in die erste (oder auch zweite) Gleichung des homogenen Gleichungssystems im Abschn. 5.4.3 für die Durchbiegungen ($n = 2$) unter Berücksichtigung des Hauptschwingungsansatzes ein, so lassen sich zwei Amplitudenverhältnisse angeben. Aus

$$(\alpha_{11} m \omega_1^2 - 1)\hat{z}_1 \cos \omega_1 t + \alpha_{12} m \omega_1^2 \hat{z}_2 \cos \omega_1 t = 0$$

folgt

$$\varepsilon_1 = \frac{\hat{z}_2}{\hat{z}_1} = -\frac{\alpha_{11} m \omega_1^2 - 1}{\alpha_{12} m \omega_1^2} = \frac{1 - 2\alpha_0 m \omega_1^2}{5\alpha_0 m \omega_1^2} = \frac{1 - 2\alpha_0 m \frac{9 - \sqrt{74}}{7\alpha_0 m}}{5\alpha_0 m \frac{9 - \sqrt{74}}{7\alpha_0 m}} \approx 3{,}1$$

und aus

$$(\alpha_{11} m \omega_2^2 - 1)\hat{z}_1 \cos \omega_2 t + \alpha_{12} m \omega_2^2 \hat{z}_2 \cos \omega_2 t = 0$$

entsprechend

$$\varepsilon_2 = \frac{\hat{z}_2}{\hat{z}_1} = -\frac{\alpha_{11} m \omega_2^2 - 1}{\alpha_{12} m \omega_2^2} = \frac{1 - 2\alpha_0 m \omega_2^2}{5\alpha_0 m \omega_2^2} = \frac{1 - 2\alpha_0 m \frac{9 + \sqrt{74}}{7\alpha_0 m}}{5\alpha_0 m \frac{9 + \sqrt{74}}{7\alpha_0 m}} \approx -0{,}3.$$

Schwingen die Massen m_1 und m_2 beide mit ein und derselben Kreisfrequenz ω_1 oder ω_2, dann stehen deren Amplituden $\hat{z}_1$ und $\hat{z}_2$ in diesen speziellen Amplitudenverhältnissen ε_1 resp. ε_2 zueinander. Man spricht hierbei von den Eigen- bzw. Fundamentalschwingungen des Systems. Der entsprechende stationäre Zustand wird als Eigenform bezeichnet.

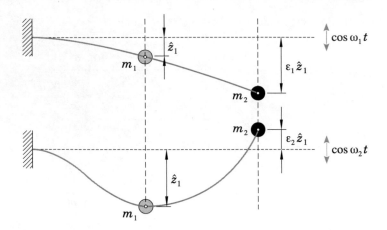

Diese Skizze veranschaulicht die beiden Eigenformen des mit zwei Massenpunkten besetzten Balkens (Biegeschwingung). Lenkt man die Punktmassen entsprechend aus und überlässt das schwingungsfähige System sodann sich selbst, so tritt gerade die jeweilige (freie und ungedämpfte) Eigenschwingung auf.

Die allgemeine Biegeschwingung ergibt sich als Überlagerung der Eigenschwingungen. Hierbei sei noch darauf hingewiesen, dass der Biegewinkel in der Einspannung stets Null ist. D.h. es gilt $\frac{\partial z}{\partial x} = 0$ (Steigung der Biegelinie) für $x = 0$ und $t \geq 0$. ◄

Ergänzung: Kritische Drehzahlen. Die in Abb. 5.21 dargestellte masselose, mit n Massenpunkten besetzte Welle soll sich nun zusätzlich, d. h. sich der Biegeschwingung überlagernd, um die raumfeste x-Achse drehen; die entsprechende Winkelgeschwindigkeit ω_x sei konstant. Ein Massenpunkt führt sodann infolge der Biegeschwingung keine Kreisbewegung aus, sondern bewegt sich auf einer davon abweichenden, krummlinigen aber ebenen Bahn (stets parallel zur yz-Ebene). Zur Formulierung der Dynamischen Grundgleichung wird daher ein mit dem Massenpunkt mitgeführtes Polarkoordinatensystem eingeführt, vgl. Abb. 5.22.

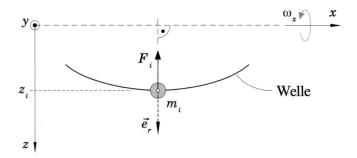

Abb. 5.22 Zur n-fach mit Massenpunkten besetzte Welle, um x-Achse rotierend: Mitgeführtes Polarkoordinatensystem ($\vec{e}_r$)

y- und z-Achse sind in diesem Fall zweckmäßigerweise nicht mehr raumfest, sie werden mit ω_x um die x-Achse drehend, synchron mit der Wellenrotation mitgeführt (d. h. die Welle liegt immer in der xz-Ebene). F_i ist die durch die Wellenbiegung erzeugte elastische Rückstellkraft; die radiale Kräftegleichung für den i-ten Massenpunkt lautet damit:

$$m_i a_{r,i} = -F_i.$$

z_i (Durchbiegung) entspricht folglich der radialen Koordinate, so dass man gem. (1.15) für die Radialbeschleunigung $a_{r,i}$ des Massenpunktes

$$a_{r,i} = \ddot{z}_i - z_i \omega_x^2$$

angeben kann. Eingesetzt in die Kräftegleichung ergibt sich mit (5.49):

$$m_i \ddot{z}_i = m_i z_i \omega_x^2 - F_i = m_i z_i \omega_x^2 - m_i \omega^2 z_i;$$

hierbei ist ω die Kreisfrequenz der Biegeschwingung. Erfolgt diese speziell mit einer Eigenkreisfrequenz, ω ist dann Lösung der Gl. (5.50), und stimmt die Winkelgeschwindigkeit ω_x mit ω überein, so gilt

$$\ddot{z}_i = 0 \quad \text{bzw.} \quad \dot{z}_i = konst.$$

In dieser Konstellation („$\omega_x = \omega_{\text{Eigen}}$") kann die Durchbiegung z_i der Welle demnach theoretisch beliebig große Werte annehmen ($z_i = z_{i,0} + konst \cdot t$). Man bezeichnet die ω_x, die man als Lösung der Gl. (5.50) mit $\omega = \omega_x$ erhält als kritische Winkelgeschwindigkeiten.

Dieses Ergebnis ist im Grunde nicht überraschend. Die Rotation der Welle kann zur Anregung einer Biegeschwingung führen (Auslenkung von Massenpunkten durch Fliehkraftwirkung). Und wie aus den vorherigen Abschnitten bekannt ist, weisen die Amplituden bei Erregung mit einer/der Eigenkreisfrequenz – im Falle eines ungedämpften Systems (bei der Modellierung der Biegeschwingung wurde Dämpfung vernachlässigt, „worst case"-Szenario) – eine Polstelle auf; man spricht von einem sog. Resonanzeffekt.

Nach Gl. (3.1) sind Winkelgeschwindigkeit und Drehzahl lediglich über den Faktor 2π verknüpft. Die kritischen Drehzahlen n_{krit} berechnen sich somit zu

$$n_{\text{krit}} = \frac{1}{2\pi} \omega_x, \tag{5.51}$$

wobei ω_x die Lösungen der Gl. (5.50) mit $\omega = \omega_x$ sind.

Beispiel 5.8: Drehbar gelagerte Welle mit zwei Massenpunkten

Die nachfolgende Skizze zeigt eine masselose Welle (Länge $3l$), die mit einem Festlager im Punkt A und einem Loslager in B reibungsfrei-drehbar gelagert ist. Die Biegesteifigkeit der Welle sei $EI_y = konst$, der Einfluss der Gewichtskräfte wird vernachlässigt („$g = 0$").

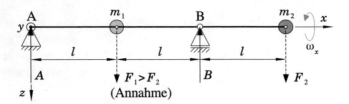

Gesucht sind die kritischen Drehzahlen, für den Fall, dass $m_1 = 2m$ und $m_2 = m$ ist. Man muss also die Lösungen von (5.50) ermitteln, und dafür zunächst die Einflusszahlen $\alpha_{11}, \alpha_{12} = \alpha_{21}$ sowie α_{22} ($n = 2$).

Es werden nun die Einflusszahlen aber nicht – wie in Bsp. 5.7 – aus der Biegelinie $z = z(x)$ „abgelesen", denn diese müsste für den speziellen Last- und Lagerfall schließlich bekannt sein. Man kann die Durchbiegung z_i einer Welle am Ort einer Einzelkraft F_i auch mit Hilfe des Satzes von CASTIGLIANO berechnen. Dieser lautet nach [13]:

$$z_i = \sum_{k=1}^{n_S} \int_{(l_k)} \frac{M_{bk}}{E I_y} \frac{\partial M_{bk}}{\partial F_i}\, dx_k, \tag{5.52}$$

wenn ausschließlich eine einachsige Biegebelastung (d. h. es tritt nur ein Biegemoment M_b bzgl. der y-Achse auf) vorliegt, was hier zweifelsohne der Fall ist. Es muss über n_S Stetigkeitsabschnitte der Lastverteilung summiert werden; Unstetigkeitsstellen sind Sprungstellen einer Streckenlast oder Angriffspunkte von „Einzelkräften". Zudem ist an jeder Unstetigkeitsstelle ein lokales x_k-Koordinatensystem einzuführen, in dem über die Länge l_k des entsprechenden Stetigkeitsbereichs integriert wird.

In diesem Beispiel wirken in den Punkten A und B die Lagerreaktionen

$$A = \frac{F_1 - F_2}{2} \quad \text{und} \quad B = \frac{F_1 + 3F_2}{2}$$

infolge der Belastung der Welle durch die Gegenkräfte zu den elastischen Rückstellkräften F_1 und F_2. Zur Berechnung von Lagerreaktionen sei auf die einschlägige Statik-Literatur verwiesen.

Da nur Einzelkräfte auftreten und die Welle als masselos betrachtet wird, ist in diesem Beispiel die sog. Streckenlast $q(x)$ identisch Null (das Eigengewicht müsste man mit Hilfe einer Streckenlast modellieren). Folglich ist der Querkraftverlauf $Q = Q(x)$ abschnittsweise konstant und der Verlauf $M_b = M_b(x)$ des Biegemoments bzgl. der y-Achse abschnittsweise linear steigend resp. fallend. Die Methoden zur Ermittlung jener Schnittreaktionsverläufe können ebenfalls in den gängigen Fachbüchern über die Statik starrer Körper nachgelesen werden.

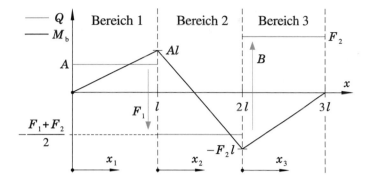

Die beiden Lastkräfte F_1 und F_2 sowie die Lagerreaktion B, diese wirkt an der Welle schließlich entsprechend einer (eingeprägte) Einzelkraft und erzeugt daher einen Sprung im Querkraftverlauf, definieren drei Stetigkeitsabschnitte: $n_S = 3$. Um die Integrale in (5.52) auswerten zu können, muss man die Geradengleichungen

$$M_{bk} = M_{bk}(x_k) \quad (k = 1; 2; ..; n_S)$$

für das Biegemoment in den lokalen Koordinaten x_1, x_2 und x_3 aufstellen. Zusammen mit den partiellen Ableitungen für $i = 1; 2$:

Bereich-Nr. k	$M_{bk}(x_k)$	$\frac{\partial M_{bk}}{\partial F_1}$	$\frac{\partial M_{bk}}{\partial F_2}$
1	$\frac{F_1 - F_2}{2} x_1$	$\frac{x_1}{2}$	$-\frac{x_1}{2}$
2	$\frac{F_1 - F_2}{2} l - \frac{F_1 + F_2}{2} x_2$	$\frac{l}{2} - \frac{x_2}{2}$	$-\frac{l}{2} - \frac{x_2}{2}$
3	$-F_2 l + F_2 x_3$	0	$-l + x_3$

Die Biegesteifigkeit EI_y ist konstant und kann daher vor die Integrale gezogen und ausgeklammert werden. Es gilt in diesem Fall somit:

$$EI_y z_i = \sum_{k=1}^{3} \int_{(l_k)} M_{bk} \frac{\partial M_{bk}}{\partial F_i} \, dx_k \quad \text{mit} \quad M_{bk} = M_{bk}(x_k).$$

- Durchbiegung z_1 am Ort der Masse m_1:

$$EI_y z_1 = \int_0^l \frac{F_1 - F_2}{2} x_1 \frac{x_1}{2} \, dx_1$$

$$+ \int_0^l \left(\frac{F_1 - F_2}{2} l - \frac{F_1 + F_2}{2} x_2 \right) \left(\frac{l}{2} - \frac{x_2}{2} \right) \, dx_2 + 0$$

$$= \frac{F_1 - F_2}{4} \int_0^l x_1^2 \, dx_1$$

$$+ \frac{1}{4} \int_0^l \big((F_1 - F_2)l - (F_1 + F_2)x_2\big)(l - x_2) \, dx_2$$

$$= \frac{F_1 - F_2}{4} \left[\frac{x_1^3}{3}\right]_0^l +$$

$$\frac{1}{4} \int_0^l \big((F_1 - F_2)l^2 \underbrace{-(F_1 - F_2)lx_2 - (F_1 + F_2)lx_2}_{= -2F_1 l x_2} + (F_1 + F_2)x_2^2\big) \, dx_2$$

$$= \frac{F_1 - F_2}{4}\frac{l^3}{3} + \frac{1}{4}\left[(F_1 - F_2)l^2 x_2 - 2F_1 l\frac{x_2^2}{2} + (F_1 + F_2)\frac{x_2^3}{3}\right]_0^l$$

$$= \frac{F_1 - F_2}{12}l^3 + \frac{1}{4}\left((F_1 - F_2)l^3 - 2F_1\frac{l^3}{2} + (F_1 + F_2)\frac{l^3}{3}\right)$$

$$= \frac{1}{12}F_1 l^3 - \frac{1}{12}\cancel{F_2 l^3} + \frac{1}{4}\cancel{F_1 l^3} - \frac{1}{4}F_2 l^3 - \frac{1}{4}\cancel{F_1 l^3} + \frac{1}{12}F_1 l^3 + \frac{1}{12}\cancel{F_2 l^3} =$$

$$= \frac{1}{6}F_1 l^3 - \frac{1}{4}F_2 l^3,$$

also

$$z_1 = \frac{l^3}{6EI_y}F_1 - \frac{l^3}{4EI_y}F_2.$$

Der Koeffizientenvergleich mit der Formulierung der Durchbiegung mittels Superposition gem. (5.48),

$$z_1 = \alpha_{11}F_1 + \alpha_{12}F_2,$$

liefert schließlich die beiden MAXWELLschen Einflusszahlen

$$\alpha_{11} = \frac{l^3}{6EI_y} \quad \text{und} \quad \alpha_{12} = -\frac{l^3}{4EI_y}.$$

- Durchbiegung z_2 am Ort der Masse m_2:

$$EI_y z_2 = \int_0^l \frac{F_1 - F_2}{2}x_1\left(-\frac{x_1}{2}\right) \, dx_1$$

$$+ \int_0^l \left(\frac{F_1 - F_2}{2} l - \frac{F_1 + F_2}{2} x_2 \right) \left(-\frac{l}{2} - \frac{x_2}{2} \right) dx_2 +$$

$$+ \int_0^l (-F_2 l + F_2 x_3)(-l + x_3) \, dx_3$$

$$= -\frac{F_1 - F_2}{4} \int_0^l x_1^2 \, dx_1$$

$$-\frac{1}{4} \int_0^l \left((F_1 - F_2)l - (F_1 + F_2)x_2 \right)(l + x_2) \, dx_2$$

$$+ F_2 \int_0^l (x_3 - l)^2 \, dx_3$$

$$= -\frac{F_1 - F_2}{4} \left[\frac{x_1^3}{3} \right]$$

$$-\frac{1}{4} \int_0^l \big((F_1 - F_2)l^2 \underbrace{+ (F_1 - F_2)lx_2 - (F_1 + F_2)lx_2}_{= -2F_2 l x_2} - (F_1 + F_2)x_2^2 \big) dx_2 +$$

$$+ F_2 \left[\frac{1}{3}(x_3 - l)^3 \right]_0^l$$

$$= -\frac{F_1 - F_2}{4} \frac{l^3}{3} - \frac{1}{4} \left[(F_1 - F_2)l^2 x_2 - 2F_2 l \frac{x_2^2}{2} - (F_1 + F_2)\frac{x_2^3}{3} \right]_0^l$$

$$+ F_2 \left(0 - \frac{1}{3}(-l)^3 \right)$$

$$= -\frac{F_1 - F_2}{12} l^3 - \frac{1}{4} \left((F_1 - F_2)l^3 - 2F_2 \frac{l^3}{2} - (F_1 + F_2)\frac{l^3}{3} \right) + \frac{1}{3} F_2 l^3$$

$$= -\frac{1}{12} F_1 l^3 + \frac{1}{12} F_2 l^3 - \frac{1}{4} F_1 l^3 + \frac{1}{4} F_2 l^3$$

$$+ \frac{1}{4} F_2 l^3 + \frac{1}{12} F_1 l^3 + \frac{1}{12} F_2 l^3 + \frac{1}{3} F_2 l^3$$

$$= -\frac{1}{4} F_1 l^3 + 1 \cdot F_2 l^3$$

und somit

$$z_2 = -\frac{l^3}{4EI_y}F_1 + \frac{l^3}{EI_y}F_2.$$

Die Einflusszahlen α_{21} und α_{22} erhält man durch Koeffizientenvergleich mit der Formulierung der Durchbiegung

$$z_2 = \alpha_{21}F_1 + \alpha_{22}F_2$$

nach (5.48):

$$\alpha_{21} = -\frac{l^3}{4EI_y} = \alpha_{12} \quad \text{und} \quad \alpha_{22} = \frac{l^3}{EI_y}.$$

Nun kann Gl. (5.50), $n = 2$, für die – in diesem Fall – Winkelgeschwindigkeit $\omega = \omega_x$ gelöst werden:

$$\begin{vmatrix} \alpha_{11} - \frac{1}{m_1\omega^2} & \alpha_{12} \\ \alpha_{21} & \alpha_{22} - \frac{1}{m_2\omega^2} \end{vmatrix} = \left(\alpha_{11} - \frac{1}{m_1\omega^2}\right)\left(\alpha_{22} - \frac{1}{m_2\omega^2}\right) - \alpha_{12}^2 = 0$$

$$\alpha_{11}\alpha_{22} - \frac{\alpha_{11}}{m_2\omega^2} - \frac{\alpha_{22}}{m_1\omega^2} + \frac{1}{m_1m_2\omega^4} - \alpha_{12}^2 = 0;$$

man kann also folgende quadratische Gleichung für $\frac{1}{\omega^2}$ angeben:

$$\frac{1}{m_1m_2}\left(\frac{1}{\omega^2}\right)^2 - \left(\frac{\alpha_{11}}{m_2} + \frac{\alpha_{22}}{m_1}\right)\frac{1}{\omega^2} + \alpha_{11}\alpha_{22} - \alpha_{12}^2 = 0.$$

Deren Wurzeln sind

$$\left(\frac{1}{\omega^2}\right)_{1/2} = \frac{\left(\frac{\alpha_{11}}{m_2} + \frac{\alpha_{22}}{m_1}\right) \pm \sqrt{\left(\frac{\alpha_{11}}{m_2} + \frac{\alpha_{22}}{m_1}\right)^2 - 4\frac{1}{m_1m_2}(\alpha_{11}\alpha_{22} - \alpha_{12}^2)}}{2\frac{1}{m_1m_2}}$$

$$= \frac{\frac{\alpha_{11}m_1 + \alpha_{22}m_2}{m_1m_2} \pm \sqrt{\left(\frac{\alpha_{11}m_1 + \alpha_{22}m_2}{m_1m_2}\right)^2 - 4\frac{\alpha_{11}\alpha_{22} - \alpha_{12}^2}{m_1m_2}}}{2\frac{1}{m_1m_2}} =$$

$$= \frac{1}{2}\left[\alpha_{11}m_1 + \alpha_{22}m_2 \pm \sqrt{(\alpha_{11}m_1 + \alpha_{22}m_2)^2 - 4m_1m_2(\alpha_{11}\alpha_{22} - \alpha_{12}^2)}\right].$$

Mit $m_1 = 2m$ und $m_2 = m$ sowie den obigen Einflusszahlen ergibt sich:

$$\alpha_{11}m_1 + \alpha_{22}m_2 = \frac{l^3}{6EI_y}2m + \frac{l^3}{EI_y}m = \frac{4}{3}\frac{l^3 m}{EI_y},$$

$$(\alpha_{11}m_1 + \alpha_{22}m_2)^2 = \left(\frac{4}{3}\frac{l^3 m}{EI_y}\right)^2 = \frac{16}{9}\left(\frac{l^3 m}{EI_y}\right)^2,$$

sowie

$$4m_1m_2(\alpha_{11}\alpha_{22} - \alpha_{12}^2) = 4 \cdot 2\,m \cdot m \left[\frac{l^3}{6EI_y}\frac{l^3}{EI_y} - \left(-\frac{l^3}{4EI_y}\right)^2\right] =$$

$$= 8\left(\frac{1}{6} - \frac{1}{4^2}\right)\left(\frac{l^3\,m}{EI_y}\right)^2 = \frac{5}{6}\left(\frac{l^3\,m}{EI_y}\right)^2$$

und somit

$$\left(\frac{1}{\omega^2}\right)_{1/2} = \frac{1}{2}\left[\frac{4}{3}\frac{l^3\,m}{EI_y} \pm \sqrt{\frac{16}{9}\left(\frac{l^3\,m}{EI_y}\right)^2 - \frac{5}{6}\left(\frac{l^3\,m}{EI_y}\right)^2}\right]$$

$$= \frac{1}{2}\left(\frac{4}{3} \pm \sqrt{\frac{17}{18}\cdot\frac{2}{2}}\right)\frac{l^3\,m}{EI_y}$$

$$= \frac{1}{2}\left(\frac{4}{3} \pm \sqrt{\frac{34}{36}}\right)\frac{l^3\,m}{EI_y} = \frac{1}{2}\left(\frac{4}{3} \pm \frac{\sqrt{34}}{6}\right)\frac{l^3\,m}{EI_y} = \frac{l^3\,m}{12EI_y}(8 \pm \sqrt{34}) > 0.$$

Folglich sind die beiden Winkelgeschwindigkeiten ω_1 und ω_2 mit

$$\frac{1}{\omega_1} = {}^{+}_{(-)}\sqrt{\left(\frac{1}{\omega^2}\right)_1} = \sqrt{\frac{l^3\,m}{12EI_y}(8 + \sqrt{34})}$$

und

$$\frac{1}{\omega_2} = {}^{+}_{(-)}\sqrt{\left(\frac{1}{\omega^2}\right)_2} = \sqrt{\frac{l^3\,m}{12EI_y}(8 - \sqrt{34})}$$

die kritischen Winkelgeschwindigkeiten dieses Systems. Nach (5.51) berechnen sich die entsprechenden kritischen Drehzahlen $n_{1/2}$ zu

$$n_{1/2} = \frac{1}{2\pi}\omega_{1/2} = \frac{1}{2\pi\sqrt{\frac{l^3\,m}{12EI_y}(8 \pm \sqrt{34})}}.$$

Mit dem Flächenträgheitsmoment

$$I_y = \frac{1}{4}\pi R^4 \quad [9]$$

für eine zylindrische Welle mit dem Radius R ergibt sich:

$$n_{1/2} = \frac{1}{2\pi\sqrt{\frac{l^2lm}{3E\pi R^4}(8 \pm \sqrt{34})}} = \frac{R^2}{2\pi\,l}\sqrt{\frac{3\pi E}{ml(8 \pm \sqrt{34})}}.$$

Um das Ergebnis noch mit Zahlenwerten zu verdeutlichen: $m = 25$ kg; $l = 1$ m; $R = 2$ cm und $E = 210$ GPa (Stahl, 1 Pa $= 1\frac{N}{m^2}$, 1 N $= 1\frac{kg\,m}{s^2}$).

$$n_{1/2} = \frac{(2 \cdot 10^{-2}\text{m})^2}{2\pi \cdot 1\,\text{m}} \sqrt{\frac{3\pi \cdot 210 \cdot 10^9 \frac{kg\,m}{s^2 m^2}}{25\text{kg} \cdot 1\,\text{m}\,(8 \pm \sqrt{34})}} \approx \begin{cases} 4{,}8 \cdot 60\frac{1}{\min} = 288\frac{1}{\min} \\ 12{,}2 \cdot 60\frac{1}{\min} = 730\frac{1}{\min} \end{cases}$$

◀

5.5   Biegeschwingungen eines Kontinuums

In der Technischen Mechanik/Physik versteht man unter einem Kontinuum einen Festkörper (bzw. eine Flüssigkeit oder ein Gas), dessen Masse m kontinuierlich, d. h. stetig in einem gewissen Raumbereich verteilt ist. Ein entsprechender Festkörper wird nach Auslenkung aus der statischen Gleichgewichtslage infolge einer äußeren Belastung eine freie Schwingung ausführen. Es können (transversale) Biegeschwingungen, (longitudinale) Streckschwingungen oder Dreh- bzw. Torsionsschwingungen auftreten.

Exemplarisch wird in diesem Abschnitt lediglich die Biegeschwingung eines homogenen Balkens unter Vernachlässigung der Gravitation modelliert. Man stelle sich dafür vor, der Balken sei aus „unendlich" vielen Massepunkten (Massenelemente dm) aufgebaut, die sich – natürlich nur fiktiv – auf masselosen Balken mit gleicher Biegesteifigkeit EI_y befinden, vgl. Abb. 5.23.

Die Biegeschwingung eines masselosen Balkens mit einer Punktmasse am Ende wurde bereits im Abschn. 5.2.2 betrachtet. In Fall des Kontinuums müssen die (masselosen) „Teilbalken" der Länge l von $l = 0$ bis $l = L$ „aufsummiert" werden; mathematisch bedeutet dieses die Integration über die Länge. Wird jener masselose Balken mit der Punktmasse dm am freien Ende ausgelenkt, so erfährt letztere die elastische Rückstellkraft dF_{el}; man

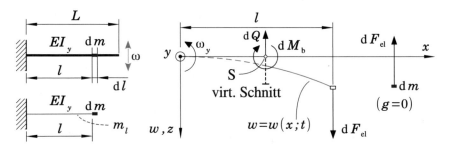

Abb. 5.23 Zur Modellierung der Biegeschwingung eines fest eingespannten Balkens (Masse „Teilbalken": $m_l = 0$); $EI_y = konst$

beschränkt sich hierbei auf kleine Verformungen, also auf den linear-elastischen Belastungs-bereich. Folglich lautet für das Massenelement $\mathrm{d}m$ die Dynamische Grundgleichung mit der globalen Koordinate z:

$$\mathrm{d}m\,\ddot{z} = -\mathrm{d}F_{\mathrm{el}}.$$

Definiert man die Massendichte ρ, diese ist bei einem homogenen Material des Balkens konstant, zu

$$\rho = \frac{\mathrm{d}m}{\mathrm{d}l},$$

$\mathrm{d}l$ ist die Länge des Massenelements $\mathrm{d}m$, dann folgt für die Rückstellkraft

$$\mathrm{d}F_{\mathrm{el}} = -\rho\ddot{z}\,\mathrm{d}l.$$

Bei der sog. Biegetheorie 1. Ordnung werden die Gleichungen stets für den unverformten Körper formuliert. Die Momentengleichung bei einem virtuellen Schnitt durch den Balken an der Stelle x (Schnittpunkt S) für das rechte Stück des Teilbalkens (Abb. 5.23) entspricht der im Abschn. 5.2.2:

$$\underbrace{J^{(S)}}_{=0}\dot{\omega}_y = -\mathrm{d}M_b(x) - (l-x)\,\mathrm{d}F_{\mathrm{el}};$$

hierbei muss das – für den masselosen Teilbalken geltende – Biegemoment am Schnittpunkt S als Differenzial $\mathrm{d}M_b$ eingesetzt werden, da dieses nur den entsprechenden Anteil am „tatsächlichen" Biegemoment $M_b(x)$ des massebehafteten Balkens darstellt. Letzteres ergibt sich somit durch Integration:

$$M_b(x) = \int\limits_{l=x}^{L}\mathrm{d}M_b = \int\limits_{l=x}^{L}(l-x)\,\mathrm{d}F_{\mathrm{el}} - \rho\int\limits_{l=x}^{L}(l-x)\ddot{z}\,\mathrm{d}l,$$

wobei $\ddot{z}$ die Beschleunigung des Massenelements $\mathrm{d}m$ und damit die zweite partielle Zeitab-leitung der Durchbiegung w am Ort $x=l$ ist,

$$\ddot{z} = \frac{\partial^2}{\partial t^2}w(l;t).$$

Setzt man nun M_b – hierbei handelt es sich übrigens um das Biegemoment M_{by} bzgl. der y-Achse – noch in die aus der Elastostatik stammende DGL für die einachsige/gerade Biegung eines „EULER- BERNOULLI-Balkens" (langer, schlanker Balken)

$$M_b(x) = -EI_y w'' \quad [9] \quad \text{mit} \quad w'' = \frac{\partial^2}{\partial x^2}w(x;t)$$

ein, so erhält man letztlich

$$\frac{\partial^2}{\partial x^2}w(x;t) = -\frac{\rho}{EI_y}\int\limits_{l=x}^{L}(l-x)\frac{\partial^2}{\partial t^2}w(l;t)\,\mathrm{d}l.$$

Dieses ist eine sog. partielle Integro-Differenzialgleichung für die Funktion $w = w(x; t)$ mit den unabhängigen Variablen x (Ort) und t (Zeit), d. h. für die zeitabhängige Biegelinie. Noch eine kleine Umformung:

$$\frac{\partial^2}{\partial x^2} w(x; t) = \frac{\rho}{E I_y} \int\limits_L^x (l - x) \frac{\partial^2}{\partial t^2} w(l; t)\, \mathrm{d}l =$$

$$\frac{\partial^2}{\partial x^2} w(x; t) = \frac{\rho}{E I_y} \int\limits_L^x l \frac{\partial^2}{\partial t^2} w(l; t)\, \mathrm{d}l - \frac{\rho}{E I_y} x \int\limits_L^x \not{x} \frac{\partial^2}{\partial t^2} w(l; t)\, \underline{\mathrm{d}l} \; .$$

Durch Differentiation dieser Gleichung nach x, wobei z. B. nach [8] für auf dem Intervall $[a; x]$, mit $a \in \mathbb{R}$, stetige Funktionen $y = f(x)$

$$\frac{\mathrm{d}}{\mathrm{d}x} \int\limits_a^x f(\bar{x})\, \mathrm{d}\bar{x} = f(x),$$

hierbei wird zur Vermeidung einer Doppelbezeichnung (Variable x ist obere Integrationsgrenze) die Integrationsvariable umbenannt, gilt, ergibt sich:

$$\frac{\partial^3}{\partial x^3} w(x; t) = \frac{\cancel{\rho}}{E I_y} x \frac{\partial^2}{\partial t^2} \cancel{w(x; t)} -$$

$$- \left(\frac{\rho}{E I_y} \int\limits_L^x \frac{\partial^2}{\partial t^2} w(l; t)\, \mathrm{d}l + \frac{\cancel{\rho}}{E I_y} x \frac{\partial^2}{\partial t^2} \cancel{w(x; t)} \right) = -\frac{\rho}{E I_y} \int\limits_L^x \frac{\partial^2}{\partial t^2} w(l; t)\, \mathrm{d}l \; ;$$

das Ganze noch einmal durchgeführt, d. h. Ableitung nach x, liefert folgende Differenzialgleichung für die zeitabhängige Biegelinie $w = w(x; t)$:

$$\frac{\partial^4}{\partial x^4} w(x; t) = -\frac{\rho}{E I_y} \frac{\partial^2}{\partial t^2} w(x; t). \tag{5.53}$$

Man erhält zu guter Letzt somit eine partielle Differenzialgleichung (pDGL) 4. Ordnung. Für pDGLs gibt es keine Standard-Lösungsmethode; es ist soz. nur möglich, eine Menge an Lösungen zu „suchen", die mit der technisch-physikalischen Fragestellung konform sind.

In diesem Fall beschreibt (5.53) die freien und ungedämpften Biegeschwingungen eines einseitig fest eingespannten Balkens (Abb. 5.23). Es ist daher die Annahme vertretbar, dass – bei passender Initialauslenkung (vgl. 5.4.1) – jedes Massenelement dm eine harmonische Schwingung mit der gleichen Kreisfrequenz ω ausführt, wobei die Amplituden i. Allg. ortsabhängig sind; diese Überlegung führt zum sog. Produktansatz nach BERNOULLI:

$$w(x; t) = A(x) \cos \omega t.$$

Im Vergleich zu (5.4) wurde der Nullphasenwinkel auf Null gesetzt, wobei $A(x)$ positiv aber auch negativ (die Schwingungsamplitude ist dann $|A(x)|$) sein kann, d. h. der Startpunkt von dm kann, falls $A(x) \neq 0$, unter- oder oberhalb der x-Achse liegen.

Diese Ansatzfunktion muss nun in (5.53) eingesetzt werden. Mit den Ableitungsfunktionen

$$\frac{\partial^4}{\partial x^4} w(x; t) = A^{(4)}(x) \cos \omega t \quad \text{und} \quad \frac{\partial^2}{\partial t^2} w(x; t) = -A(x)\omega^2 \cos \omega t$$

folgt eine gewöhnliche, ja sogar eine homogene lineare DGL für die Amplitudenfunktion $A = A(x)$:

$$A^{(4)}(x) - \underbrace{\frac{\rho \omega^2}{E I_y}}_{= K > 0} A(x) = 0.$$

Kürzt man nun den Betrag des $A(x)$-Koeffizienten mit K ab, so lautet deren charakteristische Gleichung

$$\lambda^4 - K = 0 \quad \text{bzw.} \quad \lambda^4 = +K = K e^{i l 2\pi} \quad (l = 0; 1; 2; 3).$$

Diese Gleichung hat demnach die vier Lösungen

$$\lambda_l = (K e^{i l 2\pi})^{\frac{1}{4}} = \sqrt[4]{K}\, e^{i l \frac{1}{2}\pi} = \begin{cases} \pm \sqrt[4]{K} : l = 0; 2 \\ \pm i \sqrt[4]{K} : l = 1; 3 \end{cases}.$$

Mit einer weiteren Abkürzung, $u = \sqrt[4]{K}$, lassen sich die Basislösungen obiger DGL angeben (zwei reelle Lösungen und eine konjugiert-komplexe Lösung der charakteristischen Gleichung):

$$A_1 = e^{ux}, \quad A_2 = e^{-ux} \quad \text{sowie} \quad A_3 = \cos ux \quad \text{und} \quad A_4 = \sin ux.$$

Damit lautet die allgemeine Lösung der obigen gewöhnlichen DGL 4. Ordnung (Linearkombination der Basislösungen) bspw.:

$$A(x) = C_1 \cosh ux + C_2 \sinh ux + C_3 \cos ux + C_4 \sin ux,$$

da

$$A(x) = C_1 \frac{e^{ux} + e^{-ux}}{2} + C_2 \frac{e^{ux} - e^{-ux}}{2} + C_3 \cos ux + C_4 \sin ux$$

$$= \underbrace{\frac{C_1 + C_2}{2}}_{= C_1^*} e^{ux} + \underbrace{\frac{C_1 - C_2}{2}}_{= C_2^*} e^{-ux} + C_3 \cos ux + C_4 \sin ux.$$

Für die spezielle Lösung der DGL müssen die vorherrschenden Lagerbedingungen berücksichtigt werden:

- Feste Einspannung an der Stelle $x = 0$:

$$A(0) = 0 \quad \text{und} \quad A'(0) = 0.$$

Letztere bedeutet, dass der Biegewinkel in der Einspannung stets Null ist. Damit gilt schließlich $w(0; t) = w'(0; t) = 0$.
- Freies Ende bei $x = L$: Biegemoment $M_b(L) = 0$, d. h. $w''(L; t) = 0$.
- Zudem gilt

$$\ldots \int_{L}^{L} \ldots = 0$$

und folglich eben $\frac{\partial^2}{\partial x^2} w(L; t) = 0$ sowie $\frac{\partial^3}{\partial x^3} w(L; t) = 0$ (vgl. Abschn. 5.5), formuliert für die Amplitudenfunktion:

$$A''(L) = 0 \quad \text{und} \quad A'''(L) = 0.$$

Die Bedingungen beziehen sich nicht alle auf ein und dieselbe Stelle x, d. h. es liegt ein sog. Randwertproblem vor. Durch Einsetzen jener Randbedingungen in die allgemeine Lösung $A = A(x)$ der DGL erhält man ein (lineares) Gleichungssystem für die Integrationskonstanten C_1, C_2, C_3 und C_4:

$$\begin{array}{ccccccccc}
C_1 & + & 0 & + & C_3 & + & 0 & = 0 \\
0 & + & C_2 u & - & 0 & + & C_4 u & = 0 \\
C_1 u^2 \cosh uL & + & C_2 u^2 \sinh uL & - & C_3 u^2 \cos uL & - & C_4 u^2 \sin uL & = 0 \\
C_1 u^3 \sinh uL & + & C_2 u^3 \cosh uL & + & C_3 u^3 \sin uL & - & C_4 u^3 \cos uL & = 0
\end{array}$$

da

$$A'(x) = C_1 u \sinh ux + C_2 u \cosh ux - C_3 u \sin ux + C_4 u \cos ux,$$

$$A''(x) = C_1 u^2 \cosh ux + C_2 u^2 \sinh ux - C_3 u^2 \cos ux - C_4 u^2 \sin ux,$$

und

$$A'''(x) = C_1 u^3 \sinh ux + C_2 u^3 \cosh ux + C_3 u^3 \sin ux - C_4 u^3 \cos ux.$$

Mit den ersten beiden Gleichungen folgt

$$C_3 = -C_1 \quad \text{und} \quad C_4 = -C_2,$$

Gleichung Nr. 3 und 4 lassen sich damit wie folgt schreiben (nach Division mit u^2 resp. u^3):

$$(3) \quad (\cosh uL + \cos uL) C_1 + (\sinh uL + \sin uL) C_2 = 0$$
$$(4) \quad (\sinh uL - \sin uL) C_1 + (\cosh uL + \cos uL) C_2 = 0.$$

Bekannterweise existiert für ein homogenes lineares Gleichungssystem nur dann eine nichttriviale Lösung, wenn die Determinante der Koeffizientenmatrix $\underline{K}$ verschwindet:

$$\det \underline{K} = \begin{vmatrix} \cosh uL + \cos uL & \sinh uL + \sin uL \\ \sinh uL - \sin uL & \cosh uL + \cos uL \end{vmatrix} =$$

$$(\cosh uL + \cos uL)^2 - (\sinh uL - \sin uL)(\sinh uL + \sin uL) =$$

$$\cosh^2 uL + 2\cosh uL \cos uL + \cos^2 uL - (\sinh^2 uL - \sin^2 uL) =$$

$$\underbrace{\cosh^2 uL - \sinh^2 uL}_{= 1} + 2\cosh uL \cos uL + \underbrace{\cos^2 uL + \sin^2 uL}_{= 1} =$$

$$2 + 2\cosh uL \cos uL \overset{!}{=} 0$$

bzw.

$$\cosh uL \cos uL + 1 = 0 \quad \text{oder} \quad \cos uL = -\frac{1}{\cosh uL}.$$

Letztere Gleichung „definiert" alle Schnittpunkte (uL-Werte) des Graphen der cos-Funktion mit jenem der negativen, reziproken cosh-Funktion (Abb. 5.24).

Infolge der Periodizität des cos ergeben sich unendlich viele Lösungen für die Variable uL.

Die Gleichung $\cosh uL \cos uL + 1 = 0$, diese ist übrigens nicht allgemein für Biegeschwingungen von Kontinua gültig (je nach Lagerbedingungen ergibt sich eine andere Gleichung, nur (5.53) ist universell), ist transzendent (nicht-algebraisch); deren Lösungen lassen sich nur graphisch oder numerisch ermitteln. Eine einfache Methode ist das Iterationsverfahren nach NEWTON-RAPHSON [6]: Die Lösungen der Gleichung sind die positiven Nullstellen der entsprechenden Funktion $y = g(uL)$ mit eben

$$g(uL) = \cosh uL \cos uL + 1.$$

Es wird nun ein (grober) Näherungswert für die erste Lösung abgeschätzt, z. B. $(uL)_{1,0} \approx \pi/2 \approx 1{,}5$ anhand des Diagramms von Abb. 5.24. Wenn in einem Intervall $[a; b]$, indem die gesuchte Lösung sicher liegt, in diesem Fall also bspw. $a = \frac{\pi}{2}$ und $b = \pi$, die Konvergenzbedingung

Abb. 5.24 Graphische Darstellung der Gleichung $\cosh uL \cos uL + 1 = 0$

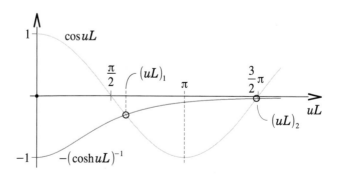

$$\left| \frac{g(uL) \cdot g''(uL)}{\left(g'(uL)\right)^2} \right| < 1 \quad \forall \, uL \in [a; b]$$

gilt [4], dann ist

$$(uL)_{1,1} = (uL)_{1,0} - \frac{g\big((uL)_{1,0}\big)}{g'\big((uL)_{1,0}\big)}$$

ein besserer Näherungswert für die gesuchte Nullstelle. Schließlich kann man $(uL)_{1,1}$ dann in diese Formel als Schätzwert $(uL)_{1,0}$ einsetzen und wiederum einen verbesserten Wert berechnen, usw. D.h. die entstehende Folge an uL-Zahlenwerten konvergiert gegen die Nullstelle in $[a; b]$.

Etwas angenehmer gestaltet sich diese Suche natürlich durch Anwendung einer Mathematik-Software, wie MATLAB. Diese benutzt zur Lösung entsprechender Gleichungen i. Allg. auch numerische Methoden, jedoch reduziert sich der Aufwand auf das Editieren von (wenigen) Kommando-Zeilen. Für die Ermittlung von $(uL)_1$ reicht sogar die Anweisung

```
» fzero('cos(x)+(cosh(x))^(-1)',[pi/2 pi]);
```

es ist in eckigen Klammern jenes Intervall vorzugeben, in dem die Nullstelle gesucht wird. Die Outputzeile lautet dann » `ans=1.8751`, d. h. es ist

$$(uL)_1 \approx 1{,}88.$$

Und mit dem Befehlskommando » `fzero('cos(x)+(cosh(x))^(-1)',` `[pi 2*pi])` erhält man » `ans=4.6941`, also

$$(uL)_2 \approx 4{,}69.$$

Nach „Rücksubstitution" gem. den obigen Abkürzungen u und K kann man jeweils die korrespondierende Kreisfrequenz berechnen:

$$u_1 = \frac{(uL)_1}{L} = \frac{1{,}88}{L}, \quad K_1 = u_1^4 = \frac{12{,}36}{L^4},$$

$$K_1 = \frac{\rho \omega_1^2}{EI_y} \quad \Rightarrow \quad \omega_1 = {}^+_{(-)}\sqrt{\frac{K_1 EI_y}{\rho}} = \sqrt{\frac{12{,}36 \cdot EI_y}{\rho L^4}} = \frac{3{,}52}{L^2}\sqrt{\frac{EI_y}{\rho}}$$

sowie

$$u_2 = \frac{(uL)_2}{L} = \frac{4{,}69}{L}, \quad K_2 = u_2^4 = \frac{485{,}52}{L^4},$$

$$K_2 = \frac{\rho \omega_2^2}{EI_y} \quad \Rightarrow \quad \omega_2 = {}^+_{(-)}\sqrt{\frac{K_2 EI_y}{\rho}} = \sqrt{\frac{485{,}52 \cdot EI_y}{\rho L^4}} = \frac{22{,}03}{L^2}\sqrt{\frac{EI_y}{\rho}}.$$

In analoger Weise lassen sich alle weiteren Lösungen der „lager-charakteristi-schen" Gleichung ermitteln, und daraus die entsprechend höheren Kreisfrequenzen ω_3, ω_4, usw. Für diese sog. Eigenkreisfrequenzen des Biegebalkens gilt also (bei einseitig fester Einspannung):

$$\omega_i = \frac{(uL)_i^2}{L^2} \sqrt{\frac{EI_y}{\rho}} \quad (i = 1; 2; \ldots),$$

mit $(uL)_i$ als i-te Lösung der Gleichung $\cosh uL \cos uL + 1 = 0$. Man spricht in diesem Zusammenhang auch von der Kreisfrequenz der

- sog. Grundschwingung (ω_1),
- 1. Oberschwingung (ω_2), 2. Oberschwingung (ω_3),
- ... i-ten Oberschwingung (ω_{i+1}).

Diese Kreisfrequenzen sind wohlgemerkt nicht jene einer FOURIER-Reihe[9], da offensichtlich die Kreisfrequenzabstände i. Allg. nicht äquidistant sind.

Mit der Bedingung $\det \underline{K} = 0$ für die Koeffizientenmatrix $\underline{K}$ besitzt das homogene lineare Gleichungssystem für C_1 bis C_4 also nicht-triviale Lösungen. Leider ist dann aber das (homogene) Gleichungssystem nicht eindeutig lösbar; Gl. (5.3) und (5.4) sind nämlich nicht unabhängig voneinander, d. h. effektiv liegt hier ein Gleichungssystem mit drei Gleichungen und vier Unbekannten vor.

Einschub: Es wird gezeigt, dass sich (5.3) und (5.4) ineinander umrechnen lassen. Dazu multipliziert man (5.3) mit dem Faktor $\cosh uL + \cos uL$ und (4) mit $\sinh uL + \sin uL$.

$$(\cosh uL + \cos uL)^2 C_1 + (\sinh uL + \sin uL)(\cosh uL + \cos uL) C_2 = 0$$
$$(\sinh^2 uL - \sin^2 uL) C_1 + (\cosh uL + \cos uL)(\sinh uL + \sin uL) C_2 = 0$$

Umformung des Koeffizienten $\sinh^2 uL - \sin^2 uL$:

$$\sinh^2 uL - \sin^2 uL = (\cosh^2 uL - 1) - (1 - \cos^2 uL) =$$

$$= \cosh^2 uL + (-1) \cdot 2 + \cos^2 uL = (\cosh uL + \cos uL)^2,$$

---

[9]Die FOURIER-Reihe einer stetigen, periodischen (primitive Periode T) Funktion $f : \mathbb{R} \to \mathbb{R}$, $y = f(x)$ berechnet sich, wenn f' in $\mathbb{R}$ beschränkt und stückweise stetig ist, zu

$$F : y = F(x) \quad \text{mit} \quad F(x) = \frac{a_0}{2} + \sum_{k=1}^{\infty} (a_k \cos k \frac{2\pi}{T} x + b_k \sin k \frac{2\pi}{T} x) \quad [6],$$

mit der Eigenschaft $F(x) = f(x)$; hierbei sind a_k und b_k die sog. FOURIER-Koeffizienten:

$$a_k = \frac{2}{T} \int\limits_{x_0}^{x_0+T} f(x) \cos k \frac{2\pi}{T} x \, \mathrm{d}x \quad \text{und} \quad b_k = \frac{2}{T} \int\limits_{x_0}^{x_0+T} f(x) \sin k \frac{2\pi}{T} x \, \mathrm{d}x$$

mit $k = 0; 1; 2; \ldots$ für a_k und $k = 1; 2; 3; \ldots$ für b_k sowie einem beliebig wählbaren $x_0 \in \mathbb{R}$.

da $-1 = \cosh uL \cos uL$ gilt, wenn $\det \underline{K} = 0$ erfüllt ist. D. h. die Gl. (5.3) und (5.4) lassen sich auf eine reduzieren.

Das bedeutet wiederum, das Gleichungssystem ist nur bis auf eine Unbekannte lösbar, eine Unbekannte ist beliebig wählbar. Hierbei ist zu beachten: Für jede Lösung $(uL)_i$ der „lager-charakteristischen" Gleichung

$$\cosh uL \cos uL + 1 = 0$$

ergeben sich genau eine Eigenkreisfrequenz ω_i sowie vier zur dieser Lösung gehörende Integrationskonstanten – von denen eben eine frei wählbar ist. Man kann sich bspw. jeweils für C_1 entscheiden und diese Integrationskonstante als den zur Eigenkreisfrequenz ω_i zugeordneten Koeffizienten C_i deklarieren ($C_i = C_1$). es ergibt sich sodann mit obiger Gl. (5.3):

$$C_2 = -\frac{\cosh(uL)_i + \cos(uL)_i}{\sinh(uL)_i + \sin(uL)_i} C_i \; ;$$

zudem gilt $C_3 = -C_i$ und weiterhin $C_4 = -C_2$. Damit lässt sich die Amplitudenfunktion $A_i = A_i(x)$ für die i-te Eigenkreisfrequenz wie folgt angeben:

$$A_i(x) = C_i \left[\cosh u_i x - \cos u_i x - \frac{\cosh(uL)_i + \cos(uL)_i}{\sinh(uL)_i + \sin(uL)_i} \left(\sinh u_i x - \sin u_i x \right) \right]$$

mit

$$u_i = \frac{(uL)_i}{L}.$$

Der Koeffizient C_i ist nicht bestimmbar; er kann und wird auch meistens mittels folgender Normierung festgelegt (Zahlenwertgleichung):

$$\int_0^L A_i^2(x)\, dx = 1. \tag{5.54}$$

Eine analytische Auswertung des Integrals von (5.54) ist zwar u. U. möglich, sicherlich aber sehr aufwendig. Zweckmäßigerweise bedient man sich hier einer Mathematik-Software. C_i berechnet sich demnach zu

$$C_i = \frac{1}{\sqrt{\int_0^L \left[\cosh u_i x - \cos u_i x - \frac{\cosh(uL)_i + \cos(uL)_i}{\sinh(uL)_i + \sin(uL)_i} \left(\sinh u_i x - \sin u_i x \right) \right]^2 dx}}.$$

Der MATLAB-Code für z. B. C_1 lautet (mit einer konkreten Länge L):

```
» clear all
» syms x (→ symbolische Variable)
» L = „Wert";
» uL1 = 1.88;
» u1 = uL1/L;
```

```
» abk = (cosh(u1*L)+cos(u1*L))/(sinh(u1*L)+sin(u1*L));
» f = (cosh(u1*x)-cos(u1*x) -
*0.4cm abk*(sinh(u1*x)-sin(u1*x)))^2;
» c1 = 1/sqrt(int(f,x,0,L))
» ans = ...
```

Man erhält hiermit einen sehr unübersichtlichen Ausdruck. Schöner wird das Ergebnis mit Hilfe des round-Befehls; dieser rundet jedoch nur auf die nächste ganze Zahl. Daher multipliziert man vorher mit z. B. 10^6 und nach dem Runden mit 10^{-6} (Trick).

```
» round(c1*1e6)*1e-6
```

Nun erhält man den Wert von C_1 als echten Bruch. Wird jedoch die Darstellung als Dezimalzahl bevorzugt, ist noch die vpa-Funktion (variable-precision arithmetic) anzuwenden.

```
» vpa(round(c1*1e6)*1e-6,d)
```

Hierbei muss mit d die Anzahl der anzuzeigenden Stellen (decimal digits) angegeben werden. Für bspw. L=3 (m) und d=5 ist der Output ans = 0.5751. D.h. es ergibt sich $C_1 \approx 0,58$ m. C_i mit $i = 2; 3; \ldots$ berechnen sich analog.

Die Amplitudenfunktionen $A_i = A_i(x)$, $i = 1; 2; \ldots$, beinhalten somit „lediglich" eine qualitative Information über die Biegeschwingung des Balkens. Man bezeichnet sie daher als Eigen(schwingungs)formen. Mathematisch interpretiert handelt es sich dabei um normierte Eigenfunktionen des Randwertproblems mit der gewöhnlichen DGL $A^{(4)}(x) - K A(x) = 0$. Für diese gilt nach [8] mit $i, j = 1; 2; \ldots$ die sog. Orthogonalitätsrelation

$$\int_0^L A_i(x) A_j(x)\, dx = 0, \quad \text{wenn} \quad i \neq j \tag{5.55}$$

und für das Gewicht $g(x)$ der Orthogonalität $g(x) \equiv 1$ gewählt wird. Das Integral in (5.55) ist per Definition das Skalarprodukt der stetigen reellwertigen Funktionen A_i und A_j; dieses rührt daher, dass Funktionen verallgemeinert als Vektoren angesehen werden können. Analog zu Vektoren sind folglich zwei Funktionen orthogonal, wenn deren Skalarprodukt verschwindet.

Der Ansatz $w(x; t) = A(x) \cos \omega t$ für die Lösung der pDGL (5.53) liefert demnach die voneinander unabhängigen Basisfunktionen

$$w_i(x; t) = A_i(x) \cos \omega_i t \quad (i = 1; 2; \ldots).$$

Wählt man dagegen, basierend auf einer analogen Vorüberlegung, als Ansatzfunktion $w(x; t) = A(x) \sin \omega t$, so folgt damit wegen

$$\frac{\partial^4}{\partial x^4} w(x; t) = A^{(4)}(x) \sin \omega t \quad \text{und} \quad \frac{\partial^2}{\partial t^2} w(x; t) = -A(x)\omega^2 \sin \omega t$$

die gleiche homogene lineare DGL für die Amplitudenfunktion $A = A(x)$,

$$A^{(4)}(x) - K A(x) = 0,$$

und schließlich eine zweite Menge an Basisfunktionen:

$$w_i(x; t) = A_i(x) \sin \omega_i t.$$

Die allgemeine Lösung von (5.53) ist die Linearkombination aller Basisfunktionen:

$$w(x; t) = \sum_{i=1}^{\infty} A_i(x) \left(D_i \cos \omega_i t + E_i \sin \omega_i t \right), \qquad (5.56)$$

wobei die zur i-ten Eigenkreisfrequenz ω_i der Biegeschwingung zugeordneten, konstanten Koeffizienten D_i und E_i durch Einarbeitung von gewissen Anfangsbedingungen, z. B.

$$w(x; 0) = \sum_{i=1}^{\infty} D_i A_i(x) = w_0(x) \quad \text{und} \quad \frac{\partial}{\partial t} w(x; 0) = \sum_{i=1}^{\infty} E_i \omega_i A_i(x) = v_0(x),$$

da

$$\frac{\partial}{\partial t} w(x; t) = \sum_{i=1}^{\infty} A_i(x) \left(-D_i \omega_i \sin \omega_i t + E_i \omega_i \cos \omega_i t \right),$$

zu berechnen sind. Berücksichtigt man (5.54) und (5.55), so ergibt sich nach Multiplikation der Anfangsbedingungen mit $A_j(x)$, dem Funktionsterm der ermittelten Amplitudenfunktion $A_i = A_i(x)$ mit $i = j$, d. h. Umbenennung des Index, und anschließender Integration (Reihenfolge von Integration und Summation ist vertauschbar):

$$\sum_{i=1}^{\infty} D_i A_i(x) = w_0(x) \quad \bigg| \quad \cdot A_j(x)$$

$$A_j(x) \sum_{i=1}^{\infty} D_i A_i(x) = w_0(x) A_j(x)$$

$$\sum_{i=1}^{\infty} D_i A_i(x) A_j(x) = w_0(x) A_j(x) \quad \bigg| \quad \int_0^l \dots \, \mathrm{d}x$$

$$\sum_{i=1}^{\infty} D_i \underbrace{\int_0^L A_i(x) A_j(x) \, \mathrm{d}x}_{= \, 0, \text{ wenn } i \neq j} = \int_0^L w_0(x) A_j(x) \, \mathrm{d}x, \quad \text{da} \quad D_i = konst$$

$$D_j \underbrace{\int_0^L A_j^2(x) \, \mathrm{d}x}_{= \, 1} = \int_0^L w_0(x) A_j(x) \, \mathrm{d}x.$$

Damit folgt aus der initialen Durchbiegung bzw. Biegelinie $w_0 = w_0(x)$ nach erneuter Index-Umbenennung $j = i$:

$$D_i = \int_0^L w_0(x) A_i(x) \, dx.$$

In der gleichen Art und Weise erhält man mit der ortsabhängigen Startgeschwindigkeit $v_0 = v_0(x)$:

$$E_i = \frac{1}{\omega_i} \int_0^L v_0(x) A_i(x) \, dx.$$

Es sei abschließend noch erwähnt, dass in der Praxis i. d. R. nur die Grundschwingung und die ersten paar Oberschwingungen relevant sind, da i. Allg. die sog. Materialdämpfung (infolge mikroskopischer Mechanismen) mit zunehmender (Kreis-)Frequenz der Schwingung ebenfalls ansteigt. Das bedeutet schließlich, dass die höheren Eigenschwingungen, für den Fall einer freien Schwingung, entsprechend schnell abklingen. Hierbei geht man von einer modalen Dämpfung aus, d. h. jede Eigenschwingung wird für sich gedämpft, ohne Kopplung. Ein rein mathematisches, in der Strukturmechanik gerne angewandtes Modell dafür ist die RAYLEIGH-Dämpfung [14]: Das LEHRsche Dämpfungsmaß $D_{L,i}$ der i-ten Eigenschwingung berechnet sich zu

$$D_{L,i} = \frac{1}{2} \left(\frac{\alpha}{\omega_i} + \beta \omega_i \right) ;$$

$\alpha, \beta > 0$ heißen RAYLEIGH-Koeffizienten, die durch „Vorgabe" der Dämpfungsmaße für zwei Eigenkreisfrequenzen bestimmt werden können.

Eine Schwingungserregung mit einer Erregerkreisfrequenz Ω gleich bzw. in der Nähe einer Eigenkreisfrequenz ω_i ist generell als kritisch einzustufen, auch bei Kontinua. Zumindest bei relativ schwacher Dämpfung können dann die Schwingungsamplituden ziemlich große Werte annehmen, was u. U. zur Beschädigung des Systems führen kann. Ein zeitlich „schnelles Durchfahren" einer solchen Resonanzstelle ist jedoch i. Allg. unproblematisch.

Noch ein kurzer Nachtrag: Das hier erläuterte math. Modell verwendet die Biege-DGL

$$E I_y w'' = -M_b(x) ;$$

diese berücksichtigt nicht den sog. Querkraftschub[10], was bei langen, schlanken Balken eine tolerierbare Vereinfachung ist (Schubspannung $\tau \ll$ Normalspannung σ). Andernfalls muss das Modell erweitert werden. Man erhält dann eine „neue" Bewegungsgleichung und schließlich andere Eigenfrequenzen. In z. B. [17] sind die Ergebnisse bei Berücksichtigung ausgewählter Einflussparameter (Längs-Vorspannkraft, Winkelgeschwindigkeit einer Rotation um die x-Achse) aufgezeigt.

---

[10]Infolge des Querkraftschubs sind die ebenen Balkenquerschnitte nach der Verformung nicht mehr senkrecht zur Balkenachse (Biegelinie).

Ergänzung 1: Abschätzung der Eigenkreisfrequenzen. Die „exakte" Berechnung einer Eigenkreisfrequenz kann mitunter ziemlich aufwendig sein. Auf Grundlage der Energieerhaltung bei Vernachlässigung von Dämpfungseffekten (konservatives System) ist eine näherungsweise Berechnung der Eigenkreisfrequenzen möglich.

Dafür muss man zunächst etwas ausholen. Die potenzielle Energie einer Spiralfeder berechnet sich bei Auslenkung/Verdrehung um den Winkel φ zu

$$E_\mathrm{p} = \frac{1}{2} c \varphi^2 \geq 0 \quad \text{(vgl. (2.36))};$$

c ist die Federsteifigkeit, gen. Richt- bzw. Direktionsmoment. Mit dem Rückstellmoment $M_c = c|\varphi|$ (Betrag) lässt sich E_p wie folgt schreiben:

$$E_\mathrm{p} = \frac{1}{2} M_c |\varphi| = \pm \frac{1}{2} M_c \varphi \quad \text{mit} \quad \varphi \gtrless 0.$$

Bei einem Biegebalken – dieser hat bei kleinen Verformungen eine zu einer linearen Spiralfeder äquivalente mechanische Wirkung – entspricht das Biegemoment M_b jenem Rückstellmoment und der Dreh- bzw. Biegewinkel ψ gegen die x-Achse der Auslenkung φ. Somit gilt für die potenzielle Energie des Balkenelements mit der infinitesimal kleinen Länge $\mathrm{d}x > 0$:

$$\mathrm{d}E_\mathrm{p} = \frac{1}{2} M_\mathrm{b} \underbrace{\mathrm{d}\psi}_{= \psi'\,\mathrm{d}x} \quad \text{mit} \quad \mathrm{d}\psi \gtrless 0 \quad \text{bzw.} \quad \psi' \gtrless 0 \quad \text{und} \quad M_\mathrm{b} \gtrless 0;$$

$\mathrm{d}\psi$ ist hier der am Ort x durch das Biegemoment M_b erzeugte Anteil am (Gesamt-)Drehwinkel ψ. Mit der Beziehung $M_\mathrm{b} = EI_y \psi'$ [9] aus der linearen Biegetheorie 1. Ordnung folgt:

$$\mathrm{d}E_\mathrm{p} = \frac{1}{2} EI_y \psi'^2 \,\mathrm{d}x.$$

Berücksichtigt man den Zusammenhang zwischen Durchbiegung w und Biegewinkel ψ, $w' = -\psi$ [9], so erhält man für die gesamte potentielle Energie des Balkens:

$$E_\mathrm{p} = \frac{1}{2} \int_0^L EI_y w''^2 \,\mathrm{d}x \quad \text{mit} \quad w'' = \frac{\partial^2 w}{\partial x^2}. \tag{5.57}$$

Die kinetische Energie des Balkenelements bei einer Biegeschwingung berechnet sich zu

$$\mathrm{d}E_\mathrm{k} = \frac{1}{2}\,\mathrm{d}m\, v^2, \quad \text{wobei} \quad \mathrm{d}m = \rho \,\mathrm{d}x \quad \text{und} \quad v = \dot{z} = \dot{w};$$

und somit gilt für die gesamte kinetische Energie:

$$E_\mathrm{p} = \frac{1}{2} \int_0^L \rho \,\dot{w}^2 \,\mathrm{d}x \quad \text{mit} \quad \dot{w} = \frac{\partial w}{\partial t}. \tag{5.58}$$

Der obige Separationsansatz für die zeit- und ortsabhängige Durchbiegung, $w = A(x)\cos\omega t$, liefert $w'' = A''(x)\cos\omega t$ sowie $\dot{w} = -A(x)\,\omega\sin\omega t$ und damit für die Energien:

$$E_\mathrm{p} = \underbrace{\frac{1}{2}\int_0^L EI_y[A''(x)]^2\,\mathrm{d}x}_{=\,E_\mathrm{p,max}}\cdot\cos^2\omega t\,,\quad E_k = \underbrace{\frac{1}{2}\omega^2\int_0^L \rho[A(x)]^2\,\mathrm{d}x}_{=\,E_\mathrm{k,max}}\cdot\sin^2\omega t\,.$$

Da unter Annahme eines konservativen Systems $E_\mathrm{p,max} = E_\mathrm{k,max}$ gilt, erhält man damit den sog. RAYLEIGH-Quotienten:

$$\omega^2 = \frac{\int_0^L EI_y[A''(x)]^2\,\mathrm{d}x}{\int_0^L \rho[A(x)]^2\,\mathrm{d}x}\,. \tag{5.59}$$

Für z. B. $A(x) = A_1(x)$, der Amplitudenfunktion, d. h. Eigenform der Grundschwingung, liefert der Quotient (5.59) die erste Eigenkreisfrequenz ω_1 usw.

Setzt man für $A_1(x)$ eine Näherung $\tilde{A}_1(x)$ ein, dann erhält man natürlich auch nur einen Näherungswert $\tilde{\omega}_1$ für ω_1; hierbei muss $\tilde{A}_1(x)$ die wesentlichen Randbedingungen des Systems erfüllen. Für den Balken von Abb. 5.23 mit fester Einspannung wären diese $\tilde{A}_1(0) = \tilde{A}_1'(0) = 0$. Somit ist bspw. $\tilde{A}_1(x) = ax^2$ mit $a = konst > 0$ eine „zulässige" Näherungsfunktion. Mit speziell $EI_y = konst$ und $\rho = konst$ bei einem homogenen Balken ergibt sich damit:

$$\omega_1^2 \approx \tilde{\omega}_1^2 = \frac{EI_y\int_0^L (2a)^2\,\mathrm{d}x}{\rho\int_0^L (ax^2)^2\,\mathrm{d}x} = \frac{4a^2 EI_y\int_0^L \mathrm{d}x}{a^2\rho\int_0^L x^4\,\mathrm{d}x} = \frac{4EI_y\big[x\big]_0^L}{\rho\big[\frac{1}{5}x^5\big]_0^L} = \frac{20EI_y L}{\rho L^5}\,,\quad \text{also}$$

$$\omega_1 \approx \tilde{\omega}_1 = \sqrt{\frac{20EI_y}{\rho L^4}} = \frac{2\sqrt{5}}{L^2}\sqrt{\frac{EI_y}{\rho}} \approx \frac{4{,}47}{L^2}\sqrt{\frac{EI_y}{\rho}}\,.$$

Der Vergleich mit dem „exakten Wert" (s. Abschn. 5.5) zeigt eine doch erhebliche Abweichung von ca. 27 %; diese lässt sich durch eine genauere Beschreibung jener Eigenform reduzieren.

Übrigens ist das Ergebnis $\tilde{\omega}_1 > \omega_1$ kein Zufall. Der RAYLEIGH-Quotient lässt sich auch über eine Minimumsbedingung für das sog. Gesamtpotenzial herleiten, vgl. dazu ggf. Anhang A.5. D. h. jede Näherungsfunktion $\tilde{A}(x)$ liefert folglich einen größeren Wert für die Eigenkreisfrequenz. Es sei zudem noch angemerkt, dass $\tilde{A}(x)$ eine eingliedrige Funktion der Form $\tilde{A}(x) = a\phi(x)$ sein muss; eine entsprechende Formulierung ist i. d. R. für die Grundschwingung eines Balkens möglich.

Ergänzung 2: Erzwungene Schwingungen. Es wird das Modell zur Beschreibung von Transversalschwingungen (vgl. Abb. 5.23) dahingehend erweitert, dass nun der Balken zusätzlich einer sog. Streckenlast

$$q = q(x; t)$$

ausgesetzt ist. Am freien Ende des masselosen Teilbalkens wirkt infolge von q auch noch die vertikale Einzelkraft $\mathrm{d}F_{\text{Last}}$, und der Biegemomentverlauf berechnet sich dann zu

$$M_{\text{b}}(x) = - \int\limits_{l=x}^{L} (l - x)\,\mathrm{d}F_{\text{el}} - \rho \int\limits_{l=x}^{L} (l - x) \underbrace{q(l)\,\mathrm{d}l}_{= \,\mathrm{d}F_{\text{Last}}} \; ;$$

mit der Biege-DGL $M_{\text{b}}(x) = -EI_y w''$ und $\mathrm{d}F_{\text{el}} = -\rho\ddot{z}\,\mathrm{d}l$ erhält man nach zweimaligem Ableiten nach dem Ort x entsprechend im Abschn. 5.5:

$$EI_y \frac{\partial^4}{\partial x^4} w(x; t) + \rho \frac{\partial^2}{\partial t^2} w(x; t) = q(x; t); \qquad (5.60)$$

dieses ist die Bewegungsgleichung für den EULER- BERNOULLI-Balken bei Streckenlasterregung.

Für den Fall einer harmonischen Erregung, d. h. es sei geg.

$$q(x; t) = \hat{q}(x) \cos \Omega t,$$

$\Omega = konst$ ist die Erregerkreisfrequenz, wählt man als Ansatz für die Lösung der inhomogenen partiellen DGL analog

$$w(x; t) = \hat{w}(x) \cos \Omega t;$$

im stationären, d. h. eingeschwungenen Zustand schwingt ein lineares System schließlich mit jener Erregerkreisfrequenz. Setzt man diese Funktion in DGL (5.60) ein, erhält man

$$EI_y \hat{w}^{(4)}(x) - \rho\Omega^2 \hat{w}(x) = \hat{q}(x),$$

also eine gewöhnliche inhomogene DGL 4. Ordnung für die Amplitudenfunktion $\hat{w} = \hat{w}(x)$ der erregten Transversalschwingung. Da alle Eigenschwingungen i. Allg. angeregt werden und die sich ungestört überlagern, lässt sich $\hat{w}(x)$ als Linearkombination der Eigenformen/-funktion $A_i(x)$ des System darstellen.

$$\hat{w}(x) = \sum_{i=1}^{\infty} \alpha_i A_i(x)$$

Die harmonische Erregerfunktion $q = q(x; t)$ ist formal gleich der Lösungsfunktion $w = w(x; t)$ der DGL; es gilt für erstere folglich auch

$$\hat{q}(x) = \sum_{i=1}^{\infty} \beta_i A_i(x).$$

Multipliziert man diese Gleichung mit der Eigenform $A_j(x)$ und integriert über die Länge L des Balkens,

$$\int_0^L \hat{q}(x)A_j(x)\,dx = \int_0^L \sum_{i=1}^{\infty} \beta_i A_i(x)A_j(x)\,dx = \sum_{i=1}^{\infty} \beta_i \int_0^L A_i(x)A_j(x)\,dx,$$

so ergibt sich aufgrund der Orthogonalität (5.55) der Eigenformen (d. h. das rechte Integral ist nur für $j = i$ verschieden von Null):

$$\beta_i = \frac{\int_0^L \hat{q}(x)A_i(x)\,dx}{\int_0^L A_i^2(x)\,dx};$$

Kam bei der Berechnung der Amplitudenfunktionen $A_i = A_i(x)$ die Normierung (5.54) zur Anwendung, was jedoch keine „Pflicht" bzw. Vorschrift ist, dann ist der Nenner von β_i natürlich direkt gleich Eins.

Nun muss man schließlich die Linearkombinationen für $\hat{w}(x)$ und $\hat{q}(x)$ in die DGL für $\hat{w}$ einsetzen:

$$EI_y \sum_{i=1}^{\infty} \alpha_i A_i^{(4)}(x) - \rho\,\Omega^2 \sum_{i=1}^{\infty} \alpha_i A_i(x) = \sum_{i=1}^{\infty} \beta_i A_i(x)$$

$$\sum_{i=1}^{\infty} \alpha_i \left(EI_y A_i^{(4)}(x) - \rho\,\Omega^2 A_i(x) \right) = \sum_{i=1}^{\infty} \beta_i A_i(x).$$

Die Eigenformen $A_i(x)$ müssen jedoch die DGL $EI_y A^{(4)}(x) - \rho\omega^2 A(x) = 0$, siehe Abschn. 5.5, erfüllen; es gilt demnach

$$EI_y A_i^{(4)}(x) = \rho\omega_i^2 A_i(x),$$

und es folgt:

$$\sum_{i=1}^{\infty} \alpha_i \rho \left(\omega_i^2 - \Omega^2\right) A_i(x) = \sum_{i=1}^{\infty} \beta_i A_i(x) \quad \text{bzw.} \quad \alpha_i \rho \left(\omega_i^2 - \Omega^2\right) = \beta_i.$$

Die Lösungsfunktion der DGL (5.60) lautet also:

$$w(x;t) = \sum_{i=1}^{\infty} \frac{\beta_i}{\rho\left(\omega_i^2 - \Omega^2\right)} A_i(x)\,\cos\Omega t \quad \text{mit} \quad \beta_i = \frac{\int_0^L \hat{q}(x)A_i(x)\,dx}{\int_0^L A_i^2(x)\,dx}. \tag{5.61}$$

Für die Erregung mit speziell einer Eigenkreisfrequenz ($\Omega = \omega_i$) wird der Nenner gleich Null, d. h. die Amplituden – zumindest theoretisch – unendlich groß (Polstelle). Dieser Effekt heißt Resonanz.

Die Streckenlast $q = q(x; t)$ zur Schwingungserregung muss nicht notwendigerweise kontinuierlich über den Balken verteilt sein. Tritt bspw. nur an einer Stelle $x = x_0$ eine Einzelkraft F_0 auf, so lässt sich diese punktuelle Last mittels der DIRACschen Delta-Distribution δ (vgl. Kap. 6) beschreiben:

$$\hat{q}(x) = F_0\, \delta(x - x_0), \quad \text{da} \quad \int\limits_0^L \hat{q}(x)\, dx = F_0 \int\limits_{-\infty}^{\infty} \delta(x - x_0)\, dx = F_0.$$

Beispiel 5.9: Lokal erregte Biegeschwingung (Fest-Los-Lager)

Eine homogener Stab der Länge L (Biegesteifigkeit $EI_y = konst$, Massendichte $\rho = konst$) sei an beiden Enden drehbar gelagert. Exakt in der Mitte des Stabs wirkt senkrecht zur Stabachse die Einzelkraft

$$\downarrow F = F_0 \cos \Omega t\,, \quad \text{mit} \quad \Omega = konst.$$

Für die entsprechende Streckenlast gilt demnach:

$$q = \underbrace{F_0\, \delta\left(x - \frac{L}{2}\right)}_{= \hat{q}(x)} \cos \Omega t\,.$$

Zur Berechnung der zeitabhängigen Biegelinie $w = w(x; t)$, die sich infolge jener Krafterregung im stationären Zustand einstellt, mit (5.61), sind zunächst die Eigenformen/-funktionen $A_i(x)$ zu ermitteln. Wie im Abschn. 5.5 zu sehen, gilt:

$$A(x) = C_1 \cosh ux + C_2 \sinh ux + C_3 \cos ux + C_4 \sin ux \quad \text{mit} \quad u = \sqrt[4]{\frac{\rho \omega^2}{EI_y}}$$

und folglich

$$A''(x) = C_1 u^2 \cosh ux + C_2 u^2 \sinh ux - C_3 u^2 \cos ux - C_4 u^2 \sin ux\,.$$

Die Randbedingungen $A(0) = A''(0) = 0$ ($A''(0) = 0$, da $M_b(0) = 0$ und somit $w''(0; t) = 0$) für das linke Lager liefern:

$$C_1 + C_3 = 0 \quad \text{und} \quad C_1 u^2 - C_3 u^2 = 0 \quad \text{also} \quad C_1 = C_3 = 0.$$

Und mit entsprechend $A(L) = A''(L) = 0$ (rechtes Lager) erhält man:

$$C_2 \sinh uL + C_4 \sin uL = 0 \quad \text{und} \quad C_2 u^2 \sinh uL - C_4 u^2 \sin uL = 0;$$

Multipliziert man die linke Gleichung mit u^2 und addiert diese sodann zur rechten, ergibt sich

$$2C_2 u^2 \sinh uL = 0, \quad \text{also} \quad C_2 = 0.$$

Es bleibt somit nur die Gleichung $-C_4 u^2 \sin uL = 0$ übrig, und da C_4 nicht auch gleich Null sein darf – denn dann wäre ja $A(x) \equiv 0$ –, folgt daraus als char. Gleichung für die Eigenkreisfrequenzen:

$$\sin uL = 0.$$

Die Eigenkreisfrequenzen sind demnach (pos. sin-Nullstellen):

$$u_i L = L \sqrt[4]{\frac{\rho \omega_i^2}{E I_y}} = i\pi \quad \text{mit} \quad i = 1; 2; 3; \ldots \quad \Rightarrow \quad \omega_i = \left(\frac{i\pi}{L}\right)^2 \sqrt{\frac{E I_y}{\rho}}.$$

Und die Eigenformen lauten ($C_4 \rightsquigarrow C_i$):

$$A_i(x) = C_i \sin u_i x = C_i \sin \frac{i\pi}{L} x.$$

Damit berechnen sich nach (5.61) die Koeffizienten β_i zu:

$$\beta_i = \frac{\int\limits_0^L \hat{q}(x) A_i(x) \, dx}{\int\limits_0^L A_i^2(x) \, dx} = \frac{\int\limits_0^L F_0 \delta\left(x - \frac{L}{2}\right) C_i \sin \frac{i\pi}{L} x \, dx}{\int\limits_0^L \left(C_i \sin \frac{i\pi}{L} x\right)^2 dx} = \frac{2F_0}{C_i L} \sin \frac{i\pi}{2},$$

da wegen der sog. Ausblendeigenschaft der δ-Distribution (siehe Kap. 6)

$$\int\limits_0^L F_0 \delta\left(x - \frac{L}{2}\right) C_i \sin \frac{i\pi}{L} x \, dx = F_0 C_i \sin \frac{i\pi}{L} \frac{L}{2}$$

gilt und das bestimmte Integral im Nenner

$$C_i^2 \int\limits_0^L \left(\sin \frac{i\pi}{L} x\right)^2 dx \overset{[6]}{=} C_i^2 \left[\frac{1}{2}\left(x - \frac{L}{2i\pi} \sin \frac{2i\pi}{L} x\right)\right]_0^L = C_i^2 \frac{L}{2}$$

ist. Mit (5.61) lässt sich nun die zeitabhängige Biegelinie im stationären Schwingungszustand angeben:

$$w(x; t) = \sum_{i=1}^{\infty} \frac{\frac{2F_0}{C_i L} \sin \frac{i\pi}{2}}{\rho \left(\omega_i^2 - \Omega^2\right)} C_i \sin \frac{i\pi}{L} x \cos \Omega t =$$

$$= \frac{2F_0}{\rho L} \sum_{i=1}^{\infty} \frac{\sin \frac{i\pi}{2}}{\omega_i^2 - \Omega^2} \sin \frac{i\pi}{L} x \, \cos \Omega t \quad \text{mit} \quad \omega_i = \left(\frac{i\pi}{L}\right)^2 \sqrt{\frac{EI_y}{\rho}}.$$

Es zeigt sich, dass – in diesem Fall – wegen $\sin \frac{i\pi}{2}$ die Amplituden für geradzahlige Werte von i verschwinden, jene Eigenschwingungen demnach durch die mittige Kraft nicht angeregt werden. ◄

Eine spezielle Situation ist übrigens gegeben, wenn die Erregung einer Biegeschwingung über „Randeffekte" (Kräfte, Momente oder Verschiebungen am Rand) erfolgt. Dann ist nämlich die Streckenlast $\hat{q}(x) = 0$ und die DGL für die erregten Schwingungsamplituden $\hat{w} = \hat{w}(x)$ lautet

$$EI_y \hat{w}^{(4)}(x) - \rho \Omega^2 \hat{w}(x) = 0.$$

Diese entspricht formal der DGL der Eigenfunktionen (vgl. Abschn. 5.5), d. h. die allgemeine Lösung (AL) ist $(u \rightsquigarrow \bar{u})$

$$\hat{w}(x) = C_1 \cosh \bar{u}x + C_2 \sinh \bar{u}x + C_3 \cos \bar{u}x + C_4 \sin \bar{u}x \quad \text{mit} \quad \bar{u} = \sqrt[4]{\frac{\rho \Omega^2}{EI_y}}.$$

Somit gilt für die Biegelinie:

$$w(x; t) = (C_1 \cosh \bar{u}x + C_2 \sinh \bar{u}x + C_3 \cos \bar{u}x + C_4 \sin \bar{u}x) \cos \Omega t.$$

Die vier Integrationskonstanten $C_1 .. C_4$ berechnen sich aus den Randbedingungen des Systems, die von der Lagerung des Balkens abhängen. Für bspw. eine feste Einspannung (linkes Ende) und einer – harmonischen – Einzelkraft $\downarrow F = F_0 \cos \Omega t$ am freien Ende sind diese:

- $\hat{w}(0) = \hat{w}'(0) = 0$ (feste Einspannung)
- $\hat{w}''(L) = 0$, da $\hat{M}_b(x) = -EI_y \hat{w}''$ [9] und $\hat{M}_b(L) = 0$ am freien Ende[11]
- $\hat{w}'''(L) = -\frac{F_0}{EI_y}$;

letztere RB begründet sich wie folgt: Querkraft $\hat{Q}(x) = \hat{M}_b'(x) = -EI_y \hat{w}'''$ und $\hat{Q}(L) = F_0$, da für einen virtuellen Schnitt bei $x \to L$ (neg. Schnittufer: Schnittreaktion zeigt in negative Richtung) mit $z \downarrow$ also $\hat{Q} \uparrow - \downarrow F_0$ gilt.

Ergänzung 3: Materialdämpfung. Die innere Dämpfung einer dynamischen Verformung (z. B. Biegeschwingung) lässt sich durch das Stoffgesetz

$$\sigma = E\varepsilon + \eta \dot{\varepsilon} \tag{5.62}$$

---

[11] Am freien Ende eines Balkens ist schließlich $M_b(L, t) = 0$ zu jedem Zeitpunkt t.

für ein sog. KELVIN- VOIGT-Material berücksichtigen [18]. Dieses entspricht einer Parallel-schaltung von Feder und Dämpfer; d. h. die Normalspannung σ muss die elastische Rück-stellkraft $E\varepsilon$ (ε: Dehnung) sowie auch die Widerstandskraft $\eta\dot{\varepsilon}$ aufbringen. Man spricht dann von einem viskoelastischen Materialverhalten; die dynamische Viskosität η ist ebenso wie der E-Modul E eine Materialkonstante.

Bei der einachsigen Biegung berechnet sich das Biegemoment M_b aus der Normalspan-nung über ein ebenes Bereichsintegral ($\mathbb{B}$: Balkenquerschnitt):

$$M_b = \int\limits_{(\mathbb{B})} z \, \mathrm{d}N = \int\limits_{(\mathbb{B})} z\sigma \, \mathrm{d}A.$$

Setzt man hier obiges Stoffgesetz (5.62) ein und berücksichtigt zudem den funktionalen Zusammenhang zwischen Dehnung und Ort z des Flächenelements $\mathrm{d}A$,

$$\varepsilon = -w''z = -\frac{\partial^2 w}{\partial x^2}z \quad [9]$$

mit der Durchbiegung $w = w(x; t)$, so ergibt sich:

$$M_b = \int\limits_{(\mathbb{B})} z(E\varepsilon + \eta\dot{\varepsilon}) \, \mathrm{d}A = -\int\limits_{(\mathbb{B})} z \left(Ew''z + \eta\dot{w}''z \right) \, \mathrm{d}A,$$

da jenes Integral eine statische Beziehung ist, die stets auf den unverformten Balken ange-wandt wird und daher

$$\dot{\varepsilon} = -\frac{\partial}{\partial t}(w''z) = -z\frac{\partial}{\partial t}(w'') = -z\left(\frac{\partial w}{\partial t}\right)'' = -z\dot{w}''$$

gilt. Also erhält man schließlich:

$$M_b = -Ew'' \int\limits_{(\mathbb{B})} z^2 \, \mathrm{d}A - \eta\dot{w}'' \int\limits_{(\mathbb{B})} z^2 \, \mathrm{d}A, \quad \text{wobei} \quad \int\limits_{(\mathbb{B})} z^2 \, \mathrm{d}A = I_y$$

das (axiale) Flächenträgheitsmoment / Flächenmoment 2. Ordnung des Balkenquerschnitts bzgl. der y-Achse ist. Das Ergebnis dieser Modellierung ist somit folgende DGL für die Funktion $w = w(x; t)$:

$$EI_y w'' + \eta I_y \dot{w}'' = -M_b \quad \text{mit} \quad M_b = M_b(x; t) \tag{5.63}$$

bzw.

$$(EI_y w + \eta I_y \dot{w})'' = -M_b.$$

Die zweimalige Integration nach x liefert eine inhomogene DGL erster Ordnung für die Durchbiegung,

$$EI_y w + \eta I_y \dot{w} = \iint M_{\mathrm{b}}(x; t)\,(\mathrm{d}x)^2 + C_1(t)x + C_2(t);$$

auch hier sind die „Integrationskonstanten" $C_1(t)$ und $C_2(t)$ wieder über die System-Randbedingungen zu berechnen.

Ergänzende Beispiele

6

In den Kap. 1–5 wurden Modelle und mathematische Methoden der Kinematik, Kinetik und Schwingungslehre in einer umfassenden Bandbreite dargestellt, studiert und angewandt. Dieses abschließende Fragment dient zum einen der Wiederholung, aber auch der Vertiefung. Es folgen nun also einige ausgewählte Beispiele.

Beispiel 6.1: Schräger Kollergang (Kollermühle)

Die anschließende Skizze zeigt eine dünne Scheibe (Radius R) der Masse m, die reibungsfrei-drehbar auf einer masselosen Welle montiert ist; letztere sei im (raumfesten) Punkt A vertikal-gelenkig an eine zweite, mit der konstanten Winkelgeschwindigkeit ω_F um die Vertikale rotierenden Welle gekoppelt. Damit sich der Neigungswinkel δ der Figurenachse (Rotationssymmetrieachse) der Scheibe gegen die Vertikale nicht ändert, muss die Scheibe in einem entsprechenden Trichter geführt werden.

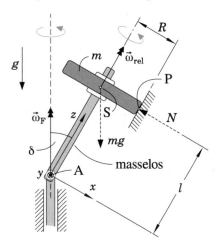

M. Prechtl, *Mathematische Dynamik,* Masterclass,
https://doi.org/10.1007/978-3-662-62107-3_6

Zu berechnen ist die infolge der $\vec{\omega}_F$-Drehung erzeugte Normalkraft N, mit der die Scheibe gegen die Unterlage drückt (actio = reactio); hierbei wird angenommen, dass das Abrollen der Scheibe im Trichter „ideal" erfolgt, d. h. dass der Kontaktpunkt P stets der Momentanpol ist ($\vec{v}_P = \vec{0}$).

Es wird ein xyz-Führungssystem eingeführt, das mit der Führungswinkelgeschwindigkeit ω_F (Vertikal-Winkelgeschwindigkeit des Kollergangs) um die Vertikale rotiert, wobei die z-Achse mit der Figurenachse zusammenfällt. Hierbei handelt es sich um ein Hauptaschensystem (vgl. Bsp. 3.13: $x = \mathrm{I}$, $y = \mathrm{II}$, $z = \mathrm{III}$) mit der Trägheitsmatrix

$$\underline{J}^{(A)} = \begin{pmatrix} J & 0 & 0 \\ 0 & J & 0 \\ 0 & 0 & J_{\mathrm{III}} \end{pmatrix},$$

wobei $J = J^* + l^2 m$ (J^*: Massenträgheitsmoment bzgl. einer zur x- bzw. y-Achse parallelen Achse durch den Scheibenschwerpunkt S) ist. Mit den ab Anhang B. (Anhang) zu findenden Formeln für eine dünne Scheibe gilt:

$$J = \frac{1}{4}mR^2 + l^2 m \quad \text{und} \quad J_{\mathrm{III}} = \frac{1}{2}mR^2.$$

Die Winkelgeschwindigkeitsvektoren $\vec{\omega}_F$ und $\vec{\omega}_{rel}$ von Führungswinkelgeschwindigkeit und relativer Winkelgeschwindigkeit berechnen sich in diesem Koordinatensystem zu

$$\vec{\omega}_F = (-\omega_F \sin\delta;\, 0;\, \omega_F \cos\delta)^T \quad \text{und} \quad \vec{\omega}_{rel} = (0;\, 0;\, \omega_E)^T;$$

ω_E heißt Eigenwinkelgeschwindigkeit der Scheibe. Gem. Beziehung (1.50) aus Abschn. 1.4 (Starrkörper-Kinematik), mit O' = A und B = S, lässt sich die Geschwindigkeit $\vec{v}_P$ des Kontaktpunktes P wie folgt darstellen:

$$\vec{v}_P = \underbrace{\vec{v}_A}_{=\vec{0}} + \vec{\omega}_F \times (\vec{r}\,'_S + \vec{\rho}\,'_P) + \underbrace{\vec{v}_{S,rel}}_{=\vec{0}} + \vec{\omega}_{rel} \times \vec{\rho}\,'_P; \tag{6.1}$$

hierin sind $\vec{r}\,'_S = \vec{r}\,^{(A)}_S$ und $\vec{\rho}\,'_P = \vec{\rho}\,^{(S)}_P|_{xyz}$. Und damit ergibt sich ($\vec{v}_P = \vec{0}$):

$$\vec{0} = \begin{pmatrix} -\omega_F \sin\delta \\ 0 \\ \omega_F \cos\delta \end{pmatrix} \times \left[\begin{pmatrix} 0 \\ 0 \\ l \end{pmatrix} + \begin{pmatrix} R \\ 0 \\ 0 \end{pmatrix} \right] + \begin{pmatrix} 0 \\ 0 \\ \omega_E \end{pmatrix} \times \begin{pmatrix} R \\ 0 \\ 0 \end{pmatrix}$$

$$= \begin{pmatrix} 0 \\ R\omega_F \cos\delta + l\omega_F \sin\delta \\ 0 \end{pmatrix} + \begin{pmatrix} 0 \\ R\omega_E \\ 0 \end{pmatrix},$$

also

$$R\omega_F \cos\delta + l\omega_F \sin\delta + R\omega_E = 0 \quad \text{bzw.} \quad \omega_E = -\frac{R\cos\delta + l\sin\delta}{R}\omega_F.$$

Bei einem idealen Abrollvorgang ist die Eigenwinkelgeschwindigkeit ω_E nicht unabhängig von der Führungswinkelgeschwindigkeit ω_F. Die absolute Winkelgeschwindigkeit ω der Scheibe berechnet sich somit zu

$$\omega = \omega_F + \omega_{rel}$$

$$= \left(-\omega_F \sin\delta;\ 0;\ \omega_F \cos\delta - \frac{R\cos\delta + l\sin\delta}{R}\omega_F \right)^T$$

$$= \left(-\omega_F \sin\delta;\ 0;\ -\frac{l}{R}\omega_F \sin\delta \right)^T.$$

Hiermit ist die Kinematik des Kollergangs vollständig beschrieben und es kann der Momentensatz formuliert werden. Als Bezugspunkt bietet sich natürlich der Punkt A an, da die die im dortigen Gelenk auftretenden Reaktionskräfte dann kein Moment generieren.

$$\overset{\cdot\cdot}{\vec{L}}^{(A)} = \vec{M}_{res}^{(A)} \quad \text{wobei} \quad \overset{\cdot\cdot}{\vec{L}}^{(A)} = \overset{\cdot}{\vec{L}}^{(A)}\big|_{xyz} + \vec{\omega}_F \times \vec{L}^{(A)}$$

Da der Drehimpulsvektor hier in einem rotierenden Bezugssystem beschrieben wird, die Zeitableitung sich aber auf ein raumfestes System bezieht, muss nach der EULER-Ableitungsregel (1.29) differenziert werden; dabei wird als Winkelgeschwindigkeit natürlich immer die des Bezugssystems eingesetzt, in diesem Fall also die Führungswinkelgeschwindigkeit. Der Drehimpulsvektor bzgl. eines raumfesten Punktes (A) berechnet sich aber über die absolute Winkelgeschwindigkeit:

$$\vec{L}^{(A)} = \underline{J}^{(A)}\vec{\omega} = (L_x;\ L_y;\ L_z)^T = \left(-J\omega_F \sin\delta;\ 0;\ -J_{\text{III}}\frac{l}{R}\omega_F \sin\delta \right)^T.$$

Bedingt durch $\omega_F, \delta = konst$ ist $\overset{\cdot}{\vec{L}}^{(A)}\big|_{xyz} = (\dot{L}_x;\ \dot{L}_y;\ \dot{L}_z)^T = \vec{0}$. Folglich erhält man (zur Wdh.: Vektorprodukt dargestellt als Determinante):

$$\overset{\cdot\cdot}{\vec{L}}^{(A)} = \vec{\omega}_F \times \vec{L}^{(A)} = \begin{vmatrix} \vec{e}_x & \vec{e}_y & \vec{e}_z \\ -\omega_F \sin\delta & 0 & \omega_F \cos\delta \\ -J\omega_F \sin\delta & 0 & -J_{\text{III}}\frac{l}{R}\sin\delta\omega_F \end{vmatrix}$$

(LAPLACEscher Entwicklungssatz für Spalte 2)

$$= \vec{e}_y(-1)^{1+2}\begin{vmatrix} -\omega_F \sin\delta & \omega_F \cos\delta \\ -J\omega_F \sin\delta & -J_{\text{III}}\frac{l}{R}\sin\delta\omega_F \end{vmatrix} + 0 + 0$$

$$= -(\omega_F \sin\delta \cdot J_{\text{III}}\frac{l}{R}\sin\delta\omega_F + J\omega_F \sin\delta \cdot \omega_F \cos\delta)\vec{e}_y$$

$$= -\omega_F^2 \sin\delta(J_{\text{III}}\frac{l}{R}\sin\delta + J\cos\delta)\vec{e}_y.$$

Die beiden in obiger Skizze angedeuteten Kräfte mg und N erzeugen nur eine Drehwirkung bzgl der y-Achse (und neben diesen und den Gelenkreaktionen in A existieren keine weiteren Kräfte), d. h. $M_x = M_z = 0$. Mit der Orientierung $\vec{e}_y \otimes$ des Koordinatensystems ist der Uhrzeigersinn der positive Drehsinn. Die Drehwirkung der Gewichtskraft mg ist $\circlearrowleft$ und schließlich jene der Normalkraft $N \circlearrowright$. Es gilt demnach:

$$\vec{M}_{\text{res}}^{(A)} = (l \cdot mg \sin \delta - lN)\vec{e}_y.$$

Eingesetzt in den Momentensatz,

$$-\omega_F^2 \sin \delta \left(J_{I\!I\!I} \frac{l}{R} \sin \delta + J \cos \delta \right) = l \cdot mg \sin \delta - lN,$$

und aufgelöst nach der gesuchten Normalkraft:

$$lN = \omega_F^2 \sin \delta \left(J_{I\!I\!I} \frac{l}{R} \sin \delta + J \cos \delta \right) + l \cdot mg \sin \delta$$

bzw.

$$N = \left[\left(J \frac{\cos \delta}{l} + J_{I\!I\!I} \frac{\sin \delta}{R} \right) \omega_F^2 + mg \right] \sin \delta > 0.$$

Fazit: Die rein statische Normalkraft $mg \sin \delta$ wird infolge der Rotation des Systems mit ω_F um die Vertikale deutlich vergrößert. ◄

Beispiel 6.2: Elastisches mathematisches Pendel / Federpendel

Man denke sich bei einem mathematischen Pendel (Bsp. 2.2, Abschn. 2.2.1) das undehnbare Seil bzw. den Stab konstanter Länge durch eine lineare Feder mit der Steifigkeit c ersetzt. Die Entfernung zum Aufhängepunkt ist dann natürlich variabel; die Federlänge im ungespannten Zustand wird mit l_0 bezeichnet. Jegliche Art von Widerstandskräften sei vernachlässigt.

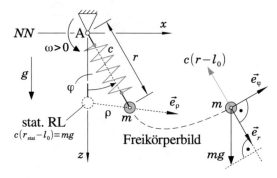

Gesucht sind die Bewegungsgleichungen für den Massenpunkt m. Dafür muss man erst klären, welche Koordinaten am zweckmäßigsten sind.

Der Massenpunkt führt soz. eine „allgemeine" ebene Bewegung aus, so dass dessen Position durch die Angabe der kartesischen xz-Koordinaten bestimmt ist; man nennt diese Längen- bzw. Entfernungskoordinaten (in Bezug auf den raumfesten Lagerpunkt A) auch physikalische Koordinaten. D. h. jener Massenpunkt besitzt zwei Freiheitsgrade, und man muss folglich zwei Bewegungsgleichungen ermitteln. Nun hängt die Federkraft aber nur von der radialen Entfernung $r = \sqrt{x^2 + z^2}$ des Massenpunktes von A ab, was letztlich bedeutet, dass die Formulierung der Dynamischen Grundgleichung in Polarkoordinaten übersichtlicher ist.

Legt man als pos. Drehsinn den Gegenuhrzeigersinn fest ($\omega > 0$ für $\circlearrowleft$ bzw. $\vec{e}_\omega \odot$), dann gilt für den skizzierten Zirkularwinkel $\varphi > 0$. Zudem ist damit der zirkulare Einheitsvektor $\vec{e}_\varphi$ definiert, da $\vec{e}_r$, $\vec{e}_\varphi$ und $\vec{e}_\omega$ in dieser Reihenfolge ein sog. Rechtssystem bilden. Die radiale und zirkulare Kräftegleichung lautet somit:

$$\searrow r : ma_r = mg \cos \varphi - c(r - l_0)$$
$$\nearrow \varphi : ma_\varphi = -mg \sin \varphi \qquad .$$

Da jedoch hier keine Kreisbewegung vorliegt, sind für die Radial- (a_r) und Zirkularbeschleunigung (a_φ) die allgemeinen Beziehungen gem. Gleichung (1.15) einzusetzen.

$$m(\ddot{r} - r\dot{\varphi}^2) = mg \cos \varphi - c(r - l_0)$$
$$m(r\ddot{\varphi} + 2\dot{r}\dot{\varphi}) = -mg \sin \varphi \qquad .$$

Diese beiden Koordinatengleichungen sind bereits die gesuchten Bewegungsgleichungen (DGL-System für die zwei Variablen r und φ), die man noch ein klein wenig umformen kann:

$$\ddot{r} - r\dot{\varphi}^2 + \frac{c}{m}(r - l_0) - g \cos \varphi = 0$$
$$r\ddot{\varphi} + 2\dot{r}\dot{\varphi} + g \sin \varphi = 0 \qquad .$$

Lösungsalternative: Die Ermittlung der Bewegungsgleichungen mittels der Dynamischen Grundgleichung ist in diesem Fall recht angenehm, schließlich ist das Aufstellen der Kräftegleichungen in den Koordinatenrichtungen mit keiner großen Herausforderung verbunden. Bei komplexeren System, wie z. B. Mehrkörpersystemen, sieht das anders aus. Hier empfiehlt sich i. Allg. die Anwendung der LAGRANGEschen Gl. 2. Art (4.7) von Abschn. 4.2, die bei dieser Gelegenheit wiederholt werden.

Da dieser Körper zwei Freiheitsgrade besitzt, benötigt man zwei voneinander unabhängige Koordinaten, die einer eindeutigen Lagebeschreibung dienen (generalisierte Koordinaten q_1 und q_2). Diese Eigenschaften erfüllen sowohl die kartesischen Koordinaten x und z, als auch die Polarkoordinaten r und φ.

Bei dieser Methode muss man mit den generalisierten Koordinaten die LAGRANGE-Funktion $L = E_k - E_p$ formulieren. Dazu kurz der Vergleich von kinetischer Energie E_k bzw. potentieller Energie E_p in kartesischen Koordinaten und Polarkoordinaten.

- Kartesisch:

$$E_k = \frac{1}{2}mv^2 \quad \text{mit} \quad v^2 = v_x^2 + v_z^2 = \dot{x}^2 + \dot{z}^2$$

$$E_p = \frac{1}{2}c(r - l_0)^2 - mgz \quad \text{wobei} \quad r = \sqrt{x^2 + z^2}$$

- Polar (bzgl. Lagerpunkt A, nicht bzgl. der stat. Ruhelage (RL) von m, da Federkraft von r und nicht von ρ abhängt):

$$E_k = \frac{1}{2}mv^2 \quad \text{mit} \quad v^2 = v_r^2 + v_\varphi^2 = \dot{r}^2 + (r\dot{\varphi})^2 \quad \text{nach (1.14)}$$

$$E_p = \frac{1}{2}c(r - l_0)^2 - mgz \quad \text{wobei} \quad z = r \cos\varphi$$

Hierbei wurde für das sog. Schwerepotenzial als Nullniveau NN die Lage $z = 0$ gewählt; wegen $z \downarrow$ gilt dann $E_{p,\text{schwere}} = -mgz$.

Die Bildung der partiellen Ableitungen von L nach den generalisierten Koordinaten ist wohl mit r und φ etwas einfacher; daher fällt die Wahl auf die Polarkoordinaten. Somit lautet die LAGRANGE-Funktion

$$L = \frac{1}{2}m(\dot{r}^2 + (r\dot{\varphi})^2) - \frac{1}{2}c(r - l_0)^2 + mgr\cos\varphi$$

$$= \frac{1}{2}m\dot{r}^2 + \frac{1}{2}mr^2\dot{\varphi}^2 - \frac{1}{2}c(r - l_0)^2 + mgr\cos\varphi,$$

und mit $q_1 = r$ und $q_2 = \varphi$ ergibt sich:

$$\frac{\mathrm{d}}{\mathrm{d}t}\left(\frac{\partial L}{\partial \dot{q}_1}\right) = \frac{\mathrm{d}}{\mathrm{d}t}(\frac{1}{2}m\,2\dot{r}) = m\ddot{r}$$

$$\frac{\partial L}{\partial q_1} = \frac{1}{2}m\dot{\varphi}^2\,2r - \frac{1}{2}c\,2(r - l_0) + mg\cos\varphi$$

sowie

$$\frac{\mathrm{d}}{\mathrm{d}t}\left(\frac{\partial L}{\partial \dot{q}_2}\right) = \frac{\mathrm{d}}{\mathrm{d}t}\left(\frac{1}{2}mr^2\,2\dot{\varphi}\right) \overset{[r=r(t)]}{=} m[\frac{\mathrm{d}}{\mathrm{d}t}(r^2)\cdot\dot{\varphi} + r^2\cdot\ddot{\varphi}] = m[2r\dot{r}\dot{\varphi} + r^2\ddot{\varphi}]$$

$$\frac{\partial L}{\partial q_2} = -mgr\sin\varphi.$$

Da das System aufgrund der Vernachlässigung der Widerstandskräfte konservativ ist, sind die generalisierten nicht-konservativen Kräfte Q_1^* und Q_2^* gleich Null. Man erhält somit für

$$j = 1: \quad m\ddot{r} - (m\dot{\varphi}^2 r - c(r - l_0) + mg\cos\varphi) = 0$$

und

$$j = 2: \quad m[2r\dot{r}\dot{\varphi} + r^2\ddot{\varphi}] - (-mgr\sin\varphi) = 0.$$

Dividiert man nun erstere Gleichung mit m sowie die zweite mit m und $r \neq 0$, dann ergeben sich wieder die obigen Bewegungsgleichungen.

Ergänzung 1: Die Punktmasse m befindet sich zusätzlich in einem (vorerst) masselosen, um A mitpendelnden Rohr; das Spiel zwischen Körper und Rohr ist „klein", der Reibbeiwert der entspr. Materialpaarung sei μ. Es tritt folglich stets in radialer Richtung eine COULOMBsche Reibkraft $R = \mu N$ auf. Betrachtet man bspw. die Bewegung von m in positiver r-Richtung, d. h. von A weg, so ist R an diesem Körper nach innen, also zum raumfesten Lagerpunkt A hin orientiert. Zudem zeigt für den Fall einer Drehung im pos. Sinn die am Massenpunkt m angreifende Normalkraft N „nach links"; diese ist übrigens die Wechselwirkungskraft zwischen Körper (drückt gegen Rohr) und dem hinreichend langen Rohr. Am Rohr wirken wegen „actio = reactio" die Kräfte jeweils entgegengesetzt. Die nachfolgenden Skizzen zeigen die Freikörperbilder von Massenpunkt (rechts) und Rohr (links).

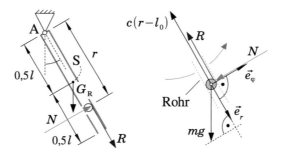

In diesem Fall lautet die zirkulare Kräftegleichung für den Massenpunkt:

$$ma_\varphi = -mg \sin \varphi - N, \quad \text{mit} \quad a_\varphi = r\ddot{\varphi} + 2\dot{r}\dot{\varphi}.$$

Damit ergibt sich

$$N = -m(r\ddot{\varphi} + 2\dot{r}\dot{\varphi}) - mg \sin \varphi$$

und folglich die Reibkraft zu

$$R = \mu N = -\mu m(r\ddot{\varphi} + 2\dot{r}\dot{\varphi} + g \sin \varphi).$$

Die Reibkraft wirkt natürlich stets längs des Rohrs, $\vec{R} = -R\vec{e}_r$; für deren an der Punktmasse verrichtete virtuelle Arbeit gilt somit:

$$\delta W_R^* = -R\vec{e}_r\,\delta\vec{r} = -R\vec{e}_r(\delta r\vec{e}_r + r\delta\varphi\vec{e}_\varphi) = -R\,\delta r;$$

das virtuelle Ortsvektordifferenzial $\delta\vec{r}$ folgt aus (1.13) mit Umbenennung „d $= \delta$":

$$\underset{=\dfrac{\mathrm{d}\vec{r}}{\mathrm{d}t}}{\underbrace{\vec{v}}} = \underset{=\dfrac{\mathrm{d}r}{\mathrm{d}t}}{\underbrace{\dot{r}}}\ \vec{e}_r + r\ \underset{=\dfrac{\mathrm{d}\varphi}{\mathrm{d}t}}{\underbrace{\dot{\varphi}}}\ \vec{e}_\varphi \mid \cdot\,\mathrm{d}t. \tag{6.2}$$

Infolge der Drehung des Rohrs um A, wirkt dort die Reibkraft R stets senkrecht zur (kreisförmigen) Bahn des entsprechenden Massenelementes; sie verrichtet demnach – wie auch an einer ruhenden Umgebung – am Rohr zwar „radiale Arbeit", führt jedoch zu keiner Lage- und/oder Impulsänderung, sondern wird in therm. Energie (Wärme) umgewandelt.

Die zirkular orientierte Normalkraft N wirkt zum einen parallel bzgl. des virtuellen Bogenweges $r\delta\varphi$ (Drehung um A); sie verrichtet daher am Rohr und an der Punktmasse virtuelle Arbeit, wegen „actio = reactio" ist die Summe dieser Arbeiten aber Null. Und für den radialen Weganteil des Massenpunktes gilt ohnehin: $\delta W_{N,r} = -N\vec{e}_\varphi \cdot \delta r\vec{e}_r = 0$. Bei dieser Reaktionskraft handelt es sich soz. um eine Zwangs- bzw. Führungskraft für die radiale Bewegungsrichtung des Massenpunktes.

In diesem Fall ergibt sich folglich die gesamte nicht-konservative virtuelle Arbeit zu

$$\delta W^* = \delta W_R^* = -R\,\delta r + (0 \cdot \delta\varphi),$$

d. h. es liefert die generalisierte Koordinate $q_2 = \varphi$ keinen Anteil. Nach (4.8) lässt sich die virtuelle Arbeit zudem aus den nicht-konservativen generalisierten Kräften berechnen. Mit $f = 2$ gilt:

$$\delta W^* = Q_1^*\delta q_1 + Q_2^*\delta q_2.$$

Der Koeffizientenvergleich mit der virtuellen Arbeit in der Form $\delta W^* = -R\delta r$ sowie $q_1 = r$ und $q_2 = \varphi$ liefert

$$Q_1^* = -R = \mu m(r\ddot{\varphi} + 2\dot{r}\dot{\varphi} + g\sin\varphi) \quad \text{und} \quad Q_2^* = 0.$$

Bevor man nun Q_1^* in die LAGRANGEsche Gl. 2. Art einsetzt, sei noch ein Blick auf den Momentensatz für das Rohr erlaubt – Warum? Betrachtet man obiges Freikörperbild (links), so ist doch mit einem masselosen Rohr dessen Gewicht $G_R = m_R g = 0$ (m_R ist d. Masse des Rohrs). Und dann würde einzig $N \neq 0$ ein Moment bzgl. A erzeugen, d. h. eine endliche Drehwirkung für einen masselosen Körper. Der Momentensatz

$$J_R^{(A)}\ddot{\varphi} = rN - \frac{l}{2}m_R g\sin\varphi, \qquad \begin{array}{l} \text{[Hinw.: } N \text{ eliminiert, würde bereits} \\ \text{eine Bewegungsgleichung ergeben.]} \end{array}$$

mit dem Massenträgheitsmoment $J_R^{(A)}$ des Rohrs der Länge l bzgl. jener raumfesten Achse durch A, liefert mit $m_R = 0$ und damit auch $J_R^{(A)} = 0$ einen Widerspruch, nämlich $N = 0$, da $r \neq 0$. D.h. die modellmäßige Vereinfachung $m_R = 0$ ist nicht „zulässig". Soll bewusst Reibung zwischen den Körpern berücksichtigt werden, die ja in jedem Fall auftritt, darf man die Rohrmasse m_R nicht vernachlässigen.

Doch das bedeutet wiederum, dass das Rohr auch kinetische (Rotation um A) und potentielle (Schwerpunkt S) Energie besitzt:

$$E_{k,R} = \frac{1}{2} J_R^{(A)} \omega^2 = \frac{1}{2} J_R^{(A)} \dot{\varphi}^2 \quad \text{und} \quad E_{p,R} = -m_R g z_S = -m_R g \frac{l}{2} \cos\varphi.$$

Damit ergibt sich die „erweiterte" LAGRANGE-Funktion zu

$$L = \frac{1}{2} m (\dot{r}^2 + (r\dot{\varphi})^2) + \underbrace{\frac{1}{2} J_R^{(A)} \dot{\varphi}^2} - \tag{6.3}$$

$$- \frac{1}{2} c (r - l_0)^2 + mgr \cos\varphi + \underbrace{m_R g \frac{l}{2} \cos\varphi}. \tag{6.4}$$

Mit den LAGRANGEschen Gl. 2. Art erhält man sodann:

$$\frac{\mathrm{d}}{\mathrm{d}t} \left(\frac{\partial L}{\partial \dot{q}_1} \right) - \frac{\partial L}{\partial q_1} = Q_1^*$$

$$\frac{\mathrm{d}}{\mathrm{d}t} \left(\frac{1}{2} m \, 2\dot{r} \right) - \left(\frac{1}{2} m \dot{\varphi}^2 \, 2r - \frac{1}{2} c \, 2(r - l_0) + mg \cos\varphi \right) = -R$$

$$m\ddot{r} - (m\dot{\varphi}^2 r - c(r - l_0) + mg \cos\varphi) = \mu m (r\ddot{\varphi} + 2\dot{r}\dot{\varphi} + g \sin\varphi)$$

$$\ddot{r} - \dot{\varphi}^2 r + \frac{c}{m}(r - l_0) - g \cos\varphi = \mu(r\ddot{\varphi} + 2\dot{r}\dot{\varphi} + g \sin\varphi)$$

und

$$\frac{\mathrm{d}}{\mathrm{d}t} \left(\frac{\partial L}{\partial \dot{q}_2} \right) - \frac{\partial L}{\partial q_2} = Q_2^*$$

$$\frac{\mathrm{d}}{\mathrm{d}t} \left(\frac{1}{2} m r^2 \, 2\dot{\varphi} + \frac{1}{2} J_R^{(A)} \, 2\dot{\varphi} \right) - \left(-mgr \sin\varphi - m_R g \frac{l}{2} \sin\varphi \right) = 0$$

$$m[2r\dot{r}\dot{\varphi} + r^2\ddot{\varphi}] + J_R^{(A)} \ddot{\varphi} + mgr \sin\varphi + \frac{1}{2} m_R g l \sin\varphi = 0 \, | : mr \neq 0$$

$$\left(r + \frac{J_R^{(A)}}{mr} \right) \ddot{\varphi} + 2\dot{r}\dot{\varphi} + g \left(1 + \frac{m_R l}{2mr} \right) \sin\varphi = 0$$

Ergänzung 2: Die Anordnung von Ergänzung 1 führt jetzt keine freie Pendelbewegung aus, sondern sie wird von der vertikalen Position $\varphi = 0$ (statische Ruhelage) aus gegen den Uhrzeigersinn mit konstanter Winkelgeschwindigkeit $\omega = \dot{\varphi}$ bewegt. Das macht das System nicht einfach so von selbst, dafür ist eine Antriebseinheit (Motor) notwendig, die eben ein entsprechendes Antriebsmoment $M_A \circlearrowleft$ erzeugt, vgl. Skizze.

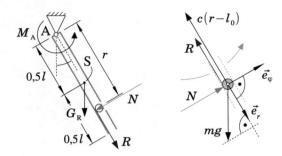

In diesem Fall schiebt das Rohr die Punktmasse soz. nach oben, wobei diese – unter dem Einfluss von Reibung – nach außen rutscht. Damit zu Beginn kein Haftungseffekt auftritt, wird $\dot{r}(0) > 0$ vorausgesetzt.

Die Dynamische Grundgleichung für den Massenpunkt (Freikörperbild rechts) in zikularer Richtung lautet dann für $\omega = \dot{\varphi} = konst$ ($\ddot{\varphi} = 0$):

$$ma_\varphi = -mg \sin\varphi + N, \quad \text{mit} \quad a_\varphi = 0 + 2\dot{r}\dot{\varphi},$$

d. h. die Wechselwirkungskraft N ergibt sich zu

$$N = 2m\dot{r}\dot{\varphi} + mg \sin\varphi = m(2\dot{r}\dot{\varphi} + g \sin\varphi),$$

die – in Summe – wieder keine virtuelle Arbeit verrichtet (vgl. Ergänzung 1). Und für die virtuelle Arbeit der nicht-konservativen Reibkraft R gilt natürlich unverändert

$$\delta W_R^* = -R \, \delta r.$$

Es wird nun aber das oben erläuterte Antriebsmoment M_A eingeprägt. Der Momentensatz (bzgl. A) für das Rohr verändert sich damit etwas:

$$J_R^{(A)} \ddot{\varphi} = M_A - rN - \frac{l}{2} m_R g \sin\varphi;$$

d. h. es ist in diesem Fall die Vereinfachung des Modells mit $m_R = 0$ und folglich auch $J_R^{(A)} = 0$ möglich. Dann ergibt sich schließlich:

$$M_A = rN.$$

Ein entsprechendes (Antriebs-)Moment kann man, wie im Abschn. 4.2 erklärt, einfach als „nicht-konservativ" behandeln. Nach Beziehung (3.12) für die Arbeit eines Moments bei Rotation um eine raumfeste Achse berechnet sich dessen virtuelle Arbeit zu

$$\delta W_M^* = M_A \delta\varphi = rN \, \delta\varphi.$$

Und damit ist die gesamte virtuelle Arbeit

$$\delta W^* = \delta W_R^* + \delta W_M^* = -R\,\delta r + rN\delta\varphi.$$

Aus dem Koeffizientenvergleich mit $\delta W^* = Q_1^*\delta q_1 + Q_2^*\delta q_2$ folgt

$$Q_1^* = -R = -\mu N = -\mu m(2\dot{r}\dot{\varphi} + g\sin\varphi)$$

und

$$Q_2^* = rN = rm(2\dot{r}\dot{\varphi} + g\sin\varphi);$$

letztere generalisierte nicht-konservative Kraft ist also hier ein Moment. Da die LAGRANGE-Funktion L im Vergleich zum ursprünglichen System (ohne Rohr) unverändert ist ($m_R = 0$), muss man bei obigen „$j = 1$"- und „$j = 2$"-Gleichungen somit nur die Null auf der rechten Seite durch Q_1^* resp. Q_2^* ersetzen; für $j = 2$ folgt schließlich $\ddot{\varphi} = 0$.

Hinweis: Selbst bei einer horizontalen (dann wäre soz. „$g = 0$") Drehung dieses erweiterten Systems mit konstanter Winkelgeschwindigkeit, d. h. $\dot{\omega} = \ddot{\varphi} = 0$, tritt eine aus einer zirkularen Normalkraft resultierende Reibkraft auf: $R = \mu N = 2\mu m\dot{r}\dot{\varphi}$. ◄

Beispiel 6.3: Transversalschwingung eines Feder-Masse-Systems

In den bisherigen Kapiteln wurden Federn immer nur axial gedehnt bzw. gestaucht. Die folgende Skizze zeigt die Draufsicht (kein Einfluss der Gewichtskraft in dieser Ebene) einer Anordnung von zwei gleichen Federn (Steifigkeit c, kraftlose/ungespannte Länge l_0), die transversal ausgelenkt werden. Für die Einbaulänge l soll zunächst $l > l_0$ gelten, sodass auch in der statischen Ruhelage bei $x = 0$ eine Vorspann-Federkraft von $c(l - l_0)$ wirkt. Zu ermitteln ist die Bewegungsgleichung der Punktmasse m, die in der skizzierten horizontalen Ebene reibungsfrei geführt ist.

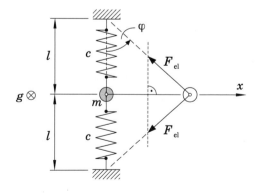

Hierfür bietet sich grundsätzlich die Anwendung der LAGRANGEschen Gl. 2. Art an (vgl. u. a. Bsp. 6.2). Der Wiederholung dienend, wird in diesem Beispiel die Bewegungsgleichung des Massenpunktes in x-Richtung mit Hilfe der Dynamischen Grundgleichung und alternativ mit dem Energiesatz aufgestellt.

Kräfteansatz: Bei transversaler Auslenkung des Massenpunktes m um x berechnet sich die Änderung Δl_F der Federlänge in Bezug auf l_0 zu

$$\Delta l_F = l_F(x) - l_0 = \sqrt{x^2 + l^2} - l_0;$$

$l_F(x)$ ist die aktuelle Länge der Feder. Legt man ein lineares Kraftgesetz zugrunde, so gilt für die Federkraft

$$F_{el} = c\Delta l_F = c(\sqrt{x^2 + l^2} - l_0).$$

Und damit erhält man für die x-Gleichung der Dynamischen Grundgleichung (Faktor 2, da zwei Federn):

$$m\ddot{x} = -2F_{el,x} = -2 \underbrace{F_{el} \sin\varphi}_{= F_{el,x}}, \quad \text{mit} \quad \sin\varphi = \frac{x}{l_F(x)} = \frac{x}{\sqrt{x^2 + l^2}}. \tag{6.5}$$

Die Bewegungsgleichung lautet also:

$$m\ddot{x} + 2c\left(\sqrt{x^2 + l^2} - l_0\right)\frac{x}{\sqrt{x^2 + l^2}} = 0$$

bzw. ($\bar{\omega}_0$: Eigenkreisfrequenz des einfachen Feder-Masse-Pendels, Abschn. 5.2.1)

$$\ddot{x} + 2\bar{\omega}_0^2\left(1 - \frac{l_0}{\sqrt{x^2 + l^2}}\right)x = 0, \quad \text{wobei} \quad \bar{\omega}_0^2 = \frac{c}{m}.$$

Energiesatz: Die Aussage, dass bei einem konservativen System – und ein solches liegt hier zweifelsohne vor – die mechanische Gesamtenergie

$$E_{ges} = E_k + E_p,$$

also die Summe aus kinetischer und potentieller Energie zu jedem Zeitpunkt gleich, d. h. zeitlich konstant ist, lässt sich wie folgt ausdrücken:

$$\frac{\partial E_{ges}}{\partial t} = 0, \quad \text{vgl. (2.43) auf S. 91.}$$

D. h. man muss zunächst die Gesamtenergie E_{ges} als Funktion der Zeit t formulieren. Für einen Massenpunkt und zwei Federn gilt:

$$E_{ges} = \frac{1}{2}mv^2 + 2 \cdot \frac{1}{2}c(\Delta l_F)^2.$$

Für die Bahngeschwindigkeit v der Punktmasse gilt bei geradliniger Bewegung in x-Richtung: $v = \dot{x}$; mit obiger Beziehung für Δl_F ergibt sich:

$$E_{ges} = \frac{1}{2}m\dot{x}^2 + c\left(\underbrace{\sqrt{x^2 + l^2}}_{= (x^2 + l^2)^{\frac{1}{2}}} - l_0\right)^2 ; \qquad (6.6)$$

hierbei sind $x = x(t)$ und $\dot{x} = \dot{x}(t)$ Funktionen der Zeit. Bei der Berechnung der partiellen Ableitung von E_{ges} nach t ist daher die Kettenregel anzuwenden (Nachdifferenzieren).

$$\frac{\partial E_{ges}}{\partial t} = \frac{1}{2}m\,2\dot{x}\cdot\ddot{x} + 2c\left(\sqrt{x^2 + l^2} - l_0\right)\underbrace{\frac{1}{2}(x^2 + l^2)^{-\frac{1}{2}}}_{= \frac{1}{\sqrt{x^2 + l^2}}}2x\cdot\dot{x}$$

$$= \dot{x}\left[m\ddot{x} + 2c(\sqrt{x^2 + l^2} - l_0)\frac{1}{\sqrt{x^2 + l^2}}x\right].$$

Der Energiesatz in der Fassung (2.43) liefert zwei Lösungen, zum einen $\dot{x} = 0$, die (uninteressante) Triviallösung, sowie $[...] = 0$, die Bewegungsgleichung, die bereits mit dem Kräfteansatz hergeleitet wurde:

$$m\ddot{x} + 2c\left(1 - \frac{l_0}{\sqrt{x^2 + l^2}}\right)x = 0.$$

Ergänzung 1: Linearisierung der DGL. Die Betrachtung beschränkt sich nun auf kleine Auslenkungen, d. h. $x \ll l$. Man formt den Wurzelterm etwas um (Ausklammern von l^2 unter der Wurzel),

$$\frac{l_0}{\sqrt{x^2 + l^2}} = \frac{l_0}{\sqrt{l^2\left(\frac{x^2}{l^2} + 1\right)}} = \frac{l_0}{l\sqrt{1 + \left(\frac{x}{l}\right)^2}}$$

und entwickelt nach Substitution $\xi = \left(\frac{x}{l}\right)^2$ den „neuen" Wurzelausdruck in einer Potenzreihe. Nach [4] gilt:

$$\frac{1}{\sqrt{1 + \xi}} = 1 - \frac{1}{2}\xi + \frac{3}{8}\xi^2 - \frac{15}{48}\xi^2 + -...$$

Da $x \ll l$, ist $\xi \ll 1$, und man kann die Reihe nach dem linearen Glied abbrechen (Näherung). Dann ergibt sich:

$$\frac{1}{\sqrt{1 + \left(\frac{x}{l}\right)^2}} \approx 1 - \frac{1}{2}\left(\frac{x}{l}\right)^2 ,$$

also eine quadratische Approximation, aber keine Linearisierung. Damit jedoch die Bewegungsgleichung linear wird, muss demnach der Abbruch nach dem Glied 0. Ordnung erfolgen (größerer Näherungsfehler):

$$\frac{1}{\sqrt{1+\left(\frac{x}{l}\right)^2}} = \frac{1}{\sqrt{1+\xi}} \approx 1.$$

Die (linearisierte) Bewegungsgleichung lautet somit:

$$\ddot{x} + 2\frac{c}{m}\left(1 - \underbrace{\frac{l_0}{\sqrt{x^2+l^2}}}\right)x = 0, \tag{6.7}$$

$$= \frac{l_0}{l}\underbrace{\frac{1}{\sqrt{1+\left(\frac{x}{l}\right)^2}}} \approx \frac{l_0}{l}\cdot 1$$

also

$$\ddot{x} + 2\frac{c}{m}\left(1 - \frac{l_0}{l}\right)x = 0 \quad \text{d.h.} \quad \ddot{x} + \underbrace{konst}_{>0}\cdot x = 0 \quad \text{da} \quad l > l_0. \tag{6.8}$$

Diese entspricht der DGL eines harmonischen Oszillators, vgl. (5.2) auf. Kap. 5. D.h. für kleine Auslenkungen ($x \ll l$) schwingt der Massenpunkt annähernd harmonisch mit der Kreisfrequenz

$$\omega_0 = \sqrt{2\frac{c}{m}\left(1 - \frac{l_0}{l}\right)} = \sqrt{2\bar{\omega}_0^2\left(1 - \frac{l_0}{l}\right)} = \bar{\omega}_0\sqrt{2\left(1 - \frac{l_0}{l}\right)};$$

man nennt ω_0 Eigenkreisfrequenz des linearisierten schwingungsfähigen Systems. Wären die Federn ohne Vorspannung montiert, d.h. es wäre $l = l_0$, ergäbe sich $\omega_0 = 0$, was der Tatsache aber widerspricht, dass die Masse m nach einer Auslenkung aus der Ruhelage $x = 0$ trotzdem schwingt. Dieses mathematische Modell versagt also für jene Konstellation.

Ergänzung 2: Schwingungsdauer T für den Fall „keine Vorspannung". Es sei nun die Montagelänge l gerade gleich der ungespannten Federlänge l_0. Dann gilt für die mechanische Gesamtenergie

$$E_{\text{ges}} = \frac{1}{2}m\dot{x}^2 + c\left(\sqrt{x^2+l_0^2} - l_0\right)^2.$$

Bezeichnet man nun $x = x_0 > 0$ als die Maximalauslenkung, so ist an diesem Ort (rechter Umkehrpunkt) die Geschwindigkeit des Massenpunktes $\dot{x} = 0$ und die Gesamtenergie somit

$$E_{\text{ges}}\big|_{x=x_0} = c\left(\sqrt{x_0^2+l_0^2} - l_0\right)^2.$$

Da diese sich zeitlich nicht ändert, gilt folglich:

$$\frac{1}{2}m\dot{x}^2 + c\left(\sqrt{x^2+l_0^2} - l_0\right)^2 = c\left(\sqrt{x_0^2+l_0^2} - l_0\right)^2.$$

bzw.

$$\dot{x}^2 = \frac{2c}{m}\left[\left(\sqrt{x_0^2 + l_0^2} - l_0\right)^2 - \left(\sqrt{x^2 + l_0^2} - l_0\right)^2\right]$$

$$= \frac{2c}{m}\left[(x_0^2 + l_0^2) - 2l_0\sqrt{x_0^2 + l_0^2} + l_0^2 - \left((x^2 + l_0^2) - 2l_0\sqrt{x^2 + l_0^2} + l_0^2\right)\right]$$

$$= \frac{2c}{m}\left[x_0^2 - x^2 - 2l_0\sqrt{x_0^2 + l_0^2} + 2l_0\sqrt{x^2 + l_0^2}\right].$$

Klammert man unter den Wurzeln l_0^2 aus, so lassen sich diese wieder in einer Potenzreihe entwickeln.

$$\dot{x}^2 = \frac{2c}{m}\left[x_0^2 - x^2 - 2l_0^2\sqrt{1 + \frac{x_0^2}{l_0^2}} + 2l_0^2\sqrt{1 + \frac{x^2}{l_0^2}}\right] \overset{[4]}{=}$$

$$= \frac{2c}{m}\left[x_0^2 - x^2 - 2l_0^2\left(1 + \frac{1}{2}\frac{x_0^2}{l_0^2} - \frac{1}{8}\left(\frac{x_0^2}{l_0^2}\right)^2 + \frac{3}{48}\left(\frac{x_0^2}{l_0^2}\right)^3 - +\ldots\right)\right.$$

$$\left. + 2l_0^2\left(1 + \frac{1}{2}\frac{x^2}{l_0^2} - \frac{1}{8}\left(\frac{x^2}{l_0^2}\right)^2 + \frac{3}{48}\left(\frac{x^2}{l_0^2}\right)^3 - +\ldots\right)\right].$$

Unter der Voraussetzung kleiner Maximalauslenkungen, d. h. $x_0 \ll l_0$, ist schließlich $\frac{x_0^2}{l_0^2} \ll 1$ und da stets $|x| \le x_0$ auch $\frac{x^2}{l_0^2} \ll 1$. Man erhält daher eine (ziemlich) gute Näherung, wenn die Reihen nach dem in $\frac{x_0^2}{l_0^2}$ bzw. $\frac{x^2}{l_0^2}$ quadratischen Glied abgebrochen werden.

$$\dot{x}^2 \overset{(\approx)}{=} \frac{2c}{m}\left[x_0^2 - x^2 - 2l_0^2\left(1 + \frac{1}{2}\frac{x_0^2}{l_0^2} - \frac{1}{8}\frac{x_0^4}{l_0^4}\right) + 2l_0^2\left(1 + \frac{1}{2}\frac{x^2}{l_0^2} - \frac{1}{8}\frac{x^4}{l_0^4}\right)\right]$$

$$= \frac{2c}{m}\left[x_0^2 - x^2 - 2l_0^2 - x_0^2 + \frac{1}{4}\frac{x_0^4}{l_0^2} + 2l_0^2 + x^2 - \frac{1}{4}\frac{x^4}{l_0^2}\right] = \frac{2c}{4ml_0^2}\left(x_0^4 - x^4\right).$$

Damit ergibt sich folgende nicht-lineare DGL 1. Ordnung für x:

$$\dot{x} = \pm\frac{1}{l_0}\sqrt{\frac{c}{2m}}\sqrt{x_0^4 - x^4}.$$

Und diese kann man zumindest mal versuchen zu integrieren: Mit $\dot{x} = \frac{dx}{dt}$ schreibt man die DGL in der separierten Form

$$\frac{dx}{\pm\frac{1}{l_0}\sqrt{\frac{c}{2m}}\sqrt{x_0^4 - x^4}} = dt,$$

so dass beidseitig integriert werden kann.

$$\int \frac{dx}{\pm \frac{1}{l_0}\sqrt{\frac{c}{2m}}\sqrt{x_0^4 - x^4}} = \int dt = t + C_1 \quad \text{mit} \quad C_1 \text{ bel.}$$

Eine Herausforderung stellt natürlich das linke Integral dar, das zunächst umgeformt wird:

$$\int \frac{dx}{\pm \frac{1}{l_0}\sqrt{\frac{c}{2m}}\sqrt{x_0^4 - x^4}} = \pm l_0\sqrt{\frac{2m}{c}} \int \frac{dx}{\sqrt{x_0^4\left(1 - \frac{x^4}{x_0^4}\right)}}$$

(Substitution: $\xi = \frac{x}{x_0}, x = x_0\xi, dx = x_0 d\xi$)

$$= \pm \frac{l_0}{x_0^2}\sqrt{\frac{2m}{c}} \int \frac{x_0 d\xi}{\sqrt{1 - \xi^4}} = \pm\sqrt{2}\frac{l_0}{x_0}\sqrt{\frac{m}{c}} \int \frac{d\xi}{\sqrt{1 - \xi^4}}.$$

Nach z. B. [6] gilt für das unbestimmte Integral

$$\int \frac{d\xi}{\sqrt{1 - \xi^4}} = \int_0^\xi \frac{du}{\sqrt{1 - u^4}} + C_2 \quad \text{mit} \quad C_2 \in \mathbb{R};$$

hierbei wird die Integrationsvariable umbenannt ($\xi \rightsquigarrow u$), damit keine Doppelbezeichnung von Variablen erfolgt, da bei einer sog. Integralfunktion die obere Integrationsgrenze die unabhängige Variable ist. Es ergibt eingesetzt sich somit:

$$t = \pm\sqrt{2}\frac{l_0}{x_0}\sqrt{\frac{m}{c}} \int_0^\xi \frac{du}{\sqrt{1 - u^4}} \underbrace{\pm\sqrt{2}\frac{l_0}{x_0}\sqrt{\frac{m}{c}}C_2 - C_1}_{= +C} \tag{6.9}$$

Die Schwingung dieses ungedämpften Systems erfolgt sicherlich periodisch, wenngleich aber nicht harmonisch. Jedoch ist die Schwingungs- bzw. Periodendauer T gleich dem Vierfachen jener Zeitdauer $\Delta t_{1/4}$, die der Massenpunkt bspw. für die Bewegung von $x = 0$ bis $x = x_0$ benötigt (Viertelzyklus). Mit der Anfangsbedingung $t = 0$ bei $x = 0$ und daher $\xi = 0$ folgt $C = 0$. Damit lässt sich für diesen Viertelzyklus ($x \geq 0$) die Funktion $t = t(x)$ angeben:

$$t = \overset{+}{(-)}\sqrt{2}\frac{l_0}{x_0}\sqrt{\frac{m}{c}} \int_0^{\frac{x}{x_0}} \frac{du}{\sqrt{1 - u^4}}.$$

Es ist also $\Delta t_{1/4} = t(x_0)$ und folglich

$$T = 4\Delta t_{1/4} = 4\sqrt{2}\frac{l_0}{x_0}\sqrt{\frac{m}{c}} \int_0^1 \frac{du}{\sqrt{1 - u^4}}.$$

Leider ist nun dieses bestimmte Integral (vermutlich) nicht analytisch lösbar. Doch zum Glück handelt es sich um ein „sehr schönes" Integral. Man findet nämlich in [7]:

$$\int_0^1 \frac{du}{\sqrt{1-u^4}} = \frac{1}{4\sqrt{2\pi}} \left(\Gamma\left(\frac{1}{4}\right)\right)^2,$$

wobei Γ die sog. Gamma-Funktion ist,

$$\Gamma(x) = \int_0^\infty e^{-t} t^{x-1}\, dt \quad [6].$$

Und jene Funktion ist in [15] tabellarisiert; dort entnimmt man: $\Gamma\left(\frac{1}{4}\right) \approx 3{,}6256$. Damit kann man für die (anharmonische) Periodendauer angeben:

$$T \approx 4\Delta t_{1/4} = 4\sqrt{2}\frac{l_0}{x_0}\sqrt{\frac{m}{c}} \cdot \frac{1}{4\sqrt{2\pi}} \cdot (3{,}6256)^2 \approx 7{,}42\frac{l_0}{x_0}\sqrt{\frac{m}{c}}.$$

Diese Näherungsformel hängt von der ungespannten Federlänge l_0 und der Maximalauslenkung x_0 ab (und natürlich von m und c).

Zum Vergleich: Verwendet man zur Berechnung der Schwingungsdauer das linearisierte System (harmonischer Oszillator), dann gilt gem. (5.5)

$$T_{\text{lin}} = \frac{2\pi}{\omega_0}$$

$$= \frac{2\pi}{\bar{\omega}_0\sqrt{2}} = \frac{\pi\sqrt{2}}{\sqrt{\frac{c}{m}}} = \pi\sqrt{2}\sqrt{\frac{m}{c}} \approx 4{,}44\sqrt{\frac{m}{c}}.$$

Mit dieser Näherung erhält man einen von l_0 und x_0 unabhängigen und aufgrund der gröberen Approximation der Wurzelterme einen „schlechteren" Wert. ◄

Einschub: LAPLACE-Transformation, Ableitungssatz, δ-Distribution und verallgemeinerte Ableitung

Für das nächste Beispiel ist es sinnvoll, in Bezug auf „mathematische Werkzeuge" etwas auszuholen. Lineare Differenzialgleichungen lassen sich i. Allg. mit Hilfe der sog. LAPLACE-Transformation recht angenehm lösen; die Transformation der DGL (Original-/Zeitbereich) führt nämlich zu einer algebraischen Gleichung (im Bildbereich).

Die LAPLACE-Transformation ist eine Integraltransformation, eine integrale Korrelation zwischen zwei Funktionen, die nach [16] wie folgt definiert ist: Sei f eine (Zeit-)Funktion mit der speziellen Eigenschaft

$$t \mapsto y = \begin{cases} 0 & : t < 0 \\ f(t) & : t \geq 0 \end{cases},$$

gen. kausale (Zeit-)Funktion, dann heißt

$$\mathcal{L}\{f\} : s \mapsto F(s) = \int_0^\infty f(t) e^{-st}\, dt \quad \text{mit} \quad s = \sigma + i\omega \in \mathbb{C} \tag{6.10}$$

LAPLACE-Transformierte der Funktion f. Üblicherweise erfolgt die Darstellung der Korrespondenz zwischen Original- und Bildbereich mit

$$f(t) \quad \circ\!\!-\!\!\bullet \quad F(s).$$

Bei der Transformation einer DGL müssen auch die Ableitungen der Funktion f transformiert werden. Für die erste Ableitung[1] $\dot{f}$ – die hier präziser als die erste gewöhnliche Ableitung bezeichnet wird – gilt [16]:

$$\dot{f}(t) \quad \circ\!\!-\!\!\bullet \quad s F(s) - f(0^+),$$

mit dem rechtsseitigen Grenzwert $f(0^+)$ der Funktion f bei Null, vorausgesetzt, die Funktion f ist für $t > 0$ stetig-differenzierbar.

Es wird nun eine in der Praxis besonders wichtige Funktion genauer betrachtet, die sog. HEAVISIDE-Funktion, auch als Sprungfunktion bezeichnet.

$$t \mapsto u(t) = \begin{cases} 0 : t < 0 \\ 1 : t \geq 0 \end{cases} \tag{6.11}$$

Sie stellt also einen (idealen) Einheitssprung dar, was bspw. einen Einschaltvorgang in der Elektronik oder der Fahrt über eine Kante im Straßenverkehr beschreibt. Die gewöhnliche Ableitung der HEAVISIDE-Funktion berechnet sich zu

$$\dot{u}(t) = \begin{cases} 0 : t < 0 \\ 0 : t > 0 \end{cases},$$

d. h. $\dot{u}(0) \, \nexists$, jedoch der links- sowie rechtsseitige Grenzwert $\dot{u}(0^-)$ und $\dot{u}(0^+)$. Rein mathematisch existiert also die (gewöhnliche) Ableitung der Sprungfunktion an der Stelle Null nicht. Technische Systeme reagieren aber i. Allg. sehr wohl auf eine „extrem rasche" Veränderung einer (Eingangs-)Größe, u. U. sogar in der Form, dass diese Größe abgeleitet wird; man spricht bei der Systemreaktion allgemein vom sog. Übertragungsverhalten des Systems. Folglich gibt es also eine Art „technische Ableitung" einer Sprungfunktion bei $t = 0$. Dazu ist anzumerken, dass ein Sprung in der Realität keinesfalls ideal gem. (6.11) erfolgt, sondern immer eine sehr steile Rampe ist. An einer Sprungstelle ist daher – anschaulich ausgedrückt – die „technische Ableitung" stets „sehr groß".

Mathematisch lässt sich dieses Verhalten mit der DIRACschen Distribution (δ-Distribution) modellieren. Diese ordnet einer Funktion $\varphi = \varphi(t)$ einen Zahlenwert zu[2]:

---

[1]Erste Ableitung: $\dot{f}(t) = \lim\limits_{\Delta t \to 0} \frac{f(t+\Delta t)-f(t)}{\Delta t}$ (Definition des Differentialquotienten $\frac{\mathrm{d}y}{\mathrm{d}t}$)

[2]Jene Ausblendeigenschaft führt mit $\varphi(t) \equiv 1$ zu $\int_{-\infty}^{\infty} \delta(t-t_0)\,\mathrm{d}t = 1$. Mathematisch nicht korrekt, also eher symbolisch zu sehen, findet man häufig auch die Definition einer „δ-Funktion": $\delta(t) = \begin{cases} 0 : t \neq t_0 \\ \infty : t = t_0 \end{cases}$ mit $\int_{-\infty}^{\infty} \delta(t-t_0)\,\mathrm{d}t = 1$ (δ-Peak).

$$\delta : \varphi(t) \mapsto \int_{-\infty}^{\infty} \delta(t - t_0)\, \varphi(t)\, dt = \varphi(t_0) \quad [4].$$

Man definiert damit die *verallgemeinerte Ableitung* einer kausalen Funktion f mit Sprungstelle bei $t = 0$:

$$\mathrm{D}f(t) = h\delta(t) + \dot{f}(t) \overset{\text{(soz.)}}{=} \begin{cases} \infty & : t = 0 \\ \dot{f}(t) & : t > 0 \end{cases}, \tag{6.12}$$

wobei $h = f(0^+) - f(0^-)$ die „Höhe" der Sprungstelle ist; bei einer kausalen Funktion ist jedoch $f(0^-) = 0$ und somit $h = f(0^+)$.

Es stellt sich jetzt schließlich noch die Frage, wie der Ableitungssatz der LAPLACE-Transformation für die verallgemeinerte Ableitung aussieht. Dazu eine kurze Herleitung (Hinweis: $\delta(t) = 0$ für $t < 0$, vgl. „δ-Funktion"):

$$\mathcal{L}\{\mathrm{D}f\}(s) = \int_0^{\infty} (h\delta(t) + \dot{f}(t))e^{-st}\, dt$$

$$= h \int_0^{\infty} \delta(t)e^{-st}\, dt + \int_0^{\infty} \dot{f}(t)e^{-st}\, dt = h \int_{-\infty}^{\infty} \delta(t)e^{-st}\, dt + \int_0^{\infty} \dot{f}(t)e^{-st}\, dt$$

$$\overset{(t_0=0)}{=} he^{-s\cdot 0} + \mathcal{L}\{\dot{f}\}(s) = h \cdot 1 + sF(s) - f(0^+)$$

$$= f(0^+) + sF(s) - f(0^+) = sF(s), \quad \text{mit} \quad F(s) = \mathcal{L}\{f\}(s).$$

Damit lässt sich folgende Korrespondenz formulieren:

$$\mathrm{D}f(t) \quad \circ\!\!-\!\!\bullet \quad sF(s);$$

die LAPLACE-Transformierte der verallgemeinerten Ableitung $\mathrm{D}f$ einer kausalen Funktion f hängt nicht vom Startwert bzw. der Sprunghöhe ab.

Für die zweite verallgemeinerte Ableitung gilt sodann

$$\mathrm{D}^2 f(t) = \mathrm{D}[\mathrm{D}f(t)] \quad \circ\!\!-\!\!\bullet \quad s[sF(s)] = s^2 F(s),$$

und für die dritte

$$\mathrm{D}^3 f(t) = \mathrm{D}[\mathrm{D}^2 f(t)] \quad \circ\!\!-\!\!\bullet \quad s[s^2 F(s)] = s^3 F(s),$$

usw. Zusammenfassend kann man die LAPLACE-Korrespondenz für die verallgemeinerte Ableitung einer Funktion wie folgt darstellen:

$$\mathrm{D}^k f(t) \quad \circ\!\!-\!\!\bullet \quad s^k F(s) \quad \text{mit} \quad k = (0,\,)1;\, 2;\, \dots \tag{6.13}$$

Bei der mathematischen Beschreibung der „Reaktion" eines technischen System auf eine „Störung", d.h. des Übertragungsverhaltens des Systems, ist stets die verallgemeinerte Ableitung zu verwenden (bei z.B. Formulierung einer DGL) – schließlich erzeugt eine Sprungstelle auch eine Wirkung.

Beispiel 6.4: Vertikaldynamik eines Fahrzeugs (Stufenfahrt)

Es wird nochmals das mathematisch-physikalische Modell von Bsp. 5.4 aufgegriffen:
Ein Fahrzeug der Masse m_F, modelliert als Massenpunkt mit

$$m = \frac{1}{4}m_F$$

bewege sich nun gleichförmig ($v_0 = konst$) auf geradliniger, horizontaler Bahn über eine
Stufe der Höhe h. Gesucht ist die Zeitfunktion $z = z(t)$, wenn z die Vertikalauslenkung
des Fahrzeugs resp. des entsprechenden Massenpunktes in Bezug auf dessen statische
Ruhelage ist ($t < 0$: $z = 0$).

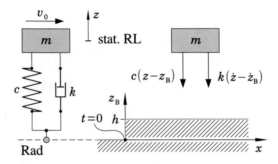

Die Bewegungsgleichung (DGL für $z = z(t)$) lautet nach Beispiel 5.4:

$$m\ddot{z} + k\dot{z} + cz = k\dot{z}_B + cz_B;$$

hierbei sind c die Steifigkeit der linearen Radfederung und k der Proportionalitätsfaktor
der geschwindigkeitsproportionalen Widerstandskraft. Es reagiert das Fahrzeug (Koordinate z) also gem. dieser linearen Differenzialgleichung 2. Ordnung auf eine Bodenu-
nebenheit, beschrieben durch die „Bodenfunktion" $z_B = z_B(x)$, d. h. z_B wird durch das
mechanische System auf z transferiert/übertragen. In der ingenieurwissenschaftlichen
Systemtheorie spricht man bei einer DGL der Form

$$\underbrace{\frac{m}{c}\ddot{z} + \frac{k}{c}\dot{z}}_{T_2} + z = \underbrace{\frac{k}{c}\dot{z}_B}_{D} + \underbrace{z_B}_{P} \tag{6.14}$$

von einem sog. PDT_2-Verhalten des Systems (P: proportional, D: differenzial, T_2: Zeit-
verzögerung 2. Ordnung); wäre $m = 0$, ergäbe sich ein PDT_1-Verhalten (größte Zeitkon-
stante ist $\dot{z}$-Koeffizient).

Obige Bewegungsgleichung beschreibt die dynamische Reaktion eines technischen
Systems (auf – in diesem Fall – eine sprunghafte Änderung gem. $z_B = z_B(x)$). Daher sind
alle Zeitableitungen als verallgemeinerte Ableitungen zu interpretieren; insbesondere

wird dieses bei der Bodenfunktion z_B deutlich, die eben bei $t = 0$ eine Sprungstelle aufweist. Die DGL schreibt man daher präziser wie folgt:

$$mD^2z + kDz + cz = kDz_B + cz_B;$$

bzw.

$$D^2z + \frac{k}{m}Dz + \omega_0^2 z = \frac{k}{m}Dz_B + \omega_0^2 z_B \quad \text{mit} \quad \omega_0^2 = \frac{c}{m},$$

der Eigenkreisfrequenz des Systems. Es seien nun $\mathcal{L}\{z\} = Y(s)$ (System-Ausgang bzw. -Antwort) und $\mathcal{L}\{z_B\} = X(s)$ (System-Eingang) die LAPLACE-Transformierten der Zeitfunktionen $z = z(t)$ und $z_B = z_B(t)$; die notwendigen Voraussetzungen dafür sind schließlich erfüllt: $z - 0$ und $z_B = 0$ für $t < 0$. Mit dem obigen Ableitungssatz (6.13) ergibt sich:

$$s^2 Y(s) + \frac{k}{m}sY(s) + \omega_0^2 Y(s) = \frac{k}{m}sX(s) + \omega_0^2 X(s)$$

und somit

$$Y(s)\left[s^2 + \frac{k}{m}s + \omega_0^2\right] = X(s)\left[\frac{k}{m}s + \omega_0^2\right].$$

Führt man noch die Abkürzung $k_m - \frac{k}{m}$ (spezifischer Proportionalitätskonstante) ein, dann lässt sich die sog. Übertragungsfunktion zu

$$G(s) = \frac{k_m s + \omega_0^2}{s^2 + k_m s + \omega_0^2}, \quad \text{da gem.} \quad (5.30) \quad G(s) = \frac{Y(s)}{X(s)} \quad \text{ist,}$$

angeben; es handelt sich hierbei um den Quotienten von System-Antwort und System-Eingang im Bildbereich. Es gilt also:

$$Y(s) = G(s)X(s) = \frac{k_m s + \omega_0^2}{s^2 + k_m s + \omega_0^2}X(s),$$

d. h. zur Ermittlung der System-Antwort $Y(s)$ muss die Übertragungsfunktion mit der Eingangsfunktion im Bildbereich multipliziert werden. Die inverse LAPLACE-Transformation von $Y = Y(s)$,

$$z = \mathcal{L}^{-1}\{Y\},$$

liefert sodann die korrespondierende Zeitfunktion $z = z(t)$.

In diesem Fall ist die Eingangsfunktion im Originalbereich gegeben als Ortsfunktion:

$$z_B = h\,u(x) = \begin{cases} 0 : x < 0 \\ h : x \geq 0 \end{cases};$$

$u = u(x)$ ist die HEAVISIDE-Funktion (6.11) mit der Umbenennung $t = x$. Da sich das Fahrzeug mit konstanter Horizontalgeschwindigkeit v_0 bewegt, gilt $x = x_0 + v_0(t - t_0)$. Man setzt zweckmäßigerweise den für Bezugszeitpunkt $t_0 = 0$ (Beginn der Zeitmessung) bei der Fahrzeugposition $x = 0$; dann ist auch $x_0 = x(t_0) = x(0) = 0$. Damit erhält man die Bodenfunktion als Zeitfunktion:

$$z_B = h\,u(v_0 t) = \begin{cases} 0 : t < 0 \\ h : t \geq 0 \end{cases}.$$

Der Faktor v_0 erfordert bei der LAPLACE-Transformation dieser Bodenfunktion die Anwendung des sog. Ähnlichkeitssatzes [4]:

$$X(s) = h \cdot \frac{1}{v_0} \frac{1}{\frac{s}{v_0}} = h\frac{1}{s}, \quad \text{da} \quad u(t) \;\circ\!\!-\!\!\bullet\; \frac{1}{s} \;[4].$$

Somit lautet die System-Antwort im Bildbereich:

$$Y(s) = \frac{k_m s + \omega_0^2}{s(s^2 + k_m s + \omega_0^2)} h.$$

Diese Funktion muss schließlich jetzt in den Zeitbereich rücktransformiert werden. Für jene Operation zieht man – wenn möglich – die sog. Korrespondenztabellen in der einschlägigen Literatur heran, wie z. B. in [4]; eine Funktion der obigen Form ist dort jedoch nicht zu finden.

Setzt man aber bspw. voraus, dass das schwingungsfähige System nach dem aperiodischen Grenzfall (vgl. Abschn. 5.2.3) ausgelegt ist, so gilt für das LEHRsche Dämpfungsmaß D dieses „einfachen" Feder-Masse-Pendels:

$$D = \frac{k}{2m\omega_0} \overset{!}{=} 1.$$

Daraus folgt:

$$k_m = \frac{k}{m} = 2\omega_0 \quad \text{bzw.} \quad k_m^2 = 4\omega_0^2.$$

Die zwei Nullstellen des in s quadratischen Faktors im Nenner der Bildfunktion $\mathcal{L}\{z\} = Y(s)$ berechnen sich damit zu

$$s_{1/2} = \frac{-k_m \pm \sqrt{k_m^2 - 4\omega_0^2}}{2} = -\frac{k_m}{2};$$

d. h. es liegt eine (reelle) Doppelnullstelle vor. Daher gilt:

$$(s^2 + k_m s + \omega_0^2) = \left(s - \left(-\frac{k_m}{2}\right)\right)^2 = \left(s + \frac{k_m}{2}\right)^2;$$

man spricht hier von der sog. Linearfaktorzerlegung des Polynoms. Somit erhält man für die Bildfunktion:

$$Y(s) = \frac{k_{\mathrm{m}}s + \omega_0^2}{s\left(s + \frac{k_{\mathrm{m}}}{2}\right)^2}h = \left[\frac{k_{\mathrm{m}}}{\left(s + \frac{k_{\mathrm{m}}}{2}\right)^2} + \frac{\omega_0^2}{s\left(s + \frac{k_{\mathrm{m}}}{2}\right)^2}\right]h.$$

Und diese beiden Terme findet man in der Korrespondenztabelle in [4]:

$$z = \left[k_{\mathrm{m}}te^{-\frac{k_{\mathrm{m}}}{2}t} + \underbrace{\omega_0^2}_{= \frac{k_{\mathrm{m}}^2}{4}} \frac{\left(-\frac{k_{\mathrm{m}}}{2}t - 1\right)e^{-\frac{k_{\mathrm{m}}}{2}t} + 1}{\left(-\frac{k_{\mathrm{m}}}{2}\right)^2}\right]h$$

$$= \left[k_{\mathrm{m}}te^{-\frac{k_{\mathrm{m}}}{2}t} + \left(-\frac{k_{\mathrm{m}}}{2}t - 1\right)e^{-\frac{k_{\mathrm{m}}}{2}t} + 1\right]h$$

$$= \left[\frac{1}{2}k_{\mathrm{m}}te^{-\frac{k_{\mathrm{m}}}{2}t} - e^{-\frac{k_{\mathrm{m}}}{2}t} + 1\right]h = \left[1 + \left(\frac{1}{2}k_{\mathrm{m}}t - 1\right)e^{-\frac{k_{\mathrm{m}}}{2}t}\right]h.$$

Um diese Zeitfunktion $z = z(t)$ der Vertikalkoordinate des Fahrzeugs, die in der Systemtheorie auch als Sprungantwort („Reaktion des Fahrzeugs auf die Bodenstufe") bezeichnet wird, zu veranschaulichen, könnte man bspw. für konkrete Daten von k_{m} und h mit MATLAB einen Plot des Graphen erstellen. Oder man bemüht sich einer „Kurvendiskussion".

- Erste Ableitungsfunktion:

$$\dot{z} = \left[0 + \frac{1}{2}k_{\mathrm{m}}e^{-\frac{k_{\mathrm{m}}}{2}t} + \left(\frac{1}{2}k_{\mathrm{m}}t - 1\right)e^{-\frac{k_{\mathrm{m}}}{2}t}\left(-\frac{1}{2}k_{\mathrm{m}}\right)\right]h$$

$$= h\left[1 - \left(\frac{1}{2}k_{\mathrm{m}}t - 1\right)\right]\frac{1}{2}k_{\mathrm{m}}e^{-\frac{k_{\mathrm{m}}}{2}t}$$

- Deren Wert bei $t = 0$:

$$\dot{z}(0) = h\left[1 - (-1)\right]\frac{1}{2}k_{\mathrm{m}} \cdot 1 = k_{\mathrm{m}}h = \frac{h}{\frac{1}{k_{\mathrm{m}}}}$$

- Nullstelle(n) der ersten Ableitungsfunktion:

$$e^{-\frac{k_{\mathrm{m}}}{2}t} \neq 0:$$

$$1 - \left(\frac{1}{2}k_{\mathrm{m}}t - 1\right) = 0; \ \frac{1}{2}k_{\mathrm{m}}t - 1 = 1; \ \frac{1}{2}k_{\mathrm{m}}t = 2; \ t = 4\frac{1}{k_{\mathrm{m}}}$$

- Grenzwert der Sprungantwort:

$$\lim_{t\to\infty} \frac{z(t)}{h} = \lim_{t\to\infty}\left(1 + \frac{\frac{1}{2}k_{\mathrm{m}}t - 1}{e^{\frac{k_{\mathrm{m}}}{2}t}}\right) \overset{\text{(l'H)}}{=} \lim_{t\to\infty}\left(1 + \underbrace{\frac{\frac{1}{2}k_{\mathrm{m}}}{\frac{k_{\mathrm{m}}}{2}e^{\frac{k_{\mathrm{m}}}{2}t}}}_{\to 0}\right) = 1, \qquad (6.15)$$

d. h. es ist $\lim\limits_{t \to \infty} z(t) = h$.

- Schnittpunkt des Graphen der Sprungantwort mit der „Grenzwert-Geraden" $z = h$:

$$\left[1 + \left(\tfrac{1}{2}k_{\mathrm{m}}t - 1\right)e^{-\frac{k_{\mathrm{m}}}{2}t}\right]h = h\,1 \tag{6.16}$$

$$\left(\tfrac{1}{2}k_{\mathrm{m}}t - 1\right)\underbrace{e^{-\frac{k_{\mathrm{m}}}{2}t}}_{\neq 0} = 0;\ \tfrac{1}{2}k_{\mathrm{m}}t - 1 = 0;\ t = 2\frac{1}{k_{\mathrm{m}}} \tag{6.17}$$

- Funktionswert bei der Nullstelle der ersten Ableitungsfunktion:

$$z\left(4\frac{1}{k_{\mathrm{m}}}\right) = \left[1 + \left(\tfrac{1}{2}k_{\mathrm{m}} \cdot 4\frac{1}{k_{\mathrm{m}}} - 1\right)e^{-\frac{k_{\mathrm{m}}}{2} \cdot 4\frac{1}{k_{\mathrm{m}}}}\right]h$$

$$= \left[1 + (2 - 1)e^{-2}\right]h = \left(1 + \frac{1}{e^2}\right)h \approx 1{,}14h$$

Damit lässt sich nun – natürlich nur rein qualitativ – der Graph dieser Sprungantwort $z = z(t)$ skizzieren.

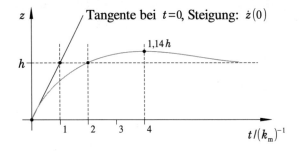

Es zeigt sich also ein Überschwingen um $14\,\%$ der Stufenhöhe h. ◄

Beispiel 6.5: Masselose Welle mit Scheibe, Kreiseleffekt

Eine als masselos anzunehmende Welle sei mit einer zylindrischen Scheibe (Masse m) besetzt. Die Welle rotiert mit der Winkelgeschwindigkeit ω um die raumfeste Lagerachse (x-Achse).

Es tritt schließlich i. Allg. eine, wenn auch nur eine kleine Durchbiegung z_{S} am Ort der Scheibe auf. Die von der elastischen Biegelinie und der Lagerachse bestimmte Ebene kann sodann um letztere umlaufen (Winkelgeschwindigkeit ω_{F}), wobei sich die Scheibe relativ zu jener Ebene dreht (relative Winkelgeschwindigkeit ω_{rel}). Für die absolute Winkelgeschwindigkeit gilt dabei:

$$\vec{\omega}_{\mathrm{abs}} = \vec{\omega}_{\mathrm{F}} + \vec{\omega}_{\mathrm{rel}} \quad \text{wobei}\ \ |\vec{\omega}_{\mathrm{abs}}| = \omega$$

ist, da keine Verdrillung der Welle (Torsion) möglich sein soll. D. h. anschaulich, dass sich die (reversibel) verformte Welle um die Lagerachse dreht. Zur Abbildung dieser beiden sich überlagernden Rotationsbewegungen führt man die skizzierten Führungssysteme ein, die eben mit ω_F um die x-Achse rotieren (keine körperfesten Koordinatensysteme).

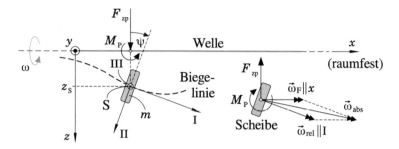

Im Folgenden wird untersucht, unter welcher Bedingung sich ein konstanter und zudem ruhiger Bewegungszustand einstellt.

Zum einen wirkt auf die Scheibe die sog. Zentripetalkraft F_{zp} (elastische Rückstellkraft), infolge der Drehung des Scheibenschwerpunktes S um die x-Achse:

$$F_{zp} = m|a_r| = m|-z_S\omega_F^2| = m\omega_F^2 z_S.$$

F_{zp} ergibt sich aus der Radialbeschleunigung a_r nach (1.19) bei einer Kreisbewegung mit Radius $R = z_S$; es darf hier eine Kreisbewegung angenommen werden, da die Bedingung für einen konstanten Bewegungszustand (u. a. keine Änderung des radialen Abstandes) gesucht ist. Weiterhin ist in der Skizze noch ein Moment M_P eingetragen. Um dessen Notwendigkeit zu erkennen, formuliert man den Momentensatz für die Scheibe bzgl. deren Schwerpunkt S. In dem (nicht körperfesten) I, II, III-Hauptachsensystem (Führungssystem) gilt:

$$\vec{\omega}_F = (\omega_F \cos|\psi|; -\omega_F \sin|\psi|; 0)^T = (\omega_F \cos(-\psi); -\omega_F \sin(-\psi); 0)^T$$

und

$$\vec{\omega}_{rel} = (\omega_E; 0; 0)^T,$$

mit der Eigenwinkelgeschwindigkeit ω_E, da der – in diesem Fall – im Uhrzeigersinn gegen die Vertikale gemessene Biegewinkel $\psi < 0$ ist (positiver Drehsinn ist der Gegenuhrzeigersinn, $\odot \vec{e}_y$). Damit gilt

$$\vec{\omega}_{abs} = (\omega_I; \omega_{II}; \omega_{III})^T = (\omega_E + \omega_F \cos\psi; \omega_F \sin\psi; 0)^T,$$

und mit der (diagonalen) Trägheitsmatrix

$$\underline{J}^{(S)} = \begin{pmatrix} J_\mathrm{I} & 0 & 0 \\ 0 & J_\mathrm{II} & 0 \\ 0 & 0 & J_\mathrm{III} \end{pmatrix}$$

mit den drei Hauptträgheitsmomenten J_I, J_II und J_III berechnet sich der Drehimpulsvektor bzgl. S zu

$$\vec{L}^{(S)} = \underline{J}^{(S)} \vec{\omega}_\mathrm{abs} = (J_\mathrm{I}\omega_\mathrm{I};\; J_\mathrm{II}\omega_\mathrm{II};\; 0)^T.$$

Für dessen Zeitableitung, der Vektor $\vec{L}^{(S)}$ ist in einem rotieren Bezugssystem beschrieben, in Bezug auf ein raumfestes System ist die Differenziationsregel (1.29) nach EULER anzuwenden:

$$\dot{\vec{L}}^{(S)} = \underbrace{\dot{\vec{L}}^{(S)}|_{\mathrm{I,II,III}}}_{=\;\vec{0}} + \vec{\omega}_\mathrm{F} \times \vec{L}^{(S)} = \begin{vmatrix} \vec{e}_\mathrm{I} & \vec{e}_\mathrm{II} & \vec{e}_\mathrm{III} \\ \omega_\mathrm{F}\cos\psi & \omega_\mathrm{F}\sin\psi & 0 \\ J_\mathrm{I}\omega_\mathrm{I} & J_\mathrm{II}\omega_\mathrm{II} & 0 \end{vmatrix}$$

$$= \vec{e}_\mathrm{III}(-1)^{1+3} \begin{vmatrix} \omega_\mathrm{F}\cos\psi & \omega_\mathrm{F}\sin\psi \\ J_\mathrm{I}\omega_\mathrm{I} & J_\mathrm{II}\omega_\mathrm{II} \end{vmatrix} = (\omega_\mathrm{F}\cos\psi\, J_\mathrm{II}\omega_\mathrm{II} - J_\mathrm{I}\omega_\mathrm{I}\omega_\mathrm{F}\sin\psi)\vec{e}_\mathrm{III}.$$

Die Zeitableitung des Drehimpulsvektors im I, II, III-System ist aufgrund obiger Forderung einer „konstanten Bewegung" (d. h. $\dot{\omega}_\mathrm{I} = \dot{\omega}_\mathrm{II} = 0$) der Nullvektor. Eine kurze Bemerkung zur Vektoralgebra: Das Vektorprodukt kann bspw. als Determinante geschrieben werden [6], deren Entwicklung (LAPLACEscher Entwicklungssatz) nach der dritten Spalte erfolgt. Es ist also ein Moment M_III erforderlich, der Momentensatz lautet schließlich

$$\dot{\vec{L}}^{(S)} = \vec{M}^{(S)} = (M_\mathrm{I};\; M_\mathrm{II};\; M_\mathrm{III})^T,$$

das in der Skizze mit M_P bezeichnet ist, da dieses dem aus der Kreiseltheorie bekannten Präzessionsmoment entspricht (siehe Abschn. 3.3.4): $M_\mathrm{P} = M_\mathrm{III}$. Bei Rotation der Scheibe versucht diese nämlich sich selbst zu zentrieren, vgl. dazu Abschn. 3.4. M_P ist das diesem Bestreben entgegenwirkende, durch die „Federwirkung" der elastischen Welle erzeugte Moment.

Infolge von „actio = reactio" wird die Welle mit der Zentripetalkraft F_zp und dem Präzessionsmoment M_P belastet; der Einfluss der Gewichtskraft sei vernachlässigt („$g = 0$"). Letzteres lässt sich noch etwas vereinfachen: Beschränkt man sich auf kleine Verformungen (linear-elastischer Belastungsbereich) der Welle, so gilt $\psi \ll 1$ und somit

$$\cos\psi \approx 1, \quad \sin\psi \approx \psi \quad \text{sowie} \quad \omega_\mathrm{F} + \omega_\mathrm{E} \approx \omega.$$

Damit ergibt sich folgende Näherung:

$$M_\mathrm{P} = J_\mathrm{II}\omega_\mathrm{F}\cos\psi\, \underbrace{\omega_\mathrm{F}\sin\psi}_{=\;\omega_\mathrm{II}} - J_\mathrm{I}\omega_\mathrm{F}\sin\psi \Big(\underbrace{\omega_\mathrm{E} + \omega_\mathrm{F}\cos\psi}_{=\;\omega_\mathrm{I}} \Big) \tag{6.18}$$

$$\approx J_\mathrm{II}\omega_\mathrm{F}^2\psi - J_\mathrm{I}\omega_\mathrm{F}\omega\psi = (J_\mathrm{II}\omega_\mathrm{F} - J_\mathrm{I}\omega)\omega_\mathrm{F}\psi.$$

Nimmt man $\omega > \omega_F$ an, so ist für eine Scheibe ($J_I > J_{II}$) wegen $\psi < 0$ also $M_P > 0$, d. h. die Orientierungen in der Skizze passen, da $\otimes \vec{e}_{III}$. Der Übersichtlichkeit halber werden nun noch die Abkürzungen

$$\kappa = \frac{J_I}{J_{II}} \quad \text{und} \quad \eta = \frac{\omega}{\omega_F}$$

eingeführt; damit stellt sich die Näherung des Präzessionsmoments wie folgt dar:

$$M_P = J_{II}\left(1 - \frac{J_I}{J_{II}}\frac{\omega}{\omega_F}\right)\omega_F^2\psi = J_{II}(1 - \kappa\eta)\omega_F^2\psi.$$

Bei einem linear-elastischen Materialverhalten können die Verformungen der Welle (Durchbiegung z_S und Biegewinkel ψ) am Ort der auftretenden Belastung mittels Superposition berechnet werden [9]:

$$\begin{aligned} z_S &= \alpha F_{zp} + \gamma M_P \\ \psi &= \gamma F_{zp} + \beta M_P \end{aligned},$$

man beachte hier die Symmetrie der sog. Einflusszahlen. Setzt man die Beziehungen für F_{zp} und M_P ein, so ergibt sich:

$$\begin{aligned} z_S &= \alpha m\omega_F^2 z_S + \gamma J_{II}(1 - \kappa\eta)\omega_F^2\psi \\ \psi &= \gamma m\omega_F^2 z_S + \beta J_{II}(1 - \kappa\eta)\omega_F^2\psi \end{aligned},$$

bzw.

$$\begin{aligned} (\alpha m\omega_F^2 - 1)z_S + \quad \gamma J_{II}(1 - \kappa\eta)\omega_F^2\psi &= 0 \\ \gamma m\omega_F^2 z_S \quad + [\beta J_{II}(1 - \kappa\eta)\omega_F^2 - 1]\psi &= 0 \end{aligned},$$

also ein homogenes lineares Gleichungssystem für z_S und ψ. Dieses liefert jedoch nur dann nicht-triviale Lösungen, wenn die Koeffizientendeterminante verschwindet:

$$\begin{vmatrix} \alpha m\omega_F^2 - 1 & \gamma J_{II}(1 - \kappa\eta)\omega_F^2 \\ \gamma m\omega_F^2 & \beta J_{II}(1 - \kappa\eta)\omega_F^2 - 1 \end{vmatrix} = 0$$

$$(\alpha m\omega_F^2 - 1)[\beta J_{II}(1 - \kappa\eta)\omega_F^2 - 1] - \gamma m\omega_F^2\gamma J_{II}(1 - \kappa\eta)\omega_F^2 = 0 \mid : \omega_F^4$$

$$\frac{\alpha m\omega_F^2 - 1}{\omega_F^2}\frac{\beta J_{II}(1 - \kappa\eta)\omega_F^2 - 1}{\omega_F^2} - \gamma^2 m J_{II}(1 - \kappa\eta) = 0$$

$$\left(\alpha m - \frac{1}{\omega_F^2}\right)\left(\beta J_{II}(1 - \kappa\eta) - \frac{1}{\omega_F^2}\right) - \gamma^2 m J_{II}(1 - \kappa\eta) = 0$$

$$\alpha m\beta J_{II}(1 - \kappa\eta) - \frac{\alpha m}{\omega_F^2} - \frac{\beta J_{II}(1 - \kappa\eta)}{\omega_F^2} + \frac{1}{\omega_F^4} - \gamma^2 m J_{II}(1 - \kappa\eta) = 0$$

$$\left(\frac{1}{\omega_F^2}\right)^2 - [\alpha m + \beta J_{II}(1 - \kappa\eta)]\frac{1}{\omega_F^2} + (\alpha\beta - \gamma^2)J_{II}m(1 - \kappa\eta) = 0.$$

Dieses ist eine quadratische Gleichung für $(\omega_F^2)^{-1}$, deren vom Kreisfrequenzverhältnis $\eta = \omega/\omega_F$ abhängigen Wurzeln

$$\left(\frac{1}{\omega_F^2}\right)_{1/2} = \frac{1}{2}\Big[[\alpha m + \beta J_{II}(1 - \kappa\eta)]$$

$$\pm\sqrt{[\alpha m + \beta J_{II}(1 - \kappa\eta)]^2 - 4(\alpha\beta - \gamma^2)J_{II}m(1 - \kappa\eta)}\Big]$$

die (Führungs- bzw.) „Umlaufwinkelgeschwindigkeiten" der Drehung der zeitlich konstanten Biegelinie um die raumfeste Lagerachse darstellen.

Ein nicht nur zeitlich konstanter, d. h. stationärer Bewegungszustand, sondern auch ein ruhiger Lauf der Welle ergibt sich schließlich für speziell $\eta = 1$ ($\rightarrow$ synchroner Gleichlauf) und $\eta = -1$ ($\rightarrow$ synchroner Gegenlauf). Die entsprechenden Winkelgeschwindigkeiten werden nun anhand eines konkreten Beispiels berechnet.

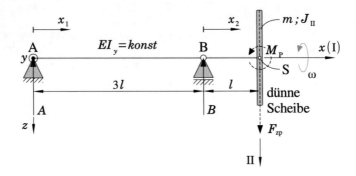

Entsprechend dieser Skizze befindet sich am rechten Ende einer Welle der Länge $4l$ eine dünne Scheibe (Masse m). Für deren Massenträgheitsmomente (Hauptträgheitsmomente) J_I und J_{II} gilt nach (B.4) und (B.5):

$$J_I = 2J_{II};$$

es ist in diesem Fall somit das Verhältnis $\kappa = 2$.

Um die Winkelgeschwindigkeiten ω_F für $\eta = \pm 1$ ermitteln zu können, ist zunächst die Berechnung der Einflusszahlen α, β und γ erforderlich. Dieses ist, wie bereits in Beispiel 5.8 erläutert, mit dem Satz von CASTIGLIANO (5.52) möglich; nach [13] lautet der für den Biegewinkel ψ_i am Ort x_i der Wellenbelastung durch das (Einzel-)Moment M_i (Summation über $n_S \geq 1$ Stetigkeitsbereiche der Lastverteilung):

$$\psi_i = \sum_{k=1}^{n_S} \int_{(l_k)} \frac{M_{bk}}{EI_y} \frac{\partial M_{bk}}{\partial M_i}\, dx_k. \tag{6.19}$$

Man muss also die Funktionen $M_{bk} = M_{bk}(x_k)$ des Biegemomentverlaufs in lokalen Koordinatensystemen aufstellen, die durch die Unstetigkeitsstellen der Last (hier: Lagerpunkte A und B) festgelegt sind.

Der Übung halber wird die Ermittlung des Biegemomentverlaufs hier vollständig dargestellt, wobei für die Details auf die einschlägige Statik-Literatur verwiesen sei.

- Berechnung der Lagerreaktionen (Statikbedingung): Aus bspw. der Momentengleichung bzgl. B folgt die Lagerreaktion A:

$$\overset{\curvearrowright}{\text{B}}: \quad -3lA - lF_{zp} + M_P = 0; \quad A = \frac{M_P - lF_{zp}}{3l}.$$

Damit liefert die vertikale Kräftegleichung

$$\downarrow: \quad -A - B + F_{zp} = 0$$

schließlich

$$B = F_{zp} - A = F_{zp} - \frac{M_P - lF_{zp}}{3l} = \frac{-M_P + 4lF_{zp}}{3l}.$$

- Schnittreaktionen in Bereich 1 ($0 \le x \le 3l$): Da keine Streckenlast auftritt (Welle sei masselos) gilt für die Querkraft

$$Q_1(x_1) = A = \frac{M_P - lF_{zp}}{3l} = konst.$$

Das Biegemoment folgt daraus durch Integration:

$$M_{b1}(x_1) = \int Q_1(x_1)\,\mathrm{d}x_1 = \frac{M_P - lF_{zp}}{3l}x_1 + C_1 \quad \text{mit} \quad C_1 = 0;$$

am Ort A des Festlagers (drehbar um y-Achse) hat das Biegemoment eine Nullstelle: $M_{b1}(0) = 0$.

- Schnittreaktionen in Bereich 2 ($3l \le x \le 4l$): Deren Berechnung erfolgt natürlich analog zu Bereich 1. Mit

$$Q_2(x_2) = F_{zp} = konst$$

ergibt sich

$$M_{b2}(x_2) = \int Q_2(x_2)\,\mathrm{d}x_2 = F_{zp}x_2 + C_2;$$

die Integrationskonstante C_2 folgt hier aus der (Rand-)Bedingung $M_{b2}(l) = M_P$: $C_2 = M_P - F_{zp}l$. Es gilt also

$$M_{b2}(x_2) = F_{zp}x_2 + M_P - F_{zp}l = M_P + F_{zp}(x_2 - l).$$

Tabellarische Zusammenfassung:

Bereich-Nr. k	$M_{bk}(x_k)$	$\frac{\partial M_{bk}}{\partial F_{zp}}$	$\frac{\partial M_{bk}}{\partial M_P}$
1	$\frac{M_P - l F_{zp}}{3l} x_1$	$-\frac{1}{3} x_1$	$\frac{1}{3l} x_1$
2	$M_P + F_{zp}(x_2 - l)$	$x_2 - l$	1

Dazu noch eine kurze Anmerkung: Die Berechnung der Schnittreaktionen (Querkraft Q und Biegemoment M_{by} bzgl. der y-Achse) erfolgt „an der unverformten Welle"; man spricht von der sog. Theorie 1. Ordnung. Dabei ergeben sich die Belastungen Zentripetalkraft F_{zp} und Präzessionsmoment M_P jedoch erst infolge einer Verformung (Durchbiegung z_S und Biegewinkel ψ).

Mit dem Satz von CASTIGLIANO (5.52) für die Durchbiegung folgt (in dem hier vorliegenden Fall ist $n_S = 2$, zudem gilt für die Biegesteifigkeit $E I_y = konst$) mit $M_{bk} = M_{bk}(x_k)$:

$$
E I_y z_S = \sum_{k=1}^{2} \int_{(l_k)} M_{bk} \frac{\partial M_{bk}}{\partial F_{zp}} \, dx_k = \int_0^{3l} M_{b1} \frac{\partial M_{b1}}{\partial F_{zp}} \, dx_1 + \int_0^{l} M_{b2} \frac{\partial M_{b2}}{\partial F_{zp}} \, dx_2
$$

$$
= -\int_0^{3l} \frac{M_P - l F_{zp}}{3l} x_1 \frac{1}{3} x_1 \, dx_1 + \int_0^{l} [M_P + F_{zp}(x_2 - l)](x_2 - l) \, dx_2
$$

$$
= -\frac{1}{9l}(M_P - l F_{zp}) \int_0^{3l} x_1^2 \, dx_1 + M_P \int_0^{l} (x_2 - l) \, dx_2 + F_{zp} \int_0^{l} (x_2 - l)^2 \, dx_2
$$

$$
= -\frac{1}{9l}(M_P - l F_{zp}) \left[\frac{x_1^3}{3} \right]_0^{3l} + M_P \left[\frac{(x_2 - l)^2}{2} \right]_0^{l} + F_{zp} \left[\frac{(x_2 - l)^3}{3} \right]_0^{l}
$$

$$
= -\frac{1}{3^2 l}(M_P - l F_{zp}) \frac{3^3 l^3}{3} + M_P \left(0 - \frac{(-l)^2}{2} \right) + F_{zp} \left(0 - \frac{(-l)^3}{3} \right)
$$

$$
= -(M_P - l F_{zp}) l^2 - \frac{1}{2} M_P l^2 + \frac{1}{3} F_{zp} l^3 = \frac{4}{3} l^3 F_{zp} - \frac{3}{2} l^2 M_P.
$$

Die Durchbiegung z_S lässt sich damit explizit angeben; der Koeffizientenvergleich mit $z_S = \alpha F_{zp} + \gamma M_P$ liefert sodann die Einflusszahlen.

$$
z_S = \underbrace{\frac{4l^3}{3 E I_y}}_{= \alpha} F_{zp} - \underbrace{\frac{3l^2}{2 E I_y}}_{= \gamma} M_P \tag{6.20}
$$

In analoger Weise berechnet sich schließlich mit Satz (6.19) der Biegewinkel ψ am Ort der Scheibe (Ende der Welle):

$$
\begin{aligned}
EI_y\psi &= \sum_{k=1}^{2} \int_{(l_k)} M_{bk}\frac{\partial M_{bk}}{\partial M_P}\,\mathrm{d}x_k = \int_0^{3l} M_{b1}\frac{\partial M_{b1}}{\partial M_P}\,\mathrm{d}x_1 + \int_0^l M_{b2}\frac{\partial M_{b2}}{\partial M_P}\,\mathrm{d}x_2 \\[2mm]
&= \int_0^{3l} \frac{M_P - lF_{zp}}{3l}x_1\frac{1}{3l}x_1\,\mathrm{d}x_1 + \int_0^l [M_P + F_{zp}(x_2 - l)]\cdot 1\,\mathrm{d}x_2 \\[2mm]
&= \frac{1}{9l^2}(M_P - lF_{zp})\int_0^{3l} x_1^2\,\mathrm{d}x_1 + M_P\int_0^l \mathrm{d}x_2 + F_{zp}\int_0^l (x_2 - l)\,\mathrm{d}x_2 \\[2mm]
&= \frac{1}{9l^2}(M_P - lF_{zp})\left[\frac{x_1^3}{3}\right]_0^{3l} + M_P[x_2]_0^l + F_{zp}\left[\frac{(x_2 - l)^2}{2}\right]_0^l \\[2mm]
&= \frac{1}{3^2 l^2}(M_P - lF_{zp})\frac{3^3 l^3}{3} + M_P l + F_{zp}\left(0 - \frac{(-l)^2}{2}\right) \\[2mm]
&= (M_P - lF_{zp})l + M_P l - \frac{1}{2}F_{zp}l^2 = -\frac{3}{2}l^2 F_{zp} + 2l M_P.
\end{aligned}
$$

Daraus folgt:

$$
\psi = -\underbrace{\frac{3l^2}{2EI_y}}_{=\,\gamma} F_{zp} + \underbrace{\frac{2l}{EI_y}}_{=\,\beta} M_P. \tag{6.21}
$$

In der obigen Beziehung für die – von η abhängigen – Umlaufwinkelgeschwindigkeiten ω_F tritt ein reiner „Einflusszahlen-Faktor" auf. Dieser berechnet für hier sich zu

$$
\alpha\beta - \gamma^2 = \frac{4l^3}{3EI_y}\frac{2l}{EI_y} - \left(-\frac{3l^2}{2EI_y}\right)^2 = \frac{5}{12}\frac{l^4}{(EI_y)^2} > 0.
$$

Und nun können die Umlaufwinkelgeschwindigkeiten für den synchronen Gleich- und Gegenlauf ($\eta = \pm 1$) angegeben werden; wie oben bereits erklärt, gilt für eine dünne Scheibe $\kappa = 2$.

— *Synchroner Gleichlauf* ($\eta = 1$) —

$$
\left(\frac{1}{\omega_F^2}\right)_{1/2} = \frac{1}{2}\left[[\alpha m - \beta J_{II}] \pm \sqrt{[\alpha m - \beta J_{II}]^2 + 4(\alpha\beta - \gamma^2)J_{II}m}\right]
$$

Da für dieses mechanische System $\alpha\beta - \gamma^2 > 0$ ist, folgt $\sqrt{...} > \alpha m - \beta J_{\text{II}}$; lediglich das positive Vorzeichen der Wurzel, d. h. $\genfrac{}{}{0pt}{}{+}{(-)}$, liefert ein positives Ergebnis für $(\omega_F^2)^{-1}$. Es existiert also nur eine Umlaufwinkelgeschwindigkeit $\omega_F = \omega_{\text{Gl}}$ für eben den synchronen Gleichlauf:

$$\frac{1}{\omega_{\text{Gl}}} = \genfrac{}{}{0pt}{}{+}{(-)}\sqrt{\frac{1}{2}\Big[[\alpha m - \beta J_{\text{II}}]\genfrac{}{}{0pt}{}{+}{(-)}\sqrt{[\alpha m - \beta J_{\text{II}}]^2 + 4(\alpha\beta - \gamma^2)J_{\text{II}}m}\Big]}.$$

— *Synchroner Gegenlauf* ($\eta = -1$) —

$$\left(\frac{1}{\omega_F^2}\right)_{1/2} = \frac{1}{2}\Big[[\alpha m + 3\beta J_{\text{II}}] \pm \sqrt{[\alpha m + 3\beta J_{\text{II}}]^2 - 12(\alpha\beta - \gamma^2)J_{\text{II}}m}\Big]$$

Nun ist $\sqrt{...} < \alpha m + 3\beta J_{\text{II}}$, und wegen $\alpha m + 3\beta J_{\text{II}} > 0$ erhält man für beide Vorzeichen positive Werte von $(\omega_F^2)^{-1}$. Der synchrone Gegenlauf stellt sich somit bei zwei Umlaufwinkelgeschwindigkeiten $\omega_{F,1/2} = \omega_{\text{Ge},1/2}$ mit schließlich

$$\frac{1}{\omega_{\text{Ge},1/2}} = \genfrac{}{}{0pt}{}{+}{(-)}\sqrt{\frac{1}{2}\Big[[\alpha m + 3\beta J_{\text{II}}] \pm \sqrt{[\alpha m + 3\beta J_{\text{II}}]^2 - 12(\alpha\beta - \gamma^2)J_{\text{II}}m}\Big]}$$

ein, wobei $\omega_{\text{Ge},1} = \sqrt{... - \sqrt{...}} < \omega_{\text{Ge},2} = \sqrt{... + \sqrt{...}}$ ist; konkrete Zahlenwerte würden zeigen, dass $\omega_{\text{Ge},1} < \omega_{\text{Gl}} < \omega_{\text{Ge},2}$ gilt. Und das bedeutet für das Anlaufen der Welle: Es gibt drei Bewegungszustände – genau in dieser Reihenfolge –, die einen „ruhigen" Lauf bedeuten.

Dazu sei noch angemerkt, dass der synchrone Gleichlauf durchaus als kritisch einzustufen ist. Eine „oben" oder „unten" platzierte Unwucht der Scheibe (vgl. Skizze) würde mit gleichbleibendem Abstand zur Drehachse umlaufen und damit zu einer quasi-statischen Belastung führen. Bei einem synchronen Gegenlauf wechselt eine entsprechende Unwucht jeweils nach einer halben Drehung von außen nach innen und umgekehrt; die dabei auftretende Materialdämpfung bewirkt eine weniger kritische Belastung der Welle. ◄

Beispiel 6.6: Das Wembley-Tor (zentraler Stoß, raue Ränder)

Und zum Schluss noch etwas Schönes für alle Fußball- und insbesondere Dynamik-Fans. Einige haben sicherlich schon die Bilder des WM-Finales 1966 (England vs. Deutschland, 4:2 n.V.) im Londoner Wembley-Stadion und des umstrittenen Treffers von Geoff Hurst zum 3:2 gesehen.

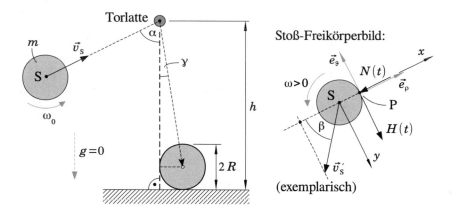

Links in dieser Skizze ist die Situation dargestellt, wenn der Ball (Masse m, Radius R, Hohlkugel, d.h. Dicke $d \ll R$) nach einem Lattentreffer unter dem Winkel α mit vollem Umfang hinter der Torlinie landet – das bedeutet dann TOR! Ziel ist es nun, zu berechnen, welcher „Effet" [ε'fe:], d.h. welche Winkelgeschwindigkeit ω_0 erforderlich ist, damit sich eben ein Tor ergibt. Dabei sollen der Auftreffwinkel α sowie die Schwerpunktsgeschwindigkeit v_S des Balles vor dem Aufprall an der Latte gegeben sein; der Einfluss der Gewichtskraft wird vernachlässigt („$g = 0$").

Das einfache Modell des zentralen Stoßes zwischen Ball und Latte legt zudem zu Grunde, dass letztere absolut unbeweglich ist. Schließlich seien die Oberflächen rau, so dass es während des Stoßprozesses zur Haftung am Kontaktpunkt P kommt. Jene Interaktion erfolgt in sehr kurzer Zeit sowie teil-elastisch (Stoßzahl $\varepsilon < 1$). In Gleichungen ausgedrückt:

- Unbewegliche Latte („punktförmig"): Geschwindigkeiten unmittelbar vor und nach dem Stoß sind gleich Null, $\vec{v}_L = \vec{v}'_L = \vec{0}$.
- Haftung in P nach dem Stoß: $v'_{Py} = 0$. Mit dem rechts skizzierten $\rho\vartheta$-Polarkoordinatensystem zur Beschreibung der ebenen Ballkinematik, wobei $\vec{e}_\rho = \vec{e}_x$ und $\vec{e}_\vartheta = -\vec{e}_y$, gilt somit nach (1.42):

$$\vec{v}'_P = \vec{v}'_S + R\omega' \vec{e}_\vartheta$$
$$= v'_{S\rho}\vec{e}_\rho + v'_{S\vartheta}\vec{e}_\vartheta + R\omega'\vec{e}_\vartheta = \underbrace{v'_{S\rho}}_{= \, v'_{Sx}} \vec{e}_x + v'_{S\vartheta}(-\vec{e}_y) + R\omega'(-\vec{e}_y)$$

$$= v'_{Sx}\vec{e}_x + \underbrace{\left(-v'_{S\vartheta}\right)}_{= \, v'_{Sy}}\vec{e}_y - R\omega'\vec{e}_y = \underbrace{v'_{Sx}}_{= \, v'_{Px}} \vec{e}_x + \underbrace{\left(v'_{Sy} - R\omega'\right)}_{= \, v'_{Py}}\vec{e}_y,$$

und folglich

$$v'_{Sy} - R\omega' = 0 \quad \text{bzw.} \quad v'_{Sy} = R\omega' \quad \text{(Abrollbedingung)}.$$

Es sei an dieser Stelle erklärend angemerkt, dass die x-Achse gleichsinnig parallel zum Geschwindigkeitsvektor $\vec{v}_S$ orientiert wurde (Orientierung der y-Achse „willkürlich" orthogonal dazu); als positiven Drehsinn wählt man entsprechend der Winkelgeschwindigkeit ω_0 den Gegenuhrzeigersinn.

- Stoßbedingung gem. (2.57), d. h. Stoßzahl ε formuliert für die Geschwindigkeitskoordinaten des Kontaktpunktes P in Stoßnormalenrichtung (hier: x-Richtung):

$$\varepsilon = -\frac{v'_{Lx} - v'_{Px}}{v_{Lx} - v_{Px}}; \quad \vec{v}_L = \vec{v}\,'_L = \vec{0}: \quad \varepsilon = -\frac{0 - v'_{Px}}{0 - v_{Px}} = -\frac{v'_{Px}}{v_{Px}}.$$

Hierbei ist $v'_{Px} = v'_{Sx}$; die Berechnung des Geschwindigkeitsvektors $\vec{v}_P$ des Ball-Punktes P unmittelbar vor dem Stoß nach (1.42) liefert analog zu $\vec{v}\,'_P$ vom Aspekt „Haftung":

$$\vec{v}_P = \vec{v}_S + R\omega_0\vec{e}_\vartheta = \underbrace{v_{Sx}}_{= v_{Px}}\vec{e}_x + \underbrace{\left(v_{Sy} - R\omega_0\right)}_{= v_{Py}}\vec{e}_y,$$

mit $v_{Sx} = v_S$ und $v_{Sy} = 0$ ($\vec{v}_S \parallel x$-Achse). Daher ist $v'_{Sx} = -\varepsilon v_S < 0$.

Somit kann die x-Geschwindigkeitskoordinate v'_{Sx} des Ballschwerpunktes S für den Zeitpunkt unmittelbar nach dem Stoß als Funktion der Auftreffgeschwindigkeit v_S angeben werden.

Es ist nun die entsprechende Koordinate v'_{Sy} des Geschwindigkeitsvektors $\vec{v}\,'_S$ in Abhängigkeit von v_S und natürlich auch ω_0 und α zu ermitteln. Damit lässt sich nämlich dann der Rückprallwinkel β berechnen.

Man formuliert dafür den Impulssatz (3.27) für den Ball in y-Richtung, die x-Gleichung ist nicht erforderlich, da die Stoßbedingung bereits v'_{Sx} lieferte, sowie den Drehimpulssatz (3.28) mit der Interaktions- bzw. Stoßzeit t_S:

$$mv'_{Sy} - m\underbrace{v_{Sy}}_{= 0} = \hat{H} \quad \text{mit} \quad \hat{H} \overset{\text{(Abk.)}}{=} \int_{(t_S)} H(t)\,\mathrm{d}t$$

$$J_B\omega' - J_B\omega_0 = -R\,\hat{H}, \quad \text{wobei} \quad J_B = J_{\text{Ball}}^{(S)}$$

Eliminiert man die Stoß-Haftkraft $H = H(t)$ bzw. $\hat{H}$, d. h. das entsprechende Zeitintegral (allg. gen. Kraftstoß), so ergibt sich:

$$J_B\omega' - J_B\omega_0 = -R\,mv'_{Sy}.$$

Und die obige Abrollbedingung für ω' eingesetzt liefert

$$J_B\frac{v'_{Sy}}{R} - J_B\omega_0 = -R\,mv'_{Sy} \quad \text{bzw.} \quad J_B\frac{v'_{Sy}}{R} + R\,mv'_{Sy} = J_B\omega_0$$

$$v'_{Sy} = \frac{J_B \omega_0}{\frac{J_B}{R} + Rm} = \frac{J_B \omega_0}{\frac{J_B}{R}\left(1 + \frac{R}{J_B}Rm\right)} = \frac{\omega_0 R}{1 + \frac{mR^2}{J_B}} > 0.$$

Es gilt also stets $v'_{Sx} < 0$ und $v'_{Sy} > 0$, d. h. der Geschwindigkeitsvektor $\vec{v}'_S$ liegt immer wie in obiger Skizze angenommen („Vermutung"), so dass sich der Rückprallwinkel β aus

$$\tan\beta = \frac{v'_{Sy}}{|v'_{Sx}|} = \frac{\frac{\omega_0 R}{1 + \frac{mR^2}{J_B}}}{\varepsilon v_S} = \frac{\omega_0 R}{\varepsilon v_S \left(1 + \frac{mR^2}{J_B}\right)} \quad \text{mit} \quad 0° < \beta < 90°$$

ergibt. Der Ball landet nach dem Lattentreffer mit vollem Umfang hinter der Linie (TOR), wenn

$$\beta \geq \alpha + \gamma \quad \text{und somit} \quad \tan\beta \geq \tan(\alpha + \gamma)$$

ist, wobei sich der Winkel γ zu

$$\gamma = \arctan\frac{R}{h - R} = \arctan\frac{1}{\frac{h}{R} - 1}$$

aus der Torhöhe h und dem Radius R des Balles berechnet. Den berechneten $\tan\beta$ in diese Bedingung eingesetzt ergibt:

$$\frac{\omega_0 R}{\varepsilon v_S \left(1 + \frac{mR^2}{J_B}\right)} \geq \tan(\alpha + \gamma)$$

und damit für den notwendigen Effekt

$$\omega_0 \geq \frac{\varepsilon v_S}{R}\left(1 + \frac{mR^2}{J_B}\right)\tan\left(\alpha + \arctan\frac{1}{\frac{h}{R} - 1}\right).$$

Da $\alpha + \gamma \leq \beta$ mit $\beta < 90°$ bzw. $\tan(\alpha + \gamma) \to \infty$ für $\alpha + \gamma \to 90°$ muss grundsätzlich

$$\alpha + \gamma < 90° \quad \text{bzw.} \quad \alpha < 90° - \gamma$$

erfüllt sein, damit überhaupt ein TOR nach einem Lattentreffer möglich ist. Je größer α ist, umso größer muss ω_0 sein.

Nun beinhaltet das Ergebnis für den Effekt noch das Massenträgheitsmoment J_B des Balles bzgl. einer (bel.) Schwereachse s. Ein Fußball kann als sog. Kugelschale (Hohlkugel) mit der Wanddicke $d \ll R$ modelliert werden, also als „Differenzobjekt" zweier konzentrischer massiver Kugeln mit den Radien R (Außen- bzw. Ballradius) und $R_i = R - d$ (Innenradius). Mit der Formel für das Massenträgheitsmoment $J^{(s)}$ einer massiven Kugel (vgl. Anhang B) ergibt sich:

$$J_{\mathrm{B}} = J_{\mathrm{groß}}^{(\mathrm{s})} - J_{\mathrm{klein}}^{(\mathrm{s})} = \frac{2}{5}\; \underbrace{\rho\; \overbrace{\frac{4}{3}\pi R^3}^{=\,V_{\mathrm{groß}}}}_{=\,m_{\mathrm{groß}}}\; R^2 - \frac{2}{5}\; \underbrace{\rho\; \overbrace{\frac{4}{3}\pi R_{\mathrm{i}}^3}^{=\,V_{\mathrm{klein}}}}_{=\,m_{\mathrm{klein}}}\; R_{\mathrm{i}}^2 = \frac{2}{5}\,\rho\frac{4}{3}\pi\,(R^5 - R_{\mathrm{i}}^5). \quad (6.22)$$

Das Volumen der Kugelschale berechnet sich zu

$$V = V_{\mathrm{groß}} - V_{\mathrm{klein}} = \frac{4}{3}\pi R^3 - \frac{4}{3}\pi R_{\mathrm{i}}^3 = \frac{4}{3}\pi(R^3 - R_{\mathrm{i}}^3),$$

und mit der Massendichte ρ erhält man für die Masse

$$m = \rho V = \underbrace{\rho\frac{4}{3}\pi\,(R^3 - R_{\mathrm{i}}^3)}.$$

Diese Beziehung in die Formel für das Massenträgheitsmoment J_{B} eingesetzt liefert

$$J_{\mathrm{B}} = \frac{2}{5}m\frac{R^5 - R_{\mathrm{i}}^5}{R^3 - R_{\mathrm{i}}^3} = \frac{2}{5}m\frac{R^5 - (R - d)^5}{R^3 - (R - d)^3}.$$

Damit ließe sich J_{B} aus dem Radius R, der Wanddicke d und der Masse m des Balles berechnen. Im Folgenden wird ergänzend eine Näherungsformel für J_{B} hergeleitet, da schließlich $d \ll R$ gilt. Dazu entwickelt man die beiden Binome; für ein Binom mit $n \in \mathbb{N} \setminus \{0\}$ gilt allgemein

$$(a + b)^n = \sum_{k=0}^{n} \binom{n}{k} a^{n-k} b^k \quad [6]$$

wobei die sog. Binominalkoeffizienten $\binom{n}{k} = \frac{n!}{k!(n-k)!}$ dem PASCALschen Dreieck (Zahlenschema) entnommen werden können.

$$
\begin{array}{lccccccccccc}
n = 0 & & & & & & 1 & & & & & \\
n = 1 & & & & & 1 & & 1 & & & & \\
n = 2 & & & & 1 & & 2 & & 1 & & & \\
n = 3 & & & 1 & & 3 & & 3 & & 1 & & \\
n = 4 & & 1 & & 4 & & 6 & & 4 & & 1 & \\
n = 5 & 1 & & 5 & & 10 & & 10 & & 5 & & 1 \\
& & & & & \vdots & & & & & &
\end{array}
$$

Somit lässt sich J_{B} anders schreiben ($a = R$, $b = -d$):

$$J_B = \frac{2}{5}m\frac{R^5 - (R^5 - 5R^4d + 10R^3d^2 - 10R^2d^3 + 5Rd^4 - d^5)}{R^3 - (R^3 - 3R^2d + 3Rd^2 - d^3)}$$

$$= \frac{2}{5}m\frac{5R^4d - 10R^3d^2 + 10R^2d^3 - 5Rd^4 + d^5}{3R^2d - 3Rd^2 + d^3}$$

$$= \frac{2}{5}m\frac{5R^4d\left[1 - 2\left(\frac{d}{R}\right) + 2\left(\frac{d}{R}\right)^2 - \left(\frac{d}{R}\right)^3 + \frac{1}{5}\left(\frac{d}{R}\right)^4\right]}{3R^2d\left(1 - \left(\frac{d}{R}\right) + \frac{1}{3}\left(\frac{d}{R}\right)^2\right)} \approx \frac{2}{3}mR^2,$$

da $\frac{d}{R} \ll 1$ ist und man daher die $\frac{d}{R}$-Terme in den Klammern vernachlässigen kann (d. h. J_B-Näherung für eben $d \ll R$).

Mit dieser „Kugelschalen-Formel" lautet die Bedingung für den Effekt

$$\omega_0 \geq \frac{\varepsilon v_S}{R}\left(1 + \frac{mR^2}{\frac{2}{3}mR^2}\right)\tan(\alpha + \gamma) = \frac{5}{2}\frac{\varepsilon v_S}{R}\tan(\alpha + \gamma),$$

die also nicht von der Ballmasse m abhängt.

Hinweis: Dieses Modell setzt voraus, dass der Ball an der Latte haftet, was stets eintritt, wenn $\hat{H} \leq \mu_0\hat{N}$ (μ_0: Haftbeiwert) erfüllt ist. Für $\hat{H}$ gilt $\hat{H} = mv'_{Sy}$; $\hat{N}$ folgt aus dem Impulssatz für den Körper in x-Richtung: $mv'_{Sx} - mv_{Sx} = -\hat{N}$, wobei $v_{Sx} = v_S$ sowie $v'_{Sx} = -\varepsilon v_S$ (vgl. oben). Damit ergibt sich als obere Grenze für den Ball-Effet:

$$m\frac{\omega_0 R}{1 + \frac{mR^2}{J_B}} \leq \mu_0 m(1 + \varepsilon)v_S \quad \text{bzw.} \quad \omega_0 \leq \mu_0\frac{1}{R}\left(1 + \frac{mR^2}{J_B}\right)(1 + \varepsilon)v_S.$$

◄

Übungen mit Lösungsskizzen

7

Die folgenden Aufgaben unterliegen keiner Systematik, sie sind „willkürlich ausgewählt" und dienen der Wiederholung sowie Überprüfung, ob die Zusammenhänge erfasst sind. Es wird bewusst auf eine angepasste Reihenfolge verzichtet, damit man die Zuordnung der Fragestellungen zu den jeweiligen Themengebieten trainieren kann.

Übung 1: Atwoodsche Fallmaschine

Die nachfolgende Skizze zeigt das Modell einer „modifizierten Atwoodschen Fallmaschine": Es sei die im raumfesten Punkt B drehbar und reibungsfrei gelagerte Scheibe (Radius R) als masselos zu betrachten. An diese ist über eine masselose Stange der Länge $\frac{1}{2}R$ starr/fest ein „punktförmiger Körper" der Masse m_3 befestigt. Das Seil habe eine vernachlässigbare Masse, es sei zudem als ideal undehnbar anzunehmen.

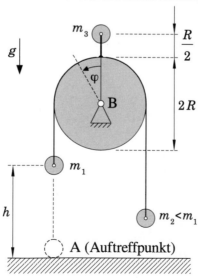

© Der/die Autor(en), exklusiv lizenziert durch Springer-Verlag GmbH, DE, ein Teil von Springer Nature 2021
M. Prechtl, *Mathematische Dynamik,* Masterclass,
https://doi.org/10.1007/978-3-662-62107-3_7

Für die drei Punktmassen gelte: $m_1 = 2m$, $m_2 = m$ und $m_3 = 2m$ (m heißt hierbei system-charakteristische Masse).

(1.1) Berechnen Sie die Geschwindigkeit v_A, mit welcher der Körper m_1 am Boden aufschlägt, wenn sich das System ursprünglich im Ruhezustand befindet und die „Fallhöhe" h gerade dem Weg von m_1 für exakt eine Vierteldrehung der Scheibe entspricht.

(1.2) Skizzieren Sie die Freikörperbilder der drei Teilkörper des Systems.

(1.3) Zeigen Sie, dass für die Beschleunigung a_1, welche der Massenpunkt m_1 während des „Fallens" erfährt, gilt:

$$a_1 = \frac{2}{15}(1 + 3\sin\varphi);$$

φ ist hierbei der Drehwinkel der Scheibe bzgl. der Vertikalen.

(1.4) Berechnen Sie die „Geschwindigkeits-Orts-Funktion" $v_1 = v_1(\varphi)$ für die Geschwindigkeit v_1 der Punktmasse m_1.

—— Lösungsskizze zu Übung 1 ——

(1.1) Energiesatz mit NN jeweils im Ausgangspunkt (z_1, $z_3 \downarrow$ und $z_2 \uparrow$):

$E_{kA} + E_{pA} = \underbrace{E_{k,\text{Start}}}^{=0} + \underbrace{E_{p,\text{Start}}}^{=0} = 0$

$E_{kA} = \frac{1}{2}m_1 v_{1,A}^2 + \frac{1}{2}m_2 v_{2,A}^2 + \frac{1}{2}m_3 v_{3,A}^2$

mit $v_{2,A} = v_{1,A} = v_A$ und $v_{3,A} = \frac{3}{2}R\omega_A = \frac{3}{2}R\frac{v_A}{R} = \frac{3}{2}v_A$

$E_{pA} = -m_1 g z_{1,A} + m_2 g z_{2,A} - m_3 g z_{3,A}$

mit $z_{2,A} = z_{1,A} = h = R\frac{\pi}{2}$ und $z_{3,A} = \frac{3}{2}R$

Setzt man nun $m_1 = 2m$, $m_2 = m$ und $m_3 = 2m$ ein, so ergibt sich:

$$v_A = \sqrt{\frac{2\pi + 12}{15}gR}.$$

(1.2) Es ist hier $S_1 \neq S_2$, da zwar die Scheibe masselos ist, jedoch der um B drehbare Starrkörperverbund „Scheibe+Massenpunkt" eine Masse hat.

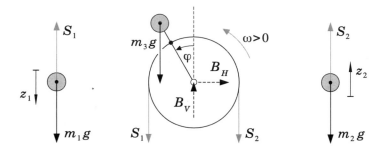

(1.3) Dyn. Grundgl.: $m_1\ddot{z}_1 = m_1g - S_1$ und $m_2\ddot{z}_2 = S_2 - m_2g$;
$J^{(B)}_{\text{Scheibe}}\ddot{\varphi} = RS_1 - RS_2 + \frac{3}{2}R\,m_3g\sin\varphi$ mit $J^{(B)}_{\text{Scheibe}} = m_3(\frac{3}{2}R)^2$

Das Massenträgheitsmoment $J^{(B)}_{\text{Scheibe}}$ der „erweiterten Scheibe" berechnet sich natürlich nur aus dem des Massenpunktes.

Mit den beiden kinematischen Beziehungen, $z_2 = z_1$ und $z_1 = R\varphi$, erhält man
$\ddot{z}_2 = \ddot{z}_1$ und $\ddot{z}_1 = R\ddot{\varphi}$ und damit (auflösen des GlSys):

$$a_1 = \ddot{z}_1 = \frac{2}{15}(1 + 3\sin\varphi)g.$$

(1.4) Wegen $\ddot{z}_1 = R\ddot{\varphi}$ gilt für $\dot{\omega} = \dot{\omega}(\varphi)$: $\underbrace{\ddot{\varphi}}_{=\dot{\omega}} = \frac{2}{15R}(1 + 3\sin\varphi)g$;

$\dot{\omega}(\varphi) \stackrel{\wedge}{=} a(x)$ in Tabelle im Abschn. 1.1.2. Mit den beiden Anfangsbedingungen $\varphi_0 = 0$ und $\omega_0 = 0$ erhält man:

$$\omega(\varphi) = \genfrac{}{}{0pt}{}{+}{(-)}\sqrt{\omega_0^2 + 2\int_{\varphi_0}^{\varphi}\dot{\omega}(\bar{\varphi})\,\mathrm{d}\bar{\varphi}} = \sqrt{2\frac{2g}{15R}\int_0^{\varphi}(1 + 3\sin\bar{\varphi})\,\mathrm{d}\bar{\varphi}}$$

$$= \sqrt{\frac{4g}{15R}[\bar{\varphi} - 3\cos\bar{\varphi}]_0^{\varphi}} = \sqrt{\frac{4g}{15R}(\varphi - 3\cos\varphi + 3)};$$
und damit
$$v_1 = R\omega = \sqrt{R^2}\sqrt{\frac{4g}{15R}(\varphi - 3\cos\varphi + 3)} = 2\sqrt{\frac{1}{15}gR(\varphi - 3\cos\varphi + 3)}$$

Übung 2: Kreisevolvente[1]

Mit einem Schleifwerkzeug wird die Oberflächenkontur (diese sei eine sog. Kreisevolvente, vgl. Evolventenverzahnung) einer Zahnflanke nachbearbeitet. Der als „punktförmig" zu betrachtende Bearbeitungskopf (mit Schleifscheibe) bewege sich dabei in der skizzierten xy-Ebene mit konstanter Winkelgeschwindigkeit ω um den raumfesten Punkt O.

---

[1]Eine Kreisevolvente entsteht übrigens, wenn ein um einen Zylinder (Radius a) gewickeltes, dünnes und undehnbares Seil abgewickelt wird, wobei dieses stets auf Spannung gehalten werden muss.

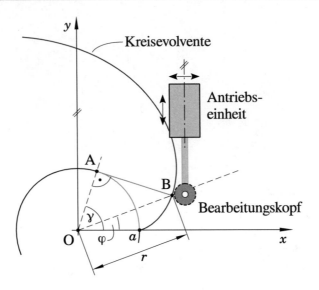

(2.1) Zeigen Sie zunächst – mit rein geometrischen Überlegungen –, dass die Kurve der Kreisevolvente mit der folgenden Parameterdarstellung in Polarkoordinaten beschrieben werden kann.

$$r = a\sqrt{1 + \gamma^2} \quad \text{und} \quad \varphi = \gamma - \arctan \gamma$$

Der Winkel γ fungiert als reeller Parameter; ein Zahlenwert ist hier in jedem Fall im Bogenmaß einzusetzen.

(2.2) Berechnen Sie die Radial- und Zirkulargeschwindigkeit des Bearbeitungskopfes in Abhängigkeit von γ, wobei eben $\omega = konst$ gilt.

(2.3) Es sein nun der Zirkularwinkel gerade $\varphi = 30°$. Ermitteln Sie den dazugehörenden Winkel γ. (Das ist soz. eine „Mathe-Übung".)

(2.4) Berechnen Sie jetzt die Radial- und Zirkulargeschwindigkeit des Bearbeitungskopfes für $\varphi = 30°$ ($a = 4$ cm, $\omega = 2$ s^{-1}) und skizzieren Sie rein qualitativ den Geschwindigkeitsvektor $\vec{v}$.

(2.5) Mit welcher Geschwindigkeit (ges.: Koordinaten) muss der Bearbeitungskopf in x- und y-Richtung verfahren werden, damit sich der Geschwindigkeitsvektor $\vec{v}$ von (2.4) ergibt – bei natürlich $\varphi = 30°$?

— Lösungsskizze zu Übung 2 —

(2.1) Kart. Koordinaten des Punktes B in Abhängigkeit von γ ($\bar{AB} = a\gamma$, da $\bar{AB}$ Bogenlänge über dem Winkel γ):

$$x = \underbrace{a\cos\gamma}_{= x_A} + a\gamma\sin\gamma \quad \text{und} \quad y = \underbrace{a\sin\gamma}_{= y_A} - a\gamma\cos\gamma$$

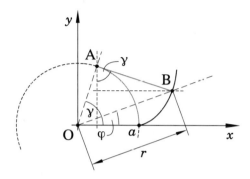

Damit: $r = \sqrt{x^2 + y^2} = \ldots = a\sqrt{1 + \gamma^2}$, da $\sin^2\gamma + \cos^2\gamma = 1$.
Im rechtwinkligen Dreieck OBA gilt zudem:

$$\tan(\gamma - \varphi) = \frac{\bar{AB}}{a} = \frac{a\gamma}{a} = \gamma, \quad \text{also} \quad \gamma - \varphi = \arctan\gamma.$$

(2.2) Radialgeschwindigkeit:

$$v_r = \dot{r} = \frac{dr}{dt} = \frac{dr}{d\gamma}\frac{d\gamma}{dt} = \frac{dr}{d\gamma}\dot{\gamma} = \frac{a\gamma}{\sqrt{1+\gamma^2}}\dot{\gamma} \ \text{(Kettenregel!)}$$

$$\dot{\varphi} = \frac{d\varphi}{dt} = \frac{d\varphi}{d\gamma}\frac{d\gamma}{dt} = \frac{d\varphi}{d\gamma}\dot{\gamma} = \left(1 - \frac{1}{1+\gamma^2}\right)\dot{\gamma} = \frac{\gamma^2}{1+\gamma^2}\dot{\gamma}, \text{ also } \dot{\gamma} = \frac{1+\gamma^2}{\gamma^2}\dot{\varphi}$$

$$v_r = \frac{a\gamma}{\sqrt{1+\gamma^2}}\frac{1+\gamma^2}{\gamma^2}\dot{\varphi} = \frac{a}{\gamma}\dot{\varphi}\sqrt{1+\gamma^2}, \text{ wobei } \dot{\varphi} = \omega$$

Zirkulargeschwindigkeit:

$$v_\varphi = r\dot{\varphi} = a\dot{\varphi}\sqrt{1+\gamma^2}, \text{ wobei } \dot{\varphi} = \omega \ \text{(Hier gilt also: } v_\varphi = \gamma v_r.)$$

(2.3) Zu lösende Gleichung: $\gamma - \arctan\gamma - \varphi = 0$ mit $\varphi = \frac{30°\cdot\pi}{180°} = \frac{\pi}{6}$
Diese Gleichung ist transzendent, man kann daher nur eine Näherungslösung berech-
nen, z. B. mittels NEWTON-RAPHSON-Iteration oder mit Hilfe von bspw. MATLAB:

```
» fzero('x-atan(x)-pi/6', [0 pi/2])
ans = 1.5092
```

D.h. für $\varphi = 30°$ ist $\gamma \approx 1{,}51 = \frac{1{,}51\cdot180°}{\pi} \approx 87°$

(2.4) Zahlenwerte von Radial- und Zirkulargeschwindigkeit für speziell
$a = 4$ cm, $\omega = 2\frac{1}{s}$, $\gamma = 1{,}51$: $v_r \approx 9{,}6 \frac{cm}{s}$; $v_\varphi \approx 14{,}5 \frac{cm}{s}$.
Skizze für den Geschwindigkeitsvektor $\vec{v}$ in der Position $\varphi = 30°$:

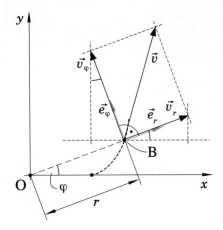

(2.5) Es gilt, vgl. Skizze von (2.4):
$v_x = v_r \cos\varphi - v_\varphi \sin\varphi \approx 1{,}1 \frac{cm}{s}$; $v_y = v_r \sin\varphi + v_\varphi \cos\varphi \approx 17{,}4 \frac{cm}{s}$.

Übung 3: Wurfbewegungen
Eine „kleine Kugel" (Masse m_1) wird von einem Turm der Höhe $h = 10$ m in horizontaler
Richtung mit einer Geschwindigkeit von 1 m/s abgeworfen. Genau 0,4 s nach dem Start
dieser Kugel wird eine zweite „kleine Kugel" der Masse m_2 aus derselben Höhe h – mit Hilfe
einer Federvorrichtung – senkrecht nach unten geschossen. Beide Kugeln treffen jedoch
gleichzeitig am „Boden" auf.

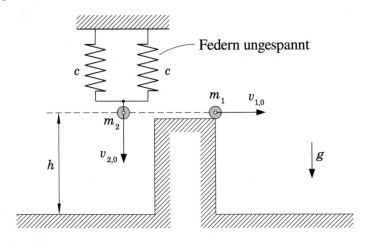

Effekte wie z. B. der Luftwiderstand seien übrigens vernachlässigbar.

(3.1) Skizzieren Sie rein qualitativ die Geschwindigkeits- und Weg-Zeit-Kurven für beide
       Kugeln in jeweils einem Diagramm.
(3.2) Berechnen Sie die Flugdauer t_F von Kugel 1.
(3.3) Mit welcher Geschwindigkeit $v_{2,0}$ muss hierfür die zweite Kugel abgeschossen wer-
       den?

Der Federmechanismus zum Beschleunigen von Kugel Nr. 2 auf die Startgeschwindigkeit
$v_{2,0}$ besteht aus zwei gleichen Federn der Steifigkeit c.

(3.4) Berechnen Sie c, wenn für eine Kugel der Masse $m_2 = 100$ g beim Spannen der
       Vorrichtung um $\Delta l = 20$ cm die Startgeschwindigkeit von (3.3) erreicht werden soll.
       Bestätigen Sie zunächst rechnerisch: Der Einfluss des Gewichts von m_2 kann hier
       durchaus beruhigten Gewissens vernachlässigt werden.

$$\text{—— Lösungsskizze zu Übung 3 ——}$$

(3.1) Koordinatensys.: Nullpunkt jeweils im Startpunkt mit $z \downarrow$ und $x \rightarrow$
       [Legende] Strichlinie schwarz: x-Richtung Kugel 1, Volllinie schwarz: z-Richtung
       Kugel 1, Volllinie grau: z-Richtung Kugel 2

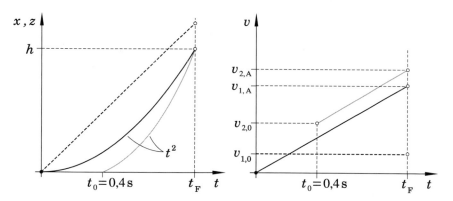

Die beiden Auftreffgeschwindigkeiten $v_{1,A}$ und $v_{2,A}$ in z-Richtung lassen sich mit
dem Energiesatz oder der zeitunabhängigen Bewegungsgleichung (1.11) – mit konst.
Beschleunigung g – berechnen:

$$v_{1,A}^2 - \underbrace{v_{1z,0}^2}_{=0} = 2gh \quad \Rightarrow \quad v_{1,A} = \sqrt{2gh}$$

$$v_{2,A}^2 - v_{2,0}^2 = 2gh \quad \Rightarrow \quad v_{2,A} = \sqrt{v_{2,0}^2 + 2gh}$$

Ergänzung: Kugel 1 triff folglich mit der (Bahn-)Geschwindigkeit

$v_A = \sqrt{v_{1,0}^2 + v_{1,A}^2}$ unter dem Winkel $\alpha = \arctan \frac{v_{1,A}}{v_{1,0}}$ auf.

(3.2) Konst. Beschleunigung g in z-Richtung: $z_1 = \underbrace{z_{1,0}}_{=0} + \underbrace{v_{1z,0}}_{=0}\, t + \frac{1}{2}gt^2$

$z_1(t_F) = h: h = \frac{1}{2}gt_F^2 \Rightarrow t_F = \genfrac{}{}{0pt}{}{+}{(-)}\sqrt{\frac{2h}{g}} = 1,4\ \text{s}$

(3.3) Wegen um 0,4 s verzögertem Start gilt für Kugel 2: $t_0 = 0,4$ s.

$z_2 = \underbrace{z_{2,0}}_{=0} + v_{2,0}(t - t_0) + \frac{1}{2}g(t - t_0)^2$ für $t \geq t_0$

Bedingung: $z_2(t_F) = h$

$h = v_{2,0}(t_F - t_0) + \frac{1}{2}g(t_F - t_0)^2 \Rightarrow v_{2,0} = \frac{h - \frac{1}{2}g(t_F - t_0)^2}{t_F - t_0} = 5,1\ \frac{\text{m}}{\text{s}}$

(3.4) Energiesatz („1": Spannposition, „2": Abschussposition)

Mit NN für $E_{\text{p,schwere}}$ in „1" und $z \downarrow$: $E_{k2} + E_{p2} = \overbrace{E_{k1}}^{=0} + E_{p1}$,

ausformuliert $\frac{1}{2}m_2 v_{2,0}^2 - m_2 g \Delta l = \frac{1}{2}\underbrace{c_{\text{ers}}}_{=2c} (\Delta l)^2$

Es ist $m_2 g \Delta l \approx 0,2$ Nm (deutlich) kleiner als $\frac{1}{2}m_2 v_{2,0}^2 \approx 1,3$ Nm, so dass man das Schwerepotenzial hier getrost vernachlässigen kann.

D.f.: $c = \frac{1}{2}m_2 \left(\frac{v_{2,0}}{\Delta l}\right)^2 = 32,5\ \frac{\text{N}}{\text{m}}$ ($\Delta l = 0,2$ m und $m_2 = 0,1$ kg)

Übung 4: Eisstockschießen[2]

Ein (zylindrischer) Eisstock mit den skizzierten Abmessungen stößt mit $v_1 = 7,5\ \frac{\text{m}}{\text{s}}$ zentral auf einen ruhenden Eisstock gleicher Bauart. Unmittelbar nach dem Stoß gleitet der zweite mit der Geschwindigkeit $v_2' = 5,8\ \frac{\text{m}}{\text{s}}$ weiter.

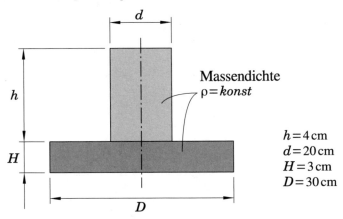

Massendichte
$\rho = konst$

$h = 4$ cm
$d = 20$ cm
$H = 3$ cm
$D = 30$ cm

---

[2]Das Eisstockschießen – nicht zu verwechseln mit Curling – ist ein alter, insbes. in der Alpenregion verbreiteter Volkssport. Hierbei ist das Ziel, einen Eisstock möglichst nahe an eine sog. Daube zu bringen. Für diejenigen, die diesen Präzisionssport nicht kennen, dürfte eine kleine Recherche, bspw. im World Wide Web, hilfreich sein.

Der Stoßprozess, bei dem nur die „Stoß-Wechselwirkungskraft" zu berücksichtigen ist, erfolge nicht vollkommen elastisch. Für die Berechnung der Stockmasse ist eine konstante Massendichte von $\rho = 1{,}8 \frac{\text{g}}{\text{cm}^3}$ zu verwenden.

(4.1) Zeigen Sie rechnerisch, dass für die Geschwindigkeit v_1' des ersten Eisstocks unmittelbar nach dem Stoß $v_1' = 1{,}7 \frac{\text{m}}{\text{s}}$ gilt.

(4.2) Berechnen Sie jenen Betrag ΔE_k an kinetischen Energie, der beim Zusammenprall der Eisstöcke „verloren" geht.

(4.3) Welche Strecke s_1 rutscht der erste Eisstock nach dem Zusammenprall weiter, bis er zum Stillstand kommt (Reibbeiwert $\mu = 0{,}1$)?

—— **Lösungsskizze zu Übung 4** ——

(4.1) Impulserhaltung, da „äußere Kräfte" vernachlässigt werden:
$$m v_1 + \underbrace{m v_2}_{=0} = m v_1' + m v_2' \quad \Rightarrow \quad v_1' = v_1 - v_2' = 1{,}7 \tfrac{\text{m}}{\text{s}}$$

(4.2) $\Delta E_k = E_{k1} - (E_{k1}' + E_{k2}') = \frac{1}{2} m v_1^2 - \frac{1}{2} m (v_1')^2 - \frac{1}{2} m (v_2')^2$, wobei sich die Masse zu $m = \rho V = \rho \left(\frac{D^2 \pi}{4} H + \frac{d^2 \pi}{4} h \right)$ berechnet;
$$\Delta E_k = \tfrac{1}{8} \rho \pi \left(D^2 H + d^2 h \right) \left(v_1^2 - (v_1')^2 - (v_2')^2 \right) = 60\,\text{Nm} = 60\,\text{J}$$

Oder: Gleichung (2.60) mit $v_2 = 0$ und somit Stoßzahl $\varepsilon = -\frac{v_2' - v_1'}{0 - v_1}$

(4.3) Arbeitssatz („S" Startposition, „E" Endposition)
$$E_{kE} - E_{kS} = W_{SE}^* = W_{SE,\text{reib}} \text{ mit } E_{kE} = 0$$
$$0 - \tfrac{1}{2} m (v_1')^2 = -R s_1' = -\mu N s_1' = -\mu m g s_1' \quad \Rightarrow \quad s_1' = \frac{(v_1')^2}{2 \mu g} = 1{,}5\,\text{m}$$

Übung 5: Rührgerät – Dynamische Lagerbelastung

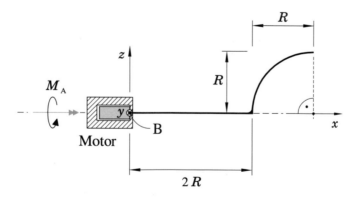

Die obige Skizze zeigt ein einfaches Modell für ein Rührgerät, wie z. B. einen Stabmixer. Hierbei sei der starre Rührstab (Masse m, homogenes Material, d. h. Massendichte $\rho = konst$) als dünn zu betrachten, d. h. sein Durchmesser kann gegenüber R vernachlässigt werden; für den Querschnittsflächeninhalt A gilt $A = konst$. Infolge eines konstanten Antriebsmoments M_A wird der Rührstab – aus dem Ruhezustand ($\omega = 0$) – beschleunigt.

Berechnen Sie – im körperfesten xyz-Koordinatensystem ($y \otimes$ bedeutet, die y-Achse ist in die Zeichenebene hinein orientiert) – die im raumfesten Lagerpunkt B auftretenden Reaktionskräfte/-momente, wobei der Einfluss des Gewichts mg des Rührstabes nicht zu berücksichtigen ist.

—— **Lösungsskizze zu Übung 5** ——

Ein paar grundsätzliche Vorbemerkungen:

- Das xyz-System ist (höchstwahrscheinlich) kein Hauptachsensystem, die EULERschen Gleichungen kann man demnach nicht anwenden.
- Das Dreh-Lager ist 5-wertig, es kann lediglich kein Moment bzgl. der x-Achse aufnehmen.
- Lagerreibung und Luftwiderstand o. ä. sind nicht zu berücksichtigen, da diese Effekte im Modell nicht beschrieben sind.
- Die Massen eines infinitesimal kleinen Stababschnitts (gen. Massenelement) der Länge $\mathrm{d}l$ berechnet sich zu

$$\mathrm{d}m = \rho\,\mathrm{d}V = \rho\,A\,\mathrm{d}l;$$

$\mathrm{d}V$ nennt man Volumenelement; dieses ist hier geometrisch ein „winziger Zylinder" ($\mathrm{d}V \to 0$) mit eben dem Volumen $A\,\mathrm{d}l$.

Grundlage der Berechnung der Lagerreaktionen ist ein Freikörperbild (hier in perspektivischer Darstellung).

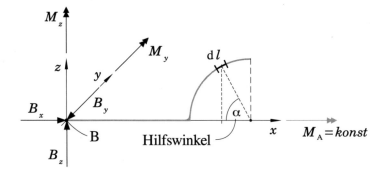

Hinweis: Den Hilfswinkel α benötigt man später bei der Berechnung der Schwerpunktskoordinaten sowie der massengeometrischen Größen.

Die Ermittlung jener fünf Unbekannten B_x, B_y und B_z sowie M_y und M_z erfolgt nun in drei wesentlichen Schritten:

(1) Schwerpunktsatz/Dynamische Grundgleichung: $m\vec{a}_S = \vec{F}_{res}$
Infolge der Drehung des Körpers um eine raumfeste Achse (x-Achse) rotiert der Schwerpunktes S auf einer – zur x-Achse orthogonalen – Kreisbahn mit Radius z_S (z-Koordinate von S). Man wählt zur Formulierung des S-Satzes daher Polarkoordinaten; es gilt für den radialen Basisvektor $\vec{e}_r = \vec{e}_z$ und für den zirkularen $\vec{e}_\varphi = -\vec{e}_y$ da $M_A \rightarrowtail$ und somit $\vec{e}_\varphi \odot$ (RFR Fußnote 2 im Kap. 1).

$$x \rightarrow: \quad ma_{S,x} = B_x \quad \text{mit } a_{S,x} = 0 \qquad\qquad \Rightarrow B_x = 0$$
$$z \uparrow: \quad ma_{S,z} = B_z \quad \text{mit } a_{S,z} = a_{S,r} = -z_S\omega^2 \Rightarrow B_z = -mz_S\omega^2$$
$$y \otimes: \quad ma_{S,y} = -B_y \text{ mit } a_{S,y} = -a_{S,\varphi} = -z_S\dot{\omega} \Rightarrow B_y = mz_S\dot{\omega}$$

Hinweis: Bei der Erweiterung der $r\varphi$-Polarkoordinaten mit der x-Richtung spricht man eigentlich von Zylinderkoordinaten (räuml. Polarkoordinaten).

(2) Momentensatz: $\dot{\vec{L}}^{(B)} = \vec{M}^{(B)}_{res}$
Da $\vec{L}^{(B)}$ in einem rot. Bezugssystem beschrieben wird, muss die „absolute" Zeitableitung (in Bezug auf ein raumfestes System) mit der EULER-Regel berechnet werden: $\dot{\vec{L}}^{(B)} = \dot{\vec{L}}^{(B)}|_{xyz} + \vec{\omega} \times \vec{L}^{(B)}$.

Mit $\vec{\omega} = \begin{pmatrix} \omega \\ 0 \\ 0 \end{pmatrix}$ folgt $\vec{L}^{(B)} = \underline{J}^{(B)}\vec{\omega} = \begin{pmatrix} J_{xx} & J_{xy} & J_{zx} \\ J_{yx} & J_{yy} & J_{yz} \\ J_{zx} & J_{zy} & J_{zz} \end{pmatrix} \cdot \begin{pmatrix} \omega \\ 0 \\ 0 \end{pmatrix} = \begin{pmatrix} J_{xx}\omega \\ J_{yx}\omega \\ J_{zx}\omega \end{pmatrix}$

und damit $\dot{\vec{L}}^{(B)} = \begin{pmatrix} J_{xx}\dot{\omega} \\ J_{yx}\dot{\omega} \\ J_{zx}\dot{\omega} \end{pmatrix} + \begin{pmatrix} \omega \\ 0 \\ 0 \end{pmatrix} \times \begin{pmatrix} J_{xx}\omega \\ J_{yx}\omega \\ J_{zx}\omega \end{pmatrix} = \begin{pmatrix} J_{xx}\dot{\omega} \\ J_{yx}\dot{\omega} - J_{zx}\omega^2 \\ J_{zx}\dot{\omega} + J_{yx}\omega^2 \end{pmatrix}$.

Die Koordinatengleichungen des Momentensatzes lauten also:

$$J_{xx}\dot{\omega} = M_x \text{ wobei } M_x = M_A$$
$$J_{yx}\dot{\omega} - J_{zx}\omega^2 = M_y \quad \text{d.h. } M_y = J_{yx}\dot{\omega} - J_{zx}\omega^2$$
$$J_{zx}\dot{\omega} + J_{yx}\omega^2 = M_z \quad \text{d.h. } M_z = J_{zx}\dot{\omega} + J_{yx}\omega^2$$

Nachtrag: Die Koordinaten ω_y und ω_z von $\vec{\omega}$ sind Null, da die Drehung um die x-Achse erfolgt und die Richtung des Winkelgeschwindigkeitsvektors stets mit der (momentanen) Drehachse identisch ist.

(3) Berechnung „unbekannter Größen": z_S, J_{xx}, J_{yx} & J_{zx} sowie ω & $\dot{\omega}$
Die Ergebnisse für die Lagerreaktionen zeigen, dass noch ein paar Größen unbekannt sind (geg. seien m und R sowie M_A).

– z-Koordinate des Körperschwerpunktes S –

Gem. Definition: $z_S = \frac{1}{m} \int_{(\mathbb{K})} z \, dm$ mit $m = \int_{(\mathbb{K})} dm$ und $dm = \rho A dl$
Zerlegung in zwei Teilkörper: Gerader Stab (Länge $2R$) + „Viertelkreis"

$$m = \rho A \int_{(\mathbb{K})} \mathrm{d}l = \rho A l_{\text{ges}} = \rho A (2R + \tfrac{1}{4} 2 R\pi) = \rho A R (2 + \tfrac{\pi}{2})$$

$$\int_{(\mathbb{K})} z \, \mathrm{d}m = \int_{(\mathbb{K}_1)} z \, \mathrm{d}m + \int_{(\mathbb{K}_2)} z \, \mathrm{d}m = \underbrace{z_{S1}}_{= 0} m_1 + \rho A \int_{\alpha=0}^{\frac{\pi}{2}} \underbrace{R \sin \alpha}_{= z} \, \mathrm{d}l$$

Mit $\mathrm{d}l = R\mathrm{d}\alpha$ (Bogenlänge): $\int_{(\mathbb{K})} z \, \mathrm{d}m = \rho A R^2 \int_0^{\frac{\pi}{2}} \sin \alpha \, \mathrm{d}\alpha = R^2 \rho A$.

Es ergibt sich also: $z_S = \dfrac{R^2 \rho A}{\rho A R (2 + \frac{\pi}{2})} = \dfrac{2R}{4 + \pi}$.

– Massenträgheitsmoment J_{xx} bzgl. der x-Achse –

$J_{xx} = \int_{(\mathbb{K})} (y^2 + z^2) \, \mathrm{d}m$ mit $y = 0$ (y-Koordinate des Massenelements $\mathrm{d}m$, d.h. eines infinitesimal kleinen Stababschnitts der Länge $\mathrm{d}l$)

$J_{xx} = \int_{(\mathbb{K}_1)} z^2 \, \mathrm{d}m + \int_{(\mathbb{K}_2)} z^2 \, \mathrm{d}m$, wobei $z = 0$ (z-Koordinate des Massenelements $\mathrm{d}m$ / Stababschnitts) bei Teilkörper $\mathbb{K}_1$

Mit $\mathrm{d}m = \rho A \mathrm{d}l$ und $\mathrm{d}l = R \, \mathrm{d}\alpha$ sowie $z = R \sin \alpha$ für den Viertelkreis:

$$J_{xx} = \rho A \int_{\alpha=0}^{\frac{\pi}{2}} (R \sin \alpha)^2 R \, \mathrm{d}\alpha = R^3 \rho A \int_{\alpha=0}^{\frac{\pi}{2}} \sin^2 \alpha \, \mathrm{d}\alpha \overset{[4]}{=} \dots = \tfrac{1}{4} R^3 \rho A \pi .$$

Und wegen $m = \rho A R (2 + \tfrac{\pi}{2})$ gilt $\rho A R = \dfrac{m}{2 + \frac{\pi}{2}}$ und damit $J_{xx} = \dfrac{\pi}{2(4 + \pi)} m R^2$.

– Massendeviationsmoment $J_{yx} = J_{xy}$ –

$J_{xy} = -\int_{(\mathbb{K})} xy \, \mathrm{d}m = 0$, da $y = 0$ für jedes Massenelement $\mathrm{d}m$ ($\mathbb{K}_1$ & $\mathbb{K}_2$)

– Massendeviationsmoment $J_{zx} = J_{xz}$ –

$$J_{xz} = -\int_{(\mathbb{K})} xz \, \mathrm{d}m = -\int_{(\mathbb{K}_1)} x \underbrace{z}_{= 0} \, \mathrm{d}m - \int_{(\mathbb{K}_2)} xz \, \mathrm{d}m \text{ (zu } z = 0\text{: s. oben)}$$

Die Koordinaten eines Massenelements $\mathrm{d}m$ von Teilkörper 2 lauten: $x = 3R - R \cos \alpha = R(3 - \cos \alpha)$; $z = R \sin \alpha$.

$$J_{xz} = -\rho A \int_0^{\frac{\pi}{2}} R(3 - \cos \alpha) R \sin \alpha \, \mathrm{d}l \text{ mit } \mathrm{d}l = R\mathrm{d}\alpha.$$

$$J_{xz} = -R^3 \rho A \int_0^{\frac{\pi}{2}} (3 - \cos \alpha) \sin \alpha \, \mathrm{d}\alpha = -R^3 \rho A \Big(3 \int_0^{\frac{\pi}{2}} \sin \alpha \, \mathrm{d}\alpha$$

$$- \int_0^{\frac{\pi}{2}} \underbrace{\sin \alpha \cos \alpha}_{= \frac{1}{2} \sin 2\alpha} \, \mathrm{d}\alpha \Big) = \dots = -\tfrac{5}{2} R^3 \rho A; \quad (!) \int \sin 2\alpha \, \mathrm{d}\alpha = -\tfrac{1}{2} \cos 2\alpha + C$$

Mit $\rho A R = \dfrac{m}{2 + \frac{\pi}{2}}$ (siehe oben, z_S) erhält man schließlich: $J_{xz} = -\dfrac{5}{4 + \pi} m R^2$.

– Winkelgeschwindigkeit ω und -beschleunigung $\dot{\omega}$ –

Die Winkelbeschleunigung des Körpers (Rührstab) ergibt sich aus obiger x-Momentengleichung: $\dot{\omega} = \frac{1}{J_{xx}} M_A = konst$.

Wegen $\dot{\omega} = konst$, folgt die Winkelgeschwindigkeit $\omega = \cancel{\omega_0}^{=0} + \frac{1}{J_{xx}} M_A t$; sie nimmt demnach linear mit der Zeit zu ($\omega = konst$ für $M_A = 0$).

– Zusammenfassung –

Die im (raumfesten) Dreh-Lagerpunkt B auftretenden Reaktionskräfte und -momente berechnen sich mit (3) zu:

$B_x = 0$; $B_y = m z_S \dot{\omega}$; $B_z = -m z_S \omega^2$ mit $z_S = \frac{2R}{4+\pi}$ sowie

$M_y = -J_{xz} \omega^2$; $M_z = J_{xz} \dot{\omega}$ mit $J_{xz} = -\frac{5}{4+\pi} m R^2$ und ω, $\dot{\omega}$ gem. oben.

Übung 6: Beschleunigter Oszillator
In einem als Massenpunkt zu betrachtenden Wagen (Masse $m_1 = 2m$, inkl. Räder) befindet sich ein „Feder-Masse-Pendel", wobei sich die Punktmasse $m_2 = m$ reibungsfrei bewegen kann. Der Wagen wird mittels eines Gewichts angetrieben; das Seil sei masselos und undehnbar.

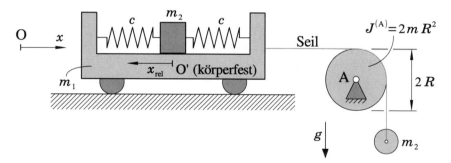

Die absolute Lage von Wagen und Pendelkörper wird – in Bezug auf den raumfesten Punkt O – durch die beiden Koordinaten x_1 und x_2 angegeben. x_{rel} beschreibt die Position des Pendelkörpers relativ zum Wagen; bei einem Start aus der Ruhelage wird sich der Pendelkörper aufgrund seiner Trägheit relativ zum Wagen nach links bewegen, daher ist $x_{rel} \leftarrow$.

Ermitteln Sie mit den LAGRANGEschen Gl. 2. Art die Bewegungsgleichungen des Systems. Dieses hat zwei Freiheitsgrade; verwenden Sie hierbei als generalisierte Koordinaten x_1 und x_{rel}. Anmerkung: Bei der DGL für x_{rel} handelt es sich um die Bewegungsgleichung des Pendelkörpers in einem beschleunigten Bezugssystem (mitbewegtes O'-System).

Zusatz: Denken Sie sich im Folgenden den Antriebsmechanismus „Rolle und Gewicht" weg. Der Wagen soll nun in horizontaler Richtung konstant beschleunigt werden, d. h. es soll $\ddot{x}_1 = a_0 = konst$ gelten. Stellen Sie wieder die Bewegungsgleichungen auf. Welchen Konsequenz ergibt sich daraus?

—— Lösungsskizze zu Übung 6 ——

Das System ist konservativ (Reibung u.ä. wird vernachlässigt), es gilt daher für die nicht-konservativen generalisierten Kräfte $Q_j^* = 0$. Als generalisierte Koordinaten sind $q_1 = x_1$ und $q_2 = x_{\rm rel}$ zu wählen.

$$E_{\rm k} = \frac{1}{2}m_1\dot{x}_1^2 + \frac{1}{2}m_2\dot{x}_2^2 + \frac{1}{2}J^{(\rm A)}\dot{\varphi}^2 + \frac{1}{2}m_2\dot{z}^2$$

Hierbei sind $\widehat{\varphi}$ die Drehkoordinate der Rolle und $z \downarrow$ die Lagekoordinate des punktförmigen Gewichts. $\Rightarrow$ kinematische Beziehungen: $\dot{x}_1 = R\dot{\varphi}$ und $\dot{z} = R\dot{\varphi}$ (bzw. $\dot{z} = \dot{x}_1$); mit zudem $x_{\rm rel} = x_1 - x_2$ sowie den beiden Massen $m_1 = 2m$ und $m_2 = m$, erhält man für die ges. kin. Energie:

$$E_{\rm k} = \frac{1}{2}2m\dot{x}_1^2 + \frac{1}{2}m(\dot{x}_1 - \dot{x}_{\rm rel})^2 + \frac{1}{2}2mR^2\frac{\dot{x}_1^2}{R^2} + \frac{1}{2}m\dot{x}_1^2 = \frac{5}{2}m\dot{x}_1^2 + \frac{1}{2}m(\dot{x}_1 - \dot{x}_{\rm rel})^2.$$

Wählt man für das NN des Schwerepotenzials den Startpunkt des Gewichts, so folgt für das Gesamtpotenzial:

$$E_{\rm p} = 2 \cdot \frac{1}{2}cx_{\rm rel}^2 - m_2gz = cx_{\rm rel}^2 - mg(x_1 - x_{1,0}). \quad (x_{1,0} : \text{Startpunkt} m_1)$$

Somit lautet LAGRANGE-Funktion

$$L = E_{\rm k} - E_{\rm p} = \frac{5}{2}m\dot{x}_1^2 + \frac{1}{2}m(\dot{x}_1 - \dot{x}_{\rm rel})^2 - cx_{\rm rel}^2 - mg(x_1 - x_{1,0})$$

und man erhält:

$$\frac{\partial L}{\partial x_1} = mg; \quad \frac{\partial L}{\partial x_{\rm rel}} = -2cx_{\rm rel}$$

$$\frac{\partial L}{\partial \dot{x}_1} = 5m\dot{x}_1 + m(\dot{x}_1 - \dot{x}_{\rm rel}); \quad \frac{{\rm d}}{{\rm d}t}\left(\frac{\partial L}{\partial \dot{x}_1}\right) = 5m\ddot{x}_1 + m(\ddot{x}_1 - \ddot{x}_{\rm rel})$$

$$\frac{\partial L}{\partial \dot{x}_{\rm rel}} = -m(\dot{x}_1 - \dot{x}_{\rm rel}); \quad \frac{{\rm d}}{{\rm d}t}\left(\frac{\partial L}{\partial \dot{x}_{\rm rel}}\right) = -m(\ddot{x}_1 - \ddot{x}_{\rm rel}).$$

Die gesuchten Bewegungsgleichungen für den Wagen und den Pendelkörper ergeben sich damit zu

$$j = 1: \quad \frac{{\rm d}}{{\rm d}t}\left(\frac{\partial L}{\partial \dot{q}_1}\right) - \frac{\partial L}{\partial q_1} = Q_1^*\Big| : m \quad \Rightarrow \quad 6\ddot{x}_1 - \ddot{x}_{\rm rel} = g$$

$$j = 2: \quad \frac{{\rm d}}{{\rm d}t}\left(\frac{\partial L}{\partial \dot{q}_2}\right) - \frac{\partial L}{\partial q_2} = Q_2^*\Big| : m \quad \Rightarrow \quad \ddot{x}_{\rm rel} + 2\frac{c}{m}x_{\rm rel} = \ddot{x}_1$$

$$- \textit{Zur Ergänzung } (\ddot{x}_1 = konst) -$$

In diesem Fall besteht das System nur aus Wagen und Feder-Masse-Pendel, und die LAGRANGE-Funktion berechnet sich wie folgt:

$$E_{\mathrm{k}} = \frac{1}{2}m_1\dot{x}_1^2 + \frac{1}{2}m_2\dot{x}_2^2 = m\dot{x}_1^2 + \frac{1}{2}m(\dot{x}_1 - \dot{x}_{\mathrm{rel}})^2$$

$$E_{\mathrm{p}} = 2 \cdot \frac{1}{2}cx_{\mathrm{rel}}^2 = cx_{\mathrm{rel}}^2$$

$$L = E_{\mathrm{k}} - E_{\mathrm{p}} = m\dot{x}_1^2 + \frac{1}{2}m(\dot{x}_1 - \dot{x}_{\mathrm{rel}})^2 - cx_{\mathrm{rel}}^2.$$

Die LAGRANGEschen Gl. 2. Art liefern – ein konservatives System angenommen ($Q_j^* = 0$) – die Bewegungsgleichungen

$$3m\ddot{x}_1 - m\ddot{x}_{\mathrm{rel}} = 0 \quad \text{und} \quad m\ddot{x}_{\mathrm{rel}} + 2cx_{\mathrm{rel}} = m\ddot{x}_1$$

bzw. mit der Bedingung $\ddot{x}_1 = a_0 = konst$ für eine konst. Beschleunigung

$$3a_0 - \ddot{x}_{\mathrm{rel}} = 0 \quad \text{und} \quad \ddot{x}_{\mathrm{rel}} + 2\frac{c}{m}x_{\mathrm{rel}} = a_0.$$

Nun, die zweite Gleichung ist eine inhomogene lin. DGL 2. Ordnung; deren allgemeine Lösung (AL) ergibt sich als Superposition der AL der homogenisierten DGL, $\ddot{u} + 2\frac{c}{m}u = 0$, und einer bel. partikulären Lösung (PL):

$$x_{\mathrm{rel}} = u + x_{\mathrm{rel,PL}} = A\cos\omega_0 t + B\sin\omega_0 t + \frac{a_0}{\omega_0^2} \quad \text{mit} \quad \omega_0^2 = 2\frac{c}{m};$$

die homog. DGL ist die – hoffentlich bekannte – ungedämpfte Schwingungs-DGL mit Funktion (5.3) als AL.

Diese Lösung für x_{rel} in Gleichung $3a_0 - \ddot{x}_{\mathrm{rel}} = 0$ bzw. $a_0 = \frac{1}{3}\ddot{x}_{\mathrm{rel}}$ eingesetzt, führt zu einem Widerspruch (!), da $\ddot{x}_{\mathrm{rel}} \neq konst$. D.h. zur Realisierung der Eigenschaft $\ddot{x}_1 = konst$ ist eine – am Wagen angreifende – in x-Richtung wirkende „nicht-konservative" Antriebskraft F_{A} erforderlich. Diese verrichtet dann bei einer virtuellen Verschiebung δx_1 des Wagens in x-Richtung die (virtuelle) Arbeit gem.

$$\delta W^* = F_{\mathrm{A}}\delta x_1;$$

der Koeffizientenvergleich mit (4.8) bei zwei Freiheitsgraden ($f = 2$),

$$\delta W^* = Q_1^*\delta q_1 + Q_2^*\delta q_2,$$

liefert wegen $\delta q_1 = \delta x_1$ und $\delta q_2 = \delta x_{\mathrm{rel}}$ nun für die sog. nicht-konservativen generalisierten Kräfte: $Q_1^* = F_{\mathrm{A}}$ und $Q_2^* = 0$. Und damit lauten die „korrekten" Bewegungsgleichungen:

$$3 \underbrace{\ddot{x}_1}_{=\,a_0} - \ddot{x}_{\text{rel}} = \frac{F_A}{m} \text{ mit } F_A = F_A(t) \text{ und (unverändert) } \ddot{x}_{\text{rel}} + 2\frac{c}{m}x_{\text{rel}} = a_0.$$

Übung 7: Geneigter Walzenschwinger

Ein massiver Kreiszylinder (Masse m, Radius R) kann – entsprechend Skizze – auf einer schiefen Ebene mit dem Neigungswinkel α ideal abrollen. Dessen Schwerpunkt S sei über eine Feder (Steifigkeit c) und einem geschwindigkeitsproportionalen Dämpfer mit der Umgebung verbunden. Zudem ist um die Walze ein masseloses Seil gewickelt, dessen Ende an einer Feder (Steifigkeit c) befestigt ist.

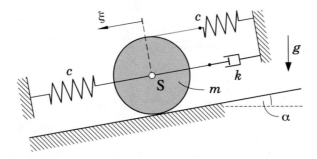

In der dargestellten Position $\xi_S = 0$ der Walze seien beide Federn kraftlos, also ungespannt. Zudem gelte für die Dämpferkonstante: $k = \sqrt{6mc}$.

(7.1) Geben Sie die Lagekoordinate $\xi_{S,\text{stat}}$ des Walzenschwerpunktes S für die sog. statische Ruhelage des Körpers an.

(7.2) Ermitteln Sie – mit Hilfe eines Freikörperbildes – die Bewegungsgleichung für den Schwerpunkt S in Bezug auf die statische Ruhelage.

(7.3) Welche Eigenkreisfrequenz ω_0 hat dieses schwingungsfähige System und wie groß ist das LEHRsche Dämpfungsmaß D?

Es wird nun die Dämpfung vernachlässigt, d. h. $k = 0$. Der Haftbeiwert der entsprechenden Materialkombination Walze/Unterlage ist $\mu_0 = konst$.

(7.4) Berechnen Sie die zulässige initiale Auslenkung von S aus der statischen Ruhelage, sodass stets ein idealer Abrollvorgang erfolgt; die Startgeschwindigkeit des Schwerpunktes sei hierbei Null.

—— Lösungsskizze zu Übung 7 ——

(7.1) Man nehme die Skizze von (7.2) mit $x \rightsquigarrow \xi$, $x_S \rightsquigarrow \xi_{S,\text{stat}}$ und ω, $\dot{x}_S = 0$ (Statik) sowie $mg \downarrow$ in S statt mg_z: $R\varphi_{\text{stat}} = \xi_{S,\text{stat}}$ (ideales Rollen); $H = 2c\,\xi_{S,\text{stat}}$ ($M_{\text{res}}^{(S)} = 0$)
$\Rightarrow F_{\text{res},x} = 0$: $mg \sin\alpha = c\,\xi_{S,\text{stat}} + 2 \cdot 2c\,\xi_{S,\text{stat}}$

(7.2) Freikörperbild mit „$g_x = 0$", da x-Nullpunkt = statische Ruhelage
Man stelle sich hierfür vor, S sei in pos. x-Richtung ausgelenkt und bewege sich in diese Richtung. Obige Feder wird gedehnt durch die S-Verschiebung und dem Aufrollen des Seils infolge der Drehung.

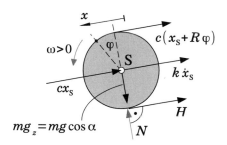

Hinweis: g_z ist die z-Komponente der Erdbeschleunigung g, wobei die z-Achse orthogonal zur schiefen Ebene nach unten orientiert sei.
Kräfte- und Momentengleichung, wobei $R\varphi = x_S$ (ideales Rollen):

$$x \swarrow: \quad m\ddot{x}_S = -cx_S - 2cx_S - k\dot{x}_S - H; \quad \overset{\frown}{S}: \quad J^{(S)}\dot{\omega} = RH - R \cdot 2cx_S;$$

Mit dem Massenträgheitsmoment für einen massiven Kreiszylinder, $J^{(S)} = \frac{1}{2}mR^2$, und der kinematischen Beziehung $\dot{x}_S = R\omega$ (Abrollbedingung) erhält man nach Eliminierung der Haftkraft H:

$$\ddot{x}_S + \frac{2}{3}\frac{k}{m}\dot{x}_S + \frac{10}{3}\frac{c}{m}x_S = 0.$$

(7.3) Der Koeffizient von x_S ist die quadratische Eigenkreisfrequenz:

$$\omega_0 = \sqrt{\frac{10}{3}\frac{c}{m}}.$$

Zur Ermittlung von D: Transformation der DGL in dim.-lose Zeit gem. (5.17):

$$\tau = \omega_0 t \Rightarrow \dot{x}_S = \omega_0 x_S'; \quad \ddot{x}_S = \omega_0^2 x_S'' \quad ('\,: \text{Diff. nach}\tau)$$

ergibt $x_S'' + \frac{2}{3}\frac{k}{m\omega_0}x_S' + x_S = 0$; Vgl. mit $x_S'' + 2Dx_S' + x_S = 0$:

$$D = \frac{k}{3m\omega_0} = \frac{\sqrt{6mc}}{3m}\sqrt{\frac{3}{10}\frac{m}{c}} = \dots = \frac{1}{\sqrt{5}} \quad \text{(d. h.„schwache Dämpfung")}$$

(7.4) Haftkraft H folgt z. B. aus $\widehat{S}$-Gleichung: $H = \frac{1}{2}m\ddot{x}_S + 2cx_S$
Bewegungsgleichung für $k = 0$: $\ddot{x}_S + \omega_0^2 x_S = 0$; deren partikuläre Lösung für
$x_S(0) = \hat{x}_S > 0$ (Initialauslenkung) und $\dot{x}_S(0) = 0$ lautet $x_S = \hat{x}_S \cos \omega_0 t$ (vgl.
Abschn. 5.1) $\Rightarrow$ $\ddot{x}_S = -\hat{x}_S \omega_0^2 \cos \omega_0 t$
Mit obigem ω_0 ergibt sich: $H = \frac{1}{3}c\hat{x}_S \cos \omega_0 t$; in Haftbedingung

$$|H| \leq \mu_0 N = \mu_0 mg \cos \alpha : \quad \frac{1}{3}c\hat{x}_S |\cos \omega_0 t| \leq \mu_0 mg \cos \alpha$$

Diese Ungleichung ist für jeden Zeitpunkt $t \geq 0$ erfüllt, wenn $\frac{1}{3}c\hat{x}_S \leq \mu_0 mg \cos \alpha$,
da $0 \leq |\cos \omega_0 t| \leq 1$ ist. $\Rightarrow \hat{x}_{S,\text{zul}} = 3\mu_0 \frac{m}{c} g \cos \alpha$.
(!) Das Seil kann aber keine Druckkraft übertragen, d. h. tatsächlich muss $\hat{x}_S \leq$
$\text{Min}\{\hat{x}_{S,\text{zul}}; \xi_{S,\text{stat}}\}$ sein ($\hat{x}_{S,\text{zul}} < \xi_{S,\text{stat}}$ für $\mu_0 < \frac{1}{15} \tan \alpha$).

Übung 8: Reibungsbehafteter Looping
Ein als punktförmig anzunehmender Körper der Masse m durchläuft einen in vertikaler Position fixierten Kreis-Looping (Radius R_L). Der Reibbeiwert zwischen Körper und Looping sei μ.

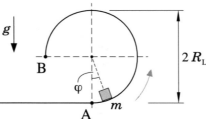

(8.1) Skizzieren Sie das Freikörperbild der Punktmasse und ermitteln Sie die Bewegungsgleichung (DGL für Lagekoordinate φ).

Der Looping sei jetzt horizontal ausgerichtet, d. h. es ist im Folgenden $g \otimes$.

(8.2) Wie lautet nun die Bewegungsgleichung?
(8.3) Berechnen Sie die Bahngeschwindigkeit v des Körpers in Abhängigkeit von φ, wenn dieser im Punkt A mit v_A in den Looping eintritt.

—— Lösungsskizze zu Übung 8 ——

(8.1) Freikörperbild mit pos. Drehsinn $\circlearrowleft$, d. h. Einheitsvektor $\vec{e}_\omega \odot$:

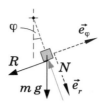

Hinweis: $\vec{e}_r$, $\vec{e}_\varphi$ und $\vec{e}_\omega$ bilden in dieser Reihenfolge ein Rechtssystem.

Dynamische Grundgleichung, d. h. Kräftegleichungen in radialer und zirkularer Richtung ($\varphi > 0$, der Winkel wird gegen die Vertikale im Gegenuhrzeigersinn gemessen):

$$r \searrow: \quad ma_r = mg\cos\varphi - N \quad \text{mit} \quad a_r = -R_L\dot\varphi^2$$

$$\varphi \nearrow: \quad ma_\varphi = -mg\sin\varphi - R \quad \text{mit} \quad a_\varphi = R_L\ddot\varphi$$

Mit $R = \mu N$ (COULOMB) und N aus der r-Gleichung ergibt sich

$$m R_L \ddot\varphi = -mg\sin\varphi - \mu(mg\cos\varphi + m R_L \dot\varphi^2) \quad \text{bzw.}$$

$$\ddot\varphi + \mu\dot\varphi^2 + \frac{g}{R_L}(\sin\varphi + \mu\cos\varphi) = 0,$$

eine nicht-lineare, nur numerisch lösbare Bewegungsgleichung.

(8.2) $\ddot\varphi + \mu\dot\varphi^2 = 0$, da für Bewegung soz. „$g = 0$" ist (Freikörperbild wie bei (8.1), nur ohne mg).

(8.3) $\ddot\varphi = -\mu\dot\varphi^2$ bedeutet $\dot\omega(\omega) = -\mu\omega^2$

Ersetzt man in der Tabelle im Abschn. 1.1.2 $x \rightsquigarrow \varphi$, $v \rightsquigarrow \omega$ und $a \rightsquigarrow \dot\omega$, dann lässt sich folgende Beziehung für φ formulieren:

$$\varphi(\omega) = \underbrace{\varphi_0}_{=0} + \int_{\omega_0}^{\omega} \frac{\bar\omega}{\dot\omega(\bar\omega)}\, d\bar\omega \quad \text{mit} \quad \omega_0 = \omega_A$$

$$\varphi(\omega) = \int_{\omega_A}^{\omega} \frac{\bar\omega}{-\mu\bar\omega^2}\, d\bar\omega = -\frac{1}{\mu}\int_{\omega_A}^{\omega} \frac{d\bar\omega}{\bar\omega} = -\frac{1}{\mu}\Big[\ln|\underbrace{\bar\omega}_{>0}|\Big]_{\omega_A}^{\omega} = -\frac{1}{\mu}\ln\frac{\omega}{\omega_A}.$$

Bildung der Umkehrfunktion: $\omega = \omega_A e^{-\mu\varphi}$

Und mit $v = \omega R_L$ sowie $v_A = \omega_A R_L$ folgt schließlich: $v = v_A e^{-\mu\varphi}$.

Übung 9: Feder-Masse-Pendel (2D)

Das skizzierte schwingungsfähige System besteht aus zwei als Massenpunkte anzunehmenden Körpern (beide haben die Masse m) und vier Federn mit jeweils der Steifigkeit c. Bei Auslenkung der Körper aus der dargestellten Ruhelage (Federn ungespannt), erfolgt eine reibungsfreie Bewegung in einer horizontalen Ebene, nachdem die Körper sich selbst überlassen werden.

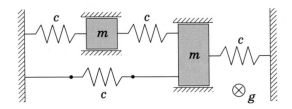

Stellen Sie – mit Hilfe der LAGRANGESCHEN Gl. 2. Art – die Bewegungsgleichungen auf und ermitteln Sie sodann die Eigenkreisfrequenzen des Systems. Berechnen Sie zudem die sog. Amplitudenverhältnisse.

—— **Lösungsskizze zu Übung 9** ——

Generalisierte Koordinaten: $q_1 = x_1 \rightarrow$ (linker Körper), $q_2 = x_2 \rightarrow$ (rechter Körper), der Nullpunkt sei jeweils die skizzierte Ruhelage

$$E_k = \frac{1}{2}m\dot{x}_1^2 + \frac{1}{2}m\dot{x}_2^2$$

Mit der üblichen Vorstellung, dass beide Körper in pos. Richtung ausgelenkt seien, also nach rechts:

$$E_p = \frac{1}{2}cx_1^2 + \frac{1}{2}cx_2^2 + \frac{1}{2}c\left(x_2 - x_1\right)^2 + \frac{1}{2}cx_2^2 = \frac{1}{2}c(2x_1^2 - 2x_1x_2 + 3x_2^2).$$

Damit lautet die LAGRANGE-Funktion
$L = E_k - E_p = \frac{1}{2}m\dot{x}_1^2 + \frac{1}{2}m\dot{x}_2^2 - \frac{1}{2}c\left(2x_1^2 - 2x_1x_2 + 3x_2^2\right)$ und man erhält:

$$\frac{d}{dt}\left(\frac{\partial L}{\partial \dot{x}_1}\right) - \frac{\partial L}{\partial x_1} = 0 \quad \Rightarrow \quad m\ddot{x}_1 + 2cx_1 - cx_2 = 0 \quad \text{bzw.} \quad \ddot{x}_1 + \frac{c}{m}(2x_1 - x_2) = 0$$

$$\frac{d}{dt}\left(\frac{\partial L}{\partial \dot{x}_2}\right) - \frac{\partial L}{\partial x_2} = 0 \quad \Rightarrow \quad m\ddot{x}_2 - cx_1 + 3cx_2 = 0 \quad \text{bzw.} \quad \ddot{x}_2 + \frac{c}{m}(3x_2 - x_1) = 0$$

Die Lösung dieses (homogenen) linearen DGL-Systems 2. Ordnung erfolgt mittels des sog. Exponentialansatzes:

$$x_1 = Ae^{\lambda t}; x_2 = Be^{\lambda t} \quad \Rightarrow \quad \ddot{x}_1 = A\lambda^2 e^{\lambda t}; \ddot{x}_2 = B\lambda^2 e^{\lambda t}$$

Eingesetzt:

$$\left[A\lambda^2 + \frac{c}{m}(2A - B)\right]e^{\lambda t} = 0$$
$$\left[B\lambda^2 + \frac{c}{m}(3B - A)\right]e^{\lambda t} = 0$$

und wegen $e^{\lambda t} \neq 0$

$$(\lambda^2 + 2\frac{c}{m})A - \frac{c}{m}B = 0$$
$$-\frac{c}{m}A + (\lambda^2 + 3\frac{c}{m})B = 0$$

Dieses homogene lin. Gleichungssystem für A und B besitzt nur für den Fall einer verschwindenden Koeffizientendeterminante nicht-triviale Lösungen:

$$\begin{vmatrix} \lambda^2 + 2\frac{c}{m} & -\frac{c}{m} \\ -\frac{c}{m} & \lambda^2 + 3\frac{c}{m} \end{vmatrix} = \ldots = (\lambda^2)^2 + 5\frac{c}{m}(\lambda^2) + 5\left(\frac{c}{m}\right)^2 \overset{!}{=} 0.$$

$$(\lambda^2)_{1/2} = \frac{-5\frac{c}{m} \pm \sqrt{\left(5\frac{c}{m}\right)^2 - 4 \cdot 1 \cdot 5\left(\frac{c}{m}\right)^2}}{2 \cdot 1} = \ldots = -\frac{1}{2}(5 \pm \sqrt{5})\frac{c}{m}; \quad 5 \pm \sqrt{5} > 0$$

$$\lambda_{1..4} = \pm\sqrt{(\lambda^2)_{1/2}} = \pm\sqrt{-\frac{1}{2}(5 \pm \sqrt{5})\frac{c}{m}} = \pm\underbrace{\sqrt{-1}}_{= i}\sqrt{\frac{1}{2}(5 \pm \sqrt{5})\frac{c}{m}}$$

Die sog. Basislösungen (BLs) für x_1 und x_2 erhält man mit dem Real- und Imaginärteil von $e^{\lambda t}$; somit lauten die Eigenkreisfrequenzen:

$$\omega_1 = \sqrt{\frac{1}{2}(5 - \sqrt{5})\frac{c}{m}} \quad \text{und} \quad \omega_2 = \sqrt{\frac{1}{2}(5 + \sqrt{5})\frac{c}{m}}.$$

Zu den Amplitudenverhältnissen: Es gilt für die allgemeinen Lösungen

$$x_1 = C_1 \cos\omega_1 t + C_2 \sin\omega_1 t + C_3 \cos\omega_2 t + C_4 \sin\omega_2 t$$
$$x_2 = \bar{C}_1 \cos\omega_1 t + \bar{C}_2 \sin\omega_1 t + \bar{C}_3 \cos\omega_2 t + \bar{C}_4 \sin\omega_2 t.$$

Setzt man nun z. B. x_1 in die erste Bewegungsgleichung ein.

$$\ddot{x}_1 + \frac{c}{m}(2x_1 - x_2) = 0 \quad \Rightarrow \quad x_2 = \frac{m}{c}\ddot{x}_1 + 2x_1$$

Mit der zweiten Zeitableitung

$$\ddot{x}_1 = -C_1\omega_1^2 \cos\omega_1 t - C_2\omega_1^2 \sin\omega_1 t - C_3\omega_2^2 \cos\omega_2 t - C_4\omega_2^2 \sin\omega_2 t$$

erhält man sodann:

$$x_2 = \left(2 - \frac{m}{c}\omega_1^2\right) C_1 \cos\omega_1 t + \left(2 - \frac{m}{c}\omega_1^2\right) C_2 \sin\omega_1 t + \left(2 - \frac{m}{c}\omega_2^2\right) C_3 \cos\omega_2 t$$
$$+ (2 - \frac{m}{c}\omega_2^2)C_4 \sin\omega_2 t.$$

Der Koeffizientenvergleich mit der allg. Lösung liefert schließlich:

$$\varepsilon_{1/2} = \frac{\bar{C}_{1/2}}{C_{1/2}} = 2 - \frac{m}{c}\omega_1^2 = 2 - \frac{1}{2}(5 - \sqrt{5}) \approx 0{,}62$$

$$\varepsilon_{3/4} = \frac{\bar{C}_{3/4}}{C_{3/4}} = 2 - \frac{m}{c}\omega_2^2 = 2 - \frac{1}{2}(5 + \sqrt{5}) \approx -1{,}62.$$

Übung 10: Angetriebene Walze

Eine massive zylindrische Walze (Masse m_W und Radius R) wird infolge der Gewichtskraft eines punktförmigen Körpers der Masse m aus dem Ruhezustand beschleunigt. Dafür ist ein masseloses, undehnbares Seil um die Walze gewickelt und dieses über eine masselose Rolle mit dem Gewicht verbunden. Für die Betrachtung ist ein ideales Abrollen anzunehmen.

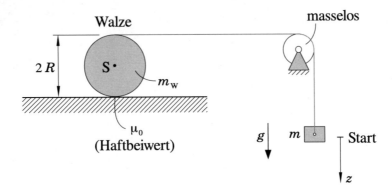

Hinweis: Das Seil sei in einer kleinen Nut in der Walze aufgewickelt; diese Nut sowie auch die Änderung des Radius jener Seilwicklung in der Nut soll natürlich vernachlässigt werden.

(10.1) Berechnen Sie die Geschwindigkeit v des Gewichts in Abhängigkeit des „Fallweges" z.

(10.2) Welche Beschleunigung a erfährt das Gewicht?

(10.3) Ermitteln Sie die zulässige Masse m_{zul} des antreibenden Gewichts, so dass die Walze stets ideal auf der ebenen Unterlage abrollt.

—— Lösungsskizze zu Übung 10 ——

(10.1) Entweder Berechnung der Beschleunigung auf Basis von Freikörperbildern und anschließender Integration oder mittels Energiesatz; im Folgenden wird Option Nr. 2 aufgezeigt (da zeitfreie Fragestellung):

Koordinaten für Walze: $x \rightarrow$, $\varphi \circlearrowleft$; NN für E_p von m bei $z = 0$

$$E_k(z) + E_p(z) = \underbrace{E_{k,\text{Start}}}_{=\,0} + \underbrace{E_{p,\text{Start}}}_{=\,0} = 0$$

$$\frac{1}{2}m_W v_S^2 + \frac{1}{2}J_W^{(S)}\omega_W^2 + \frac{1}{2}mv^2 - mgz = 0 \quad \text{mit} \quad \omega_W = \dot{\varphi} \quad \text{und} \quad v = \dot{z}$$

Mit dem Massenträgheitsmoment $J_W^{(S)} = \frac{1}{2}m_W R^2$ sowie den kinematischen Beziehungen $v_S = R\omega_W$ (Abrollbedingung) und $v = 2R\omega_W$, Kontaktpunkt Walze/ Unterlage ist der Momentanpol, ergibt sich:

$$v = \begin{matrix} + \\ (-) \end{matrix} \sqrt{\frac{16m}{3m_W + 8m}gz} = k\sqrt{z} \quad \text{mit} \quad k = \sqrt{\frac{16m}{3m_W + 8m}g}.$$

(10.2) Gem. Umrechnungstabelle im Abschn. 1.1.2 erhält man aus der Funktion $v = v(z)$:

$$a(z) = \frac{dv}{dz}v = k\frac{1}{2\sqrt{z}} \cdot k\sqrt{z} = \frac{1}{2}k^2 = \frac{8m}{3m_W + 8m}g = konst.$$

Oder man formt $v = v(z)$ etwas um,

$$v^2 = k^2 z,$$

und erhält durch Vergleich mit der „zeitunabhängigen Bewegungsgleichung" (1.11) für $v_0 = 0$: $2a = k^2$; dieses ist möglich, da sich das Gewicht mit eben $a = konst$ geradlinig bewegt.

(10.3) Dafür muss man zunächst (auf Basis von Freikörperbildern) die im Kontaktpunkt wirkende Haftkraft H berechnen.

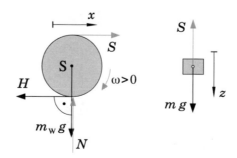

Die Haftkraft (Reaktionskraft) darf willkürlich orientiert werden.

$$\overset{\frown}{S}: \quad J_W^{(S)}\dot{\omega}_W = RS + RH; \qquad \downarrow: \quad m\ddot{z} = mg - S;$$

Für die Seilkraft gilt in diesem Fall folglich $S = mg - m\ddot{z}$; diese ist übrigens links und rechts von der Umlenkrolle gleich, da jene Rolle masselos ist. Eingesetzt in die Momentengleichung erhält man mit

$$J_W^{(S)} = \frac{1}{2}m_W R^2, \ \dot{\omega}_W = \frac{1}{2R}\ddot{z}(\text{vgl.}(10.1)) \text{sowie} \ddot{z} = \frac{8m}{3m_W + 8m}g$$

nach ein paar (einfachen) Umformungen:
$H = -\frac{m_W m}{3m_W + 8m}g < 0$; d.h. H ist tatsächlich nach rechts orientiert.
Die Haftungsbedingung $|H| \le \mu_0 N = \mu_0 m_W g$ liefert damit:

$$m \le \frac{3\mu_0}{1 - 8\mu_0}m_W = m_{\text{zul}}.$$

Interpretation dieses Ergebnisses:
Für $1 - 8\mu_0 > 0$ bzw. $\mu_0 < 1/8$ muss $m \le m_{\text{zul}}$ sein, damit ein ideales Abrollen (ohne Rutschen) der Walze eintritt. Ist jedoch $\mu_0 \gtrsim 1/8$, so folgt „$m_{\text{zul}} = \infty$". Und das bedeutet, dass für $\mu_0 \ge 1/8$ die zulässige Masse m des Gewichts nicht begrenzt ist – theoretisch zumindest, denn irgendwann reißt z. B. das (nicht beliebig belastbare) Seil.

Übung 11: Mathematisches Doppelpendel
Das skizzierte Pendel besteht aus einem masselosen Stab (Gesamtlänge $l = l_1 + l_2$) an dessen Enden sich zwei Punktmassen befinden. Genau mittig zwischen dem raumfesten Lagerpunkt A und m_2 ist eine Feder der Steifigkeit c montiert; diese ist in den Befestigungspunkten drehbar.

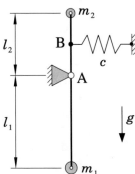

Ermitteln Sie die Bewegungsgleichung für kleine Winkelauslenkungen φ des Stabes aus der dargestellten statischen Ruhelage (in dieser vertikalen Lage ist die Feder folglich kraftlos).

Hierbei ist zu berücksichtigen, dass die Punktmassen einen geschwindigkeitsproportionalen Luftwiderstand (Proportionalitätskonstante k) erfahren.

Hinweis: Für kleine Auslenkwinkel ($\varphi \ll 1$) verläuft die Wirkungslinie der Federkraft stets annähernd orthogonal zur Stabachse. Die Längenänderung der Feder ist dabei näherungsweise gleich dem Weg des Befestigungspunktes B in Bezug auf die statische Ruhelage.

Ergänzung: Welche Bedingung muss für $k = 0$ sowie $l_1 = 2l$ und $l_2 = l$ die Masse m_1 erfüllen, damit das Pendel eine freie harmonische Schwingung ausführt, wenn dieses ausgelenkt und sich selbst überlassen wird?

—— Lösungsskizze zu Übung 11 ——

Man formuliert dafür den Momentensatz bzgl. des raumfesten Drehpunktes A – natürlich auf Basis eines Freikörperbildes.

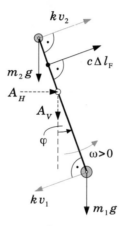

$$\stackrel{\curvearrowleft}{A}: \quad J^{(A)}\ddot{\varphi} = -l_1 m_1 g \sin\varphi + l_2 m_2 g \sin\varphi - l_1 k v_1 - l_2 k v_2 - \frac{l_2}{2} c \Delta l_F$$

Mit $\sin\varphi \approx \varphi$, $v_1 = l_1\dot{\varphi}$, $v_2 = l_2\dot{\varphi}$, $\Delta l_F \approx \frac{l_2}{2}\varphi$, $J^{(A)} = m_1 l_1^2 + m_2 l_2^2$ (Massenträgheitsmomente der Punktmassen) erhält man:

$$(m_1 l_1^2 + m_2 l_2^2)\ddot{\varphi} + k(l_1^2 + l_2^2)\dot{\varphi} + \left[(l_1 m_1 - l_2 m_2)g + \frac{l_2^2}{4}c\right]\varphi = 0$$

bzw.

$$\ddot{\varphi} + k\frac{l_1^2 + l_2^2}{m_1 l_1^2 + m_2 l_2^2}\dot{\varphi} + \frac{(l_1 m_1 - l_2 m_2)g + \frac{l_2^2}{4}c}{m_1 l_1^2 + m_2 l_2^2}\varphi = 0.$$

Zur Ergänzung: Mit $k = 0$ sowie $l_1 = 2l$ und $l_2 = l$ lautet die Bewegungsgleichung

$$\ddot{\varphi} + \frac{(2m_1 - m_2)g + \frac{l}{4}c}{(4m_1 + m_2)l}\varphi = 0.$$

Harmon. Schwingung, wenn $(2m_1 - m_2)g + \frac{l}{4}c > 0$, also $m_1 > \frac{1}{2}\left(m_2 - \frac{lc}{4g}\right)$; diese Bedingung ist immer erfüllt für den Fall $m_2 < \frac{lc}{4g}$.

Übung 12: Coulombsche Bremsung

Ein „kleiner Klotz" der Masse m kann auf einer rauen, horizontalen Metallplatte (Haftbeiwert μ_0, Reibbeiwert μ) gleiten. Er ist über ein undehnbares, masseloses Seil, das mittels einer um den raumfesten Punkt B reibungsfrei-drehbaren Rolle (Masse $m_S = 2m$, Radius R_S) um 90° umgelenkt wird, mit einer Feder der Steifigkeit c verbunden.

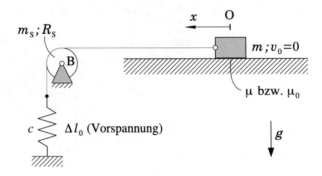

Das System befindet sich zu Beginn (Klotz am Ort $x = 0$) im Ruhezustand, wobei die Feder um die Länge Δl_0 vorgespannt sei; jene Feder erzeugt also eine gewisse initiale Zugkraft.

(12.1) Geben Sie die mindestens erforderliche Vorspannung $\Delta l_{0,\mathrm{min}}$ an, damit der kleine Klotz überhaupt in Bewegung versetzt wird.

(12.2) Berechnen Sie – für natürlich $\Delta l_0 > \Delta l_{0,\mathrm{min}}$ – die Geschwindigkeit v_1 des Klotzes, wenn sich die Feder vollständig entspannt hat.

(12.3) Wie groß muss denn die Vorspannung der Feder mindestens sein, damit die Situation von (12.2) eintreten kann?

(12.4) Ermitteln Sie den Weg x_E, den der Klotz bis zum Stillstand zurücklegt – und zwar unter der Bedingung, dass die Feder-Vorspannung entsprechend (12.3) hinreichend groß ist (zwei Bewegungsphasen!).

(12.5) Stellen Sie für die Phase, in der die Feder die Bewegung beeinflusst, die Bewegungsgleichung auf; berechnen Sie damit die Funktion $v = v(x)$; v sei die Geschwindigkeit des Klotzes.

(12.6) Berechnen Sie zudem noch den „Bremsweg" x_B des Klotzes, wenn dieser vor dem kompletten Entspannen der Feder stehen bleibt.

—— Lösungsskizze zu Übung 12 ——

(12.1) Federkraft muss größer als max. Haftkraft sein, also $c\Delta l_0 > H_{max} = \mu_0 N = \mu_0 mg \Rightarrow \Delta l_0 > \mu_0 \frac{m}{c}g = \Delta l_{0,min}$

(12.2) Am einfachsten mittels Arbeitssatz:

$$(E_{k1} + E_{p1}) - (E_{k0} + E_{p0}) = W_{01}^* \text{ mit } E_{k0} = E_{p1} = 0$$

Mit $E_{k1} = \frac{1}{2}mv_1^2 + \frac{1}{2}J_S^{(B)}\omega_1^2$, $E_{p0} = \frac{1}{2}c(\Delta l_0)^2$ und $W_{01}^* = -\mu mg\Delta l_0$
sowie $v_1 = R_S\omega_1$ und $J_S^{(B)} = \frac{1}{2}m_S R_S^2 = \frac{1}{2}2m R_S^2$ erhält man

$$v_1^2 = \frac{1}{2}\frac{c}{m}(\Delta l_0)^2 - \mu g\Delta l_0 \quad \text{bzw.} \quad v_1 = \overset{+}{_{(-)}}\sqrt{\frac{1}{2}\frac{c}{m}(\Delta l_0)^2 - \mu g\Delta l_0}$$

(12.3) Bedingung, damit der Klotz den Punkt $x = \Delta l_0$ (dort ist dann die Feder entspannt) erreicht: $v_1 \geq 0$ bzw. $v_1^2 \geq 0$.

$$v_1^2 = \frac{1}{2}\frac{c}{m}(\Delta l_0)^2 - \mu g\Delta l_0 = \Delta l_0\left(\frac{1}{2}\frac{c}{m}\Delta l_0\right) - \mu g\right) \overset{!}{\geq} 0 : \Delta l_0 \geq 2\mu\frac{m}{c}g$$

(12.4) Es sei $\Delta l_0 > 2\mu\frac{m}{c}g$ und somit $v_1 > 0$ (für speziell $\Delta l_0 = 2\mu\frac{m}{c}g$ ist $v_1 = 0$ und damit $x_E = \Delta l_0$). D. h. der Klotz rutsch am Ort $x = \Delta l_0$ weiter nach links, wobei die Feder für $x \geq \Delta l_0$ komplett entspannt ist und folglich das Seil keine Kraft mehr überträgt. Die Scheibe dreht sich ab $x = \Delta l_0$ mit der konstanten Winkelgeschwindigkeit ω_1; in der Realität wird sie infolge von Reibung auch abgebremst. Rutschweg Δx_2 für Bewegungsphase ab $x = \Delta l_0$ (Arbeitssatz):

$$(E_{k2} + E_{p2}) - (E_{k1} + E_{p1}) = W_{12}^*$$

Mit $E_{k2} = E_{p2} = E_{p1} = 0$ und $E_{k1} = \frac{1}{2}mv_1^2$ erhält man:

$$-\frac{1}{2}mv_1^2 = -\mu mg\Delta x_2, \text{ also } \Delta x_2 = \frac{v_1^2}{2\mu g} = \frac{1}{4}\frac{c}{\mu mg}(\Delta l_0)^2 - \frac{1}{2}\Delta l_0.$$

Und damit: $x_E = \Delta l_0 + \Delta x_2 = \frac{1}{4}\left(2 + \frac{c}{\mu mg}\Delta l_0\right)\Delta l_0$
(!) Hinweis: Ab dem Punkt $x = \Delta l_0$ ist die Feder ungespannt. Da ein Seil keine Druckkraft übertragen kann, beeinflussen Feder und Scheibe sodann die Bewegung des Klotzes nicht mehr.

(12.5) Freikörperbilder (für Strecke $0 \le x \le \Delta l_0$):

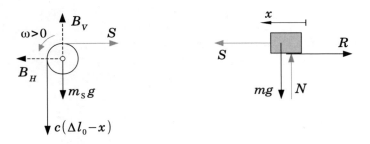

Momentensatz Scheibe: $J_S^{(B)} \dot{\omega} = R_S c(\Delta l_0 - x) - R_S S$

Dyn. Grundgleichung Klotz: $m\ddot{x} = S - R$ mit $R = \mu N = \mu m g$

Kinematische Beziehung: $\dot{x} = R_S \omega$ bzw. $\ddot{x} = R_S \dot{\omega}$

Nach Eliminierung von S erhält man mit $J_S^{(B)} = \frac{1}{2} m_S R_S^2 = \frac{1}{2} 2 m R_S^2$

die Bewegungsgleichung $\ddot{x} = \frac{1}{2} \left[\frac{c}{m} (\Delta l_0 - x) - \mu g \right]$.

Integration mittels Tabelle im Abschn. 1.1.2 liefert:

$$v(x) = \begin{matrix} + \\ (-) \end{matrix} \sqrt{ \underbrace{v_0^2}_{=0} + 2 \int\limits_{x_0=0}^{x} a(\bar{x}) \, d\bar{x} } = \sqrt{ 2 \frac{1}{2} \int\limits_{0}^{x} \left[\frac{c}{m} (\Delta l_0 - \bar{x}) - \mu g \right] d\bar{x} } =$$

$$= \sqrt{ \left[-\frac{1}{2} \frac{c}{m} (\Delta l_0 - \bar{x})^2 - \mu g \bar{x} \right]_0^x } = \ldots = \sqrt{ \left(\frac{c}{m} \Delta l_0 - \mu g \right) x - \frac{1}{2} \frac{c}{m} x^2 }$$

(12.6) $v(x_B) = 0$: $\quad \sqrt{ \left(\frac{c}{m} \Delta l_0 - \mu g \right) x_B - \frac{1}{2} \frac{c}{m} x_B^2 } = 0 \Big|^2$

Nach dem Quadrieren ergibt sich: $x_B \left(\frac{c}{m} \Delta l_0 - \mu g - \frac{1}{2} \frac{c}{m} x_B \right) = 0$,

d. h. ($x_B = 0$) oder $x_B = 2 \left(\Delta l_0 - \mu \frac{m}{c} g \right)$.

Bedingung: Es muss dann aber $x_B \le \Delta l_0$ sein – für $x > \Delta l_0$ wäre ja $S = 0$ – und

demnach $\Delta l_0 \le 2 \mu \frac{m}{c} g$ gelten.

Ergänzung: Der Arbeitssatz liefert das gleiche Ergebnis:

$$(\cancelto{=0}{E_{kB}} + E_{pB}) - (\cancelto{=0}{E_{k0}} + E_{p0}) = E_{pB} - E_{p0} \overset{!}{=} W_{0B}^*$$

$$\underbrace{\frac{1}{2} c (\Delta l_0 - x_B)^2 - \frac{1}{2} c (\Delta l_0)^2}_{= E_{pB} \ne 0} = -\mu m g x_B \quad \rightsquigarrow \quad \text{auflösen nach } x_B$$

Übung 13: Hallenkran/Laufkatze

Die nachfolgende Skizze zeigt ein ziemlich vereinfachtes Modell eines Hallenkrans: An einer – als Massenpunkt zu betrachtenden – sog. Laufkatze (Masse m_1, Räder seien masselos) hängt an einer masselosen, undehnbaren Kette der Länge l ein punktförmiges Gewicht m_2.

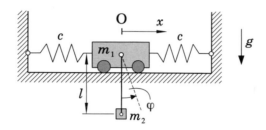

Es lässt sich wohl leicht erahnen, dass die Verformbarkeit der Laufkatzen-Führungsschiene durch zwei Federn der Steifigkeit c berücksichtigt wird; in der dargestellten Position (statische Ruhelage) sind diese ungespannt, also kraftlos. Der „Mittelpunkt" O der Laufkatze in speziell dieser Position ist als raumfester Bezugspunkt zu interpretieren.

Ermitteln Sie die Bewegungsgleichung des Systems mit den generalisierten Koordinaten x (hor. Position von m_1 bzgl. O) und φ (Winkelauslenkung gegen die Vertikale; $\varphi > 0$ im Gegenuhrzeigersinn). Reibung sowie andere dissipative Effekte sollen hierbei vernachlässigt werden.

—— **Lösungsskizze zu Übung 13** ——

Man wendet z. B. die LAGRANGEschen Gl. 2. Art an: Die Koordinaten x und φ sind voneinander unabhängig, und sie beschreiben die Lage der Punktmassen m_1 und m_2 eindeutig; es handelt sich daher – wie in der Aufgabenstellung schon angemerkt – um (zwei) generalisierte Koordinaten. Somit ist die Anzahl an Freiheitsgraden eben $f = 2$. Und da es sich um ein konservatives System handelt, gilt $Q_j^* = 0$ mit $j = 1...f$, also $j = 1; 2$.

Überlegung zur Berechnung der Geschwindigkeiten:

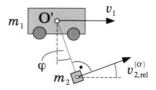

Man stelle sich generell vor, dass die Körper in Bezug auf die stat. Ruhelage positiv ausgelenkt sind und sich in positiver Richtung bewegen.

In diesem Fall bewegt sich m_1 stets horizontal, also in x-Richtung, und m_2 führt relativ zu m_1 bzw. O' (mitbewegter Bezugspunkt) eine kreisförmige Bewegung/Pendelbewegung aus.

Es gilt daher mit $x \rightarrow$ und zudem $z \downarrow$ für die Absolutgeschwindigkeiten der beiden Körper:

$$v_1 = \dot{x}$$

$$v_{2,x} = \dot{x} + v_{2,\mathrm{rel}}^{(O')} \cos \varphi \quad \text{und} \quad v_{2,z} = -v_{2,\mathrm{rel}}^{(O')} \sin \varphi, \text{ wobei } v_{2,\mathrm{rel}}^{(O')} = l\dot{\varphi}$$

Damit ergibt sich die kinematische Energie zu

$$E_\mathrm{k} = \frac{1}{2}m_1 v_1^2 + \frac{1}{2}m_2 v_2^2 \, \text{mit} \, v_2^2 = v_{2,x}^2 + v_{2,z}^2 \, (v_2 = |\vec{v}_2|, \text{kart. Koordinaten})$$

$$E_\mathrm{k} = \frac{1}{2}m_1 \dot{x}^2 + \frac{1}{2}m_2 \left[(\dot{x} + l\dot{\varphi} \cos \varphi)^2 + (-l\dot{\varphi} \sin \varphi)^2 \right].$$

Nach Entwicklung des Binoms und Vereinfachung wegen $\cos^2 \varphi + \sin^2 \varphi = 1$:

$$E_\mathrm{k} = \frac{1}{2}m_1 \dot{x}^2 + \frac{1}{2}m_2 \left(\dot{x}^2 + 2l\dot{x}\dot{\varphi} \cos \varphi + l^2\dot{\varphi}^2 \right)$$

Legt man das Nullniveau NN für das Schwerepotenzial auf O, so gilt ($z \downarrow$):

$$E_\mathrm{p} = \frac{1}{2}cx^2 + \frac{1}{2}cx^2 - m_2 gl \cos \varphi.$$

Die LAGRANGE-Funktion lautet folglich:

$$L = E_\mathrm{k} - E_\mathrm{p} = \frac{1}{2}m_1 \dot{x}^2 + \frac{1}{2}m_2 \left(\dot{x}^2 + 2l\dot{x}\dot{\varphi} \cos \varphi + l^2\dot{\varphi}^2 \right) - cx^2 + m_2 gl \cos \varphi.$$

Nun wird diese eingesetzt in die LAGRANGEschen Gl. 2. Art:

$$\underline{j = 1:} \quad q_1 = x, \quad \frac{\mathrm{d}}{\mathrm{d}t} \left(\frac{\partial L}{\partial \dot{x}} \right) - \frac{\partial L}{\partial x} = 0$$

$$\frac{\mathrm{d}}{\mathrm{d}t} \left(m_1 \dot{x} + m_2 \dot{x} + m_2 l\dot{\varphi} \cos \varphi \right) + 2cx = 0$$

$$(m_1 + m_2)\ddot{x} + m_2 l(\ddot{\varphi} \cos \varphi - \dot{\varphi}^2 \sin \varphi) + 2cx = 0$$

$$\underline{j = 2:} \quad q_2 = \varphi, \quad \frac{\mathrm{d}}{\mathrm{d}t} \left(\frac{\partial L}{\partial \dot{\varphi}} \right) - \frac{\partial L}{\partial \varphi} = 0$$

$$\frac{\mathrm{d}}{\mathrm{d}t} \left(m_2 l\dot{x} \cos \varphi + m_2 l^2\dot{\varphi} \right) + m_2 l\dot{x}\dot{\varphi} \sin \varphi + m_2 gl \sin \varphi = 0 \, \big| : m_2 \, : l$$

$$\ddot{x} \cos \varphi + l\ddot{\varphi} + g \sin \varphi = 0$$

Hinweis: Da x, φ, $\dot{x}$ und $\dot{\varphi}$ Funktionen der Zeit sind, muss beim Ableiten u. U. die Produkt-und Kettenregel angewandt werden; z. B.:

$$\frac{\mathrm{d}}{\mathrm{d}t}(\dot{\varphi}\cos\varphi) = \ddot{\varphi}\cos\varphi + \dot{\varphi}(-\sin\varphi)\dot{\varphi}$$

Übung 14: Beschleunigungsmessung

Ein Rennwagen startet aus dem Ruhezustand und bewegt sich sodann mit konstanter Beschleunigung a_0 auf einer geradlinigen Bahn. In den Entfernungen x_1 und $x_2 > x_1$ zum Startpunkt ist jeweils eine Lichtschranke zur Zeitmessung aufgebaut: Innerhalb der Zeitdauer Δt passiert das Fahrzeug die beiden Lichtschranken, die erste wird nach der Zeit t_1 erreicht.

Berechnen Sie die Beschleunigung a_0 des Fahrzeugs aus den beiden gemessenen Zeitsignalen t_1 und Δt sowie dem Abstand d der Lichtschranken.

—— Lösungsskizze zu Übung 14 ——

Der Koordinatennullpunkt $x = 0$ sei der Startpunkt der Bewegung; es gilt infolge von $v_0 = 0$:

$$x_1 = \frac{1}{2}a_0 t_1^1 \text{ und } x_2 = \frac{1}{2}a_0 t_2^2 \text{ mit } t_2 = t_1 + \Delta t$$

$$d = x_2 - x_1 = \frac{1}{2}a_0[(t_1 + \Delta t)^2 - t_1^2] \quad \Rightarrow \quad a_0 = \frac{2d}{(2t_1 + \Delta t)\Delta t}$$

Oder $(\bar{x}; \bar{t} = 0$ bei $x = x_1)$: $\bar{x} = v_1\bar{t} + \frac{1}{2}a_0\bar{t}^2$ mit $v_1 = a_0 t_1$; $\bar{x} = d$ für $\bar{t} = \Delta t$

Übung 15: Vibrierender Tisch

Ein Tisch, auf dem eine Kiste der Masse $m = 20$ kg liegt, führt in vertikaler Richtung eine harmonische Schwingung mit der Amplitude $\hat{z}_\mathrm{T} = 1$ cm aus.

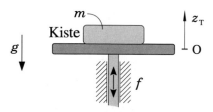

Berechnen Sie die maximal zulässige Schwingungsfrequenz f_max, sodass bei Schwingungen mit der Frequenz $f \leq f_\mathrm{max}$ die Kiste nicht vom Tisch abhebt.

—— Lösungsskizze zu Übung 15 ——

Freikörperbild Kiste:

Dynamische Grundgleichung: $m\ddot{z} = N - mg$; die Kiste hebt gerade nicht ab, wenn $N = 0$ ist (negativ kann die Wechselwirkungskraft N zwischen Kiste und Tisch nicht werden – da müsste die Kiste am Tisch kleben)

D. h. die kritische Beschleunigung ($N = 0$) ist $\ddot{z}_{krit} = -g < 0$.

Stellt man sich nun vor, dass die Zeitfunktion $z_T = -\hat{z}_T \cos \omega t$ die Tischbewegung beschreibt (Start am unteren Umkehrpunkt aus dem Ruhezustand), so gilt: $\dot{z}_T = \hat{z}_T \omega \sin \omega t$ und $\ddot{z}_T = \hat{z}_T \omega^2 \cos \omega t$; ω ist hierbei die konstante Kreisfrequenz der Tischschwingung.

Für den gewünschten Zustand, dass die Kiste auf dem Tisch liegt, ist $\dot{z} = \dot{z}_T$ (Geschwindigkeiten) und somit $\ddot{z} = \ddot{z}_T$. Die zahlenmäßig kleinste Beschleunigung des Tisches berechnet sich zu $\ddot{z}_{T,min} = -\hat{z}_T \omega^2$, und damit die Kiste eben nicht abhebt, darf diese nicht kleiner sein als $-g$. Fazit:

$$-\hat{z}_T \omega^2 \geq -g \,\Big|\, \cdot (-1)$$

$$\hat{z}_T \omega^2 \leq g \quad \Rightarrow \quad \omega \leq \sqrt{\frac{g}{\hat{z}_T}}$$

Mit $\omega = 2\pi f$ erhält man damit schließlich (f: Schwingungsfrequenz):
$f \leq \frac{1}{2\pi} \sqrt{\frac{g}{\hat{z}_T}}$ bzw.

$$f_{max} = \frac{1}{2\pi} \sqrt{\frac{g}{\hat{z}_T}} = \frac{1}{2\pi} \sqrt{\frac{9{,}81 \frac{m}{s^2}}{0{,}01\,m}} \approx 5{,}0 \frac{1}{s} = 5{,}0\,\text{Hz}.$$

Übung 16: Mechanismusanalyse

(Besten Dank Hr. Jakob Schenk für die Konzeption des Mechanismus.)

Der nachfolgend skizzierte ebene Mechanismus besteht aus vier Elementen, einer kreisrunden Scheibe und drei weiteren starren Körpern; für die Scheibe ist ein idealer (schlupffreier) Abrollvorgang anzunehmen.

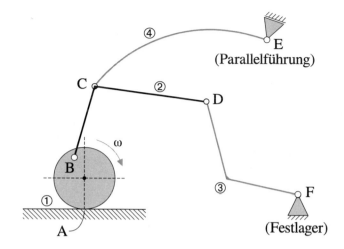

Konstruieren Sie für die dargestellte Momentanaufnahme die Momentanpole der Scheibe (1), der beiden Winkel (2) und (3) sowie des Bogens (4).

—— Lösungsskizze zu Übung 16 ——

Beschreibung der Vorgehensweise der in der Skizze dargestellten Momentanpolkonstruktion:

- Momentanpol Π_1 der Scheibe ist dessen Kontaktpunkt A, da es sich um einen idealen Abrollvorgang handelt.
- Lagerpunkt F ist Momentanpol Π_3 von Körper (3); der Punkt eines sog. Festlagers ist immer Momentanpol des entsprechenden Körpers
- Konstruktion von Momentanpol Π_2 gem. Satz im Abschn. 1.3.4: B bewegt sich auf kreisförmiger Bahn um Π_1 und D analog um Π_3; die Geschwindigkeitsrichtungen der Punkte B und D sind folglich orthogonal zur jeweiligen Verbindungslinie zwischen Körperpunkt und Momentanpol
- Konstruktion von Π_4 wie Π_2: C bewegt sich auf kreisförmiger Bahn um Π_2, die Geschwindigkeitsrichtung von E ist durch die Parallelführung bestimmt (hierbei ist deren Neigung zu berücksichtigen)

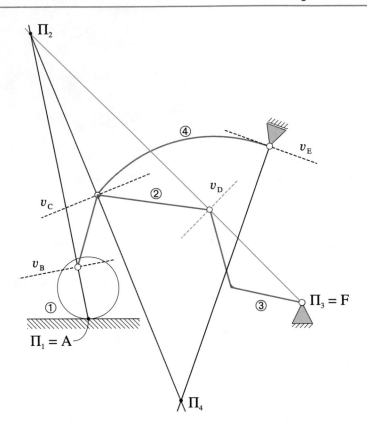

Hinweis: Mit Hilfe der Formel (1.45) und Anwendung der Gesetzmäßigkeiten der elementaren Trigonometrie, ließen sich die Winkelgeschwindigkeiten der einzelnen Körper sowie die Geschwindigkeiten (Beträge) aller Körperpunkte berechnen. Dazu müssten natürlich die Abmessungen des Mechanismus bekannt und z. B. die Winkelgeschwindigkeit ω der Scheibe (1) gegeben sein.

Übung 17: Maxwellsches Rad/Jo-Jo

Eine homogene zylindrische Scheibe der Masse m (Außenradius R) ist fest auf einer dünnen Welle (Masse $m_W \ll m$ und Radius $R_W \ll R$) montiert; hierbei fallen die Rotationssymmetrieachsen der beiden Körper zusammen. Um die Welle ist ein masseloser, undehnbarer Faden gewickelt, mit dem die Körper aufgehängt sind. Das System wird aus dem Ruhezustand losgelassen, jegliche Art von Widerstandskräften sei vernachlässigbar.

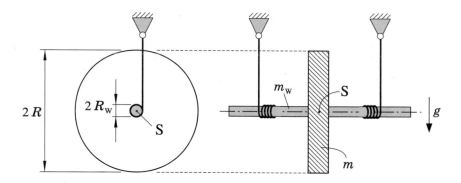

(17.1) Skizzieren Sie das Freikörperbild der Welle mit montierter Scheibe und tragen Sie alle D'ALEMBERTschen Kräfte und Momente ein.

(17.2) Zeigen Sie, dass sich die Translationsbeschleunigung a_S des Scheibenschwerpunktes S zu

$$a_S = \frac{g}{1 + \frac{1}{2}\left(\frac{R}{R_W}\right)^2}$$

berechnet (d. h. das Maxwellsche Rad hat die Eigenschaft $a_S < g$).

(17.3) Berechnen Sie die „Fallzeit" t_F des Rades, nach der sich der Schwerpunkt S um die Strecke h – der Faden sei dann noch nicht komplett abgewickelt – vertikal bewegt hat.

(17.4) Welche Translations- (E_{trans}) und welche Rotationsenergie E_{rot} hat die Scheibe nach genau der Fallstrecke h?

—— **Lösungsskizze zu Übung 17** ——

(17.1) Man wählt $z\downarrow$ und $\circlearrowleft$ als pos. Drehsinn, da sich S nach unten bewegt und sich die Scheibe im Gegenuhrzeigersinn dreht; es ist $F_{\text{ges}} = 2F$, da der Körper über zwei Steile aufgehängt ist.

Die D'ALEMBERTschen Größen (blau) werden stets entgegengesetzt zu den pos. gewählten Koordinatenrichtungen eingetragen.

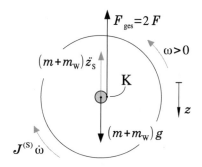

(17.2) Kräftegleichung $\downarrow$: $(m + m_W)g - (m + m_W)\ddot{z}_S - F_{ges} = 0$

Momentengleichung $\overset{\frown}{S}$: $R_W F_{ges} - J^{(S)}\dot{\omega} = 0$

Kin. Beziehung: $\dot{z}_S = R_W\omega$ (Abrollbedingung; Welle rollt auf Vertikalen ab, d. h.

„Kontaktpunkt" K ist deren Momentanpol)

Nach Eliminierung von F_{ges} ergibt sich wegen

$m + m_W \approx m$ und $J^{(S)} = J^{(S)}_{\text{Scheibe}} + J^{(S)}_{\text{Welle}} =$

$$= \underbrace{\frac{1}{2}m(R_W^2 + R^2) + \tfrac{1}{2}m_W R_W^2}_{\text{gem. (B.1)}} \approx \tfrac{1}{2}mR^2 \text{ die ges. Beschleunigung}$$

des Scheibenschwerpunkts S: $a_S = \ddot{z}_S = \dfrac{g}{1 + \frac{1}{2}\left(\frac{R}{R_W}\right)^2}$.

(17.3) Da $a_S = konst$ und $v_{S,0} = 0$, gilt: $z_S = \tfrac{1}{2}a_S t^2$ ($z = 0$ im Startpunkt)

$$z_S = h \text{ für } t = t_F : h = \frac{1}{2}a_S t_F^2 \quad \Rightarrow \quad t_F = \genfrac{}{}{0pt}{}{+}{(-)}\sqrt{\frac{2h}{g}\left(1 + \frac{1}{2}\left(\frac{R}{R_W}\right)^2\right)}$$

(17.4)

$$E_{trans} = \frac{1}{2}mv_{S,F}^2 = \frac{1}{2}ma_S^2 t_F^2 = \dots = \frac{mgh}{1 + \frac{1}{2}\left(\frac{R}{R_W}\right)^2},$$

da $v_{S,F} = a_S t_F$ (S-Geschw. nach h)

$$E_{rot} = \frac{1}{2}J^{(S)}_{\text{Scheibe}}\omega_F^2 = \frac{1}{2}\cdot\frac{1}{2}m(R_W^2 + R^2)\left(\frac{v_{S,F}}{R_W}\right)^2 \approx \frac{1}{4}m\left(\frac{R}{R_W}\right)^2 v_{S,F}^2 = \dots$$

$$\dots = \frac{1}{2}\left(\frac{R}{R_W}\right)^2 \frac{mgh}{1 + \frac{1}{2}\left(\frac{R}{R_W}\right)^2},$$

d. h. $E_{rot} = \frac{1}{2}\left(\frac{R}{R_W}\right)^2 E_{trans} = konst \cdot E_{trans}$

Übung 18: Trennschleifer, auch gen. Flex

Bei der Bezeichnung „Flex" handelt es sich übrigens um einen Gattungsnamen; dieser geht auf die Firma FLEX-Elektrowerkzeuge GmbH zurück, die im Jahr 1954 eine entsprechende Maschine auf den Markt brachten.

Die Trenn- oder Schleifscheibe einer Flex wird über ein Winkelgetriebe beschleunigt; man spricht daher auch von einem Winkelschleifer. Infolge der Drehfrequenzen von mehr als 10.000 Umdrehungen pro Minute entstehen an der Scheibe „ziemlich große" Fliehkräfte –

diese äußern sich deutlich als Reaktionsmoment in der Lagerung (vgl. dazu ggf. Erläuterung im Abschn. 3.3.4).

Modell: Es sei eine dünne, homogene Kreisscheibe (Masse m, Radius R) auf einer masselosen Welle der Länge $2l$ gem. Skizze orthogonal zu dieser montiert. Bei den Lagern A und B handelt es sich um ein Los- bzw. Festlager. Diese befinden sich auf einem masselosen Rahmen („Höhe" d), der im raumfesten Punkt C reibungsfrei gelagert ist und sich mit konstanten Winkelgeschwindigkeit ω_R dreht; die Scheibe rotiere um die eigene Körperachse mit ω_S. Da es sich um eine Flex handelt, gilt schließlich $\omega_S \gg \omega_R$.

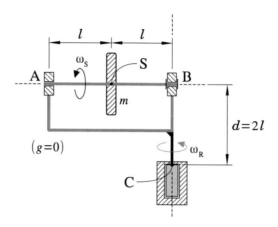

Berechnen Sie die in den Lagern A und B wirkenden Reaktionskräfte sowie näherungsweise ($\omega_S \gg \omega_R$) das im Punkt C auftretende Reaktionsmoment Der Einfluss der Gewichtskraft mg der Scheibe darf ignoriert werden.

—— **Lösungsskizze zu Übung 18** ——

Lagerreaktionen in A und B: Freikörperbild mit einem in S verankerten sowie jenem Rahmen mitgeführten Hauptachsensystem (da dann Trägheitsmatrix und ω-Vektoren einfach formulierbar sind):

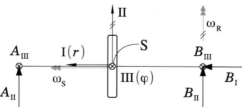

I, II, III-System dreht sich mit ω_R um Achse BC. Es gilt daher für die

Führungswinkelgeschwindigkeit $\omega_F = (0; \omega_R; 0)^T$

sowie für die relative Winkelgeschwindigkeit (der Scheibe bzgl. dem I, II, III-Hauptachsensystem) $\omega_{rel} = (\omega_S; 0; 0)^T$ (ω_S: Eigenwinkelgeschwindigkeit).

Die Trägheitsmatrix berechnet sich zu

$$\underline{J}^{(S)} = \begin{pmatrix} J_I & 0 & 0 \\ 0 & J_{II} & 0 \\ 0 & 0 & J_{III} \end{pmatrix} \text{mit} J_I = \frac{1}{2} m R^2 \text{und} J_I = J_{II} = J = \frac{1}{4} m R^2.$$

Und damit ergibt sich:

$$\vec{L}^{(S)} = \underline{J}^{(S)} \vec{\omega}_{abs} = \underline{J}^{(S)}(\vec{\omega}_F + \vec{\omega}_{rel}) = \begin{pmatrix} J_I & 0 & 0 \\ 0 & J & 0 \\ 0 & 0 & J \end{pmatrix} \cdot \begin{pmatrix} \omega_S \\ \omega_R \\ 0 \end{pmatrix} = \begin{pmatrix} J_I \omega_S \\ J \omega_R \\ 0 \end{pmatrix}$$

$$\dot{\vec{L}}^{(S)} = \dot{\vec{L}}^{(S)}\Big|_{I,II,III} + \vec{\omega}_F \times \vec{L}^{(S)} = \begin{pmatrix} J_I \dot{\omega}_S \\ 0 \\ 0 \end{pmatrix} + \begin{pmatrix} 0 \\ \omega_R \\ 0 \end{pmatrix} \times \begin{pmatrix} J_I \omega_S \\ J \omega_R \\ 0 \end{pmatrix} = \begin{pmatrix} J_I \dot{\omega}_S \\ 0 \\ -J_I \omega_R \omega_S \end{pmatrix}.$$

Hierbei ist die EULER-Ableitungsregel anzuwenden, da der Drehimpulsvektor in einem rotierenden Bezugssystem beschrieben wird.

Momentensatz bzgl. S: $\dot{\vec{L}}^{(S)} = \vec{M}^{(S)}$ mit $\vec{M}^{(S)} = \begin{pmatrix} 0 \\ l B_{III} - l A_{III} \\ l A_{II} - l B_{II} \end{pmatrix}$

Somit ergibt sich: $J_I \dot{\omega}_S = 0$, also $\omega_S = konst$ (keine Momentenwirkung bzgl. I-Achse), sowie $l B_{III} - l A_{III} = 0$ bzw. $B_{III} - A_{III} = 0$ und $l A_{II} - l B_{II} = -J_I \omega_R \omega_S$ bzw. $A_{II} - B_{II} = -\frac{J_I}{l} \omega_R \omega_S$.

Schwerpunktsatz (S bewegt sich auf Kreisbahn mit Radius l um B, daher zusätzlich in S verankertes Polarkoordinatensystem: $\vec{e}_r = \vec{e}_I$ und $\vec{e}_\varphi = \vec{e}_{III}$):

$$m a_I = B_I \text{mit} a_I = a_r = -l \omega_R^2 \quad \Rightarrow \quad B_I = -m l \omega_R^2$$

$$m a_{II} = A_{II} + B_{II} \text{mit} a_{II} = 0 (\text{keine S-Bewegung in} II\text{-Richtung}); \; A_{II} + B_{II} = 0$$

$$m a_{III} = A_{III} + B_{III} \text{mit} a_{III} = l \overset{=0}{\dot{\omega}_R} = 0; \; A_{III} + B_{III} = 0$$

Nach dem Auflösen des Gleichungssystems erhält man:

$$A_{III} = B_{III} = 0 \text{sowie} B_{II} = -A_{II} = \frac{J_I}{2l} \omega_R \omega_S.$$

Reaktionsmoment (vektoriell) im raumfesten Lagerpunkt C mit $\omega_S \gg \omega_R$:
Man verwendet hierfür am zweckmäßigsten ein in C verankertes (keine Momentenwirkung der Reaktionskräfte in C bzgl. C), stets zum obigen I, II, III-Hauptachsensystem paralleles xyz-Koordinatensystem. Die Trägheitsmatrix $\underline{J}^{(C)}$ ergibt sich dann aus $\underline{J}^{(S)}$ mit dem Satz von STEINER-HUYGENS (3.51) bei Parallelverschiebung des Koordinatensystems.

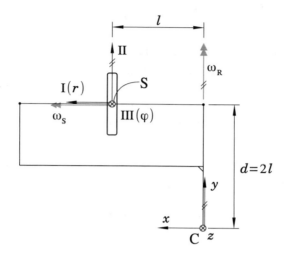

$$\underline{J}^{(C)} = \begin{pmatrix} J_I + d^2 m & -ldm & 0 \\ -ldm & J + l^2 m & 0 \\ 0 & 0 & J + (l^2 + d^2)m \end{pmatrix}$$

$$= \dots \text{ mit hier } d = 2l \dots = \begin{pmatrix} J_I + 4l^2 m & -2l^2 m & 0 \\ -2l^2 m & J + l^2 m & 0 \\ 0 & 0 & J + 5l^2 m \end{pmatrix};$$

diese Matrix ist nicht diagonal, d.h. das xyz-System ist kein Hauptachsensystem. Nichtsdestotrotz berechnet sich der Drehimpulsvektor zu

$$\vec{L}^{(C)} = \underline{J}^{(C)} \vec{\omega}_{\text{abs}} = \begin{pmatrix} (J_I + 4l^2 m)\omega_S \\ -2l^2 m \omega_S \\ 0 \end{pmatrix},$$

da wegen $\omega_S \gg \omega_R$ näherungsweise $\vec{\omega}_{\text{abs}} = (\omega_S; \omega_R; 0)^T \approx (\omega_S; 0; 0)^T$ gilt.

Schließlich erhält man nun mit dem Momentensatz bzgl. des Lagerpunkts C direkt das gesuchte Reaktionsmoment:

$$\vec{M}^{(C)} = \dot{\vec{L}}^{(C)} = \underbrace{\dot{\vec{L}}^{(C)}\Big|_{xyz}}_{= \vec{0}} + \omega_F \times \vec{L}^{(C)} = \begin{pmatrix} 0 \\ 0 \\ -(J_I + 4l^2 m)\omega_S \omega_R \end{pmatrix}.$$

Ergänzung: Für $d \to 0$ fallen soz. C (Rahmenlagerung) und B (Wellenlagerung) zusammen. In diesem Fall ergibt sich das sog. Kreiselmoment:

$$\vec{M}^{(C)} = \dot{\vec{L}}^{(C)} = \underbrace{\dot{\vec{L}}^{(C)}\big|_{xyz}}_{= \vec{0}} + \omega_F \times \vec{L}^{(C)} = \begin{pmatrix} 0 \\ \omega_R \\ 0 \end{pmatrix} \times \underbrace{\begin{pmatrix} J_I \omega_S \\ 0 \\ 0 \end{pmatrix}}_{= \vec{L}^{(S)}_{\text{Eigen}}} = \begin{pmatrix} 0 \\ 0 \\ -J_I \omega_S \omega_R \end{pmatrix}.$$

Übung 19: Umgelenktes Feder-Masse-Pendel

Ein als Massenpunkt zu betrachtender Körper der Masse m ist entsprechend Skizze über ein masseloses, undehnbares Seil mit einer Feder (Steifigkeit c) verbunden; dargestellt ist jener Zustand, in dem die Feder ungespannt ist. Die raumfest gelagerte Umlenkrolle ist ein massiver Zylinder mit der Masse $m_U = 2m$ und dem Radius R.

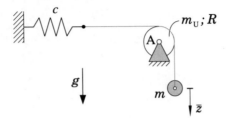

Ermitteln Sie für das Gewicht m die Position $\bar{z}_{\text{stat}}$ der statischen Ruhelage, die Bewegungsgleichung (d. h. DGL für Lagekoordinate z; der Nullpunkt von z sei bei $\bar{z} = \bar{z}_{\text{stat}}$; $z \downarrow$) sowie die Eigenfrequenz f_0 des Systems.

Wie groß darf die initiale Auslenkung $z_0 > 0$ aus jener statischen Ruhelage maximal sein, damit das Seil auch immer auf Zug beansprucht wird?

—— **Lösungsskizze zu Übung 19** ——

Im statischen Gleichgewichtszustand wird die Masse m durch eine entsprechende Federkraft gehalten: $c\bar{z}_{\text{stat}} = mg$, also gilt $\bar{z}_{\text{stat}} = \frac{m}{c} g$.

Freikörperbilder (Bezugspunkt für z ist die stat. Ruhelage: „$g = 0$"):

Kräfte- und Momentengleichung:

$$z \downarrow: \quad m\ddot{z} = -S; \quad \overset{\curvearrowright}{A}: \quad J^{(A)}_{\text{Rolle}}\dot{\omega} = RS - Rcz \quad \text{wobei} \quad J^{(A)}_{\text{Rolle}} = \frac{1}{2}(2m)R^2$$

Nach Eliminierung d. Seilkraft S ergibt sich mit der kin. Beziehung $\dot{z} = R\omega$ bzw. $\ddot{z} = R\dot{\omega}$ die gesuchte Bewegungsgleichung:

$$\ddot{z} + \frac{c}{2m}z = 0. \text{Es ist folglich}\,\omega_0 = \sqrt{\frac{c}{2m}}\,\text{und damit}\,f_0 = \frac{1}{2\pi}\sqrt{\frac{c}{2m}}.$$

Ein Seil kann natürlich nur pos. Zugkräfte übertragen, d. h. jenes Modell verliert an Gültigkeit, wenn sich theoretisch eine Seil-Druckkraft (= neg. Seilkraft) ergäbe. Hierbei ist zu berücksichtigen, dass sich eine Seilkraft immer aus einem dynamischen und einem statischen Anteil zusammensetzt.

$$S_{\text{ges}} = S_{\text{stat}} + S_{\text{dyn}}\,\text{mit}\,S_{\text{stat}} = mg\,\text{und}\,S_{\text{dyn}} = S = -m\ddot{z}$$

Man stelle sich nun vor, das Gewicht m sei zum Zeitpunkt $t = 0$ um $z_0 > 0$ ausgelenkt und das System wird aus dem Ruhezustand sich selbst überlassen. Die allgem. Lösung der Bewegungsgleichung $z = A \cos \omega_0 t + B \sin \omega_0 t$ liefert mit den ABs $z(0) = z_0$ und $\dot{z}(0) = 0$ die partikuläre Lösung $z = z_0 \cos \omega_0 t$. Damit ergibt sich $\ddot{z} = -z_0\omega_0^2 \cos \omega_0 t$ und für die Seilkraft

$$S_{\text{ges}} = mg + mz_0\omega_0^2 \cos \omega_0 t.$$

Da stets $-1 \leq \cos \omega_0 t \leq 1$, ist sicherlich zu jedem Zeitpunkt $S_{\text{ges}} \geq 0$, wenn $mz_0\omega_0^2 \leq mg$ gilt.

Folglich lässt sich als Bedingung für die Initialauslenkung z_0 angeben:
$z_0 \leq \frac{g}{\omega_0^2} = 2\frac{m}{c}g = 2\bar{z}_{\text{stat}}$. $\rightsquigarrow$ Hier aber nur ein theor. Wert, denn ...

(!) Achtung: Der Körper m oszilliert mit der Amplitude z_0 um $\bar{z} = \bar{z}_{\text{stat}}$ bzw. $z = 0$ – falls jenes Seil stets auf Zug belastet ist. Für $z < -\bar{z}_{\text{stat}}$ bzw. $\bar{z} < 0$ wäre diese Eigenschaft jedoch nicht erfüllt, da über das Seil die Feder nicht gestaucht werden kann. D. h.: Es muss in diesem Fall die Forderung für die Initialauslenkung – abweichend vom rechnerischen Ergebnis – also lauten: $z_0 \leq \bar{z}_{\text{stat}}$. $\rightsquigarrow$ *Man vertraue also bitte nie blind einem (math.) Modell!*

Übung 20: Longitudinale Stabschwingung
Ein homogener Stab mit der Dehnsteifigkeit $EA = konst$, A ist der konstante Querschnittsflächeninhalt, und der Massendichte ρ (Masse pro Länge) sei entsprechend Skizze an einem Ende fest eingespannt.

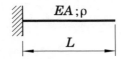

Berechnen Sie die Eigenkreisfrequenzen des Stabes für longitudinale Schwingungen (d. h. Längsschwingungen) und schätzen Sie zudem mittels des sog. RAYLEIGH-Quotienten die Eigenkreisfrequenz der Grundschwingung ab.

—— Lösungsskizze zu Übung 20 ——

Lösung analog zur Modellierung der Biegeschwingung eines homogenen Balkens, vgl. Abschn. 5.5: Man stelle sich den Stab (kontinuierlich verteilte Masse) aufgebaut aus unendlich vielen masselosen Stäben vor, an deren freien Ende jeweils ein Massenelement $\mathrm{d}m$ sitzt.

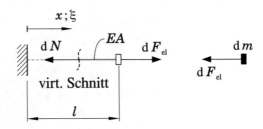

Zu den Koordinaten: x ist die Position des virtuellen Schnitts (Schnittreaktion: Normalkraft), ξ beschreibt die Bewegung des Massenelements $\mathrm{d}m$ im Schwingungszustand, l gibt den Abstand des Massenelements zur Einspannung im statischen Gleichgewicht (unverformter Stab) an.

Bei Auslenkung jenes Massenelements $\mathrm{d}m$ aus der statischen Ruhelage erfährt dieses die (elastische) Rückstellkraft $\mathrm{d}F_{\mathrm{el}}$, wobei für diese nach der dyn. Grundgleichung,

$$\mathrm{d}m\,\ddot{\xi} = -\mathrm{d}F_{\mathrm{el}}, \text{ gilt}: \mathrm{d}F_{\mathrm{el}} = -\mathrm{d}m\,\ddot{\xi}.$$

Mit $\mathrm{d}N = \mathrm{d}F_{\mathrm{el}}$ (vgl. Freikörperbild Stab, o. links), dem Anteil an der Normalkraft N durch das Massenelement, erhält man für N am Ort x:

$$N(x) = \int\limits_{l=x}^{L} \mathrm{d}N = -\int\limits_{l=x}^{L} \ddot{\xi}\,\mathrm{d}m, \text{ wobei}\,\mathrm{d}m = \rho\,\mathrm{d}l.$$

Da weiterhin $\xi = l + u(l;t)$, u ist die lokale Verschiebung des Massenelements $\mathrm{d}m$ am Ort l, und somit $\ddot{\xi} = \ddot{u}(l;t)$, l ist ein „fixer Wert" für ein Massenelement, folgt:

$$N(x) = - \int\limits_{l=x}^{L} \rho \, \ddot{u}(l; t) \, dl.$$

Im linear-elastischen Bereich gilt das HOOKEsche Gesetz [9]:

$$\sigma(x) = \frac{N(x)}{A} = E\varepsilon(x),$$

mit der Normalspannung σ, dem E-Modul E sowie der (lokalen) Dehnung ε, und somit wegen $\varepsilon(x) = u'$ [9]:)

$$N(x) = E A \, u'(x; t E A \text{heißt; übrigens Dehnsteifigkeit.}$$

Gleichgesetzt:

$$E A \, u'(x; t) = - \int\limits_{l=x}^{L} \rho \, \ddot{u}(l; t) \, dl = \int\limits_{l=L}^{x} \rho \, \ddot{u}(l; t) \, dl.$$

Die Bewegungsgleichung ergibt sich durch Ableiten dieser Gleichung nach x; hierbei ist die rechte Seite eine sog. „Integralfunktion", deren Ableitung nach x der Integrand mit eben der Variable x ist (d. h. $l \rightsquigarrow x$).

$$E A u''(x; t) = \rho \ddot{u}(x; t)$$

Hinweis: Die math. präzise Formulierung dieser partiellen DGL 2. Ordnung für die Funktion $u = u(x; t)$ der lokalen Verschiebung lautet

$$E A u_{xx}(x; t) = \rho u_{tt}(x; t) \text{bzw.} E A \frac{\partial^2 u}{\partial x^2} = \rho \frac{\partial^2 u}{\partial t^2}.$$

Durch Einsetzen des (bekannten) Separationsansatzes

$$u(x; t) = \hat{u}(x) \cos \omega t$$

lassen sich nun die Eigenkreisfrequenzen berechnen: Mit

$$u''(x; t) = \hat{u}''(x) \cos \omega t \text{und} \ddot{u}(x; t) = -\hat{u}(x)\omega^2 \cos \omega t$$

erhält man

$$E A \hat{u}''(x) \cos \omega t = -\rho \hat{u}(x) \cos \omega t,$$

also folgende char. Gleichung für die Amplitudenfunktion $\hat{u} = \hat{u}(x)$:

$$\hat{u}''(x) + \underbrace{\frac{\rho}{E A}}_{= k > 0} \omega^2 \hat{u}(x) = 0 (k : \text{Abkürzung}).$$

Diese gewöhnliche DGL 2. Ordnung ist – formal – die DGL der freien ungedämpften Schwingung mit der AL

$$\hat{u}(x) = C_1 \cos \omega x \sqrt{k} + C_2 \sin \omega x \sqrt{k}.$$

Mit den Randbedingungen

$$\hat{u}(0) = 0 \text{(Lagerung: feste Einspannung)}$$

und

$$\hat{u}'(L) = 0, \text{ da} \int_L^L \rho \ddot{u}(l;t) \, dl = 0 \text{(vgl. Integral oben)},$$

berechnet sich aus ersterer die erste Integrationskonstante C_1 zu $C_1 = 0$; die zweite RB liefert folglich

$$C_2 \omega \sqrt{k} \cos \omega L \sqrt{k} = 0.$$

Da diese Gleichung für jeden beliebigen Zeitpunkt t erfüllt und schließlich $C_2 \neq 0$ (sonst wäre $\hat{u} = 0$) sein muss, folgt daraus die Bedingung:

$$\cos \omega L \sqrt{k} = 0, \text{ also} \omega L \sqrt{k} = \frac{\pi}{2} + i\pi (i = 0; 1; 2; ...)$$

Man erhält folglich als Eigenkreisfrequenzen des Systems:

$$\omega_i = \frac{\frac{\pi}{2} + (i-1)\pi}{L\sqrt{k}} \text{bzw.} \omega_i = \frac{\frac{\pi}{2} + (i-1)\pi}{L} \sqrt{\frac{EA}{\rho}} \text{mit} i = 1; 2; 3; ...$$

Die erste Eigenkreisfrequenz, die Eigenkreisfrequenz der sog. Grundschwingung berechnet sich demnach zu

$$\omega_1 = \frac{\pi}{2L} \sqrt{\frac{EA}{\rho}} \approx \frac{1{,}57}{L} \sqrt{\frac{EA}{\rho}}.$$

Zur Abschätzung jener Grundkreisfrequenz mit dem RAYLEIGH-Quotienten: Dieser ist nur für die Biegeschwingung bekannt und muss daher für eine longitudinale Schwingung erst hergeleitet werden.

Für eine lineare Schraubenfeder (Ersatzmodell für einen Zug-Druck-Stab) berechnet sich – bei positiver Auslenkung – die Federkraft zu $F_c = cx$, und damit gilt für das Potenzial

$$E_p = \frac{1}{2} cx^2 = \frac{1}{2} F_c x (c : \text{Federsteifigkeit}).$$

Entsprechend lässt sich für den Potenzialanteil dE_p durch Verschiebung des Massenelements dm um du (Anteil an der Gesamtverschiebung u) wie folgt formulieren:

$$dE_\mathrm{p} = \frac{1}{2} N\, du.$$

Mit $N = EAu'$ (siehe Kap. 7) und dem Differenzial $du = u'dx$ ergibt sich durch Integration, d. h. „Summation über den Stab", für das Gesamtpotenzial:

$$E_\mathrm{p} = \frac{1}{2} \int\limits_0^L EAu'^2\, dx.$$

Die kinetische Energie E_k bei einer Longitudinalschwingung berechnet sich analog zur Biegeschwingung. Aus $dE_\mathrm{k} = \frac{1}{2} dm\, \dot{\xi}^2$ mit $\dot{\xi} = \dot{u}$ und $dm = \rho\, dx$ folgt:

$$E_\mathrm{k} = \frac{1}{2} \int\limits_0^L \rho \dot{u}^2\, dx.$$

Für ein konservatives System ($E_\mathrm{p,max} = E_\mathrm{k,max}$) erhält man mit dem Separationsansatz $u = \hat{u}(x) \cos \omega t$ schließlich

$$\omega^2 = \frac{\int_0^L EA\hat{u}'^2\, dx}{\int_0^L \rho\hat{u}^2\, dx},$$

den RAYLEIGH-Quotienten für die long. Stabschwingung, vgl. Abschn. 5.5.

Hiermit lässt sich eine Näherung $\tilde{\omega}_1$ der Grundkreisfrequenz ω_1 berechnen, indem man für die tatsächliche Amplitudenfunktion $\hat{u} = \hat{u}(x)$ der Grundschwingung eine Näherungsfunktion $\tilde{u} = \tilde{u}(x)$ einsetzt, welche natürlich die Randbedingungen im Wesentlichen erfüllen muss. Für einen linearen Verlauf $\tilde{u} = ax$ gilt bspw. zumindest $\tilde{u}(0) = 0$. Damit erhält man ($\tilde{u}' = a$):

$$\tilde{\omega}_1^2 = \frac{EAa^2 \int\limits_0^L dx}{\rho a^2 \int\limits_0^L x^2\, dx} = \frac{EA}{\rho} \frac{[x]_0^L}{[\frac{1}{3}x^3]_0^L} = \frac{EA}{\rho} \frac{3L}{L^3} = \frac{3}{L^2} \frac{EA}{\rho}, \text{ da } EA, \rho, a = konst,$$

also

$$\omega_1 \approx \tilde{\omega}_1 = \frac{\sqrt{3}}{L} \sqrt{\frac{EA}{\rho}} \approx \frac{1{,}73}{L} \sqrt{\frac{EA}{\rho}}.$$

Die Abweichung zum „exakten Wert" beträgt in diesem Fall ca. 10 %. Eine bessere Näherung erhält man durch bessere Beschreibung der Amplitudenfunktion. Soll z. B. auch die zweite RB $\hat{u}'(L) = 0$ berücksichtigt werden, so ist dieses mit einer quadratischen Funktion möglich:

$$\tilde{u} = ax(2L - x) = 2aLx - ax^2; \ \tilde{u}' = 2aL - 2ax = 2a(L - x).$$

Mit dieser Näherungsfunktion erhält man:

$$\tilde{\omega}_1^2 = \frac{EA4a^2 \int\limits_0^L (L-x)^2\,\mathrm{d}x}{\rho a^2 \int\limits_0^L (2Lx - x^2)^2\,\mathrm{d}x} = \frac{4EA}{\rho} \frac{\int\limits_0^L (L^2 - 2Lx + x^2)\,\mathrm{d}x}{\int\limits_0^L (4L^2x^2 - 4Lx^3 + x^4)\,\mathrm{d}x} = \frac{4EA}{\rho} \frac{[L^2x - Lx^2 + \frac{1}{3}x^3]_0^L}{[\frac{4}{3}L^2x^3 - Lx^4 + \frac{1}{5}x^5]_0^L}$$

$$= \frac{4EA}{\rho} \frac{L^3 - L^3 + \frac{1}{3}L^3}{\frac{4}{3}L^5 - L^5 + \frac{1}{5}L^5} = \frac{5}{2L^2}\frac{EA}{\rho}, \text{ also } \omega_1 \approx \tilde{\omega}_1 = \frac{\sqrt{\frac{5}{2}}}{L}\sqrt{\frac{EA}{\rho}} \approx \frac{1,58}{L}\sqrt{\frac{EA}{\rho}}.$$

Dieses Ergebnis ist – beeindruckend – gut, denn die Abweichung vom oben berechneten „exakten Wert" beträgt nun lediglich noch etwa 0,6 %.

Übung 21: Gedämpfte Balkenbiegung (Bsp. aus [18])

Ein masseloser Balken (Länge L) aus KELVIN-VOIGT-Material ist analog zu Übung 20 gelagert; E-Modul E, Viskosität η sowie Flächenträgheitsmoment I_y seien konstant. Berechnen Sie die zeitabhängige Biegelinie $w = w(x; t)$, wenn das freie Ende mit der Kraft $F = F_0u(t) \downarrow$ belastet wird; hierbei ist $u = u(t)$ die HEAVISIDE-Funktion, vgl. (6.2) auf Kap. 6.

—— Lösungsskizze zu Übung 21 ——

Für einen masselosen Balken liefert ein virt. Schnitt am Ort x (neg. Schnittufer): $M_b \circlearrowright -$ $F \downarrow$. Mit dem pos. Drehsinn $\circlearrowright$, da $y \odot$, formuliert man:

$$-M_b(x) - (L - x)F = 0 \text{ bzw. } M_b(x) = -(L - x)F.$$

Nach (5.63) ergibt sich für $t \geq 0$ wegen $u(t) = 1$: $F = F_0u(t) = F_0$, also

$$(EI_yw + \eta I_y\dot{w})'' = (L - x)F_0.$$

Die zweimalige Integration nach x liefert:

$$(EI_yw + \eta I_y\dot{w})' = \left(Lx - \frac{1}{2}x^2\right)F_0 + C_1(t)$$

$$EI_yw + \eta I_y\dot{w} = \left(\frac{1}{2}Lx^2 - \frac{1}{6}x^3\right)F_0 + C_1(t)x + C_2(t)$$

Einarbeitung der Randbedingungen[3] für Biegelinie $w = w(x; t)$:

$$w(0; t) = \dot{w}(0; t) = 0 : C_2(t) = 0 \text{ und } w'(0; t) = \dot{w}'(0; t) = 0 : C_1(t) = 0$$

---

[3]Durchbiegung w und Steigung w' sind an einer festen Einspannung konstant Null.

Man erhält die inhomogene DGL 1. Ordnung

$$w + \tau \dot{w} = \left(\frac{1}{2} L x^2 - \frac{1}{6} x^3 \right) \frac{F_0}{E I_y} \text{ mit der sog. Retardationszeit} \tau = \frac{\eta}{E}$$

und einem zeitlich konstanten Störterm. Deren AL berechnet sich mittels Superposition

$$w = w_{\text{homog}} + w_{\text{PL}} \text{zu}:$$

$$w = C e^{-\frac{t}{\tau}} + \left(\frac{1}{2} L x^2 - \frac{1}{6} x^3 \right) \frac{F_0}{E I_y}; \text{ der erste Term folgt aus} \dot{w}_h = -\frac{1}{\tau} w_h.$$

Schließlich berechnet sich mit der Anfangsbedingung $w(x; 0) = 0$ die Integrationskonstante C zu $C = -\left(\frac{1}{2} L x^2 - \frac{1}{6} x^3 \right) \frac{F_0}{E I_y}$. Das Ergebnis lautet somit:

$$w(x; t) = \left(\frac{1}{2} L x^2 - \frac{1}{6} x^3 \right) \frac{F_0}{E I_y} (1 - e^{-\frac{t}{\tau}})$$

Es erfolgt also eine expon. Annäherung an die statische Biegelinie.

Übung 22: Schlag-/Hammermechanismus

Bei der u. skizzierten Anordnung befindet sich der in B reibungsfrei-drehbar gelagerte Hammer, bestehend aus einem dünnen Stab (Länge $3R$) der Masse m und einem Hammerklotz (Masse $2m$), im Ruhezustand. Die um A mit der Winkelgeschwindigkeit ω_1 rotierende Scheibe (Radius R, Masse $6m$) besitzt eine „Nase" vernachlässigbarer Masse; diese trifft sodann auf das Ende des Hammers, der infolge eines teil-elastischen Stoßes ausschlägt.

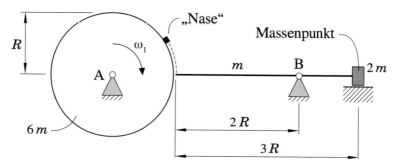

Berechnen Sie die Winkelgeschwindigkeiten ω_1' der Scheibe und ω_2' des Hammers unmittelbar nach dem Stoß mit der Stoßzahl $\varepsilon = 0{,}5$. Hierbei soll die Gewichtskraft des Hammers nicht berücksichtigt werden.

Ergänzung: Welches konst. Antriebsmoment M_A muss ein Motor (d. Massenträgheitsmoment sei vernachlässigbar) aufbringen, um die Scheibe innerhalb einer Umdrehung wieder auf die Winkelgeschwindigkeit ω_1 zu beschleunigen und wie weit (Winkel φ_{max}?) schlägt der Hammer nach dem Stoß aus?

—— **Lösungsskizze zu Übung 22** ——

Freikörperbilder mit Abk. $\hat{X} = \int_{(t_S)} X(t)\, \mathrm{d}t$ (t_S ist die Stoßzeit):

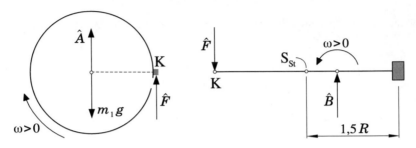

Hinweise: Da in diesem Modell die Gewichtskraft $3mg$ des Hammers vernachlässigt wird, tritt am Hammerkörper/Klotz (Massenpunkt) auch keine Normalkraft auf. Für die Scheibe wird als pos. Drehsinn der Uhrzeigersinn gewählt (damit $\omega_1 > 0$), für den Hammer entsprechend der zu erwartenden Bewegungsrichtung der Gegenuhrzeigersinn.

Drehimpulssatz für Scheibe und Hammer (bzgl. jeweiliger Drehachse):

$$J_S^{(A)}(\omega_1' - \omega_1) = -R\hat{F}; \quad J_H^{(B)}(\omega_2' - \omega_2) = 2R\hat{F}, \quad \text{wobei}\, \omega_2 = 0$$

Berechnung der Massenträgheitsmomente: $J_S^{(A)} = \frac{1}{2}6mR^2 = 3mR^2$ und

$$J_H^{(B)} = J_{\text{Stab}}^{(B)} + J_{\text{Klotz}}^{(B)} = J_{\text{Stab}}^{(S)} + \underbrace{m(\frac{1}{2}R)^2}_{\text{Steiner}} + J_{\text{Klotz}}^{(B)}$$

$$= \frac{1}{12}m(3R)^2 + m(\frac{1}{2}R)^2 + 2mR^2 = \frac{3}{4}mR^2 + \frac{1}{4}mR^2 + 2mR^2 = 3mR^2$$

Formulierung der Stoßbedingung (K: Kontakt-/Stoßpunkt):

$$\varepsilon = -\frac{v_{2K}' - v_{1K}'}{v_{2K} - v_{1K}}; \quad \text{mit}\, \varepsilon = \frac{1}{2}\, \text{und wegen}\, v_{2K} = 0: \quad \frac{1}{2}v_{1K} = v_{2K}' - v_{1K}'$$

Unter Berücksichtigung der Kinematik

$$v_{1K} = R\omega_1;\; v_{1K}' = R\omega_1';\; v_{2K}' = 2R\omega_2' \text{ergibt sich damit}: \frac{1}{2}\omega_1 = 2\omega_2' - \omega_1'.$$

Diese Gleichung zusammen mit (Eliminierung von $\hat{F}$ in Drehimpulssätzen)

$$3mR^2(\omega_1' - \omega_1) = -\frac{1}{2}\, 3mR^2\omega_2'$$

liefert nach dem Auflösen des Gleichungssystems:

$$\omega_1' = \frac{7}{10}\omega_1 > 0 \quad \text{und} \quad \omega_2' = \frac{3}{5}\omega_1 > 0.$$

Zur Ergänzung: Der Arbeitssatz (nicht der Energiesatz, denn M_A ist als nicht-kons. Größe zu interpretieren – für M_A ist schließlich kein Potenzial E_p bekannt und der Versuch einer Berechnung, falls denn überhaupt eines existiert, zu umständlich) für eine Rotation um eine raumfeste Achse lautet

$$E_{\text{rot,nach}} - E_{\text{rot,vor}} = W_{\text{vor} \to \text{nach}}, \text{ also}$$

$$\frac{1}{2} J_S^{(A)} \omega_1^2 - \frac{1}{2} J_S^{(A)} \omega_1'^2 = \int_0^{2\pi} M_A \, d\varphi = M_A \int_0^{2\pi} d\varphi = 2\pi M_A$$

$$\frac{1}{2} 3mR^2 \omega_1^2 - \frac{1}{2} 3mR^2 \left(\frac{7}{10}\omega_1\right)^2 = 2\pi M_A \quad \Rightarrow \quad M_A = \frac{153}{400\pi} mR^2 \omega_1^2.$$

Für die Berechnung des max. Ausschlagwinkels $\varphi_{\max}$ des Hammers nach dem Stoß bietet sich dagegen der Energiesatz an (zeifreie Fragestellung für ein kons. System):

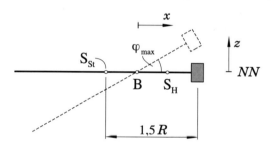

Da für die potenzielle Energie E_p eines Körpers die vertikale Position des Schwerpunktes relevant ist, legt man das Nullniveau NN zweckmäßigerweise auf die Startposition „A" ($\hat{=}$ Lage der Schwerpunkte der beiden Teilkörper Stab (S_{St}) und Hammerkörper/-klotz). Es gilt dann (in der Endposition „B" ist die Winkelgeschwindigkeit des Hammers gleich Null):

$$E_{kB,\text{Hammer}} + E_{pB,\text{Stab}} + E_{pB,\text{Klotz}} = E_{kA,\text{Hammer}} + E_{pA,\text{Stab}} + E_{pA,\text{Klotz}}$$

$$0 + mg\left(-\frac{1}{2}R\sin\varphi_{\max}\right) + 2mgR\sin\varphi_{\max} = \frac{1}{2} J_H^{(B)} (\omega_2')^2 + 0 + 0$$

$$\frac{3}{2} mgR\sin\varphi_{\max} = \frac{1}{2} 3mR^2 \left(\frac{3}{5}\omega_1\right)^2 \quad \Rightarrow \text{(auflösen)} \quad \sin\varphi_{\max} = \frac{9}{25}\frac{R}{g}\omega_1^2 > 0$$

Man kann natürlich bei der Berechnung der pot. Energie den Hammer auch als Ganzes, d. h. als einen Körper betrachten; dafür muss zunächst mittels Definition (3.72) die Lage des Gesamtschwerpunktes S_H ermittelt werden:

$$\underbrace{\frac{3m}{= m_{\text{ges}}}}_{} x_{\text{H}} = m \underbrace{\left(-\frac{1}{2}R \right)}_{= x_{\text{St}}} + 2mR \quad \Rightarrow \quad x_{\text{H}} = \frac{1}{2}R > 0$$

Der Energiesatz lautet dann:

$$E_{\text{kB,Hammer}} + E_{\text{pB,Hammer}} = E_{\text{kA,Hammer}} + E_{\text{pA,Hammer}}$$

$$0 + 3mg x_{\text{H}} \sin \varphi_{\text{max}} = \frac{1}{2} J_{\text{H}}^{(\text{B})}(\omega_2')^2 + 0 \quad \Rightarrow \quad \sin \varphi_{\text{max}} = \frac{9}{25}\frac{R}{g}\omega_1^2 > 0$$

Übrigens: Damit das System tatsächlich einen Schlagmechanismus darstellt, darf der Hammer nach dem Stoß nicht „überschlagen", d. h. es muss gelten:

$$\varphi_{\text{max}} < \frac{\pi}{2} \quad \rightarrow \quad \sin \varphi_{\text{max}} < 1 \quad \rightarrow \quad \omega_1 < \frac{5}{3}\sqrt{\frac{g}{R}}.$$

– Und das war's! –

Zum Ausklang folgt noch eine „künstlerische Interpretation"

der kardanischen Lagerung eines Kreisels:

(*Besten Dank meiner lieben Schwester Michaela Prechtl.*)

„Gott sei Dank! Nun ist's vorbei

Mit der Übeltäterei!!"

– aus W. Busch: „Max und Moritz. Eine Bubengeschichte in <u>sieben</u> Streichen" –

Herleitungen

A

A.1   Geradlinige Bewegungen (Tabelle S. 9)

Die Differenzialgleichungen für die Zeitfunktion $x = x(t)$ der Lagekoordinate, gen. Bewegungsgleichungen, der geradlinigen Massenpunktbewegung ergeben sich aus der Definition von Geschwindigkeit und Beschleunigung:

$$v(t) = \frac{dx}{dt} \quad \text{und} \quad a(t) = \frac{dv}{dt} = \frac{d^2x}{dt^2}. \tag{A.1}$$

Schließlich liefert die („bestimmte") Integration dieser Gleichungen:

$$dv = a(t)\,dt; \quad \int_{v_0}^{v(t)} d\bar{v} = \int_{t_0}^{t} a(\bar{t})\,d\bar{t} \quad \Rightarrow \quad v(t) = v_0 + \int_{t_0}^{t} a(\bar{t})\,d\bar{t} \tag{A.2}$$

$$\text{und} \quad x(t) = x_0 + \int_{t_0}^{t} v(\bar{t})\,d\bar{t} = x_0 + \int_{t_0}^{t} \left(v_0 + \int_{t_0}^{\bar{t}} a(t^*)\,dt^* \right) d\bar{t} \tag{A.3}$$

bzw.

$$x(t) = x_0 + v_0(t - t_0) + \iint_{t_0}^{t} a(\bar{t})\,(d\bar{t})^2. \tag{A.4}$$

Aus der Regel für die Ableitung der Umkehrfunktion folgt mit den Funktionen $t = t(x)$ und $t = t(v)$:

$$v(x) = \frac{1}{\frac{dt}{dx}} \quad \text{und} \quad a(v) = \frac{1}{\frac{dt}{dv}}. \tag{A.5}$$

Mit der Kettenregel ergibt sich $a(t) = \frac{dv}{dx}\frac{dx}{dt}$, mit $v = v[x(t)]$, und demnach $a(x) = \frac{dv}{dx}\frac{1}{\frac{dt}{dx}}$ bzw.

$$a(x) = v(x)\frac{dv}{dx}. \tag{A.6}$$

© Springer-Verlag GmbH Deutschland, ein Teil von Springer Nature 2021
M. Prechtl, *Mathematische Dynamik*, Masterclass,
https://doi.org/10.1007/978-3-662-62107-3

Und die Integration von $dt = \frac{dx}{v(x)}$ liefert

$$t(x) = t_0 + \int_{x_0}^{x} \frac{d\bar{x}}{v(\bar{x})}.$$ (A.7)

Gleichung (A.6) lässt sich über die Ableitung der Umkehrfunktion umschreiben in

$$a(v) = v \frac{1}{\frac{dx}{dv}}$$ (A.8)

bzw. mittels der ersten Gleichung der Beziehungen von (A.5) in

$$a(x) = \frac{1}{\frac{dt}{dx}} \frac{d}{dx} \left[\frac{1}{\frac{dt}{dx}} \right].$$ (A.9)

Integriert man $dt = \frac{dv}{a(v)}$, so erhält man unter Berücksichtigung von $\frac{1}{a(v)} = \frac{1}{v} \left(\frac{dx}{dv} \right)$

$$t(v) = t_0 + \int_{v_0}^{v} \frac{1}{\bar{v}} \left(\frac{dx}{d\bar{v}} \right) d\bar{v}.$$ (A.10)

Gleichung (A.8) lässt sich umformen in $dx = \frac{v\,dv}{a(v)}$; die bestimmte Integration liefert

$$x(v) = x_0 + \int_{v_0}^{v} \frac{\bar{v}\,d\bar{v}}{a(\bar{v})}.$$ (A.11)

Schließlich erhält man mittels Integration von $dt = \frac{dv}{a(v)}$:

$$t(v) = t_0 + \int_{v_0}^{v} \frac{d\bar{v}}{a(\bar{v})}.$$ (A.12)

Weiterhin gilt $\frac{1}{\frac{dt}{dv}} = \frac{v}{\frac{dx}{dv}}$ und somit $dx = v \left(\frac{dt}{dv} \right) dv$; die bestimmte Integration dieser Gleichung liefert bei gegebenem bzw. bekanntem $t(v)$:

$$x(v) = x_0 + \int_{v_0}^{v} \bar{v} \left(\frac{dt}{d\bar{v}} \right) d\bar{v}.$$ (A.13)

Aus Gl. (A.6) folgt $v\,dv = a(x)\,dx$ und nach bestimmter Integration

$$v(x) = \pm \sqrt{v_0^2 + 2 \int_{x_0}^{x} a(\bar{x})\,d\bar{x}}.$$ (A.14)

Und mit Gl. (A.7) ergibt sich sodann:

$$t(x) = t_0 \pm \int_{x_0}^{x} \frac{d\bar{x}}{\sqrt{v_0^2 + 2 \int_{x_0}^{\bar{x}} a(\bar{x}^*)\,d\bar{x}^*}}.$$ (A.15)

Abschließend sei bemerkt, dass es sich bei x_0, v_0 und a_0 um Ort, Geschwindigkeit und Beschleunigung zum (Bezugs-)Zeitpunkt t_0 handelt. Häufig ist $t_0 = 0$ (Beginn der Zeitmessung/Betrachtung), man spricht dann auch von den sog. Startwerten der entsprechenden Bewegung.

A.2 Eulersche Differenziationsregel

In Bezug auf Abb. 1.6 (Bezugssystemrotation) lässt sich für den absoluten Ortsvektor $\vec{r}$ unter Berücksichtigung der zeitlichen Abhängigkeit der Basisvektoren formulieren:

$$\vec{r} = \vec{r}_{O'}(t) + \vec{r}\,'(t) = \vec{r}_{O'}(t) + x'(t)\vec{e}_{x'}(t) + y'(t)\vec{e}_{y'}(t) + z'(t)\vec{e}_{z'}(t). \tag{A.16}$$

Bei der Berechnung der Absolutgeschwindigkeit $\vec{v}$ muss man diesen Vektor zeitlich ableiten, und zwar in Bezug auf das ruhende Bezugssystem: $\vec{v} = \dot{\vec{r}}_{O'}(t) + \dot{\vec{r}}\,'(t)$. Der zweite Term ist damit die Ableitung von $\vec{r}\,'$, dem relativen Ortsvektor, also einem im bewegten Bezugssystem beschriebenen Vektor, in Bezug auf das ruhende O-System. Dabei ist zu beachten, dass sich in einem rotierenden Bezugssystem die Richtungen der Basisvektoren eben zeitlich ändern. Mit der Produktregel ergibt sich also

$$\dot{\vec{r}}\,' = \underbrace{\dot{x}'(t)\vec{e}_{x'}(t) + \dot{y}'(t)\vec{e}_{y'}(t) + \dot{z}'(t)\vec{e}_{z'}(t)}_{= \dot{\vec{r}}\,'|_{x'y'z'}} \\ + x'(t)\dot{\vec{e}}_{x'}(t) + y'(t)\dot{\vec{e}}_{y'}(t) + z'(t)\dot{\vec{e}}_{z'}(t) \tag{A.17}$$

$\dot{\vec{r}}\,'|_{x'y'z'}$ ist die zeitliche Ableitung von $\vec{r}\,'$ in Bezug auf das bewegt $x'y'z'$-System. Die zeitliche Änderung der Basisvektoren wird anhand der folgenden Skizze (Abb A.1) veranschaulicht. Es wird exemplarisch der Vektor $\vec{e}_{x'}$ betrachtet, der zum Zeitpunkt t mit der momentanen Drehachse und damit auch mit dem Vektor $\vec{\omega}_F$ bzw. $\vec{e}_\omega$ den Winkel α einschließt.

Die Spitze des Einheitsvektors $\vec{e}_{x'}$ bewegt sich im Zeitintervall dt auf einer Kreisbahn um die momentane Drehachse. Dabei dreht sich das Bezugssystem um den Winkel $d\varphi$. Der Vektor ändert sich dabei um $d\vec{e}_{x'}$ (blauer Pfeil). Entsprechend Skizze ist der Radius der (grünen) Kreisbahn $|\vec{e}_{x'}(t)| \sin\alpha$, mit $|\vec{e}_{x'}(t)| = 1$. Da $d\varphi \to 0$ (infinitesimale Betrachtung), sind Dreieck ABM und der entsprechende Kreissektor praktisch identisch. Die Länge der Basisvektoränderung lässt sich damit über die Bogenlänge berechnen:

$$|d\vec{e}_{x'}| = (1 \cdot \sin\alpha)\, d\varphi \tag{A.18}$$

Zudem lässt sich bzgl. der Richtungen erkennen: $d\vec{e}_{x'} \perp \vec{e}_\omega(t)$ sowie $d\vec{e}_{x'} \perp \vec{e}_{x'}(t)$. Die vektorielle Änderung $d\vec{e}_{x'}$ kann daher über das folgende Vektorprodukt berechnet werden:

$$d\vec{e}_{x'} = \Big(\vec{e}_\omega(t) \times \vec{e}_{x'}(t)\Big)d\varphi, \tag{A.19}$$

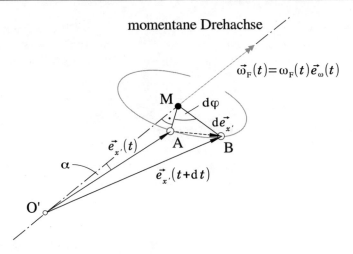

Abb. A.1 Zur zeitlichen Änderung des Einheits-/Basisvektors $\vec{e}_{x'}$

da

$$|\mathrm{d}\vec{e}_{x'}| = \left|\vec{e}_\omega(t) \times \vec{e}_{x'}(t)\right| |\mathrm{d}\varphi|$$

$$= |\vec{e}_\omega(t)| \cdot |\vec{e}_{x'}(t)| \sin\left[\angle(\vec{e}_\omega(t); \vec{e}_{x'}(t))\right] \mathrm{d}\varphi = 1 \cdot 1 \cdot \sin\alpha\, \mathrm{d}\varphi.$$

Nach Division mit dem Zeitdifferenzial $\mathrm{d}t$ erhält man schließlich

$$\frac{\mathrm{d}\vec{e}_{x'}}{\mathrm{d}t} = \left(\vec{e}_\omega(t) \times \vec{e}_{x'}(t)\right) \underbrace{\frac{\mathrm{d}\varphi}{\mathrm{d}t}}_{=\,\omega_F} \tag{A.20}$$

und somit letztlich für die Zeitableitung des Basisvektors

$$\dot{\vec{e}}_{x'} = \vec{\omega}_F(t) \times \vec{e}_{x'}(t). \tag{A.21}$$

Setzt man die zeitliche Änderung der gesamten Basis, (A.21) gilt für jeden Basisvektor, in die zweite Zeile von Gleichung (A.17) ein, so ergibt sich

$$x'(t)\left(\vec{\omega}_F(t) \times \vec{e}_{x'}(t)\right) + y'(t)\left(\vec{\omega}_F(t) \times \vec{e}_{y'}(t)\right) + z'(t)\left(\vec{\omega}_F(t) \times \vec{e}_{z'}(t)\right)$$

$$= \vec{\omega}_F(t) \times \left(x'(t)\vec{e}_{x'}(t) + y'(t)\vec{e}_{y'}(t) + z'(t)\vec{e}_{z'}(t)\right) = \vec{\omega}_F(t) \times \vec{r}\,'(t). \tag{A.22}$$

Die zeitliche Ableitung des (Orts-)Vektors $\vec{r}\,'$ im bewegten O'-Bezugssystem in Bezug auf das ruhende System berechnet sich nach (A.17) somit wie folgt:

$$\dot{\vec{r}}\,' = \dot{\vec{r}}\,'|_{x'y'z'} + \vec{\omega}_F(t) \times \vec{r}\,'(t). \tag{A.23}$$

Diese als als „EULER-Ableitung" bezeichnete Beziehung gilt formal für beliebige, in einem (rotatorisch) bewegten Bezugssystem dargestellte Vektoren, also auch für z.B. die Relativ-geschwindigkeit $\vec{v}_{rel}$ oder dem relativen Drehimpuls $\vec{L}^{(O')}$. Sie gibt die Zeitableitung dieser Vektoren in Bezug auf das ruhende Bezugssystem an.

A.3 Unabhängigkeit des Winkel- geschwindigkeitsvektors vom Bezugspunkt

Betrachtet wird die allgemeine Bewegung eines starren Körpers, vgl. Abb. A.2. Der Punkt P sei ein – beliebiger – Körperpunkt, A und B zwei körperfeste Bezugspunkte. Es wird zunächst angenommen, dass die (vektoriellen) Winkelgeschwindigkeiten $\vec{\omega}_A$ und $\vec{\omega}_B$ in Bezug auf die beiden Bezugspunkte unterschiedlich sind. Die Geschwindigkeiten der Bezugspunkte sind i.Allg. auch verschieden, jedoch muss die Geschwindigkeit $\vec{v}_P$ in Bezug auf beiden Bezugspunkte gleich sein. Entsprechend (1.40) gilt daher:

$$\vec{v}_A + \vec{\omega}_A \times \vec{\rho}_P^{(A)} = \vec{v}_B + \vec{\omega}_B \times \vec{\rho}_P^{(B)}. \tag{A.24}$$

Es sei an dieser Stelle daran erinnert, dass die in runden Klammern hochgestellten Buchstaben, z.B. $^{(A)}$, den Bezugspunkt für den jeweiligen (Orts-) Vektor angeben. Schließlich kann man mittels (1.40) die Geschwindigkeit des Punktes A auch bzgl. B angeben:

$$\vec{v}_A = \vec{v}_B + \vec{\omega}_B \times \vec{\rho}_A^{(B)}. \tag{A.25}$$

Und nun wird eingesetzt und umgeformt:

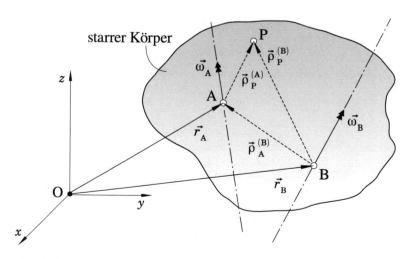

Abb. A.2 Beschreibung der allgemeinen Körperkinematik über zwei körperfeste Bezugspunkte A und B

$$\vec{\cancel{v}}_{B} + \vec{\omega}_{B} \times \vec{\rho}_{A}^{(B)} + \vec{\omega}_{A} \times \vec{\rho}_{P}^{(A)} = \vec{\cancel{v}}_{B} + \vec{\omega}_{B} \times \vec{\rho}_{P}^{(B)}$$

$$\vec{\omega}_{A} \times \vec{\rho}_{P}^{(A)} = \vec{\omega}_{B} \times \underbrace{\left(\vec{\rho}_{P}^{(B)} - \vec{\rho}_{A}^{(B)} \right)}_{= \, \vec{\rho}_{P}^{(A)}},$$

also

$$\left(\vec{\omega}_{A} - \vec{\omega}_{B} \right) \times \vec{\rho}_{P}^{(A)} = \vec{0}. \tag{A.26}$$

Da $P \neq A$ ist, d.h. $\vec{\rho}_{P}^{(A)} \neq \vec{0}$, und zudem i.Allg. die Vektoren $\vec{\omega}_{A} - \vec{\omega}_{B}$ und $\vec{\rho}_{P}^{(A)}$ linear unabhängig sind, muss $\vec{\omega}_{A} = \vec{\omega}_{B}$ sein. Somit ist die Winkelgeschwindigkeit von der Wahl des Bezugspunktes unabhängig. Die Geschwindigkeit $\vec{v}_{P}$ kann demnach von jedem beliebigen Bezugspunkt aus formuliert werden, sofern dessen Geschwindigkeit und – natürlich – $\vec{\omega}$ bekannt sind.

A.4   Lösung des „Kepler-Problems"

Unter dem sog. „KEPLER-Problem" (vgl. Planetenbewegung) versteht man die mathematische Bestimmung der Bahnkurvengleichung in einem Zentralkraftfeld. Exemplarisch soll hierfür eine Punktmasse m im radialsymmetrischen Gravitationsfeld der Erde (Erdmasse m_{E}) betrachtet werden. Für den Kraftvektor gilt $\vec{F}_{G} = -F_{G}\vec{e}_{r}$, wobei sich nach NEWTON der Betrag zu

$$F_{G} = \gamma \frac{m_{E}m}{r^{2}} \tag{A.27}$$

berechnet; γ ist die sog. Gravitationskonstante. Mit dem Einheitsvektor $\vec{e}_{r} = \frac{1}{r}\vec{r}$ des Ortsvektors $\vec{r}$ ergibt sich

$$\vec{F}_{G} = -\gamma \frac{m_{E}m}{r^{3}}\vec{r}. \tag{A.28}$$

Die Dynamische Grundgleichung für den Massenpunkt lautet:

$$m\ddot{\vec{r}} = \vec{F}_{G} \tag{A.29}$$

bzw.

$$\ddot{\vec{r}} = k\frac{1}{r^{3}}\vec{r} \quad \text{mit} \quad k = -\gamma m_{E}. \tag{A.30}$$

Es lässt sich damit eine erste interessante Eigenschaft einer Bewegung in einem Zentralkraftfeld herleiten (u.a. vektorielle Multiplikation mit $\vec{r}$):

$$\vec{r} \times \ddot{\vec{r}} = \underbrace{\vec{r} \times k\frac{1}{r^{3}}\vec{r}}_{= \, \vec{0}, \, \text{da} \, \vec{r} \, \| \, k\frac{1}{r^{3}}\vec{r}} \quad \Big/ + \vec{0} \, : \quad \underbrace{\vec{r} \times \ddot{\vec{r}} + \underbrace{\dot{\vec{r}} \times \dot{\vec{r}}}_{= \, \vec{0}}}_{= \, \frac{\mathrm{d}}{\mathrm{d}t}(\vec{r} \times \dot{\vec{r}})} = \vec{0}. \tag{A.31}$$

Multipliziert man nun noch mit der Masse m, so erhält man $\frac{\mathrm{d}}{\mathrm{d}t}(\vec{r} \times m\dot{\vec{r}}) = \vec{0}$, wobei $\dot{\vec{r}}$ bekannterweise der Geschwindigkeitsvektor $\vec{v}$ ist. Der bezugspunkt- abhängige Vektor $\vec{r} \times m\vec{v} = \vec{r} \times \vec{p}$ heißt Drehimpulsvektor $\vec{L}^{(O)}$ bzgl. dem Koordinatenursprung O. Für diesen gilt somit in einem Zentralkraftfeld:

$$\dot{\vec{L}}^{(O)} = \vec{0} \quad \text{bzw.} \quad \vec{L}^{(O)} = \vec{konst}. \tag{A.32}$$

Man multipliziert $\vec{L}^{(O)}$ nun skalar mit dem Ortsvektor $\vec{r}$ und erkennt:

$$\underbrace{\vec{L}^{(O)}}_{= \vec{konst} \neq \vec{0}} \vec{r} = m \underbrace{(\vec{r} \times \vec{v})}_{\perp \vec{r}} \vec{r} = 0 \quad \text{d.h.}$$

$\vec{L}^{(O)} \vec{r} = 0$ stellt mit $\vec{L}^{(O)} = \vec{konst}$ eine Ebenengleichung dar (Ebene mit Normalenvektor $\vec{L}^{(O)}$), d.h. die Bewegung des Massenpunktes erfolgt stets in einer den Ursprung O enthaltenden Ebene senkrecht zu $\vec{L}^{(O)}$.

Ohne Beschränkung der Allgemeinheit können daher die folgenden Anfangsbedingungen gewählt werden:

$$\vec{r}_0 = \begin{pmatrix} r_0 \\ 0 \\ 0 \end{pmatrix} \quad \text{und} \quad \vec{v}_0 = \begin{pmatrix} 0 \\ v_0 \\ 0 \end{pmatrix} \quad \text{mit} \quad r_0 > 0\,, v_0 > 0.$$

Graphische Veranschaulichung:

Schließlich kann man nun die DGL (A.30) in Polarkoordinaten transformieren. Für $x = r\cos\varphi$ und $y = r\sin\varphi$, mit $\varphi = \varphi(t)$, ergeben sich die Zeitableitungen zu:

$$\dot{x} = \dot{r}\cos\varphi - r\dot{\varphi}\sin\varphi \tag{A.33}$$

$$\ddot{x} = \ddot{r}\cos\varphi - \dot{r}\dot{\varphi}\sin\varphi - \left[(\dot{r}\dot{\varphi} + r\ddot{\varphi})\sin\varphi + r\dot{\varphi}^2\cos\varphi\right]$$

$$\ddot{x} = \ddot{r}\cos\varphi - 2\dot{r}\dot{\varphi}\sin\varphi - r\ddot{\varphi}\sin\varphi - r\dot{\varphi}^2\cos\varphi \tag{A.34}$$

und

Abb. A.3 Gravitationskraft $\vec{F}_G$ einer Punktmasse m

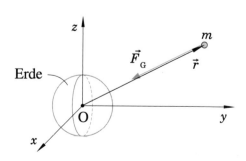

$$\dot{y} = \dot{r}\sin\varphi + r\dot{\varphi}\cos\varphi \tag{A.35}$$

$$\ddot{y} = \ddot{r}\sin\varphi + \dot{r}\dot{\varphi}\cos\varphi + \left[(\dot{r}\dot{\varphi} + r\ddot{\varphi})\cos\varphi - r\dot{\varphi}^2\sin\varphi\right]$$

$$\ddot{y} = \ddot{r}\sin\varphi + 2\dot{r}\dot{\varphi}\cos\varphi + r\ddot{\varphi}\cos\varphi - r\dot{\varphi}^2\sin\varphi. \tag{A.36}$$

(A.30) lautet in Koordinatengleichungen

$$\ddot{x} = k\frac{1}{r^3}x, \quad \ddot{y} = k\frac{1}{r^3}y.$$

Somit ergeben sich zusammenfassend die beiden folgenden DGLs:

$$\ddot{r}\cos\varphi - 2\dot{r}\dot{\varphi}\sin\varphi - r\ddot{\varphi}\sin\varphi - r\dot{\varphi}^2\cos\varphi = \frac{k}{r^2}\cos\varphi \tag{A.37}$$

$$\ddot{r}\sin\varphi + 2\dot{r}\dot{\varphi}\cos\varphi + r\ddot{\varphi}\cos\varphi - r\dot{\varphi}^2\sin\varphi = \frac{k}{r^2}\sin\varphi. \tag{A.38}$$

Und der Koeffizientenvergleich für die cos- und sin-Terme liefert das DGL-System für die radiale und zirkulare Koordinate der Bahnkurve:

$$\ddot{r} - r\dot{\varphi}^2 = \frac{k}{r^2} \tag{A.39}$$

$$2\dot{r}\dot{\varphi} + r\ddot{\varphi} = 0. \tag{A.40}$$

Diese beiden Gleichungen entsprechen genau der Radial- und Zirkularbeschleunigung a_r und a_φ, vgl. Gl. (1.15). Über die Formulierung der Dynamischen Grundgleichung in Polarkoordinaten hätte man daher schneller dieses Zwischenergebnis gefunden.

$$ma_r = -\gamma\frac{m_E m}{r^2} = \frac{km}{r^2}, \quad ma_\varphi = 0$$

Zudem gilt für den Drehimpulsvektor:

$$\frac{1}{m}\underbrace{\vec{L}^{(O)}}_{\perp\vec{r}} = \left(\vec{r}\times\dot{\vec{r}}\right) = \begin{pmatrix} x \\ y \\ 0 \end{pmatrix}\times\begin{pmatrix} \dot{x} \\ \dot{y} \\ 0 \end{pmatrix} = \begin{pmatrix} 0 \\ 0 \\ x\dot{y} - y\dot{x} \end{pmatrix} = \vec{konst}^* = \begin{pmatrix} 0 \\ 0 \\ C_0 \end{pmatrix}. \tag{A.41}$$

Daraus folgt $x\dot{y} - y\dot{x} = C_0$, und mit

$$x\dot{y} = r\cos\varphi\left(\dot{r}\sin\varphi + r\dot{\varphi}\cos\varphi\right)$$

sowie

$$y\dot{x} = r\sin\varphi\left(\dot{r}\cos\varphi - r\dot{\varphi}\sin\varphi\right)$$

erhält man die Beziehung

$$r^2\dot{\varphi} = C_0. \tag{A.42}$$

Abb. A.4 Anfangsbedingungen
und (ebene) Polarkoordinaten

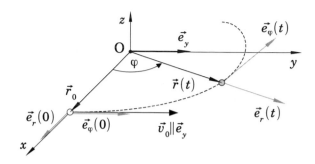

Mit den Anfangsbedingungen, vgl. Abb. A.4, ergibt sich: Zum Zeitpunkt $t = 0$ gilt $r = r_0$, Zirkulargeschwindigkeit $v_\varphi = r_0\dot{\varphi} = v_0$, Radialgeschwindigkeit $v_r = 0$. Damit ist der Betrag des auf die Masse m bezogenen Drehimpulses konstant $C_0 = r_0 v_0$.

Wendet man die Kettenregel auf die Funktion $r = r[\varphi(t)]$ an, erhält man schließlich $\dot{r} = \frac{dr}{d\varphi}\frac{d\varphi}{dt}$ und mit der Abkürzung $r' = \frac{dr}{d\varphi}$ (Ableitung nach φ):

$$\dot{r} = r'\dot{\varphi}. \tag{A.43}$$

Die zweite Zeitableitung ergibt sich mit $r' = r'[\varphi(t)]$ folglich zu

$$\ddot{r} = \underbrace{\frac{dr'}{d\varphi}\frac{d\varphi}{dt}}\dot{\varphi} + r'\ddot{\varphi} = \underbrace{r''}\dot{\varphi}^2 + r'\ddot{\varphi}. \tag{A.44}$$

Im folgenden Schritt sind im DGL-System (A.39–A.40) die Zeitableitungen zu eliminieren. Dazu berechnet man zunächst die Winkelbeschleunigung $\ddot{\varphi}$ aus Gleichung (A.40). Mit Beziehung (A.43) ergibt sich:

$$\ddot{\varphi} = -\frac{2\dot{r}\dot{\varphi}}{r} = -\frac{2r'\dot{\varphi}^2}{r}.$$

Eingesetzt in (A.44):

$$\ddot{r} = r''\dot{\varphi}^2 - \frac{2(r')^2\dot{\varphi}^2}{r}.$$

$\ddot{r}$ in (A.39), mit zusätzlicher Division mit $\dot{\varphi}^2$, führt zu

$$r'' - \frac{2(r')^2}{r} - r = \frac{k}{r^2\dot{\varphi}^2}.$$

Und die Winkelgeschwindigkeit $\dot{\varphi}$ erhält man aus (A.42):

$$\dot{\varphi} = \frac{r_0 v_0}{r^2}.$$

Ersetzt man nun $\dot{\varphi}$ in der vorletzten Gleichung, so lässt sich die folgenden DGL für die radiale Entfernung $r = r(\varphi)$ zu O formulieren:

$$r'' - \frac{2(r')^2}{r} - r = \frac{kr^2}{r_0^2 v_0^2}. \tag{A.45}$$

Diese nicht-lineare DGL 2. Ordnung mit variablen Koeffizienten beinhaltet sowohl die in jedem Zentralkraftfeld geltende Drehimpulserhaltung (A.42), als auch das NEWTONsche Gravitationsgesetz ($F_G \sim \frac{1}{r^2}$).

Man kann sie mit einem „Trick" lösen, nämlich durch die reziproke Substitution $u = \frac{1}{r}$. Es folgt damit:

$$r = \frac{1}{u}, \quad r' = -\frac{1}{u^2}u', \quad r'' = 2\frac{1}{u^3}(u')^2 - \frac{1}{u^2}u''.$$

Hierbei ist die Kettenregel anzuwenden, da nun $r = r[u(\varphi)]$: $r' = \frac{dr}{d\varphi} = \frac{dr}{du}\frac{du}{d\varphi}$; $\frac{du}{d\varphi}$ wird mit u' abgekürzt. $r'' = \frac{dr'}{d\varphi}$ ($u = u(\varphi)$ und $u' = u'(\varphi)$) erhält man mittels der Produktregel und der Kettenregel den Faktor $-\frac{1}{u^2}$; $u'' = \frac{du'}{d\varphi}$.

Es ergibt sich mit dieser Substitution – glücklicherweise – eine gewöhnliche lineare DGL 2. Ordnung (mit einem konstanten Störterm):

$$u'' + u = -\frac{k}{r_0^2 v_0^2}. \tag{A.46}$$

Diese inhomogene „Schwingungsdifferenzialgleichung" (vgl. Kapitel 5) lässt sich einfach mit Hilfe des Superpositionsprinzips lösen:

$$u = u_h + u_p.$$

Der sog. e-Ansatz $u_h = e^{\lambda\varphi}$ für die homogenisierte DGL $u''_h + u_h = 0$ liefert als charakteristische Gleichung

$$\lambda^2 + 1 = 0,$$

eine quadratische Gleichung mit den beiden komplexen Lösungen $\lambda_{1/2} = \pm i$. Die Basislösungen der homogenisierten DGL sind damit $u_h = \cos\varphi$ und $u_h = \sin\varphi$, und die allgemeine Lösung ist die Linearkombination dieser:

$$u_h = C_1 \cos\varphi + C_2 \sin\varphi.$$

Eine (beliebige) partikuläre Lösung u_p der inhomogenen DGL lässt sich hier leicht „erraten": $u_p = -\frac{k}{r_0^2 v_0^2}$ (konstanter Störterm). Die allgemeine Lösung der inhomogenen DGL ist damit

$$u = C_1 \cos\varphi + C_2 \sin\varphi - \frac{k}{r_0^2 v_0^2},$$

und nach Resubstitution erhält man letztlich

$$r = \frac{1}{C_1 \cos \varphi + C_2 \sin \varphi - \frac{k}{r_0^2 v_0^2}}. \qquad (A.47)$$

Zur Ermittlung der speziellen/partikulären Lösung der DGL (A.45) müssen noch die Anfangsbedingungen eingearbeitet werden. Es gilt für $t = 0$:

$$(1)\, \varphi = 0\,,\; (2)\, r = r_0\,,\; (3)\, \dot{r} = 0\,,\; (4)\, \dot{\varphi} = \frac{v_0}{r_0}.$$

Bedingung (2) liefert

$$r_0 = \frac{1}{C_1 - \frac{k}{r_0^2 v_0^2}} \quad \text{bzw.} \quad C_1 = \frac{k}{r_0^2 v_0^2} + \frac{1}{r_0}.$$

Die Zeitableitung von $r = r[\varphi(t)]$ ergibt sich zu

$$\dot{r} = \frac{-(-C_1 \sin \varphi + C_2 \cos \varphi)\, \dot{\varphi}}{\left(C_1 \cos \varphi + C_2 \sin \varphi - \frac{k}{r_0^2 v_0^2} \right)^2} \qquad (A.48)$$

Da nach (4) $\dot{\varphi} \neq 0$, ergibt Bedingung (3)

$$C_1 \sin \varphi - C_2 \cos \varphi = 0 \quad \text{und somit} \quad C_2 = 0.$$

Zusammenfassend lässt sich damit die Bahnkurve als Funktionsgleichung $r = r(\varphi)$ in Polarkoordinaten angeben:

$$r = \frac{\frac{r_0^2 v_0^2}{-k}}{1 - \left(1 + \frac{r_0 v_0^2}{k}\right) \cos \varphi}. \qquad (A.49)$$

Hierbei handelt es sich um die Polargleichung der Kegelschnitte, vgl. z.B. [6], mit dem (Halb-)Parameter

$$p = \frac{r_0^2 v_0^2}{-k} > 0 \quad \text{da} \quad k = -\gamma m_E < 0\,, \qquad (A.50)$$

und der sog. numerischen Exzentrizität

$$\varepsilon = -\left(1 + \frac{r_0 v_0^2}{k}\right). \qquad (A.51)$$

Je nach Wert bzw. Wertebereich der numerischen Exzentrizität, diese ist übrigens ein Maß für die Abweichung der Kurve von einem Kreis, ergibt sich eine bestimmte Kurven- bzw. Bahngeometrie. Fallunterscheidung:

- Kreis, $\varepsilon = 0$: $v_0 = \sqrt{\frac{-k}{r_0}}$
- Ellipse, $0 < \varepsilon < 1$: $\sqrt{\frac{-k}{r_0}} < v_0 < \sqrt{\frac{-2k}{r_0}}$
- Parabel, $\varepsilon = 1$: $v_0 = \sqrt{\frac{-2k}{r_0}}$
- Hyperbel, $\varepsilon > 1$: $v_0 > \sqrt{\frac{-2k}{r_0}}$

Das bedeutet nun, dass bei „normaler Startgeschwindigkeit" v_0 die Bahnkurve eine Ellipse oder gar ein Kreis ist. Für $v_0 = v_\infty$ mit

$$v_\infty = \sqrt{\frac{-2k}{r_0}}, \tag{A.52}$$

diese Geschwindigkeit heißt „Fluchtgeschwindigkeit", ergäbe sich schon eine Parabel, der Körper würde dann aber das Gravitationsfeld der Erde verlassen. Eine hyperbolische Bahn ($v_0 > v_\infty$) weist die gleiche Eigenschaft auf.

A.5   Energieverlust bei teil-elastischen Stößen

$$\Delta E_k = \left(\frac{1}{2} m_1 v_1^2 + \frac{1}{2} m_2 v_2^2 \right) - \left(\frac{1}{2} m_1 (v_1')^2 + \frac{1}{2} m_2 (v_2')^2 \right)$$

Mit den Geschwindigkeiten v_1' und v_2' nach dem Stoß entsprechend (2.58) und (2.59) ergibt sich:

$$\Delta E_k = \frac{1}{2} m_1 v_1^2 + \frac{1}{2} m_2 v_2^2$$

$$- \left(\frac{1}{2} m_1 \left(\frac{m_2}{m_1 + m_2} \right)^2 \left[\left(\frac{m_1}{m_2} - \varepsilon \right) v_1 \right. \right.$$

$$\left. \left. + (1 + \varepsilon) v_2 \right]^2 + \frac{1}{2} m_2 \left(\frac{m_1}{m_1 + m_2} \right)^2 \left[\left(\frac{m_2}{m_1} - \varepsilon \right) v_2 + (1 + \varepsilon) v_1 \right]^2 \right)$$

$$= \frac{1}{2} m_1 v_1^2 + \frac{1}{2} m_2 v_2^2$$

$$- \frac{1}{2} \frac{m_1 m_2}{(m_1 + m_2)^2} \left(m_2 \left[\left(\frac{m_1}{m_2} - \varepsilon \right) v_1 + (1 + \varepsilon) v_2 \right]^2 + m_1 \left[\left(\frac{m_2}{m_1} - \varepsilon \right) v_2 + (1 + \varepsilon) v_1 \right]^2 \right)$$

$$= \frac{1}{2} m_1 v_1^2 + \frac{1}{2} m_2 v_2^2$$

$$- \frac{1}{2} \frac{m_1 m_2}{(m_1 + m_2)^2} \left(m_2 \left[\left(\frac{m_1}{m_2} - \varepsilon \right)^2 v_1^2 + 2 \left(\frac{m_1}{m_2} - \varepsilon \right) (1 + \varepsilon) v_1 v_2 + (1 + \varepsilon)^2 v_2^2 \right. \right]$$

$$+ m_1 \left[\left(\frac{m_2}{m_1} - \varepsilon \right)^2 v_2^2 + 2 \left(\frac{m_2}{m_1} - \varepsilon \right) (1 + \varepsilon) v_1 v_2 + (1 + \varepsilon)^2 v_1^2 \right] \right)$$

$$= \frac{1}{2} m_1 v_1^2 + \frac{1}{2} m_2 v_2^2$$

$$- \frac{1}{2} \frac{m_1 m_2}{(m_1 + m_2)^2} \left(m_2 \left[\left(\left(\frac{m_1}{m_2} \right)^2 - 2 \frac{m_1}{m_2} \varepsilon + \varepsilon^2 \right) v_1^2 + 2 \frac{m_1}{m_2} v_1 v_2 + 2 \varepsilon \frac{m_1}{m_2} v_1 v_2 \right. \right.$$

$$\left. - 2 \varepsilon v_1 v_2 - 2 \varepsilon^2 v_1 v_2 + (1 + 2\varepsilon + \varepsilon^2) v_2^2 \right]$$

$$+ m_1 \left[\left(\left(\frac{m_2}{m_1} \right)^2 - 2 \frac{m_2}{m_1} \varepsilon + \varepsilon^2 \right) v_2^2 + 2 \frac{m_2}{m_1} v_1 v_2 + 2 \varepsilon \frac{m_2}{m_1} v_1 v_2 \right.$$

$$\left. \left. - 2 \varepsilon v_1 v_2 - 2 \varepsilon^2 v_1 v_2 + (1 + 2\varepsilon + \varepsilon^2) v_1^2 \right] \right)$$

$$= \frac{1}{2} m_1 v_1^2 + \frac{1}{2} m_2 v_2^2$$

$$- \frac{1}{2} \frac{m_1 m_2}{(m_1 + m_2)^2} \left(\frac{m_1^2}{m_2} v_1^2 - \cancel{2 \varepsilon m_1 v_1^2} + \varepsilon^2 m_2 v_1^2 + 2 m_1 v_1 v_2 + \cancel{2 \varepsilon m_1 v_1 v_2} - \cancel{2 \varepsilon m_2 v_1 v_2} \right.$$

$$\left. - 2 \varepsilon^2 m_2 v_1 v_2 + m_2 v_2^2 + \cancel{2 \varepsilon m_2 v_2^2} + \varepsilon^2 m_2 v_2^2 \right.$$

$$+ \frac{m_2^2}{m_1} v_2^2 - \cancel{2 \varepsilon m_2 v_2^2} + \varepsilon^2 m_1 v_2^2 + 2 m_2 v_1 v_2 + \cancel{2 \varepsilon m_2 v_1 v_2} - \cancel{2 \varepsilon m_1 v_1 v_2}$$

$$\left. - 2 \varepsilon^2 m_1 v_1 v_2 + m_1 v_1^2 + \cancel{2 \varepsilon m_1 v_1^2} + \varepsilon^2 m_1 v_1^2 \right)$$

$$= \frac{1}{2} \frac{1}{(m_1 + m_2)^2} \left[m_1 (m_1 + m_2)^2 v_1^2 + m_2 (m_1 + m_2)^2 v_2^2 \right.$$

$$- m_1^3 v_1^2 - \varepsilon^2 m_1 m_2^2 v_1^2 - 2 m_1^2 m_2 v_1 v_2 + 2 \varepsilon^2 m_1 m_2^2 v_1 v_2 - m_1 m_2^2 v_2^2 - \varepsilon^2 m_1 m_2^2 v_2^2$$

$$\left. - m_2^3 v_2^2 - \varepsilon^2 m_1^2 m_2 v_2^2 - 2 m_1 m_2^2 v_1 v_2 + 2 \varepsilon^2 m_1^2 m_2 v_1 v_2 - m_1^2 m_2 v_1^2 - \varepsilon^2 m_1^2 m_2 v_1^2 \right]$$

$$= \frac{1}{2} \frac{1}{(m_1 + m_2)^2} \left[\cancel{m_1^3 v_1^2} + 2 m_1^2 m_2 v_1^2 + m_1 m_2^2 v_1^2 + m_1^2 m_2 v_2^2 + 2 m_1 m_2^2 v_2^2 + \cancel{m_2^3 v_2^2} \right.$$

$$- \cancel{m_1^3 v_1^2} - \varepsilon^2 m_1 m_2^2 v_1^2 - 2 m_1^2 m_2 v_1 v_2 + 2 \varepsilon^2 m_1 m_2^2 v_1 v_2 - \cancel{m_1 m_2^2 v_2^2} - \varepsilon^2 m_1 m_2^2 v_2^2$$

$$\left. - \cancel{m_2^3 v_2^2} - \varepsilon^2 m_1^2 m_2 v_2^2 - 2 m_1 m_2^2 v_1 v_2 + 2 \varepsilon^2 m_1^2 m_2 v_1 v_2 - \cancel{m_1^2 m_2 v_1^2} - \varepsilon^2 m_1^2 m_2 v_1^2 \right]$$

$$= \frac{1}{2} \frac{1}{(m_1 + m_2)^2} \left[m_1^2 m_2 v_1^2 + m_1 m_2^2 v_1^2 + m_1^2 m_2 v_2^2 + m_1 m_2^2 v_2^2 \right.$$

$$- \varepsilon^2 m_1 m_2^2 v_1^2 - 2m_1^2 m_2 v_1 v_2 + 2\varepsilon^2 m_1 m_2^2 v_1 v_2 - \varepsilon^2 m_1 m_2^2 v_2^2 - \varepsilon^2 m_1^2 m_2 v_2^2$$

$$- 2m_1 m_2^2 v_1 v_2 + 2\varepsilon^2 m_1^2 m_2 v_1 v_2 - \varepsilon^2 m_1^2 m_2 v_1^2 \Big].$$

Nun wird noch der Faktor $m_1 m_2$ ausgeklammert und weiter umgeformt:

$$\Delta E_k = \frac{1}{2} \frac{m_1 m_2}{(m_1 + m_2)^2} \Big[m_1 v_1^2 + m_2 v_1^2 + m_1 v_2^2 + m_2 v_2^2$$

$$- \varepsilon^2 m_2 v_1^2 - 2m_1 v_1 v_2 + 2\varepsilon^2 m_2 v_1 v_2 - \varepsilon^2 m_2 v_2^2$$

$$- \varepsilon^2 m_1 v_2^2 - 2m_2 v_1 v_2 + 2\varepsilon^2 m_1 v_1 v_2 - \varepsilon^2 m_1 v_1^2 \Big]$$

$$= \frac{1}{2} \frac{m_1 m_2}{(m_1 + m_2)^2} \Big[m_1 \left(v_1^2 - 2v_1 v_2 + v_2^2 \right) - m_2 \left(v_1^2 - 2v_1 v_2 + v_2^2 \right)$$

$$- \varepsilon^2 (m_1 + m_2) v_1^2 - \varepsilon^2 (m_1 + m_2) v_2^2 + 2\varepsilon^2 (m_1 + m_2) v_1 v_2 \Big]$$

$$= \frac{1}{2} \frac{m_1 m_2}{(m_1 + m_2)^2} \Big[\underbrace{m_1 (v_1 - v_2)^2 + m_2 (v_1 - v_2)^2}_{= (m_1 + m_2)(v_1 - v_2)^2} \tag{A.53}$$

$$- \varepsilon^2 (m_1 + m_2) v_1^2 - \varepsilon^2 (m_1 + m_2) v_2^2 + 2\varepsilon^2 (m_1 + m_2) v_1 v_2 \Big]$$

$$= \frac{1}{2} \frac{m_1 m_2}{m_1 + m_2} \Big[(v_1 - v_2)^2 - \varepsilon^2 \left(v_1^2 - 2v_1 v_2 + v_2^2 \right) \Big]$$

$$= \frac{1}{2} \frac{m_1 m_2}{m_1 + m_2} \Big[(v_1 - v_2)^2 - \varepsilon^2 (v_1 - v_2)^2 \Big] = \frac{1}{2} \frac{m_1 m_2}{m_1 + m_2} (v_1 - v_2)^2 (1 - \varepsilon^2).$$

A.6   Lagrangesche Gleichungen 2. Art

Formuliert man das Prinzip von D'ALEMBERT in LAGRANGEscher Fassung, (4.1), für die Punktmasse m_i (mit eingeprägter äußerer Kraft $\vec{F}_{i,\text{ein}}^{(a)}$), wobei man zwischen den von einer physikalischen Bindung herrührenden Kräften $\vec{K}_{ik}^{(p)} = -\vec{K}_{ki}^{(p)}$, den aus einer kinematischen Bindung resultierenden „inneren Zwangskräften„ $\vec{K}_{il}^{(k)} = -\vec{K}_{li}^{(k)}$ und schließlich jenen infolge einer Führung sich ergebenden (äußeren) Zwangskräften $\vec{Z}_i$ unterscheidet, so folgt

$$\left(\vec{F}_{i,\text{ein}}^{(a)} + \sum_{k=1}^{n} \vec{K}_{ik}^{(p)} + \sum_{l=1}^{n} \vec{K}_{il}^{(k)} + \vec{Z}_i - m_i \ddot{\vec{r}}_i \right) \delta \vec{r}_i = 0 \, ; \tag{A.54}$$

hierbei ist $-m_i \ddot{\vec{r}}_i$ die D'ALEMBERTsche Trägheitskraft und $\delta \vec{r}_i$ die virtuelle Verrückung des i-ten Massenpunktes. Durch die beiden Summen in (A.54) werden alle auf die Masse m_i einwirkenden inneren Kräfte (physikalische und kinematische Bindungskräfte) erfasst. Wegen $\vec{Z}_i \perp \delta \vec{r}_i$ und somit $\vec{Z}_i \delta \vec{r}_i = 0$ geht obige Gleichung in

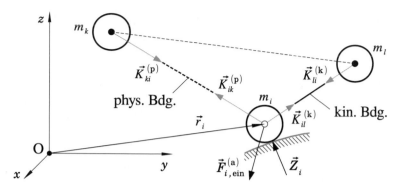

Abb. A.5 Schematische Darstellung eines Systems von n Massenpunkten mit physikalischen Bindungskräften $\vec{K}^{(\mathrm{p})}$ und kinematischen Bindungskräften $\vec{K}^{(\mathrm{k})}$, $\vec{K}_{ii}^{(\mathrm{k})} = \vec{K}_{ii}^{(\mathrm{p})} = \vec{0}$, im Raum

$$\left(\vec{F}_{i,\mathrm{ein}}^{(\mathrm{a})} + \sum_{k=1}^{n} \vec{K}_{ik}^{(\mathrm{p})} + \sum_{l=1}^{n} \vec{K}_{il}^{(\mathrm{k})} - m_i \ddot{\vec{r}}_i \right) \delta \vec{r}_i = 0; \tag{A.55}$$

über. Summiert man nun über alle Massenpunkte,

$$\sum_{i=1}^{n} \left(\vec{F}_{i,\mathrm{ein}}^{(\mathrm{a})} + \sum_{k=1}^{n} \vec{K}_{ik}^{(\mathrm{p})} + \sum_{l=1}^{n} \vec{K}_{il}^{(\mathrm{k})} - m_i \ddot{\vec{r}}_i \right) \delta \vec{r}_i = 0, \tag{A.56}$$

dann ist wegen $\vec{K}_{il}^{(\mathrm{k})} = -\vec{K}_{li}^{(\mathrm{k})}$ und der gleichen virtuellen Verrückung der Massenpunkte in Richtung der kinematischen Bindung

$$\sum_{i=1}^{n} \sum_{l=1}^{n} \vec{K}_{il}^{(\mathrm{k})} \delta \vec{r}_i = 0, \tag{A.57}$$

d.h. die kinematischen Bindungskräfte $\vec{K}_{il}^{(\mathrm{k})}$ verrichten in Summe ebenfalls keine (virtuelle) Arbeit. Mit der Abkürzung

$$\vec{F}_{i,\mathrm{ein}} = \vec{F}_{i,\mathrm{ein}}^{(\mathrm{a})} + \sum_{k=1}^{n} \vec{K}_{ik}^{(\mathrm{p})}, \tag{A.58}$$

hier sind für die Masse m_i die äußere eingeprägte Kraft sowie die inneren eingeprägten Kräfte zusammengefasst, erhält man die Beziehung

$$\sum_{i=1}^{n} \left(\vec{F}_{i,\mathrm{ein}} - m_i \ddot{\vec{r}}_i \right) \delta \vec{r}_i = 0, \tag{A.59}$$

in der nun alle Zwangskräfte eliminiert sind. (A.59) stellt die Ausgangsgleichung für die Herleitung der LAGRANGEschen Gleichungen 2. Art dar.

Die Ortsvektoren $\vec{r}_i$ lassen sich als Funktionen der generalisierten Koordinaten schreiben:

$$\vec{r}_i = \vec{r}_i(q_j) \quad \text{mit} \quad i = 1; 2; ...; n \quad \text{und} \quad j = 1; 2; ...; f. \tag{A.60}$$

f ist die Anzahl an tatsächlichen Freiheitsgraden; bei b Zwangsbedingungen berechnet sich diese zu $f = 3n - b$.

Es sei im Folgenden ein sog. skleronom-holonomes System vorausgesetzt, d.h. kinematische Beziehungen (Zwangsbedingungen) zwischen den Körpern hängen nur von den Lagekoordinaten, nicht aber von deren zeitlichen Ableitungen bzw. differentiellen Änderungen ab; zudem tritt dann die Zeit t in (A.60) nicht explizit auftritt. Mathematisch analog zum vollständigen Differential einer Funktion mehrerer Veränderlicher erhält man für die Variation des Ortsvektors $\vec{r}_i$:

$$\delta\vec{r}_i = \sum_{j=1}^{f} \frac{\partial\vec{r}_i}{\partial q_j} \delta q_j. \tag{A.61}$$

Für die im Weiteren benötigte zeitliche Ableitung von $\vec{r}_i$ lässt sich außerdem

$$\dot{\vec{r}}_i = \frac{\delta\vec{r}_i}{\delta t} = \sum_{j=1}^{f} \frac{\partial\vec{r}_i}{\partial q_j} \frac{\delta q_j}{\delta t} = \sum_{j=1}^{f} \frac{\partial\vec{r}_i}{\partial q_j} \dot{q}_j \tag{A.62}$$

angeben, und damit durch Differentiation von $\dot{\vec{r}}_i$ nach $\dot{q}_j$:

$$\frac{\partial\dot{\vec{r}}_i}{\partial\dot{q}_j} = \frac{\partial\vec{r}_i}{\partial q_j}. \tag{A.63}$$

Das Einsetzen von (A.61) in die Ausgangsgleichung (A.59) liefert

$$\sum_{i=1}^{n} \left[\left(\vec{F}_{i,\text{ein}} - m_i\ddot{\vec{r}}_i \right) \sum_{j=1}^{f} \frac{\partial\vec{r}_i}{\partial q_j} \delta q_j \right] = 0 \tag{A.64}$$

bzw. mit Hilfe des Distributivgesetzes und Vertauschung der Summationsreihenfolge

$$\sum_{j=1}^{f}\sum_{i=1}^{n} \vec{F}_{i,\text{ein}} \frac{\partial\vec{r}_i}{\partial q_j} \delta q_j - \sum_{j=1}^{f}\sum_{i=1}^{n} m_i\ddot{\vec{r}}_i \frac{\partial\vec{r}_i}{\partial q_j} \delta q_j = 0. \tag{A.65}$$

Der zweite Term kann in folgender Weise umformuliert werden:

$$m_i\ddot{\vec{r}}_i \frac{\partial\vec{r}_i}{\partial q_j} = \frac{\text{d}}{\text{d}t} \left(m_i\dot{\vec{r}}_i \frac{\partial\vec{r}_i}{\partial q_j} \right) - m_i\dot{\vec{r}}_i \frac{\partial\dot{\vec{r}}_i}{\partial q_j}, \tag{A.66}$$

und unter Anwendung von (A.63) folgt

$$m_i \ddot{\vec{r}}_i \frac{\partial \vec{r}_i}{\partial q_j} = \frac{\mathrm{d}}{\mathrm{d}t} \left(m_i \dot{\vec{r}}_i \frac{\partial \dot{\vec{r}}_i}{\partial \dot{q}_j} \right) - m_i \dot{\vec{r}}_i \frac{\partial \dot{\vec{r}}_i}{\partial q_j} \tag{A.67}$$

bzw.

$$m_i \ddot{\vec{r}}_i \frac{\partial \vec{r}_i}{\partial q_j} = \frac{\mathrm{d}}{\mathrm{d}t} \left[\frac{\partial}{\partial \dot{q}_j} \left(\frac{1}{2} m_i \dot{\vec{r}}_i^2 \right) \right] - \frac{\partial}{\partial q_j} \left(\frac{1}{2} m_i \dot{\vec{r}}_i^2 \right). \tag{A.68}$$

D.h. mit dieser Beziehung geht Gleichung (A.65) in

$$\sum_{j=1}^{f} \left[\sum_{i=1}^{n} \vec{F}_{i,\text{ein}} \frac{\partial \vec{r}_i}{\partial q_j} \delta q_j - \frac{\mathrm{d}}{\mathrm{d}t} \left[\frac{\partial}{\partial \dot{q}_j} \sum_{i=1}^{n} \left(\frac{1}{2} m_i \dot{\vec{r}}_i^2 \right) \right] \delta q_j + \right.$$

$$\left. + \frac{\partial}{\partial q_j} \sum_{i=1}^{n} \left(\frac{1}{2} m_i \dot{\vec{r}}_i^2 \right) \delta q_j \right] = 0 \tag{A.69}$$

über; hierbei ist

$$E_\mathrm{k} = \sum_{i=1}^{n} \frac{1}{2} m_i \dot{\vec{r}}_i^2 \tag{A.70}$$

die kinetische Energie des Gesamtsystems. Führt man nun die Abkürzung

$$Q_j = \sum_{i=1}^{n} \vec{F}_{i,\text{ein}} \frac{\partial \vec{r}_i}{\partial q_j} \tag{A.71}$$

ein, so folgt letztlich

$$\sum_{j=1}^{f} \left[Q_j - \frac{\mathrm{d}}{\mathrm{d}t} \left(\frac{\partial E_\mathrm{k}}{\partial \dot{q}_j} \right) + \frac{\partial E_\mathrm{k}}{\partial q_j} \right] \delta q_j = 0. \tag{A.72}$$

Da die virtuellen Verrückungen δq_j $(j = 1; 2; ...; f)$ in den generalisierten Koordinaten voneinander unabhängig und stets verschieden von Null sind, kann die Gleichung nur erfüllt sein, wenn jeder Summand für sich verschwindet. Man erhält also f Gleichungen

$$\frac{\mathrm{d}}{\mathrm{d}t} \left(\frac{\partial E_\mathrm{k}}{\partial \dot{q}_j} \right) - \frac{\partial E_\mathrm{k}}{\partial q_j} = Q_j \quad \text{mit} \quad j = 1; 2; ...; f \tag{A.73}$$

zur Bestimmung der f generalisierten (verallgemeinerten) Koordinaten q_j bzw. der entsprechenden Bewegungsgleichungen.

Im Folgenden ist noch die Bedeutung oben eingeführten Abkürzung Q_j zu klären: Die virtuelle Arbeit δW_ein der äußeren eingeprägten Kräfte und der (inneren) physikalischen Bindungskräfte ergibt sich zu

$$\delta W_\text{ein} = \sum_{i=1}^{n} \vec{F}_{i,\text{ein}} \, \delta \vec{r}_i. \tag{A.74}$$

Setzt man hier die Variation $\delta \vec{r}_i$ des Ortsvektors (virtuelle Verrückung) gem. Gl. (A.61) ein, so folgt nach einer kleinen Umformung:

$$\delta W_{\text{ein}} = \sum_{i=1}^{n} \vec{F}_{i,\text{ein}} \sum_{j=1}^{f} \frac{\partial \vec{r}_i}{\partial q_j} \delta q_j = \sum_{j=1}^{f} \left(\sum_{i=1}^{n} \vec{F}_{i,\text{ein}} \frac{\partial \vec{r}_i}{\partial q_j} \right) \delta q_j = \sum_{j=1}^{f} Q_j \delta q_j. \qquad \text{(A.75)}$$

Man erkennt, dass die virtuelle Arbeit δW_{ein} aller eingeprägten Kräfte, inkl. der physikalischen Bindungskräfte, durch die Größen Q_j und die virtuellen Verrückungen δq_j ausgedrückt werden kann. Man nennt die Q_j generalisierte bzw. verallgemeinerte Kräfte; sie können durch Berechnung der gesamten ("eingeprägten,,) virtuellen Arbeit δW_{ein} und anschließendem Vergleich der Koeffizienten von δq_j ermittelt werden.

Schließlich lassen sich die resultierenden Kräfte $\vec{F}_{i,\text{ein}}$ in konservative und nicht-konservative Kräfte aufspalten. Dieses ist auch für die generalisierten Kräfte möglich:

$$Q_j = \bar{Q}_j + Q_j^*, \qquad \text{(A.76)}$$

wobei die Q_j^* die nicht-konservativen (Arbeit ist wegabhängig) generalisierten Kräfte darstellen. Für die konservativen verallgemeinerten Kräfte $\bar{Q}_j$ existiert ein sog. Potential E_p mit der Eigenschaft

$$\bar{Q}_j = -\text{grad} E_\text{p} \quad \text{bzw.} \quad \delta \bar{W}_{\text{ein}} = -\delta E_\text{p}. \qquad \text{(A.77)}$$

δE_p ist die Variation bzw. das vollständige Differential des Potentials; dieses berechnet sich in generalisierten Koordinaten zu

$$\delta E_\text{p} = \sum_{j=1}^{f} \frac{\partial E_p}{\partial q_j} \delta q_j.$$

Durch Vergleich mit (A.75) folgt

$$\bar{Q}_j = -\frac{\partial E_p}{\partial q_j}. \qquad \text{(A.78)}$$

Es lassen sich damit die LAGRANGEschen Gleichungen 2. Art in der Form

$$\frac{\text{d}}{\text{d}t} \left(\frac{\partial E_\text{k}}{\partial \dot{q}_j} \right) - \frac{\partial E_\text{k}}{\partial q_j} + \frac{\partial E_\text{p}}{\partial q_j} = Q_j^* \qquad \text{(A.79)}$$

schreiben. Führt man noch die LAGRANGE-Funktion

$$L = E_\text{k} - E_\text{p} \qquad \text{(A.80)}$$

ein und beachtet zudem, dass die potentielle Energie E_p nicht von den Geschwindigkeiten $\dot{q}_j$ abhängt, so ergeben sich die LAGRANGEschen Gleichungen 2. Art in der finalen Version zu

$$\frac{\text{d}}{\text{d}t} \left(\frac{\partial L}{\partial \dot{q}_j} \right) - \frac{\partial L}{\partial q_j} = Q_j^* \quad \text{mit} \quad j = 1; 2; ...; f. \qquad \text{(A.81)}$$

Die nicht-konservativen generalisierten Kräfte Q_j^* ergeben sich durch Koeffizientenvergleich von (A.75) mit der virtuellen Arbeit δW_{ein}^* der „klassischen„ nicht-konservativen Kräfte entsprechend (A.74).

A.7 Herleitung des Rayleigh-Quotienten

Die elastische Rückstellkraft für ein Balkenelement bei der Biegeschwingung eines gelagerten Balkens berechnet sich zu (vgl. Abschn. 5.5)

$$\mathrm{d}F_{\text{el}} = -\mathrm{d}m\,\ddot{z}, \quad \text{wobei} \quad \ddot{z} = \ddot{w} = -\omega^2 w \quad \text{da} \quad w = A(x)\cos\omega t.$$

Sie wirkt am Balken in pos. z- bzw. w-Richtung, so dass für deren Potenzial gem. Definition (2.28) gilt:

$$\mathrm{d}E_{\text{p,el}} = -\int_0^w \mathrm{d}F_{\text{el}}\,\mathrm{d}z \overset{(z=w)}{=} -\mathrm{d}m\,\omega^2 \int_0^w \bar{w}\,\mathrm{d}\bar{w} = -\frac{1}{2}\mathrm{d}m\,\omega^2 w^2.$$

Man erkennt, dass jene Kraft $\mathrm{d}F_{\text{el}}$ – die übrigens der Trägheitskraft (2.63) entspricht – einer über den Balken verteilten Last gleicht. Es wird dieses Potenzial infolgedessen als äußeres Potenzial $E_{\text{p,a}}$ bezeichnet; nach Einführung der Massendichte ρ ($\mathrm{d}m = \rho\,\mathrm{d}x$) ergibt sich für den ganzen Balken

$$E_{\text{p,a}} = -\frac{1}{2}\int_0^L \rho\,\omega^2 w^2\,\mathrm{d}x$$

Zusammen mit dem (inneren) Potenzial bedingt durch das Biegemoment,

$$E_{\text{p,i}} = \frac{1}{2}\int_0^L EI_y w''^2\,\mathrm{d}x \quad \text{(vgl. S.386)},$$

folgt für das Gesamtpotenzial:

$$E_{\text{p,ges}} = E_{\text{p,i}} + E_{\text{p,a}} = \frac{1}{2}\int_0^L \left(EI_y w''^2 - \rho\,\omega^2 w^2\right)\mathrm{d}x.$$

Hierbei handelt es sich mathematisch um ein sog. Funktional, d.h. es wird einer Funktion $w = w(x; t)$ der skalare Wert $E_{\text{p,ges}}$ zugeordnet.

Die (notwendige) Bedingung für ein Minimum[1] ist das Verschwinden der ersten Variation des Funktionals:

$$\delta E_{\text{p,ges}} = 0;$$

dass sich hier kein Maximum ergibt, ist offensichtlich, da gravierender Verformungen, wie jene für eben $\delta E_{\text{p,ges}} = 0$, schließlich eine größere potenzielle Energie bedeuten würden. Wählt man wieder den Ansatz

$$w = A(x) \cos \omega t$$

mit einer eingliedrigen Amplitudenfunktion (i.d.R. ausreichend für Grundschwingungsformen),

$$A(x) = a\phi(x),$$

so erhält man:

$$E_{\text{p,ges}} = \frac{1}{2} \int\limits_0^L \left(E I_y [a\phi''(x) \cos \omega t]^2 - \rho \, \omega^2 [a\phi(x) \cos \omega t]^2 \right) \, \mathrm{d}x$$

$$= \frac{1}{2} a^2 \cos^2 \omega t \int\limits_0^L \left(E I_y [\phi''(x)]^2 - \rho \, \omega^2 [\phi(x)]^2 \right) \, \mathrm{d}x.$$

Für eine vorgegebene Funktion $\phi = \phi(x)$ hängt $E_{\text{p,ges}}$ nun nur noch vom Koeffizienten a ab, und es gilt:

$$\delta E_{\text{p,ges}} = \frac{\partial E_{\text{p,ges}}}{\partial a} = a \cos^2 \omega t \int\limits_0^L \left(E I_y [\phi''(x)]^2 - \rho \, \omega^2 [\phi(x)]^2 \right) \, \mathrm{d}x.$$

Die Minimumsbedingung $\delta E_{\text{p,ges}} = 0$ für jeden beliebigen Zeitpunkt t liefert:

$$\int\limits_0^L \left(E I_y [\phi''(x)]^2 - \rho \, \omega^2 [\phi(x)]^2 \right) \, \mathrm{d}x = 0$$

---

[1] In der Natur nimmt ein System i.Allg. stets jenen Zustand mit der kleinsten potenziellen Energie ein (physikalisches Fundamentalprinzip).

bzw.

$$\int_0^L EI_y[\phi''(x)]^2 \, \mathrm{d}x - \omega^2 \int_0^L \rho \, [\phi(x)]^2 \, \mathrm{d}x = 0 \quad \text{also} \quad \omega^2 = \frac{\int_0^L EI_y[\phi''(x)]^2 \, \mathrm{d}x}{\int_0^L \rho \, \omega^2 [\phi(x)]^2 \, \mathrm{d}x}.$$

Dieser Ausdruck wird als RAYLEIGH-Quotient bezeichnet, der die (zumindest näherungsweise) Berechnung von Eigenkreisfrequenzen ermöglicht.

Massenträgheitsmomente

Im Folgenden sind die Formeln für das axiale Massenträgheitsmoment von elementaren Körpergeometrien aufgelistet. Es wird hierbei stets ein homogener Körper betrachtet, d.h. die sog. Massendichte ρ ist ortsunabhängig, also konstant. Für ein Massenelement gilt generell $dm = \rho\, dV$; integriert über den gesamten Körper ergibt sich die Körpermasse m aus dem Volumen V.

$$m = \int_{(\mathbb{K})} dm = \rho \int_{(\mathbb{K})} dV = \rho V.$$

Das Massenträgheitsmoment $J^{(a)}$ eines homogenen Körpers (Massendichte $\rho = konst$) bzgl. einer (beliebigen) Achse a berechnet sich demnach zu[2]

$$J^{(a)} = \rho \int_{(\mathbb{K})} r^2 dV, \quad \text{mit} \quad r = |\vec{r}| = \text{dist}(dV; a).$$

Es wird nun bei der Auswertung dieses Volumenintegrals als Bezugsachse jeweils eine charakteristische Achse s gewählt, die durch den Körperschwerpunkt S verläuft (Schwereachse). Mit dem Satz von STEINER (3.10) lässt sich das Massenträgheitsmoment $J^{(s)}$ in $J^{(a)}$ bzgl. einer Achse a $\parallel$ s umrechnen.

B.1   Dickwandiges Rohr

Bezugsachse: Rotationssymmetrieachse

$$J^{(s)} = \frac{1}{2} m \left(R_i^2 + R_a^2 \right) \tag{B.1}$$

---

[2]Hierbei ist $\text{dist}(dV; a)$ der Abstand des Volumenelements dV zur Bezugsachse a.

© Springer-Verlag GmbH Deutschland, ein Teil von Springer Nature 2021
M. Prechtl, *Mathematische Dynamik*, Masterclass,
https://doi.org/10.1007/978-3-662-62107-3

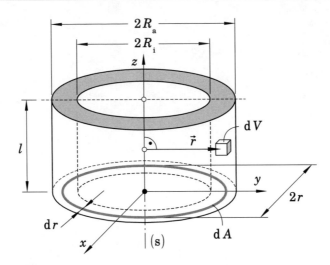

Herleitung: In kartesischen Koordinaten gilt für das Volumenelement (infinitesimal kleiner Würfel):

$$dV = dx\,dy\,dz.$$

Aufgrund der Rotationssymmetrie (Symmetrieachse = Schwereachse s) ist eine Transformation zu Zylinderkoordinaten zweckmäßig. Die Transformationsgleichungen lauten mit $r = |\vec{r}\,|$:

$$x = r\cos\varphi \quad y = r\sin\varphi \quad z = z;$$

hierbei ist φ der sog. Zirkularwinkel (vgl. Polarkoordinaten). Damit ergibt sich die JAKOBIsche Funktionaldeterminante zu

$$\left|\frac{\partial(x;y;z)}{\partial(r;\varphi;z)}\right| = \begin{vmatrix} \cos\varphi & -r\sin\varphi & 0 \\ \sin\varphi & r\cos\varphi & 0 \\ 0 & 0 & 1 \end{vmatrix} = 1\cdot(-1)^{3+3}\begin{vmatrix} \cos\varphi & -r\sin\varphi \\ \sin\varphi & r\cos\varphi \end{vmatrix}$$

$$= r\cos^2\varphi - (-r)\sin^2\varphi = r\left(\cos^2\varphi + \sin^2\varphi\right) = r,$$

mit deren Absolutbetrag sich das Volumenelement dV in Polarkoordinaten berechnen lässt:

$$dV = \left|\frac{\partial(x;y;z)}{\partial(r;\varphi;z)}\right| dr\,d\varphi\,dz = r\,dr\,d\varphi\,dz.$$

In Zylinderkoordinaten sind die Integrationsgrenzen konstant. Es ergibt sich folglich für das Massenträgheitsmoment bzgl. der Schwereachse s, vgl. Skizze, durch Auswertung des räumlichen Bereichsintegrals als Dreifachintegral:

$$J^{(s)} = \rho \int\limits_{(\mathbb{K})} r^2 dV = \rho \iiint\limits_{(\mathbb{K})} r^3 dr\,d\varphi\,dz$$

$$= \rho \int\limits_{r=R_i}^{R_a} r^3 \mathrm{d}r \int\limits_{\varphi=0}^{2\pi} \mathrm{d}\varphi \int\limits_{z=0}^{l} \mathrm{d}z = 2\pi l \rho \left[\frac{r^4}{4}\right]_{R_i}^{R_a} = \frac{1}{2}\pi l \rho \left(R_a^4 - R_i^4\right).$$

Dieses Ergebnis lässt sich noch etwas umformen (A: Grund- bzw. Deckfläche des Rohres):

$$J^{(s)} = \frac{1}{2}\pi l \rho \left((R_a^2)^2 - (R_i^2)^2\right)$$

$$= \frac{1}{2} l \rho \underbrace{\pi \left(R_a^2 - R_i^2\right)}_{=A} \left(R_a^2 + R_i^2\right) = \frac{1}{2} \underbrace{\rho l A}_{=m} \left(R_a^2 + R_i^2\right) = \frac{1}{2} m \left(R_a^2 + R_i^2\right). \tag{B.2}$$

Hinweis: Man hätte das Volumenintegral auch über ein Einfachintegral berechnen können. Mit dem obigen Dreifachintegral ergibt sich nämlich:

$$J^{(s)} = \rho \int\limits_{r=R_i}^{R_a} r^3 \mathrm{d}r \int\limits_{\varphi=0}^{2\pi} \mathrm{d}\varphi \int\limits_{z=0}^{l} \mathrm{d}z = \rho \int\limits_{r=R_i}^{R_a} r^2 \underbrace{2\pi l r \mathrm{d}r}_{=\mathrm{d}V}. \tag{B.3}$$

D.h. man kann das Volumenelement auch als infinitesimal dünnes, konzentrisches Rohr interpretieren: Dieses hat den (Innen-)Radius r und die Dicke $\mathrm{d}r$ und somit die Grundfläche

$$\mathrm{d}A = 2\pi r \mathrm{d}r \, ;$$

man stelle sich hierzu jenes entsprechende Flächenelement aufgetrennt und langgezogen/gestreckt vor, so dass sich ein Rechteck mit dem Kreisumfang als Länge und $\mathrm{d}r$ als Breite ergibt. Das Volumen $\mathrm{d}V_{\mathrm{Rohr}}$ dieses dünnwandigen Rohres berechnet sich damit zu

$$\mathrm{d}V_{\mathrm{Rohr}} = l \mathrm{d}A = 2\pi l r \mathrm{d}r = \mathrm{d}V.$$

Es muss nicht zwangsweise ein infinitesimal kleiner Würfel als Volumenelement gewählt werden. Jeder Körper mit unendlich kleinem Volumen eignet sich als Volumenelement (auch z.B. eine „sehr dünne" Scheibe).

B.2   Dünnwandiges Rohr

Bezugsachse: Rotationssymmetrieachse

$$J^{(s)} = mR^2 \tag{B.4}$$

Für ein dickwandiges Rohr gilt (vgl. Herleitung Abschnitt vorher):

$$J^{(s)} = \frac{1}{2} l \rho \pi \left(R_a^2 - R_i^2\right) \left(R_a^2 + R_i^2\right) = \frac{1}{2} l \rho \pi \left(R_a - R_i\right) \left(R_a + R_i\right) \left(R_a^2 + R_i^2\right).$$

Ist nun die Wanddicke d des Rohes vernachlässigbar klein, lässt sich folgende Näherung angeben:

$$R_a \approx R_i = R.$$

Mit $d = R_a - R_i$ erhält man daher

$$J^{(s)} \approx \frac{1}{2} l \rho \pi \, d \, 2R \, 2R^2 = \rho \underbrace{l \, 2\pi \, R \, d}_{= V} R^2 = m R^2. \tag{B.5}$$

Die Berechnung des Rohrvolumens V erfolgt analog der obigen Betrachtung zum Volumenelement (infinitesimal dünnes Rohr).

B.3   Massiver Kreiszylinder

Bezugsachse: Rotationssymmetrieachse

$$J^{(s)} = \frac{1}{2} m R^2 \tag{B.6}$$

Diese Formel ergibt sich aus (B.1) für ein dickwandigen Rohr, wenn speziell $R_i = 0$ und $R_a = R$ sind. Hierbei spielt die Länge l des Zylinders nur indirekt über die Masse m eine Rolle, d.h. Formel (B.6) gilt unabhängig von der Zylinderlänge und damit auch für eine . . .

B.4   Dünne Scheibe

Bezugsachse: Rotationssymmetrieachse

$$J^{(s)} = \frac{1}{2} m R^2. \tag{B.7}$$

Eine dünne Scheibe liegt dann vor, wenn die Länge l des Zylinders klein ist im Vergleich zum Radius: $l \ll R$.

B.5   Dünne Scheibe

B.-Achse: Schwereachse $\perp$ Rotationssymmetrieachse

$$J^{(s)} = \frac{1}{4} m R^2. \tag{B.8}$$

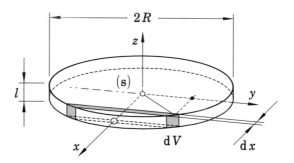

Herleitung: Als Volumenelement wird ein „infinitesimal schmaler Streifen" gewählt, vgl. Skizze. Dessen Volumen berechnet sich zu

$$dV = l\, dA = l\, 2y\, dx = 2l\, y\, dx, \quad \text{mit} \quad y \geq 0.$$

Es ergibt sich mit Hilfe des Satzes des PYTHAGORAS:

$$J^{(s)} = J^{(y)} = \rho \int_{(\mathbb{K})} x^2 dV = 2\rho l \int_{-R}^{R} x^2 \underbrace{\sqrt{R^2 - x^2}}_{= y}\, dx, \tag{B.9}$$

und da der Integrand in x gerade ist

$$J^{(s)} = 2 \cdot 2\rho l \int_{\searrow R\, 0}^{R} x^2 \sqrt{R^2 - x^2}\, dx. \tag{B.10}$$

Die Auswertung dieses Integrals mittels Integraltafel in bspw. [6] liefert

$$J^{(s)} = 4\rho l \int_{0}^{R} x^2 \sqrt{R^2 - x^2}\, dx$$

$$= 4\rho l \left[-\frac{1}{4} \left(x \left(\sqrt{R^2 - x^2} \right)^3 - \frac{1}{2} x R^2 \sqrt{R^2 - x^2} - \frac{1}{2} R^4 \arcsin \frac{x}{R} \right) \right]_{0}^{R}$$

$$= -\rho l \left[0 - 0 - \frac{1}{2} R^4 \overbrace{\arcsin 1}^{= \frac{\pi}{2}} - 0 + 0 + \underbrace{\arcsin 0}_{= 0} \right]$$

$$= \frac{1}{4} \underbrace{\rho\, R^2 \pi\, l}_{= m}\, R^2. \tag{B.11}$$

Ergänzung: Man kommt auch auf einem etwas anderen Weg zu diesem Ergebnis. Aufgrund der Symmetrie gilt nämlich $J^{(x)} = J^{(y)}$. Damit folgt:

$$J^{(s)} = J^{(y)} = \frac{1}{2}\left(J^{(x)} + J^{(y)}\right)$$

$$= \frac{1}{2}\left(\rho \int\limits_{(\mathbb{K})} y^2 dV + \rho \int\limits_{(\mathbb{K})} x^2 dV\right) = \frac{1}{2}\rho \int\limits_{(\mathbb{K})} (x^2 + y^2)dV$$

$$= \frac{1}{2}\rho \int\limits_{(\mathbb{K})} r^2 dV.$$

Wählt man als Volumenelement ein dünnwandiges Rohr („dünner Ring"), so ist $dV = 2\pi l r\, dr$ und es ergibt sich:

$$J^{(s)} = \frac{1}{2}\cdot 2\pi l\rho \int\limits_{0}^{R} r^3 dr = \pi l\rho \left[\frac{1}{4}r^4\right]_0^R = \frac{1}{4}\,\rho\, \underbrace{R^2\pi\, l}_{=\,m}\, R^2. \tag{B.12}$$

B.6   Dünner Ring

B.-Achse: Schwereachse ⊥ Rotationssymmetrieachse

$$J^{(s)} = \frac{1}{2}mR^2 \tag{B.13}$$

Man denke sich aus einer dünnen Scheibe mit Radius $R = R_a$ eine Scheibe gleicher Dicke mit einem etwas kleineren Radius $R_i \lesssim R_i$ herausgeschnitten. Der entstehende Ring hat dann das Massenträgheitsmoment

$$J^{(s)} = \frac{1}{4}\rho\pi l R_a^4 - \frac{1}{4}\rho\pi l R_i^4 = \frac{1}{4}\rho\pi l(R_a^4 - R_i^4) = \frac{1}{4}\rho\pi l(R_a^2 - R_i^2)(R_a^2 + R_i^2)$$

Es ist nun eben $R_i \approx R_a = R$; damit ergibt sich:

$$J^{(s)} = \frac{1}{4}\,\underbrace{\rho\pi(R_a^2 - R_i^2)l}_{=\,\rho V\,=\,m}\, 2R^2 = \frac{1}{2}mR^2. \tag{B.14}$$

B.7   Massiver Kreiszylinder

Bezugsachse: Schwereachse ⊥ Rot.-Symmetrieachse

$$J^{(s)} = \frac{1}{4}m\left(R^2 + \frac{1}{3}l^2\right) \tag{B.15}$$

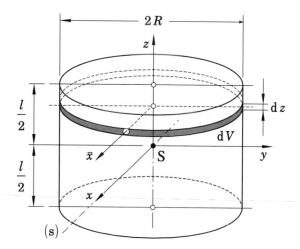

Herleitung: Als Volumenelement bietet sich hier eine zur xy-Ebene parallele, infinitesimal dünne Scheibe an, vgl. Skizze. Deren Massenträgheitsmoment bzgl. der $\bar{x}$-Achse berechnet sich gemäß (B.8) zu

$$\mathrm{d}J^{(\bar{x})} = \frac{1}{4}\mathrm{d}m\,R^2.$$

Da es sich um einen homogenen Körper (Massendichte $\rho = konst$) handelt, ergibt sich für die Masse $\mathrm{d}m$ des Volumenelements

$$\mathrm{d}m = \rho\,\mathrm{d}V \quad \text{mit} \quad \rho = \frac{m}{V}, \quad \text{also} \quad \mathrm{d}m = \frac{\mathrm{d}V}{V}m.$$

Und für die Volumina gilt aufgrund der Zylindergeometrie:

$$V = R^2\pi l \quad \text{und} \quad \mathrm{d}V = R^2\pi\,\mathrm{d}z.$$

Mit Hilfe des Satzes von STEINER lässt sich nun das Massenträgheitsmoment $\mathrm{d}J^{(\mathrm{s})}$ des Volumenelements bzgl. der Achse s (x-Achse) angeben:

$$\mathrm{d}J^{(\mathrm{s})} = \underbrace{\frac{1}{4}\frac{m}{l}\mathrm{d}z\,R^2}_{=\,\mathrm{d}J^{(\bar{x})}} + \frac{m}{l}\mathrm{d}z\underbrace{\,z^2}_{=\,\mathrm{d}m}. \tag{B.16}$$

Die Addition aller $\mathrm{d}J^{(\mathrm{s})}$ (Integration) liefert schließlich das Massenträgheitsmoment des Zylinders bzgl. der Schwereachse s:

$$J^{(s)} = \int\limits_{(\mathbb{K})} \mathrm{d}J^{(s)} = \int\limits_{-\frac{l}{2}}^{\frac{l}{2}} \left(\frac{1}{4}\frac{m}{l}R^2\mathrm{d}z + \frac{m}{l}z^2\mathrm{d}z \right) = 2 \cdot \frac{m}{l} \int\limits_{0}^{\frac{l}{2}} \left(\frac{R^2}{4} + z^2 \right) \mathrm{d}z \qquad (B.17)$$

$$= 2\frac{m}{l}\left[\frac{R^2}{4}z + \frac{1}{3}z^3 \right]_0^{\frac{l}{2}} = 2\frac{m}{l}\left(\frac{R^2 l}{8} + \frac{l^3}{24} \right) = \frac{mR^2}{4} + \frac{ml^2}{12} = \frac{1}{4}m\left(R^2 + \frac{l^2}{3} \right).$$

B.8   Dünnwandiges Rohr

B.-Achse: Schwereachse $\perp$ Rotationssymmetrieachse

$$J^{(s)} = \frac{1}{2}m\left(R^2 + \frac{1}{6}l^2 \right) \qquad (B.18)$$

Schneidet man analog zur Herleitung von B.7 eine Schicht der Dicke $\mathrm{d}z$ aus einem dünnwandigen Rohr, so stellt diese einen dünnen Ring dar. Für dessen Masse gilt wieder

$$\mathrm{d}m = \frac{m}{l}\mathrm{d}z,$$

und das Massenträgheitsmoment bzgl. der Schwereachse s berechnet sich mittels des Satzes von STEINER zu

$$\mathrm{d}J^{(s)} = \frac{1}{2}\mathrm{d}m\,R^2 + \mathrm{d}m z^2 = \frac{m}{l}\left(\frac{1}{2}R^2\mathrm{d}z + z^2\mathrm{d}z \right).$$

Summation (Integration, Integrand gerade):

$$J^{(s)} = 2 \cdot \frac{m}{l} \int\limits_{0}^{\frac{l}{2}} \left(\frac{1}{2}R^2\mathrm{d}z + z^2\mathrm{d}z \right) = 2\frac{m}{l}\left[\frac{1}{2}R^2 z + \frac{1}{3}z^3 \right]_0^{\frac{l}{2}} = \dots (B.18). \qquad (B.19)$$

B.9   Massive Kugel

Bezugsachse: Jede beliebige Schwereachse

$$J^{(s)} = \frac{2}{5}mR^2 \qquad (B.20)$$

Schnittbild:

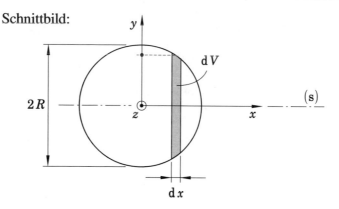

Herleitung: Als Volumenelement wird eine infinitesimal dünne Scheibe (Dicke dx) mit Radius y gewählt. Die Schwereachse s ist gleichzeitig Rotationssymmetrieachse der Schreibe, so dass sich für deren Massenträgheitsmoment nach (B.7)

$$dJ^{(s)} = \frac{1}{2}dm y^2$$

ergibt. Die Masse dieser Scheibe (Zylinder mit Höhe dx) berechnet sich zu

$$dm = \rho dV \quad \text{mit} \quad dV = y^2 \pi dx,$$

und es gilt zudem $y^2 = R^2 - x^2$ (Satz des PYTHAGORAS). Damit erhält man

$$dJ^{(s)} = \frac{1}{2}\rho\pi \left(R^2 - x^2\right)^2 dx.$$

Das Massenträgheitsmoment ist wieder die „Summe" aller $dJ^{(s)}$:

$$J^{(s)} = \int\limits_{(\mathbb{K})} dJ^{(s)} = \frac{1}{2}\rho\pi \int\limits_{-R}^{R} \left(R^2 - x^2\right)^2 dx = 2 \cdot \frac{1}{2}\rho\pi \int\limits_{R\,0}^{R} \left(R^2 - x^2\right)^2 dx \qquad \text{(B.21)}$$

$$= \rho\pi \int\limits_{0}^{R} \left(R^4 - 2R^2 x^2 + x^4\right) dx$$

$$= \rho\pi \left[R^4 x - 2R^2 \frac{1}{3}x^3 + \frac{1}{5}x^5\right]_0^R = \frac{8}{15}\rho\pi R^5 = \frac{2}{5}\rho \underbrace{\frac{4}{3}R^3 \pi}_{=V}\, R^2 = \frac{2}{5}mR^2. \qquad \text{(B.22)}$$

B.10   Dünner Stab

Bezugsachse: Schwereachse ⊥ Stabachse

$$J^{(s)} = \frac{1}{12}ml^2 \qquad\qquad\qquad\text{(B.23)}$$

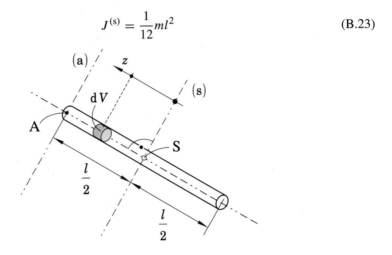

Herleitung: Es wird entsprechend Skizze ein dünner prismatischer bzw. zylindrischer Stab betrachtet. D.h. die Geometrie des Querschnitts (⊥ Stab- achse) ist nicht relevant – jedoch soll für dessen Flächeninhalt A gelten: $A = konst$ und $A \ll l^2$. Für einen infinitesimal kurzen Stababschnitt gilt

$$dV = A\,dz\,,$$

und somit nach (A.7) für das Massenträgheitsmoment bzgl. der Achse s

$$J^{(s)} = \rho \int\limits_{(\mathbb{K})} z^2 dV = \rho A \int\limits_{-\frac{l}{2}}^{\frac{l}{2}} z^2 dz = 2 \cdot \rho A \int\limits_{0}^{\frac{l}{2}} z^2 dz = 2\rho A \left[\frac{z^3}{3}\right]_0^{\frac{l}{2}} \qquad\text{(B.24)}$$

$$= \frac{1}{12}\rho A l^3 = \frac{1}{12}\rho \underbrace{Al}_{= V}\, l^2 = \frac{1}{12}ml^2. \qquad\qquad\text{(B.25)}$$

Rotiert ein dünner Stab nicht um die Schwereachse s (⊥ Stabachse), sondern um eine Achse a ∥ s durch den Anfangs- bzw. Endpunkt A des Stabes, so berechnet sich das Massenträgheitsmoment $J^{(a)}$ zu (Satz v. STEINER):

$$J^{(a)} = J^{(s)} + m\left(\frac{l}{2}\right)^2 = \frac{1}{12}ml^2 + \frac{1}{4}ml^2.$$

$$J^{(a)} = \frac{1}{3}ml^2 \qquad\qquad\qquad\text{(B.26)}$$

B.11   Massiver Halbzylinder

Bezugsachse: Schwereachse ‖ Mantelfläche

$$J^{(s)} = \frac{1}{2}\left(1 - \frac{32}{9\pi^2}\right)mR^2 \tag{B.27}$$

Draufsicht (Halbzylinder[3] mit Masse m und Länge l):

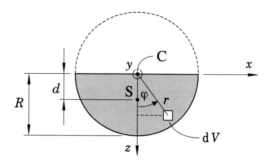

Nach (3.71) gilt für die z-Koord. des (Massen-)Schwerpunktes S:

$$mz_S = \int_{(\mathbb{K})} z\,dm,$$

wobei hier $z_S = d$. Bei einem homogenen Körper ist $dm = \rho\,dV$ (ρ: konst. Massendichte), und in Zylinderkoordinaten berechnet sich das Volumenelement zu $dV - r\,dr\,d\varphi\,dy$. Damit erhält man für das räuml. Bereichsintegral:

$$\int_{(\mathbb{K})} z\,dV = \iiint_{(\mathbb{K})} \underbrace{r\cos\varphi}_{=\,z}\,r\,dr\,d\varphi\,dy \tag{B.28}$$

$$= 2\cdot\int_{y=0}^{l} dy \int_{-\frac{\pi}{2}\,0}^{\frac{\pi}{2}} \cos\varphi\,d\varphi \int_{r=0}^{R} r^2\,dr = \ldots = \frac{2}{3}R^3 l. \tag{B.29}$$

---

[3]Ergänzung: Es sei das skizzierte xyz-System raumfest. Rollt nun der Halbzylinder schlupffrei auf der Ebene $z = R$ nach rechts, so dreht sich die Achse CS im Uhrzeigersinn um den Winkel $\psi > 0$. Folglich gilt dann: $x_C = R\psi$, $x_S = x_C - d\sin\psi$ und $y_S = d\cos\psi$.

Mit der Masse $m = \rho V = \rho A l = \rho \frac{1}{2} R^2 \pi l$ des Halbzylinders ergibt sich die z-Koordinate des Schwerpunktes bzw. die Länge d der Strecke [CS]:

$$d = z_S = \frac{1}{m} \rho \int_{(\mathbb{K})} z \, \mathrm{d}V = \frac{4}{3} \frac{R}{\pi}.$$

Der Satz von STEINER liefert schließlich:

$$J^{(S)} = J^{(C)} - d^2 m = \frac{1}{2} \cdot \underbrace{\frac{1}{2}(2m)R^2}_{= \, J^{(C)}_{\mathrm{Vollzyl}}} - \left(\frac{4}{3}\frac{R}{\pi}\right)^2 m = \frac{1}{2}\left(1 - \frac{32}{9\pi^2}\right)mR^2. \qquad \text{(B.30)}$$

Literatur

1. *Die großen Komponisten: Beethoven – Der Geist der Freiheit.* International Masters Publishers BV, MMII
2. Qu. Engasser et al. (redakt. MA): *Große Männer der Weltgeschichte – Tausend Biographien in Wort und Bild.* Wiesbaden: R. Löwit, 1965
3. W. Demtröder: *Experimentalphysik 1, Mechanik und Wärme.* Berlin, Heidelberg: Springer-Verlag; 2013
4. L. Papula: *Mathematische Formelsammlung für Ingenieure und Naturwissenschaftler.* Wiesbaden: Vieweg+Teubner | GWV Fachverlage GmbH, 2009
5. E. Hering, R. Martin, M. Stohrer: *Physik für Ingenieure.* Berlin, Heidelberg: Springer-Verlag, 2012
6. H. Netz: *Formeln der Mathematik.* München: Hanser Fachbuch, 1992
7. I.S. Gradshteyn, I.M. Ryzhik: *Tables of Integrals, Series and Products.* Burlington, London: Elsevier (Ac. Press), 2007
8. I.N. Bronstein, K.A. Semendjajew, G. Musiol, H. Mühlig: *Taschenbuch der Mathematik.* Frankfurt a.M.: Verlag Harri Deutsch, 1995
9. D. Gross, W. Hauger, W. Schnell, J. Schröder: *Technische Mechanik 2 – Elastostatik.* Berlin, Heidelberg: Springer-Verlag, 2005
10. D. Gross, W. Ehlers, P. Wriggers, J. Schröder, R. Müller: *Formeln und Aufgaben zur Technischen Mechanik 3 – Kinetik, Hydrostatik.* Berlin, Heidelberg: Springer-Verlag, 2012
11. H. Schade, K. Neemann: *Tensoranalysis.* Berlin, New York: Walter de Gruyter, 2006
12. R.M. Dreizler, C.S. Lüdde: *Theoretische Physik 1 – Theoretische Mechanik.* Berlin, Heidelberg: Springer-Verlag, 2003
13. R.C. Hibbeler: *Technische Mechanik 2 – Festigkeitslehre.* München: Pearson Studium (Pearson Education, Inc. of Pearson PLC), 2013
14. L. Nasdala: *FEM-Formelsammlung – Statik und Dynamik.* Wiesbaden: Vieweg+Teubner | GWV Fachverlage GmbH, 2010
15. M. Abramowitz & I.A. Stegun: *Handbook of Mathematical Functions with Formulas, Graphs, and Mathematical Tables.* New York: Dover Publications, 1972 (US Nat. Bureau of Standards, Appl. Math. 55)
16. H. Weber, H. Ulrich: *Laplace-, Fourier- und z-Transformation.* Wiesbaden: Vieweg + Teubner | Springer Fachmedien GmbH, 2012

© Springer-Verlag GmbH Deutschland, ein Teil von Springer Nature 2021
M. Prechtl, *Mathematische Dynamik,* Masterclass,
https://doi.org/10.1007/978-3-662-62107-3

17. H. Dresig, F. Holzweißig: *Maschinendynamik.* Berlin, Heidelberg: Springer-Verlag, 2011
18. D. Gross, W. Hauger, P. Wriggers: *Technische Mechanik 4 – Hydromechanik, Elemente der Höheren Mechanik, Numerische Methoden.* Berlin, Heidelberg: Springer-Verlag, 2014

Stichwortverzeichnis

© Springer-Verlag GmbH Deutschland, ein Teil von Springer Nature 2021
M. Prechtl, *Mathematische Dynamik*, Masterclass,
https://doi.org/10.1007/978-3-662-62107-3

Printed in the United States
By Bookmasters